C. M. Dolezalek · H. J. Warnecke

Planung von Fabrikanlagen

Zweite, neubearbeitete und erweiterte Auflage
unter Mitwirkung von W. Dangelmaier

Mit 144 Abbildungen

Springer-Verlag
Berlin · Heidelberg · New York 1981

Dipl.-Ing. Carl Martin Dolezalek
o. Professor em., Universität Stuttgart

Dr.-Ing. Hans-Jürgen Warnecke
o. Professor, Lehrstuhl und Institut für Industrielle Fertigung und Fabrikbetrieb der Universität Stuttgart
Fraunhofer-Institut für Produktionstechnik und Automatisierung, Stuttgart

Dr.-Ing. Wilhelm Dangelmaier
Fraunhofer-Institut für Produktionstechnik und Automatisierung, Stuttgart
Lehrbeauftragter an der Universität Stuttgart

CIP-Kurztitelaufnahme der Deutschen Bibliothek

Dolezalek, Carl M.:
Planung von Fabrikanlagen / C. M. Dolezalek ; H. J. Warnecke. — 2., neubearb. u. erw. Aufl. / unter Mitw. von W. Dangelmaier. — Berlin, Heidelberg, New York: Springer, 1981.
NE: Warnecke, Hans-Jürgen:

ISBN 3-540-10580-8 2. Aufl. Springer-Verlag Berlin Heidelberg New York
ISBN 0-387-10580-8 2nd ed. Springer-Verlag New York Heidelberg Berlin

ISBN 3-540-05956-3 Springer-Verlag Berlin Heidelberg New York
ISBN 0-387-05956-3 Springer-Verlag New York Heidelberg Berlin

Printed in Germany.

Gesamtherstellung: Konrad Triltsch, Würzburg.

2362/3020 — 543210

Vorwort zur zweiten Auflage

Die erste Auflage dieses Buches hat eine gute Aufnahme in Wissenschaft und Praxis gefunden, da es die Fragen, die in der Fabrikplanung auftreten, umfassend behandelt und beantwortet. Der Springer-Verlag hat sich deshalb zu einer neuen Auflage entschlossen, die selbstverständlich erst nach einer Überarbeitung durchgeführt wurde. So wurden Anregungen berücksichtigt, Kennzahlen überarbeitet, neue Verordnungen und Richtlinien beachtet, aber auch insbesondere die rechnerunterstützte Fabrikplanung neu dargestellt.

Die rechnerunterstützte Fabrikplanung mit Hilfe von Optimierungs- und Simulationsverfahren und -programmen hat in den 70er Jahren eine starke wissenschaftliche Untermauerung gefunden, in der Praxis wird zunehmend davon Gebrauch gemacht. Arbeiten dazu hatte C. M. Dolezalek an dem von ihm geleiteten Fraunhofer-Institut für Produktionstechnik und Automatisierung in Stuttgart begonnen. Sie wurden dann bis heute von seinem Nachfolger, H. J. Warnecke, intensiv fortgesetzt, so daß heute von diesem Institut entwickelte Software zur Fabrikplanung angeboten wird und zunehmende Verbreitung findet. Ein Problem dabei ist stets die Bereitstellung und Aufarbeitung der erforderlichen Eingabeinformationen, die ebenfalls weitgehend mit Rechnerunterstützung aufgrund vorliegender Produktionsprogramme und Fertigungspläne durchgeführt wird. Sehr viele Randbedingungen können berücksichtigt werden, darüber hinaus ist jedoch auch heute das Planen im Dialog mit dem Rechner möglich, so daß die persönlichen Erfahrungen des Planers in den Rechner mit eingegeben werden können.

Das Ergebnis einer Planung ist zunächst einmal „statisch", das nur für eine verhältnismäßig kurze Zeitspanne optimal sein kann, besonders bei den heute schnell verlaufenden Veränderungen auf den Märkten im Binnenland wie im Export. Fabrikplanung muß deswegen zunehmend „dynamisch" betrachtet und betrieben werden. Man muß sich einmal bewußt sein, daß die zugrunde gelegten Randbedingungen Veränderungen unterworfen sind und größtmögliche Flexibilität der Fabrik gegeben sein muß. Das bedeutet dann wiederum, daß nicht die Neuplanung im Vordergrund vielfältigen Interesses steht, sondern das Ändern, das Umplanen, das Planen von Erweiterungen, ja auch Schrumpfungen. Wenn dazu nicht oder schlecht geplant wird, so sind kostenträchtige Abläufe über längere Zeiträume die Folge. Zur Fabrikplanung gehört deshalb auch zunehmend die Kontrolle sowie die in die Zukunft reichende Simulation von Abläufen, zum Beispiel im Lager- und im Förderwesen.

Herr Dr.-Ing. W. Dangelmaier leitet an dem bereits genannten Institut die Abteilung Fabrikplanung und hat sich in den letzten Jahren eingehend mit den aktuellen Problemen und Lösungsmethoden befaßt. Er hat wesentlich zur Erweiterung dieser zweiten Auflage beigetragen. Für seine Mitwirkung sei ihm gedankt.

Die Autoren danken dem Springer-Verlag, daß er die zweite Auflage herausbringt, und hoffen, daß das Buch wiederum eine gute Aufnahme in der Fachwelt finden wird, indem es dem angehenden Planer von Fabrikanlagen bei seiner verantwortungs- und risikovollen Aufgabe eine zuverlässige Hilfe ist.

Stuttgart, im Februar 1981 C. M. Dolezalek · H. J. Warnecke

Aus dem Vorwort zur ersten Auflage

Der Begriff „Planung“ ist wie viele andere Begriffe durch die heutigen geistigen Strömungen vielfach mißbraucht worden und in Mißkredit geraten. Die extremen Anschauungen über den Wert einer Planung reichen von ihrer völligen Ablehnung bis zum Glauben an die Notwendigkeit und Machbarkeit ihrer minutiösesten Durchführung in allen Details und von einer Momentan-Planung bis zu einer Planung, die durch Jahre oder Jahrzehnte durchgeführt werden soll. Von der Festlegung der sachlichen und zeitlichen Grenzen, die für eine Planung von vorherein gezogen werden müssen, ist aber ihr Erfolg oder Mißerfolg weitgehend abhängig. Oft ist es erforderlich, Teile ein und derselben Planungsaufgabe langfristig, aber nur in großen Zügen festzulegen und andere Teile bis in die Einzelheiten durchzuarbeiten. Da Entscheidungen in der Wirtschaft sehr häufig langfristige Entwicklungsarbeiten erforderlich machen, ist es notwendig, sich für jedes Teilgebiet einer Planungsaufgabe über diese beiden Begrenzungen klar zu werden.

Trotzdem ist jedes Planen mit Risiko verbunden, weil niemand die Zukunft wirklich genau voraussagen kann. Dieses Risiko wird um so größer, je breiter der Anwendungsbereich einer Planung ist. Ein Planungsfehler in einem einzelnen Privatunternehmen kann seinen Bankrott verursachen; ein Planungsfehler in einer staatlichen Wirtschaft kann unabsehbare und oft irreparable Folgen für das gesamte Gebiet mit sich bringen, das zum Planungsbereich gehört.

Das Risiko der Planung wächst aber noch in einer anderen Richtung, von der viele Menschen keine Vorstellung haben. Die Deckung des Bedarfs größerer Menschenmengen an bestimmten Gütern führt in der freien Marktwirtschaft über die Konkurrenz in hohem Maße zur Einschaltung der Technik. Produktionsanlagen von immer größeren Dimensionen werden geschaffen, wenn ihr Einsatz wirtschaftliche Erfolge verspricht. Gleichzeitig wächst für diejenigen, die die Mittel für die Beschaffung solcher Anlagen bereitstellen, das Risiko der Fehlinvestitionen. Die Furcht vor diesem Risiko, das nur schwer abzuschätzen und niemals einwandfrei zu berechnen ist, erschwert den Entschluß zur Planung neuer Fabrikanlagen beträchtlich.

Das vorliegende Buch hat es sich zur Aufgabe gemacht, das heterogene Gebilde einer Fabrikplanung in seinen Elementen aufzuzeigen und die gegenseitige Abhängigkeit dieser Elemente voneinander darzustellen. Es geht von der Überlegung aus, daß die Weiterentwicklung unserer Fabrikanlagen auch in Zukunft notwendig ist, um die steigenden Bedürfnisse der Menschen mit sinkendem Aufwand zu befriedigen. Die Hebung der Produktivität der Arbeitsstunde ist in der heutigen Zeit besonders dringend, weil wir einen Teil des Sozialprodukts zur Beseitigung und künftigen Vermeidung von Schädigungen verwenden müssen, die unter den Begriff „Umweltschutz" fallen.

Die Aufrechterhaltung des hohen Lebensstandards breiter Massen erfordert die Weiterentwicklung unserer Produktionsanlagen und damit besonders die Planung neuer Fabrikanlagen.

Die Aufgabe der Fertigungstechnik besteht darin, Werkstücke mit genau definierter geometrischer Gestalt aus Werkstoffen, die in der Verfahrenstechnik entstehen, zu fertigen. Dazu ist der Einsatz der Energie-, der Förder- und der Informationstechnik notwendig. Die Fertigungstechnik hat für die nächste Zukunft die Hauptlast der Verbesserung der Produktivität zu tragen. Aus diesem Grunde ist das vorliegende Buch im wesentlichen auf die Planung fertigungstechnischer Betriebe beschränkt. Das schließt nicht aus, daß sich Überlegungen grundsätzlicher Art sowie eine ganze Reihe von Lösungsmethoden auch auf Planungen anderer Betriebe anwenden lassen.

Der Gedanke zur Veröffentlichung dieses Buches entstand vor über 10 Jahren. Der Autor hatte nach über dreißigjähriger Industrietätigkeit einen Lehrstuhl an der Technischen Hochschule Stuttgart übernommen und beschlossen, einen Sektor seines Lehrstuhls dem Gebiet der „Fabrikplanung" zu widmen. Vielfache Aufgaben für Industrien ganz verschiedener Art wurden in siebzehnjähriger Hochschultätigkeit des Autors bearbeitet. Immer wieder wurde das Niederschreiben der Ergebnisse dieser Arbeit hinausgeschoben, weil weitere wissenschaftliche Erkenntnisse und praktische Erfahrungen entstanden und Veröffentlichungen auf Teilgebieten erschienen. Es ist verständlich, daß die Zeit des Wiederaufbaus der Industrie nach der Zerstörung durch den letzten Krieg viele Fabrikanlagen aus dem Boden schießen ließ. Das Buch bemüht sich, möglichst viele Erfahrungen aus dieser Aufbauzeit zu schildern, zusätzlich neue Planungserkenntnisse und -methoden zu bringen und ein möglichst umfassendes Literaturverzeichnis zu geben.

Es möchte den leitenden Personen der Industrien zur Orientierung dienen; es möchte sie daran erinnern, daß allzu langes Zurückstellen einer Erweiterung oft zur kostspieligen Improvisation, aber mit Sicherheit zu einer oberflächlichen und schlechten Planung führt, abgesehen von den erheblichen Kostenerhöhungen, die laufend in einer zu engen Fabrikanlage entstehen; es möchte sie daran erinnern, wie hoch die Lohnkosten im Verhältnis zu den Kapitalkosten sind, und daß man durch Investitionen richtiger Art die Gesamtkosten erheblich senken kann, um damit im In- und Ausland konkurrenzfähig zu bleiben; es möchte aber auch auf die Heterogenität der Fabrikplanung aufmerksam machen und der Bildung eines guten Planungsteams das Wort reden, mit dessen Hilfe ein nach menschlichem Ermessen optimales Ergebnis geschaffen werden kann.

Der Autor ist zu Dank verpflichtet einer großen Zahl von Industriebetrieben in England und der Bundesrepublik, die ihm Fabrikplanungsaufgaben übertrugen und damit gleichzeitig die Möglichkeit schufen, seine Erfahrungen und diejenigen seiner Mitarbeiter zu vertiefen und zu bereichern.

Er ist zu Dank verpflichtet einer ganzen Reihe von Mitarbeitern, die alle an Fabrikplanungen tätig waren, insbesondere Dipl.-Ing. Ilg, der die Fabrikplanungsgruppe an dem vom Autor geleiteten Institut für Produktionstechnik und Automatisierung aufgebaut hat, und Obering. Bosch, der sie mehrere Jahre geleitet hat. Prof. Dr. med. Kirn, Dr.-Ing. Roschmann, Dr.-Ing. Dutschke und Dipl.-Ing. Kunerth haben Abschnitte ihrer speziellen Fachgebiete beeinflußt. Dipl.-Ing. Sauter hat, ebenso wie frühere Mitarbeiter der Gruppe Fabrikplanung, Material zu den Kapiteln 7 – 10 gesammelt.

Die Berücksichtigung neuerer Erkenntnisse und wissenschaftlicher Planungsmethoden ist Dr.-Ing. Baur zu verdanken, der sich vor allem mit dem Literaturstudium über Fabrikplanung und verwandte Gebiete beschäftigt hat. Er hat besonders intensiv an dem Buch mitgearbeitet, so daß es richtig erschien, ihn auch im Titel * zu nennen.

Stuttgart, im Mai 1973 C. M. Dolezalek

* der ersten Auflage.

Inhaltsverzeichnis

Einleitung

Die meisten unserer Unternehmen sind aus kleinen oder kleinsten Anfängen hervorgegangen und im Laufe der Jahre allmählich zu ihrer heutigen Größe angewachsen. Das läßt es manchem zweifelhaft erscheinen, ob eine Fabrikplanung überhaupt einen Sinn hat. Es ist schwer für jemanden, der ein neues Unternehmen anfängt, vorauszusehen, ob und in welcher Zeit sich daraus eine größere Fabrikanlage entwickeln könnte.

Wie die Erfahrung der letzten 150 Jahre jedoch gezeigt hat, erkannten die erfolgreichen Unternehmer mit der Zeit, daß eine Neu-Überlegung der Anordnung der nunmehr vorhandenen Fabrikanlage von großem Wert sein würde. Hier scheiden sich die Geister: Die weitsichtigen Unternehmer waren sich über das voraussichtliche weitere Wachstum ihrer Fabrikanlagen im klaren und führten eine Planung durch, die oft viele Jahrzehnte unverändert beibehalten werden konnte. Andere dagegen versuchten, auf dem ihnen gehörenden Gelände so viel Gebäudefläche wie möglich zu schaffen, um den Aufwand für die Errichtung eines Zweigbetriebes oder gar Tochterunternehmens zu sparen. Oft hatten sie auch eine ausgesprochene Furcht vor leerstehenden Fabrikflächen. Manchmal entstanden trotz solcher Einstellung weltweite Unternehmen, die ihre Lebenskraft aus der Wahl der richtigen Produkte, aus der hervorragenden Qualität ihrer Produkte und aus vielen anderen Elementen des industriellen Lebens schöpften. Andere blieben im zu engen Anzug des kleinen Betriebes stecken und beschieden sich mit einem Umfang der Aufgabe, den sie damit erfüllen konnten.

Auch über die Fabrikanlage selbst haben sich die Anschauungen in den letzten 50 Jahren grundlegend gewandelt. Der alte englische Grundsatz: „Where there is muck there is money“ (Wo Dreck ist, ist auch Geld), der in der Zeit des Manchestertums entstand, hat heute keine Gültigkeit mehr. Sowohl die Versorgung der Fabrikanlagen mit elektrischer Energie, die das eigene Kesselhaus meist überflüssig macht, wie auch die Erfüllung berechtigter Forderungen der Angestellten und Arbeiter nach menschengerechten Arbeitsplätzen führten zur Erstellung von Fabrikanlagen, die oft wie Schmuckkästchen anmuten. Beides ging Hand in Hand mit der erheblichen Erhöhung der Produktivität der Arbeit durch den technischen Fortschritt, der Verkürzung der Arbeitszeit und einer starken Steigerung des Stundenlohns.

Oft werden die Beschlüsse für Werkserweiterungen so spät gefaßt, daß neue Fabrikbauten in Eile ohne ausreichende betriebliche Planung errichtet werden. Bisweilen besteht auch Unklarheit über die technisch-wirtschaftlichen Folgen ungenügender Finanzierung, so daß aus Gründen der Kapitaleinsparung Lösungen verwirklicht werden, die eine dauernde Belastung des Betriebes durch höhere laufende Kosten bedeuten. Darum sollen in diesem Buch die bestehenden Wechselbeziehungen aufgezeigt und Wege angegeben werden, wie man bei neu zu erstellenden Fabrikanlagen planen sollte, damit die Dauerbelastung des Unternehmens durch Kapital- und sonstige laufende Kosten ein Minimum wird.

Besonderes Gewicht erhält diese Aufgabe durch die lange Lebensdauer der Fabrikgebäude und heute besonders durch die hohen Baukosten. Planungsfehler machen sich meist erst bemerkbar, wenn bestehende Werkanlagen erweitert werden sollen. Rechtzeitige Rücksichtnahme auf spätere Erweiterungen verteuert zwar oft den ersten Bauabschnitt, macht sich aber bei Ausweitungen vielfach bezahlt. Dagegen können notwendige Erweiterungen schlecht geplanter Anlagen so hohe Kosten verursachen, daß man auf die Erweiterungen besser verzichtet und statt dessen ein völlig neues Werk errichtet. Ist damit – etwa wegen der Unmöglichkeit der Grundstücksbeschaffung am gegebenen Standort – eine Verlegung der ganzen Werkanlage notwendig, so sind erhebliche Kosten zu erwarten, die meist weit über das hinausgehen, was bei vorausschauender Planungs- und Grundstückspolitik erforderlich gewesen wäre.

Bei jedem Fabrikneubau dürfen natürlich nicht nur die baulichen Maßnahmen bedacht und geplant werden. Den Autoren sind zahlreiche Fälle bekannt, in denen der Unternehmer oder der erste Direktor eines Unternehmens kurzerhand den Architekten bestellte und mit diesem zusammen die Erweiterung überlegte und in Auftrag gab, nachdem er von der Notwendigkeit der Ausweitung seiner Fabrikanlage durch viele Klagen, Lieferschwierigkeiten, Überhöhung der Produktionskosten usw. schließlich überzeugt wurde. Meist ist das Resultat dann aufwendig und für die Fabrikationsleitung unbefriedigend.

Bei einer genauen Überprüfung des Ist-Zustandes einer Fabrik kann auch die Erkenntnis entstehen, daß gar keine neue Fabrik notwendig ist, sondern daß man die erforderlichen Mehrleistungen aus den gegebenen Gebäuden durch eine gründliche Umorganisation des Fertigungsablaufs erzielen kann. Auch Eingriffe in das Produktionsprogramm, wie z. B. das Herausschneiden unrentabler Typen (z. B. durch Zusammenarbeit mit einem Konkurrenten) können die Aufwendungen für eine geplante Erweiterung stark beeinflussen. Daher sollte, lange bevor der Architekt herangezogen wird, eine Überprüfung des Ist-Zustandes erfolgen.

Die bautechnische und architektonische Gestaltung der Fabrikanlage wird in diesem Buche nicht behandelt. Sie soll dem Architekten überlassen bleiben. Dieses Buch will Überlegungen über Fragen anstellen, die die Funktionen einer Fabrikanlage betreffen. Der Architekt sollte bei seiner Arbeit die Ergebnisse der Planungsüberlegungen voll berücksichtigen. Die finanziellen Fragen wie Geldbeschaffung, Anleihen u. ä. sind in diesem Buch nicht behandelt, da es hierfür genügend Literatur gibt. Dieses Buch will alle diejenigen Probleme der fertigungstechnischen Produktion aufzeigen, die einen direkten Einfluß auf die Fabrikanlage und ihre funktionelle Gestaltung haben, einschließlich der Standortwahl. Der Materialfluß, dessen optimale Lösung in der Fertigungstechnik besonders schwierig ist, nimmt einen breiten Raum ein. Die Absatzplanung muß nicht nur die Mengen, sondern auch die Typen der herzustellenden Erzeugnisse umfassen und bedarf einer sorgfältigen Marktforschung. Die anzuwendende Produktionstechnik muß ebenfalls „vorausschauend" überlegt werden, weil die schon bestehende Technik eventuell durch ganz andere Methoden ersetzt werden muß, die andere spezifische Flächen und andere Baukörper erfordern. Die Standortwahl für die Werkanlage erfordert bisweilen eine Abschätzung politischer Entwicklungen und ist in der Bundesrepublik Deutschland durch die Verfügbarkeit an Arbeitskräften, durch Bauauflagen wie auch durch den Mangel an größeren zusammenhängenden Grundstücksflächen in der Nähe von Wohngebieten stark eingeengt. Auch die Möglichkeiten zur Dekkung des Finanzbedarfs sind nicht sicher vorauszubestimmen, da Änderungen der Zinssätze und Liquiditätsfragen die Kapitalkosten stark beeinflussen können.

Jede Planung kann nur einen Kompromiß ergeben. Stellt man aber ein Modell für die gedachte Entwicklung auf, so geben die heutigen Methoden der elektronischen Rechentechnik die Möglichkeit, eine ganze Reihe von veränderlichen Unbekannten in diesem Modell zu variieren und so die Grenzfälle zu bestimmen, die bei der einen oder anderen Zukunftsentwicklung auftreten können. Diese Möglichkeit ist ein besonderer Anreiz zu sorgfältigem Planen.

Die Produktionsgebiete „Energietechnik" und „Verfahrenstechnik" erfordern Gebäude, die vollständig durch die Produktionsanlagen bestimmt und nicht für andere Zwecke verwendbar sind. Das gleiche gilt für manche fertigungstechnische Produktionsstätten, in denen schwere Maschinen in ganz bestimmter Reihenfolge aufgestellt werden müssen, wie beispielsweise in Walzwerken. Hier ist der Planer der Fertigungsanlage allein entscheidend über das Gehäuse, das über seine Fertigungsanlagen gesetzt werden muß. Diese Gebiete umfassen aber zahlenmäßig nur einen ganz kleinen Prozentsatz der gesamten Fabrikanlagen und sollen in diesem Buch nicht behandelt werden.

Um den Umfang des Buches in Grenzen zu halten, war es nötig, sich auf die Behandlung der grundlegenden Probleme zu konzentrieren und auf manches den Betriebsplaner interessierende Detail zu verzichten. Durch Literaturhinweise wird dem Leser jedoch Gelegenheit geboten, sich in die nicht oder nur kurz behandelten Fragen einzuarbeiten.

Das Buch ist als Hilfe gedacht für alle freien oder betriebsgebundenen Mitarbeiter, die in die Planung eingeschaltet sind, seien sie Kaufleute, Unternehmer, Betriebsingenieure oder ausgesprochene Planungsingenieure, Heizungsspezialisten usw., deren Hauptaufgabe es ist, für eine neue Fabrikanlage die Planung so vorzubereiten, daß der Architekt zügig seine baulichen Aufgaben erfüllen kann, ohne daß beständige Rückfragen und häufige Änderungen Zeitverzögerungen und Kostenerhöhungen verursachen.

1. Grundsätzliche Überlegungen und Entscheidungen vor Beginn einer Planung

1.1 Allgemeine Bemerkungen

Unter Planung soll die Erarbeitung von Vorstellungen und Daten verstanden werden, die auf bestehenden Tatsachen und gewünschten künftigen Entwicklungen beruhen. Sie kann in ihren Ergebnissen nie absolut korrekt sein, da es unmöglich ist, die auf die gewünschte Entwicklung einwirkenden Einflüsse sicher vorauszusagen. Planung muß so aufgebaut sein, daß man jederzeit ihre Grundlagen erkennen kann. Sie muß in bestimmten Abständen überprüft werden, insbesondere dann, wenn nach Ablauf längerer Zeiträume weitere Teile der Planung in die Wirklichkeit umgesetzt werden sollen.

Fabrikplanung erfordert die Berücksichtigung vieler verschiedenartiger Faktoren, die sich gegenseitig beeinflussen. Diese Arbeit kann nicht von voll belasteten Betriebsangehörigen nebenher geleistet werden. Will man eine überschlägige Planung größeren Stils durchführen, so ist es auf alle Fälle empfehlenswert, einige Mitarbeiter aus dem Betrieb, die mit den praktischen Problemen vertraut sind, von ihrer Routinearbeit zu befreien und zu einem vorläufigen Planungsteam zusammenzustellen. Es ist außerdem dringend zu empfehlen, daß von Anfang an ein betriebsfremder Planer, der Erfahrungen auf dem Gebiet der Betriebsplanung hat, zugezogen wird und möglicherweise sogar die Führung bei den Planungsbesprechungen übernimmt. Nur auf diesem Wege wird es möglich sein, die Weichen für die Planungsarbeit richtig zu stellen und Fehlplanungen zu vermeiden.

Weiter ist es erforderlich festzustellen, zu welchem Zeitpunkt das Ergebnis der Planung zur Verfügung stehen sollte. Gerade über diese Frage muß unbedingt Klarheit geschaffen werden, weil von der terminlichen Festlegung die Größe des Planungsteams entscheidend beeinflußt wird.

1.2 Wodurch wird eine Änderung des Bestehenden angeregt?

Wenn in einem Fabrikunternehmen die Frage der Belastung von Maschinen und Menschen nicht ständig unter Beobachtung gehalten wird, so ist oft der erste Anstoß zum Bau einer Fabrikerweiterung die Verstopfung der Fabrikanlage, die offensichtlich nicht mehr dazu ausreicht, das augenblickliche Programm zu leisten. In der Regel ist es vorteilhaft, zunächst zu untersuchen, warum die bestehende Fabrik nicht mehr ausreicht.

Oft wird man einen mangelhaften Materialfluß feststellen: Erzeugnisteile liegen z. B. auf Flächen, die eigentlich für Fabrikationszwecke zur Verfügung stehen sollten. Der mangelhafte Materialfluß kann die verschiedensten Gründe haben, die teilweise bis auf die Konstruktion des Erzeugnisses zurückgehen können. Auch ohne daß wir auf Einzelheiten eingehen, wird es jedem verständlich sein, daß eine Erzeugniskonstruktion, die sich nicht in klare Erzeugnisgruppen gliedern läßt, leicht zu einem trägen Materialfluß und damit einer Überfüllung von Werkstätten und Lagern führen kann. Auch eine schlechte Fertigungssteuerung kann eine Überfüllung des Betriebes herbeiführen, ebenso eine ungeeignete Nutzung der vorhandenen Räume, z. B. durch ungünstige Maschinenaufstellung. Ein anderer Grund kann ein zu heterogenes Produktionsprogramm sein.

Wir müssen unterscheiden zwischen Unternehmen für die Einzelfertigung, bei denen Anlagen oder Maschinen sozusagen nach Maß hergestellt werden und anderen, die eine Serienfabrikation betreiben. Die Serienfabrikation erlaubt den Unternehmen zunächst eine Kostensenkung und die Festlegung billigerer Preise, als sie das Unternehmen für Einzelfertigung zu berechnen vermag.

Da aber auch bei den Serienerzeugnissen Kundenwünsche auf eine Vermehrung der Typen oft auftreten, entsteht im Laufe der Zeit eine übertriebene Typenvielfalt mit zu kleinen Stückzahlen je Type, damit eine zu teure Produktion und gleichzeitig auch eine Überfüllung der Fabrikanlage.

Durch solche Entwicklungen sind schon Unternehmen zur Liquidation gezwungen worden. Ehe also ein überfüllter Betrieb als Grund für eine Neuplanung anerkannt wird, sollte geprüft werden, ob man durch Rationalisierung im weitesten Sinne des Wortes Platz schaffen kann.

Eine Änderung des Bestehenden kann weiterhin auf Grund ungeeigneter betrieblicher Räume, einer ungünstigen Anordnung der Gebäude auf dem Fabrikgelände oder einer ungünstigen Führung der Verkehrswege angeregt werden. In betrieblichen Räumen mit niedriger Deckentragfähigkeit und engen Stützenabständen geht viel Platz durch eine zu weite Maschinenaufstellung und möglicherweise auch sehr weiträumige Verteilung des Lagergutes auf dem Boden verloren. Geeignete Fördermittel sind u. U. zu schwer, um die Räume zu befahren. Dadurch entstehen auch hohe Materialflußkosten. Flächenverluste können auch durch eine ungünstige Führung der Verkehrswege entstehen, die durch die engen Stützenabstände verursacht werden kann.

Eine ungünstige Gebäudeanordnung auf dem Grundstück kann lange Wege zwischen den Gebäuden bewirken und einen nur geringen Bebauungsgrad des Geländes zulassen. Aufgabe der Fabrikplanung kann es in einem solchen Falle sein, Umbauten zu planen oder Neubauten auf dem vorhandenen oder einem völlig neuen Gelände vorzusehen.

Die beiden Fälle „übervolle Fabrik" und „ungeeignete betriebliche Gegebenheiten" sollten in einer gut planenden Firma eigentlich gar nicht vorkommen.

Der dritte Fall, daß die Fertigungsplanung auf Grund einer geforderten Produktionssteigerung einen Flächenzuwachs für das Jahr X in der Größe Y verlangt, der als Erweiterungs- oder Neubau erstellt werden soll, sollte das Normale sein.

Dabei wird man die zusätzliche Fläche so bemessen, daß der Bedarf für mehrere Jahre gedeckt wird, um die Baukosten und Betriebsstörungen gering zu halten.

Wenn eine ausgesprochene Ausweitung des Produktionsprogramms erfolgt, so wird die Frage geprüft werden müssen, ob eine Erweiterung der bestehenden Fabrikanlage oder eine Anlage auf der grünen Wiese zu einem besseren Geschäftsergebnis führen kann. Oft spielen dabei Eigenschaften der neu herzustellenden Produkte eine ausschlaggebende Rolle: Man braucht für ihre Herstellung andere Gebäudetypen als die, die man bereits besitzt. Das kommt besonders bei Unternehmen mit einer langen Tradition in Frage. Bei einer solchen Gelegenheit wird man gleichzeitig die Standortfrage prüfen und feststellen, ob es besser ist, am gleichen Standort zu erweitern oder den Standort zu wechseln. In dem entsprechenden Kapitel sind darüber weitere Ausführungen gemacht.

In Zeiten der Stagnation kann auch eine Verringerung des Produktionsprogramms eine Neustrukturierung des Produktionsbereichs erforderlich machen [1]. Der Planer sieht sich in diesem Fall vor erhebliche Schwierigkeiten gestellt, da nicht davon ausgegangen werden kann, daß in dieser Situation erhebliche Neuinvestitionen möglich sind. Vielmehr muß er versuchen, die Umstellung mit den gegebenen Möglichkeiten zu vollziehen. Dabei ist vor allem darauf zu achten, daß freiwerdende Gebäude und Gelände möglichst zusammenhängend sind, damit sie für andere Zwecke wirtschaftlich verwendet werden können.

1.3 Umfang der Planungsaufgabe und Planungskosten

Die für die Kosten einer guten Planung aufzuwendenden Beträge sind gemessen am Objekt sehr klein. Eine gute Planung kann auf der anderen Seite erhebliche Ersparnisse an den Baukosten ergeben und vor allem die wirtschaftliche Lage des Betriebes grundlegend verbessern. Es sind Fälle bekannt, wo der Bau einer neuen Fabrikanlage die anfallenden Fertigungskosten auf 30% der bisherigen gesenkt hat.

Meist steht der Zeitfaktor der Durchführung einer sorgfältigen Planung im Wege. Oft wird mit dem Beschluß, zu bauen, zu lange gewartet. Generell gesehen ist es besser, zwei Planungen oder sogar drei Planungen durchzuführen, ehe man mit dem Bau beginnt und u. U. auch einmal eine Planung vorzunehmen, bevor schon eine dringende Notwendigkeit zum Bauen besteht.

Zur Ermittlung der Planungskosten ist es notwendig, sich über den Umfang der Planungsaufgabe klar zu werden. Daran anschließend kann ein Zeitplan aufgestellt werden. Die Zahl der Mitarbeiter, die während des Planungszeitraumes notwendig sind, bestimmt die Größe der Planungskosten.

Die wichtigsten Gesichtspunkte, die man sich bei der Festlegung des Umfanges der Planungsaufgabe vor Augen führen muß, sind:

a) Vor Beginn der Planung muß man sich für jeden einzelnen Bereich über die erforderliche Präzision klarwerden. Es ist empfehlenswert, für diejenigen Bereiche zunächst großzügige Festlegungen zuzulassen, die durch die Detailplanung rückwirkend beeinflußt werden und erst anschließend genau geplant werden können.

b) Großen Einfluß auf die zu leistende Planungsarbeit hat das Vorhandensein von notwendigen Unterlagen, wie Gebäudepläne vorhandener Anlagen, Fertigungspläne, Maschinengrundrisse, Bedarfsziffern für Strom, Gas, Wasser und viele andere. Zeit für die Beschaffung dieser Unterlagen muß gegebenenfalls vorgesehen werden.

c) Zu welchem Termin das zu planende Objekt funktionsfähig sein soll und welche Fristen sich dadurch für die Abwicklung der Planung sowohl wie für die Errichtung des Objektes ergeben, sollte durch eine grobe Schätzung fixiert werden.

d) Die Planung eines Teilbereichs soll nur vorgenommen werden, wenn ihr eine Gesamtplanung vorausgegangen ist (vgl. 3.2 Planungsschritte und Bestimmung der Planungstermine). Nur so kann sichergestellt werden, daß der Teilbereich später in einen funktionell einwandfreien Gesamtplan hineinpaßt.

e) In Zusammenarbeit mit dem Auftraggeber der Planung sollte eine möglichst präzise Formulierung der Planungsaufgabe erfolgen.

Von den Gesamtkosten für ein Bauwerk entfällt heute ein wesentlich größerer Prozentsatz als früher auf die technische Ausrüstung der Bauten, also auf Heizung und Lüftung, Energieversorgung, Aufzüge und andere technische Einrichtungen. Diese Tatsache zwingt insbesondere im Fabrikbau dazu, Spezialfachberater für einzelne Gebiete zuzuziehen. Die optimale Lösung von Problemen der Heizung und Lüftung und auch der Energieversorgung erfordert viele Spezialerfahrungen. Da der Aufwand für die Planung global in der Gebührenordnung für die Architekten enthalten ist, müssen die von Spezialisten in Ansatz zu bringenden Gebühren mit dem Architekten abgesprochen werden.

Häufig wird die Planung der technischen Anlagen Unternehmen übertragen, die auch ihre Ausführung vornehmen können. Solange sich der Umfang derartiger Arbeiten in Grenzen hält, ist ein solches Verfahren zuzulassen. Sobald es sich aber um sehr große Kostenbeträge handelt, ist es zweckmäßiger, Ingenieurbüros für die Durchführung einer objektiven Planung nebst Einholung der entsprechenden Angebote hinzuzuziehen, damit man zwischen verschiedenen Angeboten für ein und dasselbe Projekt eine Auswahl treffen kann.

Der Aufwand für die Gesamtplanung bis zur Inbetriebnahme einer neuen Fabrik beträgt zwischen etwa 8 und 16% des Investitionswertes [2].

1.4 Ermittlung des Kapitalbedarfs für die Verwirklichung des Projektes

Bevor die Aufträge für die Durchführung eines geplanten Projektes erteilt werden, sollte man sich über den Kapitalbedarf in Abhängigkeit von der Zeit, die für die Durchführung eingesetzt wird, Klarheit verschaffen. Ist die Planung abgeschlossen, so kann man aus ihr die wichtigsten Zahlen für den Kapitalbedarf entnehmen. Auch die Termine lassen sich bei Benutzung der heute üblichen Netzplantechnik einigermaßen vorherbestimmen. Es ist also möglich, zu sagen, welche Investitionsbeträge zu bestimmten Zeitpunkten erforderlich sind.

Da die Liquidität eines Unternehmens stets eine sehr große Rolle spielt, ist es empfehlenswert, im gleichen Diagramm, in dem die benötigten Kapitalbeträge aufgetragen sind, den voraussichtlichen Ablauf der Umsatz- und Gewinn- bzw. Verlustentwicklung aufzutragen. Es empfiehlt sich, von vornherein klarzulegen, daß in einer bestimmten Periode des Aufbaus aus Gründen, die mit Umzügen, Umstrukturierungen, Neuanschaffung von Maschinen, Anlernvorgängen und anderen Faktoren zusammenhängen, sowohl der Umsatz wie auch der Ertrag sinken werden. Es ist besser, wenn derartige Zahlenentwicklungen von vornherein aufgezeigt werden, damit sowohl die Mitglieder des Vorstandes eines Unternehmens wie auch die des Aufsichtsrates eine klare Vorstellung davon haben, welchen Einfluß das ganze Projekt auf die Finanzlage des Unternehmens etwa haben wird.

Wenn alle in der Leitung eines Unternehmens ein vollständiges klares Bild von den finanziellen Rückwirkungen haben, die die Durchführung einer Fabrikplanung auslöst, kann man damit rechnen, daß sie diese Vorgänge in ihre sonstigen finanzpolitischen Erwägungen einbeziehen. Auf diese Weise kann man verhindern, daß Finanzdispositionen von einzelnen Unternehmens-Mitgliedern getroffen werden, die die Fertigstellung eines angefangenen Fabrikplanes in Frage stellen, ohne daß dabei eine böse Absicht vorzuliegen braucht. Außerdem schützt die Offenlegung aller dieser Zahlen die mit der Planung beauftragten Persönlichkeiten vor Vorwürfen und Enttäuschungen.

Die Genauigkeit der Planung des Kapitalbedarfs sollte mit der Genauigkeit der übrigen Fabrikplanung zunehmen. Bereits vor Beginn der eigentlichen Fabrikplanung muß der Kapitalbedarf grob berechnet werden. Zu diesem Zeitpunkt kann man eine solche Berechnung aber nur mit Hilfe von Kennzahlen des eigenen oder fremder ähnlicher Betriebe durchführen. Beispielsweise wird in der Automobilindustrie mit der Kennzahl Investitionskosten pro zu produzierendem Automobil und Jahr gerechnet.

Zu einem späteren Zeitpunkt, wenn die zu erstellenden Gebäude sowie die Inneneinrichtung und die Transportmittel festliegen, kann eine viel genauere Kapitalplanung unter Verwendung der Netzplantechnik durchgeführt werden. Eine solche Korrektur des Kapitalbedarfsplans ist selbstverständlich notwendig; — vergleiche dazu den Abschnitt „Planungsablauf" dieses Kapitels und den Abschnitt „Netzplantechnik" im Kapitel „Planungsmethoden".

Eine besonders wichtige Entscheidung, die im grundsätzlichen vor Beginn der Arbeiten getroffen werden muß, ist mit der Beschaffung des benötigten Kapitals verbunden. Selten ist die Liquidität eines Unternehmens so gut, daß neue Fabrikanlagen aus den laufenden Einnahmen nach Abzug der Steuern erstellt werden können. Man wird also oft auch mit Krediten oder einer Aufstockung des Gesellschaftskapitals arbeiten müssen. Welcher Weg der vorteilhaftere ist, kann in diesem Buch nicht im einzelnen erörtert werden.

Wichtig ist aber, die Frage der Kapitalbeschaffung zu klären und festzustellen, ob es notwendig ist, eine Neuplanung mit Rücksicht auf das beschaffbare Kapital in ihrem Ausmaß zu begrenzen. Das ergibt eine zusätzliche Planungsaufgabe, weil man in einem solchen Fall meist versucht, einen Teil des Gesamtplanes zu realisieren und nun erreichen muß, daß ein zweiter Planungsabschnitt sich störungsfrei an den ersten anschließen läßt.

Auch die Beeinträchtigung von Rationalisierungs- und Automatisierungsarbeiten kann für die Erstellung einer neuen Fabrik ein unüberwindbares Hindernis sein, weil die betrieblichen Investitionen mit Rücksicht auf die unmittelbare Zukunft u. U. nicht gekürzt werden dürfen.

1.5 Planungsgruppe

Die Meinung, daß man die Planung von Industriebauten nicht allein dem Architekten überlassen dürfe, gewinnt in der Praxis immer mehr Anhänger. Sie wird in der Literatur fast einmütig vertreten (vgl. [3] bis [7]). Man ist der Meinung, daß neben den Architekten zumindest der Betriebsplaner treten müsse, wobei allerdings eine isolierte Nacheinanderarbeit schädlich wäre. Wenn der Betriebsplaner isoliert seinen Betriebsplan entwerfen würde und der Architekt anschließend seinen Bau allein nach den Wünschen des Betriebsplaners ausrichten müßte, würden wahrscheinlich unwirtschaftlich teure Bauten, z. B. mit zu großen Stützenabständen, entstehen. Es ist deshalb notwendig, daß Betriebsplaner und Architekt zusammenarbeiten, wobei der Architekt unbedingt von einem Bauingenieur und der Betriebsplaner, wenn er diese Aufgaben nicht selbst wahrnehmen kann, von einem Materialflußingenieur unterstützt werden sollte. Zur Vertretung der Kosten- und Finanzseite muß zeitweise evtl. noch ein Betriebswirt hinzutreten. Eine Planungsgruppe wird also in der Grundstufe aus 2 bis 5 Personen bestehen; bei großem Planungsumfang kann jeder Bereich auch mehrfach vertreten sein.

Für die Bearbeitung schwieriger Einzelpunkte ist die Hinzuziehung von Spezialisten zu empfehlen. Bei ausgesprochenen Details kann man die Spezialisten der Lieferfirmen heranziehen. Bei der Erarbeitung von ganzen Konzeptionen, z. B. für Klimaanlagen, ist es aber günstiger, unabhängige Berater zu wählen.

Die Mitarbeit von Spezialisten kann für folgende Fachbereiche notwendig werden:

Baugrunduntersuchung (Geologe), Eisenbahn, Straßenbau, Kanalbau (Ingenieurbüros), Fertigungstechnik, Handhabung, Arbeitsplatzgestaltung, Fördermittel und -hilfsmittel, Lagertechnik und -verwaltung, Heizung, Lüftung, Klimatisierung, sanitäre Installation, Bewässerung, Abwassertechnik, elektrische Anlagen, Lichttechnik, Arbeitsmedizin.

Auch Mathematik und Jura können bisweilen zur Lösung von Spezialproblemen beitragen.

Zur Koordinierung der Tätigkeiten der Planungsgruppe ist es notwendig, eines seiner Mitglieder zum Leiter der Gruppe zu ernennen. Seine Aufgabe ist es, über den Ablauf der Planung Regie zu führen und die Beteiligten sachlich und zeitlich zu koordinieren. Dafür ist vor allem der Sinn für die Zusammenhänge in der Fabrikplanung notwendig. Architekten halten es oft für eine Selbstverständlichkeit, daß sie die Führung der Fabrikplanung übernehmen, während nach den Erfahrungen der Verfasser ein Ingenieur an der Spitze eher die Gewähr bietet, daß die geplante Fabrik in erster Linie die Forderung nach einwandfreien, d. h. wirtschaftlichen Produktions- und Materialflußverhältnissen erfüllt.

Der Leiter der Planungsgruppe soll für Spezialprobleme den Betriebswirt, Ingenieur oder Architekten zur Geltung kommen lassen. Diese Herren verfügen auf ihren Spezialgebieten über gründlichere Erkenntnisse und größere Erfahrungen als er.

Die Koordinierung der auseinanderstrebenden Meinungen der Mitarbeiter in der Planungsgruppe wird am besten gelingen, wenn diese ihre Ansprüche an die Mitarbeiter aus anderen Bereichen abstrakt zu formulieren vermögen. So sollte der Ingenieur vom Architekten nicht eine ganz bestimmte Dachkonstruktion oder einen bestimmten Fußbodenbelag verlangen, sondern sich statt dessen auf grundsätzliche Forderungen, wie etwa bestimmte Mindeststützenabstände, Beleuchtungsstärken, Dach- und Fußbodenbelastungen beschränken, die der Architekt dann mit den ihm am günstigsten erscheinenden Mitteln erfüllen kann.

Zwei wichtige Punkte im Zusammenhang mit der Arbeit der Planungsgruppe sind:

1. die Zustimmung des zukünftigen Geschäftsführers bzw. Betriebsleiters und seiner Mitarbeiter, die mit dem Ergebnis der Planung arbeiten müssen und
2. die Genehmigung der Pläne durch die Geschäftsleitung, die die Zurverfügungstellung des Kapitals zu verantworten hat.

Es ist auch möglich, daß ein Mitglied der Geschäftsleitung, z. B. als Leiter des Planungsteams, direkt im Planungsteam mitarbeitet. Es wird dann seine Aufgabe sein, seine Kollegen zu informieren und ihre Zustimmung einzuholen. Ist das nicht der Fall, so ist die Geschäftsleitung bei Besprechungen über Teilergebnisse der Planung zu unterrichten. Es ist unbedingt notwendig, daß sie Teilergebnisse genehmigt und daß sie, wenn Alternativen bestehen, die von ihr gewünschte Version auswählt. Die Zusammenarbeit mit den späteren Benützern der Fabrik kann ebenfalls dadurch geschehen, daß beispielsweise der spätere Betriebsleiter im Planungsteam mitarbeitet.

Für die Entstehung der Planungsgruppe gibt es die folgenden Möglichkeiten: Großbetriebe haben häufig eigene, evtl. „fliegend" eingesetzte Planungsgruppen, die im allgemeinen über die Belange des Betriebes gut unterrichtet sind.

Eine Planungsgruppe kann aber auch aus Mitarbeitern des Betriebes von Fall zu Fall zusammengestellt werden (Projektmanagement; vgl. [8]). Dabei muß zumindest der Planungsleiter über die oben angeführten Fähigkeiten und Kenntnisse verfügen. Er muß auch unbedingt von anderen Aufgaben völlig entlastet werden, während die anderen Mitarbeiter u. U. nur zeitweise in der Planungsgruppe tätig sind (Einfluß-Projektmanagement, Matrix-Management; vgl. [9]). Die in der Planung ständig mitarbeitenden Kräfte sollten möglichst auch räumlich in einem Planungsbüro konzentriert werden.

Eine weitere Möglichkeit ist die Durchführung der Planung durch außenstehende Berater. Dabei kann es sich um vom Betrieb ausgewählte Einzelberater in freier Zusammenarbeit handeln, um Ingenieurbüros mit einem Grundstab, die zusätzlich nach Bedarf Spezialisten zuziehen oder um Großplanungs-Unternehmen, die Hauptfachkräfte und Spezialisten vereinen und sogar die Übernahme schlüsselfertiger Planung und Ausführung von Projekten zum Festpreis mit Termingarantie akzeptieren (vgl. [10]).

Die Grundlagen der Fabrikplanung werden heute auch an speziellen Instituten an den Technischen Hochschulen oder Universitäten behandelt. Die Heranziehung derartiger Institute trägt oft zur Entwicklung erstklassiger Fabrikplanungen bei.

Die Planung durch außenstehende Berater scheint in den USA viel verbreiteter zu sein; in der DDR scheint Ähnliches üblich: [11] tritt für zentrale branchenorientierte Projektierungsbüros ein mit einzelnen Industriezweigbüros, die die für Betriebe notwendige Planung übernehmen.

Die Beauftragung außenstehender Berater hat u. U. sogar gegenüber der eigenen Planungsgruppe einige Vorteile:

Es liegen häufig Erfahrungen auch aus anderen Branchen vor, die für den jeweiligen Fall nutzbringend verwendet werden können und häufig zu neuen Ideen führen.

Eine gute Beherrschung der Planungsmethoden und fehlende Betriebsblindheit seien als weitere Vorteile erwähnt.

1.6 Planungsablauf

Über den Planungsablauf und die logischen Zusammenhänge, die dabei beachtet werden müssen, informiert ein Netzplan, bei dem die für die einzelnen Vorgänge erforderlichen Zeiten berücksichtigt sind. Treten im Spezialfall Rückläufe auf, sind diese durch Wiederholungen der entsprechenden Vorgänge im Netzplan zu erfassen. Eine graphische maßstäbliche Darstellung eines solchen Netzplanes empfiehlt sich jedoch nicht, weil ständige Änderungen im Netzplan unvermeidlich sind. Der grobe Netzplan ist mit dem Planungsfortschritt zu verfeinern und, wenn er einen entsprechenden Umfang übersteigt, evtl. auch in mehrere partielle Netzpläne zu untergliedern. Jeder der partiellen Netzpläne wird aus einzelnen aufgelisteten Arbeiten und den für die Durchführung der Arbeiten erforderlichen Daten je nach Umfang manuell oder mit Hilfe von Rechenprogrammen erstellt und bei Bedarf Änderungen angepaßt.

Im Kapitel Planungsmethoden findet sich ein Überblick über die Netzplantechnik und ein Beispiel für den Aufbau eines Netzplanes. In welchem Umfang man derartige Netzpläne aufstellt, hängt von den jeweiligen Verhältnissen ab. Je mehr Faktoren gleichzeitig beachtet werden müssen, um so wichtiger ist es, Netzpläne zur Überwachung der zusammenhängenden Vorgänge anzufertigen.

Literatur zum Kap. 1

Zitierte Literatur

1. Brankamp, K.: Auswirkungen rückläufiger Fertigungsvolumen in Unternehmen des Maschinen- und Anlagenbaus auf die Produktionsstruktur. In: 11. Arbeitstagung des Fraunhofer-Instituts für Produktionstechnik und Automatisierung (IPA), Tagungsunterlagen. Stuttgart 1980.
2. Aggteleky, B.: Fabrikplanung. München: Hanser 1970.
3. Walter, P. u. H.: Planung und Bau von Fertigungsstätten. VDI-Z. 102 (1960) 14, S. 541—558.
4. Silberkuhl, W. J.: Begriffe und Methoden der Industrieplanung. Zentralblatt f. Industriebau 5 (1959) 7, S. 311—313.
5. Ohne Verf.: Ingenieure planen Industriebau. VDI-Nachrichten 19 (1965) Nr. 21.
6. Fuhrmann, D., Janssen, J.: Systematisch planen — wirtschaftlich bauen. Plus (1967) 6, S. 33—38.
7. Suter, P. F.: Gesichtspunkte des Baufachmannes bei der Gesamtplanung. Industrielle Organisation 30 (1961) 8, S. 343—348.
8. Schröder, H.: Projektmanagement. Eine Führungskonzeption für außergewöhnliche Vorhaben. Wiesbaden: Gabler 1971.
9. Rinza, P.: Projektmanagement — Planung, Überwachung und Steuerung von technischen und nichttechnischen Vorhaben. Düsseldorf: VDI-Verlag 1976.
10. Henry, J.: Betriebsplanung, Generalplanung, Generalunternehmung. Bauen und Wohnen 16 (1962) 11, S. 442—445.
11. Rockstroh, W.: Zur Projektierung von Industriebetrieben. Dresden: Dissertation an der TU 1963.

Weiterführende Literatur

12. Aggteleky, B.: Systemtechnik in der Fabrikplanung. München: Hanser 1973.
13. Aggteleky, B.: Fabrikplanung und Systemtechnik. In: Ropohl, G. (Hrsg.): Systemtechnik — Grundlagen und Anwendung. München: Hanser 1975.
14. Bahke, E.: Moderne Planung und Steuerung von Materialflußsystemen. Fördern u. Heben 28 (1978) 8, S. 511—516.
15. Bahke, E.: Materialflußsysteme. Bd. II: Materialflußmodelle. Mainz: Krausskopf 1975.
16. Buslenko, N.: Simulation von Produktionsprozessen. Leipzig: Teubner 1971.
17. Fleischmann, B.: Distributionsplanung. In: Proceedings in operations research 8 (1978). Würzburg, Wien: Physica 1979.
18. Grabowski, H., Dracke, W.: Rechnerunterstützte Anlagenprojektierung. Ind. Anz. 97 (1975) 14, S. 257—260.
19. Hanke, H.: Neue Wege der Materialflußplanung. Ind. Anz. 98 (1976) 21, S. 350 bis 352; 30, S. 509—517; 38, S. 661—664.
20. Jünemann, R.: Theoretische und praktische Logistik für die Wirtschaft. Distribution 6 (1975) 11, S. 30—41; 12, S. 50—53; 7 (1976) 4, S. 26—31; 10 S. 36 bis 50.
21. Kettner, H., Schmidt, J.: Transportgerechte Fabrikplanung. VDI-Z. 120 (1978) 22, S. 1073—1080.
22. Medack, J.: Technologische Projektierung von Werkstätten unter Berücksichtigung von Störfaktoren. Fertigungstechnik und Betrieb 28 (1978), S. 541—544.
23. Müller-Merbach, H.: Der Warenverteil- und Lagerprozeß. Distribution 4 (1973) 6, S. 35—43.

2. Programmplanung

2.1 Kritische Betrachtung des laufenden Verkaufsprogrammes

Bevor man mit der Planung einer Fabrik beginnt, muß bekannt sein, für welche Erzeugnisse und welche Mengen sie ausgelegt werden soll. Dazu sollte, falls es sich um keine völlige Neuplanung für neuartige Produkte handelt, zunächst das bestehende Produktions- und Verkaufsprogramm kritisch durchgearbeitet werden.

Diese Aufgabe überträgt man am besten einem betriebsfremden Berater, der ohne Betriebsblindheit unvoreingenommen das bestehende Programm beurteilt. In der Regel wird es ausreichend sein, das Programm unter folgenden Gesichtspunkten zu betrachten:

a) Unter dem Gesichtspunkt des erzielten Umsatzes und des erzielten Profits,
b) unter dem Gesichtspunkt der vorhandenen Produktionseinrichtungen,
c) unter dem Gesichtspunkt der vorhandenen Zulieferanten,
d) unter dem Gesichtspunkt der Arbeiter, die verfügbar sind.

2.1.1 Umsatz und Gewinn

Die beiden besonders wichtigen Begriffe Umsatz und Gewinn sind in der letzten Zeit in Mißkredit geraten. Sie sind aber für die hier vorliegende Betrachtung von entscheidender Bedeutung.

Produktionsausweitungen, die gleichzeitig eine Rationalisierung mit sich bringen und damit kostensenkend wirken, sind für die Allgemeinheit von großer Wichtigkeit. Man benötigt aber billiges Kapital, d. h. mit anderen Worten genügend Umsatz und genügend Gewinn, die beide miteinander erst kapitalbildend wirken können. Daher ist es berechtigt, wenn man das bestehende Produktionsprogramm zuerst im Hinblick auf den vorhandenen Umsatz und Profit einer kritischen Betrachtung unterzieht.

Um gewinnträchtige und verlustbringende Artikel zu unterscheiden und um auslaufende Artikel so rasch wie möglich zu erkennen, ist es notwendig, den Gewinn oder Verlust, den jeder Artikel gebracht hat, im einzelnen zu berechnen und die Umsatzkurve eines Artikels über seiner ganzen „Lebenszeit" mit dem theoretischen Lebenslauf eines Industrie-Erzeugnisses (vgl. Bild 2.1) zu vergleichen. Verlustbringende Artikel sollten aus dem Artikelsortiment möglichst eliminiert werden. Bei Artikeln, bei denen es verwunderlich erscheint, daß sie Verlust bringen, besteht die Möglichkeit, daß sie noch in der Einführungs- oder Auslaufphase sind oder daß Konstruktion, Fertigungsmethoden oder Verkaufsanstrengungen unzureichend sind. Das Sortiment sollte nach [1] immer so zusammengesetzt sein, daß auslaufenden Artikeln mit abnehmendem Umsatz solche in der Einführungs-, Anlauf- oder Reifeperiode gegenüberstehen.

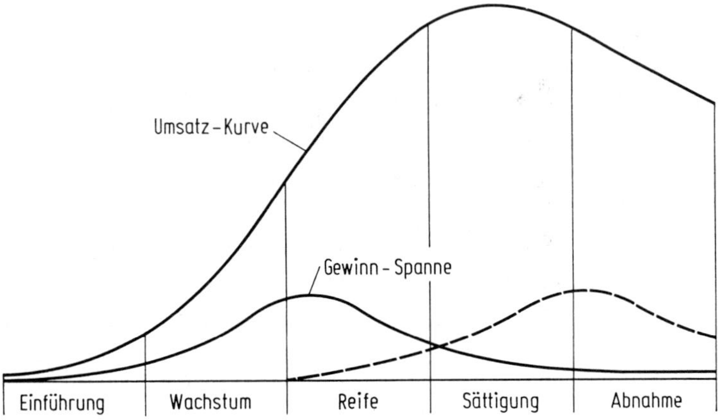

Bild 2.1. Lebenslauf eines Industrieerzeugnisses. Gestrichelt ist der Gewinn aus dem Absatz eines neuen Erzeugnisses eingetragen, der erforderlich ist um Bestand und Ausdehnung der Unternehmung sicherzustellen.

2.1.2 Vorhandene Produktionseinrichtungen

Die maschinellen und anderen technischen Einrichtungen einer Produktion sollten in Gruppen eingeteilt und auf ihre Brauchbarkeit für das gegenwärtige Produktionsprogramm hin untersucht werden. Die Gruppeneinteilung erfolgt am besten nach sinkendem Investitionswert, so daß man sich mit besonders kostspieligen Einrichtungen zuerst und mit den weniger kostspieligen erst später beschäftigt.

Wichtigste Beurteilungsfaktoren für ihre Brauchbarkeit sind die zeitliche und technische Ausnützung der Produktionseinrichtungen. Beide werden stark beeinflußt durch das Produktionsprogramm selbst. Haben wir es mit einem sehr heterogenen Programm zu tun und sind wir nicht in der Lage, einen genügend differenzierten Maschinenpark aufzustellen, weil uns dazu der Umsatz fehlt, so müssen wir mit schlechter zeitlicher und schlechter technischer Ausnutzung der Maschinen rechnen. Die zeitliche Ausnutzung wird durch die Notwendigkeit häufiger Umstellungen gedrückt, die technische dadurch, daß Maschinen mit zu vielen Arbeitsmöglichkeiten angeschafft worden sind, um das heterogene vorliegende Produktionsprogramm bewältigen zu können.

Es empfiehlt sich die Anfertigung einer Tafel ähnlich einem Maschinenauslastungsplan, die in der Vertikalen die Gruppen der Produktionseinrichtungen enthält und in der Horizontalen die Produkte oder Produktgruppen, die diese Produktionseinrichtungen in Anspruch nehmen. Dabei sollte die zeitliche Inanspruchnahme während eines größeren Zeitraumes (z. B. 1 Jahr), also die Nutzungszeit, graphisch dargestellt werden (Bild 2.2). Diese Tafel gibt uns einen guten Überblick über die Schwächen des Produktionsprogrammes im Hinblick auf die Ausnutzung der Einrichtung. Sie zeigt uns, an welchen Stellen die Produktionsanlage ergänzungsbedürftig ist und wo noch Produktionsreserven stecken.

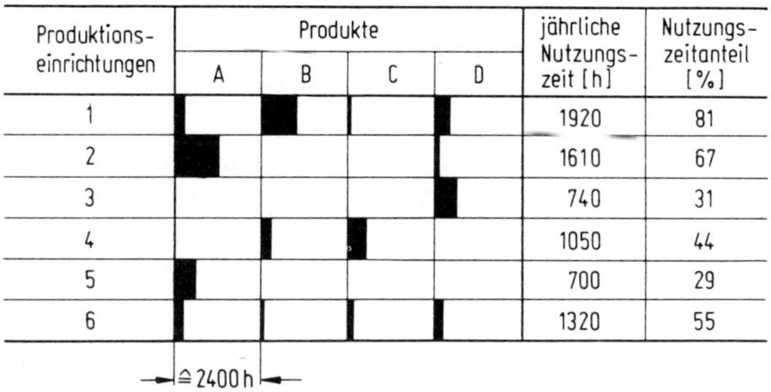

Bild 2.2. Zeitliche Auslastung der Produktionseinrichtungen durch die verschiedenen Produkte.

2.1.3 Zulieferanten

Die Bedeutung der Zulieferanten ist vielen Unternehmern nicht ausreichend bewußt. Es ist daher vor der Durchführung einer Neuplanung empfehlenswert, die zum Untersuchungszeitpunkt tätigen Zulieferanten und ihre Lieferungen kritisch zu betrachten. Zu prüfen ist die Leistungsfähigkeit (Befriedigung von plötzlichem Bedarf), die Zuverlässigkeit (Termintreue) der Lieferanten sowie die Qualität (Ausschußanteil) und der Preis der Lieferungen. Man sollte sich überlegen, welche der Zulieferanten man wegen Schwächen in diesen Punkten nicht mehr berücksichtigen bzw. welche Zulieferanten man verstärkt berücksichtigen sollte, weil man mit ihnen bisher zufrieden war.

Über die Aufteilung des Verkaufsprogrammes auf die eigene Produktion (Produktionsprogramm) und auf Zulieferanten wird im Abschnitt 2.3 gesprochen.

2.1.4 Mitarbeiter

Auch die kritische Betrachtung der zur Verfügung stehenden Mitarbeiter hinsichtlich Qualifikation und Leistungsfähigkeit ist bei der Neuplanung von großer Bedeutung. Sie kann großen Einfluß auf die Durchführbarkeit einer Produktionsausweitung bzw. Programmänderung ausüben.

2.2 Vorstellungen über die künftige Gestaltung des Verkaufsprogrammes

Da die Fabrik für die Zukunft geplant wird, muß nach der kritischen Betrachtung des laufenden Programmes das zukünftige Verkaufsprogramm geplant werden, das sich in den meisten Fällen vom bisherigen unterscheiden wird. Hierfür gibt es beispielsweise folgende Gründe:

Die Saisonschwankungen beim bisherigen Produktionsprogramm verursachen Schwierigkeiten in der Auslastung.
Das Programm, das die Firma bisher erzeugt hat, findet guten Absatz, aber es ist für die meisten Kunden nicht ausreichend. Es sollten noch andere Erzeugnistypen hinzugenommen werden, um die Kundschaft noch fester an das Unternehmen zu binden.
Der Vertrieb findet heraus, daß in dem von ihm bearbeiteten Kundenkreis ein Bedürfnis für ein Erzeugnis besteht, das in der gewünschten Ausführung noch nicht auf dem Markt erhältlich ist.
Es entsteht der Wunsch des Zusammenschlusses mit einem oder mehreren anderen Unternehmen, wodurch eine Neuordnung des Produktionsprogrammes notwendig wird.
Das Produktionsprogramm ist sehr einseitig. Zur Risikoverminderung sollen weitere Artikelgruppen (Diversifikation) mit aufgenommen werden.

Die Liste läßt sich beliebig lang fortsetzen, denn die Zahl der möglichen Gründe für die Neufassung eines Produktionsprogrammes ist unendlich groß.

Bei der Planung des neuen Verkaufsprogrammes geht man im allgemeinen von den derzeitigen Marktverhältnissen aus, untersucht beispielsweise eigene und fremde Marktanteile und die Bedürfnisse der Zukunft mit dem Ziel, aus dem Verkaufsprogramm überholte Artikel auszuscheiden und neue Artikel mit guten Verkaufsaussichten in das Programm aufzunehmen. Anschließend ist zu untersuchen, welche Sorten der Artikel unbedingt gebraucht werden, wobei, um eine rationelle Fertigung zu ermöglichen, möglichst wenige erwünscht sind. Die Durchforstung des Programms und Streichung unnötiger Artikel und Sorten sollte das Minimum dieses Teils der Vorarbeit sein.

Für eine genauere Information über die Programmplanung als ganzes wird verwiesen auf [1 bis 5], zu den Abschnitten 2.2.2 bis 2.3 auf [6 bis 8].

2.2.1 Marktforschung und Absatzanalyse

Die Erforschung der Marktlage ist eine besonders wichtige Voraussetzung für die Planung des Verkaufsprogrammes. Es kann hier nicht im einzelnen auf die notwendigen Schritte eingegangen werden, sondern es soll nur kurz angedeutet werden, in welcher Richtung die Marktuntersuchung [9] gehen muß, ohne daß die Aufzählung Anspruch auf Vollständigkeit erheben kann. Es ist am besten, zunächst den derzeitigen Zustand des Marktes zu untersuchen und daraus dann Schlüsse für die Zukunft zu ziehen. Zunächst interessiert der Marktumfang, z. B. nach Umsatz und Stückzahl. Im einzelnen sollten dann Marktanteile der am Markt anbietenden Firmen untersucht werden. Noch weiter ins Detail gehend müssen Qualität, Lebensdauer und Preise der angebotenen Artikel sowie Sortenvielfalt und Kundendienst der Firmen untersucht werden.

Diese Ermittlungen werden in vielen Fällen am besten durch ein Marktforschungsinstitut durchgeführt, das die notwendige Routine und Information für diese Aufgabe hat. Nach dieser Aufnahme des Ist-Zustandes geht es darum, die Entwicklung des Marktes als Ganzes vorherzusagen. Ein Hilfsmittel dabei ist die Trendrechnung (vgl. [10]), mit deren Hilfe man aus der Marktentwicklung der Vergangenheit unter Eliminierung kurzfristiger Einflüsse versucht, die Entwicklung in die Zukunft herzuleiten. Zunächst nimmt man an, daß der Verlauf der Kurve „Umsatz über der Zeit" in der Zukunft gleich bleibt wie in der Vergangenheit. Zusätzlich werden andere Faktoren berücksichtigt, die Einfluß auf die Entwicklung des Marktes haben. So ist es denkbar, daß die bestehenden Artikel durch Ersatzprodukte völlig anderer Branchen abgelöst werden. Es ist auch möglich, daß die eigene Branche Artikel entwickelt, die die Artikel anderer Branchen ersetzen. Es muß versucht werden, solche Entwicklungen, soweit sie zum Planungszeitpunkt schon aktuell sind, zu berücksichtigen. Informationen über solche Faktoren können ähnlich gewonnen werden, wie über neue Produkte der Konkurrenz.

Wenn die Tendenz der Entwicklung des ganzen Marktes ermittelt ist, ist die eigene Stellung im Markt klarzulegen. Eigene Artikel, Marktanteile usf. sind mit denen der Konkurrenz zu vergleichen. Die Trendkurve des eigenen Absatzes ist dann zu ermitteln, woraus unter Beachtung von Zusatzeinflüssen eine erhoffte Absatzkurve festgelegt werden kann. Zusatzeinflüsse sind z. B. eigene neue Produkte und neue Produkte der Konkurrenz. Hinweise über den voraussichtlichen Absatz neuer Artikel erhält man durch Bedarfserkundung, ein Beispiel bringt [11].

Über die Zukunftspläne von Konkurrenzfirmen kann man auf vielfältigen Wegen Kenntnis erlangen, z. B. durch Gespräche mit Geschäftsfreunden, Berichte des Außendienstes, Studium von Patentschriften, Branchen- und Firmennachrichten, von Prospekten und Anzeigen. Auch der Stellenmarkt oder persönliche Beziehungen zu Konkurrenzfirmen sind oft gute Informationsquellen.

Eine große Rolle spielt die Absatzpolitik, die die Firma betreibt. Sie kann die Expansion des Umsatzes mit vielen Mitteln zum Ziel haben, aber auch Erhaltung des Status als Mittelbetrieb oder Herstellung von Qualitätserzeugnissen zu guten Preisen mit dem vorhandenen Facharbeiterstamm anstreben. Einen Einfluß kann auch die Vorstellung der Firmenleitung von der optimalen Betriebsgröße haben.

Diese Betrachtung des Trends mit den zusätzlichen Einflußfaktoren sowie der Vergleich der eigenen Produkte mit denen der Konkurrenzfirmen führt zur Festlegung des erhofften Absatzverlaufs über der Zeit.

2.2.2 Gestaltung der Artikel

In diesem Teil der Programmplanung sollen die verschiedenen Artikel des Sortiments bestimmt werden. Dabei geht es um die Mengen der Artikel, die verkauft werden sollen sowie um deren genauere Gestaltung und Qualität, die die Fertigung beeinflussen. Die Auswahl der Typen und Sorten pro Artikel soll später vorgenommen werden.

Nach [7] soll die Zielsetzung bei der Gestaltung des Absatzsortiments erstens Gewinnmaximierung und zweitens Absatzsicherheit sein. Nach [3] soll der Gewinn dabei als Erlös abzüglich Produktionskosten abzüglich Absatzkosten gesehen werden. Der Absatz soll durch Vermeidung zu großer Einseitigkeit des Programmes gesichert werden. Von dieser Zielsetzung können sich evtl. andere, wie Wirtschaftlichkeit, Betriebselastizität, Substanzerhaltung usf. ableiten. Zur Gewinnmaximierung kann folgendes gesagt werden: Der Erlös aus den Artikeln ist abhängig von ihrem Wert für die Kunden, d. h. von Funktionstüchtigkeit, Form, Qualität, Lebensdauer, Betriebskosten und anderen Dingen, z. B. der Mode.

Will man den Wert von Artikeln, die stark der Mode unterworfen sind, erhalten, indem man die Artikel häufig ändert, so entstehen erhöhte Produktionskosten. Diese kann man gering halten, indem man nur äußere Teile der Artikel ändert. In der Automobilindustrie ist es z. B. üblich, die Karosserie eines Automobils häufig zu wechseln und den eigentlichen maschinellen Teil des Wagens konstant zu lassen. So kann man die maßgeblichen Teile des Wagens lange Zeit in der gleichen Konstruktion und damit insgesamt in sehr hohen Stückzahlen liefern und trotzdem eine Anpassung an die Forderungen des Marktes vornehmen.

Die Produktionskosten sind abhängig von der Konstruktion der Artikel und den dadurch erforderlichen Fertigungsmethoden. Die Fertigungsmethoden sind wiederum abhängig von den Stückzahlen, in denen die Artikel gefertigt werden sollen. Da die Konstruktion, um günstigste Produktionskosten zu erreichen, je nach Stückzahl auch verschieden auszuführen ist, sind Konstruktion, Fertigungsmethoden und Stückzahlen zusammen zu sehen. Entsprechend muß die Konstruktion und Entwicklung neuer Erzeugnisse Hand in Hand gehen mit der Entwicklung ihrer Produktionsmöglichkeiten. Deshalb sollte man schon frühzeitig Produktions-Ingenieure, die die technische wie die wirtschaftliche Seite der Produktion übersehen, an der Entwicklung beteiligen.

Wenn es von der Stückzahl her irgend möglich ist, sollte man spanlose Fertigungsmethoden anwenden, um die immer mit höheren Materialkosten verbundenen spanabhebenden Produktionsmethoden möglichst einzuschränken. Hohe Stückzahlen sind aber im allgemeinen nur möglich, wenn sich das Artikelsortiment auf wenige Hauptartikel beschränkt. Erst bei hohen Stückzahlen ist eine Verwendung teurer Vorrichtungen oder eine Automatisierung der Fertigung möglich (vgl. [12]). Auf die Vorteile hoher Stückzahlen soll im einzelnen im nächsten Abschnitt eingegangen werden.

Die Absatzkosten hängen ab von der Güte der Artikel und von der Intensität der Bemühungen um den Markt sowie von der Artikelzahl.

Da die durchschnittliche Lebenszeit eines Artikels immer mehr abnimmt, wird eine leistungsfähige Forschungs- und Entwicklungsabteilung auch für kleine Betriebe immer wichtiger.

Über die „Planung neuer Produkte“ gibt [13] Auskunft.

Die Gestaltung eines nach den Kriterien Gewinnmaximierung und Sicherheit optimalen Absatzsortiments dürfte bei komplizierter Fertigung mathematisch exakt nie möglich sein. Hinweise zur Optimierung geben noch die Literaturstellen [7] und [14].

2.2.3 Breite des Absatzsortiments — Auffächerung der Artikel in Typen und Sorten

Von den Anforderungen des Marktes her ist es notwendig, die ausgewählten Artikel nach Typen und Sorten aufzufächern.

Die Begriffe seien folgendermaßen definiert:

Artikel unterscheiden sich maßgeblich hinsichtlich Konstruktion und Verwendungszweck [8], z. B. Bohrmaschine, Nähmaschine, Fahrrad.

Typen sind Abstufungen eines Artikels, vor allem in baulichen Dimensionen, evtl. auch in Funktionen [15].

Sorten sind Varianten eines Artikels oder Typs, soweit deren Abweichungen voneinander bei der Produktion berücksichtigt werden müssen [5], (z. B. hinsichtlich Farbe, Ausführungsform, Ausstattung).

Eine Auffächerung nach Typen und Sorten ist praktisch bei allen Industrieerzeugnissen erforderlich. Man muß beispielsweise nach Größe, Ausstattung und Qualität unterscheiden. Jeder Kunde möchte am liebsten die Maschine haben, die seinem Bedarfsfall am genauesten entspricht. Der Markt wünscht eine Herstellung möglichst vieler Typen und Sorten, bis hin zum Extrem der Fertigung exakt nach Kundenwunsch (Auftragsfertigung). Dabei werden lediglich die Artikel bestimmt, die gefertigt werden und Einschränkungen hinsichtlich der Größe gemacht. Einzelne Sorten oder Typen der Enderzeugnisse lassen sich nicht vorausplanen.

Für den Produzenten ist es am kostengünstigsten, das Verkaufssortiment möglichst klein zu halten. Weniger Sorten bedeuten höhere Stückzahlen und geringere Kosten, und zwar im einzelnen (nach [6]) Reinigungs-, Stillstands- und Einrichtungskosten, Einkaufs- und Übernahmekosten, Lagerkosten in allen Lagern einschließlich Auslieferungslagern, Entwicklungs- und Konstruktionskosten, Kosten der Arbeitsvorbereitung, z. B. auch für Arbeits- und Zeitstudien, geringere Ausschußkosten und geringere Transportkosten.

Das Sortiment sollte also möglichst eng sein. Sonderwünsche sollten verteuert werden (kostenrichtige Kalkulation) und die Sorten im Zuge des Fertigungsablaufs erst möglichst spät entstehen. Wenn Unterschiede, z. B. erst durch die Verpackung entstehen, wird der ganze Einkauf und die Fertigung sowie die Roh- und Zwischenlagerhaltung nur wenig verteuert. Andere Unterschiede können durch verschieden gestaltete Oberflächen oder durch zugekaufte Zusatzteile ebenfalls noch relativ günstig erzeugt werden.

Ein wichtiges Mittel, um die Zahl der Sorten, d. h. der Enderzeugnisse einzuschränken, ist deren Typisierung, d. h. deren sinnvolle Auswahl, beispielsweise nach Größen, und zwar so, daß sie etwa dem Bedarfsspektrum entsprechen. Daß eine Typisierung von Enderzeugnissen sehr oft noch nicht erfolgt ist, zeigt eine Veröffentlichung über die Typenvielzahl bei Haushaltgeräten [16 bis 18]. Über Typenbeschränkung berichtet [19], eine Anleitung zur Typisierung gibt Ries in „Normung nach Normzahlen“ [20].

Bei der Typisierung nach Größen entstehen jeweils Baureihen, wobei möglichst viele verschiedene Teile oder Teilegruppen in allen Typen aller Baureihen verwendet werden sollten.

Es ist auch zu prüfen, ob nicht verschiedene Artikel aus im wesentlichen gleichen Teilen oder Teilegruppen baukastenartig zusammengesetzt werden könnten. Bei Auftragsfertigung lassen sich die Teilegruppen dann auf Vorrat fertigen und nach Bedarf kurzfristig zusammenbauen.

Die Verwendung gleicher Teile oder noch besser Teilegruppen in verschiedenen Artikeln hat auch günstige Auswirkungen auf den Kundendienst, weil die Zahl der Ersatzteile beträchtlich reduziert werden kann.

2.3 Festlegung des künftigen Produktions-Programmes — Aufteilung der Erzeugnisse und ihrer Teile auf Eigen-Fertigung und Fremdbezug

Einzelteile oder auch Teilegruppen werden praktisch von allen Produzenten zugekauft. Es ist aber manchmal auch vorteilhaft, wenn nicht das gesamte Verkaufsprogramm im eigenen Betrieb hergestellt, sondern ein Teil der fertigen Erzeugnisse zugekauft wird.

Manchmal werden auch Zwischenarbeitsgänge nach außerhalb vergeben. Da üblicherweise ein geringer Prozentsatz der Sorten einen großen Prozentsatz des Umsatzes erbringt, ist es oft sinnvoll, die Sorten mit großem Umsatz selbst herzustellen und die Sorten geringeren Umsatzes als Handelsware zu beziehen und zu vertreiben.

Der Bezug von fertigen Erzeugnissen oder Teilen empfiehlt sich besonders da, wo Zulieferanten große Stückzahlen fertigen und das eigene Unternehmen nur geringe Stückzahlen verbrauchen kann. In solchen Fällen ist es absolut notwendig, Fremdbezug durchzuführen, damit man in den Genuß der erheblichen Kosteneinsparung kommen kann, die durch Großmengenfabrikation gegeben ist. Man sollte einen solchen Schritt nicht dadurch erschweren, daß man dem Zulieferanten zuviele Auflagen bezüglich der Ausführung und der zuzuliefernden Teile macht, sonst geht der Vorteil wieder verloren. Die Automobil-Industrie bezieht 60 bis 70% ihres Umsatzes von Zulieferanten. Ein großes Automobilwerk kauft beispielsweise von fast 20 000 Zulieferbetrieben.

Als Zulieferteile werden beispielsweise Guß, Normteile, wie Schrauben, Verpackungen und vieles andere bezogen.

Es gibt aber heute noch eine große Anzahl von Maschinenteilen, die man selbst herstellt, obwohl sie in die Gruppe der Maschinen-Elemente gehören und grundsätzlich von Spezialfirmen bezogen werden sollten. Das große Gebiet der Handgriffe, die Zahnräder und Riemenscheiben und vieles andere mehr gehören dazu.

Zwischenarbeitsgänge, wie z. B. Härten, werden nach außerhalb vergeben, wenn sie eine besonders kostspielige Ausrüstung oder Spezialkenntnisse erfordern. Eine Vergabe ist auch sinnvoll, wenn diese Arbeitsgänge durch Lärm, Rauch, Explosionsgefahr usf. stören würden.

Fremdbezug von Arbeitsgängen, Teilen oder Erzeugnissen bietet allgemein die folgenden Vorteile (nach [6, 7]):

Rationelle Fertigung, da sich Zulieferer auf entsprechende Erzeugnisse durch hohe Stückzahlen spezialisieren können.

Höherer möglicher Aufwand für Forschung und Entwicklung aus denselben Gründen (z. B. elektronische Benzineinspritzung).

Geringerer Kapitalbedarf beim Auftraggeber.

Bessere Maschinenausnützung beim Auftraggeber durch Vergabe von Spitzenbelastungen.

Inanspruchnahme von Fremdbezug kann die folgenden Nachteile haben:

Evtl. auftretende Tansportschwierigkeiten oder nicht eingehaltene Zusagen erfordern größere Lager.

Vergabe von Zwischenarbeitsgängen erfordert erhöhten Transportaufwand und im allgemeinen längere Durchlaufzeit.

Der Geheimnisschutz neuer Erzeugnisse wird schwierig, wenn nicht unmöglich gemacht.

Entscheidend für oder gegen Fremdbezug sind letzten Endes die Kosten. Eine Wirtschaftlichkeitsrechnung, die evtl. als Grenzkostenrechnung durchgeführt werden muß, z. B. wenn eine vorhandene Maschine nicht ganz ausgelastet ist, muß die letzte Entscheidung bringen (vgl. [21]). Dieser Wirtschaftlichkeitsrechnung, die mit schon definierten Stückzahlen, Maschinen und folglich auch Maschinenauslastungen rechnet, muß eine genaue Mengenoptimierung vorangehen. Die Mengen der einzelnen Sorten müssen so gewählt werden, daß die Gewinne z. B. infolge einer maximalen Maschinenauslastung maximal werden (vgl. [14]). Diese Mengenoptimierung muß so durchgeführt werden, daß die Grenzen der sinnvollen Teilkapazitäten nicht über-, aber nur möglichst wenig unterschritten werden. Dabei kann die Summe der Unterschreitungen ein Maß für die Güte der Planung sein [22].

Literatur zum Kap. 2

Zitierte Literatur

1. Bührer, F.: Planung und Gestaltung des Produktionsprogrammes. S.-A. aus: TZ für praktische Metallbearbeitung 55 (1961) Hefte 1, 2, 4 u. 9.
2. Mellerowicz, K.: Planung und Plankostenrechnung. Bd. I: Betriebliche Planung. Freiburg: Rudolf Haufe 1961.
3. Gutenberg, E.: Grundlagen der Betriebswirtschaftslehre. 2. Aufl., 2. Band, bzw. 3. Aufl., 1. Band. Berlin, Göttingen, Heidelberg: Springer 1956 bzw. 1957.
4. Handbuch des Industrial Engineering. Ergänzungsband. Herausgegeben bzw. übersetzt von H. B. Maynard bzw. K. Krüger. Berlin: Beuth-Vertrieb 1966.
5. von Kortzfleisch, G.: Betriebswirtschaftliche Arbeitsvorbereitung. Berlin: Duncker & Humblot 1962. Abhandlungen aus dem Industrieseminar der Universität zu Köln, Heft 15.
6. Beste, Th.: Fertigungswirtschaft und Beschaffungswesen. In: Handbuch der Wirtschaftswissenschaften. 2. Aufl., Band 1: Betriebswirtschaft. Köln: Westdeutscher Verlag 1966.
7. Krüger, G.: Planung des Erzeugnisprogrammes. In: Industrielle Produktion. Baden-Baden: Verlag für Unternehmensführung 1967.
8. Abromeit, G.: Erzeugnisplanung und Produktionsprogramm. Wiesbaden: Betriebswirtschaftlicher Verlag Gabler 1955.
9. Schäfer, E.: Grundlagen der Marktforschung. 3. Aufl. Köln: Westdeutscher Verlag 1953.
10. Weiskam, J.: Methoden der Voraussage als Grundlage betrieblicher Planung. Freiburg: Rudolf Haufe 1963. Berlin Dissertation.
11. Fratz, E.: Bedarfserkundung. Planen und Beraten 2 (1966) 1, S. 23—26.
12. Mantz, R.: Automatisierungsgerechte Erzeugnisgestaltung. Werkstattstechnik 52 (1962) 3, S. 114—117.
13. Freudenmann, H.: Planung neuer Produkte. Stuttgart: Poeschel 1965. Reihe: Betriebswirtschaftliche Abhandlungen.
14. Zimmermann, H. J.: Mathematische Entscheidungsforschung und ihre Anwendung auf die Produktionspolitik. Berlin: de Gruyter 1963.
15. Kramer, W.: Untersuchung einiger betriebswirtschaftlicher Begriffe in der Fertigungstechnik. Stuttgart: Diplomarbeit am Institut für Industrielle Fertigung der Universität 1969.
16. Typenvielzahl bei Haushaltgeräten und Möglichkeiten einer Beschränkung. Herausgegeben von Leo Brandt. Köln: Westdeutscher Verlag 1956. Forschungsberichte des Wirtschafts- und Verkehrs-Ministeriums Nordrhein-Westfalen Nr. 217.

17. von Kortzfleisch, G.: Untersuchungen über die Sortenvielfaltkosten und Auswertung ihrer Ergebnisse für unternehmerische Entscheidungen. Rationalisierung 9 (1958) 240–244.
18. Beste, Th.: Die Mehrkosten bei der Herstellung ungängiger Erzeugnisse im Vergleich zur Herstellung vereinheitlichter Erzeugnisse. Köln: Westdeutscher Verlag 1957. Forschungsberichte des Wirtschafts- und Verkehrs-Ministeriums Nordrhein-Westfalen Nr. 364.
19. Typenbeschränkung — was Fachleute dazu sagen. Berlin: Erich Schmidt 1960. Reihe: Wirtschaftliche Programmgestaltung, H. 2.
20. Ries, C.: Normung und Normzahlen. Berlin: Duncker & Humblot 1962. Abhandlungen aus dem Industrieseminar der Universität zu Köln, Heft 16.
21. Bronner, A.: Vereinfachte Wirtschaftlichkeitsrechnung. Berlin: Beuth-Vertrieb 1964.
22. Böhm, H.-H., Wille, F.: Deckungsbeitragsrechnung und Programmoptimierung. München: Verlag Moderne Industrie 1965.

Weiterführende Literatur

23. Agthe, K.: Strategie und Wachstum der Unternehmung. Baden-Baden: Gehlen 1972.
24. Ackoff, R.: Unternehmensplanung. Ziele und Strategien rationeller Unternehmensführung. München: Oldenbourg 1972.
25. Lehneis, A.: Langfristige Unternehmensplanung bei unsicheren Erwartungen. Neuwied, Berlin: Luchterhand 1971.
26. Kiwitz, H.: Produktplanung. München, Wien: Oldenbourg 1974.
27. Mewes, D.: Ein Informationssystem für die Entwicklung und Gestaltung von Produkten der Maschinenindustrie. Ind. Anz. 94 (1972) 87, S. 2066–2069.
28. Rühli, E., Riedweg, W. G.: Planungs-, Programmierungs- und Budgetierungssystem PPBS. Bern: Paul Haupt 1971.
29. Uphus, P.: Möglichkeiten zur Koordination von Teilplanungen des Unternehmens unter besonderer Berücksichtigung kybernetischer Aspekte. Diss. TH Aachen 1972.
30. Vogel, K.: Erfahrungen mit dem System der mittelfristigen Planung. Ind. Organisation 42 (1973) 4, S. 179–182.

3. Kennzahlen für die Fabrikplanung

3.1 Einführung

Unter Kennzahlen verstehen wir im allgemeinen Quotienten, die das Verhältnis zweier Werte zueinander ausdrücken.

In der Literatur über betriebswirtschaftliche Kennzahlen [1 bis 4] ist als Zweck der Kennzahlen beispielsweise angegeben: „innerbetriebliche Leistungs- und Kostenüberwachung in Abhängigkeit von der Zeit" und „zwischenbetrieblicher Leistungs- und Kostenvergleich" [3]. Kennzahlen ermöglichen eine Betriebskontrolle und geben Ansatzpunkte für die Betriebsdisposition und für Neuplanungen von Fabriken [4]. Der Gedanke, Kennzahlen als Ansatzpunkte für die Fabrikplanung zu verwenden, ist in den meisten vorliegenden betriebswirtschaftlichen Arbeiten nicht weiter ausgeführt. Solche Werte sind aber auf alle Fälle für die Fabrikplanung wertvoll.

Der Umfang, in dem in jedem Unternehmen gesammeltes Zahlenmaterial verfügbar ist, ist von Betrieb zu Betrieb verschieden. Hat sich ein Unternehmen rechtzeitig überlegt, wie die Entwicklung laufen könnte oder sollte, so ergeben sich Schemata für die Statistik, die viele Anhaltspunkte auch für die Fabrikplanung enthalten. Die in diesem Kapitel angegebenen Beispiele sollen Anregungen auch in dieser Richtung sein. – Dabei muß man im Auge behalten, daß Kennzahlen stets aus der Vergangenheit stammen. Eine kritische Überprüfung im Hinblick auf die zukünftige Entwicklung ist also unerläßlich. Sie erfordert umfassende Kenntnisse technischer und wirtschaftlicher Art und ermöglicht die Modifikation der Kennzahlen.

Das Verfahren mancher, auch großer Betriebe, eine „Standard"-Fabrik festzulegen, die auf Jahre hinaus in gleicher Anordnung und für den gleichen Ausstoß immer wieder errichtet wird, ist nur in der Hand erfahrener Fachleute ohne Gefahr. Die mit solchem Vorgehen angestrebte Einsparung von Planungskosten kann leicht zur kostspieligen Stagnation werden. Trotzdem ist die Überlegung, wie die optimale Fabrik unter gegebenen Verhältnissen aussehen sollte, wertvoll, wenn bei jeder Neuauflage eine zukunftsweisende Kritik angewandt wird. Manchmal wird man mit solchen Unterlagen eine unvorhergesehene Marktsituation meistern können, aber im allgemeinen ist die fertigungstechnische Produktion so starken Wandlungen unterworfen, daß dieser Weg wohl nur in besonderen Ausnahmefällen erfolgreich beschritten werden kann. Änderungen in den Fabrikationsverfahren, selbst bei gleichbleibendem Typenprogramm, sowie Änderungen in der Organisation, im Fertigungsablauf und in der maschinellen Ausrüstung haben meist so starke Rückwirkungen auf die Fabrikplanung, daß Neuplanungen unvermeidlich sind.

Das Arbeiten mit Standardfabriken verleitet eben dazu, notwendige Änderungen im Fabrikationsablauf zu lange aufzuschieben, weil der erprobte Einheitstyp sich bewährt hat und bei Neuerungen immer Risiken in Kauf genommen werden müssen. Alles in allem wird man sagen müssen, daß die Entwicklung von Standardfabriken nur dann sinnvoll ist, wenn in kurzer Zeit mehrere gleichartige Fabrikationsstellen errichtet werden müssen.

Für die meisten Unternehmen dürfte also eine so weitgehende Verwendung von Kennzahlen nicht richtig sein. Kennzahlen sollten auch für die Feinplanung nicht verwendet werden, sie verhindern leicht mögliche Platz-, Personaleinsparungen usf. Für die Grobplanung sind vorhandene Kennzahlen jedoch sehr nützlich (vgl. auch [5, 6] und [7]). Der Nachteil ihrer Ungenauigkeit kann in Kauf genommen werden, da Fehler bei der späteren Feinplanung korrigiert werden. Die schnelle Verfügbarkeit der Kennzahlen ermöglicht eine Grobplanung mit geringem Arbeitsaufwand und eine ungefähre Kostenübersicht, die für die Entscheidung wichtig ist, ob ein Projekt überhaupt weiterlaufen soll. Sie sind nach abgeschlossener Planung ein gutes Hilfsmittel für eine überschlägige Kontrolle der Planung, insbesondere zur Überprüfung des Kapitalbedarfs, der Rendite, der Erzeugniskosten, aber auch der vorgesehenen Fabrikflächen.

3.2 Kennzahlen für die Erweiterungsplanung oder die Planung eines dem vorhandenen Betrieb ähnlichen Betriebes

Wenn ein Betrieb für ein Produktionsprogramm zu planen ist, das gleich oder ähnlich in einem bereits vorhandenen Betrieb gefertigt wird, so ist das wesentlich einfacher als die Planung eines völlig neuartigen Betriebes. Kennzahlen lassen sich entweder aus vorhandenen Unterlagen oder aus dem Betrieb selbst ermitteln. Wenn auch ihre Entwicklung in der Vergangenheit bekannt ist und berücksichtigt wird, ist bei gleichbleibenden Bedingungen eine Extrapolation der Werte in die Zukunft möglich, aber unter Einschaltung konstruktiver Kritik. Soll ein Betrieb lediglich erweitert werden, so kann man mit sehr einfachen Kennzahlen arbeiten: man verwendet direkt die absoluten Werte, die interessieren und ihre Steigerungsraten.

In beiden Fällen ist es wichtig, die Entwicklung der interessierenden Absolutwerte zu kennen. Deshalb tut jeder aufstrebende Betrieb gut daran, sich so früh wie möglich – selbst wenn noch keinerlei Absichten für den Ausbau des Betriebes bestehen – Gedanken darüber zu machen, welche Werte absolut oder in Kennzahlen festgehalten werden sollten. Das Schema dieser Werte sollte überlegt und in Benutzung genommen werden. Es wird von Zeit zu Zeit ergänzt werden müssen. Für jede der verschiedenen Betriebsarten ergeben sich andere Schwerpunkte, deren ständige Verfolgung wichtig ist und für die evtl. Kennzahlen festgelegt werden sollten. Die regelmäßige Feststellung der Zahlengrößen – (z. B. jährlich oder halbjährlich) – die sich für diese Werte ergeben, läßt dann nach einigen Jahren die Darstellung eines Systems von ziffernmäßigen Größen zu, die auch eine Aussagekraft für die Zukunft erhalten. Ist man gezwungen, ohne eine über Jahre gehende Beobachtung Neuplanungen zu erarbeiten, so kann man sich die Zahlen oft auch retrospektiv errechnen.

Bevor man mit ziffernmäßigen Werten arbeitet, ist zu prüfen, inwieweit ihre Korrektur nötig wird. Beim Umsatz sind die Geldwert-Schwankungen zu eliminieren. Bei den Daten des Ist-Zustandes ist zu untersuchen, wie stark sie sich ändern würden, wenn der Ist-Zustand dem neuesten technischen Stand entsprechen würde. Anschließend sind evtl. Faktoren zu berücksichtigen, die Abweichungen gegenüber der Entwicklung in der Vergangenheit wahrscheinlich machen. Hierüber sollten sich Mitarbeiter aus Vertrieb, Entwicklung und Produktion in gemeinsamen Überlegungen und Besprechungen Klarheit zu verschaffen suchen.

Als Beispiel möge folgender Fall dienen, der aus der Praxis des Verfassers stammt. Ein Unternehmen hatte eine Umsatzentwicklung, deren von Geldwert- und Lohnschwankungen bereinigten Werte über 15 Jahre einen etwa linearen Verlauf hatten mit etwa 20% Steigerung des Umsatzes pro Jahr bezogen auf das Bezugsjahr N (Bild 3.1). Es bestand der Plan einer Umsatzsteigerung um etwa 150% des im letzten Jahr erzielten Umsatzes innerhalb von sechs Jahren. Da alle Fabrikräume gut genutzt waren, forderte die Betriebsleitung hierfür die Schaffung zusätzlicher Fabrikflächen.

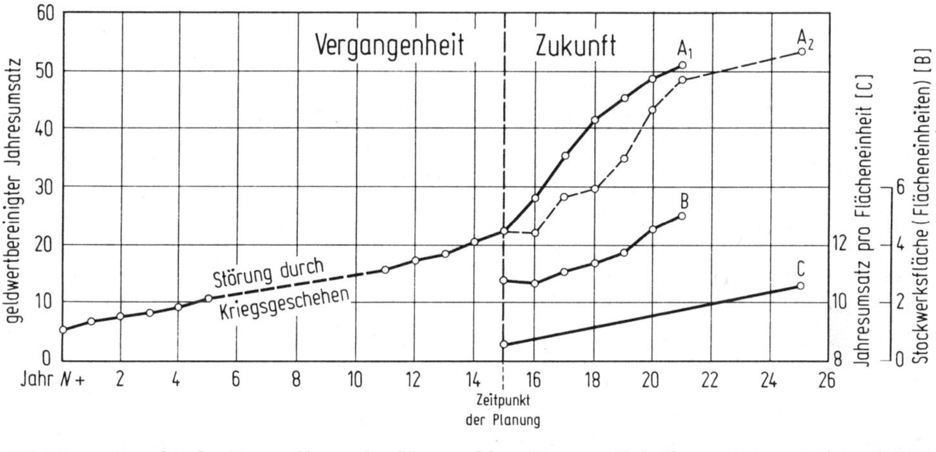

Bild 3.1. Graphische Darstellung der Kennzahlen für eine Fabrikerweiterung. A 1: Schätzung des Verkaufs. A 2: Möglicher Umsatz, wenn nach C „rationalisiert" und nach B „gebaut" wird. B: Realisierbarer Zuwachs an Stockwerksfläche. C: Jahresumsatz pro Flächeneinheit (Steigerung durch Rationalisierung).

Die Überprüfung der Produktionsmethoden ergab die Möglichkeit, durch Rationalisierung im Laufe der Jahre die Ausbringung je m^2 Fabrikfläche um mindestens 20% zu erhöhen. Es wurde ein linearer Verlauf dieser Bemühungen angenommen (Kurve C). Der Vorstand des Unternehmens verlangte, daß unbedingt auf dem bestehenden Betriebsgrundstück gebaut werden sollte. Dieses mußte von bewohnten Altbauten befreit werden, was nur in längerer Arbeit möglich war. Daraus ergab sich ein Baufortschritt nach B, der im ersten Jahr sogar eine Verminderung der vorhandenen Stockwerksfläche notwendig machte. Erst die Berücksichtigung dieser Verhältnisse ergab die Möglichkeit der Baudurchführung. Die von der Verkaufsseite geschätzte Umsatzentwicklung (A_1) konnte also nur mit Verspätung erreicht werden (A_2). Das Beispiel zeigt die Möglichkeit des Einbaus variabler Zukunftskennzahlen in die Grobplanung eines Fabrikbaues, basierend auf der Kennzahl „Umsatz/m² Fabrikfläche". Die graphische Darstellung zeigt ferner, daß es möglich war, eine Ausweitung des Produktionsvolumens um 150% durch eine Vermehrung der Produktionsfläche um nur 80% zu erreichen.

Das Beispiel deutet einige Einflüsse an, die bei der Ermittlung der Fabrikfläche, bezogen auf den Umsatz, von Bedeutung sein können. Entsprechend lassen sich auch andere für die Neuplanung wichtige Kennzahlen ermitteln, wie beispielsweise die Flächen für die verschiedenartigen Lager, die in einer Fabrik benötigt werden, der Energiebedarf, der Personalbedarf, die Größe der kaufmännischen Verwaltung mit ihren Untergliederungen, der technischen Abteilung mit Konstruktion und Entwicklung, kurz alle Elemente einer Fabrik, die für das betreffende Unternehmen von Bedeutung sind. Dabei wird im allgemeinen eine sprunghafte Änderung der Kennzahlen gar nicht in Erscheinung treten, weil im praktischen Betrieb die retardierenden Momente meist stärker sind als die Kräfte, die von Menschen ausgehen, die immer gern das neueste in ihrem Unternehmen verwirklicht sehen möchten.

In Tabelle 3.1 sollen die bei der Erweiterungsplanung eines metallverarbeitenden Betriebes verwendeten Kennzahlen angegeben werden. Da sämtliche Daten in der Vergangenheit linear verliefen und voraussichtlich keine ändernden Faktoren auftreten, wird der lineare Verlauf auch für die Zukunft angenommen. Aus den unterschiedlichen prozentualen Steigerungsraten von Umsatz, gesamter Betriebsfläche und Beschäftigten ersieht man, daß die Kennzahlen Umsatz/Beschäftigten, Umsatz/Fläche und Fläche/Beschäftigten im Beispiel ansteigen.

Tabelle 3.1. Kennzahlen für die Erweiterungsplanung eines metallverarbeitenden Betriebes. (Aus der Praxis entnommen.)

Mittlere Steigerung des Jahres-Umsatzes (auf ein bestimmtes Jahr bezogen)	9,2% * (linear)
Jahres-Zuwachs der Beschäftigten (ohne Lehrlinge) (bezogen auf dasselbe Bezugsjahr)	2%
Alle folgenden Kennzahlen beziehen sich auf die Zeitdauer 1 Jahr	
Durchschnittlicher Zuwachs der Arbeiter	8 Personen
Durchschnittlicher Zuwachs der Angestellten	7 Personen
Zuwachs der Verwaltungs- und Konstruktionsfläche	90 m²
Zuwachs der Fläche der mechanischen Fertigung	217 m²
Zuwachs der Fläche der Montage	142 m²
Zuwachs der Sozialfläche und der Fläche der Hilfsbetriebe	273 m²
Zuwachs der Lagerfläche	128 m²
Zuwachs der gesamten Betriebsfläche (7,7% bezogen auf die Betriebsfläche des Bezugsjahres)	850 m²

* 68% der Einzelwerte liegen in den Grenzen einer Abweichung von ± 10,3% von der Trendgeraden (Standardabweichung).

3.3 Kennzahlen für die Planung eines neuartigen Betriebes

Die Beschaffung von Kennzahlen für die Planung eines Betriebes mit gegenüber bisher völlig neuartigem Produktionsprogramm ist sehr schwierig. Praktisch unmöglich ist es, dynamische Kennzahlen, also die ziffernmäßige Entwicklung von Kennzahlen als Funktion der Zeit zu erhalten. Gegenüber der Erweiterungsplanung kommt außerdem noch hinzu, daß man andere und manchmal mehrere Kennzahlen verwenden muß, um das gewünschte Ergebnis zu errechnen.

Ein Hauptgrund für die Schwierigkeiten bei der Beschaffung liegt in der Verschiedenartigkeit der Betriebe. Beipielsweise wird in [3] berichtet, daß für eine Erfassung betriebswirtschaftlicher Kennzahlen des VDMA (Verein Deutscher Maschinenbau-Anstalten) eine Einteilung in 100 Vergleichsgruppen notwendig war.

Da Kennzahlen für die Fabrikplanung in der Literatur meist nur beispielhaft angeführt werden, kann man sie für einen speziellen Fall nur durch Befragen befreundeter Firmen, die ähnliche Produktionsprogramme haben, beschaffen. Eine Voraussetzung für die Verwendung der von außen kommenden Kennzahlen ist die ganz eindeutige Festlegung der Begriffe, auf die sie sich beziehen. Eine einheitliche Terminologie ist sehr schwer aufzustellen und durchzuhalten.

In den folgenden Unterkapiteln werden Kennzahlen definiert, die für die Grobplanung einzelner Bereiche gebraucht werden. Häufig sind Alternativen angegeben, wobei sich der Leser die für seine Verhältnisse geeigneten Kennzahlen aussuchen kann. Wenn die ziffernmäßige Größe einer Kennzahl und eine der beiden in Beziehung gesetzten Größen bekannt sind, so läßt sich mit Hilfe der Kennzahl die zweite Größe berechnen. Dabei wird angenommen, daß den Planern als Ausgangsgröße bei gleichartigen Erzeugnissen der Ausstoß pro Zeiteinheit, bei verschiedenartigen Erzeugnissen wahrscheinlich der Umsatz oder seltener die Zahl der zu Beschäftigenden angegeben wird.

Ein Beispiel für die Betriebsplanung mit Hilfe von Kennzahlen findet man in [9].

3.3.1 Kennzahlen für die Generalbebauungsplanung

a) Gesamte Grundstücksfläche	/ Umsatz / Ausstoß / Beschäftigte
b) Gesamte Gebäudefläche	/ Umsatz / Ausstoß / Beschäftigte
c) Verkehrsfläche im Freien	/ Gesamte Grundstücksfläche
d) Fläche für Parkplatz	/ Gebäudefläche / Beschäftigte

3.3.2 Kennzahlen für die Fertigung

a) Fertigungsfläche	/ Gesamte Gebäudefläche / Umsatz / Ausstoß / Beschäftigte / Maschinen * / in der Fertigung Beschäftigte *

* Erfordert zunächst Berechnung der Anzahl der Maschinen bzw. der in der Fertigung Beschäftigten mit entsprechenden Kennzahlen.

3.3.3 Kennzahlen für Lager

a) Gesamte Lagerfläche b) Fläche des Rohmateriallagers c) Fläche des Teilelagers d) Fläche des Betriebs- und Hilfsstofflagers e) Fläche des Zwischenlagers f) Fläche des Fertigwarenlagers	/ Gesamte Gebäudefläche / Umsatz pro Zeiteinheit / Ausstoß pro Zeiteinheit / Beschäftigte

Die Flächen der einzelnen Lager können auch zur gesamten Lagerfläche oder zur Fertigungsfläche in Beziehung gesetzt werden.

3.3.4 Kennzahlen für Hilfsbetriebe

a) Gesamte Flächen für Hilfsbetriebe b) Fläche für Werkzeugmacherei Entsprechend evtl. c) andere Flächen für Hilfsbetriebe	/ Gesamte Gebäudefläche / Fertigungsfläche
d) Fläche der Lehrlingsabteilung	/ Zahl der Lehrlinge
e) Verbrauch an elektr. Energie pro Zeiteinheit f) Verbrauch an Wärmeenergie pro Zeiteinheit g) Wasserverbrauch pro Zeiteinheit h) Druckluftverbrauch pro Zeiteinheit	/ Umsatz pro Zeiteinheit / Ausstoß pro Zeiteinheit / Bechäftigte
i) Erforderliche Anschlußleistung bzw. maximaler Verbrauch an elektrischer Energie pro Zeiteinheit j) Maximaler Verbrauch an Wärmeenergie pro Zeiteinheit k) Maximaler Druckluftverbrauch pro Zeiteinheit l) Maximaler Wasserverbrauch pro Zeiteinheit	/ Durchschnittlicher Verbrauch pro Zeiteinheit
m) Durchschnittlicher Verbrauch an Wärmeenergie pro Zeiteinheit	/ Umbauter Raum in m^3

3.3.5 Kennzahlen für die Verwaltung

a) Verwaltungsfläche / Gesamte Gebäudefläche

Genauere Werte kann man erhalten, wenn man aus der Gesamtzahl der Beschäftigten mit Hilfe der Kennzahl Angestellte/Arbeiter die Zahl der Angestellten berechnet und davon die nicht im räumlichen Bereich der Verwaltung Tätigen abzieht. Daraus erhält man folgende Kennzahlen:

b) Im räumlichen Bereich der Verwaltung Tätige / Verwaltungsfläche

3.3.6 Kennzahlen für den Sozialbereich

Da die Dimensionierung des Sozialbereichs hauptsächlich von der Zahl der Beschäftigten abhängt, ist hier mit Kennzahlen zu deren Berechnung zu beginnen:

a) Beschäftigte	/ Umsatz pro Zeiteinheit / Ausstoß pro Zeiteinheit
b) Umsatz pro Zeiteinheit c) Ausstoß pro Zeiteinheit	/ Beschäftigte

Von diesen Kennzahlen ist b) am verbreitetsten.

d) Männliche Beschäftigte e) Weibliche Beschäftigte	/ Gesamtzahl der Beschäftigten
f) Angestellte / Arbeiter	

Die Flächenberechnung kann über folgende Kennzahlen erfolgen:

g) Sozialfläche / Beschäftigte
h) Sozialfläche / Gesamtfläche
Eine genauere Berechnung ermöglichen Einzelwerte wie
i) Fläche des Speisesaals / Sitzplätze
j) Fläche für Küche und Nebenräume / Auszugebende Portionen
k) Fläche für Wasch- und Umkleideräume / Arbeiter
l) Beschäftigte / Toilette

3.3.7 Kennzahlen über Kapital und Gewinn

a) Kapitalbedarf
- / Umsatz pro Zeiteinheit
- / Ausstoß pro Zeiteinheit
- / Beschäftigte

Der Kapitalbedarf kann evtl. aufgeschlüsselt werden nach Bedarf für Gebäude, Maschinen etc.

b) Gewinn pro Zeiteinheit / Eingesetztes Kapital
Diese Kennzahl entspricht der Kapitalrendite.

c) Umsatzerfolg × Kapitalumschlag =

$$\frac{\text{Gewinn}}{\text{Umsatz}} \times \frac{\text{Umsatz}}{\text{Kapital}} = \text{Return on investment *}$$

d) (Gewinn + Abschreibung) / Kapital = Cash-flow *

3.4 Beispiele von Zahlenwerten für Kennzahlen

Verwendete Abkürzungen: P = Personen, M = Maschine

3.4.1 Zahlenwerte von Kennzahlen für die Generalbebauungsplanung

Grundstücksfläche/Beschäftigte	60 ... 90 m^2/P [10]
Unbebaute Fläche	30 ... 40% der Grundstücksfläche [10]
Verkehrsfläche	20% der Grundstücksfläche [10]
Parkfläche/Pkw einschl. Zu- und Abfahrt	25 m^2 [10]
Stellfläche/Lkw	35 m^2 [10]
Reservefläche	20 ... 30% der Grundstücksfläche [10]
Gebäudefläche/Beschäftigte	44 m^2/P [10]
Geschoßfläche/Beschäftigte	32 m^2/P [10]

Bruttofläche
(Bruttofläche der Geschosse = Außenmaßfläche — Fläche aller tragenden oder umschließenden Baukonstruktionen = Nutzfläche + Nebenfläche + Funktionsfläche + Sozialfläche)

● in Produktionsgebäuden	
— Flachbau	95% der Geschoßfläche [10]
— Geschoßbau	75% der Geschoßfläche [10]
● in Lagergebäuden	
— Hallenbau	89% der Geschoßfläche [10]
— Geschoßbau	84% der Geschoßfläche [10]
Nutzfläche (Nutzfläche = reine Fabrikations- und Bürofläche einschl. erforderlicher Lager, usw.)	75% der Bruttofläche [10]
Nebenfläche (Nebenfläche = Fläche für Verkehrswege und Sanitäre Anlagen)	15% der Bruttofläche [10]

Funktionsfläche	5% der Bruttofläche [10]
Sozialfläche	5% der Bruttofläche [10]

3.4.2 Zahlenwerte von Kennzahlen für die Fertigung

Fertigungsfläche	50% der Geschoßfläche [10]
Fertigungsfläche/Beschäftigte	35 m²/P [10]
Maschinenarbeitsplatzfläche	
Revolverdrehmaschine	6 m²/M [10]
Spitzendrehmaschine, leicht	6 m²/M [10]
Spitzendrehmaschine, mittel	12 m²/M [10]
Spitzendrehmaschine, schwer	15 m²/M [10]
Transportfläche	30 % der Maschinenarbeitsplatzfläche [10]

3.4.3 Zahlenwerte von Kennzahlen für Lager

Fläche für Warenannahme/Versand	3% der Nutzfläche [10]
Lagerfläche	22% der Nutzfläche [10]
Lagernutzungsgrad	30 . . . 40% [10]
Kosten eines Palettenplatzes in einem Hochregallager	800 – 1500 DM

3.4.4 Zahlenwerte von Kennzahlen für Hilfsbetriebe

Fläche für Hilfsbetriebe	6 . . . 15% der Geschoßfläche [11]
Fläche für Prüffeld	3% der Nutzfläche [10]
Prüffläche/Beschäftigte	5 . . . 8 m²/P [10]
Fläche für Heizung, Lüftung, Klimatechnik	6 . . . 7% der Geschoßfläche [10]
Fläche/Arbeitsplatz	1,3 . . . 1,5 m²/P [10]
Fläche für Lehrwerkstatt/Lehrlinge	15 m²/P [11]

3.4.5 Zahlenwerte von Kennzahlen für die Verwaltung

Verwaltungsfläche	15% der Nutzfläche [10]
Bürofläche/Beschäftigte	
– in Großraumbüros	11,5 m² [12]
– in Einzelraumbüros	12,5 m² [12]

3.4.6 Zahlenwerte von Kennzahlen für den Sozialbereich

Sozialfläche	5% der Bruttofläche [10]
Fläche für Küche/Essensteilnehmer	0,8 m²/P [10]
Fläche für Speisesaal/Essensteilnehmer	1 m²/P [10]
Gesamtfläche der Kantine/Essensteilnehmer	1,5 m²/P [10]
Fläche für Sanitärräume/Arbeitsplatz	0,5 m²/P [10]
Beschäftigte/Toilette	
– Männer	20 P/Toilette [13]
– Frauen	15 P/Toilette [13]

3.4.7 Zahlenwerte von Kennzahlen für den Kapitalbedarf

Kapitalbedarf/Beschäftigte	130 000 DM/P
Umsatz/Beschäftigte	97 460 DM/P [14]
Lohn und Gehalt je 1000 DM Umsatz	301 DM [14]
Lohn je geleistete Stunde	15,29 DM [14]
Umsatz je Lohnstunde	92 DM [14]

Literatur zum Kap. 3

Zitierte Literatur

1. Fischer, G.: Allgemeine Betriebswirtschaftslehre. 9. Aufl. Heidelberg: Quelle & Meyer 1964.
2. Schott, G.: Die Praxis des Betriebsvergleichs. Düsseldorf: Verlagsbuchhandlung d. Instituts d. Wirtschaftsprüfer 1956.
3. Schulz-Mehrin, O.: Betriebswirtschaftliche Kennzahlen als Mittel zur Betriebskontrolle und Betriebsführung. Berlin: Deutsche Gesellschaft für Betriebswirtschaft 1954.
4. Nowak, P.: Betriebswirtschaftliche Kennzahlen. In: Handbuch der Wirtschaftswissenschaften. 2. Aufl., Band 1: Betriebswirtschaft. Köln: Westdeutscher Verlag 1966.
5. Bauer, G.: Zur Rationalisierung der Projektierung von Werkstätten. Dresden: Technische Universität, Fakultät für Technologie, Diss. 1964.
6. Rudolf, K.: Betriebskenngrößen für die Kunststoffverarbeitung. Kunststoffe 57 (1967) 7, S. 547–552.
7. Rockstroh, W.: Zur Projektierung von Industriebetrieben. Dresden: Technische Universität, Fakultät für Technologie, Dissertation 1963.
8. Radke, M.: Die große betriebswirtschaftliche Formelsammlung. München: Verlag Moderne Industrie 1966.
9. Antoine, H.: Kennzahlen, Richtzahlen, Planungszahlen. 2. Aufl. Wiesbaden: Gabler 1958.
10. Podolsky, J. P.: Flächenkennzahlen für die Fabrikplanung. Berlin, Köln: Beuth 1977.
11. Hille, F.: Kennzahlen für Flächennutzung und Flächenbedarf. Karlsruhe, Technische Hochschule, Lehrstuhl und Institut für Werkzeugmaschinen und Betriebstechnik, Diplomarbeit 1964.
12. Siegel, C., Solf, C.: Bürobaukosten. Untersuchungen über die Wirtschaftlichkeit von Büro- und Verwaltungsgebäuden. Quickborn: Schnelle 1967.
13. Hertlein, H., Benthin, F.: Fabrikanlagen. In: Hütte, Taschenbuch für Betriebsingenieure. Band III: Fertigungsbetrieb. Berlin: Ernst & Sohn 1964.
14. Verein Deutscher Maschinenbauanstalten e. V.: Statistisches Jahrbuch für den Maschinenbau. Frankfurt/M.: Maschinenbauverlag 1979.

Weiterführende Literatur

15. Arlt, J., Brankamp, K.: Zustands- und Leistungskennzahlen der Fertigung. Kontinuierliche Ermittlung über EDV. Berlin, Köln, Frankfurt/M.: Beuth 1972.
16. Neumann, M., Preissler, W.: Projektieren mit Kennzahlen. Fertigungstechnik u. Betrieb 16 (1976) 2, S. 82–87.

4. Standortplanung

4.1 Einführung

Die Standortplanung, d. h. letzten Endes die Auswahl eines Grundstücks für die Fabrikanlage, gehört zu den wichtigsten Aufgaben, die im Rahmen einer Fabrikplanung gelöst werden müssen, weil diese Entscheidung nach der Errichtung der Fabrikanlage für lange Zeit praktisch nicht mehr geändert werden kann. Es ist deshalb notwendig, für die Standortplanung die besten verfügbaren Methoden anzuwenden, die im folgenden dargestellt werden sollen.

Zunächst soll kurz auf die historische Entwicklung der Standorttheorien eingegangen werden [1].

Launhardt [2] sieht 1882 den günstigsten Standort an der Stelle, wo die Transportkosten zu Lieferanten und Abnehmern ein Minimum erreichen. Er läßt jedoch schon damals gelten, daß Grundstückspreise, Energiekosten und Arbeitskosten den Standort außerdem beeinflussen können.

Alfred Weber entwickelt eine weitergehende Standorttheorie (1922/23 [3, 4]). Auch er beginnt die Bewertung eines Standortes mit der Betrachtung der Transportkosten, bringt aber die Arbeitskosten ebenfalls zur Geltung und setzt sie etwa gleichwertig neben die Transportkosten. Mit Hilfe eines graphischen Verfahrens sucht er den bezüglich Transportkosten und Arbeitskosten günstigsten Standort.

Weber betrachtet ferner die Auswirkungen der Konzentration der Produktion an einem Standort und von Maßnahmen der Verteilung der Produktion über ein größeres Gebiet. Damit zieht er auch die Betriebsgröße und ihre Auswirkungen auf die Produktionskosten mit zur Betrachtung heran. Außerdem nimmt er Kenntnis von den Bodenpreisen.

Spätere Autoren kritisieren die erwähnten Arbeiten wie beispielsweise Palander [5] und Engländer [6] und entwickeln auf den früheren Arbeiten aufbauend neue Theorien. Ohlin [7] basiert seine Theorie auf der Preislehre. Bei ihm taucht erstmalig die Erfolgsmaximierung als Unternehmensmotiv auf. Er vernachlässigt aber nach Meinung von Rüschenpöhler [8] die volle Tragweite der standortabhängigen Kosten.

Zusammenfassend kommt bei der Betrachtung der älteren Veröffentlichungen klar heraus, daß eine Weiterentwicklung in Richtung einer Vervollständigung der Theorie erfolgt ist und außerdem, daß die Standortbedingungen ständig im Fluß sind. Die Faktoren Transportkosten oder Energiekosten haben allgemein an Bedeutung verloren, während beispielsweise die Arbeitskosten erhöhte Bedeutung gewonnen haben. Dies zeigt, daß es schwierig ist, sichere Prognosen für die Richtigkeit eines Standortes zu geben.

Rüschenpöhler [8] definiert den optimalen Standort im Vergleich zu anderen Standorten als denjenigen, „der die rechenhaften und nicht rechenhaften Anforderungen des Betriebes bestmöglich erfüllt und für diesen Betrieb den größtmöglichen Erfolg erbringt“. Dabei setzt er den „Erfolg“ gleich „Rentabilität“; am optimalen Standort wird die

$$\text{Rentabilität} = \frac{\text{Erlös} - \text{Kosten}}{\text{betriebsnotwendiges Kapital}}$$

ein Maximum.

Folgt man diesen Überlegungen, so ist es notwendig, die standortabhängigen Anteile des Erlöses, der Kosten und des Kapitalbedarfs zu ermitteln. Vereinfachungen bei der Rechnung können sich ergeben, wenn einige dieser Größen, z. B. Erlös und Kapital, nicht von der Standortwahl beeinflußt werden, d. h. konstant sind. Dann wäre der kostenminimale Standort der optimale Standort. Dabei ist noch der Sonderfall denkbar, daß nur einige wenige Kostenarten standortabhängig sind, z. B. bei einer Aluminiumhütte Transport- und Energiekosten, während die anderen Kostenarten im Verhältnis zu den erstgenannten nahezu konstant sind.

Für den allgemeinen Fall wäre nun die gesamte Rentabilitätsfunktion über den gesamten Flächenbereich, in dem der Standort liegen soll, zu berechnen. Diese räumliche Funktion gälte es nun zu maximieren. Möglicherweise hat sie aber sehr viele örtliche Maxima, die nur erfaßbar sind, wenn man sehr viele Punkte der Funktion berechnet. Die Funktion ist aber gar nicht für alle möglichen Punkte, sondern nur für die als Standort verfügbaren Punkte interessant. Deshalb kann man sich von vornherein auf einen Vergleich der Rentabilität an den verfügbaren Standorten beschränken.

Im folgenden soll – unter Reduzierung des Problems auf verfügbare Standorte – einmal ein relativ genaues, aber aufwendiges Verfahren angegeben werden, das es erlaubt, mit ziemlicher Sicherheit den optimalen Standort zu ermitteln. Zum anderen soll für den Normalfall, wo man mit unvollständigen Daten, vor allem unvollständigen Kostendaten arbeiten muß, ein einfacheres, leichter zu handhabendes Verfahren beschrieben werden, das mit Wertziffern arbeitet. Weiterhin werden für einige Spezialfälle Verfahren zur reinen Transportkostenminimierung angegeben.

Es ist in technisch hoch entwickelten Ländern nicht sinnvoll, den optimalen Standort als Punkt irgendwo beliebig auf der Landkarte zu errechnen, da man keine freie Wahl bei der Grundstücksuche hat. Es ist vielmehr notwendig, zunächst mögliche Standorte, d. h. verfügbare Grundstücke zu betrachten. Um nicht aus zu vielen Grundstücken auswählen zu müssen, sollte man zunächst etwa die Region festlegen, in der sich der Standort befinden soll. Dies kann z. B. auf Grund einer ganz einfachen Transportkostenrechnung geschehen. In dieser Region ermittelt man verfügbare Grundstücke, wobei auf Grund grob angegebener Anforderungen die Zahl der Angebote eingeschränkt werden sollte. Aus den angebotenen Grundstücken sind sodann geeignete Grundstücke und aus den geeigneten Grundstücken das optimale Grundstück zu ermitteln. Dabei können für die Überprüfung der Eignung und auch für die Optimierung mit Hilfe von Bewertungziffern einzelne Standortfaktoren zugrunde gelegt werden.

Alle diese Punkte werden in den folgenden Unterkapiteln abgehandelt: Zunächst wid das Vorgehen zur Ermittlung möglicher Standorte geschildert, anschließend werden Faktoren für die Standortwahl beschrieben, sodann wird angegeben, wie geeignete Standorte ermittelt werden können und zum Schluß werden Verfahren für die Ermittlung des optimalen Standortes aufgezeigt.

4.2 Vorgehen zur Ermittlung möglicher Standorte

4.2.1 Ermittlung der groben Anforderungen an einen Standort

Zunächst muß man sich über die groben Anforderungen klarwerden, die man an ein Gelände stellen muß. Dazu gehört die ganz grobe Festlegung der Region, in der die Fabrik errichtet werden soll, die ungefähre Größe des Geländes, die gewünschte Verkehrslage, der Bedarf an Energie und Wasser und die ungefähre Zahl der Beschäftigten. Die Anforderungen sind so festzulegen, wie sie entsprechend dem zukünftigen Bedarf auftreten. Näheres dazu wird im Unterkapitel Standortfaktoren ausgeführt. Eine Zusammenstellung der Anforderungen in dieser groben Form genügt zunächst für die Einholung von Angeboten. Die Tabelle 4.1 „Planungsrichtdaten für die Grundstückssuche“ gibt die Anforderungen einer Nahrungsmittelfabrik wieder.

Tabelle 4.1. Planungsrichtdaten für die Grundstückssuche einer Nahrungsmittelfabrik

Geländegröße	20 ha	
Region	Raum Basel-Karlsruhe-Frankfurt	
Beschäftigtenanzahl	1000	
Erforderlich guter Straßenanschluß, Bahnanschluß erwünscht		
Energieverbrauch	Elektrischer Strom	20 000 000 kWh/Jahr
	Gas	120 000 m³/Jahr
Wasserverbrauch	150 000 m³/Jahr	

Für einen größeren Betrieb der Nahrungsmittelbranche suchen wir im südwestdeutschen Raum (bevorzugt an der Achse Frankfurt — Basel) erschlossenes oder kurzfristig erschließbares zusammenhängendes

ca. 30 ha großes Baugelände

Davon werden 15 ha sofort benötigt, während der Rest für eine spätere Erweiterung reserviert bleiben soll. Anschluß an Fernstraße oder Autobahn Bedingung, Bahnanschluß oder Bahnnähe erwünscht. Möglichst umgehende Informationen erbeten an

Institut für Produktionstechnik an der TH Stuttgart
Stuttgart 1, Postfach 951, Tel. 29 97 33 00, Fernschr. 0 722 450 (für IPA)

Bild 4.1. Annonce zum Einholen von Grundstücksangeboten.

4.2.2 Einholen von Angeboten

Wenn die Richtdaten festliegen, ist es möglich, Angebote einzuholen, beispielsweise durch die Veröffentlichung von Annoncen in regionalen Amtsblättern und überregionalen Tageszeitungen, in denen die ungefähren Wünsche genannt werden (Bild 4.1). Auch Gemeinden oder Verbände in den in Frage kommenden Gegenden sind bereit, Angebote abzugeben. Manche Industrie- und Handelskammern geben Übersichten über das Industriegeländeangebot in ihrem Bereich heraus (vgl. [9]), die Daten über ausgewiesene Industrieflächen für zusätzliche Ansiedlung mit Preisen, Besitzverhältnissen, Energie- und Wasserpreisen, Möglichkeiten von Gleisanschluß, Zahlen über Wohnbevölkerung und Aus- und Einpendler usw. enthalten. Auf diese Weise kommen im allgemeinen sehr viele Angebote zusammen.

Zum Vergleich der Angebote empfiehlt es sich, einheitliche Fragebogen an alle Anbieter zu verschicken – die ausgefüllten Fragebogen sollen über Standortbe-

1	Name und Anschrift des Anbietenden (Telefon-Nr.) ?	13	Kann Stadtgas bezogen werden ?
2	Größe des Bauplatzes ?	14	Heizwert des Gases ?
3	Lage des Bauplatzes (Lageplan erbeten) ?	15	Preis des Gases ?
4	Ist das Gelände erschlossen ?	16	Welche Zuführung für elektrische Energie steht zur Verfügung ?
5	Besteht Bahnanschluß ?	17	Spannung und Leistung ?
6	Beschaffenheit des Untergrundes ?	18	Entfernung des Geländes von der Entnahmestelle ?
7	Preis des Geländes ?	19	Ungefährer Arbeits- und Leistungspreis ?
8	Welche Wassermengen können aus dem Versorgungsnetz entnommen werden ?	20	Wieviel Arbeitskräfte können etwa aus eigener Gemeinde aufgenommen werden ? (Arbeitsmarktverhältnisse)
9	Besteht die Möglichkeit, eigene Brunnen zu erbohren ?	21	In welcher Entfernung liegen die nächsten größeren Gemeinden ?
10	Welche Möglichkeit besteht zur Reinigung des Industrieabwassers und seiner Abführung ?	22	Bestehen zu diesen Orten regelmäßig Verkehrsverbindungen ?
11	Härte des Wassers ?	23	Lohnhöhe gelernter Industriearbeiter, angelernter Arbeiter und Arbeiterinnen, Hilfsarbeiter ?
12	Preis des Wassers aus dem Versorgungsnetz ?	24	Welche Fabrikanlagen befinden sich in der Nähe des Geländes ?

Bild 4.2. Fragebogen zur Industrieansiedlung.

dingungen am Ort allgemein und über spezielle Bedingungen des Grundstücks Auskunft geben. Bild 4.2 zeigt einen solchen Fragebogen. Der Fragebogen muß für jeden Einzelfall neu entworfen werden. Bei der Gestaltung seines Inhalts kann man sich an den im nächsten Unterkapitel beschriebenen Standortfaktoren orientieren.

4.3 Faktoren für die Standortwahl

4.3.1 Liste der Faktoren

A. *Gemeindespezifische Standortfaktoren*

1. Verkehrslage
   - 1.1 Entfernungen zu Lieferanten, Abnehmern bzw. Auslieferlagern und Lohnbetrieben, Kundendiensten usw.
   - 1.2 Kommunikationsmöglichkeiten (Post, Bank, Verbände, Forschungsinstitute usw.)
   - 1.3 Lage im Straßennetz (Autobahnen, Bundesstraßen usf.)
   - 1.4 Lage im Eisenbahnnetz (Hauptstrecken, Container-Terminals)
   - 1.5 Lage zu Kanälen
   - 1.6 Lage zu Flughäfen
2. Arbeitskräfte
   - 2.1 Zahl der verfügbaren Arbeitskräfte (Einwohnerzahl des Ansiedlungsortes und der umliegenden Gemeinden, Wachstumsrate der Bevölkerung, Zahl der Ein- und Auspendler)
   - 2.2 Zusammensetzung der Arbeitskräfte:
     Gliederung in männliche und weibliche Arbeitskräfte, möglicherweise verfügbare Führungskräfte,
     Facharbeiter,
     angelernte Arbeiter,
     Hilfsarbeiter
   - 2.3 Qualität der Arbeitskräfte:
     Besondere Arbeitsfähigkeiten, Industriegewöhnung, Arbeitsmoral in der Gemeinde, Menschenschlag
   - 2.4 Lohnhöhe:
     Arbeitslöhne (tarifliche, übertarifliche), freiwillige Sozialleistungen
   - 2.5 Arbeitszeit:
     Arbeitszeiten (Überstunden), Urlaubsdauer, lokale Feiertage, Schichtarbeit
   - 2.6 Wohnungen (neue Wohnungen, Wohnungsbau erforderlich, Förderung des Wohnungsbaues durch Staat oder Gemeinde)
   - 2.7 Schulen, Fortbildung:
     Universitäten, Fachschulen, Oberschulen, Mittelschulen, Volkshochschulen, Bildungsinstitute
   - 2.8 Kultur und Erholung (Theater, Konzerte, Erholungsgebiete)
   - 2.9 Landschaftscharakter (bergig, flach, hügelig usw.)
   - 2.10 Gesundheitsvorsorge (Ärzte, Krankenhäuser usf.)
   - 2.11 Lebenshaltungskosten
   - 2.12 Politische und religiöse Einstellung der Bevölkerung in der Gemeinde
3. Klima (Temperatur, Luftfeuchtigkeit, Niederschläge, Luftdruck)
4. Steuern, Vergünstigungen, Beschränkungen
   - 4.1 Gewerbesteuerhebesatz
   - 4.2 Grund- und Baulandsteuer
   - 4.3 Finanzkraft der Stadt oder Gemeinde
   - 4.4 Mögliche Vergünstigungen:
     Sonderabschreibungen, Staatskredite, Steuererlaß, Erschließung, günstiger Energie- und Wasserbezug usf.
5. Besondere Auflagen (z. B. Bebauung bis zu bestimmtem Termin)

B. *Grundstückspezifische Standortfaktoren*

1. Gelände
   1.1 Geländegröße
   1.2 Geländepreis
   1.3 Sonstige Geländeeigenschaften:
      1.3.1 Geländeform
      1.3.2 Bodenstruktur, Bodenbelastbarkeit
      1.3.3 Geländeorientierung (Himmelsrichtungen)
      1.3.4 Dienstbarkeiten
      1.3.5 Bebauungsvorschriften
      1.3.6 Bisherige Nutzung (störende oder geeignete Gebäude)
      1.3.7 Spätere Zukaufsmöglichkeiten (Vorkaufsrecht, Option etc.)
      1.3.8 Grundwasserstand (unter Geländeniveau)
      1.3.9 Hochwassergefahr
2. Verkehrsmäßige Erschließung
   2.1 Straßenanschluß (Art, Zustand, Kostenträger der Erschließung)
   2.2 Bahnanschluß (Lage, Entfernung von Bahnstation, Kostenträger der Einrichtung)
   2.3 Kanalanschluß
   2.4 Eigener Flugplatz
3. Energieversorgung
   3.1 Elektrizität
      3.1.1 Anschluß (Art der Zuführung, Spannung und Leistung, Entfernung der Entnahmestelle vom Gebäude, Kostenträger der Erschließung)
      3.1.2 Arbeits- und Leistungspreis
   3.2 Gas
      3.2.1 Anschluß (Art der Versorgung: Stadtgas, Ferngas, Entfernung der Anschlußstelle vom Gelände, Kostenträger der Erschließung)
      3.2.2 Kubikmeterpreis
   3.3 Warmwasser, Heizdampf (Anschluß an Fernleitung)
   3.4 Evtl. Heizöl und Kohle
4. Wasserversorgung
   4.1 Aus dem öffentlichen Netz
      4.1.1 Anschluß (Art der Zuführung, Entfernung der Anschlußstelle vom Gelände, Kostenträger der Erschließung)
      4.1.2 Leistungsfähigkeit des Anschlusses
      4.1.3 Beschaffenheit des Wassers (Härte, mittlere Temperatur)
      4.1.4 Kubikmeterpreis
   4.2 Eigene Wasserversorgung (Tiefbrunnen)
      4.2.1 Möglichkeit der Erbohrung
      4.2.2 Zulässige Menge
      4.2.3 Beschaffenheit des Wassers (Härte, mittlere Temperatur)
5. Abwasserbeseitigung (Art der Kanalisation, Möglichkeit des Anschlusses an öffentliche Kläranlage, Kostenträger der Erschließung)
6. Abfallbeseitigung (eigene oder öffentliche Abfallbeseitigung, Kosten)
7. Nachbarbetriebe:
   Zahl und Art der Betriebe, mögliche Zusammenarbeit, Belästigung der fremden Betriebe durch den eigenen Betrieb, Belästigung des eigenen Betriebes durch fremde Betriebe

4.3.2 Erläuterungen zu den Faktoren für die Standortwahl

Die Faktoren für die Standortwahl teilt man zweckmäßig in gemeindespezifische und grundstückspezifische Standortfaktoren ein. Dies erleichtert die Übersicht und vereinfacht die Erfassung der Faktoren, wenn aus einer Gemeinde mehrere Grundstücke angeboten sind.

4.3.2.1 Gemeindespezifische Faktoren

Zu Punkt A 1: Verkehrslage

Die Entfernung der Gemeinde zu Orten, mit denen Material- oder Informationsflußbeziehungen bestehen, sollten möglichst klein sein. Für die Materialflußbeziehungen gilt dies insbesondere für sehr materialintensive Betriebe, für die Informationsflußbeziehungen dürfte dies beinahe für jeden Betrieb wichtig sein. Verfahren zur Ermittlung des transportkostenmäßig und entsprechend auch informationsflußmäßig günstigsten Standorts werden in 4.5.1 angegeben.

Wenn Orte, zu denen Beziehungen bestehen, über günstige Verkehrsnetze erreichbar sind, ist dies von Vorteil. Dies gilt für die Lage im Straßennetz, für die Nachbarschaft von Autobahnen mit Anschlußpunkten oder von Bundesstraßen. Ähnlich wichtig für sehr viele Betriebe ist eine günstige Lage im Eisenbahnnetz, d. h. in der Nähe von Hauptstrecken oder neuerdings in der Nachbarschaft von Container-Terminals.

Die Bedeutung von Kanälen ist im Sinken begriffen, sie sind nur noch für Großmengen sehr billiger Rohstoffe wirtschaftlich, weil der Transport von Gütern auf dem Kanal so viel Zeit kostet, daß die billige Fracht durch die Kosten des Kapitals kompensiert wird, das während der Transportzeit in den zu transportierenden Gütern festliegt. Aus der Automobilindustrie liegen sowohl in den Vereinigten Staaten wie in Deutschland Beispiele vor, daß man einen verfügbaren Wasserweg wegen der erwähnten Zinsverluste nicht mehr benützt; hingegen wird eine günstige Lage zu Flughäfen vor allem für Überseetransporte immer interessanter, da der schnellere Transport mit dem Flugzeug bei Berücksichtigung der Kapitalkosten in vielen Fällen schon günstiger ist als der Schiffstransport. Dazu wird häufig die durch Lufttransport entstehende Verkürzung der Lieferzeit als Vorteil empfunden.

Zu Punkt A 2: Arbeitskräfte

Die Zahl der verfügbaren Arbeitskräfte ist schwer im voraus zu bestimmen. Die Arbeitsämter sind meist in der Lage, genaue Angaben über die Entwicklung der Zahl der Arbeitskräfte in den vergangenen Jahren zu machen. Sie wissen auch, wieviel Arbeitskräfte im Ort wohnen, wieviel am Ort beschäftigt sind und ob Arbeitskräfte ein- oder auspendeln. Es ist aber nie sicher, wie sich die Zahl der freien Arbeitskräfte in einer zukünftigen Periode entwickeln wird. Die Gemeinden sind meist daran interessiert, weitere Industriebetriebe anzusiedeln und sind daher geneigt, die Entwicklung auf dem Arbeitsmarkt optimistisch darzustellen. Sie können aber ebensowenig wie der Betrieb selbst die Entwicklung des Arbeitsmarktes mit Sicherheit voraussagen.

Ein wichtiger Faktor ist das geistige Niveau der Bevölkerung am neuen Standort. Im Zusammenhang damit kann man den Gesichtspunkt sehen, ob Arbeitskräfte bereits in der Industrie tätig waren und welche Fähigkeiten in der vorhandenen Industrie ausgebildet wurden. Davon hängen in starkem Maße die Anlernkosten der Arbeitskräfte für die neue Fertigung ab. Die Länge der Anlernzeit wird häufig unterschätzt, sie kann in ländlichen Gegenden mehrere Jahre betragen. Das Anlernen einer Arbeiterschaft von etwa 5000 Menschen dauerte in einem Fall 7 Jahre. Da auch bei Minderleistung garantierte Mindestlöhne bezahlt werden mußten, liefen im Verlauf der 7 Jahre Kosten mit etwa demselben Betrag auf, der für die Errichtung der neuen Fabrikgebäude und die Ausstattung mit Maschinen und Werkzeugen erforderlich gewesen war. Dieses faktische Beispiel kann nicht verallgemeinert werden, gibt aber doch ein Bild von den Schwierigkeiten und Kosten eines Neuaufbaues.

Wie weit man Arbeitskäfte, insbesondere Führungskräfte, z. B. aus dem Stammhaus in das neue Werk gewinnen kann, hängt von Faktoren wie Wohnungen, Schulen und Fortbildung, Kultur und Erholung sowie Gesundheitsfürsorge, aber auch Lebenshaltungskosten ab.

Zu Punkt A 3: Klima

Das Klima einer Landschaft kann einen Einfluß auf die Produktion haben, wie bei Textilprodukten oder anderen Faserstoffen. Es ist aber heute nicht mehr von der prinzipiellen Bedeutung, wie noch vor wenigen Jahrzehnten, da die Schaffung eines günstigen Klimas in einer Fabrikanlage keine unüberwindlichen Schwierigkeiten mehr bietet. Zur Erreichung wirklich konstanter Klimabedingungen in einer Produktion muß man ohnehin eine Klimaanlage einbauen. Interessant ist die Art des Klimas einer Landschaft aber wegen der Investitions- und Betriebskosten der Klimaanlage, die sehr stark von der Differenz zwischen gewünschtem Klima und außerhalb des Betriebes vorhandenem Klima abhängen. – Besonders starker Schneefall kann Transporte beeinträchtigen und dadurch eine größere Bevorratung erforderlich machen.

Zu Punkt A 4: Steuern, Begünstigungen, Beschränkungen

Die von der öffentlichen Hand möglicherweise gegebenen Vergünstigungen (4.4) sollten, insbesondere wenn sie nur einmalig gewährt werden, die Standortwahl nicht entscheidend beeinflussen. Interessanter sind längerfristige Bedingungen wie eine gute Finanzkraft der Stadt oder Gemeinde oder ein niedriger Gewerbesteuerhebesatz.

Wenn jedoch die Wahl getroffen ist, sollten mögliche Vergünstigungen weitgehend ausgenützt werden. Dabei können die Kosten des Anschlusses an Straßen, Energie und Wasser sowie Abwasserleitungen usw. große Beträge ausmachen, die u. U. von der Gemeinde übernommen werden.

Zu Punkt A 5: Besondere Auflagen

Auf besondere Auflagen sollte man sich, so sehr sie von der Gemeinde her gesehen oft verständlich sind, nach Möglichkeit nicht einlassen. Eine vorgeschriebene Bebauung bis zu einem bestimmten Termin kann bei plötzlich verschlechterter Konjunktur einen sehr unangenehmen Druck ausüben. Selbst die Möglichkeit, daß das Werk auf Grund veränderter Bedingungen in der vorgesehenen Gemeinde und auf dem vorgesehenen Grundstück überhaupt nicht gebaut wird, darf nicht völlig außer acht gelassen werden.

4.3.2.2 Grundstückspezifische Faktoren

Zu Punkt B 1: Gelände

Von den grundstückspezifischen Standortfaktoren sind diejenigen, die das Gelände betreffen, die wichtigsten. Die Entscheidung, wie groß das zu beschaffende Gelände gewählt wird, hat im allgemeinen weitreichende Folgen. Sie ist deswegen so schwierig, weil man weder die Entwicklung des Grundstückspreises noch die Entwicklung des Flächenbedarfs des Unternehmens genau vorausberechnen kann. Grundsätzlich kann man sagen, daß das Gelände größer gewählt werden soll, als dem momentanen Bedarf entspricht. Zu entscheiden ist, wie groß die Geländereserve sein soll.

In [13] wurde dieses Problem mit folgendem Ergebnis untersucht: Die Bestimmung der Geländegröße hängt mit der Bestimmung des Zeitraumes, für den man planen kann, eng zusammen. Wenn man eine gut geplante Anlage anstrebt, die erweiterungsfähig ist, so ist es notwendig, vor dem Bau des ersten Bauabschnittes den Generalbebauungsplan für das Gelände festzulegen (vgl. Kapitel Generalbebauungsplan). Dies wird man aber nur für einen Zeitraum können, den man planerisch übersieht. Deshalb muß zuerst die Frage nach dem Planungszeitraum geklärt sein. Im Falle einer Sondermaschinenfabrik ergab sich ein sinnvoller Planungszeitraum von etwa 18 Jahren. Diese Zahl ergab sich als wahrscheinlicher Mittelwert aus 9 Einzelfaktoren. Dazu gehörten vermutete Marktsättigung, günstige Betriebsgröße, Lebensdauer mancher Maschinen usf. Es wurde berücksichtigt, daß der Grad der Wahrscheinlichkeit mit der Länge des Planungszeitraumes immer mehr abnimmt. Aus dieser Zahl für den Planungszeitraum konnte für die Umsatzentwicklung und über Verhältniszahlen von Flächen zu Umsatz die erforderliche Grundfläche für das Ende des Planungszeitraumes berechnet werden.

Die Frage, ob das ganze Gelände sofort gekauft werden soll oder nur das für den ersten Bauabschnitt erforderliche, wobei der restliche Teil beispielsweise durch Einräumung einer Option gesichert würde, kann nicht allgemein gültig beantwortet werden. Betrachtet wurden die Gesichtspunkte Geländepreistendenz, Zinsen für aufgewendetes Kapital, Steuern, Sicherstellung des Geländes, Nebenunkosten für überschüssiges Gelände und Planungsrisiko. Bei der Bewertung mit Hilfe einer Erfolgsmatrix dürfte im speziellen Falle die Entscheidung für die eine oder andere Strategie eindeutig sein.

Von den sonstigen Geländeeigenschaften ist insbesondere die Bodenstruktur von großer Bedeutung. Vor dem endgültigen Kauf des Grundstücks empfiehlt sich auf jeden Fall eine genaue Untersuchung. Erste Aussagen können geologische Landkarten geben, eindeutige Auskunft erhält man nach Durchführung einer großen Zahl von Bohrungen. „Einsparungen“ bei der Baugrunduntersuchung können oft zu Überraschungen führen.

Kies ist als Baugrund besonders günstig, weil der bei den Ausschachtungs- und Geländeeinebnungsarbeiten geförderte Kies oft sofort wieder als Beimischung zu Fundamentbeton verwendet werden kann.

Zur Geländeorientierung sei auf das im Kapitel Generalbebauungsplan Gesagte verwiesen. Eine durchschnittliche Neigung von 2 – 3% ist von Vorteil, da dann die Entwässerungsleitungen auch über größere Strecken nicht allzu tief verlegt zu werden brauchen und die Ableitung schwerer Regenfälle leichter möglich ist. Ein nicht zu stark geneigtes Gelände gibt evtl. außerdem die Möglichkeit, bei einem zweigeschossigen Gebäude beide Geschosse vom Gelände her anzufahren, wodurch auch der Transport zwischen den beiden Geschossen sehr erleichtert wird.

An den Bebauungsvorschriften interessiert besonders, zu welcher Art von Baugebieten das Grundstück gehört. Davon hängt das zulässige Maß der baulichen Nutzung ab (vgl. z. B. [14]). Die Zugehörigkeit zu einem Industriegebiet ist für

Industriebauten am günstigsten, weil dort im allgemeinen die zulässigen Verhältniszahlen: Gebäudegrundflächen/Grundstücksfläche (Grundflächenzahl) und Gebäudebaumassen/Grundstücksfläche (Baumassenzahl) am höchsten sind. Dort dürfen auch „erheblich belästigende“ Gewerbebetriebe errichtet werden. Wichtig ist auch, daß kein Flugplatz zu nahe am Gelände liegt, weil meist damit später Auflagen verbunden sind, Bauten nicht über eine bestimmte Höhe hinaus zu errichten usw.

Wenn das Gelände schon vorher genutzt worden ist, können vorhandene Bauruinen oder andere Gebäude große Kosten für ihre Beseitigung verursachen. Selten wird es möglich sein, Gebäude in einen neuen Bauplan einzubeziehen, ohne die beste Lösung der Neuplanung zu vergewaltigen. Es empfiehlt sich, sehr gründlich zu prüfen, welche Folgen durch Fremdkörper in einem neuen Werk entstehen. Im allgemeinen ist es auf lange Sicht richtiger, Bauten abzubrechen, wenn sie nicht in den Generalbebauungsplan wirklich einwandfrei hineinpassen.

Dem Grundwasserstand ist besondere Aufmerksamkeit zuzuwenden, besonders dann, wenn Keller gebaut werden sollen. In Flußlandschaften ist auch die Hochwassergefahr zu prüfen. Die Schwierigkeit mit Grundwasserstand und Hochwasser liegt in der Unmöglichkeit, einwandfrei vorauszusagen, wie sich diese Verhältnisse in der Zukunft entwickeln. Wenn ein ausreichend großer Vorfluter da ist, dessen Belastung durch einen durch das Tal laufenden Bach oder Fluß oberhalb des eigentlichen Industriegeländes reguliert werden kann, kann die Stadt im allgemeinen eine Gewähr dafür übernehmen, daß keine ernsthaften Schäden eintreten.

Zu Punkt B 2: Verkehrsmäßige Erschließung

Im Hinblick auf die mögliche Entwicklung des Eisenbahnverkehrs, insbesondere auch mit Verwendung von Containern, ist es zweckmäßig, wenn ein Fabrikneubau auf alle Fälle zu irgendeinem Zeitpunkt mit einem Gleisanschluß versehen werden kann.

Die Lage an einem Kanal ist für den Transport von Stückgut außer bei sehr sperrigem und schwerem Gut aus den unter Punkt A 1 genannten Gründen meist unnötig.

Hingegen ist eine Start- und Landebahn für Kleinflugzeuge oft von großem Wert, wenn die Fahrzeit zu einem öffentlichen Flugplatz zu lang ist. Auch kleinere Unternehmen, die auf dem Lande liegen, haben von dieser Möglichkeit Gebrauch gemacht. Sie können damit im Kundenverkehr sowohl wie in der Versorgung mit dringenden Gütern eine verkehrsmäßig ungünstige Lage weitgehend kompensieren.

Zu Punkt B 3: Energieversorgung

Die Frage der Versorgung mit elektrischer Energie sollte vor Ankauf eines neuen Fabrikgeländes geklärt werden. Man kann das Elektrizitätswerk zur kostenfreien Heranführung elektrischer Energie meist leichter vor der endgültigen Entscheidung für ein Grundstück bewegen als bei Baubeginn. Das gilt um so mehr, als die Elektrizitätswerke häufig die interessierten Gemeinden als Gesellschafter in ihrem Unternehmen haben. Wenn man nur geringe Mengen Stadt- oder Erdgas unbedingt braucht, z. B. zum Flammhärten, kommt man vielleicht mit Flaschengas billiger aus als bei Bezug durch Rohrleitungen.

Schließlich ist noch der in manchen Städten mögliche Bezug von Warmwasser oder Heizdampf aus Heizkraftwerken zu erwähnen. Hier muß auch die Kalkulation im Vordergrund stehen. Dabei sollte man die voraussichtliche Entwicklung der Tarifpreise mitberücksichtigen, auf die das beziehende Unternehmen keinen Einfluß hat.

Zu Punkt B 4: Wasserversorgung

Während Klima und Energieversorgung heute viel von ihrer Bedeutung bei der Standortbestimmung verloren haben, gewinnt die Versorgung mit Wasser stetig an Bedeutung. Das gilt zwar für fertigungstechnische Betriebe weniger als für energie- und verfahrenstechnische. Trotzdem sind wir auch bei der Planung fertigungstechnischer Betriebe gezwungen, der Wasserfrage Aufmerksamkeit zu schenken. In den Anforderungen muß klargelegt werden, welcher Tagesdurchschnitts- und welcher Spitzenverbrauch erwartet wird. Der Spitzenverbrauch ist für die Dimensionierung der Rohrleitung maßgeblich. Er kann aber durch ein betriebseigenes Wasserreservoir reduziert werden, das sich auch aus Gründen der Brandbekämpfung empfiehlt (vgl. Kap. Hilfsbetriebe).

Wegen der hohen Kosten für das aus dem öffentlichen Netz bezogene Wasser ist es immer zweckmäßig, einige Tiefbrunnen zu bohren, wenn das Gelände eigenes Wasser führt. Mit den zuständigen Behörden ist darüber zu verhandeln, ob die Wasserentnahme aus dem Boden mit Rücksicht auf den Grundwasserspiegel beschränkt bleiben muß; es empfiehlt sich, eine schriftliche Festlegung im Kaufvertrag darüber vorzusehen, wieviel Wasser aus dem Gelände entnommen werden darf.

Vor dem Kauf des Grundstücks sollten Wasserproben entnommen werden. Auch sollte man das Wasser bakteriologisch untersuchen lassen, um es gegebenenfalls als Trinkwasser benützen zu können. Sollte das Wasser nicht für den menschlichen Genuß geeignet sein, so kann es trotzdem für industrielle Zwecke brauchbar sein. Dann würde jedoch ein getrenntes Verteilungsnetz für Verbrauchswasser notwendig, über dessen Wirtschaftlichkeit eine genaue Rechnung aufgestellt werden muß.

Für manche Unternehmen, wie Brauereien, Nahrungsmittelfabriken, aber auch Akkumulatorenfabriken und andere ist die Qualität des Wassers ein entscheidender Standortfaktor. Entsprechend ist die Qualität des Wassers, evtl. detailliert nach Härte, chem. Zusammensetzung, auch mittlerer Temperatur u. ä. genau zu untersuchen.

Zu Punkt B 5: Abwasserbeseitigung

Die Abwasserleitungen können bei felsigem Gelände sehr teuer werden. Es ist daher zu prüfen, welcher Teil der Kanalisation schon vorhanden ist – was bei manchem bereits vorbereiteten Fabrikgelände der Fall sein kann – und welcher Teil noch angelegt werden muß. Ferner muß geprüft werden, ob die Abwässer durch natürliches Gefälle in das öffentliche Kanalsystem abfließen können oder ob Abwasserpumpen notwendig sind.

Die Einleitung giftiger, saurer oder alkalischer Abwässer in den Vorfluter ist durch Wassergesetze unterbunden worden. Es ist zu untersuchen, ob eine öffentliche Neutralisations- und Entgiftungsanlage zur Verfügung steht und wie hoch die Leitungskosten für den Transport der Abwässer zu dieser Anlage sind, oder ob eine eigene Neutralisations- und Entgiftungsanlage notwendig wird.

Tabelle 4.2. Belästigungsweiten für Staub, Geruch und Geräusch bei ausgewählten Industriezweigen [15] (× = keine Werte verfügbar)

Betriebsart	Belästigungsweiten in m		
	Staub	Geruch	Geräusch
Dampfkraftwerke	nach Einzelgutachten		
Gaswerke	600	200	200
Hochofen	2000	1000	500
Eisengießerei	400	100	200
NE-Metallherstellung	1000	600	1000
NE-Metallgießerei	×	150	×
Kesselschmiede			500
Werkzeugmaschinenbau	200		700
Armaturenbau			100
Landmaschinen- und Kraftfahrzeugbau	120	120	200
Eisenbahnwerkstätten	200		100
Schmiede, Galvanisierwerkstätten			100
Kabelproduktion	200		400
Akkumulatorenbau	800	600	300
Starkstromapparate			100
Nitrogen-Kunstdünger, schwerchem. Industrie	×	×	
Sodaherstellung		×	
Mineralölwerke	1000	2000	300
Hydrierwerk	1200	3000	500
Farben- und Lackherstellung	200	300	
Seifenindustrie		300	
Flaschenglasherstellung	×	×	
Asphaltherstellung	500	700	
Gummiherstellung	1000	1500	200
Ziegelei	200		
Zementwerk	×		
Kalkbrennerei, keramische Industrie	×	×	
Baugeschäft	×		×
Sägewerk, Furnierherstellung	150		200
Möbel- und Kistenfabriken	100		60
Bau- und Möbeltischlerei	50		50
Spinnereien, Webereien, Kunstfaserproduktion, Teppichproduktion			×
Lederindustrie, Rauchwaren			×
Zellulose- und Papierherstellung	600	2000	200
Kartonagefabrik			200
Druckerei			50
Getreidemühlen	×		×
Brotfabrik	50	100	
Schlachthof			×
Molkerei		×	100
Zuckerindustrie	500	1500	500
Marmeladenindustrie		×	
Margarine-, Nährmittel-, Bierherstellung		100	
Tabakwarenfabrik	100	60	

In gewitterreichen Gegenden ist ferner zu prüfen, ob es sich empfiehlt, die Abwasserleitungen so zu dimensionieren, daß sie das Regenwasser mit ableiten können, oder ob zwei Abwassersysteme – eines für Gebrauchswasser und Fäkalien und eines für Regenwasser – angelegt werden müssen.

Zu Punkt B 6: Abfallbeseitigung

Die betriebliche Abfallbeseitigung wird vor allem bei relativ großem Anfall zunehmend wichtig. Eine in der Gemeinde vorhandene öffentliche Müllverbrennungsanlage mit freier Kapazität ist von Vorteil.

Zu Punkt B 7: Nachbarschaft

Grundstücksnachbarn können möglicherweise ein Nachteil evtl. auch ein Vorteil bei der Grundstückswahl sein. Dazu ist zu untersuchen, ob etwa der eigene Betrieb durch Nachbarn belästigt würde, sei es durch Geruch oder Rauch, Ruß, Staub, besondere chemische Verbindungen oder Lärm und Erschütterungen.

Zu prüfen ist auch, ob der eigene Betrieb evtl. Nachbarn, insbesondere Wohnsiedlungen belästigen wird. Aus den in Tabelle 4.2 [15] dargestellten Belästigungsweiten für die Ansiedlung von Industrie und Gewerbe läßt sich für vielerlei Betriebe ablesen, welche Entfernungen zu bzw. von Nachbarn einzuhalten sind.

Nachbarbetriebe bieten auch den Vorteil möglicher Zusammenarbeit, sei es durch Benutzung gemeinsamer Einrichtungen, wie Pförtner, Kantine, Gemeinschaftsräume oder gemeinsame Benützung von Härtereien, Großmaschinen usw. Der Austausch von Arbeitskräften oder von Lohnarbeit bei starken Schwankungen der Kapazitätsauslastung, wenn sie bei den verschiedenen Betrieben günstig zueinander liegen, sind ebenfalls denkbar. (Dies gilt zum Teil selbstverständlich auch zu Nachbarn in der gleichen Gemeinde.)

4.4 Ermittlung geeigneter Standorte

Aus der großen Zahl der angebotenen Grundstücke sind diejenigen auszuwählen, die sich prinzipiell für die zu planende Fabrikanlage eignen. Dabei sollen die Grundstücke ausgeschieden werden, deren Bedingungen den Anforderungen, die mindestens an das Grundstück gestellt werden, nicht genügen. Aus den sich ergebenden geeigneten Standorten soll dann später möglichst derjenige, der die größte Rentabilität erbringt, als optimaler Standort ausgewählt werden.

Um Anforderungen und Bedingungen miteinander vergleichen zu können, muß man beide genau erfassen. Eine Liste der Anforderungen erstellt man am besten aus der Liste der Faktoren für die Standortwahl, indem man bei jedem Faktor die qualitative und quantitative Anforderung, die man an ihn stellt, einträgt. Beispielsweise kann man einen bergigen Landschaftscharakter oder eine bestimmte Zahl X der verfügbaren Arbeitskräfte fordern. Da man aber zunächst nur geeignete Standorte ermitteln will, kann man aus der Liste der Standortfaktoren eine ganze Reihe Faktoren streichen, wenn die Anforderungen an diese Faktoren nicht *unbedingt* zu stellen sind. So dürfte ein bergiger Landschaftscharakter zwar u. U. angenehm, aber nicht unbedingt erforderlich sein, während man unter eine bestimmte Grundstücksgröße oder Anzahl der Arbeitskräfte wahrscheinlich nicht gehen kann.

Anforderungen, denen nicht direkt, aber mit zusätzlichen finanziellen Aufwendungen entsprochen werden kann, sollten nicht als unbedingte Anforderungen gestellt werden. So läßt sich ein fehlender Straßenanschluß fast immer und ein fehlender Bahnanschluß sehr häufig, allerdings u. U. mit sehr hohen Aufwendungen herstellen. Bei schlechtem Ausbildungsstand der Arbeiter wird man eine lange Anlernzeit und entsprechende Mehrkosten beachten müssen. Solche unangenehmen Bedingungen schließen eine Eignung nicht aus, sie gehen aber später bei der Ermittlung des optimalen Standorts entsprechend negativ in die Bewertung ein.

Die Bedingungen, die Gemeinden und Grundstücke bieten, kann man aus dem ausgefüllten Fragebogen und eventuell mitgeschickten Zusatzinformationen wie Plänen, Landkarten, Gutachten usf. und bei Rückfragen mitgeteilten Informationen ermitteln. Im Vergleich der Faktoren wird nun festgestellt, ob die Bedingungen der möglichen Standorte (Angebote) den unbedingten Anforderungen genügen. Der Vergleich der quantitativ angegebenen Faktoren dürfte sehr eindeutig ausfallen, während sich beim Vergleich der qualitativ angegebenen Faktoren Schwierigkeiten ergeben können. Hierbei muß man die Möglichkeiten der Auslegung durch genauere Beschreibungen einschränken.

Als Ergebnis des Vergleiches erhält man nun Grundstücke, die für die Fabrikanlage geeignet sind. Aus den geeigneten Grundstücken ist nun das für den Betrieb günstigste auszusuchen.

4.5 Ermittlung des optimalen Standorts aus geeigneten Standorten

Wie bereits definiert wurde, soll als optimaler Standort derjenige gelten, der die Anforderungen des Betriebes bestmöglich erfüllt und für diesen Betrieb den größtmöglichen Erfolg bringt. Dementsprechend sollen in diesem Kapitel Verfahren beschrieben werden, die es erlauben, denjenigen Standort auszuwählen, der den größtmöglichen Erfolg bringt. Dabei wird, wie bereits angedeutet, unter Erfolg die größtmögliche Rentabilität verstanden, wobei

$$\text{Rentabilität} = \frac{\text{Erlös} - \text{Kosten}}{\text{betriebsnot. Kapital}} \quad \text{ist.}$$

(Die Auswahl muß sich allerdings auf die angebotenen Grundstücke beschränken, so daß keine absolute Optimierung möglich ist.)

Bevor ein Verfahren zur Lösung des allgemeinen Falles angegeben wird, sollen zunächst Verfahren zur Lösung vereinfachter Fälle geschildert werden. – Zunächst wird derjenige Standort als optimal betrachtet, für den die Transportkosten ein Minimum erreichen. Es wird also angenommen, daß Erlös, betriebsnotwendiges Kapital und alle Kosten außer den Tansportkosten standortunabhängig konstant sind.

4.5.1 Standorte mit minimalen Transportkosten

Um über den Anteil der (außerbetrieblichen) Transportkosten an den Gesamtkosten eines Industrieerzeugnisses eine Vorstellung zu bekommen, seien zunächst Zahlen genannt. In einer Tabelle bringt [16], zitiert in [17], folgende Zahlen über den Anteil der Transportkosten an den Produktionsselbstkosten der Industriezweige der UdSSR (in %):

Textilindustrie	0,08 – 1,0,
Maschinenbau	0,7 – 3,5,
Baumaterialindustrie	20 – 40, dabei
Zementindustrie	30 – 35.

„Die größten genannten Prozentzahlen dürften nur noch von wenigen Industriezweigen (sicherlich aber von der Brennstoffindustrie) übertroffen werden."

Die Zahlen müßten in der Bundesrepublik infolge der stärkeren Bevölkerungsdichte niedriger liegen. Trotzdem dürfte es auch bei einem Anteil von 3% an den Gesamtkosten durchaus lohnend sein, diesen, wie es in [18] für Fertigerzeugnisse eines Textil- und Kosmetikbetriebes erreicht wurde, um 30% zu vermindern. Die Transportkosten können aber leicht einen höheren Anteil erreichen, bei:

relativ großem Gewicht und Volumen des Transportgutes, Vergabe vieler Zwischenarbeitsgänge als Lohnaufträge an andere Firmen,

Zweigwerken mit starken Transporten zum Stammwerk, von den Transportkosten her gesehen sehr ungünstigem Standort.

Die folgenden Problemtypen können im Zusammenhang mit der Wahl transportkostenminimaler Standorte auftreten:

4.5.1.1 Problemtyp 1a

Im einfachsten Fall stehen für einen Betrieb mehrere gleichermaßen geeignete Standorte zur Auswahl zur Verfügung. Dabei liefern Lieferanten von vorgegebenen Orten vorgegebene Mengen, und Abnehmer nehmen vorgegebene Mengen ab. Es werden also Transportbeziehungen zwischen dem neuen Standort des Betriebs einerseits und den Standorten der Lieferanten bzw. Abnehmer andererseits bestehen. Dabei soll unter Lieferanten alles verstanden werden, was etwas liefert, also z. B. auch das Stammwerk, Lohnbetriebe usw. und entsprechend unter Abnehmer alles, was etwas abnimmt, also auch Stammwerk, Lohnbetrieb, Zweig-

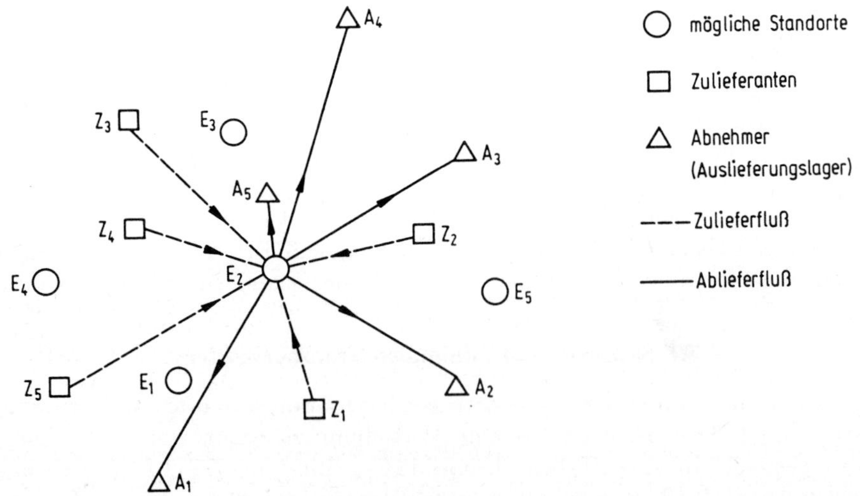

Bild 4.3. Bestimmung des optimalen Standorts bezüglich Transportkosten (Schema 1).

werke, Auslieferlager usf. Am besten rechnet man nun für jeden möglichen Standort die Transportkosten zu den Standorten der Lieferanten und Abnehmer und addiert die einzelnen Transportkosten für jeden Standort. Der Standort, für den die geringsten Transportkosten auftreten, ist der optimale Standort (vgl. Bild 4.3). Mit dieser Rechnung hat man die Möglichkeit, die tatsächlich auftretenden Transportkosten einzusetzen, gleichgültig, ob man mit Lkw, Bahn oder anderen Verkehrsmitteln transportieren will; da Fahrtstrecken und Transportkilometer im einzelnen Fall genau zu ermitteln sind, müßte die Lösung auch genau der Wirklichkeit entsprechen.

4.5.1.2 Problemtyp 1b

Schwieriger wird es, wenn man sich nicht für den optimalen von gegebenen Standorten, sondern den überhaupt optimalen Standort interessiert, der vielleicht in einer Gemeinde liegt, die bisher gar kein Grundstück angeboten hat. Beck empfiehlt in [19] über den in Frage kommenden Bereich der Landkarte ein Gitternetz zu ziehen und für die Kreuzungspunkte die gesamten Transportkosten zu berechnen, d. h. sozusagen die Gitterpunkte als mögliche Standorte zu betrachten. Dabei kann man zunächst das Netz sehr grob wählen, damit man geringen Rechenauf-

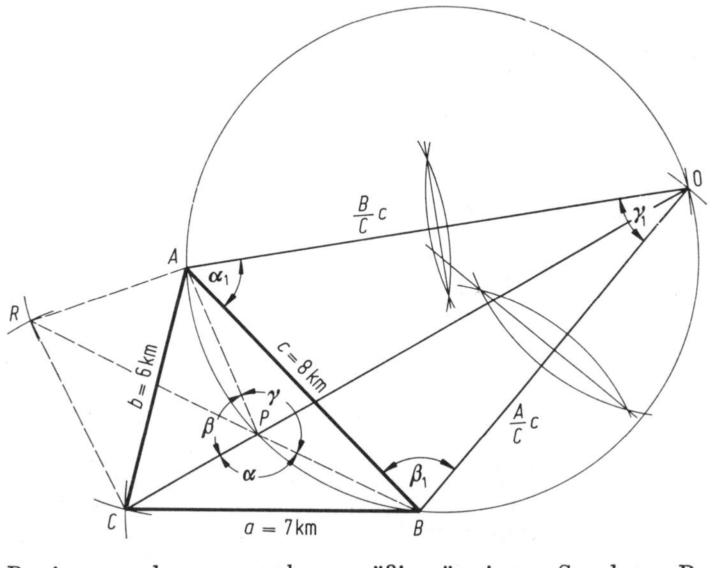

Bild 4.4. Bestimmung des transportkostenmäßig günstigsten Standortes P zu 3 Lieferanten bzw. Abnehmern (A = 5000 DM/km Jahr, B = 6000 DM/km Jahr, C = 4000 DM/km-Jahr). Man schlägt aus dem Punkte A mit der Länge B/C 0 und aus B mit der Länge A/C c Bögen und erhält durch deren Schnittpunkt 0 ein Dreieck A B 0, dessen Seiten im Verhältnis der kilometrischen Verkehrskosten A, B und C stehen, so daß also die Winkel dieses Dreieckes α, β_1 und γ_1, die Ergänzungswinkel der Winkel α, β und γ am Standorte P sind. Der Standort muß hiernach auf dem das Dreieck A B 0 umschreibenden Kreis liegen und zwar in dem Punkte, welcher durch eine von C nach 0 geführte Gerade geschnitten wird. Man kann P auch als Schnittpunkt von 0 C und B R konstruieren, wobei man R in entsprechender Weise wie 0 erhält [2].

wand hat. Im Bereich der Punkte, für die die niedrigsten Transportkosten auftreten, kann man das Netz dann noch verfeinern und somit genau den Ort ermitteln, für den die niedrigsten Transportkosten erreichbar sind. Da wieder mögliche Transportkosten, die auf tatsächlichen Transportstrecken entstehen, eingesetzt werden, ist das Ergebnis realistisch. Es können allerdings mehrere Lösungen auftreten, und der Rechenaufwand ist u. U. ziemlich groß. Deshalb empfiehlt es sich, vielleicht zunächst ein Verfahren anzuwenden, das den virtuell optimalen Standort ermittelt, wobei als Transportstrecke immer die direkte Luftlinienverbindung zwischen zwei Standorten und als Transportkosten eine entfernungs- und mengenproportionale Größe angesetzt wird. Launhardt hat hierfür ein einfaches graphisches Verfahren angegeben [2], das für 3 oder mehr vorhandene Lieferanten oder Abnehmer gilt (vgl. Bild 4.4). Entsprechend seiner Aussage, daß sich die „kilometrischen Transportkosten", das sind die Produkte aus Transportmengen × Entfernungen als Kräfte gedacht am Standort des Betriebs das Gleichgewicht halten müssen, läßt sich außerdem auch leicht eine experimentelle Lösung finden, indem man so viele Fäden wie man Lieferanten + Abnehmer hat, „in einem Knoten zusammenknüpft, die Enden dieser Fäden an den auf einer horizontalen Platte aufgetragenen Punkten a, b und c niederführt und mit Gewichten belastet, welche den kilometrischen Transportkosten entsprechen"; dann stellt sich der Knoten über den günstigsten Standort des Betriebes ein.

Für eine sehr große Zahl von Lieferanten und Abnehmern empfiehlt es sich, den optimalen Standort mit einer Rechenanlage zu ermitteln. Ein Verfahren zur Lösung mit einer digitalen Anlage gibt [20] an, mit einem Analogrechner arbeitet [21].

4.5.1.3 Problemtyp 2

Aus einer Anzahl gegebener Standorte wird der günstigste Standort für ein neues Werk gesucht, wenn schon einige Werke vorhanden sind, deren Kapazität

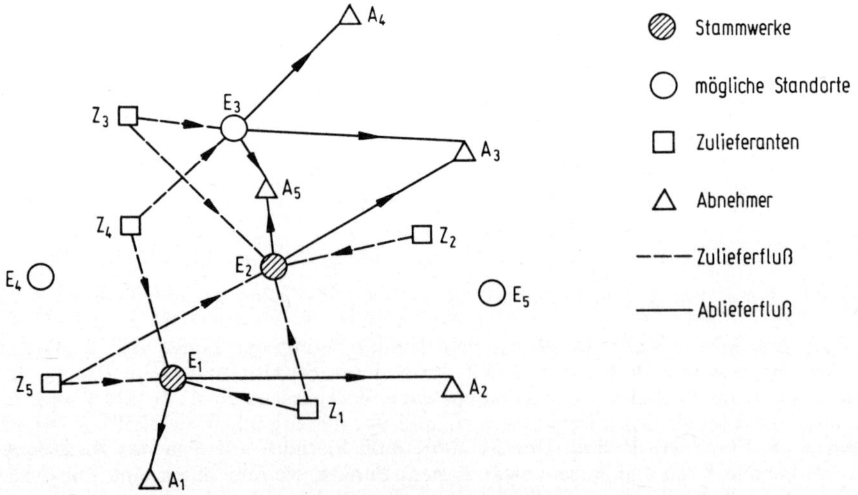

Bild 4.5. Bestimmung des optimalen Standorts bezüglich Transportkosten (Schema 2).

aber nicht mehr ausreicht. Gegeben seien die Lieferanten und Abnehmer und die Mengen, die sie liefern bzw. abnehmen und die Kapazitäten des alten und des neuen Werkes. Gesucht ist einmal der Standort des neuen Werkes, weiter interessiert, welche Lieferanten bzw. Abnehmer von welchen Werken beliefert werden bzw. abnehmen sollen. Dieser Fall ist eine Kombination des erstgenannten Falles und des in der Literatur als Transportproblem bekannten Problems. Man kann diesen Fall lösen, indem man für jeden in Frage kommenden Standort das Transportproblem löst und jeweils für die beste Verteilung die Transportkosten berechnet. Der Standort, in dem insgesamt die niedrigsten Transportkosten auftreten, ist der günstigste. Die beim dabei gelösten Transportproblem ermittelte Verteilung von Liefer- und Abnahmemengen ist die günstigste. Verfahren zur Lösung des Transportproblems sind in [22 bis 24] angegeben (vgl. Bild 4.5).

4.5.1.4 Problemtyp 3

Als Problemtyp 3 sei das sogenannte kombinatorische Standortproblem [17] (Warehouse-Problem) genannt, in dem Standorte für mehrere Werke gesucht werden. Standorte für Lieferanten und Abnehmer und Liefer- bzw. Abnahmemengen sind vorgegeben. Standorte für die neuen Werke seien nicht vorgegeben. Diesen Fall behandelt Cooper in [25]. Für eine Zahl von bis zu 10 Lieferanten und Abnehmern gibt er ein Verfahren an, das eine exakte Lösung ergibt. Für mehr als 10 Lieferanten und Abnehmer werden die Rechenzeiten schnell so groß, daß es wirtschaftlicher ist, ein Näherungsverfahren anzuwenden. Diese beiden Verfahren sind auch in [17] beschrieben.

Sind mögliche Standorte für die Werke vorgegeben, so kann man einfachere, z. B. vier in [26] dargestellte heuristische Verfahren anwenden, die dort hinsichtlich Rechenzeiten und -ergebnis miteinander verglichen werden.

4.5.1.5 Zusätzliche Bedingungen

Die bisher angegebenen Lösungsverfahren gelten im allgemeinen für vereinfachte Fälle. Voraussetzungen waren z. B.:

1. Transportkosten pro Entfernungseinheit seien konstant unabhängig von der Entfernung,
2. Einsortenfertigung und Einsortentransport, d. h., daß zwischen Lieferanten und Abnehmern einerseits und Werken andererseits nur Transporte erfolgen, die gleich hohe Transportkosten pro Entfernungseinheit haben,
3. keine Mehrstufigkeit der Produktions- und Transportbeziehungen (d. h. es wird nicht beachtet, daß normalerweise für ein Produkt mehrere Stufen der Ver- und Bearbeitung in territorial verschieden gelegenen Betrieben durchgeführt werden).

Fälle, in denen diese Einschränkungen beachtet werden müssen, lassen sich aber im allgemeinen auf Normalfälle reduzieren. Das Problem der Mehrstufigkeit ist meist auch eher ein volkswirtschaftliches als ein einzelbetriebliches Problem. Lösungen für solche Spezialfälle bringt insbesondere [17].

4.5.2 Ermittlung des näherungsweise optimalen Standorts mit Hilfe eines analytischen Bewertungsverfahrens

Entsprechend der früher gemachten Definition des optimalen Standorts sollen bei den folgenden analytischen Bewertungsverfahren die standortabhängigen Kosten und der standortabhängige Kapitalbedarf berücksichtigt werden. Allerdings wird angenommen, daß der Erlös standortunabhängig konstant sei. Da es im allgemeinen sehr schwierig sein dürfte, Kosten und Kapitalbedarf eines Betriebes im Stadium der Standortplanung genau zu bestimmen und da es außerdem ein Mangel der allein rentabilitätsorientierten Standortbestimmung ist, daß Größen, die man schlecht durch Kosten berücksichtigen kann, nicht in der Betrachtung berücksichtigt werden, wird im folgenden mit Bewertungsziffern gearbeitet, die Vergleichsgrößen für Kosten und Kapitalbedarf und für nicht rechenhafte Größen repräsentieren. Die einzelnen Standortfaktoren werden untereinander und zwischen den einzelnen Standorten durch Bewertungsziffern bewertet. Tabelle 4.3 zeigt ausschnittsweise die Grundstücksbewertung für eine Nahrungsmittelfabrik. Aufgeführt sind die 8 besten von 37 Grundstücken. Dabei sind alle Standortfaktoren, die für den betreffenden Fall interessant sind, aufgeführt; wenn die gegebene Standortbedingung der notwendigen Standortforderung gut entspricht, wird dies mit einer hohen Punktzahl und wenn sie schlecht oder unzureichend entspricht, mit einer niedrigen Punktzahl bewertet. Die erreichbaren Punktzahlen pro Standortfaktor werden über einen Multiplikator in ein gewünschtes Verhältnis gesetzt. So wird z. B. die Geländegröße, wenn sie ausreichend ist, mit dem Multiplikator 10 bewertet, woraus eine maximal erreichbare Bewertungsziffer von $2 \times 10 = 20$ resultiert, während eine sehr gute Lage im Straßennetz mit dem Multiplikator 5 versehen wird, woraus eine Bewertungsziffer von $3 \times 5 = 15$ resultiert. Da ein Kanalanschluß für die Nahrungsmittelfabrik unnötig ist, wird der Kanalanschluß mit dem Multiplikator 0 bewertet. Es werden für jeden Standort die Summe aller Bewertungsziffern der einzelnen Standortfaktoren ermittelt; indem man die erreichbare Gesamtpunktzahl gleich 100% setzt, hat man noch einen Maßstab dafür, wie gut die Grundstücke im Verhältnis zum besten denkbaren sind. Das Grundstück mit der höchsten erreichten Punktzahl dürfte ungefähr dasjenige sein, das den Anforderungen am besten entspricht. Da das Verfahren aber nicht exakt ist, können auch Standorte, die ungefähr die gleiche Prozentzahl erreicht haben, mit als günstigste Standorte für das Werk vorgesehen werden, wenn bisher unberücksichtigte Gründe dafür sprechen (vgl. letztes Unterkapitel). Einfachere Verfahren, die mit Hilfe von Rangzahlen arbeiten, schildert [27].

4.5.3 Ermittlung des optimalen Standorts mit Hilfe von Kapital- und Kostenrechnung und von Korrelationsbeziehungen

Enzmann hat in [28] und [29] für einen Betrieb der elektrischen Kleinapparateindustrie aus über 200 Standorten den rentabilitätsmaximalen Standort ausgewählt. Er hat zunächst ein deterministisches Kosten- und Rentabilitätsmodell mit 59 Kostenstellen aufgebaut. Anschließend wurden für 5 von über 200 möglichen Standorten, die mit Zufallszahlen ausgewählt wurden, die Gesamtkosten und Rentabilitäten im Verhältnis zu denjenigen an einem Bezugsstandort ermittelt.

Tabelle 4.3. Bewertungssystem für die Grundstücksuche

Standortfaktor	Bewertungsskala	Punkte	Multi-plikator	Standorte 1	2	3	4	5	6	7	8
1. *Geländegröße* (ha)	ausreichend	2	10	20	20	20	20	20	20	20	20
	den gestellten Forderungen nur knapp entsprechend	1									
2. *Geländepreis* (DM/m²)	sehr gering	5	10	40	40	50	50	50	50	30	50
	günstig	4									
	angemessen	3									
	überhöht	2									
	sehr hoch	1									
3. *Verkehrslage*											
3.1 Lage im Straßennetz	sehr gut (Autobahn)	3	5	15	15	5	15	12	10	15	10
	gut	2									
	ausreichend	1									
3.2 Straßenanschluß (Art, Zustand, Kostenträger der Erschl.)	vorhanden	3	3	9	9	9	9	9	9	9	9
	leicht herzustellen	2									
	schwer herzustellen	1									
3.3 Bahnanschluß (Lage, Entfernung von Bahnstation, Kostenträger der Einrichtung)	vorhanden	3	3	9	6	9	6	6	9	6	3
	leicht herzustellen	2									
	kaum herzustellen	1									
	nicht herzustellen	0									
3.4 Kanalanschluß	vorhanden	4	0								
	leicht herzustellen	3									
	kaum herzustellen	2									
	nicht herzustellen	1									
4. *Beschaffenheit des Geländes*											
4.1 Bodenstruktur (Ergebnis von Probebohrungen)	sehr günstig	3	5	15	15	15	15	15	10	15	10
	günstig	2									
	weniger günstig	1									
	ungünstig	0									
4.2 Gestalt der Oberfläche	eben	3	3	9	9	9	9	9	9	9	9
	hügelig	2									
	sehr hügelig	1									
4.3 Grundwasserstand (m unter Geländeniveau)	10 m und mehr	4	3	9	6	6	6	6	6	6	6
	3–10 m	3									
	1–3 m	2									
	1 m und weniger	1									
4.4 Hochwassergefahr	= 0	2	5	10	10	10	10	10	10	10	10
	gering	1									
	groß	0									
4.5 Landschaftscharakter	angenehm	3	1	3	3	3	3	3	3	3	3
	neutral	2									
	weniger angenehm	1									
4.6 Klima (Temperatur, Luftfeuchtigkeit, Niederschlagsmenge)	günstig	4	1	2	2	4	2	4	4	2	2
	neutral	3									
	weniger günstig	2									
	ungünstig	1									

Tabelle 4.3 (Fortsetzung)

Standortfaktor	Bewertungsskala	Punkte	Multiplikator	Standorte 1	2	3	4	5	6	7	8
5. *Energieversorgung*											
5.1 Strom											
5.1.1 Erschließung (Art der Zuführung, Spannung und Leistung, Entfernung der Entnahmestelle vom Gelände, Kostenträger der Erschließung)	Erschließung durch Verkäufer	3	3	9	9	9	9	9	9	9	6
	Erschließung durch Käufer (Kosten gering)	2									
	Erschließung durch Käufer (Kosten beträchtlich)	1									
5.1.2 Arbeits- und Leistungspreis (DM/KVAh, DM/KVA)	niedrig	3	3	8	6	6	6	6	9	7	6
	normal	2									
	hoch	1									
5.2 Gas											
5.2.1 Erschließung (Art der Versorgung – Stadtgas – Ferngas, Entfernung der Anschlußstelle vom Gelände, Kostenträger der Erschließung)	Erschließung durch Verkäufer	3	1	3	3	3	3	3	3	3	2
	Erschließung durch Käufer (Kosten gering)	2									
	Erschließung durch Käufer (Kosten beträchtlich)	1									
5.2.2 Kubikmeterpreis (DM/m^3)	niedrig	3	1	2	2	2	2	2	2	1	2
	normal	2									
	hoch	1									
5.3 Heizdampf (Anschluß an Fernleitung)	vorhanden	2	0								
	nicht vorhanden	1									
6. *Wasserversorgung*											
6.1 Öffentliches Wasserwerk											
6.1.1 Erschließung (Art der Zuführung, Entfernung der Anschlußstelle vom Gelände, Kostenträger der Erschließung)	Erschließung durch Verkäufer	3	3	9	9	9	9	9	9	9	6
	Erschließung durch Käufer (Kosten gering)	2									
	Erschließung durch Käufer (Kosten beträchtlich)	1									
6.1.2 Leistungsfähigkeit des Anschlusses (m^3/h)	hoch	3	3	6	6	6	6	6	6	6	6
	ausreichend	2									
	knapp ausreichend	1									
6.1.3 Beschaffenheit des Wassers (Härte, mittl. Temperatur)	sehr geeignet	3	1	2	3	3	2	3	2	2	2
	geeignet	2									
	noch geeignet	1									

Tabelle 4.3 (Fortsetzung)

Standortfaktor	Bewertungsskala	Punkte	Multiplikator	Standorte 1	2	3	4	5	6	7	8
6.1.4 Kubikmeterpreis (DM/m^3)	niedrig	3	3	6	6	6	9	6	6	6	6
	normal	2									
	hoch	1									
6.2 Eigene Tiefbrunnen											
6.2.1 Möglichkeit der Erbohrung	gegeben, billig	3	5	15	15	15	15	15	15	15	15
	gegeben, teuer	2									
	nicht gegeben	1									
6.2.2 Schüttung (m^3/h)	hoch	3	3	6	6	6	6	6	6	6	6
	ausreichend	2									
	nicht ausreichend	1									
6.2.3 Beschaffenheit des Wassers (Härte, mittl. Temperatur)	sehr geeignet	3	1	2	3	2	2	2	2	2	2
	geeignet	2									
	nicht geeignet	1									
7. *Abwasserbeseitigung* (Art der Kanalisation, Möglichkeiten des Anschlusses an öffentliche Kläranlage, Kostenträger der Erschließung)	Erschließung durch Käufer Kläranlage vorhanden	4	3	12	9	12	12	12	12	12	6
	Erschließung durch Verkäufer Kläranlage nicht vorhanden	3									
	Erschließung durch Käufer Kosten gering	2									
	Erschließung durch Käufer Kosten beträchtlich	1									
8. *Arbeitskräfte*											
8.1 Lage auf dem Arbeitsmarkt (Einwohnerzahl des Ansiedlungsortes und der umliegenden Gemeinden, Wachstumsrate der Bevölkerung, Prozentsatz der Ein- und Auspendler, Gliederung der voraussichtlich anzuwerbenden Arbeitskräfte nach Geschlecht und Ausbildung)	Arbeitskräfte reichlich vorhanden	3	10	30	30	25	25	20	30	30	30
	Arbeitskräfte in der nötigen Zahl vorhanden	2									
	Arbeitskräfte knapp	1									
	Arbeitskräfte sehr knapp	0									
8.2 Lohnhöhe (DM/h)	unter Tarif	3									
	entsprechend Tarif	2	5	10	10	10	10	10	10	12	15
	über Tarif	1									
	weit über Tarif	0									
8.3 Wohnungen	Angebot überwiegt	4	1	3	3	3	2	2	2	2	3
	Angebot = Nachfrage	3									

Tabelle 4.3 (Fortsetzung)

Standortfaktor	Bewertungsskala	Punkte	Multiplikator	Standorte 1	2	3	4	5	6	7	8
	Nachfrage überwiegt	2									
	Wohnungsnot	1									
	Wohnungsbau rege	3	1[1] / 2[2]	6	4	4	2	6	1	5	4
	Wohnungsbau normal	2									
	Wohnungsbau stagnierend	1									
8.4 Schulen	Uni, TH, Fachschule	2	2[3] / 1[4]	4	2	4	2	2	2	2	2
	Oberschule	2									
	Mittelschule	1									
8.5 Nachbarbetriebe	vorteilhaft	3	3	6	6	6	6	6	6	6	6
	neutral	2									
	störend	1									
8.6 Menschenschlag	sehr gut geeignet	5	1	4	5	4	4	3	3	4	5
	geeignet	4									
	neutral	3									
	nicht bes. geeignet	2									
	ungeeignet	1									
9. *Steuern, Vergünstigungen, Beschränkungen*											
9.1 Gewerbesteuer-hebesatz	niedrig	3	5	9	15	10	10	10	5	10	15
	normal (= 290%)	2									
	hoch	1									
	zu hoch	0									
9.2 Grund- und Bauland-steuer	niedrig	3	1	3	3	2	2	2	2	2	3
	normal	2									
	hoch	1									
9.3 Finanzkraft der Stadt oder Gemeinde	hoch	3	3	6	9	6	6	6	6	9	3
	normal	2									
	niedrig	1									
9.4 Möglichkeit von Sonderabschreibungen und Staatskrediten	vorhanden	2	5	8	5	8	5	5	5	5	5
	nicht vorhanden	1									
9.5 Besondere Auflagen	nicht vorhanden bzw. nicht störend	2	3	6	6	6	6	6	6	6	6
	störend	1									
	sehr störend	0									
Gesamtpunktzahl			362	316	310	307	306	301	299	296	294
Prozent			100	87,2	85,6	84,8	84,5	83,1	82,5	81,7	81,2

1 ohne staatliche bzw. kommunale Förderung.
2 mit staatlicher bzw. kommunaler Förderung.
3 am Platz.
4 bequem zu erreichen.

Sodann wurden Bestimmtheitsmaße für eine beschränkte Anzahl von Wertepaaren errechnet und auf statistische Sicherheit geprüft. So besteht z. B. eine statistisch gesicherte Korrelation zwischen dem Kehrwert der Rentabilität und dem Standortfaktor „Stundenlohn der Männer ohne Berufslehre" mit dem Bestimmtheitsmaß 0,9. Das bedeutet nichts anderes, als daß von anderen bekannten Stundenlohnwerten direkt auf die Rentabilität an den betreffenden Orten geschlossen werden kann. Die größte Rentabilität kann rechnerisch ermittelt werden, ebenso die Vertrauensgrenzen des errechneten Wertes. Das Verfahren gestattet also, auf Grund einer stichprobenhaften Ermittlung der Rentabilitäten an 5 oder 6 möglichen Standorten Aufschluß über die Rentabilitätswerte an allen anderen möglichen Standorten innerhalb der Grundgesamtheit zu erhalten, sobald nur ein korrelierender Standortfaktor dieser Orte bekannt ist.

Mit Hilfe der Rangkorrelationsrechnung wurde noch die Übereinstimmung zwischen jeweils zwei Rangfolgen überprüft. Für die 6 ausgewählten Standorte wurde festgestellt, daß die größten Bestimmtheitsmaße zwischen dem Kehrwert der Rentabilität und dem Anteil der Fremdarbeiter sowie zwischen dem Kehrwert der Rentabilität und dem Stundenlohn der Frauen bestehen. Zwischen dem Kehrwert der Rentabilität und dem Anteil der Fremdarbeiter von der Gesamtarbeiterzahl besteht außerdem gleichläufige Ranggleichheit. Für die Relation zum Stundenlohn der Frauen ist eine einfache Rangverschiebung möglich.

„Ganz allgemein betrachtet zeigen die (und andere hier nicht wiedergegebene) Resultate, daß für diesen Betrieb (und nur für diesen) als Standort jene Orte günstig sind, welche arbeitsmarktmäßig günstige Randbedingungen aufweisen. Da keine gesicherten Korrelationen mit materialseitigen Standortfaktoren vorhanden sind, kann gefolgert werden, daß die Transportdistanzen eine untergeordnete Rolle spielen. Interessant ist noch die Feststellung, daß der Ort mit den niedrigsten Kosten nicht auch der Ort mit der größten Rentabilität ist. Dies ist auf den Einfluß des Gundstückpreises zurückzuführen."

Enzmann weist ausdrücklich darauf hin, daß alle diese Aussagen in keiner Weise ursächlicher Art sind. Es darf also nicht gefolgert werden, daß z. B. eine Lohnerhöhung an irgendeinem Standort die betriebliche Rentabilität zwangsläufig absinken läßt. Es war also im Beispiel lediglich notwendig, die Stundenlöhne der Frauen oder den Anteil der Fremdarbeiter für die etwa 200 Standorte zu ermitteln, woraus sofort die Standorte mit der größten betrieblichen Rentabilität des Eigenkapitals angegeben werden konnten. Für die günstigsten Standorte konnten dann die Kosten und Rentabilitäten aus den angegebenen Gleichungen berechnet werden.

In den beiden Veröffentlichungen werden noch Hinweise für mögliche Modellerweiterungen gegeben. Dabei werden einmal die Variablen nicht mehr als unabhängig von der Zeit konstant eingesetzt. Zum anderen wird untersucht, wie die Entwicklung der Kostenstruktur an verschiedenen möglichen Standorten berücksichtigt werden kann.

Die größten Schwierigkeiten bei der von Enzmann angegebenen Methode zur Ermittlung des optimalen Standorts liegen u. E. darin, daß im Stadium der Standortplanung im allgemeinen die Kosten noch ziemlich unbekannt sind. Damit ist es fraglich, ob eine so relativ aufwendige und genau erscheinende Methode sinnvoll angewendet werden kann, wenn die Ausgangsgrößen ziemlich ungenau sind.

Ein weiterer Mangel liegt natürlich noch darin, daß Größen, die man nicht berechnen kann, auch nicht berücksichtigt werden können.

4.5.4 Auswahl des günstigsten Standorts aus sehr guten Standorten unter Berücksichtigung von zahlen- oder wertmäßig nicht erfaßbaren Standortfaktoren

Neben den in 4.2 und 4.3 ermittelten optimalen Standorten liegen im allgemeinen wertmäßig sich nur wenig unterscheidende Standorte, die also mit dem optimalen Standort beinahe gleichwertig sind. Da die Rechenmethoden normalerweise ziemlich ungenau sind, ist es sogar denkbar, daß einer von diesen Standorten günstiger ist als der als optimal ermittelte. Man kann also zwischen diesen als günstig ermittelten Standorten, evtl. unter Berücksichtigung zusätzlicher Gesichtspunkte, auswählen. Ein solcher Gesichtspunkt ist z. B. die Abschätzung der Gemeinde-Verwaltung und ihrer führenden Kräfte. Persönliche Einstellung und evtl. persönlicher Einsatz des Oberbürgermeisters oder des Landrats sind für die Überwindung der mit jeder Neugründung verbundenen Schwierigkeiten von großer Bedeutung. Wenn sie ernsthaft an der Errichtung des Betriebes interessiert sind, kann das einen Vorteil bedeuten, der höher als manche neutral ermittelten sachlichen Bewertungspunkte liegt.

Die maßgebenden Persönlichkeiten des standortsuchenden Betriebes werden außerdem rein gefühlsmäßig dem einen oder anderen Standort mehr zuneigen. Das kann und darf ebenfalls einen Einfluß bei der endgültigen Auswahl aus sehr guten Standortmöglichkeiten haben.

Literatur zum Kap. 4

Zitierte Literatur

1. Meyer-Lindemann, H. U.: Typologie der Theorien des Industriestandortes. Bremen-Horn: Dorn 1951.
2. Launhardt, W.: Die Bestimmung des zweckmäßigsten Standortes einer gewerblichen Anlage. Z. VDI, 26 (1882) 3, S. 105–115.
3. Weber, A.: Über den Standort der Industrien. Teil 1: Reine Theorie des Standortes. 2. Aufl. Tübingen: Mohr 1922.
4. Weber, A.: Industrielle Standortslehre (allgemeine und kapitalistische Theorie des Standorts). In: Grundriß der Sozialökonomik. 2. Aufl., 6. Band. Tübingen: Mohr 1923.
5. Palander, T.: Beiträge zur Standortstheorie. Uppsala: Almquist & Wiksell 1935.
6. Engländer, O.: Standort. In: Handwörterbuch der Staatswissenschaften. 4. Aufl., Band 7. Jena: Fischer 1926.
7. Ohlin, B.: Ist eine Modernisierung der Außenhandelstheorie erforderlich. Weltwirtschaftliches Archiv 26 (1927 II), 97–115.
8. Rüschenpöhler, H.: Der Standort industrieller Unternehmungen als betriebswirtschaftliches Problem. Versuch einer betriebswirtschaftlichen Standortlehre. Berlin: Dunker u. Humblot 1958. Abhandlungen aus dem Industrieseminar d. Universität Köln, H. 6.
9. Ohne Verf.: Industrie-Ansiedlungsmöglichkeiten im mittleren Neckarraum. Untersuchung der Industrie- und Handelskammern Eßlingen, Ludwigsburg, Nürtingen und Stuttgart über das Industriegeländeangebot und die Standortfaktoren für Industrieunternehmen im mittleren Neckarraum. Ausgabe 1968. Hrsgb.: Industrie- und Handelskammer Eßlingen, Ludwigsburg, Nürtingen und Stuttgart.

10. Steinbuch, P. A.: Tabelle der Standortfaktoren. In: Lüder, K.: Die Standortwahl von Fertigungsstätten (vgl. [27]).
11. Ohne Verf.: Plant Site Selection Guide. In: Moore, J. M.: Plant Layout and Design. New York: Macmillan Comp. 1962, S. 48–58.
12. Yaseen, I. C.: Die Standortbestimmung von Betrieben. In: Handbuch des Industrial Engineering. Bd. VII: Gestaltung von Fabrikanlagen, Betriebsmitteln und Erzeugnissen. Berlin: Beuth-Vertrieb 1962.
13. Friedrich, W., Sauter, T.: Ideal-Planung für eine Werkzeugmaschinenfabrik. Stuttgart 1968, Universität Stuttgart, Entwurfsarbeit.
14. Ohne Verf.: Baunutzungsverordnung vom 26. Juni 1962 nebst Baunutzungserlaß Baden-Württemberg vom 27. 8. 1962. Kohlhammer Gesetzestexte. 4. Aufl. Stuttgart: Kohlhammer 1962.
15. Ohne Verf.: Datensammlung. Natürliche Faktoren. Stuttgart: Städtebauliches Institut der Universität 1969. Vorlesungsumdruck.
16. Probst, A. E.: Die Effektivität der territorialen Organisation der Produktion — method. Grundzüge (russisch). Moskau: Mysl 1965 (zitiert in [17]).
17. Autorenkollektiv: Mathematische Methoden zur Standortbestimmung. Berlin: Verlag Die Wirtschaft 1968.
18. Mezger, W.: Über Optimierung zwischenbetrieblicher Transportkosten. Werkstattstechnik 55 (1965) 5, S. 218–224.
19. Beck, S.: Probleme optimaler Standortwahl. Zeitschrift für wirtschaftliche Fertigung 55 (1960) 10, S. 449–450.
20. Vergin, R. C.; Rogers, J. D.: An Algorithm and Computational Procedure for Locating Economic Facilities. Management Science 13 (1967) 6, S. B 240–254.
21. Eilon, S.; Deziel, D. P.: Siting a distribution center, an Analogue Computer Application. Management Science, 12 (1966) 6, S. B 245–254.
22. Churchman, C. W.; Ackhoff, R. L.; Arnhoff, E. L.: Operations Research. 1. Aufl. München: Oldenbourg 1961.
23. Müller-Merbach, H.: Verschiedene Näherungsverfahren zur Lösung des Transportproblems. IBM-Form 78 106. 1963.
24. Kadlec, V.; Vodacek, L.: Mathematische Methoden zur Lösung von Transportproblemen. Lineare Optimierung. Berlin: Transpress Verlag für Verkehrswesen 1964.
25. Cooper, L.: Location-Allocation Problems. Operations Research 13 (1963) 331 bis 343.
26. Cooper, L.: Heuristic Methods for location-allocation problems. SIAM Review 6 (1964) 1, S. 37–53.
27. Lüder, K.: Die Standortwahl von Fertigungsstätten. In: Industrielle Produktion. Baden-Baden: Verlag für Unternehmensführung 1967.
28. Enzmann, M.: Die Anwendung mathematischer Methoden bei der industriellen Standortbestimmung. Zürich: Juris 1962. Zürich: Eidgenössische Technische Hochschule. Diss. Nr. 3245.
29. Enzmann, M.: Der industrielle Standort. Seine Bestimmung mit Hilfe mathematischer Methoden. Ind. Organisation 32 (1963) 5, S. 151–162.

Weiterführende Literatur

30. Aggteleky, B.: Standortplanung für Industrieanlagen. Zentralbl. f. Industriebau 23 (1977) 9, S. 311–316; 10, S. 347–352; 11, S. 383–387; 12, 423–427.
31. Domschke, W.: Ein Lösungsverfahren für zweistufige Standort-(Fixed-Charge-)Probleme. In: Proceedings in operations research 3 (1973). Würzburg, Wien: Physica 1973.
32. Domschke, W.: Modelle und Verfahren zur Bestimmung betrieblicher und innerbetrieblicher Standorte. Z. f. Operations Research 19 (1975), S. B 13–B 41.
33. Domschke, W.: Graphentheoretische Verfahren und ihre Anwendungen zur Lösung von Zuordnungs- und Standortproblemen. Meisenheim/Glan: Anton Hain 1976.
34. Domschke, W.: Verfahren zur Bestimmung optimaler Betriebs- und Lagerstandorte. In: Bahke, E. (Hrsg.): Materialflußsysteme. Bd. II. Kapitel 5. Mainz: Krausskopf 1975.

35. Dreyhaupt, F.: Standortplanung als Mittel zur Erfüllung des Versorgungsgrundsatzes im Umweltschutz. TM 70 (1977) 1, S. 10–19.
36. Forssmann, K., Hartl, P., Karp, P.: Erfahrungen bei der Anwendung eines heuristischen Verfahrens zur Bestimmung der kostenoptimalen Anzahl und Standorte von Auslieferungslägern bei einer vorgegebenen Verteilstruktur. In: Proceedings in operations research 2 (1972). Würzburg, Wien: Physica 1972.
37. Gritzka, Ch.: Die Anwendung der heuristischen Systemanalyse zur Vorbereitung industrieller Standortentscheidungen. Diss. Universität Mannheim 1974.
38. Hausmann, K. W.: Entscheidungsmodelle zur Standortplanung der Industrieunternehmen. Wiesbaden: Gabler 1974.
39. Lott, R.: Kostenoptimaler Vertrieb eines Konsumgutes (einschließlich Standortbestimmung mit ganzzahliger linearer Optimierung). In: Proceedings in operations research 3 (1973). Würzburg, Wien: Physica 1973.
40. Martin, H.: Eine Methode zur integrierten Betriebsmittelanordnung und Transportplanung. Diss. TU Berlin 1976.
41. Rand, G. K.: Methodological choices in depot location studies. Op. Res. Quart 27 (1976), S. 241–249.
42. Sweeny, D. J.: Tatham, R. L.: An improved long-run model for multiple warehouse location. Man. Science 22 (1976), S. 748–758.
43. Warszawski, A.: Multi-dimensional location problems. Op. Res. Quart 23 (1972), S. 277–287.

5. Generalbebauungsplan

5.1 Allgemeines

Der Generalbebauungsplan soll eine materialflußgerechte und möglichst im Rahmen der Vorschriften vollständige Bebauung eines Geländes in mehreren Stufen ermöglichen. Er soll außer allen Bauten auch Verkehrsanlagen und Haupttransportwege enthalten. Wenn ein Gelände bereits teilweise bebaut ist, ist es ebenfalls vorteilhaft, für die Gesamtbebauung einen Generalbebauungsplan zu entwerfen.

Häufig hat das Fehlen eines Generalbebauungsplanes in der geschichtlichen Entwicklung dazu geführt, daß auf dem insgesamt zur Verfügung stehenden Fabrikgelände Gebäude errichtet worden sind, die bei weiterer Durchführung der Bebauung einer sinnvollen Anordnung der Gebäude im Wege stehen. Immer ist es ein schwerer Entschluß, solche Gebäude abzureißen, aber meistens ist es für die langfristige Kostenentwicklung ungünstig, sie stehen zu lassen und sozusagen darum herum zu planen.

Der Planer wird in solchen Fällen sehr sorgfältige Wirtschaftlichkeitsbetrachtungen anstellen müssen, um die kaufmännische Seite von der Zweckmäßigkeit des Abreißens zu überzeugen. In besonders extremen Fällen kann auch die Frage entstehen, ob man nicht lieber neues Gelände beschaffen und vollkommen auf der grünen Wiese planen sollte [1]. Hierfür lassen sich keine allgemein gültigen Grundsätze aufstellen.

Wenn außer dem Grundstück, für das der Generalbebauungsplan anzufertigen ist, noch andere bebaute oder unbebaute Grundstücke vorhanden sind, ist die Aufteilung der Produktion auf die verschiedenen Grundstücke zu überlegen. Kann man im neuen Werk genau das gleiche Produktionsprogramm wie in den alten Werken fertigen, dann sind in den alten Werken keine Änderungen notwendig. Eine andere Aufteilung des Produktionsprogrammes auf die verschiedenen Werksanlagen ist aber meist vorteilhafter.

Gibt es im Erzeugnisprogramm beispielsweise solche Erzeugnisse, die in Groß- als auch solche, die in Kleinserien gefertigt werden, so ist es auf alle Fälle empfehlenswert, diese beiden Fertigungen voneinander zu trennen. Im übrigen ist für die Aufteilung auf die neue und die alte Anlage vor allem zu prüfen, welche Mängel die Baulichkeiten der alten Anlage für die evtl. in ihnen durchzuführende Produktion besitzen. Die neue Anlage läßt sich für rationelle Produktion von Großmengen und von großen und sperrigen Teilen wesentlich besser auslegen, als es im allgemeinen bei alten Fabrikanlagen der Fall ist.

Um eine rationelle Fertigung zu erreichen, wird es immer notwendig sein, die horizontale oder vertikale Aufgliederung des Erzeugnisprogrammes durchzuplanen. Bei einer horizontalen Aufgliederung wird die vollständige Fertigung eines oder mehrerer Erzeugnisse in die neue Werkanlage verlegt. Bei der vertikalen Aufgliederung des Erzeugnisprogramms erfolgt eine räumliche Trennung verschiedener Fertigungsstufen eines oder mehrerer Erzeugnisse. Eine Trennung der mechanischen Fertigung von der Montage kann z. B. mit unterschiedlichen Anforderungen an die Gebäude begründet werden. Bei der vertikalen Aufgliederung des Erzeugnisprogrammes muß aber wahrscheinlich ein großer Transportaufwand zwischen den Werken in Kauf genommen werden.

Ein Generalbebauungsplan sollte in groben Zügen ausweisen, welche Flächen für die verschiedenen Nutzungsarten einer Fabrik vorgesehen sind und es sollte dabei gleichzeitig herauskommen, welche der vorhandenen Flächen für die erste Baustufe in Anspruch genommen werden.

Der Generalbebauungsplan soll aber grundsätzlich eine Gesamtbebauung des Geländes vorsehen und ermöglichen. D. h. die durch die Bauvorschriften (z. B. Baumassenzahl, Geschoßflächenzahl, Pkw-Einstellplätze) gegebenen Möglichkeiten sollten vollständig genutzt werden.

Die Zuordnung der Gebäude zueinander sollte möglichst so erfolgen, daß der Materialfluß zweiter Ordnung günstig wird. Dabei ist der Materialfluß im Zustand der Gesamtbebauung am wesentlichsten (da angenommen werden kann, daß er am umfangreichsten und am kostspieligsten ist).

In Zwischenstadien müssen dann evtl. etwas schlechtere Verhältnisse in Kauf genommen werden, z. B. größere Abstände zwischen Gebäuden, weil für Erweiterungen vorgesehene Flächen überbrückt werden müssen, oder größere Abstände der Gebäude von der Heizzentrale.

Wenn leicht verlegbare Abteilungen im ersten Bauabschnitt vorhanden sind, dann ist es im allgemeinen besser, diese direkt neben zugehörigen anderen Abteilungen anzuordnen und bei Erweiterungen zu verlegen. Dies kann z. B. auch für Abteilungen mit leichten Werkzeugmaschinen, die auf Schwingelementen stehen, gelten.

Die Größe einer Baustufe sollte für den Platzbedarf zum Zeitpunkt der Fertigstellung ausreichen und zusätzlich noch Reservefläche von einer Größe enthalten, daß einige Jahre nicht gebaut zu werden braucht. Eine genaue Anpassung an den im allgemeinen kontinuierlich steigenden Platzbedarf ist nicht möglich — wenn man in sehr vielen Baustufen baut, so bringt dies viel Unruhe und Störungen sowie erhöhte Baukosten mit sich. Dadurch, daß die Durchführung einer Baustufe meist ein bis eineinhalb Jahre in Anspruch nimmt, ist außerdem eine untere Grenze gegeben.

Manche Teile des Betriebes, z. B. die Energiezentrale, sollten gebäudemäßig sofort für den Endausbau oder für mehrere Baustufen ausgelegt werden. Die Abstufungen sollten so gewählt werden, daß später nicht sehr hohe Zusatzkosten entstehen. Beispielsweise können spätere Aufstockungen sehr kostspielig werden, es ist meist besser, obere Stockwerke wenigstens im Rohbau fertigzustellen [2].

Sobald die Entwicklung des Unternehmens die Verwirklichung eines weiteren Abschnittes des Generalbebauungsplanes erfordert, ist es notwendig, die Erfahrungen zusammenzustellen, die mit den bisher durchgeführten Gebäuden gemacht worden sind, ferner zu ermitteln, welche Anforderungen beim nächsten Bauabschnitt auftreten, um eventuell Abwandlungen des Generalbebauungsplanes vornehmen zu können. Diese Abwandlungen müssen bestimmte Teile des Generalbebauungsplanes respektieren und ihrerseits so vorgenommen werden, daß sein Hauptzweck nicht beeinträchtigt wird, nämlich die Errichtung von Bauten zu vermeiden, die sich nicht organisch in die Gesamtanlage einfügen (Materialfluß).

Es sollten keine Bauaufträge zugelassen werden, ohne daß der Generalbebauungsplan in der bisherigen und in der modifizierten Form vorgelegt wird, so daß man innerhalb der Geschäftsleitung sicher ist, daß diese Überlegungen auch tatsächlich angestellt wurden.

Die Vorteile eines Generalbebauungsplanes sind also im wesentlichen folgende:

Es entstehen keine Bauten oder schwer zu verlegende Verkehrswege (Kanäle, Eisenbahn) an Stellen, wo man später besser andere Bauten oder Verkehrswege errichten würde.

Bei der zweiten und folgenden Baustufe erfordern Konstruktion und statische Berechnung sowie die Baugenehmigung wesentlich weniger Aufwand und kürzere Zeiten, insbesondere, wenn wenige Bautypen zugelassen werden.

Ähnliches gilt für die eigentliche Errichtung der Gebäude. Daneben vermindern sich Ausgaben, die durch kurzfristige Dispositionen entstehen, vor allem auf Grund von Änderungen während des Bauens oder auf Grund von Behelfsbauten wegen Raummangel, Anmietung von auswärtigen Räumlichkeiten usw.

Ein besonders wichtiges Ergebnis des Generalbebauungsplanes ist, daß der Materialfluß im Endzustand, aber auch vorher so verläuft, wie er insgesamt gesehen am günstigsten ist, wodurch eine beträchtliche Ersparnis an Betriebskosten entstehen kann.

Bei der Erstellung eines Generalbebauungsplanes sollte man folgendermaßen vorgehen:

Zunächst ist der Flächenbedarf einzelner Zonen festzulegen, den man haben wird, wenn ein vorgesehener Planungszeitraum abgelaufen ist. Zur Errechnung dieses Bedarfs verwendet man Kennzahlen aus Kap. 3.

Mit Hilfe des Flächenbedarfs der verschiedenen Zonen fertigt man nun einen groben maßstäblichen Idealplan an.

Bei der Standortwahl versucht man dann ein Gelände zu finden, auf dem dieser Plan möglichst verwirklicht werden kann.

Sobald die genauen Daten der Fabrik bekannt sind (insbesondere Flächen und Flüsse), wird ein feinerer Idealplan erstellt.

Bei der Verwirklichung müssen fast immer Rücksichten auf Gegebenheiten genommen werden, die eine Abwandlung des Idealplanes erforderlich machen, wie beispielsweise gesetzliche Vorschriften, Geländeeigenschaften und ähnliches. Der abgewandelte Idealplan wird als Realplan bezeichnet.

Im allgemeinen müssen jeweils mehrere Versionen angefertigt werden (vgl. Kap. Planungsmethoden), bis alle Einflüsse erfaßt sind und hieb- und stichfeste Pläne stehen.

Die Einzelheiten der Zonen der Realpläne, z. B. die genaue Flächenform auf Grund der Maschinenaufstellung, müssen anschließend in Detailplänen erarbeitet werden.

Auf Grund dieser Einzelheiten kann es notwendig werden, am realen Generalbebauungsplan noch einige Anpassungen vorzunehmen. Dadurch entsteht der endgültige Generalbebauungsplan.

5.2 Der Ideal-Plan

Der Ideal-Plan ist der Bebauungsplan, den man verwirklichen würde, wenn keinerlei Beschränkungen, wie örtliche Bauvorschriften, Geländeeigenschaften, wie z. B. auch Grundstückspreise und dergleichen einen Einfluß hätten. Es ist wichtig, von diesem Plan auszugehen, um überhaupt eine Vorstellung von der idealen Fabrik zu bekommen und um abschätzen zu können, welche Nachteile bei Abweichungen vom Idealzustand entstehen.

Der Ideal-Plan sollte möglichst so gestaltet sein, daß er, wenn er verwirklicht ist, die geringsten laufenden Kosten verursacht. Veränderliche Kosten sind dabei zunächst die Kosten für Transporte von Material, Information und Energie und die Kosten, die unabhängig davon durch Geh- oder Fahrzeiten von Personen entstehen. Wir wollen diese Kosten unter dem Oberbegriff „Transportkosten" zusammenfassen. Diese Transportkosten steigen nach irgendeiner Funktion mit der Länge der Wege an, die zurückgelegt werden müssen. Da im Generalbebauungsplan die Lage der Betriebe (Werkseinheiten) zueinander und zu Verkehrsanschlüssen nach außen festgelegt werden soll, gilt allgemein, daß die Lage der Betriebe zueinander möglichst kurze Wege ergeben sollte.

Außer den Transportkosten haben folgende Zuordnungsbedingungen einen Einfluß auf die Kosten [3]:

organisatorische Bedingungen,
zentralisierende Bedingungen,
dezentralisierende Bedingungen.

Durch organisatorische Bedingungen, insbesondere durch gewünschte Organisationstypen der Fertigung, wird die räumliche Anordnung der Fertigungseinrichtungen stark beeinflußt. Näheres ist im Kap. Fertigungsbereich ausgeführt.

Zentralisierende Bedingungen sind solche Bedingungen, bei deren Vorhandensein durch Konzentration vieler kleiner Betriebsmittel zu einem großen Betriebsmittel eine Kostendegression entsteht. Ordnet man Betriebsmittel, die gleichartige Sonder- oder Zusatzeinrichtungen benötigen, beieinander an, so ergibt sich im allgemeinen für diese Einrichtungen eine Kostendegression.

Bei diesen Einrichtungen kann es sich beispielsweise um solche zur Dämpfung, Isolierung oder Ableitung von Emissionen oder zur Klimatisierung, aber auch zur Lagerung von Gütern handeln.

Faßt man mehrere Einzelläger zu einem größeren zentralen Lager zusammen, so lassen sich häufig Kosten für Platz, Fördermittel und Personal einsparen.

Dezentralisierende Bedingungen bewirken eine Trennung zweier Betriebsmittel. Dabei handelt es sich um Emissionen, die als Immissionen Störungen bewirken. Beispielsweise verhindern Schwingungen, die von Pressen oder Hobelmaschinen ausgesandt werden, die benachbarte Anordnung von Feinbearbeitungsmaschinen. Entsprechendes gilt für

Lärm,
unangenehme oder schädliche Gase und Dämpfe,
starken Staubanfall,
Wärmestrahlen, kurzwellige gefährliche Strahlen
und evtl. offenes Feuer.

Diese dezentralisierenden Bedingungen wirken vor allem innerhalb des Fertigungsbereiches, aber auch zwischen den verschiedenen im Generalbebauungsplan zuzuordnenden Bereichen.

Durch Beachtung der genannten Zuordnungsbedingungen entstehen direkte Kostenverminderungen, die aber u. U. Transportkostenerhöhungen zur Folge haben. Die ideale Zuordnung ist diejenige mit den geringsten Gesamtkosten.

Folgende Zonen sind üblicherweise in einem Betrieb vorhanden (vgl. [4 bis 7]):
Produktion, evtl. unterteilt in Fertigung und Montage (einschließlich sämtlicher Zwischenlager),
Lager, Warenannahme und Versand, evtl. unterteilt in Warenannahme und Eingangslager, Fertigwarenlager und Versand,
Hilfsbetriebe,
Energie und Wasserversorgung,
Verwaltung,
Soziale Einrichtungen,
Verkehrsflächen.

Unter Umständen, z. B. auf Grund des Raumbedarfs, ist es sinnvoll, mehrere dieser Zonen zu einer Einheit zusammenzufassen, wie z. B. Verwaltung und soziale Einrichtungen.

Die erforderlichen Gebäudeflächen der einzelnen Zonen werden entsprechend den Angaben in Kapitel „Kennzahlen" berechnet. Anschließend müssen die Bautypen mit Hilfe von Abschnitt 5.4 festgelegt werden, womit die Gebäudegrundflächen bestimmt sind. Der Verwendungszweck der Gebäude bestimmt die Flächenform, evtl. zwischen zwei Grenzwerten das Verhältnis von Länge zu Breite.

Diese Flächen sind nun einander so zuzuordnen, daß die Summe aller Kosten ein Minimum wird. Für die Transportkosten kann man näherungsweise eine lineare Abhängigkeit von der Entfernung annehmen. Man erfaßt am besten die durchschnittlichen Kosten vom Materialfluß, Informationsfluß und Energiefluß sowie für den Personenverkehr pro Entfernungseinheit [8] bezogen auf eine repräsentative Zeiteinheit zwischen den einzelnen Zonen. Dabei geht man von den entsprechenden transportierten Mengen aus. Die Kosten trägt man dann am besten in einzelne Matrizen, ähnlich Tabelle 6.5 ein und addiert anschließend diese Matrizen zu einer Gesamttransportkostenmatrix. (Siehe auch Kap. 7, 9, 10 und 11.)

Unter Berücksichtigung der genannten Zuordnungsbedingungen läßt sich mit den in Kapitel „Planungsmethoden" angegebenen Verfahren die günstigste Zuordnung der untersuchten Zonen zueinander ermitteln.

Als Ergebnis erhält man einen Kompaktbau, der nun durch Verkehrswege aufgegliedert werden muß. Das Ergebnis ist ein Ideal-Plan mit Gebäuden, Verkehrsflächen, Wegen, evtl. Eisenbahngleisen und Kanälen auf dem Werksgelände und den wünschenswerten Verkehrsanschlüssen nach außen. Falls man mehrere Grundstücke zur Auswahl zur Verfügung hat, sollte man erst nach Fertigstellung des Ideal-Planes die Standortwahl vornehmen. Auf dem Standort sollte der Ideal-Plan möglichst weitgehend verwirklicht werden können.

5.3 Der Real-Plan

5.3.1 Grundsätzliches

Im Real-Plan, der nunmehr aus dem Ideal-Plan entwickelt wird, müssen vor allem die Eigenschaften des in Frage kommenden Geländes berücksichtigt werden. Dabei kann man natürliche und künstlich geschaffene Geländeeigenschaften unterscheiden, die eine Änderung des Real-Planes gegenüber dem Ideal-Plan erfordern.

Zu den natürlichen Geländeeigenschaften gehören:

1. Die Topographie des Grundstücks. Wenn das Grundstück z. B. ein zu großes Gefälle aufweist, können Hochbauten gegenüber Flachbauten vorteilhafter sein, weil auf jeden Fall Maßnahmen zur Überwindung der Höhendifferenzen notwendig sind. Es kann auch zweckmäßig sein, anstatt einer vorgesehenen großen Halle einzelne kleine Hallen terrassenförmig anzuordnen.
   Die technische Entwicklung der Erdbewegungsmaschinen hat die einfache Bewegung des Bodens so stark verbilligt, daß die Planierung von Baugelände heute nicht annähernd mehr den Einfluß auf die Kosten hat, wie das früher der Fall war.
2. Die Bodentragfähigkeit und die Struktur des Baugrundes [9] kann ebenfalls eine Änderung des vorgesehenen Bautyps bewirken. Es kann notwendig werden, sehr tief zu gründen, wenn größere Schichten organischer Stoffe die Oberfläche des Bodens bilden, und es kann unter Umständen schwierig werden, bei stark mit Felsen durchsetztem Boden Kellergeschosse auszuheben, wobei man oft ohne Sprengungen nicht auskommt.

Zu den künstlich geschaffenen Geländeeigenschaften zählen:

1. Die behördlichen Vorschriften, wie Grenzabstände, Gebäudehöhen, zulässiger Überbauungsgrad und ähnliche Vorschriften [10, 11]. Diese Vorschriften sind je nach Land und Baugebiet verschieden.
2. Die Lage der Verkehrs-, Energie- und Wasseranschlüsse. Zu berücksichtigen ist die Lage von Straßen und Eisenbahngleisen, evtl. von Kanälen und deren günstigste Anschlußstellen. Bei Straßen und noch mehr bei Eisenbahngleisen spielt die Höhenlage der Anschlußstelle eine große Rolle.
   Die relativ großen Radien von Eisenbahngleisen können in ungünstigen Fällen eine beträchtliche Änderung des Bebauungsplanes erfordern. Eine Rolle spielen auch die Anschlußstellen von Wasser-, Abwasser-, Gas- und Elektrizitätsleitungen [12, 13].
3. Auf dem Grundstück vorhandene Hindernisse, wie Gebäude, Kläranlagen, Hochspannungsleitungen ober- oder unterirdisch.
   In Bergwerksgebieten ist auch die Prüfung des Untergrundes auf evtl. vorhandene Stollen wichtig.
4. Die Umgebungseinflüsse zwischen Nachbarn und Betrieb (Emission und Immission), Lärm, Rauch und Gase können die Anordnungsmöglichkeiten bestimmter Betriebsbereiche stark einengen [11 bis 13].

Ein wichtiger Teil der Erstellung des Realplanes ist die Festlegung von Rastermaßen für das Grundstück. In der Regel überzieht man ein einigermaßen ebenes Gelände mit einem Netz paralleler und senkrecht dazu verlaufender Linien, so daß rechteckige, bevorzugt quadratische Flächen entstehen. Die Linien geben eine Orientierungshilfe bei der Erstellung der Gebäude, dem Bau von Wegen, Parkflächen usf. Wände sollten möglichst nur auf Linien des Rasters und Stützen nur auf Schnittpunkten zweier Linien errichtet werden. Die Vorteile der Verwendung eines Rasters sind folgende [13 bis 16]:

1. Die Fabrikanlage wird übersichtlich.
2. Eine einheitliche Überbauungs- und Einrichtungsplanung einer Fabrikanlage ist möglich. Die Durchführung von späteren Erweiterungen wird leichter, weil Zeiten für Entwurf, Konstruktion, Baugenehmigung und Errichtung von Gebäuden verkürzt und die Kosten vermindert werden.
3. Zwischenbauten, Anbauten und Erweiterungen fügen sich ohne Schwierigkeiten in das System der errichteten Gebäude und Verkehrswege.
4. Die Errichtung von Gebäuden, Stützen usf. kann nach vom Feldmesser gesetzten Hauptmaßsteinen im Rasternetz erfolgen. Dadurch werden falsche Placierung, Winkelverschiebungen usf. vermieden. Durch Numerierung der Rasterlinien ist die Bezeichnung einzelner Punkte oder Flächen in der Fabrikanlage möglich, was nach der Fertigstellung für den Betrieb große Vorteile bietet.

Folgende zwei Rastersysteme werden heute hauptsächlich angewandt:

Norm DIN 4172: „Maßordnung im Hochbau" [17]. Es basiert auf dem Maß 2,5 cm. Daraus ist in DIN 4171: „Einheitliche Achsenabstände für Werksbauten, Industrie- und Unterkunftsbauten" [18] das Grundmaß 2,5 m sowie Vielfache dieses Maßes festgelegt. Dieses System hat den Nachteil, daß es mit den internationalen Normen nicht mehr übereinstimmt. Deshalb hat die Arbeitsgemeinschaft Industriebau e. V. im Arbeitsblatt 01 „Industriebau Moduln, Vorzugsmaße" [19, 20] eine an die internationalen Vorstellungen angelehnte Richtlinie veröffentlicht. Demnach sind für Rastermaße Vielfache des Großmoduls 60 cm zu benützen, der ein 6faches des Grundmoduls 10 cm beträgt. Für Achsmaße werden 2 Reihen vorgeschlagen. Die erste Reihe enthält die Maße 1.80, 3.60, 5.40, 7.20, sodann 10.80, 14.40, 18.00 m usw.

Die zweite Reihe enthält die Maße 3.00, 6.00, 9.00, 12.00, 15.00 m usf.

Es wird empfohlen, die Maße der zweiten Reihe zu verwenden, weil diese ganzzahlig sind.

Die internationale Normung der Rastermaße siehe [21].

Bei der Festlegung des in einer Planung zu verwendenden Rasters muß man auf die Abmessungen der Einrichtungen, die in den zu erstellenden Bauten benutzt werden sollen, Rücksicht nehmen.

Außerdem muß Fühlung mit der Bauseite genommen werden, weil auch die Baukosten einen Einfluß auf die Planung haben.

Da man den Stützenabstand gern vom Raster abhängig macht, muß mit dem Architekten der Einfluß des Stützenabstandes auf die Baukosten untersucht werden.

In der Technischen Hochschule Zürich wurde über die Frage des Rastermaßes eine Dissertation durchgeführt mit dem Ergebnis, daß für mechanische Bearbeitung, ausgesprochen arbeitsintensive Fertigung und automatische Fließfertigung ein 3-m-Raster am vorteilhaftesten ist [16].

Die nächste Aufgabe besteht in der Orientierung des Rasters auf dem Grundstück. Dafür gibt es verschiedene Gesichtspunkte:

1. Parallelität zu der Hauptgeländegrenze.
2. Orientierung in Nord-Süd- bzw. Ost-West-Richtung.
3. Orientierung nach Verkehrsanlagen.

Die Beachtung des ersten Gesichtspunktes ergibt eine gute Geländeausnützung und gerade äußere Gebäudegrenzen. Sie ist deshalb anzustreben, soweit sie den anderen Gesichtspunkten nicht widerspricht.

Der zweite Gesichtspunkt hängt mit den gewünschten Beleuchtungs- und Klimabedingungen zusammen, die einen Einfluß auf die Lage der Gebäude zu den Himmelsrichtungen haben. Wenn eine Shedhalle vorgesehen ist, ist die Orientierung der Sheds nach Norden mit maximalen Abweichungen von 5° nach den beiden Richtungen notwendig, wenn man gleichmäßiges blendungsfreies Licht erzielen will.

Die Orientierung des Rasters nach den Verkehrsanlagen kann eine besondere Bedeutung bekommen, wenn es sich um Gleisanlagen oder gar um einen Stichkanal handelt, der die Fabrik an das Wasserstraßennetz anschließt.

Wenn die Orientierung des Rasters festliegt, werden nun unter Einhaltung der Randbedingungen die Gebäude, Straßen und Parkflächen [22] möglichst in der Form des Ideal-Planes unter Beachtung des Rasternetzes in das Grundstück gelegt. Die Maße der Gebäude, Straßen usf. sollten möglichst an die Rastermaße angepaßt werden. Zur Berechnung der Straßenbreiten sind neben dem Verkehrsaufkommen auch die Brandvorschriften sowie die Vorschriften für Bauabstände und Beleuchtung zu beachten.

Unter Beachtung dieser Bedingungen entstehen oft mehrere Realpläne, von denen der günstigste auszuwählen ist. Dabei bedient man sich, ähnlich wie bei der Standortwahl, am besten einer Punktbewertung.

In den folgenden Fällen sollte jedoch kein Raster bzw. kein genormtes Raster verwendet werden [16]:

1. Wenn viele gleichartige Maschinen, z. B. Webmaschinen, Drehautomaten, Lagerregale, aufgestellt werden und die günstigsten Aufstellungsmaße nicht mit einem genormten Raster übereinstimmen, empfiehlt es sich, andere spezielle Rastermaße anzuwenden.
2. In Anlagen, die im wesentlichen aus einer den ganzen Raum beanspruchenden Maschine, z. B. chemische Großanlage, automatische Fertigungsanlage, bestehen, ist die Zugrundelegung des Rasters für das umhüllende Gebäude nicht von großer praktischer Bedeutung. Trotzdem wird man die Abmessungen im Vielfachen des Rastermaßes wählen, damit bei einer Änderung des Verwendungszwecks der Gebäude eine Aufteilung im Rastermaß möglich wird. Es kommt auch vor, daß das Nachbargebäude mit dem hier in Rede stehenden Gebäude verbunden werden soll und daß dann die Abweichung vom Raster unangenehme Schwierigkeiten bietet.

5.3.2 Beispiele

Bild 5.1 zeigt den Generalbebauungsplan einer elektrofeinwerktechnischen Fabrik. Wie sich aus den eingezeichneten Höhenlinien ersehen läßt, ist sie am Hang gelegen. Insofern ist ein einheitliches Raster über dem Grundstück nicht vorhanden. Das Grundstück liegt in 3 Zonen je mit getrennter Erweiterungsmöglichkeit aufgeteilt in Zone Fertigung, Sozialzone, Zone für die übrigen Bereiche. Die Gebäude sind in der Regel mehrgeschossig. Ein Bahnanschluß ist vorhanden.

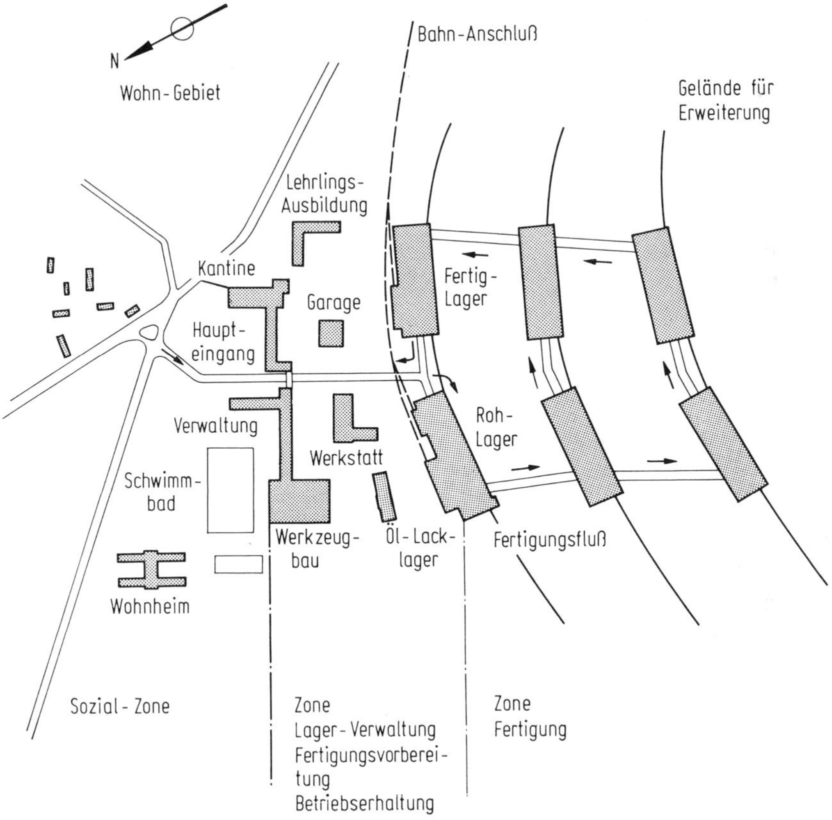

Bild 5.1. Gebäudeverteilung in einer Fabrikanlage.

Das zweite Beispiel zeigt Bild 5.2. Dabei handelt es sich um den Generalbebauungsplan einer Fabrik für Klebebänder, also einer Fabrik, die sowohl einen verfahrenstechnischen als auch einen fertigungstechnischen Bereich hat. Im Generalbebauungsplan sind getrennte Bereiche für Verwaltung, Kantine, Produktion und Lagerung und Hilfsbetriebe vorgesehen. Der erste Bauabschnitt ist inzwischen verwirklicht. Es war erforderlich, die Trafos zwischen den Produktionsgebäuden anzuordnen, um den hohen Bedarf an elektrischer Energie nahe beim Abnahmeort niederspannen zu können. Die Produktionsgebäude sollen durch Übergänge im Obergeschoß miteinander verbunden werden. Für den Personenverkehr sind Fußgängerbrücken über Straße und Eisenbahn ins Obergeschoß des Produktionsgebäudes eingezeichnet. Der Bahnanschluß und der Verlauf der Gleise im Grundstück ist bis ins einzelne vorgeplant. Im vorhandenen Produktionsgebäude sind

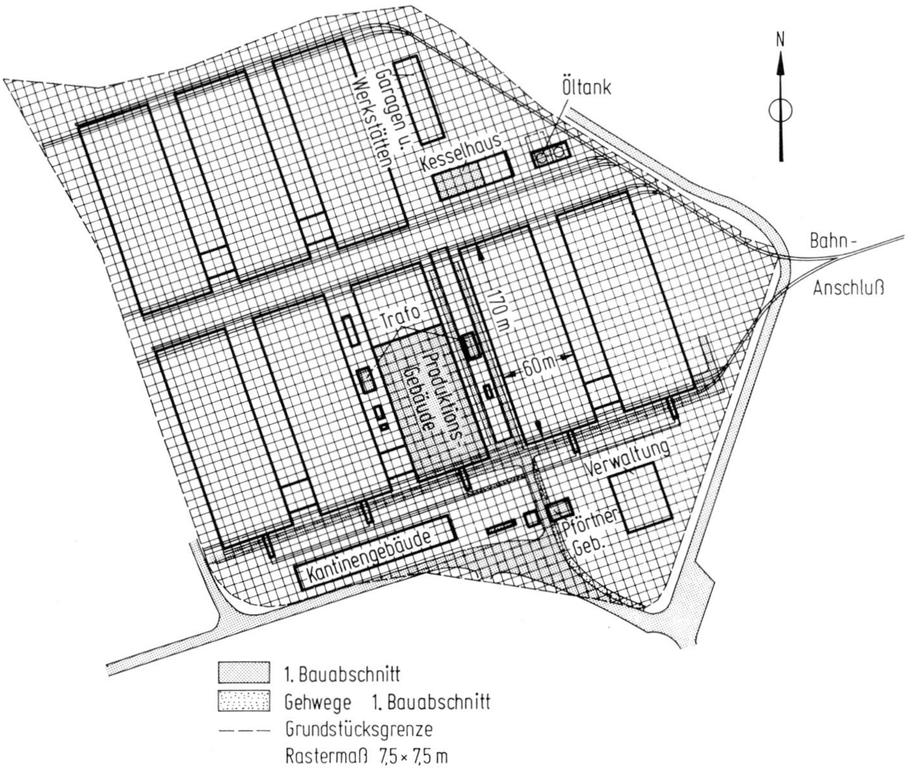

Bild 5.2. Generalbebauungsplan einer Fabrik für Klebebänder.

auch schon Gleisstücke eingelegt; da vom Verkehrsaufkommen her der Bahnanschluß aber noch nicht erforderlich war, wurde er auch noch nicht hergestellt. Über dem Grundstück liegt ein einheitlicher Raster von $7{,}5 \times 7{,}5$ m. Er ist aber vor allem bei kleineren Gebäuden nicht streng berücksichtigt, sondern dient dann lediglich als Anhalt für die Gebäudeausrichtung.

Der Generalbebauungsplan einer Nahrungsmittelfabrik wird als 3. Beispiel in Bild 5.3 dargestellt. Den Hauptflächenbedarf haben der Fertigungs- und Fertigwarenlagerbereich der beiden Erzeugnisgruppen 1 und 2, die von einer gedachten Mittellinie aus in verschiedene Richtungen erweiterungsfähig sind. Für diesen Bereich waren Raster von $10 \times 6{,}25$ m günstig. Dieser Raster wird ab und zu von einem $5 \times 6{,}25$-m-Raster unterbrochen, in dem jeweils Verkehrswege und

Installationen verlaufen. Ein gleichfalls stark vergrößerungsfähiger Flächenbereich steht für die Herstellung der Vorprodukte zur Verfügung. Dabei handelt es sich um einen verfahrenstechnischen Betrieb, der zweckmäßigerweise vom fertigungstechnischen Betrieb (Erzeugnisgruppe 1 und 2) getrennt wurde. Für den Bereich der Vorprodukte war ein größerer spezieller Raster von 16 × 8 m günstiger. Die Parkplätze sind direkt an der Werkseinfahrt angeordnet; anschließend die Verwaltung, so daß Besucher von außerhalb keine weiten Wege zurücklegen müs-

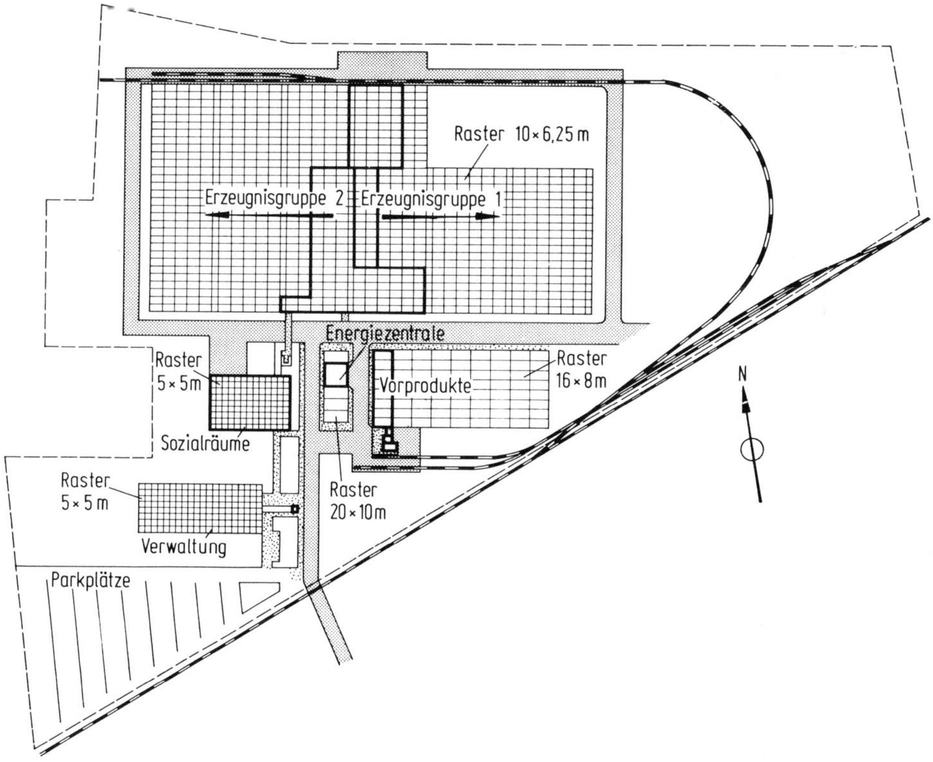

Bild 5.3. Generalbebauungsplan einer Nahrungsmittelfabrik.

sen, anschließend die Sozialräume auf dem Weg zum Betrieb. Für Verwaltung und Sozialräume wurde ein kleinerer Raster von 5 × 5 m als günstigster Raster entwickelt.

Durch die von der Hauptstrecke ins Werk eingeleitete Eisenbahn läßt sich sowohl die Rohmaterialzufuhr als auch die Abfuhr der Fertigwaren bewerkstelligen.

5.4 Auswahl der Bautypen

Eine wichtige Aufgabe bei der Bearbeitung des Generalbebauungsplanes besteht in der Ermittlung der für die neue Anlage vorzusehenden Bautypen innerhalb der festgelegten Rastermaße. Unter dem Begriff der Bautypen soll die Art der Bebauung und die Bauweise, ob lose oder kompakt, ob ein- oder mehrgeschossig, ob Unterkellerung oder nicht, ob Hallen mit oder ohne Oberlichter, sowie die Größe der Stützenabstände behandelt werden (vgl. [23]).

5.4.1 Zahl der verschiedenen Bautypen

Es ist zu prüfen, ob man für die Unterbringung beispielsweise der Büros, der Küche und Sozialräume, der Energieversorgungsanlagen, der Produktion und der Lager unterschiedliche Bautypen auswählt. Wenn man die Einzelheiten der Arbeiten analysiert, die in jedem dieser Bautypen ausgeführt werden sollen, so kann man zu sehr verschiedenen Bautypen für jeden der in Frage kommenden Hauptzwecke gelangen.

Der Bürobau wird anders aussehen, wenn man Großraumbüros vorsieht, oder wenn man ihn in kleine Einzelbüros unterteilen muß; bei hohem Energieverbrauch des Unternehmens wird eine Kraftanlage mit eigener Dampferzeugung ganz andere bauliche Voraussetzungen fordern, als wenn man hochgespannte elektrische Energie und Öl für die Beheizung einsetzt.

Die Produktionsaufgaben erfordern meist ganz verschiedene Deckenbelastungen, Raumhöhen und fest eingebaute Transporteinrichtungen, die ebenfalls die Bautypen beeinflussen, und auch die Lager nehmen ganz verschiedene Gestalt an, je nach der Art und der Behandlung der Güter, wie nach der Durchlaufgeschwindigkeit und der damit verbundenen Notwendigkeit rationeller Handhabung. Durch viele verschiedenartige Bautypen erhält man also möglicherweise niedrige Baukosten, weil nur investiert wird, was für den jeweiligen Verwendungszweck notwendig ist. Hingegen ergeben sich bei der Verwendung nur eines oder weniger Bautypen Vorteile bei der Bauplanung und Baudurchführung, weil eine größere Einheitlichkeit vorhanden ist. Der Hauptvorteil liegt aber in der universelleren Verwendbarkeit der Gebäude. Sie ermöglicht es, in der Planung nicht vorhersehbare Umstellungen vorzunehmen, wie auch ein Gebäude während verschiedener Baustufen verschieden zu nutzen. Es ist beispielsweise möglich, mit Regalbediengeräten ausgerüstete Lagerregale in einer Shedhalle durch eine Fertigung mit Kran als Fördermittel zu ersetzen oder durch zweistöckige Betriebsbüros.

Der Vorschlag, Bautypen für mehrere Verwendungszwecke zu errichten, kann besondere Vorteile bringen, wenn man Kapitalinvestitionen steuern möchte. So kann es zweckmäßig sein, eine Erweiterung durch eine Fabrikhalle vorzunehmen, weil man gerade flüssige Mittel hat und eine baldige Ausweitung der Produktion erwartet und die Errichtung eines Verwaltungsgebäudes zurückzustellen, was durch Einbau einer provisorischen Verwaltung in der Fabrikhallen-Erweiterung möglich wird. Sobald eine Ausweitung der Produktion unumgänglich wird, kann man dann mit billigeren Mitteln ein Verwaltungsgebäude erstellen, in das die Bürokräfte umziehen.

Häufig wird es möglich sein, mit zwei Bautypen auszukommen: einem Bautyp für Verwaltung, Konstruktion, Kantine usw. und einem zweiten für Fertigung, Montage, Lager, Hilfsbetriebe usw. Es sind aber auch Beispiele bekannt, wo nur ein Bautyp verwendet wurde. Eine Werkzeugmaschinenfabrik arbeitet z. B. mit einem entsprechend der Hanglage teilweise unterkellerten Flachbau mit Sheddach. Im Obergeschoß sind Wareneingang, Fertigung, Montage, Zwischenlager und, z. T.

zweistockig, Großraumbüros der Verwaltung untergebracht, im Untergeschoß liegen Lager und Sozialräume. Der Fußboden der Verwaltung ist so ausgelegt, daß dort später eine Fertigung eingerichtet werden kann. Einheitliche Stützenabstände sind eingehalten.

In [7] wird für einen Betrieb der Metallindustrie die Verwendung eines 6-m-Rasters mit Stützenabständen von 6 bzw. 18 m sowohl für Flach- als auch Geschoßbauten empfohlen: 6 × 18 m ergeben eine freigespannte Halle für den Einsatz schwerer Krane. Bei Stockwerksbauten ergeben 18 m Breite bei Verwendung des inneren Teils für Zwecke, die weniger Beleuchtung erfordern, eine Fabrikfläche mit guter seitlicher Belichtung.

5.4.2 Kompakte oder aufgelockerte Bauweise

Bei der Ideal-Planung ergibt sich nach Ermittlung der günstigsten Zuordnung ein Plan, in dem alle Zonen direkt nebeneinander liegen. Wenn dieser Plan direkt als Bau verwirklicht wird, entsteht ein kompakter Bau, ein Bau, in dem möglichst viele verschiedene Zonen, im besten Falle alle, unter einem Dach (benachbart) angeordnet sind. Wenn die einzelnen Zonen durch Verkehrswege oder Grünflächen voneinander getrennt werden oder aber die einzelnen Zonen noch in mehrere Teile aufgegliedert werden, ergibt sich eine aufgelockerte Bebauung.

Bei älteren Fabriken findet man oft die aufgelockerte Bebauung, die sich aus dem Vorgang des Wachstums der Fabrik von selbst ergab. Man sprach von einer „organisch gewachsenen“ Anlage.

Nach [24] ergab sie sich aus einer planlosen stufenweisen Vergrößerung oder auch aus der Zuordnung zu inner- oder außerbetrieblichen Verkehrsmitteln oder aus der Ausrichtung an kompositionellen Gesichtspunkten, wie z. B. Fischgräten, Kamm- oder Reihensystem als Bauprinzip.

Bei der modernen Fabrikanlage strebt man heute soweit wie möglich nach einer kompakten Bauweise. Sie hat den Vorteil des geringeren Grundstücksbedarfs, der kürzeren Transportwege, des geringeren Aufwands für Errichtung und Werterhaltung der Gebäude und für Heiz- und Kühlenergie, aber sie hat den Nachteil der ungünstigeren Erweiterungsmöglichkeiten und Anpassungsmöglichkeiten an neue Technologien.

Da die Nachteile der aufgelockerten Bauweise schwerwiegend sind, fragt man sich, warum die Kompaktbauweise früher nur selten anzutreffen war.

In der Vergangenheit war künstliche Beleuchtung recht teuer und das Licht nicht tageslichtähnlich; da bei einem Kompaktbau ohne künstliche Beleuchtung nicht auszukommen ist, war diese Bauweise nur für Lagerzwecke brauchbar. Heute sind die Betriebskosten für künstliche Beleuchtung und der Lichtcharakter kein Hindernis mehr. Für übliche Betriebe besteht nur noch das Problem der Feuersicherheit und der Fluchtwege und des dafür notwendigen Aufwands. Von der kompakten Bauweise prinzipiell ausgeschlossen sind nur folgende Zonen bzw. Anlagen:

Brand- und explosionsgefährdete Zonen,
Anlagen, die andere Zonen durch Lärm, Erschütterungen, Geruch usf. stören würden,
Gebäude, die dem Katastrophenschutz dienen.

Kompaktbauten sollten allgemein ohne feste zerschneidende Einbauten ausgeführt werden. Bereiche, die unbedingt eine feste Umhüllung erfordern, sollten an Randzonen gelegt werden, die nicht in Erweiterungsrichtung liegen. Die maximale Größe eines eingeschossigen Kompaktbaues ist abhängig von den Brandvorschriften, von der Wirtschaftlichkeit der Führung der Versorgungsmedien und der Länge der Transportwege. Mehrgeschoßbauten sollten nach [24] mit 4, maximal 6 Vollgeschossen ausgeführt werden. Ihre Baukosten sinken mit zunehmender Grundfläche. Schmidt schlägt vor, eine Breite von 24 bis 60 m und eine Länge von 90 bis 120 m zu wählen.

5.4.3 Zahl der Geschosse

Zur Frage der Geschoßzahl soll im folgenden allgemein, d. h. unabhängig davon, ob in kompakter oder aufgelöster Bauweise gebaut wird, Stellung genommen werden. In der Tabelle 5.1 werden zunächst die Vorteile und Anwendungsmöglichkeiten von Hoch- und Flachbauten einander gegenübergestellt.

Ob Hoch- oder Flachbauten niedrigere Baukosten haben, hängt vom Einzelfall ab, und zwar insbesondere von der geforderten Bodentragfähigkeit und den Grundstückskosten, aber auch beispielsweise von der vorgesehenen Fassadenverkleidung und den Kranlasten. Für die entsprechenden Anforderungen ist ein Kostenvergleich durchzuführen.

Tabelle 5.1. Vorteile und Anwendungsmöglichkeiten von Hoch- und Flachbauten

Hochbau	Flachbau
	Vorteile
Kleiner Grundstücksbedarf. Niedrige Kosten für Klimatisierung und Heizung. Einfache Abtrennungsmöglichkeit einzelner Abteilungen und Arbeitsplätze.	Vielseitige Möglichkeiten für Anordnung größter und schwerster Fabrikationseinrichtungen samt Fördereinrichtungen und Hebezeugen. Großer evtl. mit natürlichem Licht gleichmäßig ausgeleuchteter Arbeitsraum mit wenig Stützen. Niveaugleiche Verbindungen zwischen den Abteilungen bzw. zwischen diesen und den Nebenräumen. (Keine Wartezeiten an Fahrstühlen.) Flexibilität in der Anordnung der Abteilungen bzw. der Maschinen- und Arbeitsplätze. Gute Erweiterungsmöglichkeiten.
	Anwendungsmöglichkeiten
Vertikaler Materialfluß, geringer Materialfluß (kleine MAG-Zahl, vgl. Kap. Materialfluß)	Schwere oder sperrige Produktions-Einrichtungen bei großem Materialfluß in der Zeiteinheit
	Industriearten
Chemische Industrien, Nahrungsmittel- und Getränkeindustrie Feinmechanische und optische Industrie, Verwaltungsgebäude, Lager für leichtes und kleinstückiges Material usf.	Schwere oder halbschwere Metallindustrie, Spinnereien, Webereien, Papier- und Kunststoffindustrie usf.

Der Vergleichstabelle wäre noch hinzuzufügen, daß die Abwicklung des Materialflusses in mehrgeschossigen Gebäuden, außer produktionstechnisch bedingt wie in verfahrenstechnischen Betrieben, meist schwieriger ist als in Flachbauten. An den Aufzügen entstehen immer Wartezeiten und häufig zusätzliche Handhabungen, weil umgeladen werden muß. Nur wo Stetigförderer den Materialfluß zwischen verschiedenen Stockwerken bewältigen, fällt dieser Nachteil weg. Für den normalen Fertigungsbetrieb wird also der Flachbau der vorzuziehende Bautyp sein. Interessant ist noch eine zweigeschossige Bauweise, entweder ein unterkellerter Flachbau oder besser das Erdgeschoß auf Grundstücksniveau. Bei einem Hanggrundstück kann auch eine Teilunterkellerung sinnvoll sein.

Bei einer derart zweigeschossigen Bauweise wird das Obergeschoß in der Regel der Produktion dienen. Im Untergeschoß können Eingangs-, Zwischen- und Fertigwarenlager sowie Umkleideräume und Nebenanlagen untergebracht werden. Im Untergeschoß kann sich der gesamte Materialfluß abwickeln. An jeder Stelle, wo im Obergeschoß Material gebraucht wird, kann es durch die Decke durchgegeben werden, so daß eine Verkürzung der Materialflußwege entsteht. Durch das vorhandene Untergeschoß ist auch die Möglichkeit einer sehr klaren Ordnung im Energieleitungssystem gegeben, da man praktisch an jedem Punkt des Obergeschosses durch eine vertikale Öffnung Leitungen an die darunter an der Decke liegenden Versorgungsleitungen anschließen kann. Sobald eine Fabrikation etwa die gleichen Flächenbedürfnisse für die Durchführung der Fertigung wie für die Nebenanlagen hat, kann man mit Sicherheit sagen, daß die zweigeschossige Bauweise recht wirtschaftlich ist. Das gilt insbesondere, wenn man das Untergeschoß mit engerer Stützweite ausstattet als das Obergeschoß, um besonders teure Deckenkonstruktionen zu vermeiden.

Sehr günstige Materialflußverhältnisse lassen sich auch mit einer Zwischenlösung zwischen Ein- und Zweigeschoßbau erreichen. Wenn man in einen höheren Eingeschoßbau Bühnen einbaut, die nur einen Teil der Grundfläche überdecken, so kann man auf den Bühnen die eigentliche Fertigung durchführen und den

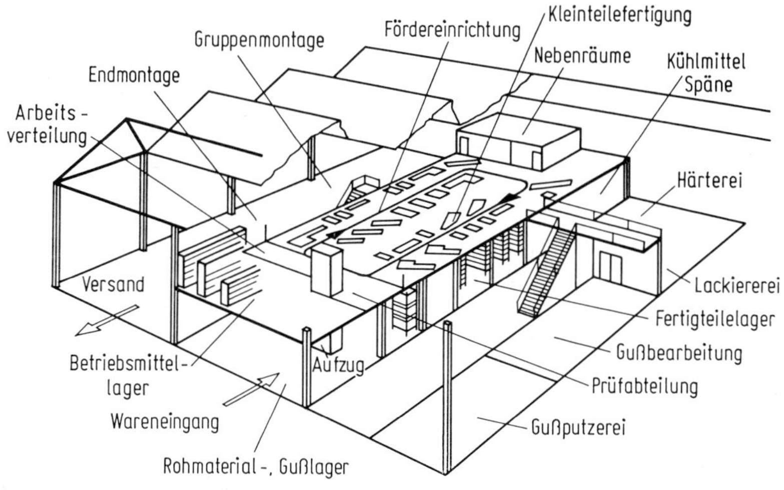

Bild 5.4. Kombinierte Zweistockbauweise (Skizze).

Raum darunter für die zugehörigen Lager verwenden. Der Transport auf die sogenannten „Fertigungspaletten" kann mit dem Gabelstapler durchgeführt werden. Wenn sich die Verhältnisse ändern, können die zerlegbaren Fertigungspaletten versetzt oder entfernt werden [25, 26].

Bild 5.4 zeigt skizzenhaft den Plan einer Maschinenfabrik, wobei Lager, Großteilefertigung sowie Montage im Hauptgeschoß und die Kleinteilefertigung auf einer Zwischenbühne untergebracht sind.

Auf Bild 5.5 ist die Montagehalle einer Schlepperfabrik zu sehen. Die Montage erfolgt auf den „Fertigungspaletten". Die einzubauenden Teile werden darunter gelagert [25].

Bild 5.5. Montagehalle mit Fertigungspalette (Klöckner-Humboldt-Deutz).

5.4.4 Belichtung der Fabrikationsgeschosse

Der Streit über die Frage, ob man Fabrikationsgeschosse mit natürlichem Licht [27] versorgen oder nur künstlich beleuchten [28] soll, ist in der Bundesrepublik noch nicht ausgestanden [29]. Dazu ist folgendes zu sagen:

a) Es ist in modernen Fabrikanlagen unmöglich, auf die Arbeit am Abend oder am Morgen in den Wintermonaten zu verzichten, und es muß daher in jedem Fall ein für die Fabrikation ausreichendes Netz künstlicher Lichtquellen installiert sein.

b) Die Kosten für den Betrieb der Beleuchtungsanlage sind stark abhängig von der Lichtausbeute und von den Stromkosten je Kilowattstunde.

Diese beiden Überlegungen haben in Amerika die Entscheidung in sehr vielen Fällen zugunsten der rein künstlichen Beleuchtung fallen lassen, insbesondere seit man durch die Gasentladungslampen ein Kaltlicht mit erheblich besserer Lichtausbeute erzeugen kann, als das früher bei Glühlampen und Bogenlampen möglich war.

Gleichmäßige natürliche Beleuchtung größerer Flächen läßt sich am besten mit Oberlicht erreichen. Dazu kann man auf die billigste Dachart, das Flachdach, Lichtkuppeln oder Lichtschalen bzw. Satteloberlichter und dgl. aufsetzen. Bei uns sind außerdem Sheddächer sehr verbreitet. Wenn man größere Spannweiten erzielen will, kann man Dächer aus Schalen, im allgemeinen aus Stahlbeton, konstruieren. In der Ausführung z. B. als Schalensheds kann man mit ihnen auch natürliche Beleuchtung erreichen.

Ob natürliche oder künstliche Beleuchtung kostengünstiger ist, hängt bei uns vor allem von der erforderlichen Beleuchtungsstärke ab. Für den Fall, daß Sheddach (natürliche Beleuchtung) und Flachdach ohne Oberlichter (künstliche Beleuchtung) in Konkurrenz stehen, haben wir für einen üblichen Fall als Grenzbeleuchtungsstärke, ab der das Sheddach billiger wird als das Flachdach (nach [30] und [31]) unter Berücksichtigung von Investitions-, Beleuchtungs-, Heizungs- und Reinigungskosten 200 Lux errechnet. Bei Beleuchtungsstärken über 200 Lux sind Sheddächer günstiger, aber Flachdächer mit Lichtkuppeln, die nicht untersucht wurden, wegen ihrer weniger aufwendigen Konstruktion wahrscheinlich noch wirtschaftlicher. Ihre Anwendbarkeit sollte geprüft werden.

Eine inkommensurable Frage ist die psychologische Wirkung von Räumen mit ausschließlich künstlicher Beleuchtung. Man darf dabei nicht außer acht lassen, wie groß ein Raum ist, den man rein künstlich beleuchten möchte, welche Höhe er hat und wie er eingerichtet ist. Ein enger Raum ohne Fenster ist für die meisten Menschen auf die Dauer unerträglich.

Eine großflächige Fabrikhalle mit relativ hoher Decke von 5 bis 6 m kann so gestaltet werden, daß sie wie eine Landschaft unter Dach wirkt. Solche Räume verursachen nicht die geringsten psychologischen Schwierigkeiten, wie viele ausgeführte künstlich beleuchtete Fabrikhallen beweisen.

Manche Autoren empfehlen außerdem ein Fensterband in den Begrenzungswänden vorzusehen, das die Beziehung zur Umwelt erhalten soll.

5.4.5 Wahl der Stützenabstände

Aus produktionstechnischen Gründen sind möglichst große Stützenabstände erwünscht. Im allgemeinen nehmen aber die Baukosten mit der Größe der Stützenabstände ständig zu. Man kann annehmen, daß es für alle Arten von Bauten baukostenoptimale Stützenabstände gibt. Sie sind bei Flachbauten außer von der Art der Beleuchtung auch davon abhängig, ob schwere oder leichte Dachplatten gewählt werden und ob Kranlasten an die Dächer angehängt werden sollen. Für Sheddächer wurden in [31] baukostenoptimale Spannweiten ermittelt, außerdem durchschnittliche Baukosten, die als Vergleichswerte interessant sind. Vgl. Tabelle 5.2.

Da dem Betrieb möglichst große Spannweiten erwünscht sind, empfiehlt es sich, die oberen der in der Tabelle angegebenen Werte zu verwenden.

Die Schalen-Sheds führten zumindest bei den in der Vergangenheit üblichen Ausführungen im Brandfalle zu erheblichen Zerstörungen des Halleninhaltes. Bei einem großen Brand in einem Schalen-Shed war der Schaden, der an den Maschi-

Tabelle 5.2. Baukostenoptimale Spannweiten und Baukosten von Flachbauten mit Sheddächern, nach [31]

Art des Sheddaches	Optimale Spannweite (m)	Durchschnittl. Baukosten im Jahr 1958 pro m^2 Hallenfläche (DM/m^2)
Stahl-Rinnenträgersheds	15	40–45
Stahlbeton-Rinnenträgersheds mit Leichtbetondach	15	40–55
Stahl-Fachwerkträgersheds	20 bis über 30	50
Stahlbeton-Schalensheds	20 bis 30	80–100

nen durch Feuer entstanden ist, ein kleiner Bruchteil von dem durch die herabfallenden Eisenbetonteile entstandenen Schaden.

Auf nähere bauliche Einzelheiten soll hier nicht eingegangen werden. Wir verweisen auf die Literaturstellen [12, 13, 23, 32, 33].

Literatur zum Kap. 5

Zitierte Literatur

1. Berg, R.: Betriebliche Gesamtüberbauungsplanung. Industrielle Organisation 30 (1961) 8, S. 333–342.
2. Erdlen, W., Engel, F.: Planung im Industriebau – eine Aufgabe des Materialflußingenieurs. Industrie-Anzeiger 87 (1965) 45, S. 89–92.
3. Baur, K.: Betriebsmittel-Zuordnung bei der Fabrikplanung. Mainz: Krausskopf 1972. Diss. Univ. Stuttgart.
4. Rockstroh, W.: Zur Projektierung von Industriebetrieben. Dissertation T.U. Dresden 1963.
5. Henn, W.: Bauten der Industrie, Band 1. München: Callwey 1955.
6. Lorenz, K.: Industrielle Planung: Fabrikplanung. Zentralblatt für Industriebau (1964) 10, 11, S. 484–487, 528–535.
7. Suter, P.: Gesichtspunkte des Baufachmanns bei der Gesamtplanung. Industrielle Organisation 30 (1961) 8, S. 343–348.
8. Kettner, H.: Einige Probleme des Zusammenhanges zwischen Fertigungsfluß und Fabrikanlagen. Werkstattstechnik 55 (1965) 5, S. 209–214.
9. DIN 1054: Zulässige Belastung des Baugrundes, Nov. 1969.
10. Baunutzungsverordnung vom 26. Juni 1962 nebst Baunutzungserlaß Baden-Württemberg vom 27. August 1962, Kohlhammer Gesetzestexte, 4. Aufl. Stuttgart: Kohlhammer 1966.
11. Bitterli, E.: Einfluß gesetzlicher Bestimmungen und Sicherheitsforderungen auf die Planung. Industrielle Organisation 30 (1961) 8, S. 349–356.
12. Mosch, H. P., Kossatz, G.: Betriebseinrichtung, Band 1. Berlin: Verlag Technik 1966.
13. Neufert, E.: Bauentwurfslehre. Berlin: Ullstein 1964.
14. Neufert, E.: Bauordnungslehre. 2. Aufl. Berlin: Ullstein 1961.
15. Neufert, E.: Industrieanlagen unterm Rasternetz. Planen und beraten (1966) 2, S. 20–22 u. 27.
16. Zellweger, M.: Der Raster als betriebliche Planungseinheit. Zürich: Verlag Industrielle Organisation 1964.
17. DIN 4172: Maßordnung im Hochbau, Juli 1955.
18. DIN 4171: Industriebau, Achsenabstände und Geschoßhöhen. Juni 1955.

19. AGI – Arbeitsblatt 01: Industriebau, Moduln, Vorzugsmaße. Zentralblatt f. Industriebau (1966) 8, S. 375.
20. Moduln und Vorzugsmaße für den Industriebau. – Erläuterungen zum Arbeitsblatt 01. Zentralblatt f. Industriebau (1966) 8, S. 386.
21. ISO-Norm 1791: Modulordnung im Bauwesen – Begriffe. Berlin: Beuth 1975.
22. Wahl, D.: Verkehrsflächen im Industriebau. Zentralblatt f. Industriebau (1961) 11, S. 580–583.
23. Rühle, H.: DIN-Normblätter für den Industriebau, Ausgabe V (Stand März 1967). Zentralbl. f. Industriebau (1967) 3, S. 105–116.
24. Schmidt, K.: Kompakte Industriegebäude, Band 1. Berlin: Verlag für Bauwesen 1964.
25. Ilg, H.: Die „Fertigungspalette", ein Schritt auf dem Wege zum flexiblen Fabrikbau. Werkstattstechnik 52 (1962) 5, S. 231–235.
26. Silberkuhl, W.: Die Anpaßbarkeit industrieller Betriebsstrukturen an wechselnde Fertigungsbedingungen. Zentralbl. f. Industriebau 7 (1961) 1, S. 5–9.
27. DIN 5034: Innenraumbeleuchtung mit Tageslicht: Leitsätze Dez. 1969.
28. DIN 5035: Innenraumbeleuchtung mit künstlichem Licht, Entwurf Juli 1969.
29. Müller, E. A.: Der fensterlose Arbeitsraum. – 6. Arbeitstagung der Deutschen Gesellschaft für Arbeitsmedizin (22./23. Januar 1965 in Stuttgart). Arbeitswissenschaft (1965) 2, S. 45–46.
30. Bauer, G.: Der Einfluß der Verschmutzung von Oberlichtern auf die Innenraumbeleuchtung mit Tageslicht. Dissertation Braunschweig 1961.
31. Siegel, C.: Untersuchungen über die Baukosten von Industrie-Flachbauten. Zentralbl. f. Industriebau 8 (1962) 2, S. 72–75; 3, S. 118–124; 4, S. 158–169; 4, S. 232–247.
32. Richtlinie VDI 2385. Allgemeine Empfehlungen für materialflußgerechte Planung von Industriebauwerken, Oktober 1965.
33. Henn, W.: Industriebau, Bd. 2, Entwurfs- und Konstruktionsatlas. München: Callwey 1961.

Weiterführende Literatur

34. Baur, K. Materialfluß im Fertigungsbereich – Zuordnung der Betriebsmittel aufgrund der Transportkosten. Fördern u. Heben 23 (1973) 16, S. 872–874.
35. Francis, R. L., White, J. A.: Facility layout and location – an analytical approach. Englewood Cliffs: Prentice Hall 1974.
36. Putman, S. H.: Urban Land use and transportation models: A-State-of-the Art Summary. Transportation Research 9 (1975), S. 187–202.
37. Soland, R. M.: Optimal facility location with concave costs. Op. Res. 22 (1974), S. 373–382.
38. Sommer, D., Semsroth, K.: Planung und Gestaltung von Industriegebieten. Zentralbl. f. Industriebau 3 (1975), S. 97–101.
39. Warnecke, H. J., Mayer, S.: Industrial estates in Grosbritannien und Irland. Zentralbl. f. Industriebau 24 (1978) 3, S. 178–182.

6. Materialfluß

6.1 Grundsätzliches

Für die Planung einer geschlossenen Fabrikanlage ist es notwendig, unter dem Begriff „Materialfluß" sowohl das sich bewegende wie auch das ruhende Material zu betrachten. Es kommt bei der Planung darauf an, den genauen Bedarf und die Raumverteilung zu ermitteln, die einen reibungslosen und kostengünstigen Materialfluß ermöglichen. Dazu müssen wir den Materialfluß durch die ganze Fabrikanlage mit allen ihren Abteilungen in einer Art Gesamtschau betrachten, wobei evtl. auch Zulieferanten und Kunden mit einbezogen werden sollten.

Im einzelnen ist folgendes zu beachten:

Die Einführung von Fließprozessen, wo immer sie möglich sind, eine kurzfristig reagierende Fertigungssteuerung mit entsprechender Transportorganisation und Einsatz der günstigsten Fördermittel und Förderhilfsmittel sowie die Vermeidung unnötiger Aufenthalte tragen wesentlich zur Verbesserung des Materialflusses bei. Kurze Wege zwischen den einzelnen Betriebsmitteln werden durch eine materialflußgerechte Anordnung bewirkt. Die Übersichtlichkeit und damit eine kurze Zugriffszeit zum Werkstoff wird durch eine sinnvoll gegliederte Aufstellung der Betriebsmittel gefördert. Dazu ist es notwendig, zunächst den bestehenden bzw. voraussichtlichen Materialfluß zu erfassen und darzustellen.

Darauf aufbauend kann die zukünftige materialflußgerechte Anordnung der Betriebsmittel und der Lagermöglichkeiten bearbeitet werden und die Auswahl günstigster Transportarten, geeigneter Fördermittel und Förderhilfsmittel erfolgen. Die Festlegung der Transportmittel und Lager hat Auswirkungen auf die Auslegung der Transportwege, die in Anordnung und Belastbarkeit bei den baulichen Maßnahmen berücksichtigt werden müssen. Das gilt nicht nur für die Flurförderung, sondern auch für die Deckenförderung, die u. U. die Baukonstruktion entscheidend verändern.

In diesem Buch wird im wesentlichen der Materialfluß innerhalb der Fabrikanlage betrachtet. Die planende Gruppe hat jedoch zu prüfen, wie weit auch Lieferanten, Auslieferlager und Kunden mit in den Fluß einbezogen werden sollten. Durch Verwendung derselben Förderhilfsmittel in allen Räumen der beteiligten Produktions- und Lagerstätten zwecks Verminderung des Umladens können erhebliche Betriebskosten eingespart werden. Entsprechende bauliche Maßnahmen sind also eine wichtige Voraussetzung.

6.2 Definitionen

Materialfluß ist die Bewegung von stofflichen Gütern innerhalb eines vorgegebenen räumlichen Bereichs. Dabei sind Weg, Bewegungsgeschwindigkeit und bewegte Menge in der Zeiteinheit veränderlich. Die Bewegungsgeschwindigkeit kann auch die Größe Null annehmen, z. B. bei Fertigung oder Lagerung (vgl. VDI-Richtlinie 3300).

Stoffliche Güter können sein:

Rohmaterialien, Halbzeuge, Zulieferteile, eigene Zwischenerzeugnisse: Teile oder Baugruppen, Fertigerzeugnisse, Handelswaren, Werkzeuge, Vorrichtungen, Modelle, Verpackungsmaterial, Betriebs- und Hilfsstoffe, Abfälle.

Der betrachtete Bereich kann sowohl einen kleinen Teil des Betriebs mit wenigen Stationen oder auch die ganze Fabrikanlage, evtl. auch einschließlich vorhergehender oder nachfolgender Stationen (Kunden, Auslieferlager, Lieferanten) umfassen.

Man gliedert den Materialfluß in Ordnungen, die festgelegten räumlichen Bereichen entsprechen. In Tabelle 6.1 sind die Ordnungen des Materialflusses und die entsprechenden Untersuchungsstufen sowie die Ergebnisse, die aus den einzelnen Stufen resultieren können, dargestellt.

Tabelle 6.1. Ordnungen des Materialflusses, Stufen seiner Untersuchung und Ergebnisse der Untersuchung

Die Ordnungen des Materialflusses entsprechend den räumlichen Bereichen (n. VDI-Richtl. 3300)	Die Stufen der Untersuchung betreffen:	Die Ergebnisse der Untersuchung beeinflussen:
1. Ordnung Werk als Einheit, Lieferanten, Auslieferläger, Kunden	1. Stufe Standort der Unternehmung oder des Werks	Standortwahl
2. Ordnung Werksgelände mit Betrieben (Werkseinheiten) als ganzen Einheiten	2. Stufe Lage der Betriebe (Werkseinheiten) zueinander und zu Verkehrsanschlüssen nach außen (Werkstore)	Generalbebauungsplan
3. Ordnung a) Einzelne Betriebe (Werkseinheiten) mit ihren Abteilungen (z. B. Maschinengruppen, Lager) als ganze Einheiten	3. Stufe a) Lage der Abteilungen innerhalb der Werkseinheiten zueinander	(Ideal-)Pläne einzelner Betriebsbereiche (Werkseinheiten)
b) Abteilungen mit ihren Betriebseinrichtungen (z. B. Maschinen, Werkbänke, galvanische Bäder)	b) Lage der Betriebseinrichtungen innerhalb der Abteilungen zueinander	(Ideal-)Pläne der Abteilungen
4. Ordnung Einzelne Betriebseinrichtungen (z. B. Maschinen, Werkbänke, galvanische Bäder)	4. Stufe Handhabungsvorgänge an Betriebseinrichtungen	Betriebsmittelkonstruktion, Arbeitsplatzgestaltung

Der Materialfluß erster Ordnung umfaßt die Transporte zwischen dem Werk einerseits und seinen Lieferanten oder Abnehmern, z. B. Auslieferlagern und Kunden, andererseits. (Durchführung unter Benutzung öffentlicher Verkehrswege.)

Der Materialfluß zweiter Ordnung umfaßt Transporte *innerhalb des Werksgeländes* zwischen *verschiedenen* Bereichen des Betriebes (Werkseinheiten).

Der Materialfluß dritter Ordnung umfaßt

a) Transporte *innerhalb einzelner Betriebsbereiche* (Werkseinheiten), zwischen deren Abteilungen (z. B. Maschinengruppen, Arbeitsplatzgruppen usf.) und

b) Transporte *innerhalb solcher Abteilungen* zwischen einzelnen Betriebseinrichtungen, z. B. Maschinen, Werkbänken usf.

Der Materialfluß vierter Ordnung umfaßt Transporte von, zu und innerhalb einzelner Betriebseinrichtungen selbst, die als Handhabungsvorgänge bezeichnet werden. Er erfordert z. T. die Beachtung der richtigen Positionierung der Werkstücke. Ähnliche Ordnungen bzw. Gliederungen sind in [1 bis 3] beschrieben.

In diesem Buch werden nur die ersten drei Stufen und ihre Ergebnisse beschrieben. Die 4. Stufe gehört nicht mehr zum Gebiet der Fabrikplanung (vgl. dazu Lit. [4 bis 7].

Der Begriff „Materialfluß" soll im einzelnen die folgenden Vorgänge umfassen:

Transportieren,
Handhaben,
Aufenthalt,
Lagerung.

Die Abgrenzung von Fertigungsvorgängen gegenüber Transportvorgängen ist nicht immer einfach. „Transportieren" ist nach der VDI-Richtlinie 3300 „die bewußte Ortsveränderung von Gütern und Personen", während man unter „Fertigen" bzw. „Bearbeiten" alle Vorgänge versteht, durch die ein Erzeugnis dem Zustand nähergebracht wird, in dem es den Betrieb verlassen soll. Bei diesen und allen anderen Vorgängen müssen die Erzeugnisse „gehandhabt" werden. Dementsprechend werden mit „Handhabung" alle Bewegungsvorgänge bezeichnet, die beim Einleiten oder Beenden von Fertigungs-, Transport-, Prüf- und Lagervorgängen nötig sind, auch wenn sie im Zuge der Automatisierung nicht mehr „von Hand" ausgeführt werden.

Beim „Lagern" befindet sich das Gut planmäßig in einem festgelegten Lagerbereich. Von „Aufenthalt" sprechen wir bei einem ungewollten Stillstand des Gutes.

Die Begriffe „Fördermittel" und „Förderhilfsmittel" sind in den Abschnitten 6.6.3 und 6.6.2 definiert.

6.3 Ermittlung des Materialflusses

6.3.1 Zielsetzung

Bei der Fabrikplanung verfolgt man zweierlei Ziele: Zum einen will man eine günstige Zuordnung der beteiligten Betriebsmittel erreichen, zum anderen soll die Auswahl und Ermittlung der Art und Anzahl der Fördermittel und Förderhilfsmittel ermöglicht werden. Andere Zielsetzungen, wie Beurteilungen des Ist-Zustandes, Untersuchungen bestimmter Transportabläufe oder Transportschwerpunkte, sollen hier nur am Rande berücksichtigt werden.

Eine günstige Zuordnung der durch Transportbeziehungen verbundenen Betriebsmittel ist zur Erzielung niedriger Transportkosten unerläßlich.

Wenn alle Werkstücke den gleichen Arbeitsablauf haben, so ist es lediglich erforderlich, die entsprechend diesem „qualitativen Materialfluß“ aufeinanderfolgenden Betriebsmittel auch hintereinander anzuordnen. In den meisten Fällen hat aber jedes Werkstück einen von den anderen Werkstücken verschiedenen Arbeitsablauf, so daß beim Versuch, die Betriebsmittel entsprechend dem Arbeitsablauf anzuordnen, Widersprüche auftreten. Dann ist es üblich, Betriebsmittel, zwischen denen große Mengen transportiert werden müssen, nahe beieinander anzuordnen und andere Betriebsmittel, zwischen denen kleine Mengen zu transportieren sind, weiter voneinander entfernt aufzustellen. Bereits für diese primitive Methode der Ideal-Planung ist es notwendig, die Transportmengen zu kennen; will man mathematische Methoden anwenden, die später beschrieben werden, so ist die genauere Kenntnis der Transportmengen (quantitativer Materialfluß) unerläßlich.

Damit die Zuordnung der Betriebsmittel langfristig günstige Transportkosten ergibt, müssen die während eines längeren Zeitraumes zu transportierenden Mengen zugrunde gelegt werden.

Für die Bestimmung von Art und Anzahl der Fördermittel reicht die Kenntnis der durchschnittlichen Transportmenge pro Zeiteinheit aber nicht aus, da die Fördermittel ja auch Transportspitzen bewältigen sollen. Für die Auswahl der Fördermittel braucht man außerdem weitere Angaben, z. B. über die Art des Fördergutes und über die Größe der einzelnen Transportlose.

Auf die Daten zur Verbesserung des Ist-Zustandes wird im Abschnitt 6.3.4 eingegangen.

6.3.2 Abgrenzung wichtiger Begriffe

Bevor nun Methoden für die Ermittlung des Materialflusses beschrieben werden, ist noch zu klären, zwischen welchen Betriebsmitteln der Materialfluß erfaßt werden soll, welche Mengeneinheiten die richtigen sind und welche Transportspitzen für die Anzahl der Fördermittel maßgeblich sind.

Es wird empfohlen, mit der Erfassung des Materialflusses mit Ordnungsnummer 3 b zu beginnen und die Materialabflüsse mit niedrigeren Ordnungsnummern anschließend bei Bedarf durch das Zusammenfassen von Bereichen und entsprechend auch von Flüssen zu berechnen. Dabei sollte man möglichst alle Stationen des Materialdurchlaufes vom Werkstor über den Wareneingang bis zum Warenausgang und wieder zum Werkstor betrachten.

Um bei der Ermittlung des Materialflusses nicht zu viele einzelne und unbedeutende Materialflüsse betrachten und darstellen zu müssen, ist es notwendig, die einzelnen Materialflüsse soweit wie möglich zusammenzufassen. Die Zusammenfassung erfolgt am besten unter Berücksichtigung bestimmter Bereiche mit gleichgearteten oder ähnlichen Anforderungen an den Materialfluß. So kann man beispielsweise Maschinen ein und derselben Art, die räumlich zusammen aufgestellt werden sollen, als einen solchen Bereich auffassen und den Materialstrom, der über diese Maschinen läuft, zusammengefaßt darstellen.

Ebenso kann man eine Reihe verschiedenartiger Maschinen, die zu einer Fertigungsstraße zusammengefaßt sind, als einen Bereich auffassen, zumal wir den

Materialfluß innerhalb der Maschinenanlage für die Fabrikplanung nicht zu erfassen brauchen.

Tabelle 6.2 zeigt beispielhaft eine Anzahl von Bereichen, deren zusammengefaßte Betrachtung mit Bezug auf den Materialfluß angebracht erscheint. Die Tabelle kann entsprechend den örtlichen Verhältnissen im Einzelfall gekürzt oder erweitert werden.

Für die Bearbeitung der Materialflußprobleme ist es notwendig, *Mengeneinheiten* festzulegen, wobei man sich nach Möglichkeit auf eine einzige Mengeneinheit

Tabelle 6.2. Beispiele von Betriebsbereichen, zwischen denen der Materialfluß erfaßt werden soll

Werkstattfertigung:	Drehbänke bis 260 mm Spitzenhöhe
	Kopierbänke 120 mm Spitzenhöhe
	.
	.
	Horizontal-Fräsmaschine, Tischgröße 175 × 600 mm
	Horizontal-Fräsmaschine, Tischgröße ...
	.
	.
	Flachschleifmaschinen 400 × 600 mm
	.
	.
Gruppenfertigung:	Fertigungsgruppe Gehäuse
	Fertigungsgruppe kubische Teile
	Fertigungsgruppe Stempel + Stoßstahl
	.
	.
Baustellenfertigung:	Montage X
	Montage Y
	.
	.
Lager:	Rohlinglager/Sägerei
	Teilelager
	Werkzeug- und Vorrichtungslager
	Fertigwarenlager
	Ersatzteillager
	Abfallager
	Spänelager
Kontrollen:	Wareneingangskontrolle
	Fertigungskontrolle A
	.
	.
Wareneingang	
Verpackungsabteilung	
Warenausgang	.
	.
Hilfsbetriebe:	Versuch
	Reparatur-Abteilung
	Betriebswerkstatt
	Werkzeug- und Vorrichtungsbau
	Schreinerei
	.
	.

einigen sollte. Hierfür gibt es im wesentlichen die folgenden Möglichkeiten:

Stück
Gewicht
Volumen
Förderhilfsmittel (z. B. Behälter)
Transporte („Transporteinheiten")
Kombinierte Bezugsgrößen.

Die ausgewählte Mengeneinheit sollte so beschaffen sein, daß ihre Beförderung mit konstanten Transportkosten verbunden ist, damit man eine sinnvolle Zuordnung der Betriebsbereiche ohne weitere Rechnungen erreichen kann, und andererseits, daß die Berechnung der erforderlichen Förderhilfsmittel und Fördermittel leicht möglich ist.

Die Zahl der zu transportierenden Werkstücke ist am einfachsten zu ermitteln. Sie ist üblicherweise in Planungs- oder Fertigungsunterlagen angegeben. Sie ist aber als alleinige Mengeneinheit nur geeignet, wenn beispielsweise ein Einzeltransport der Werkstücke durchgeführt wird. Da die Teile aber völlig verschiedene Gewichte, Volumina und andere Transporteigenschaften haben können, ist sie im allgemeinen nur als Grundlage zur Ableitung anderer Größen interessant.

Das Gewicht der Werkstücke ist oft in Arbeitspapieren angegeben. Wenn man mit Gewichten rechnet, hat man auch die Möglichkeit der Kontrolle der Materialflußaufnahme, da die in einen Bereich eingehenden Gewichte gleich den ausgehenden Gewichten sein müssen, wenn man, wie ja erforderlich, Abfallstoffe mit berücksichtigt. Da es aber nun beispielsweise möglich ist, das Gewicht von einer Tonne pro Jahr zwischen 2 Stationen auf einmal mit dem Gabelstapler zu transportieren oder bei 20 Transporten über das Jahr verteilt jeweils mit Handwagen, so muß man daraus ersehen, daß die transportierten Gewichte in keiner Weise den Transportkosten zu entsprechen brauchen. Für das Volumen als Mengeneinheit gilt Entsprechendes; außerdem ist es möglich, daß bei gleichen Volumina in einem Fall die Tragkraft eines Fördermittels für den Transport ausreicht und im anderen Fall nicht.

Es ist deshalb günstiger, das Förderhilfsmittel der kleinsten verwendeten Größe als Mengeneinheit zu verwenden. Dieser Behälter darf allerdings nur bis zu einem bestimmten Maximalgewicht gefüllt werden. Größere Behälter werden entsprechend ihrem Volumen in einer entsprechenden Zahl kleiner Behälter ausgedrückt, wobei auch für sie jeweils die maximalen Füllgewichte angegeben werden. Die Schwierigkeit besteht aber hierbei darin, daß die Transportkosten ungleich sind, wenn 2 Behälter zusammen oder wenn sie je einzeln transportiert werden.

Um dieser Schwierigkeit zu entgehen, ist es besser, die Zahl der Transporte oder, wie sie auch genannt wird, die Zahl der „Transporteinheiten" als Mengeneinheit zu wählen [8]. Dabei ist eine Transporteinheit die Materialmenge, die bei einem Transport bewegt wird. Es ist möglich, daß pro Transport 1 oder 20 kleine Behälter transportiert werden. Wenn dabei das Fördermittel dasselbe ist, ist dieser Unterschied für die Zuordnung unwesentlich. Schwierigkeiten können bei der Benutzung der „Transporteinheit" entstehen, weil der Umfang einer Transporteinheit vom verwendeten Fördermittel abhängt und weil bei Vornahme von Sammeltransporten, beispielsweise von der Fertigung ins Lager, plötzlich aus mehreren Transporteinheiten eine einzige Transporteinheit werden kann.

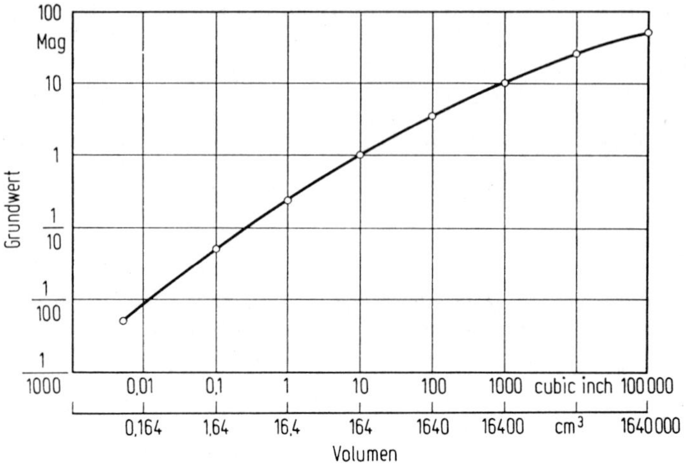

Bild 6.1. Ermittlung des Grundwertes der Mag-Zahl [9].

Es liegt deshalb nahe, von Fördermitteln und der Art der Transportorganisation unabhängige Mengeneinheiten zur Grundlage der Materialflußuntersuchung zu machen. Eine solche Einheit ist das in den USA entwickelte „Mag" von magnitude (Größe) [9].

Man kommt zu dieser Mag-Zahl des Fördergutes, indem man ausgehend von seinem Volumen einen Grundwert berechnet und dann diesen Grundwert entsprechend anderen Einflußgrößen verringert oder vergrößert. Die Mengeneinheit 1 Mag gilt für ein Stück Material, das bequem mit einer Hand gehalten werden kann, einigermaßen massiv ist, geschlossen in seiner Form ist und gewisse Möglichkeiten zum Stapeln bietet, geringe Schadensanfälligkeit hat und einigermaßen sauber, fest und haltbar ist. Ein typisches Beispiel für ein Mag ist ein trockener Holzwürfel mit der Kantenlänge von 5,5 cm. Der Grundwert für die Größe wächst aber nun nicht direkt proportional mit dem Volumen, denn es wird relativ einfacher, die Volumeneinheit eines Stückes zu transportieren, wenn das Stück größer wird. Die Abhängigkeit des Grundwertes von der Größe zeigt Bild 6.1; Änderungen des Grundwertes werden bewirkt durch die Kompaktheit des Gutes (in die das Gewicht indirekt eingeht), durch die Form, die Anfälligkeit und Gefährlichkeit, die äußere Beschaffenheit und evtl. den Wert oder die Kosten des Gutes. Die gesamte Mag-Zahl eines Gutes berechnet sich nun nach der Formel:

Zu Tabelle 6.3:

F: Der Wert oder die Kosten eines Stückes sind hier nicht aufgeführt, weil sie oft zu keinen Änderungen in der Transportierfähigkeit innerhalb der Fabrik führen, und weil Hinweise für die richtige Handhabung schon durch den Faktor Schadensanfälligkeit gegeben werden. Wenn aber ein spezieller Fall einen Wert-Änderungsfaktor notwendig macht, dann können die Gradzahlen selbst definiert werden.

* Wenn flache oder ineinandersteckbare Stücke allgemein als Stapel oder Satz behandelt werden, sollte bei der Ermittlung der 6 Faktoren die Einheit Stapel oder Satz und nicht das Einzelstück benutzt werden.

Tabelle 6.3. Änderungsfaktoren zur Berechnung der MAG-Zahl [9].
Jeder Grad bedeutet 25% Zuwachs oder Abnahme des Grundwerts (Faktor A)

Grad	B Kompaktheit	C Form	D Schadenanfälligkeit	E Äußere Beschaffenheit
− 3	—.—	Sehr flach und stapelbar oder ganz ineinandergepackt (Papierblatt) *	—.—	—.—
− 2	Sehr leicht und leer (sperrig und aus Blech)	Leicht stapelbar oder zusammensteckbar * (Papierblock), Suppenschüsseln)	Überhaupt nicht schadensempfindlich (Schrott)	—.—
− 1	leicht und sperrig (Wellpappe)	einigermaßen stapelbar oder ineinandersteckbar * (Buch, Kaffeetasse)	Vernachlässigbar oder praktisch nicht schadensempfindlich (massiver Guß)	—.—
0	mittlere Dichte (trockener Holzblock)	im wesentlichen rechtwinklig mit Stapelfähigkeit (Holzblock)	Leicht empfindlich gegenüber manchen Beanspruchungen (in Stücke gesägtes Holz)	Sauber, gut greifbar (Holzklotz)
+ 1	Ziemlich schwer und dicht (Guß mit Kernen)	lang, mit Rundungen oder teilweise unregelmäßig (Kornsack, kurzer Stab)	bruch, beul- oder kratzempfindlich (lackierte Gegenstände)	Ölig, locker, ungeschickt zu handhaben (ölige Stückchen)
+ 2	Schwer und dicht (Massiver Guß, Schmiedestücke)	Sehr lang, kugelförmig oder unregelmäßig (Telefonapparat)	Stark empfindlich gegenüber manchen Beanspruchungen oder normal empfindlich gegenüber vielen Beanspruchungen (Fernsehröhre)	Fettbedeckt, heiß, sehr locker oder schlüpfrig, sehr ungeschickt zu handhaben
+ 3	Sehr schwer und dicht (Gesenke, massives Blei)	Extrem lang, gewunden oder außerordentlich unregelmäßig (Stahlträger)	Äußerst empfindlich gegenüber manchen Beanspruchungen oder normal empfindlich gegenüber sehr vielen Beanspruchungen (Kristallglas mit Stielen)	(geleimte Oberfläche)
+ 4	—.—	Extrem lang und gewunden oder ganz besonders unregelmäßig (geformte Rohrleitung, Lehnstuhl aus Holz)	Hochempfindlich gegenüber allen denkbaren Beanspruchungen (Säure in Glasbehälter, Explosivstoffe)	(flüssiges Eisen)

$A + 1/4\, A \times (B + C + D + E + F)$. Dabei ist A der Grundwert, und die anderen Buchstaben bedeuten Zahlen in Grad entsprechend den genannten Änderungsfaktoren. Die Gradzahlen entsprechen bestimmten Eigenschaften des Fördergutes, die man aus Tabelle 6.3 entnehmen kann.

Nachdem nun Möglichkeiten für die Auswahl der Mengeneinheit diskutiert sind, kann je nach Art des Betriebes und vorliegendem Produktionsprogramm die Mengeneinheit ausgewählt werden. Für den üblichen Fall sei empfohlen, möglichst frühzeitig Förderhilfsmittel festzulegen und sich über die Art der Transportorganisation vorläufig klar zu werden. Wenn angenommen werden kann, daß vorwiegend Fertigungsaufträge in Behältern oder auf Paletten von einer Fertigungseinrichtung zur nächsten direkt ohne gleichzeitigen Transport anderer Aufträge gebracht werden, kann man als übliche Transporteinheit beispielsweise eine Flachpalette der Größe 800×1200 annehmen, und man braucht nun nur die Zahl der pro Transportauftrag transportierten Förderhilfsmittel durch die Zahl der maximal auf der Flachpalette unterzubringenden Förderhilfsmittel zu dividieren. Man erhält damit die Zahl der Transporteinheiten, wobei die Zahl auf ganze Transporteinheiten aufzurunden ist. Sollten beim Transport über längere Strecken, z. B. zwischen Lager und Fertigung, Paletten besser ausgenützt oder andere Fördermittel verwendet werden, so ist eine Umrechnung über die Zahl der Förderhilfsmittel auf die neue Transporteinheit möglich. Es kann also empfohlen werden, die Zahl der Förderhilfsmittel aufzunehmen und dabei für jeden Transport entsprechend den jeweiligen Voraussetzungen die Zahl der Transporteinheiten auszurechnen. Die Zahl der Transporteinheiten läßt sich dann sowohl für die Zuordnung als auch für die Berechnung der Fördermittel zugrunde legen, die Zahl der Förderhilfsmittel läßt sich einfach aus der insgesamt durchgesetzten Anzahl, multipliziert mit der durchschnittlichen Durchlaufzeit, berechnen.

Über den erforderlichen *Erfassungszeitraum* kann folgendes gesagt werden: Für die Zuordnung der Betriebsmittel interessieren die durchschnittlichen Transportmengen zwischen den verschiedenen Bereichen. Für die Auslegung der Fördermittel und der Förderhilfsmittel interessieren die maximal pro Zeiteinheit zu bewältigenden Transportmengen. Entsprechend diesen Bedürfnissen ist der Ermittlungszeitraum nun zu wählen. Wenn die Transportmengen über der Zeit konstant sind, so genügt ein sehr kurzer Zeitraum für ihre Ermittlung. Dies ist bei einer Serienfertigung im allgemeinen nicht der Fall. Hier ändern sich Transportmengen und Transportbeziehungen ständig.

Da die *Transportspitzen* maßgebend sind für die Beschaffung der Fördermittel und die Bereitstellung des zugehörigen Personals, ist es empfehlenswert, den Begriff der Transportspitze etwas genauer zu beleuchten.

Wenn ein kontinuierlicher Strom von Material an eine dauernd arbeitende Maschinenanlage erforderlich ist, besteht zwischen dem durchschnittlichen Transport und der Transportspitze kein Unterschied. In Fertigungen, bei denen verschiedenartige Erzeugnisprogramme gleichzeitig durchgeführt werden müssen und bei denen man nicht genau vorausberechnen kann, welche Fördermengen zusammengeballt zu Spitzen werden, ist eine genauere Untersuchung nicht zu vermeiden. Kann man auf bestehende Verhältnisse zurückgreifen, so muß man die Transportspitze definieren als den höchsten Anfall von Transporten in einer bestimmten Zeiteinheit, sei es Stunde, Tag oder Woche, und man muß die Beobachtung über eine genügend lange Zeit durchführen, um die tatsächlich auftretenden Spitzen erkennen zu können. Im allgemeinen entstehen Spitzen zu unregelmäßigen Zeitpunkten und in unterschiedlicher Höhe. Es muß festgelegt werden, ob man aus mehreren Spitzen, die in einer Woche aufgetreten sind, ein Mittel ziehen kann oder ob man aus betrieblichen Gründen Transportmittel für die höchste auftretende Spitze bereitstellen muß. Diese Frage kann nur von Fall zu Fall beantwortet werden, weil sie vom Betriebsablauf, von der Möglichkeit, Material an dauernd laufenden Betriebseinrichtungen in Reserve zu halten, und von anderen Problemen abhängt.

Bei einer Neuplanung kann man versuchen, aus einem ähnlichen Betrieb das Verhältnis Transportspitze zur Durchschnittsmenge zu übertragen und aus dem Durchschnitt die Spitzenmenge zu berechnen. Eine andere, aufwendigere Möglichkeit ist es, die Fertigung und die anfallenden Transporte auf einer Rechenanlage zu simulieren, z. B. indem man ausgehend von einem Maschinenbelegungsplan die erforderlichen Transporte ableitet und anschließend speziell die Transportspitzen oder das Verhältnis von Spitzen zu Durchschnittsmengen berechnet (vgl. [10]; zur Simulation siehe Kapitel „Planungsmethoden“).

6.3.3 Methoden zur Erfassung des Materialflusses

In der Literatur werden sehr viele Methoden zur Erfassung des Materialflusses angegeben. Davon sind jedoch viele schlecht durchzuführen und die meisten für die Zwecke der Fabrikplanung ungeeignet. Allgemein kann man die direkte und die indirekte Erfassung unterscheiden.

Bei der direkten Erfassung werden die Transporte im bestehenden Betrieb aufgenommen. Aus dieser Aufnahme kann man unter Beachtung der entsprechenden Änderungen durch das wahrscheinlich veränderte Produktionsprogramm auf den zu planenden Betrieb schließen. Dabei ist es meist sinnvoll, alle Transporte aufzunehmen und nicht nur die Transporte repräsentativer Teile, weil sonst zunächst eine Identifizierung repräsentativer Teile erfolgen müßte.

Wenn Transporte nur von Transportarbeitern durchgeführt werden, wie z. B. von Gabelstaplerfahrern, läßt man sie Aufschriebe anfertigen. Dabei sollte bei jedem Transport angegeben werden:

Datum,

Art des Materials bzw. Förderhilfsmittels,

Stückzahl des Materials oder der Förderhilfsmittel,

Art des Fördermittels,

Absenderstation,

Empfängerstation.

Diese Aufschriebe sollten nach [11] drei bis sechs Monate lang angefertigt werden. Hieraus lassen sich die maximalen Transportmengen und zufriedenstellende Durchschnittsmengen ermitteln. Will man in einem Betrieb mit ausgesprochener Hochsaison vor allem die Spitzen ermitteln, so genügt als Zeitraum etwa 1 Monat während der Hochsaison. Wenn auch anderes Personal als Transportarbeiter Transporte vornimmt, müßte dieses Personal auch an der Aufnahme beteiligt werden. Dadurch wird die Zahl der beteiligten Personen schnell sehr umfangreich und die Aufnahme entsprechend aufwendig und auch unzuverlässig. Ähnliches gilt, wenn jeder Absender eines Transportes einen entsprechenden Aufschrieb vornimmt, wenn dies im Betrieb auch sonst nicht üblich ist. Der Einsatz außenstehenden Personals für die direkte Erfassung ist nicht sinnvoll, da nicht an allen Empfangs- und Absendestellen solches Personal stehen kann und das Mitfahren auf allen Fördermitteln auch unmöglich ist.

Die Anwendung einer Stichprobenaufnahme, z. B. speziell einer Multimomentaufnahme, ist höchstens zur Ermittlung der derzeitigen Auslastung von Fördermitteln möglich. Langzeitaufnahmen braucht man nicht an jedem Arbeitstag 8 Stunden lang durchzuführen, sondern beispielsweise an 30 aus 250 ausgewählten Arbeitstagen, evtl. auch nur während ausgewählter halber Arbeitstage. Ein Zeitraum von wenigen Stunden sollte nicht gewählt werden, weil dabei die Gefahr von Fehlern besteht.

Die *direkte* Materialflußerfassung zeigt sowohl den durchschnittlichen als auch den maximalen Materialfluß. Ein Nachteil dabei ist, daß die direkte Erfassung gerade während der Hochsaison schwierig ist, weil in dieser Zeit das Personal sowieso stark belastet ist. Weiterhin werden nur die bewältigten Transporte erfaßt, die unbewältigten Transporte dagegen nicht. Der Schluß vom Ist-Zustand auf einen zukünftigen Zustand bei Anwachsen der Produktion ist recht schwierig, weil die Zahl der Transporteinheiten nicht linear, sondern stufenweise mit der Produktionsmenge ansteigt.

Die *indirekte* Erfassung des Materialflusses hat den Vorteil, daß sie unabhängig vom laufenden Betrieb durchgeführt werden kann. Dabei ist eine Möglichkeit, die erforderlichen Daten aus vorhandenen Aufschrieben wie Transportbegleitzetteln, Lagerlisten, z. B. Rohmaterialeingangslisten oder Fertigwarenausgangslisten usf. zu entnehmen. Die vorhandenen Aufschriebe enthalten aber häufig nicht alle interessierenden Daten; für den Transport zwischen 2 Maschinen werden im allgemeinen keine Transportbegleitzettel angefertigt. Diese Methode der Erfassung aus Aufschrieben des Ist-Zustandes hat außerdem die gleichen Nachteile wie die direkte Erfassung.

Deshalb ist es am besten, den Materialfluß aus den Daten des Soll-Zustandes zu erarbeiten. Grundlagen dafür sind das Produktionsprogramm, Stücklisten und Arbeitspapiere. Für die fertigen Erzeugnisse entsprechend dem Produktionsprogramm kann man rückwärts mit Hilfe der Stücklistenauflösung die Einzelteile und mit Hilfe der Fertigungspläne die einzelnen Materialflußstationen sowie die Stationen, an denen mehrere Teile zusammengefügt werden, ermitteln. In Bild 6.2 ist der qualitative Materialfluß für ein Erzeugnis dargestellt. Der Materialfluß ist nun zwischen allen Stationen für alle Teile zu erfassen. Da aber gleiche Teile auch in anderen Erzeugnissen vorkommen, genügt es bei gemeinsamer Herstellung und folglich gemeinsamem Transport der Teile, den Materialfluß nur einmal zu erfassen und die Zahl der Teile zu addieren.

Bei einem sehr großen Teileumfang empfiehlt Muther [9] die Auswahl repräsentativer Teile und die Erfassung von deren Materialfluß. Dabei kann die Auswahl nach Zufallskriterien (z. B. jedes hundertste Teil) oder nach anderen sinnvolleren Kriterien geschehen. Hier wird empfohlen, Erzeugnisse oder evtl. Teile mit ähnlichem Materialflußablauf zu Materialflußgruppen oder „Materialflußfami-

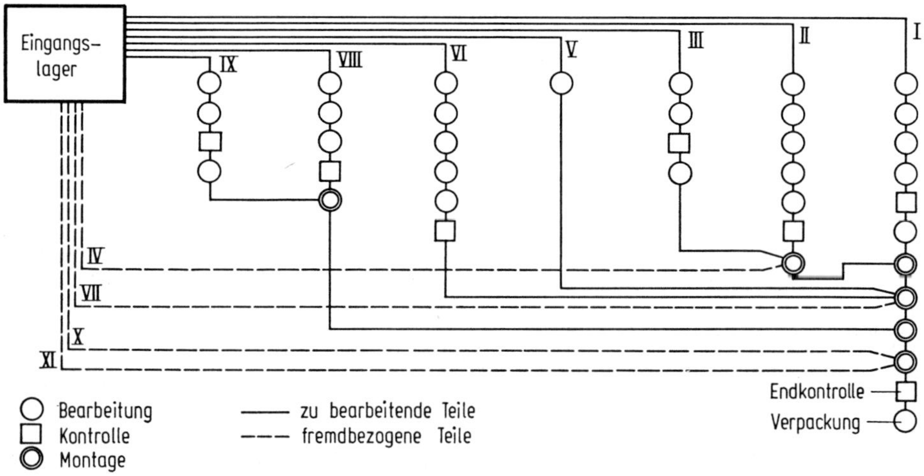

Bild 6.2. Prinzipielle Darstellung des qualitativen Materialflusses für ein Produkt.

lien“ zusammenzustellen und daraus jeweils ein repräsentatives Erzeugnis bzw. Teil auszuwählen. Materialflußfamilien können mit Fertigungsfamilien (vgl. Kapitel Fertigung) identisch sein. Wesentlich ist, daß die Reihenfolge der Materialflußstationen dieselbe oder mit geringen Ausnahmen dieselbe ist. Der genaue quantitative Materialfluß einer solchen Familie ergibt sich, wenn man die Transportmengen der einzelnen Erzeugnisse oder Teile addiert, gemessen jeweils in der gewählten Mengeneinheit. Will man hier Transporteinheiten zugrunde legen, so muß man wieder berücksichtigen, daß Transporteinheiten nicht unbedingt proportional der Stückzahl sind.

Da mit den erfaßten Daten anschließend weitere Berechnungen durchgeführt werden, wie z. B. die Zusammenfassung aller Transportmengen zwischen 2 Stationen oder die Zahl der Förderhilfsmittel, sollen die Daten möglichst so aufgenommen werden, daß Berechnungen auf einer Rechenanlage durchgeführt werden können. Es ist sinnvoll, die Daten auf Lochkarten zu lochen (vgl. Tabelle 6.4). Die Auswertung kann dann anschließend mit einer Datenverarbeitungsanlage erfolgen. Wenn man mit den gleichen repräsentativen Teilen wie bei der Maschinenberechnung arbeitet, kann man evtl. die gleichen Lochkarten wie dort verwenden, die man durch einige zusätzliche Daten ergänzen muß (vgl. z. B. [12, 13]).

Aus dieser Berechnung ergibt sich die durchschnittliche Transportmenge pro Zeiteinheit. Die Spitzen der Transportmengen kann man auf diese Weise leider nicht ermitteln. Sie sind, wie bereits erläutert, mit Hilfe des Verhältnisses Transportspitze zu Durchschnittsmenge aus einem ähnlichen Betrieb oder mit Hilfe einer Simulation zu berechnen.

6.3.4 Untersuchungen des Ist-Zustandes

In diesem Unterkapitel werden Ablaufstudien, Auslastungsstudien und Kostenstudien kurz besprochen.

Tabelle 6.4. Lochkarte zur Zusammenfassung der Materialflußmengen mit Lochkartenanlage.

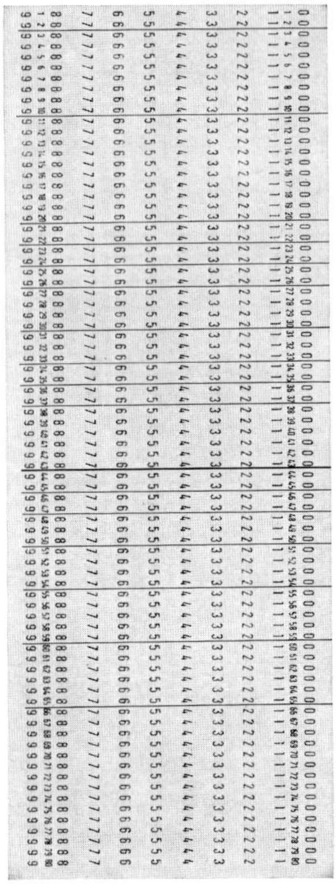

Eingabe:

(1) Benennung des Materials, Materialnummer
Transportstation
Nachfolgende Transportstation

(2) Art des Materials bzw. Förderhilfsmittels (wenn verwendbar) Kennzahl

(3) Losgröße des Transportauftrags Stück (im allgemeinen gleich Losgröße des Fertigungsauftrags)

(4) Fassungsvermögen des Förderhilfsmittels (bei zulässigem Gewicht) Stück/Förderhilfsmittel

(5) Art der Transporteinheit (TE) evtl. Kennzahl

(6) Fassungsvermögen der Transporteinheit (Fassungsvermögen in Förderhilfsmittel / TE) bzw. Werkstücke/TE

(7) (8) (9) Stückzahl des Materials pro Erfassungszeitraum (evtl. verschiedene Zahlen für verschiedene Produktionsprogramme)

durch Rechnung:

(10) Zahl der Förderhilfsmittel pro Transportauftrag = (5):(6) (aufgerundet)

(11) Zahl der Transporteinheiten pro Transportauftrag = (10) : (8) (aufgerundet)

(12) Zahl der Transporteinheiten pro Erfassungszeitraum für Material nach (1) = (11) × (9) : (5)

(13) transportierte Zahl der Förderhilfsmittel pro Erfassungszeitraum für Material nach (1) = (10) × (9) : (5)

(14) Summe der zwischen je zwei Stationen transportierten Transporteinheiten verschiedener Materialien = (12) über alle (1) für gleiche (2) und (3)

(15) Summe der zwischen je zwei Stationen transportierten Förderhilfsmittel verschiedener Materialien = (13) über alle (1) für gleiche (2) und (3)

Ablaufstudien des Materialflusses sind genauere Untersuchungen, bei denen zusätzlich zu den bei der Erfassung aufgenommenen Daten vor allem eine Aufgliederung in die einzelnen Vorgänge des Materialflusses (vgl. Kap. 6.1) erfolgt. Da sie ziemlich aufwendig sind, werden sie hauptsächlich an Materialflußschwerpunkten durchgeführt.

Die Untersuchung geschieht am einfachsten unter Verwendung des vom VDI herausgegebenen Materialflußbogens VDI 3300 a. Einen ausgefüllten Bogen, der durch eine Skizze ergänzt ist, zeigt Bild 6.3. Eine Anleitung zur Durchführung der Untersuchung gibt die Richtlinie VDI 3300. Einige Darstellungen werden in Kap. 6.4 gebracht.

Auslastungsstudien dienen der Ermittlung der Auslastung von Hebezeugen und Wagenförderern; bei Stetigförderern ist die Ermittlung unproblematisch. Auslastungsstudien sind für die Planung insofern von Bedeutung, als im Ist-Zustand bestehende Auslastungen unter Umständen als Grundlage für die Berechnung der Anzahl neuer Fördermittel für zukünftige Betriebe dienen können.

Bestell-Nr. VDI 5-3300a

VDI/AWF-Materialflußbogen Nr. 2

~~Firma / Werk /~~ Kostenstelle: Schamotte-Fabrik

Blatt Nr. 2 — gehört zu 1 u. 2

Bearbeiter: Hg — Datum: 3.12.58

Gegenstand der Untersuchung: Steine-Transport vom Brennofen zum Steinlager

~~Jetziges Verfahren~~ — Vorschlag

Einzelzeiten in min/100

Lfd. Nr. (1)	Vorgang (2)	+ Bearbeiten (3)	O Handhaben (4)	> Transportieren (5)	□ Prüfen (6)	D Aufenthalt (7)	▲ Lagerung (8)	Fördermenge Zahl (9)	Fördermenge Einheit (10)	Entfernung in m ↔ (11)	Entfernung in m ↕ (12)	Fördermittel (13)	Arbeitskräfte Zahl (14)	Lohn bzw. Lohn-Gr. (15)	Art (16)	Fortschrittzeit (17)	+ Bearbeiten (18)	O Handhaben (19)	> Transportieren (20)	□ Prüfen (21)	D Aufenthalt (22)	▲ Lagerung (23)	Bemerkungen (24)
1	brennen, abkühlen	+											—			—							
2	Stein aufnehmen		●					einzeln				} 60 ×	4		HA	—		100					} je 60 Stück
3	prüfen				□			"					"		"	—				100			
4	auf Palette legen		○					"					"		"	390		190					
5	Palette aufnehmen		●					60	Stck			GS*	1		TA	400		10					↓
6	zum Steinlager			>				"	"	40		"	"		"	500			100				↓ einschl. Rückfahrt
7	Palette stapeln		○					"	"			"	"		"	520		20					↓
8	Lagerung						△									—							
	Summe/Übertrag	1	4	1	1	-	1			40			5			520	—	220	100	100	—	—	3/5 = 60 %

*bedient 3 Öfen

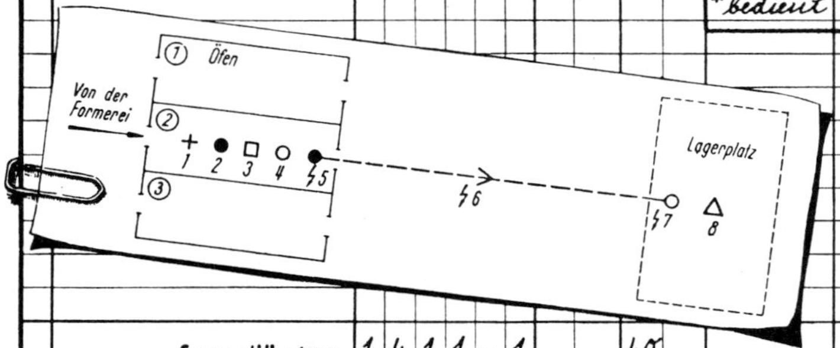

Bild 6.3. Ausgefüllter Materialflußbogen [VDI 3300].

Für die Planung am wichtigsten sind die zeitliche Auslastung und die Auslastung nach Last bzw. Raum. Für Zwecke der Fördermittelberechnung wird am besten definiert:

$$\text{Zeitliche Auslastung} = \frac{\text{Nutzungshauptzeit}}{\text{Fördermittelzeit}}. \qquad \text{(Vgl. Bild 6.4.)}$$

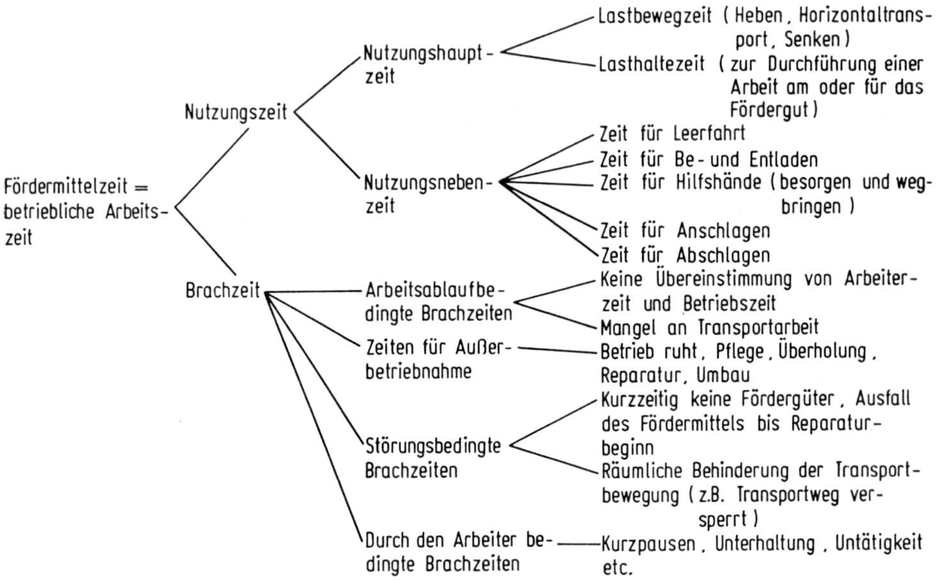

Bild 6.4. Gliederung der Fördermittelzeiten nach [14] und [15].

Ob die Auslastung nach Last oder nach Raum als zweite Kenngröße ermittelt wird, ist problematisch. Bei den meisten Hebezeugen existiert zwar eine Last-, aber keine Raumgrenze, bei Wagenförderung ist bei Metallteilen im allgemeinen die Lastgrenze vor der Raumgrenze erreicht, während bei Gütern aus leichterem Material unter Umständen zuerst die Raumgrenze überschritten wird. Die Auslastung nach Last dürfte aber eine wichtigere Kenngröße sein. Nach [14] wird definiert:

$$\text{Auslastung nach Last} = \frac{\Sigma\ (\text{effektive Werkstückgewichte} \times \text{Nutzungshauptzeiten})}{\text{max. Tragfähigkeit} \times \Sigma\ \text{Nutzungshauptzeiten}}$$

Aufzusummieren ist für alle durchgeführten Transporte.

Die Ermittlung der Auslastungen kann durch Dauerstudien oder Stichprobenstudien erfolgen. Dauerstudien können durch das Bedienungspersonal der Fördermittel, durch zusätzliches Personal oder durch registrierende Meßgeräte erfolgen. Aufschriebe durch das Bedienungspersonal sind leicht ungenau, u. a. weil das Bedienungspersonal Zeit zum Aufschreiben braucht. Zusätzliches Personal kann eingesetzt werden, wenn Mitfahren auf Fördermitteln möglich ist oder wenn von einer Stelle aus das gesamte Einsatzgebiet übersehen werden kann. Der Einsatz registrierender Meßgeräte [16] erfordert lediglich Personal zum Auswerten, aber erheblichen Kapitalaufwand. Hinweise für Auslastungsstudien am Kran gibt die VDI-Richtlinie 2195.

Ein Beobachtungsbogen (VDI 2195 a) und ein Auswertungsbogen (VDI 2195 b) erläutern die Durchführung der Studien.

Wo das Einsatzgebiet der zu beobachtenden Fördermittel zu übersehen ist, dürfte es besser sein, Stichprobenstudien durchzuführen, da der Untersuchungsaufwand hierfür wesentlich geringer ist. Wenn man sie in Form von Multimomentaufnahmen durchführt, ist die Erzielung einer gewünschten Aufnahmegenauigkeit möglich. Die Richtlinie VDI 2492: „Multimoment-Aufnahmen im Materialfluß" bringt hierfür eine genaue Anleitung und ein Beispiel für die Auslastung von Kränen. Die Methode der Multimomentaufnahme ist auch im Kapitel „Planungsmethoden" beschrieben.

Über die Durchführung von *Kostenstudien* existiert sehr viel Literatur [17 ... 22]. Da sie für die Planung nicht direkt wichtig sind, werden hier nur noch einige spezielle Literaturstellen angegeben: Die Richtlinien VDI 2371 (Transportkostenermittlung) und VDI 3330 (Kostenuntersuchungen zum Materialfluß) geben eine allgemeine Anleitung für Kostenstudien und Beispiele. Ein Hilfsmittel für Kostenuntersuchungen bei speziellen Fördermitteln sind nachstehende Kostenblätter:

Stetigförderer (VDI 2481)
Fahrbare Ausleger- und Drehkrane (VDI 2482)
Schienengebundene Fahrzeuge mit Antrieb (VDI 2483)
Brückenkrane (Laufkrane) (VDI 2484)
Flurförderzeuge (VDI 3301)

6.4 Zusammenfassung und Darstellung des Materialflusses

Der Erfassung der einzelnen Daten soll in diesem Kapitel die Zusammenfassung und Darstellung des Materialflusses und in den folgenden Kapiteln darauf aufbauend die eigentliche Auswertung folgen.

Die Zusammenfassung der aufgenommenen Daten sollte so vorgenommen werden, daß alle Transportmengen, die zwischen einem Absender und einem Empfänger anfallen, zu einer Gesamtmenge aufsummiert werden. Dies ist etwas schwierig, da nur Mengen mit gleichen Maßeinheiten addiert werden können. Bei der Maßeinheit „Transporteinheit" dürften keine verschieden großen Einheiten erfaßt sein. Hingegen werden bei der Dimension „Förderhilfsmittel", wenn das Material überhaupt in Förderhilfsmitteln transportiert wird, verschiedenartige und verschieden große Förderhilfsmittel vorkommen. Für die Berechnung der Förderhilfsmittel sollten diese Angaben erhalten bleiben. Jeweils gleiche Förderhilfsmittel sind zu addieren und für jede Absender-Empfänger-Beziehung eine Liste von Gesamtmengen verschiedener Förderhilfsmittel bzw. Einzelstücke zu erstellen.

Für die Ideal-Planung ist es erforderlich, die Förderhilfsmittel oder einzelnen Werkstücke auf ein einheitliches Förderhilfsmittel, z. B. einen vielgebrauchten kleineren Behälter, gewichts- oder volumenmäßig umzurechnen oder besser ein unabhängiges Maß wie das vorne geschilderte „MAG" zu verwenden.

Wenn die erfaßten Daten wie vorne geschildert auf Lochkarten aufgenommen sind und die Auswertung auf einer Lochkartenanlage erfolgt, so kann man die Rechnungsweise für die Summenbildung der Tabelle 6.4 entnehmen.

Die so bei der Zusammenfassung des Materialflusses entstandenen Listen sind meist nicht übersichtlich genug, um direkt für die Zwecke der Fabrikplanung ver-

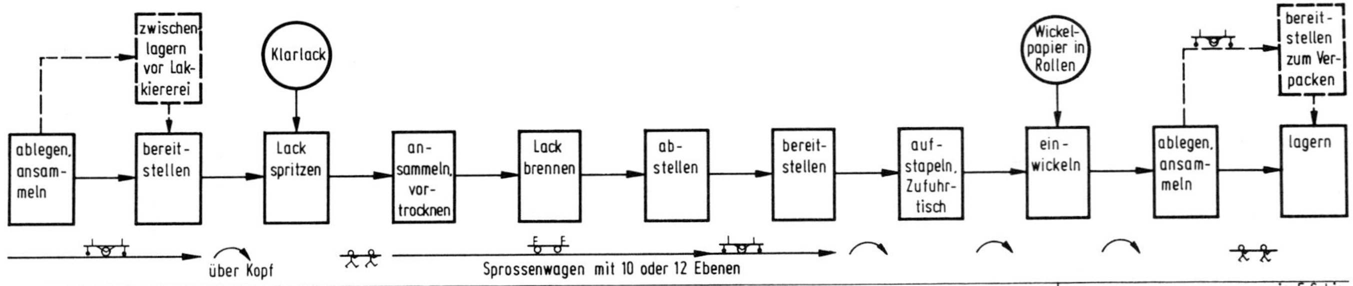

Material	Schienen verkadmiert-gebürstet, $l = 5$ m; fertige Laufschienen, $l = 5$ m; Laufschienen eingewickelt, je 5 Schienen
Material-Nr.	336511; 336511
Losgröße	nach Laufkarte 1500 m = 300 Schienen
Taktmenge	~300...1500 Schienen; 20 Schienen; 400 oder 480 Schienen (10 oder 12 Ebenen); 800...960 Sch. (von 2 Sprossenwagen); Schienenbündel; 5 Schienen
Bedienungs-Personen	2 Transporter; 1 Mann + 1 Frau; 1 Transporter; 1 Transporter; 2 Transporter; 2 Transporter; 1 Frau; 2 Transporter
Arbeitszeiten [min/100 m]	$t_l = \frac{22}{2} = 11$, $t = \frac{9{,}2}{2} = 4{,}6$ [× m/Schicht]; $t_e = 5{,}8$; $t_1 = 6{,}8$ (1. Frau), $t_e = 8{,}3$ (andere Frauen)
Verweilzeit	einige Minuten; ~20 min
Materialfluß-stationen	Abstellplatz vor Bürsttisch; Abstellplatz vor Lackierwanne; Lackierwanne Spritzpistole; Abstellplatz neben Lackierw.; Brennofen; Abstellplatz nach Ofen; Abstellplatz vor Wikkelmasch; Zufuhrtisch in Arbeitshöhe; Wickelmaschine; Lagerböcke vor Auslaufrinne; Lagerboxen
Kennblatt-Nr.	
Planungs-Gruppe	321; 518; 683
Bemerkungen:	

Bild 6.5. Detaillierter Arbeitsablaufplan für Langteile.

wendet zu werden. Man überträgt daher den Inhalt dieser Unterlagen in spezielle Darstellungen, die im Idealfall folgende Forderungen erfüllen sollten:

a) Alle interessierenden Daten sollten am besten in einer, sonst in möglichst wenigen Darstellungen zusammengefaßt wiedergegeben werden.
b) Bei der Darstellung ist besonderer Wert auf Übersichtlichkeit zu legen.
c) Die Darstellung soll auch für Personen verständlich sein, die sich nicht dauernd mit der Materie beschäftigen.
d) Die Darstellung soll sich in relativ kurzer Zeit und mit möglichst einfachen Mitteln herstellen lassen.
e) Die Darstellung soll möglichst direkt verwertbar sein.

Wollte man von vornherein alle für einen Materialfluß wichtigen Daten auf einem Blatt darstellen, so würde das Ergebnis völlig unübersichtlich sein. Man ist daher gezwungen, je nach der Zielsetzung der Untersuchung zunächst die einzelnen Komponenten des Materialflusses – etwa die Zuordnung der Stationen, die Transportmenge (die Transportgestaltung) oder die örtliche Lage der vom Materialfluß berührten Stellen – in der Darstellung zu betonen, wegzulassen oder getrennt zu zeichnen.

6.4.1 Darstellung des qualitativen Materialflusses

Bei der Darstellung des qualitativen Materialflusses steht die Reihenfolge bzw. Zuordnung der berührten Stellen im Vordergrund, die Materialmenge wird nicht dargestellt.

Bei den einzelnen Stationen des Durchlaufs sollte man sich dabei nicht auf die Fertigungsstufen des Materials beschränken, sondern auch Wareneingang, Versand und die verschiedenen Zwischenlager der Produktion mit aufführen.

Prinzipielle Darstellung des qualitativen Materialflusses

Die günstigste Art der Darstellung hängt sehr stark von der Zahl der Artikel, der Zwischenprodukte und der Stationen ab. Beginnend mit einer Darstellung für *einen* Artikel bzw. *eine* Artikelgruppe bzw. *eine* Gesamtmenge sollen im folgenden

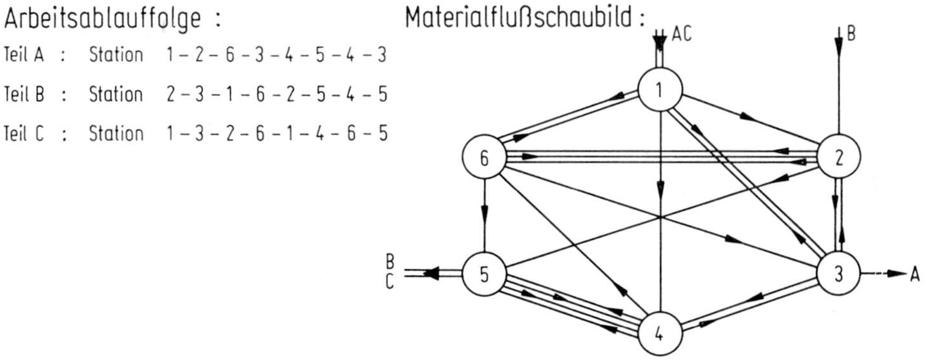

Bild 6.6. Arbeitsablauffolge und prinzipielles Materialflußschaubild zur losweisen Fertigung von 3 Teilen A, B, C.

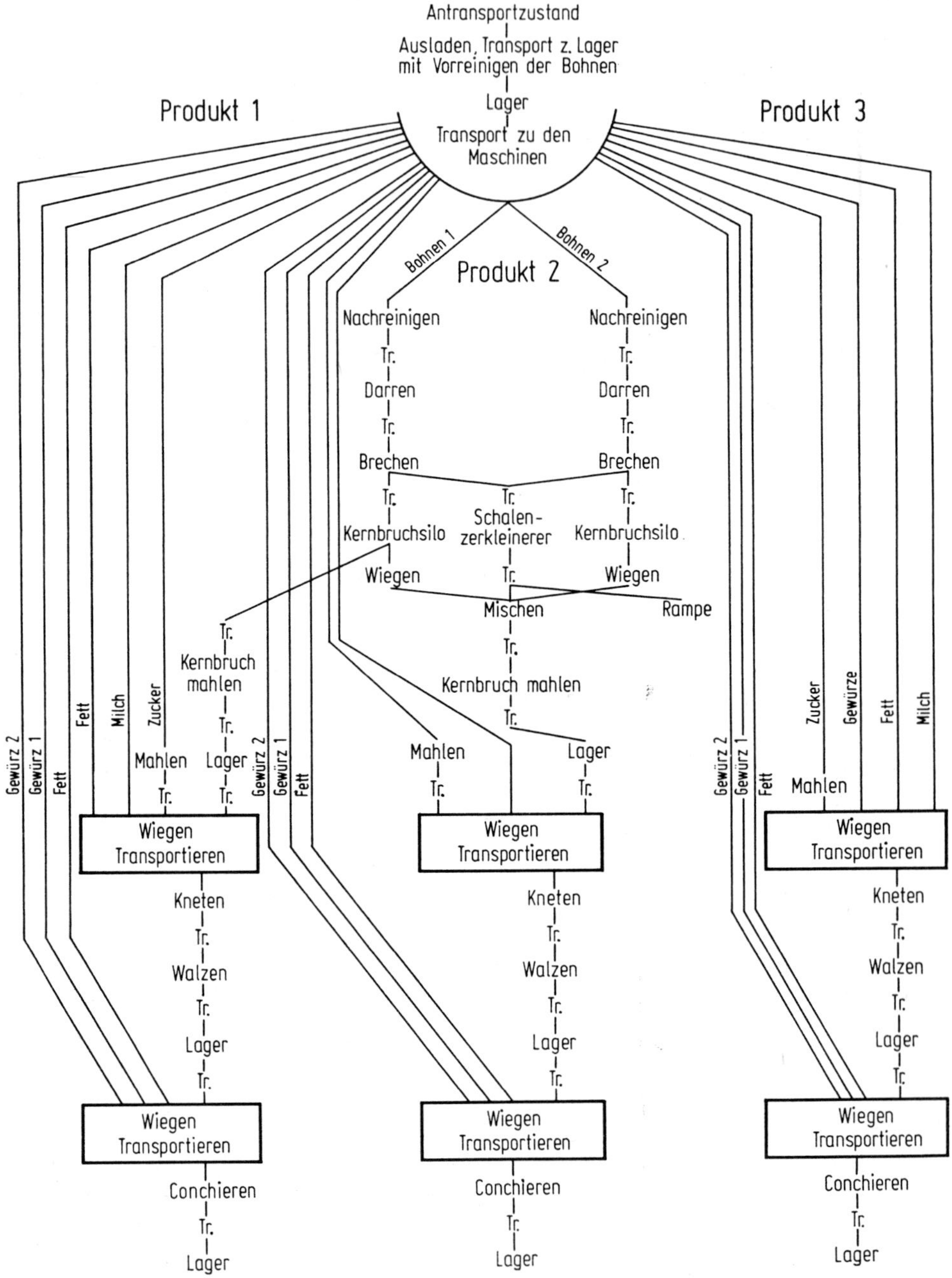

Bild 6.7. Arbeitsablaufplan für 3 Produkte.

Möglichkeiten für die Darstellung mehrerer und dann vieler Artikel aufgezeigt werden.

Der Arbeitsablaufplan eines Artikels, der aus einem Werkstück besteht, ist in Bild 6.5 dargestellt. Dabei sind im unteren Teil des Bildes sehr viele Einzelangaben untergebracht, deren Kenntnis im vorliegenden Fall notwendig war.

Für die Darstellung des Arbeitsablaufs mehrerer Teile bzw. Erzeugnisse, die teilweise die gleichen Stationen durchlaufen, eignen sich die Bilder 6.6 und 6.7. Das erste Bild zeigt alle Stationen nur einmal und ist deshalb gegenständlicher. Es wird aber bei schwierigen Zusammenhängen schneller unübersichtlich als das zweite Bild.

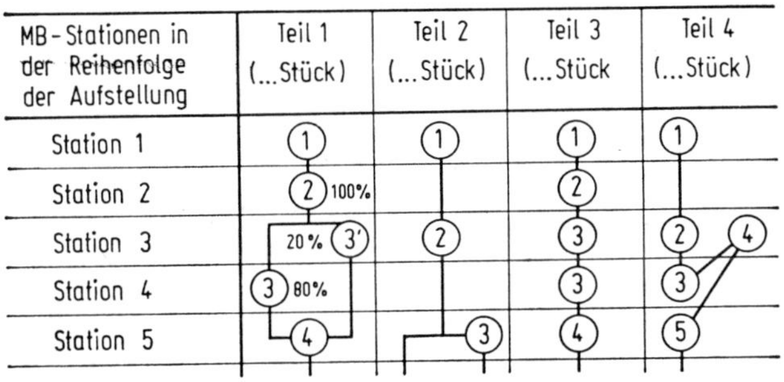

Bild 6.8. Fertigungsablauf von Einzelteilen und Teilegruppen [23].

Wenn der Materialfluß vieler Artikel zu erfassen ist, wird die Darstellung in Bild 6.8 empfohlen. Das Beispiel zeigt den Materialfluß von Einzelteilen oder Teilegruppen, die untereinander Abweichungen in der Folge der Bearbeitung zeigen (Teilegruppe 1 und 2), sich wahlweise auf mehreren Maschinen bearbeiten lassen (Teil 3) und eine Station zweimal durchlaufen (Teil 4). Eine Darstellung des Materialflusses sehr vieler Artikel ist nur tabellarisch möglich (vgl. 6.4.2)!

Lagegerechte Darstellung des qualitativen Materialflusses

Eine lagegerechte Darstellung des Materialflusses ist nur möglich, wenn die Lage der Materialflußstationen festliegt, entweder für den Ist-Zustand oder einen geplanten Soll-Zustand.

Ein lagegerechtes Materialflußschema des Ist-Zustandes für ein Einzelerzeugnis mit Kennzeichnung der einzelnen Vorgänge zeigt Bild 6.9. In das gleiche Bild kann evtl. der Materialfluß weiterer Erzeugnisse eingetragen werden, die Übersichtlichkeit nimmt dann aber schnell ab.

6.4.2 Darstellung des qualitativen und quantitativen Materialflusses

Die Darstellung des qualitativen Materialflusses kann durch die Darstellung der anteiligen oder pro Zeiteinheit transportierten Gütermenge ergänzt werden. Dabei kann man zwischen tabellarischer und graphischer Darstellung unterscheiden, letztere ist schematisch oder lagegerecht möglich.

Tabellarische Darstellung des qualitativen und quantitativen Materialflusses

Die tabellarische Art der Darstellung des Materialflusses erfolgt am besten in Form einer Matrix. Eine Darstellung in Matrizenform ist unvermeidlich, wenn die Zahl der Stationen sehr groß ist, so daß eine graphische Darstellung zu unübersichtlich wird. (Die Genze dürfte bei ungefähr 25 Stationen liegen.) Tabelle 6.5 zeigt die Materialflußmatrix einer Armaturenfabrik. Oben und links sind die Empfangs- bzw. Absendestellen durch Nummern gekennzeichnet. Die Felder der Matrix enthalten Maßzahlen für den Fluß (z. B. Aufträge, Gewicht, Stück, Förderhilfsmittel pro Zeiteinheit); daneben können aber auch noch andere Daten, etwa über die transportierten Materialarten oder die verwendeten Fördermittel, eingetragen werden. Unten und rechts werden die Summenwerte aufgezeigt, die den von der absendenden Stelle verschickten oder von der ankommenden Stelle empfangenen Mengen entsprechen. Die Anschaulichkeit von Matrizen läßt sich verbessern, indem man die Felder mit besonders starken Transportbeziehungen durch Schraffur oder Farbe kennzeichnet.

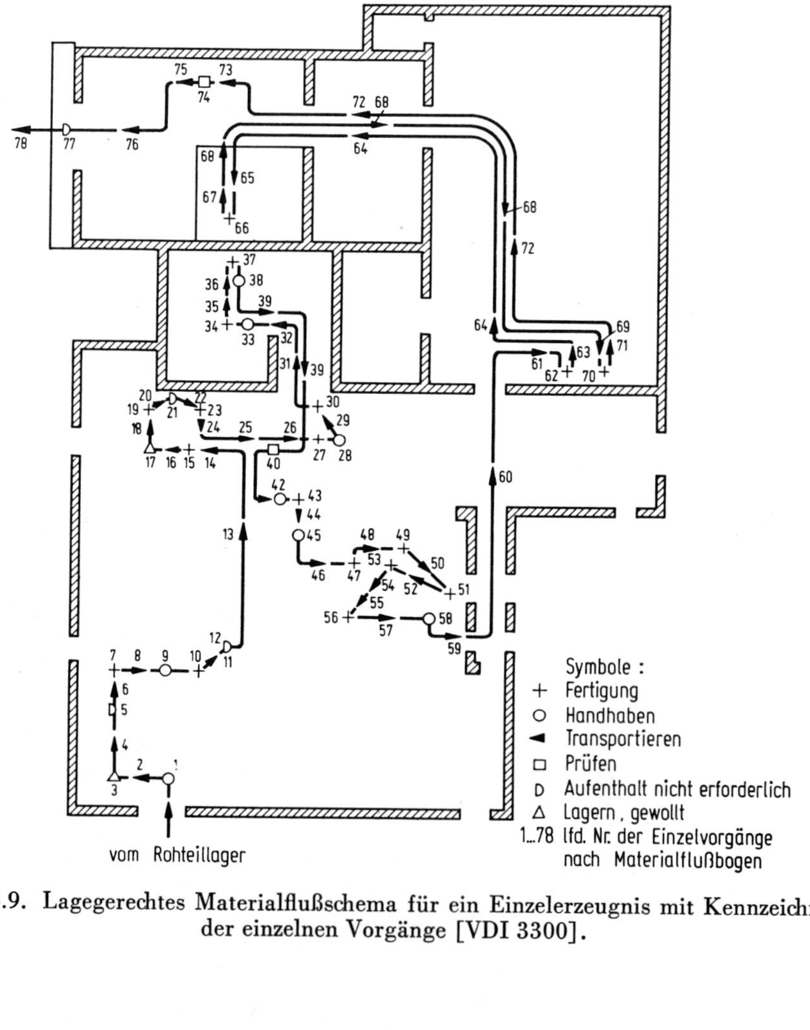

Bild 6.9. Lagegerechtes Materialflußschema für ein Einzelerzeugnis mit Kennzeichnung der einzelnen Vorgänge [VDI 3300].

Tabelle 6.5. Materialflußmatrix einer Armaturenfabrik. Mengeneinheit: Behälter mit 3,8 dm³ Inhalt pro Monat

	von \ nach	1	2	3	4	5	6	7	8	9	10	11	12	13	14	15	16	17	18	19	20	21	
1	Sta		28	791	—	926	152	137	316	18	22	—	—	2	999	—	—	—	—	—	—	—	3391
2	Rev	—		9	—	1	20	146	1	—	—	—	—	—	332	—	2	—	3	—	—	—	514
3	Hal	—	—		—	336	119	3284	—	—	261	—	—	—	1499	—	—	—	13	—	—	—	5509
4	Son	—	264	—		9	—	522	7	—	1	—	—	—	9	—	288	—	—	183	—	—	1283
5	Des	—	—	—	—		213	359	34	252	63	38	9	—	1972	—	498	—	586	—	—	—	4024
6	Frä	—	—	—	5	23		433	182	1	—	—	29	44	189	—	—	—	6	—	—	—	912
7	Bo	—	15	360	261	766	137		143	323	15	34	143	509	5423	—	267	—	281	19	—	88	8784
8	Pol	—	26	156	—	—	—	141		14	—	—	5493	1000	633	—	697	—	127	102	—	79	8468
9	Stn	—	—	117	—	31	56	1215	249		—	—	143	120	924	—	—	—	822	322	—	—	3999
10	DH	—	5	—	271	269	—	31	—	5		—	—	638	323	—	—	—	31	1219	1405	—	4197
11	Wer	—	—	—	—	—	—	9	2	234	—		—	18	—	—	—	—	—	—	—	—	263
12	Mon	—	—	—	209	—	—	116	3476	2	—	—		12975	6	—	3972	—	550	3245	18438	15560	58549
13	Bei	—	—	—	263	544	—	429	513	946	205	8	28697		105	1606	93	—	3076	40	690	—	37215
14	Wa	—	86	148	261	499	156	498	158	119	697	—	110	2399		505	23	—	6717	136	304	—	12816
15	Löt	—	—	—	—	522	—	—	—	—	—	—	—	3489	—		79	—	—	—	—	—	4090
16	Kons	—	—	—	—	—	—	34	3222	210	—	9	1032	—	31	79		—	332	1258	12	1165	7384
17	RL	3426	83	3895	3	15	48	1435	164	991	1180	5	1	255	—	12	—		—	—	—	—	11513
18	TL	—	—	—	—	28	29	45	31	182	58	175	8098	13111	824	762	27	—		4	550	—	23924
19	FL	—	—	—	—	—	—	—	—	—	—	—	—	—	—	—	—	—	—		—	—	—
20	KonM	—	—	—	—	—	—	—	40	—	1696	—	15607	409	—	—	626	—	550	316		2155	21399
21	Vp	—	—	—	—	—	—	—	—	—	—	—	79	—	—	—	—	—	—	18969	—		19048
		3426	507	5476	1273	3969	930	8834	8538	3297	4198	269	59441	34969	13266	2964	6572	—	14154	25811	21399	19047	

Wenn Verhältnisse mit vielen Rückflüssen vorliegen, also viel Materialfluß von Stationen mit höheren Nummern zu solchen mit niedrigen Nummern, wodurch in der normalen Matrix Zahlen unterhalb der Diagonalen stehen, dann ist die Darstellung in Bild 6.10 zweckmäßig. Diese Doppelmatrix enthält alle Zahlen zweimal. In einem Block ist jeweils der Betrag des Materialflusses in jeder Richtung und der Gesamtmaterialfluß zwischen den Stationen eingetragen. Dadurch wird die Auswertung der Matrix später erleichtert.

From A to B / B / A / Total / From B to A	Square sheet storage		Storage of blanks		Drawing press department		Spin-draw department		Stainless steel department		Annealing area		Spinning lathe department		Screw press department		Eccentric press department		Welding department		Black storage	
	To	From	To	From	To	From	To	From	To	From	To	From	To	From	To	From	To	From	To	From	To	From
Square sheet storage					356										279	2	520					
					T-	356									T-	281	T-	520				
Storage of blanks					3666												56					
					T-	3666											T-	56				
Draw press department		356		3666			729				1980	1025	5095	11	561	819	180	464				
	T-	356	T-	3666			T-	729			T-	3005	T-	5106	T-	1380	T-	644				
Spin-draw department						729					166		563									
					T-	729					T-	165	T-	563								
Stainless steel department															141		8	151				
															T-	141	T-	158				
Annealing area					1025	1980		166					1950	1415	506	5	295	208		26		
					T-	3005	T-	166					T-	3365	T-	511	T-	503	T-	26		
Spinning lathe department					11	5095		563			1415	1950			521	556	707	83	1160	25	4726	
					T-	5106	T-	563			T-	3365			T-	1077	T-	790	T-	1185	T-	4726
Screw press department	2	279			819	561				141	5	506	556	521			195	174	385	153	900	
	T-	281			T-	1380			T-	141	T-	511	T-	1077			T-	369	T-	538	T-	900
Eccentric press department		520		56	464	180			150	8	208	295	83	707	174	195			325	10	538	
	T-	520	T-	56	T-	644			T-	158	T-	503	T-	790	T-	369			T-	335	T-	538
Welding department											26		25	1160	153	385	10	325			1397	835
											T-	26	T-	1185	T-	538	T-	335			T-	2232
Black storage														4726		900		583	835	1397		
													T-	4726	T-	900	T-	583	T-	2232		
Total	2	1155		3722	6341	8545	729	729	150	149	3800	3776	8272	8540	2335	2862	1971	1987	2705	1611	7561	835

Bild 6.10. Materialfluß-Doppelmatrix [24].

Graphische Darstellung des qualitativen und quantitativen Materialflusses. Prinzipielle Darstellung

Die Art der Darstellung hängt wieder sehr stark von der Zahl der Erzeugnisse und der Stationen ab.

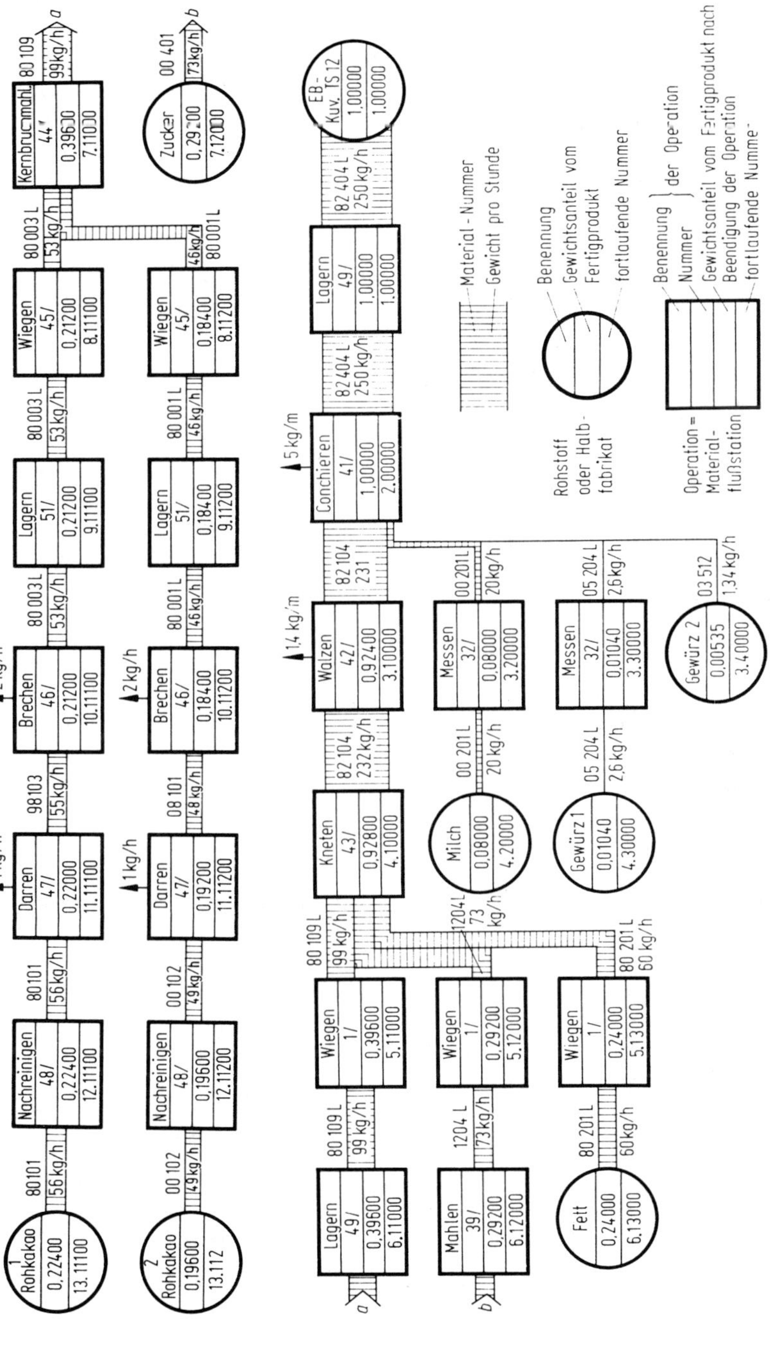

Bild 6.11. Qualitatives und quantitatives Materialflußdiagramm.

Bild 6.11 zeigt ein qualitatives und quantitatives Materialflußdiagramm für ein Erzeugnis, das aus mehreren Bestandteilen „zusammengesetzt" wird. In diesem Fall handelt es sich um ein chemisches Erzeugnis. Im Bild bezeichnen Kreise Rohstoffe oder Halbfabrikate und Rechtecke Operationen. Die Zahlen in den Rechtecken direkt unter der Operationsbezeichnung sind die Nummern der Operation (z. B. Lagern ≙ 49). Die folgenden Zahlen geben Gewichtsanteile vom Fertigprodukt an, wobei das Gewicht des Fertigproduktes = 1 gesetzt ist. Die untersten Zahlen sind fortlaufende Nummern, vom Fertigprodukt ausgehend, die eine Auswertung mit Datenverarbeitungsanlagen ermöglichen.

In die Balken, deren Breite dem durchschnittlich durchlaufenden Materialgewicht pro Zeiteinheit entspricht, sind die Materialnummern und die durchlaufenden Materialgewichte eingetragen.

Die Transportbeziehungen einer bestimmten Betriebsstelle (z. B. des Rohmateriallagers) zu allen anderen zeigt das Balkendiagramm in Bild 6.12, in dem sich nicht nur die Stärke der Materialflüsse, sondern auch die Entfernungen der

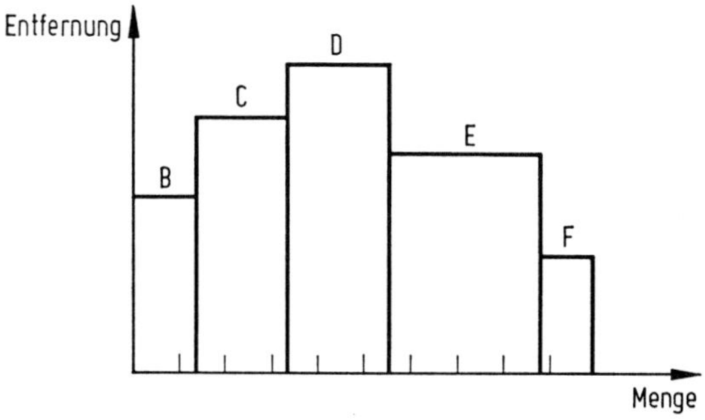

Bild 6.12. Balkendiagramm: Materialfluß einer Station mit mehreren anderen Stationen. Materialflußstärke zwischen A und den übrigen Stationen ≙ Breite der Balken. Entfernung zwischen A und den übrigen Stationen ≙ Höhe der Balken.

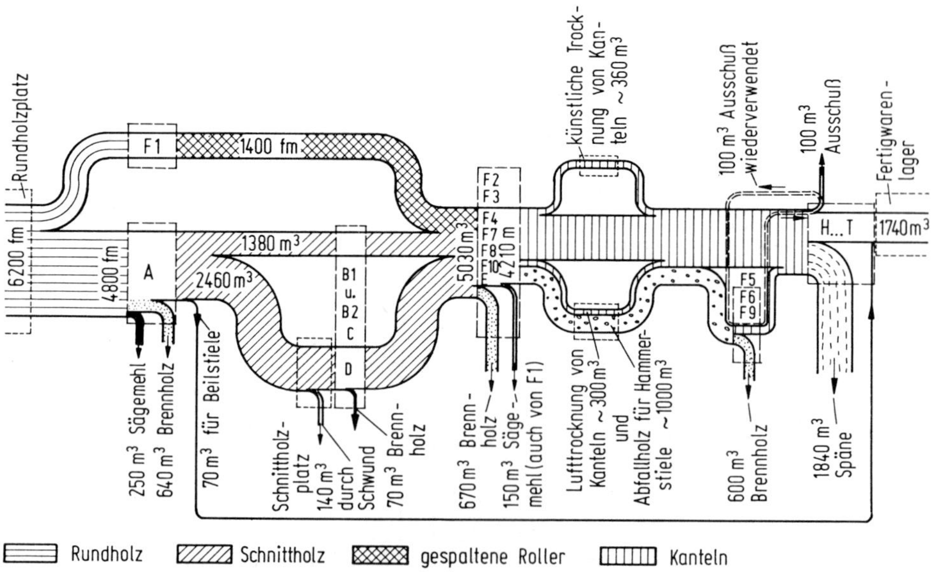

Bild 6.13. Schematisches Volumenflußdiagramm einer Stielefabrik. A, B, C etc.: Bezeichnungen von Fertigungsstellen und Lagern.

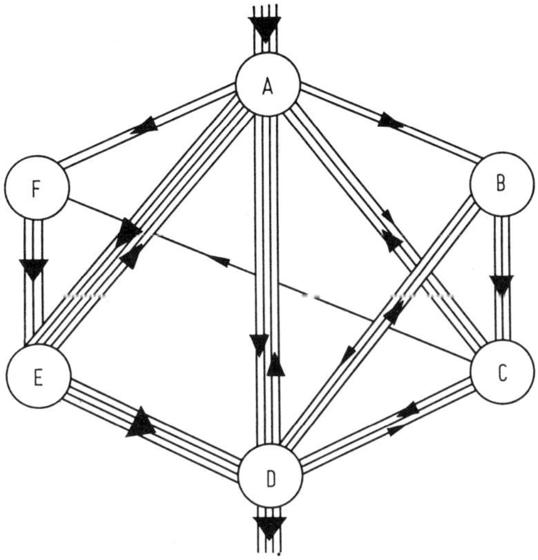

Bild 6.14. Prinzipielle Darstellung des qualitativen und quantitativen Materialflusses. Materialflußstärke ≙ Zahl der Verbindungslinien zwischen den Stationen.

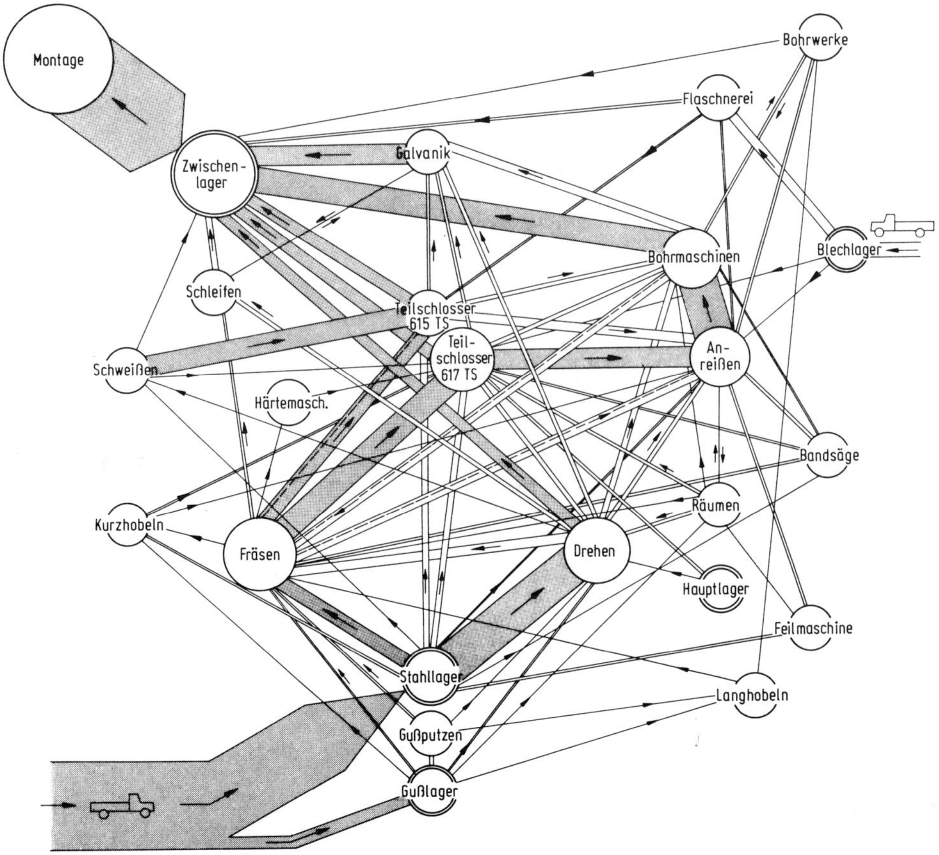

Bild 6.15. Qualitativer und quantitativer Materialfluß in einer Maschinenfabrik.

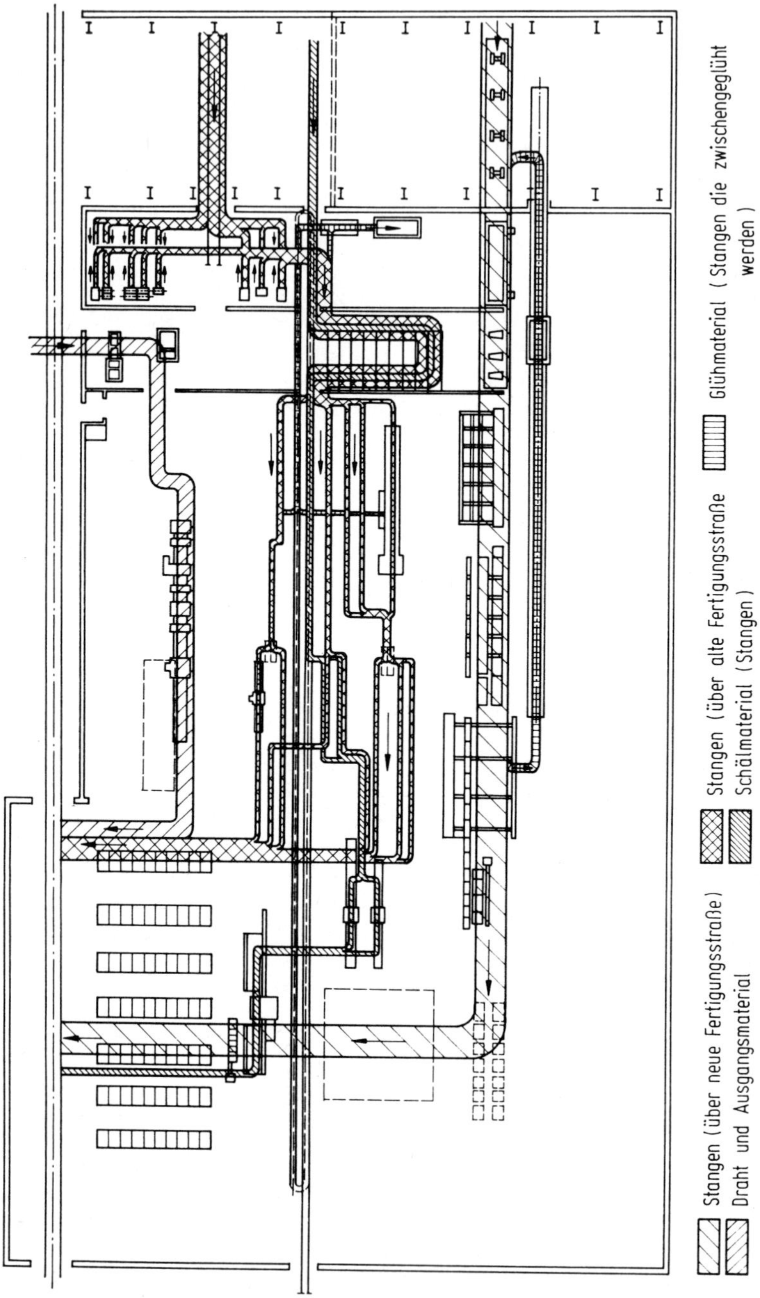

Bild 6.16. Lagegerechte Darstellung des qualitativen und quantitativen Materialflusses. 14 cm ≙ 2000 t/Monat.

dazugehörigen Stationen von der Ausgangsstelle übersichtlich darstellen lassen (Breite der Balken = Stärke des Flusses, Höhe der Balken = Entfernung der Stationen). Falls nötig, können die einzelnen Balken noch nach Materialarten oder Förderhilfsmitteln aufgeteilt werden, ohne daß dadurch die Übersichtlichkeit wesentlich beeinträchtigt wird.

Will man den Materialfluß durch eine Produktionsanlage darstellen, in der nur wenige Materialgruppen auftreten oder nur der Gesamtfluß interessiert, so kann man auch das sogenannte Sankey-Diagramm benutzen. Bild 6.13 (schematisches Volumenflußdiagramm) zeigt ein solches Diagramm für eine Holzstielefabrik.

Für die Darstellung des Materialflusses vieler Erzeugnisse, die bis zu etwa 25 Stationen durchlaufen, eignen sich die Bilder 6.14 und 6.15. Die Stationen sind jeweils durch Kreise, die Transporte durch Linien symbolisiert.

In Bild 6.14 wird die zwischen zwei Stationen transportierte Menge durch die Zahl nebeneinander liegender, einzelner Linien repräsentiert, was nur stufenweise Angaben über das durchschnittlich transportierte Quantum ermöglicht.

Anstelle der Zahl einzelner Linien entspricht in Bild 6.15 die Breite des Verbindungsbalkens zweier Stationen der zwischen ihnen transportierten Menge. Das ermöglicht eine genauere, stufenlose Darstellung. Eine graphische Darstellung bei mehr als ca. 25 Stationen ist meistens nicht mehr übersichtlich, es empfiehlt sich dann der Übergang zur Darstellung in Matrizenform.

Lagegerechte Darstellung

Eine lagegerechte Darstellung zeigt Bild 6.16 für eine Stabzieherei.

Die größte Rolle bei der Planung von Fertigungsbetrieben spielt die tabellarische Darstellung des qualitativen und quantitativen Materialflusses in Matrixform. Aus ihr können leicht graphische Darstellungen als Grundlage für die Zuordnung von Betriebsmitteln erstellt werden. Sie dient bei vielen Methoden der Ideal-Planung als Grundlage und wird häufig direkt in die Datenverarbeitungsanlage eingelesen, die mit Hilfe eines entsprechenden Programmes dann den Ideal-Plan erstellt.

6.5 Bedeutung des Materialflusses für den Ideal-Plan

Wenn der qualitative und quantitative Materialfluß als gesamter Fluß oder im Durchschnitt während eines längeren Zeitraumes bekannt ist, gilt es, eine für diesen Fluß möglichst günstige Zuordnung der Betriebsmittel zu finden. Die für den Materialfluß günstigste oder „optimale Zuordnung" der Betriebsmittel wird, wenn keine Sekundärbedingungen (vgl. Generalbebauungsplan) vorliegen, direkt Ideal-Plan genannt. Der Ideal-Plan ist also dann diejenige Zuordnung, die den besten Materialfluß ermöglicht, d. h. die geringsten Transportkosten verursacht. Entsprechendes gilt für den Informationsfluß, hauptsächlich also in der Verwaltung sowie für den Personen- und Energiefluß. Wenn mehrere Flüsse nebeneinander auftreten, gilt das im Kapitel „Generalbebauungsplan" gesagte.

Zur Erzielung eines guten Materialflusses sind zahlreiche Regeln aufgestellt (siehe [2, 23, 25]). Diese Regeln sind in manchen Fällen nützlich, mit Sicherheit günstige Ideal-Pläne lassen sich aber mit ihrer Hilfe nicht erreichen.

Zur Ermittlung von Ideal-Plänen mit geringen Transportkosten wurden jedoch mathematische Methoden entwickelt, die es ermöglichen, aufgrund einer eindeutigen Vorgehensweise gute, wenn auch nicht absolut optimale Ideal-Pläne zu erarbeiten. Die Transportkosten lassen sich dabei als Summe der Kosten für die Transporte zwischen einzelnen Betriebsmitteln näherungsweise nach folgender Formel errechnen:

$$K = \sum_{i,j=1}^{n} C \cdot m_{ij} \cdot s_{ij}$$

Dabei ist C = Konstante,
m_{ij} = Transportmenge zwischen den Betriebsmitteln i und j,
s_{ij} = entsprechende Länge der Transportstrecke,
n = Zahl der Betriebsmittel.

Eine genauere Formel für freizügige Flurfördermittel, die auch die genauen Be- und Entladekosten der jeweils eingesetzten Fördermittel berücksichtigt, ist in [26] hergeleitet. (Auch der Energiefluß, der Informationsfluß und der Personenfluß müssen unter dem Gesichtspunkt niedrigster Kosten betrachtet werden, worüber Angaben in den entsprechenden Kapiteln aufgeführt sind.) Die bekanntesten der zur Lösung des Problems der optimalen Zuordnung entwickelten Methoden werden im Kapitel „Planungsmethoden“ beschrieben. Die dort dargestellten Verfahren berücksichtigen zum Teil auch Randbedingungen, sind also teilweise auch für die Realplanung einsetzbar (vgl. Kapitel „Fertigungsbereich“).

6.6 Wahl der Fördermittel und Förderhilfsmittel

6.6.1 Transportarten

Entsprechend dem Verlauf der Transportwege lassen sich folgende Arten von innerbetrieblichen Transporten ableiten:

Direktverkehr, Sternverkehr und Ringverkehr; Bild 6.17 (vgl. [2, 11, 27, 28]).

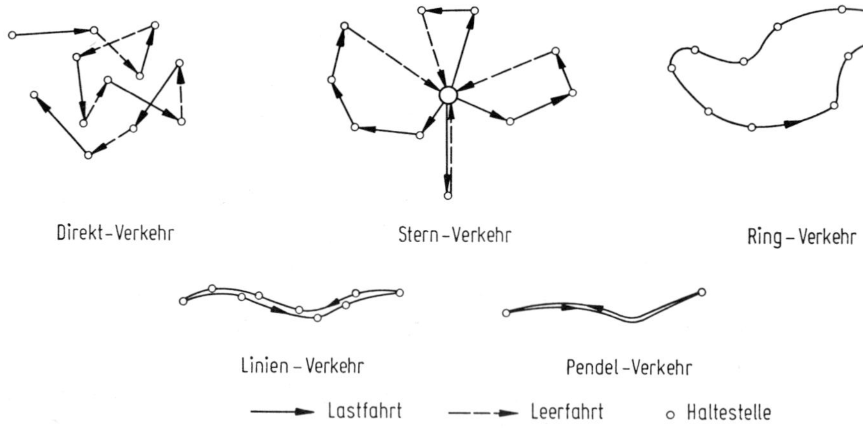

Bild 6.17. Arten des innerbetrieblichen Transports.

Beim Direktverkehr erfolgt der Transport auf dem kürzesten Weg zwischen Aufnahme- und Abgabeort. Von hier fährt das Fördermittel direkt zum neuen Aufnahmeort usf.

Beim Sternverkehr werden ausgehend von einem Zentrum je nach Bedarf verschiedene Fahrtstrecken abgefahren. Dabei werden auf dem kürzesten Weg je nach Bedarf eine oder mehrere Stationen bedient.

Beim Ringverkehr werden verschiedene Stationen auf der immer gleichbleibenden Fahrtstrecke abgefahren. Die Fahrtstrecke ist geschlossen, d. h. die Fahrt endet am selben Punkt, wo sie begonnen hat.

Beim Ringverkehr gibt es zwei wichtige Varianten: den Linienverkehr und den Pendelverkehr.

Beim Linienverkehr ist die geschlossene Fahrtstrecke des Ringverkehrs zu zwei nebeneinanderlaufenden Linien zusammengedrückt, die am Ende miteinander verbunden sind. Beim Pendelverkehr ist die Fahrtstrecke im Prinzip gleich wie beim Linienverkehr. Es bestehen aber nur zwei Stationen am Ende der Linien.

Diese genannten Transportarten kann man folgendermaßen bewerten: Beim *Direktverkehr* tritt mit jeder Lastfahrt eine Leerfahrt auf, wenn es nicht gelingt, dem Fördermittel, wenn es Fördergut abgibt, sofort wieder Fördergut für den nächsten Empfänger mitzugeben. Diese Möglichkeit wird meist nicht bestehen. Es treten hauptsächlich Einzelfahrten auf. Das ergibt eine geringe Fördermittelauslastung. Um die Zahl und Förderwege der Leerfahrten möglichst gering zu halten, ist ein gewisser Organisationsaufwand notwendig sowie eine gewisse Speicherung von Transportaufträgen, womit stets eine Verzögerung in der Transportabwicklung entsteht.

Die Speicherung der Aufträge kann beim Transportmittel selbst oder besser bei einer Transportzentrale geschehen. Der Fördermittelfahrer kann seine Aufträge in regelmäßigen Zeitabständen in der Zentrale abholen oder sie besser über Funk übermittelt erhalten. Es ist auch denkbar, daß der Fahrer direkt über Funktelefon von Bedarfsstellen angefordert wird. Der organisatorische Aufwand ist beim Direktverkehr ziemlich groß, wenn er sich nicht auf einen kleinen abgeschlossenen Bereich bezieht, z. B. eine nicht sehr ausgedehnte Kranbahn, wo der Kranfahrer alles übersieht. Umwege werden im allgemeinen nicht gemacht. Die Fördermittelauslastung ist ziemlich gering, die Wartezeit auf ein Fördermittel kann aber sehr kurz gehalten werden.

Im *Sternverkehr* können Sammelfahrten durchgeführt werden. Die Disposition kann vom Transportzentrum aus erfolgen. Der organisatorische Aufwand ist geringer als bei Direktverkehr, die Auslastung der Fördermittel größer. Die Wartezeiten können etwas größer sein als beim Direktverkehr. Die zurückzulegenden Wege können wieder minimiert werden. Der Anteil der Leerfahrten dürfte kleiner sein als beim Direktverkehr.

Beim *Ringverkehr* ist es denkbar, daß nur Lastfahrten durchgeführt werden und beinahe gar keine Leerfahrten vorkommen. Es werden ganz eindeutig Sammelfahrten durchgeführt. Es kommt aber vor, daß Fördergut wesentlich längere Wege als die kürzestmöglichen zwischen Absende- und Empfängerstation gefahren wird, was das positive Bild des Ringverkehrs etwas stört. Eine Bedingung für den Ringverkehr ist, daß der Transportanfall an den einzelnen Stationen nicht sehr schwankt, weil sonst die Förderkapazität für eine überdurchschnittliche Spitze bemessen werden müßte, wodurch eine schlechte Fördermittelauslastung zustande kommen könnte. Der organisatorische Aufwand ist gering, da der Ringverkehr nach regelmäßigem Fahrplan, der einmalig festgelegt wird, abgewickelt werden kann. Die Zeitabstände zwischen zwei Fahrten sollten allerdings nicht zu groß sein, weil sonst Wartezeiten zu lang werden. Bei großen Transportmengen sollte man den Ringverkehr in beiden Fahrtrichtungen betreiben; dadurch können die Umwege, die einzelne Fördergüter zurücklegen müssen, wesentlich verkürzt werden.

Außer den genannten wichtigsten Transportarten gibt es Varianten und Kombinationen. Ein Betrieb wird nie mit nur einer Transportart auskommen. Beispielsweise können folgende Transportarten nebeneinander bestehen:

Der Materialfluß zweiter Ordnung zwischen verschiedenen Werkseinheiten kann durch einen Ringverkehr, der fahrplanmäßig abgewickelt wird, bewältigt werden. Von Bahnhöfen des Ringverkehrs aus innerhalb der einzelnen Werkseinheiten kann ein Sternverkehr Zubringefunktion zu den Endabnehmern ausüben. Die Transporte innerhalb der Werkseinheit selbst können durch Direktverkehr abgewickelt werden, wobei das Fördermittel nach Bedarf bestellt wird. Für gleichmäßige und große Materialflüsse zwischen zwei Punkten ist der Einsatz eines Stetigförderers empfehlenswert. Mit dem vorstehend angedeuteten kombinierten Transportsystem können die regelmäßig durchzuführenden Transporte bewältigt werden. Für zusätzlich durchzuführende, besonders eilige Transporte können zusätzlich Direkttransporte vorgesehen werden, wobei der Ausnutzungsgrad zugunsten der schnellen Erledigung zurückgeht. Regelmäßig durchzuführende Sondertransporte besonders schwerer oder sperriger Güter müssen von Fall zu Fall evtl. mit geliehenen Fördermitteln erledigt werden.

Näheres über die Verwaltung von Fördermitteln und Transportarbeitern durch eine Transportzentrale oder durch Betriebsbereiche sowie über die generelle Einordnung des Transportbereichs in die betriebliche Aufbauorganisation findet man in der folgenden Literatur: [27, 28, 17, 29].

6.6.2 Arten, Auswahl und Berechnung der Förderhilfsmittel

Förderhilfsmittel sind Einrichtungen zum Bilden von Ladeeinheiten der Waren für den Transport mit Fördermitteln, zum Abstellen an den Arbeitsplätzen und zur Lagerung. Sie erlauben die Reduzierung der Transport- und Handhabungsvorgänge, die bessere Ausnutzung der Produktions- und Lagerflächen und den wirtschaftlicheren Einsatz von mechanisierten Fördermitteln. Man kann zwischen drei Arten von Förderhilfsmitteln unterscheiden, nämlich solchen, die ausschließlich tragende Funktion besitzen, also nur aus einer Bodenfläche bestehen, solchen, welche neben der tragenden auch eine umschließende Funktion erfüllen, d. h. zusätzlich Seitenwände besitzen, und solchen, welche eine abschließende Funktion erfüllen, also über einen Boden, Seitenwände und einen Deckel verfügen.

Zur Gruppe der tragenden Förderhilfsmittel gehören Ladepritschen (DIN 15132) und Flachpaletten (DIN 15146). Zur Gruppe der umschließenden oder kastenförmigen Förderhilfsmitteln rechnet man Flachpaletten mit Seitenaufbauten (DIN 15148/9), Gitterboxpaletten (DIN 15144), Stahlboxpaletten, Sichtkästen aus Stahl, Kunststoff, selten aus Holz, Kästen (DIN 15143) und Boxen aller

Größen. Als abschließende Förderhilfsmittel seien Kästen mit Deckel, Fässer, Kanister, Flaschen, Tanks und Container genannt.

Bei den *tragenden Förderhilfsmitteln* hat sich die Flachpalette immer mehr durchgesetzt. Die meisten Ausführungen sind in DIN 15 145 abgebildet und benannt. Ihre Hauptmaße sind in DIN 15 141 angegeben. Die größte Bedeutung hat die Vierweg-Palette aus Holz, DIN 15 146 und DIN 15 147, die in der Größe 800 × 1200 im Europäischen Paletten-Pool ausgetauscht wird.

Dies bedeutet, daß bei einer Lieferung über Eisenbahn, Lkw, Schiff oder Flugzeug kein Umladen der Lieferung von den Paletten des Lieferanten auf betriebseigene Paletten notwendig ist, sondern entsprechend der Anzahl der mitgelieferten Paletten Leerpaletten ausgetauscht werden. Diese Regelung ist ein großer Schritt zur Verwirklichung des Grundsatzes: Bezugseinheit = Fertigungseinheit = Lagereinheit = Versandeinheit [30].

Ladepritschen (DIN 15 132) haben den Nachteil, daß sie wegen ihrer einzelnen Füße nicht auf Rollenbahnen transportierbar sind. Für höhere Transportgewichte oder stärkere Beanspruchung werden deshalb besser Metallpaletten mit durchgehenden Leisten eingesetzt (VDI 2496).

Ein großer Vorzug der Paletten ist ihre günstige Handhabung im Materialfluß, sei es in der Produktion, sei es im Lager. Zur Zeit ergeben sich jedoch noch Schwierigkeiten bei der Verwendung von Poolflachpaletten in automatisierten Hochregallagern, da in deren Regalanlagen sehr enge Maßtoleranzen eingehalten werden müssen. Nach Angabe der Anwender sind häufig Störungen des Lagerbetriebes auf beschädigte oder nicht maßhaltige Paletten zurückzuführen (vgl. VDI 2415). Eine weitere Urache von Störungen im innerbetrieblichen Verkehr bei der Verwendung von Flachpaletten ist das Verrutschen der Ladung, da die auf den Flachpaletten gestapelten Güter oft nicht genügend gesichert werden. Als Abhilfe können z. B. Stahl- bzw. Kunststoffbänder, Sicherungslaschen oder neuerdings auch Kunststoffschrumpffolien zur Lastsicherung Anwendung finden. Dabei stellt die Schrumpffolie nicht nur eine Sicherung der Last, sondern zugleich eine schützende Verpackung dar. Es wurden bereits verschiedene Verfahren entwickelt, die das Aufbringen und Aufschrumpfen der Kunststoff-Folie als vollautomatischen Vorgang ermöglichen. Meist werden Polyäthylen-Folien verwendet. Die Folien werden um die Palette samt Ladung gewickelt und verklebt oder verschweißt oder die Folie wird als Haube über die Ladung gestülpt und mit einer Bodenfolie verschweißt. Anschließend wird die Folie mit Hilfe von Warmluft oder Infrarotstrahlen erwärmt und dabei ein Schrumpfen bis zu 40% erreicht, wodurch die Last verspannt wird [31]. Eine weitere Möglichkeit der Lastsicherung gewährleistet das Verkleben der einzelnen Ladeeinheiten miteinander oder als einfachste Möglichkeit, das Zusammenbinden der obersten Stapelschicht.

Außer den normalen Flachpaletten sind die sogenannten verlorenen Paletten bekannt. Dies sind einfach gehaltene Flachpaletten aus zusammengesteckten Wellpappeteilen [32], aus billigem Kistenholz oder festem Papier mit entsprechend geringer Lebensdauer.

Für die Flachpaletten finden die verschiedensten Aufbauten wie Aufsetzrahmen aus Holz (DIN 15148 und DIN 15149) oder Metall, Ansteckbretter (DIN 15150) und Stahlflaschenhalter (DIN 15152) Verwendung. Zusätzlich finden noch verschiedene Sonderbauformen von Paletten wie z. B. die Faßpaletten, Muldenpaletten, deren Mulden an das jeweilige empfindliche Fördergut angepaßt werden, Paletten mit Regalaufbau und kranbare Paletten Anwendung [32].

Das Problem der Ladungssicherung entfällt bei den *umschließenden Förderhilfsmitteln*. Es sollte jedoch bei der Auswahl derselben beachtet werden, daß die Bodenauflage der Behälter möglichst so gestaltet ist, daß sich der Transport auf Rollenbahnen grundsätzlich ohne Schwierigkeiten durchführen läßt. Weiterhin sollten die Transportbehälter möglichst an einer Seite eine geringe Seitenwandhöhe aufweisen oder aufklappbar sein und damit einen leichteren Zugriff zu den in ihnen aufbewahrten Waren gestatten. Diese Notwendigkeit ergibt sich auch beim Einsatz der Behälter in einem Kommissionierungslager.

Für den Transport und die Lagerung von kleinen Teilen werden hauptsächlich Kästen eingesetzt. Als Behältermaterial werden lackiertes oder verzinktes Stahlblech und Kunststoffe (VDI 3306) verwendet. Bei Kästen wird die Stapelbarkeit meist durch eine schienenartige Führung an der Kastenoberkante erreicht, in welche die Bodenkante des daraufzusetzenden Kastens hineinpaßt. Diese Kästen sind in ihren Abmessungen häufig so gestuft, daß jeweils zwei kleinere Kästen auf den nächst größeren Kasten gestapelt wiederum eine geschlossene Einheit bilden.

Erwähnenswert sind auch Kunststoffbehälter, die stapelbar sind und in leerem Zustand raumsparend ineinandergesetzt werden können.

Für größere Teile oder große Mengen kleiner Teile eignen sich Boxpaletten (DIN 15 142). Bekannteste Ausführungsformen sind die Stahlboxpalette und die Gitterboxpalette. Letztere ist mit den Grundmaßen 800×1200 mm (siehe DIN 15 155) als Tauschpalette in der Bundesrepublik Deutschland und anderen europäischen Ländern zugelassen [33]. Bei den Boxpaletten ist es allerdings schwierig, Ausführungen mit durchgehenden Bodenleisten, die den Einsatz auf Rollenbahnen ermöglichen, zu finden. Zur weiteren Information über Paletten und ihren Einsatz wird noch [34 bis 36] empfohlen.

Abschließende Förderhilfsmittel finden meist Verwendung bei gasförmigen und flüssigen Stoffen. Neben Tanks und Kanistern aus Stahl und Kunststoff werden Flaschen und Kästen mit Deckel eingesetzt. Für Stückgut werden verschließbare Behälter im innerbetrieblichen Verkehr nur bei giftigen, hochempfindlichen oder sehr wertvollen Erzeugnissen angewendet. Aus Raumersparnisgründen werden die Kästen meist als Faltbehälter [37] ausgeführt, ebenso wie Kunststofftanks, mit dem Vorteil, daß die Lagerung der leeren Förderhilfsmittel sehr wenig Raum beansprucht.

Zu den abschließenden Fördermitteln zählen auch Container, Transcontainer [38, 39] und das gesamte Behältersortiment, das von der Deutschen Bundesbahn und dem Schlagwort „von Haus zu Haus" eingesetzt wird [37].

Grundsätzlich sollten nur Förderhilfsmittel eingesetzt werden, die mit einer guten Angriffseinrichtung für das Fördermittel oder den Transportarbeiter ausgestattet sind und in beladenem Zustand möglichst und in leerem Zustand grundsätzlich, evtl. sogar raumsparend, gestapelt werden können. Außerdem ist darauf zu achten, daß die zur Anwendung kommenden Förderhilfsmittel bei ausreichender Stabilität kein zu großes Eigengewicht haben.

Ziel der für die Auswahl von Förderhilfsmitteln zu machenden Überlegungen ist es, die im Betrieb zu verwendenden Arten von Förderhilfsmitteln und ihre einzelnen Typen, Größen und, soweit die Ausführungen nicht genormt sind, eventuell auch Fabrikate zu bestimmen. Allgemein kann man sagen, daß man sich auf möglichst wenige verschiedene, zueinander passende Förderhilfsmittel festlegen sollte. Die Entscheidung für wenige Förderhilfsmittel ist deshalb schwierig, weil man nicht für jedes Werkstück das günstigste Förderhilfsmittel bereitstellen kann, da die Anforderungen in Abhängigkeit von Aggregatzustand, Menge, Gewicht, Volumen usw. sehr unterschiedlich sind und man geeignete Kompromisse finden muß. Man kann bei der Auswahl auch nicht so vorgehen, daß für jedes einzelne Werkstück das günstigste Förderhilfsmittel ausgewählt und anschließend das am häufigsten vorkommende im Betrieb verwendet wird. Es empfiehlt sich aber, für einige repräsentative Werkstücke, z. B. diejenigen, die auch zur Bildung von Materialflußgruppen herangezogen werden, folgende Überlegungen anzustellen: Verhältnismäßig einfach ist die Entscheidung darüber, welche der genannten Arten von Förderhilfsmitteln am sinnvollsten verwendet wird; den wirtschaftlichsten Einsatz bietet ein Förderhilfsmittel, das keine unnötigen Installationen erfordert. Die nächste Entscheidung betrifft die Größe des Förderhilfsmittels. Sie hängt ab vom Volumen der Transportmenge, die meist durch Versuche ermittelt werden muß. Wenn man anstrebt, daß die Werkstückmenge während aller Materialflußvorgänge, hier vor allem während der Fertigung, Lagerung und des Transports, gleich groß ist, so lassen sich für diese Vorgänge auch dieselben Förderhilfsmittel verwenden. Eine Schwierigkeit entsteht allerdings dadurch, daß man für den Transport und unter Umständen auch für die Lagerung das größtmögliche Förderhilfsmittel verwenden sollte, um Handhabungen einzusparen, während man für die Fertigung kleinere Förderhilfsmittel einsetzen sollte, die leichter zu handhaben sind und die auch im Griffbereich der Hände angeordnet werden können, wenn man beispielsweise am Arbeitsplatz sitzt. Man wird in solchen Fällen versuchen, eine Lager- oder Transporteinheit in mehrere Bearbeitungseinheiten zu unterteilen, also beispielsweise als Fertigungseinheiten Sichtkästen zu verwenden, die für den Transport und die Lagerung auf Flachpaletten gesetzt werden.

Die Typen der auszuwählenden Förderhilfsmittel werden nach dem Gewicht und den weiteren Werkstückbedingungen ermittelt, z. B. verwendet man für leichteres Fördergut Holzpaletten und für schwereres Fördergut oder rauhen Betrieb Stahlpaletten. Die so an Hand repräsentativer Teile ermittelten Förderhilfsmittel sollten in ihren Volumina geometrisch gestuft sein. Kleine Förderhilfsmittel sollten auf den größeren abgestellt werden können.. Inbesondere ist darauf zu achten, daß Behälter bei guter Flächenausnutzung auf Flachpaletten abgestellt werden können. Bei der Auswahl der Größen sollte man Normmaße bevorzugen, bei Flach- und Gitterboxpaletten insbesondere Poolpaletten. In diesem Zusammenhang ist es bedauerlich, daß die meistgekauften Sichtkästen im Maß nicht zu den Poolpaletten passen.

Wenn man große Mengen gleichartiger stapelbarer oder gut greifbarer Werkstücke zusammengefaßt transportieren möchte, kann man unter Umständen kostengünstiger Anbaugeräte für Gabelstapler benutzen. Mit Kartonklammern kann man z. B. Kartons direkt greifen, ähnliche Klammern gibt es für viele andere Güter.

Für die Bestimmung der Anzahl der Förderhilfsmittel wird man zweckmäßigerweise unterscheiden in Fertigungsbereich und Lagerbereich.

Beim Lagerbereich geht man von den einzulagernden Mengen aus (vgl. Kapitel Lagerbereich) und dividiert durch das Fassungsvermögen der einzelnen Förderhilfsmittel, das bei Verwendung der gleichen Förderhilfsmittel wie in der Fertigung aus der Materialflußerfassung bekannt ist. Zu diesen Förderhilfsmitteln kommen gegebenenfalls noch andere, die zum Zusammenfassen zu größeren Einheiten dienen. – Förderhilfsmittel, die zusätzlich zum Kommissionieren benötigt werden, sind gesondert zu ermitteln.

Die im Fertigungsbereich einschließlich Zwischenlager erforderlichen Förderhilfsmittel kann man aus der Zusammenfassung des Materialflusses Abschnitt 6.4 herleiten. In Punkt (15) der Tabelle 6.4 wurden die Förderhilfsmittel berechnet, die im Erfassungszeitraum zwischen je zwei Stationen transportiert werden. Man addiert zunächst die zwischen allen Stationen transportierten Förderhilfsmittel gleicher Art pro Erfassungszeitraum. Diese Summe wird mit einer Verhältniszahl multipliziert, die gleich der durchschnittlichen Durchlaufzeit eines Fertigungsauftrages zwischen zwei Stationen dividiert durch den Erfassungszeitraum ist. Damit wird berücksichtigt, daß für verschiedene Transporte, welche nicht gleichzeitig stattfinden, dieselben Förderhilfsmittel wiederverwendet werden können. Der so ermittelte Wert ist gleich der Zahl der in der Fertigung durchschnittlich erforderlichen Förderhilfsmittel, wenn die durchschnittlichen Transportmengen und die durchschnittlichen Durchlaufzeiten eingesetzt wurden. Da die Förderhilfsmittel aber auf Spitzenbedarf auszulegen sind, sind die bei diesen Spitzenmengen entstehenden mittleren Durchlaufzeiten zugrunde zu legen oder ist auf die mit Hilfe der Durchschnittswerte ermittelte Anzahl ein entsprechender Zuschlag zu machen, der sich aus der Materialflußerfassung ableiten läßt.

Da zusätzlich eine gewisse Reserve an leeren Förderhilfsmitteln im Betrieb zur Verfügung stehen muß, um einen reibungslosen Materialfluß zu gewährleisten, wird in [40] auf Grund von Betriebsaufnahmen vorgeschlagen, hierfür einen 15%igen Zuschlag an Förderhilfsmitteln einzuplanen.

Die Auswahl der Förderhilfsmittel ist sehr ausführlich vorgenommen worden, weil die Kapitalbeträge, die in Förderhilfsmitteln investiert werden müssen, meist sehr groß sind. Fehler in der Auswahl haben daher im allgemeinen erhebliche Verluste zur Folge, entweder dadurch, daß man die Förderhilfsmittel frühzeitig verschrottet, oder daß man sie aufbraucht und damit längere Zeit unnötig hohe Löhne und andere Transportkosten in Kauf nimmt.

6.6.3 Arten der Fördermittel

Als „Fördermittel" werden alle technischen Einrichtungen bezeichnet, mit deren Hilfe Güter unmittelbar oder mittelbar (unter Zwischenschaltung eines Förderhilfsmittels) fortbewegt werden können. Synonym zum Begriff „Fördermittel" werden die Begriffe „Transportmittel" oder „Förderzeug" verwendet. Fördermittel lassen sich nach sehr vielen Gesichtspunkten einteilen. Im folgenden werden die bekanntesten und die für die Fabrikplanung wesentlichsten Gesichtspunkte kurz dargestellt: Die klassische Einteilung, die nach rein konstruktiven Gesichtspunkten erfolgt, unterscheidet die 3 grundsätzlichen Fördermittelarten: Hebezeuge, Flurförderer und Stetigförderer [41].

Eine zweite Einteilungsmöglichkeit ist die in Förderanlagen und Hebeanlagen, wobei man bei den Förderanlagen zwischen Stetigförderung und Wagenförderung unterscheidet [42]. Hierbei läßt sich z. B. die Hängebahn eindeutiger zuordnen.

Für die Fabrikplanung gliedert man die Fördermittel anders. Dabei dürfte je nach Problemstellung die eine oder andere Einteilung günstiger sein. Hier seien die drei wichtigsten Einteilungen genannt: Fackelmeyer [41] und Haldimann [43] unterscheiden die Hauptgruppen: bodengebundene und bodenfreie (bzw. flurgängige und flurfreie) Fördermittel. Zu den bodengebundenen gehören alle Fördermittel, die Bodenflächen für sich in Anspruch nehmen, also alle Flurfördermittel, ein Teil der Stetigförderer und wenige Hebezeuge, z. B. Aufzüge. Bodenfreie Fördermittel sind hauptsächlich die Hebezeuge und ein Teil der Stetigförderer. – Eine weitere wichtige Bedeutung hat die Einteilung der Förderer in Gruppen mit kontinuierlicher und diskontinuierlicher Förderweise [43]. Wenn von stetiger und absatzweiser Förderung gesprochen wird, so hat das dieselbe Bedeutung [41]. Förderer mit kontinuierlicher Förderweise sind Stetigförderer; Hebezeuge und Flurförderer fördern diskontinuierlich. Die dritte erwähnenswerte Einteilung ist diejenige nach der Bindung an den Weg: Man unterscheidet freizügige und weggebundene Fördermittel [43], ähnlich gliedert Immer, zitiert in [22], der zwischen Fördermittel mit nicht festgelegtem Weg und mit „fixem Weg“ Fördermittel einschiebt, die fixe transportable Strecken darstellen, z. B. fahrbare Transportbänder oder Rollenbahnen. Als weggebundene Fördermittel sieht er alle Stetigförderer und einen Teil der Hebezeuge und der Flurfördermittel an.

In der folgenden Tabelle 6.6 wichtiger Fördermittel ist die Zugehörigkeit zu den Gruppen entsprechend den genannten Gliederungen gekennzeichnet. Weitere Einteilungen sind z. B. in [44] oder [45] genannt. Auf die im Vorstehenden aufgeführten Gliederungen wird bei der Auswahl der Fördermittel wieder zurückgegriffen.

Spezielle Fördermittel für die Bedienung von Lagern werden im Kapitel „Lagerbereich“ gebracht.

Es folgt eine kurze Beschreibung der wichtigsten Fördermittel für den innerbetrieblichen Transport anhand der vorliegenden Tabelle 6.6.

Die Hebezeuge kann man in solche mit einfacher und mit zusammengesetzter Lastbewegung einteilen. Die Benennung der Krane und ihre Bauarten sind in DIN 15 001 festgelegt, die Benennung der Serienhebezeuge in DIN 15 100.

Elektrozüge und Druckluftzüge dienen hauptsächlich der Bedienung von Maschinen und Arbeitsplätzen. Bei den Elektrozügen sind die Betriebskosten niedriger, während die Druckluftzüge ein niedrigeres Eigengewicht, Explosionssicherheit und eine stufenlose Steuerung bieten.

Senkrechtaufzüge sollten nach Möglichkeit für die Lastenförderung vermieden werden, da sie immer wieder Wartezeiten verursachen. Wenn sie unvermeidbar sind, ist auf eine großzügige Bemessung auch der Tragkraft Wert zu legen, damit evtl. auch Gabelstapler mit Last transportiert werden können.

Hebebühnen sind zum Ausgleich von Höhenunterschieden, z. B. anstelle von Rampen zur Lkw-Be- und -Entladung, aber auch als Arbeitsbühne nützlich.

Von den Hebezeugen mit zusammengesetzter Lastbewegung seien Schienenlaufkatzen und Krane genannt. Schienenlaufkatzen mit Elektro-, Hand- oder seit einiger Zeit auch Duckluftantrieb ermöglichen ein Heben der Last und ein Fortbewegen derselben entlang einer Linie. Brückenkrane und Hängekrane können jede Stelle des unter der Kranbahn liegenden Raumes bestreichen, beim Brückenkran (siehe Richtlinie VDI 2350) stützt sich der Kranträger auf unter ihm be-

Tabelle 6.6. Die wichtigsten Fördermittel für den innerbetrieblichen Transport und ihre Einteilungsmöglichkeiten.

kontinuierliche oder diskontinuierliche Förderung	bedienter Bereich	Förderrichtung: Waagrecht W, Senkrecht S, vorwiegend waagrecht VW, vorwiegend senkrecht VS	bodengebundene = bg, bodenfreie = bf Fördermittel	Benennung der Fördermittel
diskontinuierliche Förderung				*A* **Hebezeuge**
	begrenzte Fläche (vollständig) (Punkt)	S		mit einfacher Lastbewegung:
		S	bf	Elektrozüge
		S	bf	Druckluftzüge
		S	bg	Senkrechtaufzüge
		S	bg	Hebebühnen
		W + S	bf	mit zusammengesetzter Lastbewegung:
		W + S	bf	Schienenlaufkatzen
		W + S	bf	Brückenkrane einschließlich Hängekrane
		W + S	bf	Ausleger- und Drehkrane
				B **Wagen** (Flurförderzeuge und Bahnen)
	unbegrenzte Fläche (auf Wegen)	W	bg	Schlepper
		W	bg	Wagen ohne Hubeinrichtung
		VW	bg	Wagen mit Hubeinrichtung:
		VW	bg	Hubwagen
		VW	bg	Gabelhubwagen
		VW	bg	Portalhubwagen
		W + S	bg	Stapler:
		W + S	bg	Hochhubwagen
		W + S	bg	Gabelhochhubwagen
		W + S	bg	Gabelstapler
		W + S	bg	Schubgabelstapler
		W + S	bg	Quergabelstapler
		W + S	bg	Vierweg-Gabelstapler
	vorgegebene Linien	W	bg	automatisch gelenkte Flurförderzeuge mit eigenem Antrieb
		W	bg	Schleppkettenförderer
		W	bg	Eisenbahn (Standschienenbahn)
		VW	bf	Hängebahn
kontinuierliche Förderung				*C* **Stetigförderer**
		VW	bg	Bandförderer
		VW	evtl. bf	Gliederbandförderer
		VW	bg	Wandertische
		VW	bg	Rollenbahnen
		VS	evtl. bf	Rutschen
		W+S	bf	Kreisförderer
		W+S	bf	Rohrpost

findliche Fahrschienen. Beim Hängekran hängt der Kranträger unterhalb der Fahrschienen. Hängekrane werden bis zu etwa 10 mp Tragkraft und maximal 25 m Spannweite in Normalausführungen gebaut, während man mit Brückenkranen größere Werte erreichen kann. Bei Hängekranen ist aber auch das Überfahren der Hängekatze über eine Zwischenschiene auf den Kranbahnträger eines anderen Hallenschiffs oder auf eine feste Bahn möglich.

Ausleger- und Drehkrane bestreichen einen bestimmten Flächenbereich. Erstere (vgl. Richtlinie VDI 2394) können beispielsweise zum Be- und Entladen vom Lkw angewandt werden oder zum Transport in benachbarte Hallenschiffe. Letztere können auf einem Teil einer Kreislinie oder einer Kreisfläche Transporte ausführen und dadurch den Materialfluß am Arbeitsplatz selbst oder zwischen beieinanderliegenden Arbeitsplätzen vereinfachen.

Kurzzeichen, Benennungen und Kurzbeschreibungen von Flurförderzeugen sind in DIN 15 140 angegeben. Demnach sind Schlepper Flurförderzeuge mit Kraftantrieb und der Bestimmung, andere Fahrzeuge zu ziehen oder zu schieben. Die Richtlinie VDI 2401 gibt eine Übersicht über Schlepper. Die Richtlinie VDI 2197 zeigt ein Typenblatt für Wagen und Schlepper, aus dem hervorgeht, welche Daten für diese Fördermittel wesentlich sind.

Bei Wagen ohne Hubeinrichtung ist die Ladefläche im Gegensatz zu Wagen mit Hubeinrichtung in der Höhe nicht verstellbar. Eine Übersicht über Wagen gibt die Richtlinie VDI 2402. Bei Hubwagen und Gabelhubwagen (VDI 2403 und 2404) ist die Ladefläche in der Regel nur um wenige Zentimeter in der Höhe verstellbar, so daß Ladepritschen und Paletten damit aufgenommen werden können. Portalhubwagen haben für den Transport und Umschlag von Transcontainern erweiterte Bedeutung erlangt (vgl. VDI 2405).

Stapler sind Flurförderzeuge mit senkrecht bewegten Lastträgern, die vorzugsweise dem Auf- und Übereinandersetzen dienen. Hochhubwagen und Gabelhochhubwagen (VDI 2403 und 2404) sind Stapler mit radunterstütztem Lastträger. Das bedeutet, daß nur Ladepritschen oder Paletten *ohne* untere Querleisten aufgenommen werden können. Im Gegensatz dazu nehmen Gabelstapler die Last außerhalb ihrer Radbasis freischwebend auf. Eine Übersicht gibt VDI-Richtlinie 2400. Das zugehörige Typenblatt ist VDI-Richtlinie 2198. Gabelstapler sind besonders vielseitig einsetzbar, weil sie mit vielerlei Anbaugeräten und den verschiedensten Mastformen je nach gewünschter Hubhöhe und gewünschter Fahrhöhe des Staplers ausgestattet werden können.

Schubgabelstapler nehmen ihre Last außerhalb der Radbasis auf, befördern sie jedoch innerhalb der Radbasis. Weitere Sondertypen sind Quergabelstapler und Vierweg-Gabelstapler. Eine Übersicht über Quergabelstapler gibt Richtlinie VDI 2407. Demnach nehmen Quergabelstapler ihre Last außerhalb der Radbasis in Fahrzeuglängsrichtung seitlich mittels Gabel oder Sonderanbaugerät auf und legen sie zum Transport auf der eigenen Plattform ab. Sie sind besonders zum Transport von Langgut geeignet.

Eine Übersicht über Vierweg-Gabelstapler gibt VDI-Richtlinie 2412. Diese Stapler verbinden die Vorteile von Schubgabelstapler und Quergabelstapler; sie nehmen die Last wie Schubgabelstapler auf, können aber durch Umstellung der Räder im Stand ihre Fahrtrichtung um 90° verändern.

Die vorgenannten nicht weggebundenen Flurförderzeuge werden in sehr vielen Varianten angeboten. Die meisten werden mit 3 oder 4 Rädern geliefert. Der Antrieb kann von Hand oder motorisch mit Elektro-, Diesel- oder Ottomotor erfolgen, wobei hier als Kraftstoff Benzin oder Treibgas verwendbar sind.

Automatisch gelenkte Flurförderzeuge mit eigenem Antrieb sind Wagen oder Schlepper mit Anhänger, die z. B. entlang einem in den Boden eingelassenen Leitdraht fahren, an vorgegebenen Haltestellen anhalten und sich an Weichen für die eine oder andere Fahrtrichtung entscheiden können. Dabei ist der Draht von einem elektrischen Feld hoher Frequenz umgeben, das von Induktionsspulen am Flurförderzeug abgetastet wird. Die Steuerung des Fahrzeugs kann durch Programmierung am Fahrzeug selbst oder über Funk erfolgen (vgl. [46 bis 48]).

Schleppkettenförderer (VDI 2332) besitzen endlose umlaufende Ketten als Zugorgane. Am verbreitetsten sind die Unterflurkettenförderer, wobei die Kette unter Flur läuft und Transportwagen direkt mittels Mitnehmerbolzen in ein Glied der Förderkette eingesteckt werden. Durch eine entsprechende Steuerung ist hierbei die Entscheidung für die eine oder andere Fahrtstrecke an Weichen, das Anhalten an Haltestellen oder das Ausschleusen aus der Kette möglich.

Eisenbahnen sind für den innerbetrieblichen Transport von geringerer Bedeutung, während das Gegenstück dazu über Flur, die Hängebahn, an Verbreitung zunimmt. Bei Elektrohängebahnen ist jeder Wagen mit einem Antriebsmotor ausgestattet, wobei der Strom über Schleifleitungen zugeführt wird. Der Betrieb kann vollständig automatisiert werden.

Unter Stetigförderern versteht man nach [49] mechanische Einrichtungen, bei denen der Fördergutträger (Tragorgan), das Fördergut selbst oder beide sich auf einem festgelegten Förderweg begrenzter Länge von der Aufgabestelle zur Ablagestelle stetig, evtl. mit wechselnder Geschwindigkeit oder im Takt bewegen. Sie werden vor allem dort eingesetzt, wo ähnliches Fördergut in größeren Mengen von einer oder von mehreren Stellen zu einer oder mehreren Stationen gebracht werden soll (Stetigförderer). In der Norm DIN 15 201 sind Benennungen und Sinnbilder für Stetigförderer angegeben.

Wichtige Angaben über Bandförderer für Stückgut sind in der Richtlinie VDI 2326 gemacht. Im Gegensatz zu den Bandförderern, die Gurte oder Bänder als Trag- und Zugorgan haben, benützen Gliederbandförderer endlose Ketten als Zugorgan und Platten, Tröge oder Kästen als Tragorgan. Gliederbandförderer werden bei größerer Beanspruchung verwendet. Eine allgemeine Übersicht darüber gibt VDI-Richtlinie 2338.

Im Gegensatz zu den Plattenbandförderern haben die Wandertische keinen durchgehenden geschlossenen Belag. Einzelne Tragplatten werden vielmehr in bestimmten Abständen mit Zugketten verbunden angeordnet, so daß sich die Platten auch weiterhin bei Bedarf unabhängig voneinander bewegen lassen [42].

Am wichtigsten für Fertigungszwecke sind waagerecht umlaufende Wandertische, bei denen auch der rücklaufende Teil für Förderzwecke genutzt werden kann. Sie sind als Fördermittel für Arbeitsverteilungen sehr geeignet.

Einen Überblick über Rutschen, auch Wendelrutschen und Fallrohre, gibt die Richtlinie VDI 2336. Rutschen erfordern beispielsweise zur Förderung von Paketen ca. 25° Neigungswinkel.

Mit wesentlich kleinerem Neigungswinkel kommen Rollenbahnen aus (z. B. 1 – 4°). Aus Rollenbahnen (VDI 2312) oder Röllchenbahnen (VDI 2311) und angetriebenen Rollenbahnen (VDI 2319), evtl. auch zusammen mit Bandförderern, lassen sich ganze Fördersysteme aufbauen.

Die Kreisförderer sind raumbewegliche Anlagen vorzugsweise für Stückgut, bei denen das Fördergut von Gehängen transportiert wird. Die Gehänge werden von Rollen getragen, die in Führungen laufen. Als Zugorgane dienen hauptsächlich Ketten. Näheres siehe VDI-Richtlinie 2328. Eine Sonderausführung ist der Power-and-Free-Förderer, auch Schleppkreisförderer genannt, bei dem die Gehänge nicht fest mit der Zugkette verbunden sind, so daß die Gehänge auch außerhalb der Transportstrecken in sogenannten Free-Bahnen gespeichert werden können (siehe VDI 2334).

Erwähnenswert sind noch Rohrpostanlagen, wobei das Fördergut in Rohrpostbüchsen geladen wird, welche in einem Rohrnetz mittels strömender Luft von der Sende- zur Empfangsstation transportiert werden (VDI-Richtlinie 2325). Sie sind für den Transport kleiner Fördergüter, die schnell transportiert werden müssen, insbesondere auch von Schriftgut, geeignet.

Genauere Informationen über Fördermittel finden sich u. a. auch in der nachstehenden Literatur: Fördermittel aller Art: „VDI/AWF-Handbuch Förderwesen" [50], das aus einzelnen VDI-Richtlinien zusammengesetzt ist und laufend ergänzt wird, sowie [42] und [51]; Hebezeuge: [52]; Flurförderzeuge: [53]; Stetigförderer: [49, 54, 55].

6.6.4 Auswahl der Fördermittel

Das Bild 6.18 nach Kettner zeigt in Umrissen die Tendenz, die bei der Auswahl der Fördermittel von den gegebenen Fertigungsarten und -formen bestimmt wird. Demnach werden Stetigförderer vor allem für Massenfertigung, teilweise auch für Serienfertigung eingesetzt, während Flurförderer und Hebezeuge vorwiegend in der Einzelfertigung, aber auch in der Serien- und der Massenfertigung als Zubringeförderer ihren Einsatz finden.

Über die Abhängigkeit der Fördermittel von der Fertigungsform wird im Kapitel „Fertigungsbereich" einiges ausgesagt; dies sei hier etwas detailliert: In der Punktfertigung verwendet man, soweit es sich um Baustellenfertigung handelt, häufig Hebezeuge, während in der handwerklichen Fertigung Flurfördermittel dominieren. In der Werkstattfertigung finden ebenfalls diskontinuierliche Förderer Verwendung, insbesondere vielseitig einsetzbare Flurfördermittel und Hebezeuge. Bei Systemen der zentralen Arbeitsverteilung finden als Fördermittel, entlang

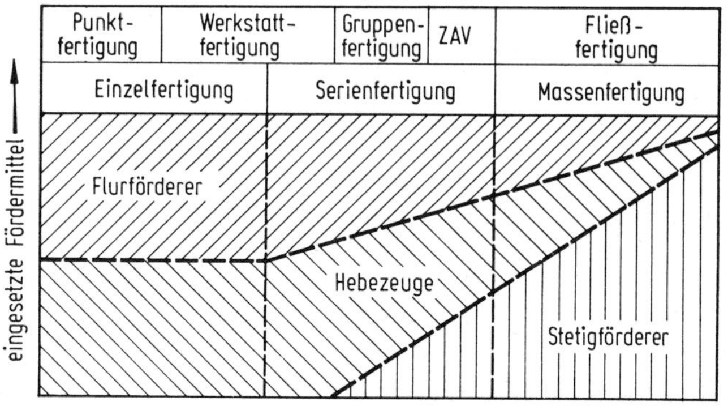

Bild 6.18. Schematische Zuordnung der Fördermittel zu den Fertigungsarten und -formen.

deren Förderstrecke die Arbeitsplätze angeordnet werden, bevorzugt Stetigförderer oder weggebundene Flurförderer einen Einsatz. In der Gruppenfertigung dominieren transportable Stetigförderer, z. B. Rollenbahnen, die neben Flurfördermitteln und Hebezeugen eingesetzt werden. Die Fließfertigung ist das Einsatzgebiet der Stetigförderer, wobei An- und Abtransporte zur eigentlichen Fließfertigung durch Stetigförderer oder leistungsfähige Wagenförderer bewältigt werden. Die Fördermittel für die Transporte zwischen einzelnen Fertigungen und zwischen Fertigungen und anderen Betriebsbereichen werden in Abhängigkeit von den gewählten Transportabläufen bestimmt:

Direktverkehr erfordert Fördermittel, die nicht weggebunden sind. Dies sind mit Einschränkungen einige Hebezeuge, Brückenkrane einschließlich Hängekrane in einem größeren Bereich und in einem kleineren Bereich Drehkrane sowie ohne Einschränkungen Schlepper, Wagen und Stapler.

Sternverkehr erfordert Schlepper, Wagen oder Stapler. Die beim Direktverkehr genannten Krane werden im allgemeinen nicht den ganzen Einsatzbereich bestreiten können. Hingegen können die übrigen Wagenförderer, evtl. die Rohrpost, Verwendung finden, wenn die Transportnetze genügend ausgebaut sind.

Ringverkehr erfordert Wagenförderer, Kreisförderer oder evtl. Rohrpost. Wenn keine Hochhubbewegung erforderlich wird, sind Stapler ungeeignet.

Linienverkehr mit Transporten in beiden Richtungen erfordert Wagenförderer, Bandförderer, evtl. Gliederbandförderer, Wandertische, Kreisförderer oder evtl. Rohrpost, wobei wieder Stapler ausscheiden, wenn keine Hubbewegungen erforderlich sind.

Linienverkehr in einer Transportrichtung wird am besten mittels Bandförderer und Gliederbandförderer durchgeführt. Zusätzlich eignen sich Rollenbahnen.

Pendelverkehr erfordert die gleichen Fördermittel wie Linienverkehr in beiden Transportrichtungen.

Die genauere Auswahl der Fördermittel ist nach Heiner [17] abhängig von:
Art des Transportguts,
Art der Förderstrecke,
Menge des Transportguts pro Zeiteinheit,
Förderlänge,
gesetzlichen Bestimmungen.

Nach der Art des Transportguts und der am besten geeigneten Förderstrecke, z. B. Flur oder Decke, läßt sich die Auswahl an Fördermitteln vereinfachen. Einschränkungen entstehen auch durch gesetzliche Bestimmungen, z. B. bei Explosionsgefahr oder bei Transport zwischen Stockwerken. Von den verbleibenden geeigneten Fördermitteln kann entsprechend der maximalen und durchschnittlichen Menge des Transportguts das kostengünstigste Fördermittel ausgewählt werden. Für Waagerecht-Transporte, die mit einer Hubbewegung verbunden sind, eignen sich z. B. bei kleinen Mengen und kleinen Entfernungen Gabelhochhubwagen, bei mittleren Mengen und Entfernungen Gabelstapler und bei großen Mengen und großen Entfernungen Schlepper für den Waagerecht-Transport und Stapler für den Senkrecht-Transport. Für den Einsatz der Fördermittelarten gelten folgende Voraussetzungen ([41]):

Flurförderer erfordern die Zusammenfassung der Fördergüter zu Fördereinheiten.

Große Lasten und Sperrigkeit des Fördergutes erfordern den Einsatz von Hebezeugen, so daß bodenfrei transportiert werden kann.

Bei gleichmäßigem Anfall gleichartigen Gutes, das in gewissen Mindestmengen und während eines gewissen Mindestzeitraums auf einer festliegenden Strecke gefördert werden muß, ist der Stetigförderer besonders geeignet.

Weggebundene Wagenförderer verlangen die Voraussetzungen für Flurförderer *und* für Stetigförderer. Wenn die Voraussetzungen gegeben sind, sollte der Einsatz von Stetigförderern angestrebt werden, da sie eine Einsparung von Lohnkosten erlauben und völlig automatisierbar sind. Dies gilt z. T. auch für die weggebundenen Wagenförderer. Da Stetigförderer ständig transportbereit sind, erlauben sie den sofortigen Transport der Werkstücke nach der Bearbeitung und ermöglichen dadurch kürzere Durchlaufzeiten. Bei manchen Stetigförderern ist außerdem, verbunden mit dem Transport, eine Zwischenlagerung möglich. Bei stetigem Anfall des Fördergutes erübrigt sich dabei auch das Ansammeln zu Fördereinheiten. – Stetigförderer haben üblicherweise höhere Investitionskosten als Flurförderer. Deshalb schreckt man leicht davor zurück, nicht voll ausgelastete Stetigförderer einzusetzen. Wesentlich ist aber nicht, daß Stetigförderer gut ausgelastet sind, sondern daß sie kostengünstiger als konkurrierende Fördermittel arbeiten.

Bodenfreier Transport ist im allgemeinen kapitalintensiver als bodengebundener Transport; dafür sollte auf dem Flur Platz eingespart werden. Bodenfreier Transport ermöglicht auch, alle Stationen leicht zu erreichen und wird außerdem, da er in Luftlinie erfolgen kann, auf der kürzest möglichen Strecke durchgeführt. Wenn in der gleichen Halle Decken- und Flurförderer vorgesehen werden müssen, kann natürlich kein Flurraum eingespart werden. Bei Deckenförderern entstehen im allgemeinen keine Punktlasten, wie sie bei Flurfördermitteln auftreten, was u. U. in bestehenden Gebäuden entscheidend sein kann. Man muß aber beachten, daß Brückenkrane in ihrer Kapazität nur sehr wenig und mit hohen Kosten erweiterungsfähig sind.

Die Auswahl von Gabelstaplern erleichtert [56] durch einen Vergleich der verschiedenen Bauformen.

Allgemein ist zu sagen, daß, wenn nach den oben genannten Überlegungen verschiedene Fördermittel in Frage kommen, die Entscheidung nach wirtschaftlichen Gesichtspunkten gefällt werden sollte. Dies muß im allgemeinen auf den Einzelfall bezogen werden, nachdem die für die Alternativen erforderliche Anzahl von Fördermitteln berechnet ist. Ein Beispiel hierfür ist [46], wo für verschiedene Modellfälle Kostenvergleiche einiger Flurförderer in Abhängigkeit von der Transportmenge pro Zeiteinheit und dem Förderweg gegeben werden. Ein ähnlicher Vergleich wird in [57] für Transporte in Stahlwerken vorgenommen. Wirtschaftlichkeitsbedingungen für den Einsatz von Mitteln des kombinierten Verkehrs werden in [58] erörtert. Eine Anleitung für Kostenvergleiche von Fördermitteln ist in [17] angegeben.

6.6.5 Berechnung der Anzahl der Fördermittel

Die erforderliche Anzahl der Fördermittel für Fertigung und Lager kann einigermaßen genau berechnet werden, der Bedarf für die Hilfsbetriebe jedoch kann meist nur grob geschätzt werden. Der Berechnungsgang für die Lagerfördermittel wird im Kapitel „Lagerbereich" angegeben. Das Folgende bezieht sich also hauptsächlich auf Fördermittel für die Fertigung und zur Verbindung verschiedener Werkseinheiten, sofern der Materialfluß bekannt ist.

Nachdem eine vorläufige Entscheidung über die zu wählenden Transportarten gefallen ist und hierfür geeignete Fördermittel ausgewählt sind, kann ermittelt werden, wieviele Fördermittel zur Bewältigung der Transporte jeweils notwendig sind. Dabei können eventuell mehrere Varianten berechnet werden, wobei die Entscheidung für die eine oder andere Variante erst nach einem Wirtschaftlichkeitsvergleich getroffen wird.

Bei der Berechnung der Zahl der Fördermittel kann man ungefähr wie bei der Ermittlung der Anzahl der Fertigungseinrichtungen vorgehen. Wie schon im Abschnitt „Erfassung des Materialflusses" ausgeführt, muß man, um die Anzahl der Fördermittel richtig zu berechnen, von den zu bewältigenden Transport*spitzen* ausgehen (vgl. 6.3.2). Für die Arbeitszeiten muß man im allgemeinen die gleichen Zeiten zugrunde legen wie bei der Berechnung der Fertigungseinrichtungen. Arbeiten die Fertigungseinrichtungen in zwei Schichten, so gilt dies auch für die Fördermittel, und genauso wie bei den Fertigungseinrichtungen sind bei den Fördermitteln Überstunden möglich.

Für die Ermittlung der Fördermittelbelegungszeiten muß man jedoch besondere Überlegungen anstellen. Aus den gegebenen Größen, nämlich den Transportmengen und den Entfernungen zwischen zwei Transportstationen, die sich aus den inzwischen fertiggestellten Plänen des Betriebs ablesen lassen, lassen sich jeweils für die ausgewählten Fördermittel die zum Transport der Mengen auf den Wegen erforderlichen eigentlichen Transportzeiten bestimmen. Im Bild 6.4 „Gliederung der Fördermittelzeiten" handelt es sich dabei um die Nutzungshauptzeit, die reine Lastbewegzeit ist. Für Wagenförderung und Hebezeuge lassen sich die Lastbewegzeiten näherungsweise aus den durchschnittlichen Geschwindigkeiten und den Längen der Transportwege berechnen.

Genauere Werte erhält man für Flurförderzeuge mit Hilfe der VDI-Richtlinie 2391: Zeitrichtwerte für Arbeitsspiele und Grundbewegungen von Flurförderzeugen. Bei Gabelstaplern kann man mit deren Hilfe beispielsweise die Lastbewegzeit für einen Transport aus den Einzelzeiten für folgende Grundbewegungen aufaddieren:

90° Drehung vorwärts, Gabel in Palette einfahren, Palette aufnehmen, 90° Drehung rückwärts, anfahren, fahren je m, halten, Gabel heben, Palette absetzen, Gabel aus Palette ausfahren.

Wenn keine Sammelfahrten durchgeführt werden, so ist pro Transporteinheit eine Fahrt des Fördermittels erforderlich. Die gesamte Nutzungshauptzeit für den Transport zwischen zwei Stationen ergibt sich also aus der Nutzungshauptzeit für den Transport einer Transporteinheit multipliziert mit der Zahl der zu transportierenden Transporteinheiten.

Bei Sammelfahrten muß man von der Zahl der zu transportierenden Förderhilfsmittel pro Zeiteinheit ausgehen. Bei Ringverkehr, der sich immer auf derselben Strecke abwickelt, sind zunächst die von den einzelnen Transporten zwischen der jeweiligen Anfangs- und Endstation berührten Stationen zu ermitteln und anschließend jeweils die zwischen zwei aufeinanderfolgenden Stationen zu transportierenden Mengen aufzuaddieren; das Fördermittel ist für die maximale Transportmenge auszulegen, vgl. Bild 6.19.

erforderliche Transporte			Transportstrecke, Fahrt im Uhrzeigersinn	Schraffur
von	nach	Behälter/Tag		
1	3	50	1-2-3	
2	4	70	2-3-4	
2	5	40	2-3-4-5	
4	1	20	4-5-6-1	
4	2	60	4-5-6-1-2	
5	6	30	5-6	

erforderliche Transporte und Transportstrecken bei Ringverkehr im Uhrzeigersinn

von	nach	Transportmengen [Behälter/Tag]
1	2	50 + 60 = 110
2	3	50 + 70 + 40 = 160
3	4	40 + 70 = 110
4	5	40 + 20 + 60 = 120
5	6	20 + 60 + 30 = 110
6	1	20 + 60 = 80

a numerisch addiert

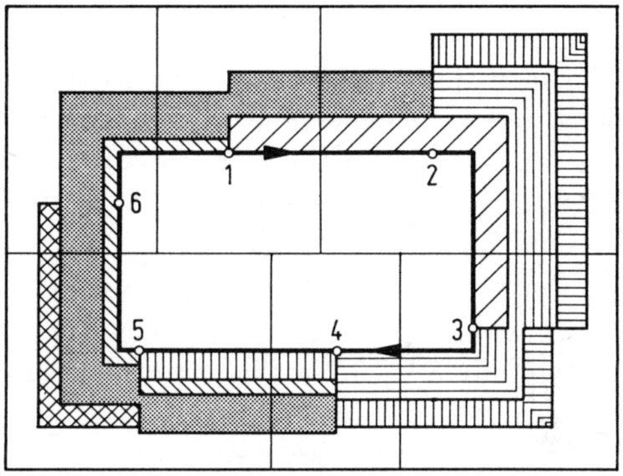

b graphisch addiert

summierte Transportmengen bei Ringverkehr

Bild 6.19. Berechnung der Fördermittel bei Ringverkehr.

Wenn das zu transportierende Fördergut zeitlich einigermaßen gleichmäßig anfällt, was eine Voraussetzung für Ringverkehr ist, so darf man annehmen, daß das Fördermittel zwischen den beiden Stationen, zwischen denen die maximale Transportmenge auftritt, immer voll beladen ist, während die Auslastung auf der übrigen Strecke geringer sein kann. Die Nutzungshauptzeit kann nun wieder ermittelt werden, indem aus der Ringstrecke die Fahrzeit und aus der maximal auftretenden Fördermenge die Zahl der erforderlichen Fahrten berechnet wird.

Bei Sternverkehr werden die Fahrtstrecken von Fall zu Fall gewählt. Man kann also nicht so genau planen wie bei Ringverkehr. Es empfiehlt sich, in der Rechnung anzunehmen, daß die Wege vom Sternpunkt zu den einzelnen Stationen direkt gefahren werden und diese Weglängen in die Rechnung einzusetzen. Die Zahl der jeweils erforderlichen Fahrten rechnet man aus der Zahl der im betrachteten Zeitraum zu transportierenden Förderhilfsmittel und der durchschnittlichen Auslastung nach Last der Fördermittel (vgl. Abschnitt 5.2.4). Die kleinere Zahl der Leerfahrten beim Sternverkehr gegenüber dem Direktverkehr berücksichtigt man, indem man die zeitliche Auslastung höher ansetzt. Eine genauere Rechnung läßt sich durchführen, wenn wahrscheinliche Fahrtstrecken bekannt sind. Dann lassen sich direkt Nutzungshauptzeiten und Zeiten für Leerfahrten berechnen.

Aus den Nutzungshauptzeiten erhält man die Zeiten, während der die Fördermittel zur Verfügung stehen müssen, indem man die Nutzungshauptzeiten durch die zeitliche Auslastung dividiert (vgl. 6.3.4).

Man kann annehmen, daß die zeitliche Auslastung je nach der Transportart ziemlich verschieden ist. Für den Direktverkehr wurden in [14] folgende zeitliche Auslastungen ermittelt:

Für Gabelstapler 35 – 42%,
für Lauf- und Konsolkräne in einer Gießerei 26 – 35%,
im Stahlbau 16 – 23%,
im Maschinenbau 14 – 26%.

In [58] wird die Lastbewegzeit für einen Elektrokarren, der in einer Gießerei verkehrt, auf 12 – 15% beziffert. Wenn man annimmt, daß beim Direktverkehr im Durchschnitt auf eine Lastfahrt eine Leerfahrt kommt und die Weglängen gleich lang sind, dann lassen sich keine zeitlichen Auslastungen über 50% erreichen. In der Praxis werden die Werte niedriger liegen, weil Störungen auftreten, weil der Arbeiter Kurzpausen braucht, weil Wartezeiten auftreten und weil auch Zeiten für Be- und Entladen anfallen.

[14] gibt die erreichbare maximale Auslastung für Lauf- und Konsolkräne im Maschinenbau mit 40 – 45% an. Im Stahlbau, wo das Anschlagen länger dauert, hält er nur 30 – 35% für erreichbar und in der Gießerei bis zu 50%. Für Flurfördermittel, die im Direktverkehr eingesetzt werden, dürften die zeitlichen Auslastungen, die erreichbar sind, bei etwa 40% liegen. Durch eine sehr gute Einsatzplanung, die wenig Leerfahrten oder nur solche mit kurzen Fahrtstrecken vorsieht, dürfte sich diese Auslastung noch etwas erhöhen lassen. Beim Sternverkehr, wo im allgemeinen auf mehrere Lastfahrten eine Leerfahrt kommt, dürfte die zeitliche Auslastung höher liegen. Genaue Werte sind hier nicht bekannt. Es wird empfohlen, auf die bei den Auslastungsstudien ermittelten Werte zurückzugreifen und kritisch zu überprüfen, ob sie direkt übernommen werden müssen oder ob sie mit Hilfe organisatorischer Maßnahmen eventuell höher eingesetzt werden können.

Im Ringverkehr entfallen die Zeiten für Leerfahrten im allgemeinen völlig, von den Nutzungsnebenzeiten verbleibt die Zeit für das Be- und Entladen, da Hebezeuge für den Ringverkehr nicht in Frage kommen. Diese Zeit kann allerdings bis zu 50% der Fördermittelzeit betragen [59]. Dieser Wert scheint aber ziemlich hoch gegriffen, Werte von über 60% dürften hier für die zeitliche Auslastung erreichbar sein.

Die Zahl der erforderlichen Fördermittel erhält man nun jeweils, indem man die erforderliche Fördermittelzeit durch die entsprechende Arbeitszeit dividiert, also insgesamt nach der Formel:

$$\text{Zahl der Fördermittel} = \frac{\text{Summe der Nutzungshauptzeiten}}{\text{zeitliche Auslastung} \times \text{betriebliche Arbeitszeit.}}$$

Bei Stetigförderern ist die Berechnung im allgemeinen einfacher. Man kann davon ausgehen, daß die Förderstrecke für lange Zeit unverändert bleibt. Man berechnet die maximale Förderkapazität, die pro Zeiteinheit erforderlich ist, und zwar, wenn Sammeltransporte vorkommen, nach dem beim Ringverkehr beschriebenen Verfahren. Da hier normalerweise zeitliche Auslastungen von nahezu 100% erreichbar sind, genügt es, die geforderte Kapazität mit der angebotenen zu vergleichen und so festzustellen, ob das vorgesehene Fördermittel ausreicht. Wenn dies nicht der Fall ist, wird man im allgemeinen keinen zweiten Stetigförderer parallel einsetzen, sondern die Förderstrecke anders aufteilen oder einen leistungsfähigeren Stetigförderer auswählen.

Zu beachten ist noch, daß aus demselben Grund die Kapazität des Stetigförderers möglichst sofort auf den Endzeitpunkt der Planung ausgelegt werden muß, weil die spätere Einrichtung weiterer Stetigförderer Schwierigkeiten machen kann und höhere Kosten verursacht. Ähnliches gilt für den Einsatz von Brückenkranen, wo die Aufteilung des Bereichs eines Krans auf zwei Krane unter Umständen die zeitliche Auslastung so stark vermindert, daß es günstiger gewesen wäre, soweit möglich, von Anfang an gleich zu Flurfördermitteln überzugehen.

An Literatur zur Berechnung des Transportmittelbedarfs ist noch [60, 61] und [62] zu nennen.

Literatur zum Kap. 6

Zitierte Literatur

1. Haldimann, H. R.: Beeinflussung der baulichen Gestaltung durch das innerbetriebliche Förderwesen. Fördern und Heben 9 (1959) 6, S. 381–389.
2. Fackelmeyer, A.: Materialfluß — Planung und Gestaltung. Düsseldorf: VDI-Verlag 1966.
3. Monsberger, S.: Zur Materialflußplanung in der metallverarbeitenden Industrie. Industrie-Anzeiger 85 (1963) 81, S. 1827–1829.
4. Pilz, H., Kaminsky, G.: Gestaltung von Arbeitsplatz und Arbeitsmittel, 2. Aufl. Berlin: Beuth-Vertrieb 1965. RKW-Reihe: Arbeitsphysiologie/Arbeitspsychologie.
5. Sampter, H. C.: Bewegungsstudium und Arbeitsgestaltung. Berlin: Beuth-Vertrieb 1961.
6. Münzer, K.: Griffsgestaltung im Rahmen der Arbeitsgestaltung. Berlin: Beuth-Vertrieb 1962.
7. Kellermann, F. T., von Wely, P. A., Willems, P. J.: Mensch und Arbeit in der Industrie. Ergonomischer Leitfaden für Ingenieure und Arbeitsvorbereiter. Eindhoven: Philips Gloeilampenfabriken 1964.
8. Lerch, H.: Materialflußuntersuchungen als Planungsgrundlage. Ind. Organisation 30 (1961) 9, S. 417–420.
9. Muther, R.: Systematic Layout Planning. Boston: Industrial Education Institute 1961.
10. Heinz, N.: Untersuchungen zur Ermittlung der kostenoptimalen Anzahl von Transportmitteln bei unregelmäßigem innerbetr. Transport. Aachen: Diss. an der Fakultät für Maschinenwesen der TH 1967.
11. Domainko, D.: Die rationelle Organisation des innerbetrieblichen Transports. Industrielle Organisation 35 (1966) 1, S. 21–30.
12. Martz, O.: Planung von Fabrikgrundrissen. Fördern und Heben 4 (1954) 11, S. 764–768.

13. Schmigalla, H.: Methoden zur optimalen Maschinenanordnung. Berlin: VEB Verlag Technik 1970.
14. Murmann, R.: Analyse für die Werkstättenförderung. Aachen: Diss. an der Fakultät für Maschinenwesen der TH 1963.
15. o. V.: Arbeitsgestaltung. Refa-Buch Band 1, 10. Auflage. München: Hanser 1961.
16. Wirbitzky, G.: Arbeiten meine Flurförderfahrzeuge wirtschaftlich? Transport und Lager 15 (1966) 3, S. 66–74.
17. Heiner, H. A.: Die Rationalisierung des Förderwesens in Industriebetrieben. Berlin: Dunker und Humblot, 1961. Abhandlungen aus dem Industrie-Seminar der Universität zu Köln, H 14.
18. Henzel, F.: Was sind Transportkosten? Industrie-Anzeiger 75 (1953) 18, S. 219 bis 220.
19. Erdlen, W.: Zur Frage der versteckten Transportkosten. Ind. Anz. 87 (1965) 54, S. 1210–1213.
20. Leckscheidt, J.: Analyse der Materialflußkosten durch Gliederung entsprechend ihrer Abhängigkeit. Fördern und Heben 12 (1962) 6, S. 404–409.
21. Lacher, L.: Materialfluß und Transportmittel. In: Betriebsleiter-Handbuch 3. Aufl. München: Verlag Moderne Industrie 1970.
22. Ellersiek, K.: Materialflußkosten im Betrieb. Wiesbaden: Gabler 1958.
23. Heeren, E.: Untersuchung der verschiedenen Methoden zur Aufnahme und Darstellung des Materialflusses. Stuttgart: Diplomarbeit am Lehrstuhl für Industrielle Fertigung der Universität 1963.
24. Muther, R.: Practical Plant Layout. New York: McGraw-Hill 1955.
25. Schmidt, K.: Kompakte Industriegebäude — Grundlagen und Entwurf. Berlin: Verlag f. Bauwesen 1964, S. 13.
26. Baur, K.: Betriebsmittel-Zuordnung bei der Fabrikplanung. Mainz: Krausskopf 1972. Diss. Univ. Stuttgart.
27. Ahlsdorff, M.: Probleme des innerbetrieblichen Transportes in betriebstheoretischer Sicht. Göttingen: Diss. an der Wirtschafts- und Sozialwiss. Fakultät der Universität 1965.
28. ohne Verf.: Innerbetriebliche Transporte — Mittel und Organisation. Herausg. v. d. VDI/AWF-Fachgruppe Förderwesen. Düsseldorf: VDI-Verlag 1963.
29. Köhler, D.: Organisation der innerbetrieblichen Materialbewegung. Berlin: Dunker und Humblot 1959. Veröffentl. des Instituts für Industrieforschung der FU Berlin, Band 5.
30. Rau, W.: Systematische Auswahl von Förderhilfsmitteln für den innerbetrieblichen Materialfluß. Mainz: Krausskopf 1977.
31. ohne Verf.: Automatisch unter die Haube. Produktion 7 (1969) 7, S. 52–61.
32. Schramm, W.: Lager und Speicher. Wiesbaden: Bauverlag 1965.
33. ohne Verf.: Verwendung von Pool-Gitterboxpaletten nach dem Ausland. DB (Deutsche Bundesbahn)-Kundenbrief 15 (1970) 2, S. 26; 3, S. 44.
34. Hilger, P.: Paletten (Beförderungsbedingungen, Einsatzbereiche, Umschlaggeräte). Wiesbaden: Gabler 1965.
35. Wegener, H., Otten, E. H.: Rationeller Transport mit Paletten — Voraussetzungen und Möglichkeiten für einen wirkungsvollen Einsatz von Paletten. Düsseldorf: VDI-Verlag 1967. Fortschritt-Berichte VDI-Zeitschrift Reihe 12, Nr. 15.
36. ohne Verf.: Merkblatt Stahl 126: Paletten Transportbehälter, 3. Auflage. Herausgegeben von Beratungsstelle für Stahlverwendung. Düsseldorf 1967.
37. Meyercordt, W.: Behälter und Paletten. Darmstadt: Carl Röhrig 1960.
38. Haussmann, G.: Transcontainerumschlag. Mainz: Krausskopf 1968.
39. Röper, C., Hansen, F. H., Meyer, E.: Container-Handbuch. Hamburg: Deutscher Verkehrs-Verlag 1968.
40. Nestler, H.: Methoden zur Bestimmung der Raumgröße und Raumausnutzung von Fertigungswerkstätten. Hannover: Dr.-Ing. Dissertation an der Techn. Universität 1969.
41. Fackelmeyer, A.: Materialfluß und Fördermittelwahl. In: Transport, Umschlagen, Lagern, S. 17–25. Darmstadt: Hestra 1966.

42. Aumund, H., Mechtold, F.: Hebe- und Förderanlagen, 5. Aufl. Berlin, Heidelberg, New York: Springer 1969.
43. Haldimann, H. R.: Materialflußplanung als Grundlage der Werkstattplanung. VDI-Z. 103 (1961) 1, S. 19–23.
44. Merbach, H.: Leitfaden der Analyse des innerbetrieblichen Transports, 2. Aufl. Berlin: Verlag Technik 1963.
45. Mallick, R. W.: Förderwesen. In: Handbuch des Industrial Engineering, Teil 2. Berlin: Beuth-Vertrieb 1969.
46. Hempel, W.: Über fahrerlose Flurförderer und ihre wirtschaftliche Anwendbarkeit. Berlin: Diss. an der TU 1967.
47. Haussmann, G.: Automatisch betriebene Schleppzüge im Lager eines Pariser Warenhauses. Fördern und Heben 17 (1967) 16, S. 915–918.
48. ohne Verf.: Automatisierter Transport mit selbststeuernden Flurförderzeugen. Fördern und Heben 19 (1969) 3, S. 133–138.
49. Salzer, G. u. a.: Stetigförderer, Teil 1. Mainz: Krausskopf 1964.
50. ohne Verf.: VDI/AWF-Handbuch Förderwesen. Herausg. von der VDI/AWF-Fachgruppe Förderwesen. Düsseldorf: VDI-Verlag — wird laufend ausgebaut und überarbeitet.
51. Spiwakowski, A. O., Djatschkow, W. K.: Förderanlagen. Braunschweig: Vieweg 1959.
52. Ernst, H.: Die Hebezeuge: Bd. 1 Grundlagen und Bauteile, 7. Aufl. 1965; Bd. 2 Winden und Krane, 6. Aufl. 1966; Bd. 3 Sonderausführungen, 4. Aufl. 1964. Braunschweig: Vieweg 1961.
53. Franke, G.: Flurförderzeuge. München: Hanser 1966.
54. Salzer, G.: Stetigförderer, Teil 2. Mainz: Krausskopf 1967.
55. Pajer, G., Kurth, F.: Stetigförderer. Berlin: Verlag Technik 1967.
56. Knoefler, K. H.: Vergleichende Analyse von Staplern beim Einsatz in Maschinenbaubetrieben. Hebezeuge u. Fördermittel 7 (1967) 7, S. 193–200.
57. Mach, M.: Wirtschaftliche Materialtransporte in neuzeitlichen Stahlwerken — Berechnung und Betrieb. Mainz: Krausskopf 1965.
58. Bringewald, W.: Wirtschaftlichkeitsrechnungen für den Einsatz von Mitteln des kombinierten Verkehrs bei Verkehrsträgern auf der Grundlage der Standard-Grenzberechnung. Düsseldorf: VDI-Verlag 1965. Fortschritt-Berichte d. VDI-Zeitschrift, Reihe 12, Nr. 7.
59. Krippendorf, H.: Fabrikplanung und Fördertechnik. Rationalisierung 7 (1956) 2, S. 27–31.
60. Tietböhl, G.: Transportmittelbedarf für den innerbetrieblichen Transport in Maschinenbaubetrieben. Hebezeuge und Fördermittel 4 (1964) 4, S. 97–100.
61. Moron, D., Schönfeld, L.: Berechnung des Transportzeitaufwandes. — Beitrag zur rationellen Projektierung im innerbetrieblichen Transport. Hebezeuge und Fördermittel 7 (1967) 7, S. 201–204.
62. Moron, D., Schönfeld, L.: Beispiel für die rationelle Berechnung des Transportaufwandes des innerbetrieblichen Transports. Hebezeuge u. Fördermittel 7 (1967) 8, S. 235–236.

Weiterführende Literatur

63. Bellingkrodt, K.: Untersuchung verschiedener Varianten der Steuerung von Fahrzeugen am Beispiel eines innnerwerklichen Transportmodells. Forschungsberichte zur Industriellen Logistik 04. Dortmund: Institut für Logistik.
64. Davidson, A. R.: Handling containers in multi-storey warehouses. International Conference of Automation in Warehousing (02, 1977). Univ. of Keele, Bedford 1977.
65. Fuchs, B., Schattanik, A., Willinger, R.: Doppelrechnersystem DUCOSY zum Steuern einer Förderanlage im Automobilbau. Siemens-Z. 48 (1974) 11, S. 852 bis 856.
66. Fürwentsches, W., Kunder, R.: Systematische Materialflußplanung. wt-Z. ind. Fertig. 66 (1976) 6, S. 315–321.

67. Gourley, R. L.: A modular general purpose approach to the simulation of constant speed discretely spaced recirculation conveyor systems. Ind. Eng. 5 (1973) 12, S. 10.
68. Großeschallau, W., Pawellek, G.: Bewertung von organisatorischen Zuständen im innerwerklichen Transport und Verkehr. Bremerhaven: Wirtschaftsverlag Nordwest 1976.
69. Großeschallau, W., Kuhn, A., Jünemann, R.: Simulation von Materialfluß-Systemen. Fördern u. Heben 30 (1980) 2, S. 101–107.
70. Gudehus, F.: Möglichkeiten zur Verbesserung der Leistung von Regalförderzeugen. Fördern u. Heben 24 (1974) 5, S. 414–422.
71. Gudehus, T.: Zuverlässigkeit und Verfügbarkeit von Transportsystemen, Grundformeln für Systeme ohne Redundanz. Fördern u. Heben 29 (1979) 1, S. 23–25.
72. Gudehus, T.: Strukturanalyse der Transportsysteme. Fördern u. Heben 27 (1977) 1, S. 49–53; 2, S. 115–118.
73. Hanke, K.: Möglichkeiten der Materialfluß-Optimierung bei der Projektierung industrieller Betriebe. Meisenheim/Glan: Anton Hain 1975.
74. Hollstier, R. B., Pomernacki, Ch. L.: MHSS — A Material Handling System Simulator. Proceedings of the 1976 Summer Computer Simulation Conference (July 1976), S. 157–162.
75. Holzmann, E. G., White, G. M.: Simulation of a computer controlled container handling system. The Seventh Annual Simulation Conference (December 1971), S. 181–186.
76. Jung, G.: Bewerten und Optimieren des innerbetrieblichen Materialflusses mit Simulation. wt-Z. ind. Fertig. 67 (1977) 1, S. 21–24.
77. Knebel, H.: Im Betriebsfuhrpark liegen Rationalisierungsreserven. Ind. Organisation 47 (1978) 10, S. 459–463.
78. Koschnitzki, K. D.: Untersuchungen zur Problematik integrierter Materialflußsysteme in der Einzel- und Kleinserienfertigung. Diss. Universität Karlsruhe 1975.
79. Kuhn, A.: Beitrag zur Analyse von prozentrechnergeführten Stückgut-Fördersystemen: Programmiersystem und Planungshilfsmittel für die Disposition, Überwachung, Steuerung und Simulation von innerbetrieblichen Fördersystemen. Diss. Universität Dortmund 1979.
80. Loos, U.: MAFA — Ein Programmsystem zur Erfassung und Beurteilung des innerbetrieblichen Materialflusses. Z. wirtschaftliche Fertigung 70 (1975) 6, S. 279 bis 284.
81. Rockstroh, O.: Die Abstimmung der Verpackung mit Palette und Container. Rationalisierung 29 (1978) 9, S. 203–206.
82. Rummert, Th.: Programmsystem zur Simulation automatisierter innerbetrieblicher Transportanlagen. Wimatika 79 — Wissenschaft und Automatisierung, S. 85–88. Karlsruhe: Universität 1979.
83. Saljé, E., Peschel, E.: Zuverlässigkeit von Transferstraßen. Ind. Anz. 96 (1974) 46, S. 1040–1042.
84. Salzer, J. J.: Order selection to conveyor with voice encoding — an advanced distribution warehouse incorporating a high degree of mechanisation and automation. International Conference of Automation in Warehousing (02, 1977). Univ. of Keele. Bedford 1977.
85. Stemmer, G.: MFSP — Ein Verfahren zur Simulation komplexer Materialflußsysteme. Diss. Universität Stuttgart 1976.
86. Talmon, T.: Verbesserung der Einsatzplanung von Transportmitteln. Distribution 4 (1973), S. 68–71.
87. Todt, H.-J.: Anwendung der Simulationstechnik bei Transport- und Materialflußproblemen. Berlin, Köln: Beuth 1977.
88. Wenzel, R.: Untersuchung der Materialflußkosten bei ausgewählten Systemen der zentralen Arbeitsverteilung. Diss. Universität Stuttgart 1978.
89. Wren, A., Holliday, A.: Computer scheduling of vehicles from one or more depots to a number of delivery points. Op. Res. Quart. 23 (1972), S. 333–344.

Zitierte Richtlinien und Normen

VDI-Richtlinien

2195 Leistungsstudien am Kran 5.59
2197 Typenblatt für Wagen (Karren) und Schlepper 12.60
2198 Typenblatt für Gabelstapler (Flurförderzeuge) 12.60
2311 Übersichtsblätter Stetigförderer. Röllchenbahnen 11.61
2312 Übersichtsblätter Stetigförderer. Rollenbahnen 2.62
2319 Übersichtsblätter Stetigförderer. Angetrieb. Rollenbahnen 3.64
2325 Übersichtsblätter Stetigförderer. Rohrpostanlagen 8.62
2326 Übersichtsblätter Stetigförderer. Bandförderer f. Stückgut 8.65
2328 Übersichtsblätter Stetigförderer. Kreisförderer 2.64
2332 Übersichtsblätter Stetigförderer. Schleppkettenförderer 8.66
2334 Übersichtsblätter Stetigförderer. Schleppkreisförderer (Power-and-Free-Förderer) 11.67
2336 Übersichtsblätter Stetigförderer. Fallrohre, Rutschen, Wendelrutschen 10.65
2338 Übersichtsblätter Stetigförderer. Gliederbandförderer 10.65
2350 Übersichtsblätter Krane. Einträger- und Zweiträger-Brückenkrane 1.67
2371 Transportkostenermittlung 9.65
2391 Zeitrichtwerte für Arbeitsspiele und Grundbewegungen von Flurförderzeugen 1.63
2394 Übersichtsblätter Krane. Auslegerkrane 1.65
2400 Übersichtsblätter Flurförderzeuge. Gabelstapler 12.64
2401 Übersichtsblätter Flurförderzeuge. Schlepper 1.65
2402 Übersichtsblätter Flurförderzeuge. Wagen 1.65
2403 Übersichtsblätter Flurförderzeuge. Gabelhubwagen und Gabelhochhubwagen 1.65
2404 Übersichtsblätter Flurförderzeuge. Hubwagen und Hochhubwagen 1.65
2405 Übersichtsblätter Flurförderzeuge. Portalhubwagen 12.65
2407 Übersichtsblätter Flurförderzeuge. Quergabelstapler 6.66
2412 Übersichtsblätter Flurförderzeuge. Vierweg-Gabelstapler 11.67
2415 Merkblatt: Behandlung von Paletten 6.62
2481 Kostenblatt für Stetigförderer 7.63
2482 Kostenblatt für ortsfeste und fahrbare Ausleger- und Drehkrane 3.66
2483 Kostenblatt für schienengebundene Fahrzeuge mit Antrieb 2.66
2484 Kostenblatt für Brückenkrane (Laufkrane) 5.66
2492 Multimoment-Aufnahmen im Materialfluß 6.68
2496 Stahlpalette 10.69
3300 Materialfluß-Untersuchungen 11.59
3300a VDI/AWF-Materialflußbogen 1961
3301 Kostenblatt für Flurförderzeuge 8.63
3306 Form und Maße von Kästen aus Kunststoff (Handkästen) 4.61
3330 Kostenuntersuchungen zum Materialfluß 8.65

DIN-Normen

15 001 Krane. Benennungen der Bauarten 2.70 (Entwurf)
15 100 Serienhebezeuge. Benennungen 2.67
15 132 Ladepritschen und Aufbauten 11.55
15 140 Flurförderzeuge. Benennung, Kurzzeichen 4.69 (Entwurf)
15 141 Stapelplatten (Paletten), Hauptmaße 7.55
15 142 Stapelbehälter (Boxpaletten), Hauptmaße. Aufsetzvorrichtung 6.55
15 144 Gitterboxpaletten mit abnehmbarer geteilter Vorderwand
15 145 Paletten. Benennung von Paletten 10.63
15 146 Vierweg-Paletten aus Holz 6.69
15 147 Flachpaletten aus Holz. Gütebedingungen 6.69

15 148 Boxpaletten aus Holz, aus Flachpaletten mit zusammensteckbarem Aufsetzrahmen 7.69
15 149 Aufsetzrahmen aus Holz für Flachpaletten, fest 4.60
15 150 Ansteckbretter für Flachpaletten 10.63
15 155 Gitterboxpalette mit 2 Vorderwand-Klappen, 800 × 1200 mm, europäische Tauschpalette 7.67
15 165 Gitterboxpalette 7.67
15 201 Stetigförderer. Benennungen, Sinnbilder 1.55

7. Fertigungsbereich

7.1 Vorgehen bei der Planung des Fertigungsbereichs

In diesem Kapitel soll die Planung des Fertigungsbereichs besprochen werden, der bei einem fertigungstechnischen Betrieb als zentraler Bereich anzusehen ist. Dabei besteht nach [1] das Kennzeichen der Fertigungstechnik darin, daß Werkstücke mit definierter geometrischer Gestalt hergestellt werden. Die Herstellung kann durch kinematische oder abformende Gestaltserzeugung oder das Fügen von Werkstücken vorgenommen werden. An der Fertigung beteiligt sind Menschen, Betriebsmittel, Energie und Werkstoffe sowie als Hilfsmittel Fördermittel und Informationsmittel.

Die Werkstoffe, aus denen Erzeugnisse entstehen sollen, werden im allgemeinen durch die Konstruktion festgelegt, die Art der Gestaltserzeugung und ihre Ausführung in entsprechenden Betriebsmitteln wird im allgemeinen durch die Fertigungsplanung ermittelt, ebenso die Zahl der für die Fertigung erforderlichen Menschen. Die Ermittlung der Fördermittel bzw. Informationsmittel ist eine Aufgabe der Fabrikplanung oder aber der Materialfluß- bzw. Organisationsplanung. Häufig ist es aber notwendig, daß sich der Fabrikplaner auch mit der Festlegung der Betriebsmittel, Menschen, Fördermittel und Informationsmittel befaßt. Deshalb sollen diese vier Punkte hier betrachtet werden.

Bei der Planung der *Betriebsmittel* geht es vor allem um Maschinen und Handarbeitsplätze – die Art der Werkzeuge und Vorrichtungen beeinflussen die Fabrikplanung nur gering. Gebäudefragen sind zum Teil schon im Kapitel Generalbebauungsplan abgehandelt, und zum Teil ergeben sich Einflüsse erst aus diesem Kapitel. Aus den ermittelten Maschinen und Arbeitsplätzen ergeben sich die Zahl der für die Fertigung erforderlichen *Arbeitskräfte* und die an sie zu stellenden Qualifikationen.

Die Art der *Werkstücke* hat einen Einfluß auf die Dimensionen von Maschinen, Arbeitsplätzen, Fördermitteln, Wegen und Lagern. Dabei werden *Fördermittel* im Kapitel „Materialfluß", *Lagerfragen* im Kapitel „Lagerbereich", *Informationsmittel* im Kapitel „Informationsfluß und Verwaltungsbereich" berücksichtigt.

Der Zusammenhang in der Gesamtplanung ist folgender:

Im vorläufigen Generalbebauungsplan war der Fertigungsbereich bisher nur mit seiner Gesamtfläche eingesetzt, die mit Hilfe von Kennzahlen ermittelt worden war. Die Form der Fertigungsfläche sowie ihre genaue Größe und Unterteilung in einzelne Abteilungen, Maschinengruppen und Maschinen bzw. Arbeitsplätze wird in diesem Kapitel ausgearbeitet.

Aus dem Produktionsprogramm läßt sich die Fertigungsart bzw. lassen sich die Fertigungsarten des Betriebes ableiten. Daraus lassen sich grobe Hinweise auf mögliche Fertigungsformen oder Organisationstypen ableiten. Wenn die erforderliche Betriebsmittelkapazität und die ungefähre Zahl und Art der Betriebsmittel bestimmt sind, können die günstigsten Fertigungsformen ermittelt werden. Aus den Fertigungsformen wiederum ergeben sich die günstigsten Maschinenaufstellungen und die Zuordnung der Maschinenaufstellungen einzelner Fertigungsformen zu einem Ideal-Plan. Der Ideal-Plan wird durch Randbedingungen, z. B. Sicherheitsbestimmungen, Gebäudefragen, Bedingungen der Fördermittel usw. beeinflußt und unter Berücksichtigung dieser Einflüsse zum Real-Plan umgeformt. Aus diesem Real-Plan lassen sich die Art und Anzahl der Arbeitskräfte und die Fördermittel ableiten.

7.2 Beschreibung und Ermittlung der Fertigungsarten (Fertigungstypen)

Entsprechend der in der Einleitung zu diesem Kapitel geschilderten Vorgehensweise soll zunächst die Fertigungsart bzw. die Fertigungsarten, von manchen Autoren auch Fertigungstypen genannt, ermittelt werden. Fertigungsarten sind beispielsweise nach Mellerowicz [2]: Einzel-, Serien- und Massenfertigung und zusätzlich Sorten-, Chargen- und Partiefertigung. Dies ist eine auch bei anderen Autoren übliche Einteilung, vor allem was die drei erstgenannten Typen betrifft [3 bis 9]. Als übliches Abgrenzungskriterium wird die Individualität des einzelnen Produktes bzw. das Ausmaß der Leistungswiederholung [4] gesehen. Die Fertigungsarten sind also sehr stark vom Produktionsprogramm abhängig. Deutlich wird dies besonders auch bei [3], wo die Fertigungsarten direkt „Klassifizierung der Erzeugungsverfahren nach dem Erzeugungsprogramm" genannt werden. Im folgenden sollen zunächst in Anlehnung an [2 bis 9] die üblichen Fertigungsarten charakterisiert werden, anschließend wird der Versuch gemacht, ihre Abhängigkeit vom Produktionsprogramm genauer herzuleiten.

7.2.1 Einzelfertigung

Bei der Einzelfertigung handelt es sich um die jeweilige Fertigung von einzelnen oder wenigen Erzeugnissen, d. h. in der Fertigung erfolgt keine Einstellung auf die Wiederholung der Erzeugnisse, eine Wiederholung ist evtl. möglich, aber unbestimmt. Innerhalb der durch die Maschinen und Arbeitskräfte gegebenen Grenzen erfolgt die Herstellung vieler verschiedener Produkte nach Kundenwunsch. Es ist üblich, nicht auf Lager zu arbeiten, sondern die Erzeugnisse erst nach der Bestellung herzustellen. Die Erzeugnisse sind häufig recht kompliziert. Beispiele für Einzelfertigungen sind Betriebe, die Sonderwerkzeugmaschinen, Straßenbrücken oder Schiffe herstellen. Hier erlaubt die Verwendung von Normteilen und Baugruppen häufig eine gewisse Einheitlichkeit der Herstellung trotz der Verschiedenheit der Enderzeugnisse, so daß z. B. häufig eine kinematische Gestaltserzeugung in Serien stattfinden kann. Es ist die Frage, ob es sich dann noch um eine Einzelfertigung handelt. Dies wird später erörtert. Die Erzeugnisse sind häufig nur sehr schlecht zu transportieren. Die Arbeitsvorbereitung muß für jedes Erzeugnis individuell erfolgen. Dies erfordert beträchtlichen Aufwand, der aber dadurch vermindert wird, daß eine genaue Vorbereitung im allgemeinen nicht durchgeführt wird, da wegen des ständigen Wechsels ohnehin qualifizierte Arbeiter, meist Facharbeiter, notwendig sind. Für jeden Auftrag ist das Material getrennt zu disponieren, dabei ist nur universell verwendbares Material am Lager, das restliche Material muß jeweils extra beschafft werden.

In der Einzelfertigung dominieren Universalmaschinen und -einrichtungen, allgemein vielseitig verwendbare, umstellbare Betriebsmittel. Spezialmaschinen sind nur für einige stets wiederkehrende Teilaufgaben rentabel, spezielle Fertigungshilfsmittel wie Schablonen, Werkzeuge etc. lohnen sich kaum. Neuerdings sind für die Einzelfertigung numerisch gesteuerte Werkzeugmaschinen entwickelt worden. Der Einsatz lohnt sich, wenn der Programmieraufwand im Verhältnis zur sonst erforderlichen Rüstzeit für Universalmaschinen gering ist. Es ist schwierig, eine dauernde Vollausnützung der vorhandenen Kapazitäten zu erreichen. Erforderlich sind vielseitig einsetzbare, anpassungsfähige Fördermittel. Eine entsprechende Organisation auch der Transporte kann viel zu kurzen Durchlaufzeiten beitragen.

7.2.2 Serienfertigung

Die Serienfertigung kann als ununterbrochene Fertigung gleicher Erzeugnisse in der für ein Los (optimale Losgröße) erforderlichen Menge definiert werden (vgl. [5]). Dabei kann das Los ein Teil einer Serie sein, die in mehrere Fertigungslose aufgeteilt wird. Wesentlich dabei ist, daß die gesamte Stückzahl des Loses an jedem Arbeitsplatz ohne Unterbrechung durch Einrichtearbeit gefertigt wird. Je nach Stückzahl unterscheidet man Klein-, Mittel- und Großserienfertigung. Jede neue Serie erfordert in der Arbeitsvorbereitung eine erneute Bearbeitung, und jeder Wechsel der Serie erfordert ein Umrüsten an der Maschine und bewirkt eine Unterbrechung des Produktionsprozesses und damit einen Leistungsausfall.

Erforderlich sind ähnlich wie bei der Einzelfertigung Mehrzweckmaschinen, wobei eine geringe Spezialisierung in den Fertigungsmethoden möglich ist. Zur Bedienung dieser Maschinen sind meist qualifizierte Arbeitskräfte erforderlich. Entsprechend dem wechselnden Fördergut sind sehr vielseitige Fördermittel notwendig; zum Teil können Stetigförderer eingesetzt werden, die aber nicht ortsfest sein dürfen, damit noch eine räumliche Umstellung möglich ist. Die Serienfertigung ist im Maschinenbau vorherrschend.

7.2.3 Massenfertigung

Massenfertigung kann als ununterbrochene Fertigung großer Mengen gleicher oder ähnlicher Erzeugnisse auf gleichen Maschinen in gleicher Aufeinanderfolge definiert werden. Die Bedingungen hierfür sind also, daß eine so große Anzahl gleichartiger Erzeugnisse mit entsprechend großer Maschinenbelegung über längere Zeit vorliegt, daß eine hochgradige Mechanisierung des Arbeitsablaufes wirtschaftlich vertretbar ist. Hier lohnen sich Spezialmaschinen, die stark auf das Produkt ausgelegt werden. Eine weitgehende Automatisierung ist häufig wirtschaftlich sinnvoll. Zur Bedienung und Beaufsichtigung der Maschinen sind meistens angelernte Arbeiter einsetzbar.

Der Aufwand in der Fertigungsplanung, besonders der Arbeitsvorbereitung, ist einmalig, aber sehr groß. Es lohnt sich eine genaue zeitliche Abstimmung aller Arbeitsvorgänge. Eine exakte Planung des Materialflusses ist notwendig, damit kein Materialmangel auftritt – im allgemeinen sind Stetigförderer verwendbar. Häufig können Spezialförderer, die speziell für das Fördergut ausgelegt sind, eingesetzt werden. Besonders bemerkenswert sind die kurzen Durchlaufzeiten, da keine Wartezeiten auf die restlichen Werkstücke des Loses und keine längeren Zwischenlagerungen zwischen den einzelnen Arbeitsgängen entstehen.

7.2.4 Sorten-, Partie- und Chargenfertigung

Diese 3 Fertigungstypen sind für Fertigungsbetriebe weniger bedeutsam. Nach [2] besteht bei den „Sorten" eine enge Verwandtschaft der Produkte. Diese enge Verwandtschaft kommt zustande „entweder durch dieselbe Prozeßfolge, d. h. dieselbe benutzte Apparatur oder denselben Ausgangsstoff". Im Fertigungsbereich liegt eine starke Verwandtschaft mit der Massenfertigung vor.

Nach [2] ist eine „Partie eine einheitliche Sendung, die eine gewisse Einheitlichkeit der Rohstoffe garantiert" und eine „Charge ein einmaliger Stoffeinsatz, z. B. bei der Roheisengewinnung im Hochofen". Man kann z. B. von einer Partie Rohleder oder gefärbter Stoffe und vor eine Charge Roheisen sprechen. Diese beiden Fertigungsarten sind mit der Sonderfertigung verwandt, wobei im Gegensatz zu ihr die Verschiedenheit der Produkte nicht bewußt herbeigeführt wird. Bei der Betrachtung der Fertigungsbereiche kann man Partie- und Chargenfertigung als Untergruppen von Massen- oder Serienfertigung sehen.

7.2.5 Ermittlung der Fertigungsarten eines Betriebes

In der meist betriebswirtschaftlichen Literatur zum Thema Fertigungsarten oder Fertigungstypen fällt auf, daß üblicherweise einem Betrieb nur eine Fertigungsart zugeordnet wird. Das ist eine Definition, die für den Fabrikplaner und den Ingenieur nicht brauchbar ist, da sie der Praxis häufig widerspricht. Es gibt sehr viele Betriebe, in denen Massen-, Serien- und Einzelfertigung nebeneinander herlaufen. So ist es z. B. in einer Kugellagerfabrik üblich, daß die gängigsten Größen und Arten von Kugellagern in Massenfertigung hergestellt werden, mittlere Stückzahlen häufig in der gleichen Fabrik in Serienfertigung und von Kunden für besondere Fälle speziell verlangte Kugellager daneben in Einzelfertigung.

Wenn man von einer Einzelfertigung ausgeht, so muß man heute allgemein die Tendenz und z. T auch die Praxis feststellen, daß die Enderzeugnisse, die speziell für die Kunden ausgelegt sind, als Baukastensysteme aufgebaut sind, sich also beispielsweise aus einer Grundeinheit und verschiedenen Baugruppen zusammensetzen. Die gleichen Baugruppen werden dabei in verschiedene Enderzeugnisse eingebaut, so daß auch bei einer Einzelfertigung der Enderzeugnisse die Baugruppen beispielsweise in Serien montiert werden können. In diesen Baugruppen sollten bei einer gut systematisierten Konstruktion möglichst viele Wiederholteile verwendet werden, so daß beispielsweise das Teil a in die Baugruppe x, y und z eingebaut wird. Dadurch erhöhen sich die Stückzahlen dieser Wiederholteile wiederum, so daß möglicherweise in der mechanischen Fertigung größere Serien von Einzelteilen aufgelegt werden können. Es ist also denkbar, daß, obwohl von den Enderzeugnissen her gesehen der Betrieb vom Fertigungstyp her als Einzelfertigung anzusehen ist, in der Fertigung nebeneinander Einzelfertigung (Kleinserienfertigung) und Mittelserienfertigung betrieben werden.

Um für die Fabrikplanung zu einem schnellen Überblick über mögliche Fertigungsarten zu kommen, sollte man ein Werkstück-Mengenschaubild aufstellen, in dem für jedes Werkstück (also Einzelteil, Baugruppe oder Erzeugnis) die im Planungszeitraum hergestellten Mengen aufgetragen werden (vgl. Bild 7.1). Aus diesem Schaubild läßt sich ein grober Anhalt gewinnen, welche Werkstücke zur Einzel-, Serien- oder Massenfertigung tendieren.

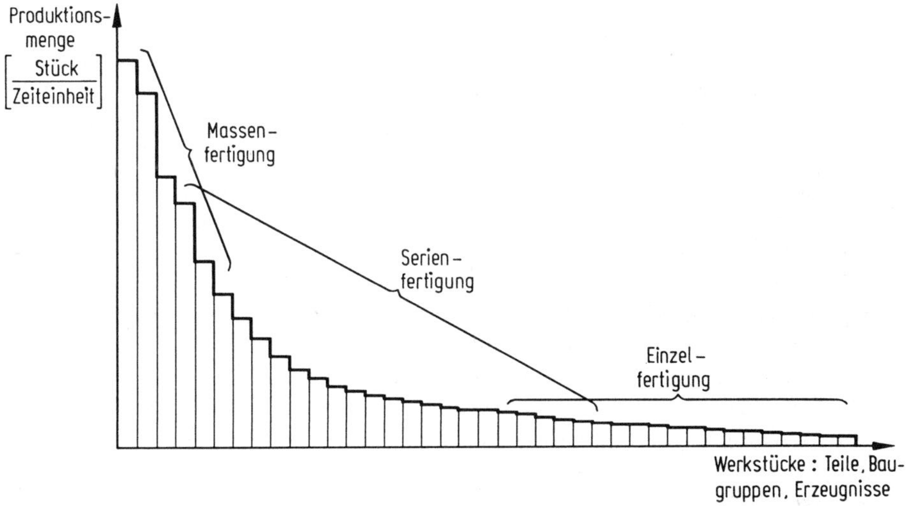

Bild 7.1. Zusammenhang zwischen Werkstückmengen und Fertigungsarten.

Nachdem auf Grund des Erzeugnisprogramms durch die Bestimmung der Fertigungsarten ein Hinweis für die Art der Gestaltung des Fertigungsbereichs gegeben ist, sollen nun mögliche Fertigungsformen oder Organisationstypen beschrieben und der Zusammenhang zu den Fertigungsarten hergeleitet werden.

7.3 Beschreibung der Fertigungsformen oder Organisationstypen

Die Ermittlung der Fertigungsformen ist für die Fabrikplanung besonders bedeutsam, weil als Kriterium für die Fertigungsform von den meisten Autoren die räumliche Anordnung der Fertigungsplätze angegeben wird [2, 4, 6, 7, 10, 11, 12].

Diese räumliche Anordnung der Fertigungsplätze soll ja bei der Planung des Fertigungsbereichs ermittelt werden. Weil dieser Gesichtspunkt der räumlichen Anordnung der Fertigungsplätze im Vordergrund steht, werden Fertigungsformen häufiger als Anordnungstypen [13] oder sogar als Layout-Typen [14] bezeichnet. Da andere Autoren aber auch den zeitlichen Ablauf des Fertigungsprozesses mit als wesentliches Kennzeichen heranziehen (z. B. [4, 6, 12]), ist als gemeinsamer Oberbegriff auch die Bezeichnung Organisationstypen üblich (vgl. [9]). In [10 u. 11] werden am deutlichsten aus diesen beiden Kombinationen die verschiedenen „Fertigungsprinzipien", wie sie dort genannt werden, aufgebaut.

Für die Fabrikplanung ist noch bedeutsam, daß von manchen Autoren das betriebliche Förderwesen mit als entscheidendes Kennzeichen herangezogen wird [2].

Daraus läßt sich für unsere Überlegungen ableiten, daß, wenn es uns gelingt, die Fertigungsformen zu ermitteln, es uns bereits möglich ist, die räumliche Anordnung und die Art des Förderwesens grob anzugeben. Zunächst soll in Anlehnung an [2 bis 15] eine kurze Beschreibung der für uns wesentlichen Fertigungsformen erfolgen:

7.3.1 Punktfertigung oder stationäre Fertigung

Wie der Name sagt, erfolgt bei der Punktfertigung [10, 11] oder stationären Fertigung [15] die Durchführung einer Reihe von Arbeistgängen eines Werkstückes, sei es Einzelteil, Baugruppe oder Erzeugnis, stationär an einer Stelle. Das Werkstück wird also während seines Arbeitsablaufes im wesentlichen nicht oder höchstens am Arbeitsplatz selbst transportiert. Bei dieser Fertigungsform kann man die beiden Untergruppen: ohne und mit Arbeitsteilung unterscheiden [9]. Fertigungsformen ohne Arbeitsteilung sind die Werkbankfertigung oder handwerkliche Fertigung und das automatische Fertigungszentrum. Eine Fertigungsform mit Arbeitsteilung ist die betriebliche Baustellenfertigung.

Bei den Fertigungsformen ohne Arbeitsteilung werden alle Arbeitsvorgänge zur Fertigung des Werkstücks von einer Arbeitskraft oder einer Maschine durchgeführt. Die Konzentration des gesamten Fertigungsprozesses auf eine Arbeitskraft oder Fertigungseinrichtung erfordert von dieser Universalität, damit sie die verschiedenartigen Fertigungsoperationen ausführen kann. Werkbankfertigung betreiben häufig Handwerker – sie kann in der Industrie z. B. in der Werkzeugmacherei auftreten. Dabei kann ein Arbeiter direkt nur an einer gegenständlichen Werkbank arbeiten. Ein Arbeitsplatz kann jedoch auch aus mehreren Maschinen, die nacheinander benutzt werden, bestehen, wenn sie nur von einem Arbeiter bedient werden. Der zeitliche Ablauf kann so sein, daß alle Fertigungsoperationen unmittelbar hintereinander am gleichen Werkstück durchgeführt werden, aber, wenn eine kleine Serie vorliegt, auch so, daß zunächst an allen Werkstücken die erste Fertigungsoperation, dann an allen die zweite Operation usw. durchgeführt werden.

Ein automatisches Fertigungszentrum kann z. B. ein Schraubenautomat, eine Kunststoff-Spritzgußmaschine, die Teile vom Granulat ausgehend fix und fertig herstellt oder ein numerisch gesteuertes Bearbeitungszentrum sein, wo an einem Werkstück in einer Aufspannung nacheinander alle erforderlichen und in der Maschine verfügbaren Bearbeitungsoperationen vorgenommen werden.

Bei der betrieblichen Baustellenfertigung, die allgemein *mit* Arbeitsteilung vorgenommen wird, geschieht normalerweise eine Aufteilung der Fertigungsoperationen auf verschiedene Arbeitskräfte oder Fertigungseinrichtungen. Die Fertigungsform Baustellenfertigung entsteht häufig nur deshalb, weil die Werkstücke, z. B.

Großmaschinen, Schiffe usf., zu schwer und zu voluminös sind, um zwischen den Fertigungsoperationen transportiert zu werden. Bei den Fertigungsoperationen handelt es sich meist um Montageoperationen.

Für die Fabrikplanung ist bei der Punktfertigung allgemein bemerkenswert, daß häufig nur Materialflußbeziehungen zu zwei Bereichen, nämlich dem Lager, aus dem die Werkstücke kommen bzw. zu dem sie gehen, vorhanden sind. An Fördermitteln sind bei der üblichen Baustellenfertigung, da hier häufig schwere und voluminöse Lasten auftreten, oft Kräne notwendig. Manchmal muß der Transport auch auf Rollen, Schwerlasttransportern und ähnlichem erfolgen. Bei der Werkbankfertigung und den automatischen Fertigungszentren treten üblicherweise leichtere und kleinere Lasten auf. Hier gelangen eher Flurfördermittel zur Anwendung.

7.3.2 Werkstattfertigung

Die Werkstattfertigung stellt die Fertigungsform mit dem zeitlichen Ablauf der Losfertigung dar (vgl. Bild 7.2). Als Sonderfall kann das Los bei der Einzelfertigung aus einem Stück bestehen. Während des gesamten Fertigungsablaufs bleibt das Los beieinander. Dies erfordert bei jeder Fertigungsoperation ein Warten, bis die anderen Werkstücke fertig sind. Anschließend an die Fertigungsoperation werden die Werkstücke üblicherweise an der Fertigungseinrichtung gelagert, zur näch-

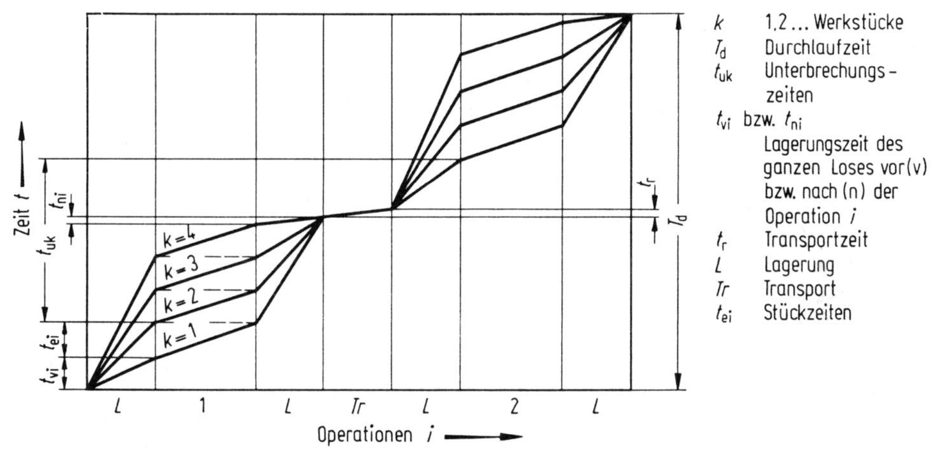

Bild 7.2. Zeitlicher Ablauf bei Losfertigung.

sten Fertigungseinrichtung transportiert, dort wieder gelagert, bis die Fertigungseinrichtung für die Fertigung des Loses frei wird. Wegen der Vielzahl und Vielartigkeit und des ständigen Wechsels der Werkstücke ist eine geregelte zeitliche Abstimmung nicht möglich. Um trotzdem eine gute Maschinenauslastung und günstige Durchlaufzeiten zu erreichen, müßte einiger Aufwand bezüglich Kapazitätsterminierung und Fertigungssteuerung betrieben werden. Einige Schwierigkeiten macht auch die Abstimmung der Kapazität auf das optimale Maß. Dies wird bei der Berechnung der Maschinen und Fertigungseinrichtungen genauer erörtert.

Das neben dem zeitlichen Ablauf der Losfertigung wesentliche Merkmal der Werkstattfertigung ist die maschinenorientierte räumliche Anordnung. Im engeren Sinne heißt das, daß Maschinen oder Fertigungseinrichtungen, die gleiche Verrichtungen ausüben können, räumlich zusammengefaßt werden. In einer mechanischen Fertigung können z. B. Drehbänke zur Dreherei, Fräsmaschinen zur Fräserei, Bohrmaschinen zur Bohrerei zusammengefaßt werden. Diese Vorstellung wird aber in der Praxis häufig erweitert – als Werkstattfertigung werden auch die Zusammenfassungen von Maschinen gleicher Größe, von Präzisionsmaschinen, die Klimatisierung oder Erschütterungsfreiheit erfordern, von Maschinen, die großen Lärm erzeugen usw. verstanden. Auch die Aufstellung numerisch gesteuerter Bearbeitungszentren beieinander ist üblich und wird in dieser Zusammenfassung auch als Werkstattfertigung geführt.

Es besteht der Eindruck [9], daß unter dem Begriff Werkstattfertigung überhaupt alles untergebracht wird, was nicht unter die anderen Begriffe paßt.

Vom Materialfluß her gesehen ist die Werkstattfertigung dadurch gekennzeichnet, daß ein ständiger Fluß fehlt. Genauso wie die Fertigung laufen Fördervorgänge schrittweise und unregelmäßig ab. Dies erfordert ein anpassungsfähiges Fördersystem.

Da die Werkstattfertigung einige Nachteile hat, sind einige Varianten entstanden, mit denen versucht wird, die Vorteile zu erhalten und die Nachteile zu vermindern. Zunächst seien Vor- und Nachteile der Werkstattfertigung geschildert.

Vorteile der Werkstattfertigung:

a) Elastizität, Personal und Fertigungseinrichtungen vielseitig einsetzbar. Eine Anpassung an veränderte Produkte ist im allgemeinen leicht möglich. Ihr Anwendungsbereich reicht von der Einzel- bis zur Großserienfertigung.
b) Die Aufstellung gleichartiger Maschinen beieinander bringt einige Vorteile, z. B. gleiche Bodenbelastung, gleiche Be- und Entlüftung, Beleuchtung und Deckenhöhe sowie evtl. einfache, einheitliche Späneabfuhr.
c) Die Meister haben eine einfache Übersicht über Maschinen und Personal und eine leichte Austauschmöglichkeit.

Nachteile der Werkstattfertigung:

a) Relativ lange Transportwege und hohe Transportkosten.
b) Lange Durchlaufzeiten und entsprechend hoher Kapitalaufwand.
c) Großer Raumbedarf für Zwischenlagerung an Maschinen.
d) Geringe und erschwerte Übersicht über den Produktionsablauf und die Werkstücke.

Die üblichen Varianten der Werkstattfertigung versuchen vor allem die drei letztgenannten Nachteile zu vermeiden. Eine erste Möglichkeit ist, ein zentrales Zwischenlager einzurichten, in das die Lose nach jeder Fertigungsoperation zurückgebracht werden, und aus dem sie für jede neue Fertigungsoperation wieder geholt werden. Es hat die Vorteile, daß weniger Platz gebraucht wird, weil in mehreren Ebenen gelagert werden kann, und daß eine bessere Übersicht gewährleistet wird, weil sich die Lose nicht mehr an jeder beliebigen Stelle in der Werkstatt befinden können. Der Transportaufwand kann allerdings größer als bei der üblichen Werkstattfertigung sein.

Eine beträchtliche Verbesserung bringt die Einführung einer sogenannten „Zentralen Arbeitsverteilung“ mit Transport der Lose nach jeder Fertigungsoperation in ein zentrales Verteilerlager. Dieses System wird im folgenden „Zentrale Arbeitsverteilung“ oder abgekürzt ZAV genannt. Dabei teilt eine zentrale Verteilerstelle auf Anforderung jeweils ein Los an die anfordernde Fertigungseinrichtung zu. Das Los wird mit einem Fördermittel vom zentralen Verteilerlager zur Fertigungseinrichtung transportiert und sofort nach der Bearbeitung wieder zum zentralen Verteilerlager zurücktransportiert. Dies erfordert die Einrichtung einer zentralen Verteilerstelle, eines zentralen Zwischenlagers, von Einrichtungen zur Kommunikation zwischen Arbeitsplätzen und Verteilerstelle und eines leistungsfähigen Fördermittels sowie eine fördermittelausgerichtete Anordnung der Fertigungsplätze (Bild 7.3), d. h. eine Anordnung entlang einer Förderstrecke des Fördermittels. Diese fördermittelausgerichtete Maschinenaufstellung beeinflußt die Fabrikplanung bei der ZAV am meisten. (Deshalb werden Fertigungsformen, die unter ZAV nur deren organisatorische Seite (Rückmeldung der Auftragsfertigstellung) verstehen

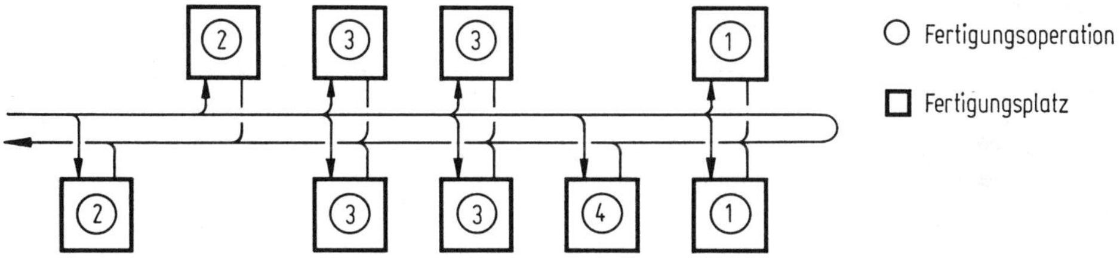

Bild 7.3. Fördermittelausgerichtete Anordnung der Fertigungsplätze.

[16], hier nicht betrachtet.) An den Fertigungseinrichtungen sind im Idealfall jeweils höchstens zwei Lose, und zwar eines in der Bearbeitung und eines in Vorbereitung. Damit werden die Nachteile b – d wesentlich vermindert. Für den Transport ist üblicherweise ein Stetigförderer günstig einsetzbar, wodurch die Transportkosten nicht oder nicht sehr stark erhöht zu werden brauchen. Es ist dann auch unwesentlich, in welcher Reihenfolge die Maschinen entlang dem Stetigförderer aufgestellt werden. Soweit wir heute wissen, sollten zwei Einschränkungen für die Anwendung der „Zentralen Arbeitsverteilung“ gemacht werden: Das Fördergut sollte nicht zu groß und nicht zu schwer sein, weil sonst die Handhabung und der Transport zu teuer werden. Am günstigsten ist es, wenn Behälter bis zu etwa 30 kg Gewicht gebraucht werden. Eine zweite Bedingung ist, daß die Bearbeitungszeiten, die durchschnittlich und im Minimum auftreten, nicht zu klein sind. Die Minimalzeit dabei ist die Zeit, die zwischen der Anforderung eines neuen Loses durch den Arbeiter und der Zustellung des Loses durch den Förderer vergeht. Ist die Bearbeitungszeit kürzer, so muß der Arbeiter immer gleichzeitig mehrere Lose erhalten. Dann kann aber der Arbeiter die Reihenfolge der Auftragsbearbeitung beeinflussen, was nicht erwünscht ist, außerdem steigt der Aufwand in der Fertigungssteuerung stark an. Beispiele von ZAV werden in [17] und [18] beschrieben, wobei [18] eine Sonderform darstellt.

Ein gängiges Verfahren, das in der Praxis üblich ist [19, 20], gründet ebenfalls auf nach Fördermitteln orientierter Maschinenaufstellung, wobei das Fördermittel ein Stetigförderer sein muß. Die Werkstücke werden nach jeder Fertigungsoperation auf den Stetigförderer gegeben, der in diesem Fall außer als Fördermittel gleichzeitig auch als wanderndes Lager dient. Der Arbeiter, der die zweite Fertigungsoperation ausüben soll, holt bei Bedarf das Fertigungslos vom Stetigförderer, bearbeitet die Werkstücke und gibt sie wieder auf den Förderer usf. Wie dabei die Fertigungssteuerung funktioniert, bleibt unklar. Als Stetigförderer werden hier bei den beiden bekannten Beispielen Kreisförderer verwendet.

Für die Zentrale Arbeitsverteilung sind in der Praxis vor allem mit Hochfrequenz gesteuerte Flurförderer, handgesteuerte Schlepper mit Anhänger, Bandförderer oder andere Stetigförderer eingesetzt [21].

7.3.3 Gruppenfertigung

Nach [2] wird die Gruppenfertigung „gekennzeichnet durch eine örtliche Zusammenfassung von Maschinen und Handarbeitsplätzen teilweise verschiedener Art und Funktion, die zur Ausführung einer Reihe gleicher, gleichartiger oder verwandter Teilprozesse erforderlich sind“. Dabei werden unterschiedliche Fertigungseinrichtungen zu einer örtlichen Gruppe (daher bei einigen Autoren Gruppenfertigung) zusammengefügt. Die räumliche Anordnung der Fertigungseinrichtungen wird entsprechend der überwiegenden Arbeitsgangfolge vorgenommen, sie kann auch in gerader Linie erfolgen (was bei manchen Autoren als Straßenfertigung bezeichnet wird).

Der zeitliche Ablauf ist prinzipiell der der Losfertigung. Es ist aber eine teilweise überlappte Losfertigung möglich, d. h. bei Beginn, z. B. der zweiten Fertigungsoperation, brauchen noch nicht alle Werkstücke die erste Fertigungsoperation durchlaufen zu haben. Die Gruppenfertigung kann so als Zwischentyp zwischen Werkstattfertigung und Fließfertigung betrachtet werden mit der räumlichen Anordnung der Fließfertigung und dem zeitlichen Ablauf der Werkstattfertigung.

Nach verschiedenen betriebswirtschaftlichen Autoren sind für die Gruppenfertigung geeignete Werkstücke entweder solche, die alle zu einem oder mehreren bestimmten Erzeugnissen oder Baugruppen gehören, d. h. deren Verwandtschaft „funktionsmäßig“ bedingt ist, oder Werkstücke, die unabhängig von ihrer Zugehörigkeit zu Baugruppen oder Erzeugnissen zu ihrer Bearbeitung gleiche Maschinen und ähnliche Bearbeitungsfolgen voraussetzen, also „fertigungstechnisch“ zusammengehören.

Für die Fabrikplanung und den Produktionsablauf hat der fertigungstechnische Zusammenhang Priorität vor dem funktionsmäßigen.

Auf die Auswahl der Teile mit ähnlichen Bearbeitungsfolgen, die auch als Fertigungsfamilien bezeichnet werden, soll später noch eingegangen werden.

In Abgrenzung gegenüber [22] soll klargestellt werden, daß unsere Definition der Gruppenfertigung hauptsächlich „Gruppen mit abgeschlossenem Bearbeitungszyklus auf verschiedenartigen Maschinen“ [22] umfaßt. Eine gemeinsame Fertigung verschiedener Teile, die sich auf nur einige wenige gemeinsame Operationen beschränkt, beeinflußt den Aufbau der Fertigungseinrichtungen so wenig, daß sie unberücksichtigt bleiben kann.

Die Maschinen in der Gruppe sind üblicherweise Universalmaschinen, zwischen denen keine Abtaktung erfolgt und zwischen denen infolgedessen Zwischenlager entstehen. Die Fördermittel müssen daher einigermaßen flexibel sein. Zur Bewältigung des Hauptmaterialflusses eignen sich leicht versetzbare Stetigförderer, z. B. Rollen- oder Röllchenbahnen. Zur Bewältigung des Materialflusses, der auf Grund von besonderen Rückflüssen, Sonderarbeitsgängen usw. entsteht, können einfache Flurfördermittel eingesetzt werden.

Im Vergleich mit anderen Fertigungsformen kann über die Gruppenfertigung folgendes ausgesagt werden:

Gegenüber der Werkstattfertigung ist der Transportaufwand wesentlich geringer und der Überblick über die Fertigung im allgemeinen besser. Infolgedessen sind kürzere Durchlaufzeiten erreichbar. Die Rüstzeiten sind kürzer, da die Teile wesentlich weniger verschieden sind als in der Werkstattfertigung. Gegenüber der Fließfertigung hat sie den Vorteil, daß sie sich bei kleineren Stückzahlen anwenden läßt, wenn nur eine genügende Anzahl ähnlicher Werkstücke zu fertigen sind. Eine Umstellung auf geänderte oder ganz andere Teile mit veränderten Arbeitsfolgen ist im allgemeinen möglich.

Typisch für die Gruppenfertigung ist die gestreute Maschinenanordnung, wie sie Bild 7.4 zeigt; zum Transport und zur Zwischenlagerung dienen dort leicht versetzbare Rollenbahnen. Durch diese gestreute Anordnung entstehen kurze Wege zwischen den Maschinen, auch wenn die Arbeitsabläufe etwas voneinander abweichen. Möglich ist aber auch eine Linienanordnung, u. U. mit Parallelmaschinen, wenn in genügendem Maß gleiche Arbeitsabläufe gegeben sind.

Weitere Informationen sind in [23] zu finden.

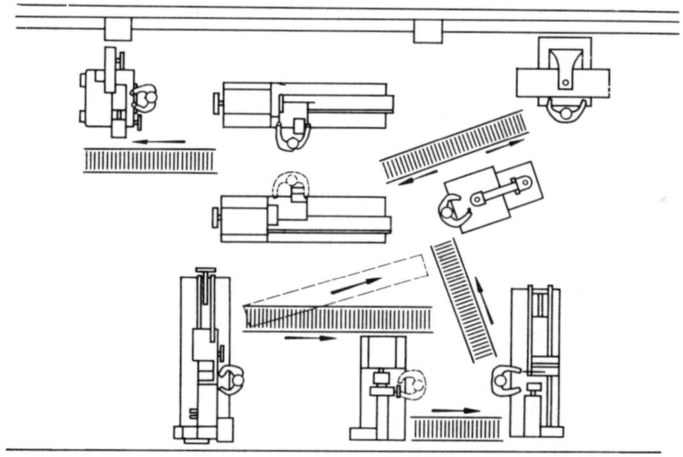

Bild 7.4. Gestreute Maschinenanordnung mit Rollenbahnen zum Transport zwischen den Maschinen.

7.3.4 Fließfertigung

Die Fließfertigung läßt sich durch die beiden folgenden Merkmale charakterisieren:

Die räumliche Anordnung der Fertigungsstellen geschieht in der Reihenfolge der beim Fertigungsprozeß zu durchlaufenden Operationen, und die einzelnen Fertigungsoperationen sind zeitlich so aufeinander abgestimmt, daß ihr Zeitbedarf möglichst dem der Taktzeit entspricht. Die räumliche Anordnung und der zeitliche Ablauf sind prinzipiell in Bild 7.5 dargestellt.

Die räumliche Anordnung der Fertigungseinrichtungen geschieht üblicherweise auf einer geraden Linie, möglich ist auch eine U-förmige oder kreisförmige Anordnung, je nach zusätzlichen Bedingungen. Die zeitliche Abstimmung, d. h. die Aufteilung der zur Fertigung des Werkstücks notwendigen Operationen derart, daß die Fertigungsoperationen auf allen Fertigungseinrichtungen möglichst gleich lang dauern (Bandabstimmung), ist das wesentliche Problem der Fließfertigung. Da

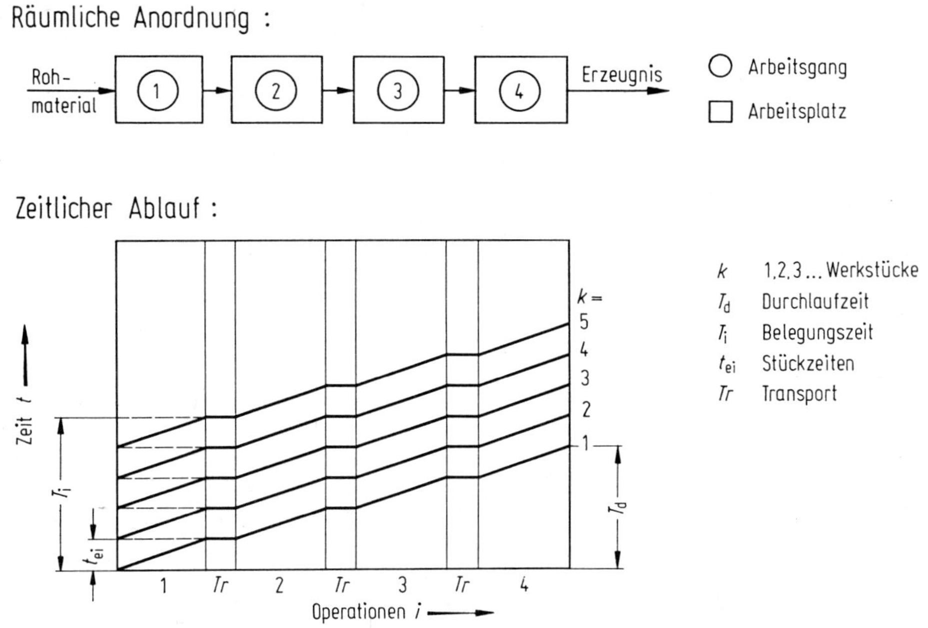

Bild 7.5. Räumliche Anordnung und zeitlicher Ablauf bei Fließfertigung.

die Taktzeit (abgesehen von der Transportzeit) gleich der Stückzeit für die längste Fertigungsoperation anzusetzen ist, ergeben sich bei allen Arbeitsstationen mit kürzerer Arbeitszeit als der Taktzeit entsprechende Verlustzeiten. Die Taktgebung bei der Fließstraße kann durch ein Fördermittel, das die Fertigungseinrichtungen verbindet, durch eine Steuerung, die verschiedene Fördermittel steuert oder, wenn der Transport von Hand erfolgt, durch Signale geschehen.

Als Fördermittel werden im allgemeinen Stetigförderer verwendet, die kontinuierlich oder intermittierend arbeiten. Dabei handelt es sich häufig um Spezialförderer, die speziell für das entsprechende Werkstück konstruiert wurden oder an das Werkstück angepaßt wurden.

Wenn zwei Fertigungseinrichtungen ohne die Zwischenschaltung von Speichern direkt durch Fördermittel verbunden sind, spricht man von einer starren Verkettung. Wenn Störungen an den Fertigungseinrichtungen zu verschiedenen Zeiten auftreten, so addieren sich die Störungszeiten. Bei vielen verketteten Fertigungseinrichtungen, die störungsempfindlich sind, kann sich dadurch eine sehr schlechte Gesamtausnutzung ergeben.

Dem begegnet man durch Zwischenschaltung von Speichern, die als Störungspuffer dienen. Man spricht dann von loser Verkettung. Um die Kosten für Störungspuffer möglichst gering zu halten, wendet man in einer Fließstraße häufig eine Kombination von starrer und loser Verkettung an.

Bei der Fließfertigung ist eine weitgehende Arbeitsspezialisierung üblich, so daß eine Fertigungsoperation nur wenige Arbeitselemente umfaßt. Deshalb gelangen Spezialmaschinen und, wenn notwendig, lediglich angelernte Arbeiter zum Einsatz. Insgesamt ergibt sich, daß die Planung einer Fließfertigung aufwendig ist, hingegen aber die Steuerung des Fertigungsablaufs relativ einfach. Aus dem Gesagten ergibt sich auch, daß eine Fließstraße häufig nur für ein Werkstück geeignet ist, manchmal aber auch für mehrere sehr ähnliche Werkstücke. Da im allgemeinen Maschinen, Fördermittel, Vorrichtungen und Werkzeuge stark spezialisiert sind und daher eine große Leistung haben, sind sie auch schlecht umstellbar. Bei einem Produktwechsel wird vor allem eine automatische Fließstraße entweder unbrauchbar oder kann nur mit größerem Aufwand umgebaut werden. An der Entwicklung flexibler Fertigungssysteme, die schnell auf verschiedene Werkstücke umgestellt werden können, wird gearbeitet [24, 25].

Zur Bewältigung der Transporte zu und von der Fließstraße sind leistungsfähige und zuverlässige Fördermittel notwendig, häufig sind Stetigförderer am besten geeignet.

Vor- und Nachteile der Fließfertigung:

Vorteile:

a) Sehr kurze Durchlaufzeiten mit allen entsprechenden günstigen Auswirkungen. Die Durchlaufzeit wird ein Minimum.
b) Sehr kurze Wege innerhalb der Fließfertigung.
c) Geringe Raumkosten, da kaum Zwischenlager.
d) Leistungssteigerung von Arbeiter und Maschine. Einfache Steuerung und Überwachung der Fertigung sowie einfache Disposition des Materials und der Fördermittel wegen der lange Zeit gleichbleibenden Bedingungen.

Nachteile:

Anwachsen des Betriebsrisikos [2], da hohe fixe Kosten, die bei einer Verminderung des Ausstoßes einen schnellen Kostenanstieg pro Stück verursachen und schlechte Umstellbarkeit, die einem Artikelwechsel, außer bei sehr ähnlichen Artikeln, große Schwierigkeiten entgegensetzen.

Die Einrichtung einer Fließfertigung sollte nur vorgenommen werden, wenn die entsprechenden technischen und wirtschaftlichen Voraussetzungen gegeben sind. An *technischen Voraussetzungen* sind zu nennen:

Die konstruktive Gestaltung des Erzeugnisses sollte derart sein, daß es für die Fließfertigung geeignet ist. Insbesondere darf auch die Handhabung keine unlösbaren Probleme verursachen. Das Erzeugnis sollte auch technisch ausgereift sein, so daß während seiner Herstellung möglichst keine Änderungen notwendig werden.

An *wirtschaftlichen Voraussetzungen* wären zu nennen [9]: Hohe Stückzahlen, Wechsel des Fertigungsprogramms nur in langen Zeiträumen, möglichst gleichbleibender Bedarf pro Zeiteinheit. Wenn diese Voraussetzungen gegeben sind, sollte eine Fließfertigung eingerichtet werden, wenn sie genügend rentabel ist, d. h. wenn das Verhältnis von Produkt aus Stückzahl × Stückkostensenkung gegenüber den bisherigen Verfahren zu den einmaligen Einrichtungs- und Umstellungsaufwendungen genügend groß ist.

7.3.5 Ungefähre Ermittlung der geeignetsten Fertigungsformen

Die Bestimmung der geeignetsten Fertigungsformen für einen Betrieb ist schwierig. Dies gilt um so mehr, als in einem Betrieb durchaus mehrere verschiedene Fertigungsformen nebeneinander bestehen können.

Tabelle 7.1. Zusammenhang zwischen Fertigungsformen und Fertigungsarten.

	Fertigungsformen	Einzelfertigung	Kleinserienfertigung	Mittelserienfertigung	Großserienfertigung	Massenfertigung
			Serienfertigung			
	Fließfertigung				•	•
	Gruppenfertigung		(•)	•	•	
	zentrale Arbeitsverteilung		•	•		
	Werkstattfertigung	•	•	•		
Punktfertigung	betriebliche Baustellenfertigung	•	•			
	automatisches Fertigungszentrum		•			
	handwerkliche Fertigung	•	•			

(Waagerechte Achse: Fertigungsarten)

Tabelle 7.1 und Bild 7.6 dienen der Klärung, wie die geplanten Fertigungsarten auf die denkbaren Fertigungsformen verteilt werden können, um so eine Grundlage für das Werkstattlayout zu erhalten.

Die Entscheidung für eine Fertigungsform ist bei der Einzelfertigung und bei der Massenfertigung relativ einfach. Bei der Einzelfertigung läßt sich die Entscheidung für Werkstattfertigung, betriebliche Baustellenfertigung oder handwerkliche Fertigung von den erforderlichen Fertigungseinrichtungen her fällen, die geeignete Fertigungsform für die Massenfertigung ist allein die Fließfertigung. Bei der Serienfertigung erhebt sich dagegen die Frage, ob eine Gruppenfertigung oder ob bei größeren Serien eventuell sogar eine Fließfertigung günstiger wäre. Wenn diese beiden Fertigungsformen nicht geeignet sind, ist zu überlegen, ob anstelle einer möglichen Werkstattfertigung vielleicht eine zentrale Arbeitsverteilung oder ein automatisches Fertigungszentrum [26] vorzuziehen wäre.

Eine endgültige Entscheidung für die günstigsten Fertigungsformen kann erst getroffen werden, wenn die genauen Arbeitsabläufe und die Zahl der erforderlichen Fertigungseinrichtungen bekannt sind. Dies gilt vor allem für die Serienfertigung. Dann erst läßt sich ermitteln, welche verschiedenen Teile bei gemeinsamer Bearbeitung in einer Gruppenfertigung genügende Maschinenauslastungen erbringen (vgl. Kap. 7.5.1).

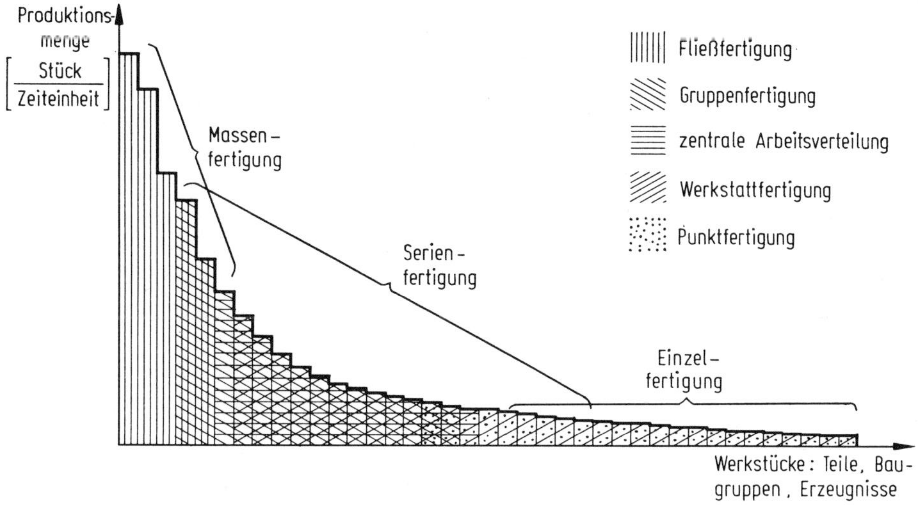

Bild 7.6. Zusammenhang zwischen Werkstückmengen, Fertigungsarten und Fertigungsformen.

7.4 Ermittlung der Anzahl der Fertigungseinrichtungen

Zunächst muß geklärt werden, wie eventuelle saisonale oder andere kurzfristige Schwankungen im Verkauf ausgeglichen werden sollen. Dies kann durch entsprechende Überdimensionierung der Fertigungskapazität oder des Fertigwarenlagers geschehen.

Hierzu ist eine Überschlagsrechnung der Fertigungs- und Lagerkosten notwendig, die auf der Fertigungsseite wenigstens die ungefähre Kenntnis der Produktionsmethoden voraussetzt.

Nachdem evtl. bestimmt ist, um wieviel Prozent die Fertigungskapazität über der Mindestkapazität liegen soll, kann mit Hilfe der Vorgabezeiten und der möglichen Nutzungszeiten die Zahl der Maschinen errechnet werden. Anschließend müssen evtl. noch die günstigsten Maschinentypen ermittelt werden.

Die Bestimmung der Produktionsmethoden, der Anzahl der Fertigungseinrichtungen und ihre Auswahl sind Aufgaben der Fertigungsplanung. Da aber häufig für Neuplanungen noch keine Abteilung „Fertigungsplanung" verfügbar ist, muß diese Aufgabe dann vom Fabrikplanungsteam übernommen werden.

7.4.1 Bestimmung der technologischen Produktionsmethoden

Unter „Produktionsmethoden“ sollen die Arbeitsvorgänge verstanden werden, die an den Werkstücken auszuführen sind. Ihre Bestimmung wird in vielen Fällen unproblematisch sein. Manchmal dürften aber genauere Überlegungen bis hin zu selbstentwickelten Spezialmaschinen beträchtlichen Gewinn bringen.

In metallverarbeitenden Betrieben muß z. B. geklärt werden, ob als Ausgangswerkstoff ein Gußteil oder ein Preßteil bezogen werden soll oder ob es vielleicht günstiger ist, z. B. von der Stange zu drehen.

Für die eigene Fertigung ist häufig zwischen spanender und spanloser Fertigung, bei spanender Fertigung z. B. zwischen Hobeln und Fräsen oder zwischen verschiedenen Methoden der Feinbearbeitung zu wählen.

Allgemein gültige Anleitungen können zu diesem Problem hier nicht gegeben werden. Die zu wählende Fertigungsmethode hängt von der Form, Festigkeit, Genauigkeit der Abmessungen, Oberflächengüte und anderen Eigenschaften des Werkstückes und von der Stückzahl ab. Es kann aber eine Tendenz von der spanabhebenden Formgebung weg zur spanlosen Formgebung und zum Gießen hin beobachtet werden [27]. Diese Meinung wird durch die Tatsache unterstrichen, daß die Produktion der Maschinen der spanlosen Formgebung wesentlich stärker anstieg als der Maschinen der spanabhebenden Formgebung [28].

Bild 7.7 zeigt am Beispiel einer Buchse einen Vergleich dieser Fertigungsmethoden [29]. Die Voraussetzungen entsprechender Stückzahlen und Werkstückformen müssen allerdings gegeben sein.

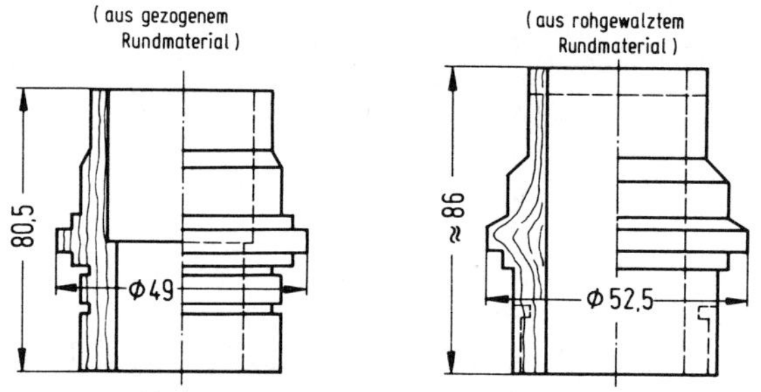

a spanabhebend | b spanlos

		a spanabhebend	b spanlos
Toleranz	:	IT 6	IT 9
Oberfläche	:	1...10 µm	0,3...3,5 µm
Werkstoffbedarf	:	1,28 kg = 100%	Pressen 0,4 kg = 31%
Bearbeitungszeit	:	18,08 min = 100%	1,21 min + 7,9 min (Drehen) = 9,11 min = 50,5%
Material- und Lohnkosten	:	100%	58%

Bild 7.7. Vergleich: Spanabhebende Bearbeitung — Fließpressen [29].
a) Aus gezogenem Rundmaterial. b) Aus rohgewalztem Rundmaterial.

Einen Leistungsvergleich zwischen Fräsen und Hochgeschwindigkeitsschleifen am Beispiel der Spiralbohrerfertigung zeigt Bild 7.8 [30].

Für verschiedene Gießverfahren von Leichtmetall bringt Bild 7.9 einen Kostenvergleich, aus dem die starke Abhängigkeit von der Stückzahl ersichtlich ist [31].

Es empfiehlt sich also, wenn die Voraussetzung – hohe Stückzahl – gegeben ist, zu prüfen, ob nicht urformende oder umformende Fertigungsmethoden angewandt werden können.

Außer den Kosten sind dabei veränderte Festigkeitseigenschaften oder Oberflächengüten mit zu betrachten.

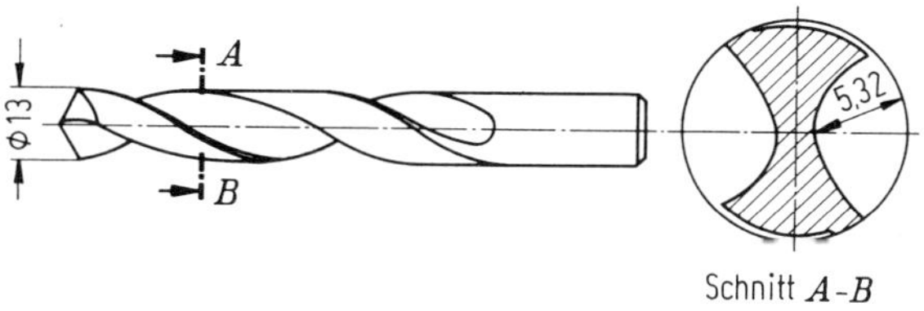

	Vorschub m/min	Schnitt-geschwindigkeit a) m/min b) m/s	mittlere Zerspanleistung mm³/mm·s
Fräsen (Werkstoff ungehärtet)	0,083	a) 50	7,4
Schleifen (Werkstoff gehärtet)	1,27	b) 120	115

Leistungssteigerung 15:1

Bild 7.8. Leistungsvergleich Fräsen – Hochgeschwindigkeitsschleifen in der Spiralbohrerfertigung. Werkstoff: S 6-5-2 (DM 05) [30].

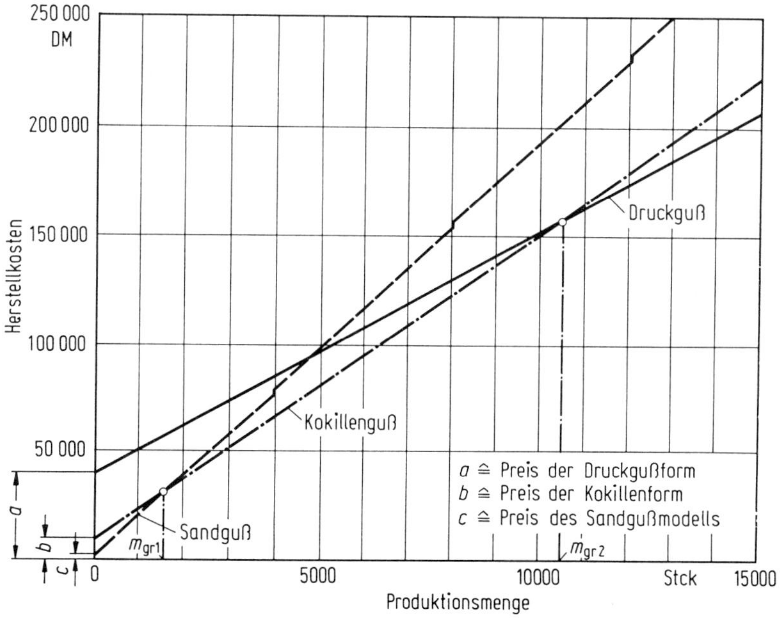

Bild 7.9. Vergleich der Herstellkosten von Kupplungsgehäusen bei verschiedenen Gießverfahren [31]. m_{gr1} = Grenzstückzahl 1, m_{gr2} = Grenzstückzahl 2.

7.4.2 Bestimmung der Fertigungskapazität im Verhältnis zur durchschnittlich erforderlichen Kapazität (Mindestkapazität)

Der Absatz der Erzeugnisse ist häufig Schwankungen unterworfen, die der Betrieb ausgleichen muß. Dabei treten saisonale Schwankungen auf, die ständig wiederkehren und mit denen man ziemlich sicher rechnen kann. Unangenehmer sind unregelmäßig auftretende, kurzfristige Schwankungen des Absatzes.

Vom Produktionsprogramm ist zunächst nur die jährliche Produktionsmenge vorgegeben. Die Fertigungskapazität muß mindestens so bemessen sein, daß bei gleichmäßiger Produktion über das ganze Jahr diese Produktionsmenge hergestellt

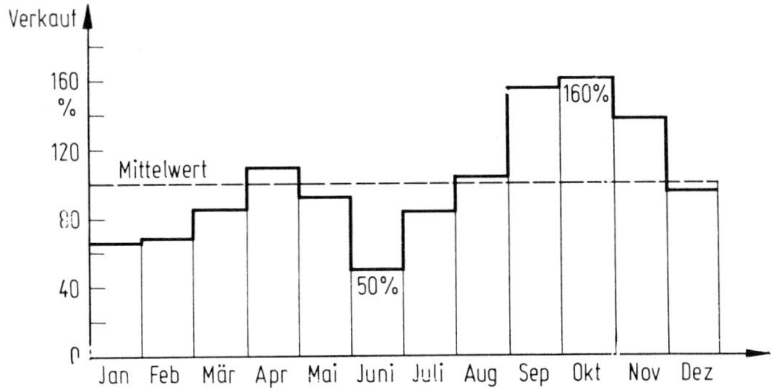

Bild 7.10. Süßwaren-Verkaufskurve (saisonale Schwankungen).

werden kann. Die entsprechende Fertigungskapazität sei die Fertigungsmindestkapazität. Wenn der Absatz saisonal schwankt, wie z. B. in Bild 7.10 für eine Süßwarenfabrik dargestellt, gibt es folgende Möglichkeiten, sie aufzufangen:

1. Ergänzen des Produktionsprogrammes derart, daß Artikel mit gegenläufigen saisonalen Schwankungen aufgenommen werden, die die gleichen Fertigungseinrichtungen erfordern.
2. Maßnahmen der Absatzsteigerung in den verkaufsschwachen Zeiten. Hierzu gehören verstärkte Werbung, Preisnachlässe usw.
3. Ausgleich der Schwankungen durch Pufferlager.
4. Vergrößerung der Fertigungskapazität über die Mindestkapazität hinaus auf die maximale Verkaufsmenge (im Beispiel auf 160% der Mindestkapazität).

Die erste Möglichkcit, ausgleichend wirkende Artikel aufzunehmen, die die gleichen Fertigungseinrichtungen erfordern, dürfte selten gegeben sein, und auch der zweiten Möglichkeit, die Absatzschwankungen durch Werbemaßnahmen zu glätten, dürften Grenzen gesetzt sein.

Damit verbleiben üblicherweise die beiden unter 3 und 4 angeführten extremen Wege, die im allgemeinen isoliert nicht gangbar sind. Das Auffangen durch ein Pufferlager führt zu einem sehr großen Lager mit langen Lagerzeiten und entsprechend hohen Kosten und eignet sich nicht für verderbliche Waren. Der Ausgleich durch unregelmäßige Fertigung führt zu schlechten Nutzungsgraden der Fertigungseinrichtungen und zu stark veränderlichem Personalbedarf und ist bei stärkeren Schwankungen nicht gangbar. Aus diesen Gründen wird im allgemeinen eine Kombination beider Möglichkeiten gewählt. Mit einem kleinen Pufferlager kann man außerdem nicht voraussehbare kurzfristige Schwankungen überbrücken, denen die Fertigung, die wegen langer Durchlaufzeiten nicht schnell reagieren kann, nicht gewachsen ist. Nun ist also zu ermitteln, welchen Anteil der saisonalen Schwankungen die Fertigung und welchen das Pufferlager ausgleichen soll. Die Anteile sollten so gewählt werden, daß die Kosten möglichst gering sind. Als Randbedingungen müßten Mindestpufferlager zum Ausgleich unregelmäßiger Schwankungen und eine maximale mögliche Lagerzeit bei verderblichen Gütern berücksichtigt werden.

Die Kostenrechnung wird dadurch erschwert, daß in diesem Planungsstadium erst ungenaue Daten über Betriebsmittel im weitesten Sinne vorliegen. Es soll sich aber lediglich um eine Vergleichsrechnung handeln, die wegen evtl. Ungenauigkeiten nach der Planung von Produktion und Fertigwarenlager überprüft werden muß. Bild 7.11 zeigt einen Vergleich der Lagerbestände bei verschiedenen Fertigungskapazitäten, über die Jahreszeit aufgetragen, wenn der Absatz entsprechend Bild 7.10 schwankt.

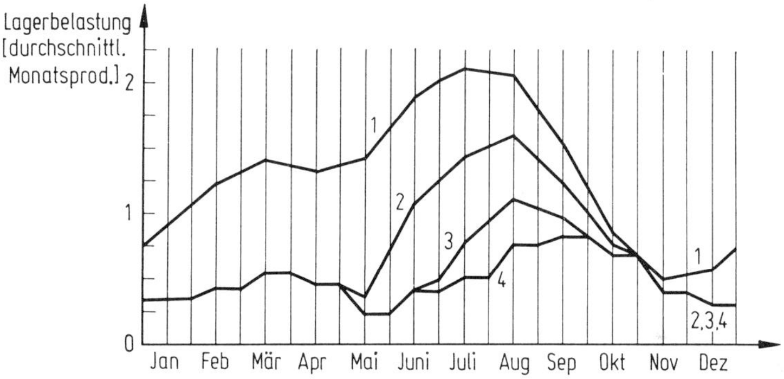

Bild 7.11. Saisonale Lagerbelastung in Abhängigkeit von der Fertigungskapazität.
1 Fertigungskapazität = 100% der Mindestkapazität.
2 Fertigungskapazität = 120% der Mindestkapazität.
3 Fertigungskapazität = 140% der Mindestkapazität.
4 Fertigungskapazität = 165% der Mindestkapazität.

Aus Bild 7.12 sind dazu die Produktionskurven bei verschiedenen Fertigungskapazitäten zu ersehen. Aus dem Vergleich der Lagerbestände ist ersichtlich, daß die maximal erforderlichen Lagerbestände, für die das Lager auszulegen ist, bei einer geforderten Mindestlagergröße für einen halben durchschnittlichen Monatsbedarf stark unterschiedlich werden.

Die Investitionskosten für Fertigung und Lager für verschiedene mögliche Fertigungskapazitäten sind in Bild 7.13 eingezeichnet. Daraus ersieht man, daß hier der Extremfall Fertigung mit Mindestkapazität und Auffangen der Schwankungen nur mit Pufferlager von den Investitionskosten her am günstigsten wäre. Bei einer Abschätzung der laufenden Kosten, die für einen Vergleich eigentlich wichtiger sind, konnte kein wesentlich anderer Verlauf angenommen werden. Da die Ware aber sehr verderblich war, konnte diese Lösung nicht realisiert werden, man einigte sich auf eine Lösung, bei der die Fertigungskapazität etwa 130% der Mindestkapazität betrug und einer dieser Kapazität entsprechenden Lagergröße.

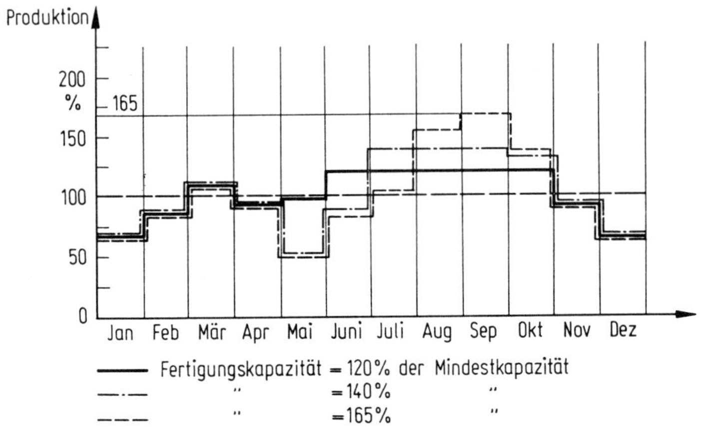

7.12. Produktionskurven bei verschiedenen Fertigungskapazitäten.

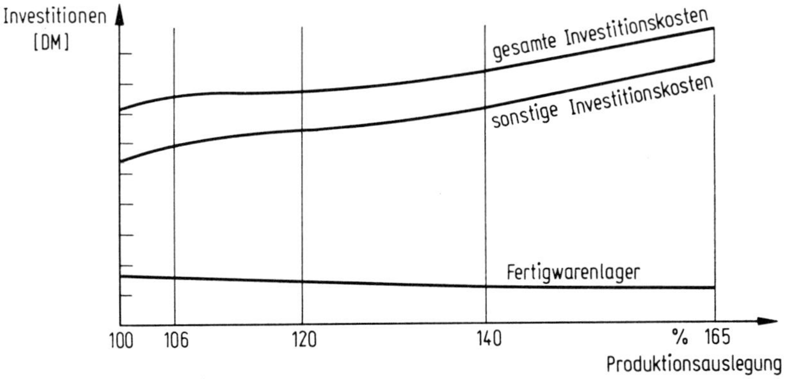

7.13. Optimale Produktions- und Lagerauslegung bei saisonalen Schwankungen. 100% Produktionsauslegung entspricht der Mindestkapazität.

7.4.3 Berechnung der Anzahl der Fertigungseinrichtungen

Die Anzahl der notwendigen Fertigungseinrichtungen wird ganz entscheidend von der vorzusehenden Arbeitszeit beeinflußt. Die Rechnung ergibt völlig unterschiedliche Werte, wenn man mit 2 oder gar 3 Schichten rechnen kann oder wenn man grundsätzlich Einschichtarbeit zugrunde legen muß. Bei Einführung von Mehrschichtbetrieb lassen sich üblicherweise die Fertigungskosten pro Stück senken, weil sich die fixen Kosten (vor allem Kapitalkosten für Gebäude und Fertigungseinrichtungen) auf eine nahezu verdoppelte oder verdreifachte Stückzahl verteilen. Da aber immer weniger Arbeiter bereit sind, in Schichten zu arbeiten, dürfte Schichtarbeit nur noch für sehr kapitalintensive Betriebe oder an sehr teuren Einzelmaschinen durchführbar sein. Wenn noch die mögliche Arbeitszeit, die Zahl der ortsüblichen Feiertage und evtl. gemeinsame Betriebsurlaubszeit berücksichtigt sind, lassen sich die jährlichen Arbeitsstunden berechnen. Wenn Einschichtbetrieb vorgesehen ist, ist ferner bedeutungsvoll, ob man mit Überstunden rechnen kann, die u. U. bei sehr teuren Betriebsmitteln den Investitionsaufwand beträchtlich reduzieren können. Überstunden können auch zum Abdecken unvorhergesehener Verkaufsspitzen gute Hilfe leisten. Aus der Gegenüberstellung von Maschinenbelegungszeiten durch die Erzeugnisse und die möglichen Arbeitsstunden ergibt sich die Zahl der notwendigen Maschinen bzw. entsprechend der anderen Fertigungseinrichtungen: chemische Anlagen, Apparate, Handarbeitsplätze usw.

Die Maschinenbelegungszeiten lassen sich ermitteln, indem man die echten Vorgabezeiten der einzelnen Werkstücke für die einzelnen Fertigungseinrichtungen addiert. Zunächst ist zu ermitteln, welche Werkstücke bearbeitet werden müssen (Bedarfsermittlung). Wenn das Produktionsprogramm vorgegeben ist, lassen sich die Einzelteile und Baugruppen genau durch eine Stücklistenauflösung und eine anschließende Zusammenfassung gleicher Werkstücke ermitteln [32]. Dieses Verfahren ist bei umfangreichem Produktionsprogramm sehr aufwendig und praktisch nur anwendbar, wenn die Stücklisten auf Datenträger aufgenommen sind und ein Rechenprogramm zur Stücklistenauflösung bereits läuft. Im anderen Fall wird man sich darauf beschränken, repräsentative Erzeugnisse auszuwählen, die eine Anzahl ähnlicher Erzeugnisse repräsentieren können, die in der Bearbeitung ähnliche Werkstücke haben wie das repräsentative Erzeugnis [33]. Man muß nun die Stücklistenauflösung nur für die repräsentativen Erzeugnisse für die entsprechend höhere Gesamtstückzahl vornehmen. Dies kann dann evtl. manuell geschehen.

Da die Fertigungsform die Art der Maschinen beeinflußt, z. B. ob Spezialmaschinen oder Universalmaschinen verwendet werden, ist zunächst von der wahrscheinlicheren Fertigungsform auszugehen und die Berechnung später zu überprüfen.

Die Ermittlung der Fertigungstechnologie ist bereits in Kap. 7.4.1 erfolgt. Die genauere Festlegung muß jetzt erfolgen. Dabei muß beispielsweise festgelegt werden, ob Drehteile auf einfachen Drehbänken, Revoloverdrehbänken oder Automaten zu bearbeiten sind. Gleichzeitig ist zu klären, welche Drehlängen und Drehdurchmesser notwendig sind, um die Maschinengrößen festlegen zu können. Sollten sich für einzelne Fertigungseinrichtungen sehr niedrige Maschinenbelegungszeiten ergeben, so daß sich die Anschaffung mancher Fertigungseinrichtungen überhaupt nicht lohnt, ist zu überlegen, ob beispielsweise für Drehteile anstelle eines schlecht ausgelasteten Automaten nicht besser eine Revolverdrehbank Verwendung finden sollte. Man kann hier so vorgehen, daß man zunächst die bestgeeignete Fertigungseinrichtung vorgibt und evtl. anschließend bei sehr schlechter Auslastung gefühlsmäßig auf andere Fertigungseinrichtungen umdisponiert. Es liegt auch ein aufwendigeres Verfahren vor, nämlich jeweils eventuelle Alternativ-Fertigungseinrichtungen zusätzlich vorzugeben und für sie die Belegungszeiten mitzurechnen [34]. Vor der Bestellung neuer Maschinen muß die endgültige Entscheidung über die Alternativlösungen gefällt werden.

Zur Berechnung der Maschinenbelegungszeiten sind noch die echten Vorgabezeiten zu ermitteln. Wenn es sich um eine Umstellungs- oder Erweiterungsplanung handelt, sind bei Betrieben mit vorgegebenen Produktionsprogrammen aus den Fertigungsplänen die Stückzeiten und die Rüstzeiten pro Los für jeden Arbeitsgang bekannt und die Fertigungseinrichtungen, auf denen gefertigt werden soll, vorgegeben. Wenn, was häufig der Fall ist, in den Vorgabezeiten versteckte Lohnzulagen enthalten sind, sind diese zunächst zu eliminieren. Gleichfalls zu eliminieren sind die Verteilzeiten, weil man bei der Berechnung von den tatsächlichen Zeiten ausgehen muß.

Wenn das Produktionsprogramm bisher noch nicht gefertigt wurde, so sind die Vorgabezeiten zunächst zu ermitteln. Dabei kann man die Arbeitszeiten mit Hilfe von Verfahren vorbestimmter Zeiten aus Tabellen ermitteln. Da die Arbeitszeiten aber nicht immer mit den Betriebsmittelzeiten übereinstimmen, muß man abweichende Betriebsmittelzeiten extra bestimmen. Dies kann mit Hilfe von Analogiebeziehungen geschehen, indem man für ähnliche Einzelteile oder evtl. sogar ähnliche Baugruppen auch ähnliche Fertigungszeiten vorgibt [35]. Im schlimmsten Fall müssen die Vorgabezeiten für die Teile repräsentativer Erzeugnisse einzeln berechnet werden.

Bevor man die Vorgabezeiten übernimmt, sollten die Losgrößen der Aufträge überprüft werden. Methoden zur Bestimmung der optimalen Losgröße sind in [36] angegeben.

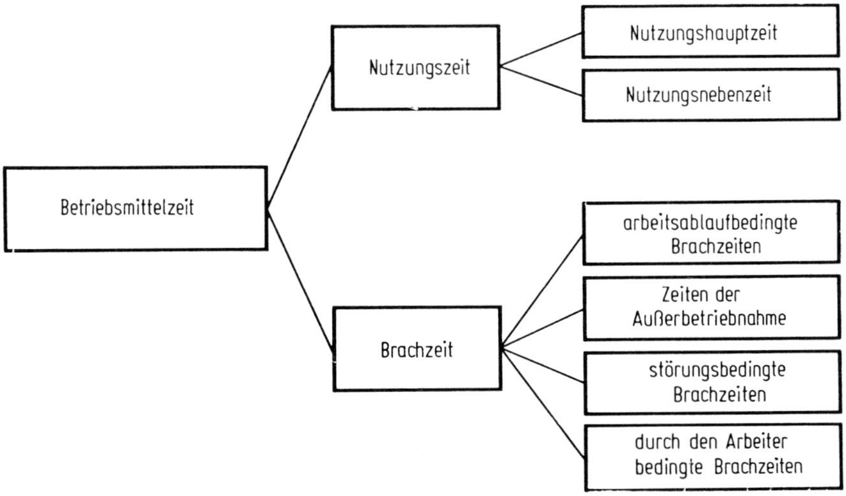

Bild 7.14. Gliederung der Betriebsmittelzeit [37].

Die Summe aus Rüst- und Stückzeiten entspricht in Bild 7.14 nach REFA [37] der Nutzungszeit. Als Betriebsmittelzeit wollen wir die jährliche Arbeitszeit ansehen. Die Differenz zwischen Betriebsmittel- und Nutzungszeit ist die Brachzeit, während der Werkstücke weder bearbeitet noch deren Bearbeitung direkt vorbereitet werden. Aus dem Verhältnis Nutzungszeit zu Betriebsmittelzeit – im folgenden Nutzungszeitanteil genannt –, kann man die Nutzungszeit berechnen und durch Vergleich mit den entsprechenden geforderten bereinigten Vorgabezeiten die jeweilige Anzahl der Fertigungseinrichtungen bestimmen. In einem Betrieb der metallverarbeitenden Industrie wurden folgende Nutzungsanteile gemessen:

Dreherei: 41%
Fräserei: 36%
Bohrerei: 34%
Stanzerei: 29%
Poliererei: 78%

Diese Zeitanteile wurden mit Hilfe einer Multimomentaufnahme ermittelt (vgl. Beispiel im letzten Buchkapitel). Gleichzeitig wurden die Gründe für die schlechten Nutzungszeitanteile festgestellt und erreichbare höhere Nutzungszeitanteile bei Abstellung der vorgefundenen Mängel für eine Neuplanung vorgegeben. Bei der Vorgabe des Nutzungszeitanteils muß man sich darüber im klaren sein, daß Zahlenwerte von nahezu 100% nicht erreichbar sind, weil ab und zu Instandhaltungsarbeiten notwendig werden, Störungen auftreten, Aufträge für Maschinen fehlen, Maschinenarbeiter oder Einrichter kurzzeitig oder längerfristig abwesend sind usw. Es ist auch nicht richtig, bei sehr billigen Maschinen einen hohen Nutzungsanteil um jeden Preis erreichen zu wollen. Man sollte z. B. nicht an Handschleifmaschinen oder einfachen Bohrmaschinen sparen, wenn sich dadurch Wege und Wartezeiten an teuren Fertigungseinrichtungen vermeiden lassen. Bei der Planung kann man die in der Tabelle 7.2 genannten Anteile zugrunde legen.

Tabelle 7.2. Nutzungszeitanteile an spanabhebenden Werkzeugmaschinen (%) [38]

	Einzel- und Kleinserien-fertigung etwa	Großserien- und Massen-fertigung etwa
Drehmaschinen	50	—
Revolverdrehmaschinen	60	79
Rundschleifmaschinen	62	77
Horizontalbohrwerke	42	—
Vertikalbohrmaschinen	68	80
Radialbohrmaschinen	53	75
Fräsmaschinen	85	87
Einspindel-Halbautomaten	—	76
Mehrspindel-Vertikal-Halbautomaten	—	68
Einspindel-Stangen-Drehautomaten	—	79
Mehrspindel-Stangen-Drehautomaten	—	81

Für die einzelnen Fertigungseinrichtungen läßt sich nun nach der folgenden Formel die jeweils erforderliche Anzahl einer bestimmten Art (Maschinengruppe) berechnen.
Es ist

$$m_i = \frac{\sum_1^n t_r + \sum_1^n t_a}{T_b \cdot \eta_i}$$

Dabei sei m_i = Zahl der Fertigungseinrichtungen der Art i (Maschinengruppe),
t_r = bereinigte Rüstzeit pro Auftrag,
t_a = gesamte bereinigte Stückzeit pro Auftrag,
n = Zahl der Aufträge, die während des betrachteten Zeitraumes einen Arbeitsvorgang auf der Fertigungseinrichtung der Art i haben,
T_b = Betriebsmittelzeit während des betrachteten Zeitraumes,
= Nutzungszeitanteil = $\frac{\text{Nutzungszeit}}{\text{Betriebsmittelzeit}}$ der Fertigungseinrichtung
η_i ≙ der gesamten Arbeitszeit während des betrachteten Zeitraumes, der Art i.

Wenn Einzelfertigung nach Kundenwunsch vorliegt, so kann keine genaue Berechnung der Fertigungseinrichtungen vorgenommen werden. Dann wird im allgemeinen auch ein bestehender Betrieb vorhanden sein, an dessen Fertigungseinrichtungen man sich orientieren kann.

Durch eine Untersuchung des Nutzungszeitanteils, vor allem der Engpaßmaschinen, kann man feststellen, ob noch Kapazitäten frei sind und bei welchen Maschinen zusätzlicher Bedarf besteht. Der erzielbare Nutzungsanteil liegt aber bei dieser Art der Fertigung niedriger, als oben angegeben wurde.

Eine derartige grobe Überschlagsrechnung kann auch in eiligen Fällen oder, wenn keine Fertigungszeiten bekannt sind, für eine Fertigung mit gegebenem Produktionsprogramm durchgeführt werden.

Der Aufwand für eine genauere Maschinenberechnung dürfte sich lohnen, weil sich dadurch häufig eine ganze Anzahl Maschinen einsparen lassen.

Dies gilt um so mehr, weil sich eine Berechnung der Fertigungseinrichtungen heute relativ einfach mit Hilfe einer elektronischen Datenverarbeitungsanlage durchführen läßt. Ein Beispiel unter Verwendung einer Lochkartenanlage bringt [33] für repräsentative Teile. Die Berechnung mit Hilfe einer Datenverarbeitungsanlage hat auch den Vorteil, daß man ohne großen Mehraufwand die Zahl der Fertigungseinrichtungen für mehrere Planungszeiträume ermitteln kann. Man kann, wenn man beispielsweise im Jahr 1970 eine Fabrik für das Jahr 1974 zu planen hat, Steigerungsraten nicht nur für das Jahr 1974, sondern auch beispielsweise für die Jahre 1976, 1978 und 1980 vorgeben und die Zahl der erforderlichen Fertigungseinrichtungen in diesen Jahren berechnen lassen. Dies ermöglicht bessere Entscheidungen über notwendige Erweiterungsmöglichkeiten. Die Schwierigkeit hierbei liegt nicht in der Rechnung selbst, sondern, wie bereits erläutert, in der Beschaffung der Daten (Stücklistenauflösung).

Bei der formelmäßigen Berechnung der Fertigungseinrichtungen ergeben sich meistens keine ganzen Zahlen. Was soll man also tun, wenn nach rechnerischem Ergebnis 3,3 Maschinen erforderlich sind? Bei rein theoretischer Betrachtung würde man sagen, daß die Zahlen nur aufgerundet werden dürfen, daß also bereits bei dem Ergebnis 3,05 Maschinen 4 Maschinen notwendig werden. Rockstroh empfiehlt aber, eine weitere Maschine nur vorzusehen, wenn eine ganze Zahl um mehr als 0,1 überschritten wird, da in den Arbeitszeiten im allgemeinen doch noch gewisse Reserven enthalten sind. Durch bessere Steuerung und Betreuung dieser Fertigungseinrichtungen kann man auch einen gewissen Ausgleich schaffen. Wenn für teuere Maschinen nur eine sehr geringe Auslastung errechnet wird, empfiehlt sich die Vergabe der entsprechenden Aufträge an Zulieferer.

Bei der Fließfertigung ergeben sich besondere Probleme durch die erforderliche Verkettung und die Leistungsabstimmung der Fertigungseinrichtungen [39]. Für die Verkettung können die VDI-Richtlinien 3240, 3244 und 3247 [40...42] Hilfsstellung geben. Hinweise für die dabei notwendige Werkstückhandhabung gibt [43]. Eine ausführliche Schilderung des Problems der Leistungsabstimmung und eine Beschreibung maßgeblicher Lösungsverfahren bringt [44].

Es würde zu weit führen, hier auf das nun zu lösende Problem der Auswahl der geeignetsten Betriebsmittel aus dem Angebot der Hersteller einzugehen.

7.5 Endgültige Ermittlung der geeignetsten Fertigungsformen

7.5.1 Ermittlung von Fertigungsfamilien

Die günstigste Fertigungsform für eine vorliegende Serienfertigung zu finden ist besonders schwierig. Anzustreben ist zumindest eine Gruppenfertigung. Nach unserer Definition sollen in einer Gruppenfertigung Teile mit gleicher oder ähnlicher Bearbeitungsfolge, die etwa gleiche Fertigungseinrichtungen erfordern, bearbeitet werden. Da die Stückzahlen einer Werkstückart aber häufig nicht ausreichen, um jede der erforderlichen Maschinen genügend auszulasten, entsteht die Aufgabe, verschiedene Teile mit gleicher oder ähnlicher Bearbeitungsfolge herauszufinden. Solche Teile werden wegen ihrer „Verwandtschaft" auch als „Fertigungsfamilie" [45] bezeichnet.

Über den erwünschten Grad der Ähnlichkeit der Teile ist folgendes zu sagen:

Im Idealfall durchlaufen alle Werkstücke einer Fertigungsfamilie die gleichen Fertigungseinrichtungen in der gleichen Reihenfolge. Meist wird man jedoch Abstriche machen müssen (vgl. 7.3.3): Einzelne Fertigungseinrichtungen können von einigen Werkstücken ausgelassen werden, Rückflüsse von Werkstücken sind möglich, und für einzelne Werkstücke können zwischendurch zusätzliche Arbeitsvorgänge auf anderen Fertigungseinrichtungen vorkommen.

Die Fertigungsanforderungen der Werkstücke ergeben sich nach [46] aus der gewünschten Endform, der Größe, dem Werkstoff, der geforderten Genauigkeit und der Oberflächengüte. Für das Zusammenfinden von Teilen einer Fertigungsfamilie gibt es die folgenden Möglichkeiten:

Die einfachste Möglichkeit ist das mehr oder weniger willkürliche Gruppieren durch Zufall oder Gedächtnis. Es bringt unsichere und unvollständige Ergebnisse und ist daher unzureichend.

Bessere Ergebnisse ergibt das systematische Sichten und anschließende Sortieren von Zeichnungen und Arbeitsplänen [47]. Dabei kann man nach verschiedenen Kriterien vorgehen. Es können Teile geometrischer Ähnlichkeit oder Teile gleicher Funktion zusammengefaßt werden. Teile geometrischer Ähnlichkeit, z. B. zylindrische Teile, kann man durch entsprechendes Sichten von Zeichnungen evtl. unter Zuhilfenahme ihrer Benennung ermitteln. Wenn man sich beim Zusammensuchen strikt an die geometrische Ähnlichkeit hält und Größe, Werkstoff, geforderte Genauigkeit und Oberflächengüte außer acht läßt, so können sich bei gleicher Endform sehr verschiedene Fertigungsabläufe ergeben. Die Fertigungsabläufe müssen in einer nächsten Stufe verglichen werden.

Ähnliches gilt für die Methode, Werkstücke gleicher Funktion zusammenzustellen. Diese Methode war im Falle eines nicht sehr umfangreichen Produktionsprogrammes von Elektrowerkzeugen sehr erfolgreich. Es wurden jeweils Teile, die in verschiedenen Enderzeugnissen eine gleiche Funktion erfüllen, zu „Funktionsgruppen" (z. B. Gehäuse, Exzenterachsen) zusammengefaßt. Die Berechtigung der Zusammenfassung mußte allerdings wieder nachgeprüft werden, indem der Durchlauf der einzelnen Werkstücke durch die Fertigungseinrichtungen verglichen wurde. Die Zusammenstellung von Funktionsgruppen kann häufig allein nach der Benennung bei Zuhilfenahme von Zeichnungen erfolgen. Sie ist für erzeugnistypische Teile besonders geeignet.

Bei sehr umfangreichem und vielseitigem Produktionsprogramm empfiehlt es sich, generell mit einem Klassifizierungssystem zu arbeiten. Es handelt sich hierbei um Nummernsysteme, die die Form, die Funktion oder auch den Fertigungsablauf in codierter Form ausdrücken. Eine solche Verschlüsselung ermöglicht das maschinelle Zusammensuchen ähnlicher Teile mit Hilfe einer Datenverarbeitungsanlage. Bei den Funktionsschlüsseln wird, wie der Name sagt, die Funktion des Teiles in einem Zahlencode verschlüsselt. Bild 7.15 [48] zeigt den Aufbau eines der bekanntesten Funktionsschlüssel. Ob Teile, die nach dem Funktionsschlüssel zusammengehören, eine Fertigungsfamilie bilden können, muß allerdings nachgeprüft werden, indem der Durchlauf der beteiligten Werkstücke durch die Fertigungseinrichtungen verglichen wird.

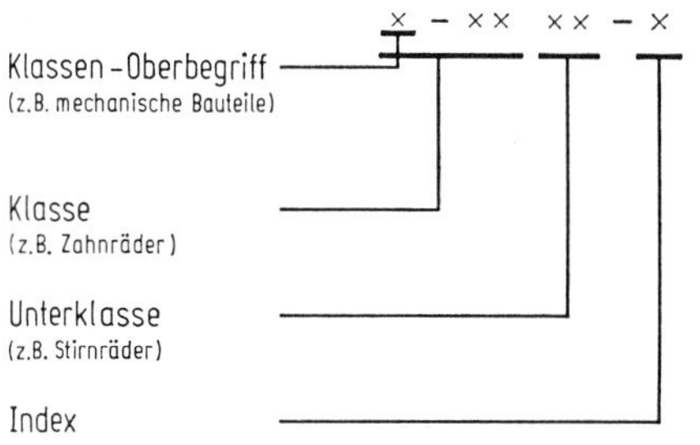

Bild 7.15. Aufbau des IBM-Teilecode [49].

Bei den Systemen, die nach der *Form* klassifizieren (Formenschlüssel), werden meistens auch Größe und teilweise die Werkstoffart mitverschlüsselt. Da die geforderten Genauigkeiten und Oberflächengüten und der Fertigungsablauf als Ganzes nicht mitverschlüsselt werden, läßt sich mit Formenschlüsseln lediglich eine Vorsortierung der Werkstücke erreichen. Die endgültigen Operationsfolgen werden deshalb in der Regel von parallel dazu aufgebauten „Arbeitsablaufschlüsseln" beschrieben [46]. Die bekanntesten dieser Schlüssel stammen von Opitz [49, 50].

Bei den Fertigungsschlüsseln werden die technologischen Merkmale direkt verschlüsselt. Diese Schlüssel beschreiben mehr oder weniger detailliert in systematisierter Form den Fertigungsprozeß. Damit lassen sich unmittelbar Fertigungsfamilien bilden. Die Fertigungsschlüssel sind jedoch in Aufstellung und Anwendung aufwendig. Ihre Aufstellung erfordert große Sachkenntnis. Einer der erschöpfendsten Fertigungsschlüssel ist in [51, 52] beschrieben. Ein so detaillierter Fertigungsschlüssel dürfte jedoch für Zwecke der Fabrikplanung nicht notwendig sein. Da man mit zunehmender Genauigkeit der Aussage eines Klassifizierungssystems auch mit zunehmendem Umfang des Systems rechnen muß, gilt es, hier einen Kompromiß zu finden.

Eine Zusammenstellung von Systemen der Teileklassifizierung bringt [48]. Bei der Auswahl eines Klassifizierungssystems für Fabrikplanungszwecke gilt es zu überlegen, ob sich dieses System nicht gleichzeitig für Zwecke der Wiederholteileverwendung in der Konstruktion und der Normenabteilung verwenden läßt und außerdem, wie es sich in das allgemeine Sachnummernsystem des Betriebes einfügt.

7.5.2 Endgültige Ermittlung der geeignetsten Fertigungsformen

Welche Fertigungsformen für die Einzel- und Massenfertigung am günstigsten sind, wird bereits in Kapitel 7.3.5 hergeleitet. Für die Serienfertigung ist eine Gruppenfertigung anzustreben, wenn keine Fließfertigung möglich ist. Nachdem versucht wurde, Fertigungsfamilien zusammenzustellen, muß die Zahl der erforderlichen Fertigungseinrichtungen für jede Fertigungsfamilie berechnet werden. Wenn hierbei vor allem bei teureren Maschinen keine ausreichende Maschinenauslastung errechnet werden kann, ist eine Gruppenfertigung nicht sinnvoll.

Wenn eine Gruppenfertigung von der Maschinenauslastung her möglich ist, sollte geprüft werden, ob sie von der Vielfalt der Transportbeziehungen her auch sinnvoll ist. Hierzu eignet sich das Verfahren von Schmigalla [53, 54].

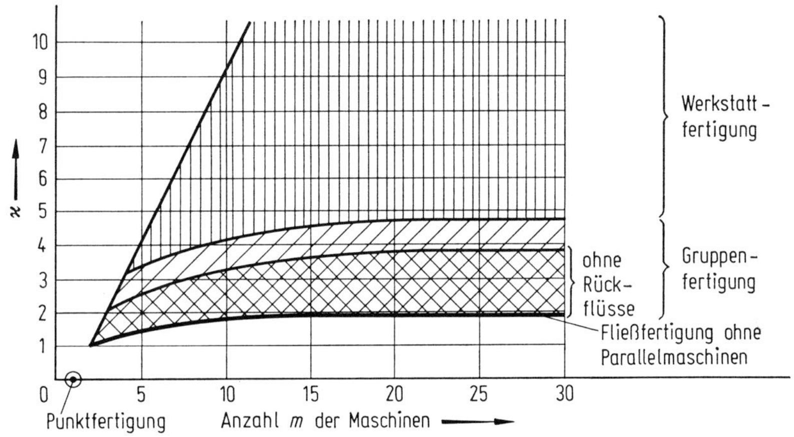

Bild 7.16. $\varkappa,m$-Diagramm zur Bestimmung der Fertigungsform (nach [54]).

Schmigalla arbeitet mit dem „Kooperationsgrad" des beteiligten Fertigungsbereichs und kann mit dessen Hilfe aus einem Schaubild über der Zahl der Maschinen die Fertigungsform ablesen (vgl. Bild 7.16). Der Kooperationsgrad wird definiert als durchschnittliche Anzahl von Arbeitsplätzen oder Maschinen, mit denen ein Arbeitsplatz oder eine Maschine auf Grund des Teiledurchlaufs unmittelbar verbunden ist. Er kann für einen bestimmten Fertigungsbereich folgendermaßen berechnet werden:

$$\varkappa = \frac{\sum_{i=1}^{m} m_i}{m}$$

Dabei ist m_i die Anzahl der Maschinen, mit denen Maschine i unmittelbar in Verbindung steht und m die Anzahl der Maschinen des Fertigungsbereichs. Bild 7.17 zeigt 3 Beispiele für die Berechnung des Kooperationsgrades.

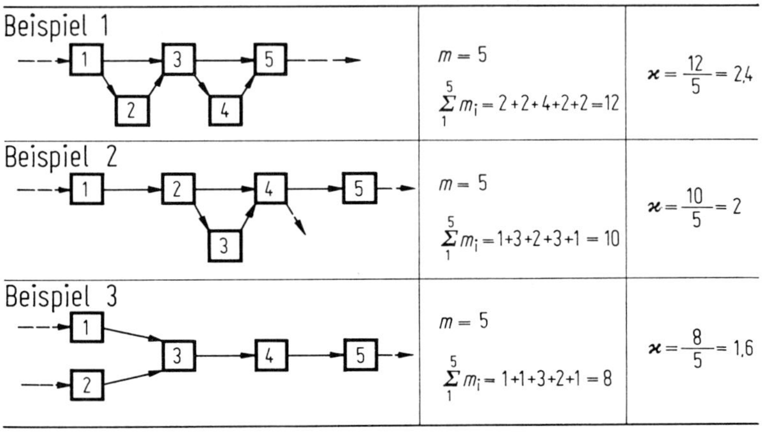

Bild 7.17. Beispiele zur Erläuterung des Kooperationsgrades von Fertigungsbereichen [54].

In [53] hat Schmigalla ausgeführt, wie sich im $\varkappa$, m-Schaubild die Bereiche berechnen lassen, in denen die Fertigungsformen liegen. Bild 7.16 zeigt, daß Punktfertigung durch $m = 1$ und $\varkappa = 0$ gekennzeichnet ist. Mit zunehmenden $\varkappa$ folgen die Bereiche der Gruppenfertigung und der Werkstattfertigung. Die Fließfertigung wird von Schmigalla nicht betrachtet. Fließfertigung ohne Parallelmaschinen ist für die hervorgehobene Grenzlinie der Gruppenfertigung, die mit zunehmenden m gegen $\varkappa = 2$ geht, gekennzeichnet. Der Bereich der Gruppenfertigung, in der keine Rückflüsse auftreten, von Schmigalla Reihenstruktur genannt, ist besonders hervorgehoben. Durch die Berechnung von $\varkappa$ allein kann aber nicht festgestellt werden, ob eine Gruppenfertigung mit oder ohne Rückflüsse (n) auftritt. Dafür muß die Flußmatrix mitbetrachtet werden.

Es ist nun denkbar, jeweils eine Fertigungsform mit einem höheren Kooperationsgrad als dem berechneten zu realisieren, also beispielsweise anstelle einer Gruppenfertigung eine Werkstattfertigung einzurichten. In [50] wurde aber auch ausführlich nachgewiesen, daß es von den Kosten her am günstigsten ist, die Fertigungsform zu verwirklichen, die dem niedrigsten erreichbaren Kooperationsgrad entspricht. Mit der Methode von Schmigalla läßt sich also vor allem feststellen, ob eine Gruppenfertigung in Frage kommt.

Wenn die Fertigungsfamilie bzw. die Werkstückart die Einrichtung einer Gruppenfertigung ermöglicht und wenn hierbei keine Rückflüsse auftreten, ist zu prüfen, ob sie sich nicht in Fließfertigung herstellen läßt. Dafür müssen die bei der Beschreibung der Fließfertigung angegebenen Voraussetzungen, insbesondere die Möglichkeit der Abtaktung gegeben sein.

Mit Hilfe der in diesem Kapitel gemachten Vorschläge sollte es möglich sein, die Fertigungsform des zu planenden Betriebes zu bestimmen. Für die einzelnen Fertigungsformen sollen im nächsten Unterkapitel Methoden für die günstigste Zuordnung der Fertigungseinrichtungen aufgezeigt werden.

7.6 Planung der idealen Aufstellung der Fertigungseinrichtungen (Ideal-Planung)

7.6.1 Bestimmung des Flächenbedarfs

Um die Zuordnung der Fertigungseinrichtungen vornehmen zu können, ist die Kenntnis wenigstens ihrer ungefähren Grundflächengröße notwendig. Die Grundflächengrößen der einzelnen Fertigungseinrichtungen wie Maschinen und dergleichen sind, nachdem die Maschinen bestimmt sind, bekannt. Für die Ermittlung der Gesamtflächen ganzer Maschinengruppen oder ganzer Fertigungsabteilungen sollen hier noch Angaben gemacht werden. Pauschale Angaben mit Hilfe von Kennzahlen, wie sie im Kapitel „Planungsdaten“ aufgeführt sind, genügen in ihrer Genauigkeit bei der Berechnung ganzer Abteilungen, da in ihnen normalerweise Transport, Zusatz- und Hilfsflächen enthalten sind. Wenn jedoch die Fläche einer Maschinengruppe berechnet werden soll, in der nur ein Teil dieser Nebenflächen enthalten ist, wird mit mehr Erfolg die Layout-Methode angewandt.

Von den im Kapitel „Planungsdaten“ genannten Kennzahlen sind nach [55] die folgenden besonders brauchbar:

Fläche je Maschine [m^2/Maschine],
Fläche je Beschäftigten [m^2/Beschäftigte],
Fläche je Produktionseinheit [m^2/Produktionseinheiten].

Bei einer Massenfertigung empfiehlt es sich, die Fläche je Produktionseinheit zugrunde zu legen, bei einer lohnintensiven Fertigung die Fläche je Beschäftigtem, bei einer maschinenintensiven Fertigung die Fläche je Maschine. Nach [55] ist die Kennzahl Fläche je Maschine nicht so starken Schwankungen unterworfen, wie die beiden anderen Kennzahlen und deshalb als Kennzahl besonders geeignet. Zahlengrößen sind im Kapitel „Planungsdaten“ angegeben.

Die zur Flächenermittlung gleichfalls geeignete Layout-Methode ist im Kapitel „Planungsmethoden“ ausführlich erläutert. Sie arbeitet mit maßstäblichen Maschinengrundrissen, die einander so zugeordnet werden, wie es der Idealplanung entspricht. Die Abstände zwischen den Maschinen, Transportwege und dgl. werden je nach gewünschter Genauigkeit grob geschätzt oder auf Grund von Normen, Richtlinien oder eigenen Versuchen ermittelt. Dabei sollte man in diesem Stadium der Planung nicht zu genau werden. Die gesamte Grundflächengröße läßt sich aus dem entstandenen Ideal-Layout abmessen.

7.6.2 Planung der transportkostengünstigsten Aufstellung der Fertigungseinrichtungen

Unter idealer = optimaler Zuordnung soll im folgenden entsprechend früheren Definitionen diejenige Zuordnung verstanden werden, für die sich unter Einhaltung gewisser Sekundärbedingungen der geringste Transportaufwand ergibt. Die

Fertigungseinrichtungen sollen primär so aufgestellt werden, daß die Summe aus den Produkten der Transportmengen und der Entfernungen für alle vorkommenden Transporte ein Minimum wird. Sekundär einzuhaltende Bedingungen sind neben der Beachtung der Fertigungsformen zentralisierende und dezentralisierende Bedingungen, die im nächsten Abschnitt geschildert werden. Das Ergebnis dieser Zuordnung ist der Idealplan. Andere Gesichtspunkte, Randbedingungen genannt, die auch Einwirkungen auf die Aufstellung der Fertigungseinrichtungen haben, werden im Idealplan außer acht gelassen. Sie werden später berücksichtigt. Zunächst werden Hinweise und Methoden für die Zuordnung der Fertigungseinrichtungen innerhalb der einzelnen Fertigungsformen angegeben.

Innerhalb der Punktfertigung ist die Zuordnung von Fertigungseinrichtungen technisch festgelegt. Dies gilt insbesondere für ein automatisches Fertigungszentrum.

Bei der betrieblichen Baustellenfertigung sind im allgemeinen relativ wenige Fertigungseinrichtungen erforderlich. Für diese Einrichtungen wie Bohrmaschinen, Schrauber etc. läßt sich im allgemeinen auch keine feste Zuordnung zueinander oder zu bestimmten Orten vorgeben, da sie meist auf der ganzen Baustelle gebraucht werden.

Soweit bei der Werkbankfertigung oder handwerklichen Fertigung der „Arbeitsplatz" aus mehreren Fertigungseinrichtungen, z. B. mehreren Maschinen, die nacheinander benützt werden, besteht, ergibt sich für die Fabrikplanung die Aufgabe, diese Maschinen einander so günstig zuzuordnen, daß die Wege zwischen ihnen möglichst kurz werden. Je nachdem, ob die Maschinen die gleiche oder verschiedene Grundflächen einnehmen, gibt es für die optimale Zuordnung verschiedene Methoden, die in Kapitel „Planungsmethoden und Planungshilfsmittel" beschrieben werden.

Bei der Werkstattfertigung ist es die wichtigste Aufgabe der Idealplanung, die verschiedenen Abteilungen, wie Dreherei, Fräserei usf. als ganze Abteilungen einander möglichst optimal zuzuordnen. Die Aufstellung innerhalb der einzelnen Abteilungen, z. B. Drehbänke in der Dreherei, ist in der Idealplanung unproblematisch, wenn zwischen den Drehbänken keine Transportbeziehungen bestehen. Wenn jedoch Transporte vorkommen, ist ebenfalls eine Aufstellung anzustreben, die geringen Transportaufwand ergibt. Da die Abteilungen im allgemeinen verschieden große Grundflächen benötigen, sind für ihre Zuordnung Verfahren anzuwenden, die verschieden große Flächen berücksichtigen können (vergleiche Kapitel Planungsmethoden).

Bei der Spezialform „Zentrale Arbeitsverteilung" der Werkstattfertigung erfolgt die Aufstellung der Fertigungseinrichtungen entlang einem stationären Fördermittel, das die Fertigungs- und Kontrolleinrichtungen mit dem zentralen Verteilerlager und der Verteilerstelle verbindet. Wenn das Fördermittel ein Stetigförderer ist, der einen Rundkurs als Förderstrecke hat, ist es unwesentlich, wo die Fertigungs- und Kontrolleinrichtungen an diesem Rundkurs stehen. Die Unterbringung wird hier in erster Linie durch den erforderlichen Platzbedarf bestimmt. Einrichtungen mit gleicher Grundfläche sind bevorzugt in einem Strang dieser Transporteinrichtungen unterzubringen, damit kein Werkstattplatz ungenutzt bleibt.

Ist das Fördermittel hingegen eine Art Stichbahn, die vom Verteilerlager ausgeht, so ist es zweckmäßig, die Fertigungseinrichtungen, die viele Transporte zum Verteilerlager haben, in der Nähe des Verteilerlagers anzuordnen und die Fertigungseinrichtungen mit weniger Transporten entsprechend weiter vom Verteilerlager entfernt.

Die Zuordnung der Fertigung zum Verteilerlager, Verteilerstelle und evtl. Hilfsabteilungen wie Werkzeug- und Vorrichtungslager, soll wieder im Sinne des Material- und Informationsflusses möglichst ideal sein. Dafür dürfte es im allgemeinen sinnvoll sein, in der Nähe der Endstelle des Fördermittels beim Verteilerlager auch die Verteilerstelle und das evtl. Werkzeug- und Vorrichtungslager anzuordnen. Eine ideale Zuordnung kann hier ebenfalls nach den angegebenen Methoden ermittelt werden.

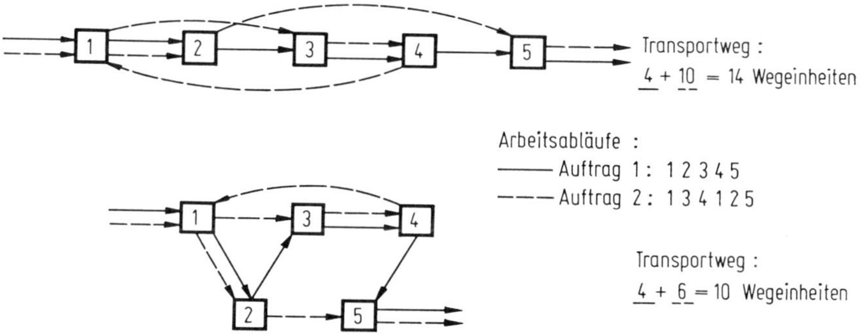

Bild 7.18. Verkürzung der Transportwege bei gestreuter Maschinenanordnung.

Die räumliche Anordnung der Fertigungseinrichtungen innerhalb der Gruppe soll bei der Gruppenfertigung möglichst so erfolgen, daß der Transportaufwand minimal wird. Wenn der Fertigungsablauf aller Werkstücke derselbe ist, d. h. keine Rückläufe und kein Überspringen der Fertigungseinrichtungen erfolgen, dann können die Fertigungseinrichtungen in gerader Linie aufgestellt werden. Wenn hingegen Rückflüsse und Überspringen auftreten, so hat eine geradlinige Anordnung zwar Vorteile hinsichtlich der Übersichtlichkeit und hinsichtlich geeigneter Wege für manche Fördermittel, der Transportaufwand wird aber bei einer „gestreuten" Maschinenanordnung geringer (vgl. Bild 7.18). Die Optimierung der Zuordnung der Fertigungseinrichtungen kann wieder, je nachdem, ob die für einzelne Einrichtungen insgesamt erforderliche Grundfläche gleich oder verschieden groß ist, durch verschiedene im Kapitel Planungsmethoden angegebene Methoden erreicht werden.

Bei der Fließfertigung ist die Zuordnung unproblematisch. Sie erfolgt in der Reihenfolge des Arbeitsablaufs in einer Linie, die häufig eine gerade Linie ist. Je nach Randbedingungen kann aber auch eine andere, z. B. eine U-förmige oder kreisförmige Linienanordnung realisiert werden. Wenn für einen Arbeitsvorgang mehrere gleiche Fertigungseinrichtungen notwendig sind, so werden diese zweckmäßig parallel nebeneinander angeordnet. Erforderliche Zwischenpuffer werden zwischen die Fertigungseinrichtungen in der Linie geschoben oder seitlich, darüber, bzw. bei entsprechendem Umfang in einem Untergeschoß angeordnet.

Wenn die transportkostengünstigsten Pläne der einzelnen Fertigungsformen aufgestellt sind, gilt es, diese Bereiche nun wiederum ihrerseits einander zuzuordnen. Dies soll wieder einen minimalen Transportaufwand ergeben. Da die Flächen der Bereiche meistens verschieden sind, sind hierfür Methoden anzuwenden, die verschiedene Flächengrößen berücksichtigen können. Eine Erschwerung tritt dadurch ein, daß bestimmte Flächenformen der Bereiche, wie z. B. eine bestimmte Länge und Breite der zentralen Arbeitsverteilung, der Gruppenfertigung und häufig auch der Fließfertigung erhalten bleiben sollte, damit die ideale Aufstellung innerhalb der Bereiche nicht gestört wird.

7.6.3 Einzuhaltende zentralisierende und dezentralisierende Sekundärbedingungen

Die für bestimmte Abteilungen des Betriebes erforderlichen Zusatzmaßnahmen, welche aus Sicherheitsgründen oder Gründen der Arbeitserleichterung u. a. mehr erforderlich werden, lassen sich in vielen Fällen durch Zusammenfassung der gleichartigen Betriebsteile in einem Abschnitt des zu planenden Gebäudes wirksamer und weniger aufwendig durchführen, als wenn an verschiedenen Stellen des Betriebes gleichartige bauliche und technische Vorkehrungen getroffen werden müssen. Man wird Arbeitsplätze, welche an die Bodentragfähigkeit besonders hohe Anforderungen stellen, in einer Abteilung oder zumindest in einem Gebäudeteil zusammenfassen und mit dieser Maßnahme erreichen, daß die Bodentragfähigkeit des restlichen Gebäudes den dort gestellten geringeren Anforderungen mit Sicherheit genügt, aber nicht wegen vereinzelter Maschinen überdimensioniert sein muß. Arbeitsplätze mit großem Bedarf an gleichartigen Betriebsstoffen werden ebenfalls in einem Teil des Betriebes konzentriert. Ähnliches gilt für Arbeitsplätze mit großem Energiebedarf, damit lange Versorgungsleitungen und eventuelle zusätzliche Energieerzeuger eingespart werden. Aus demselben Grund wird man Arbeitsräume, die klimatisiert sein müssen, zusammenfassen und zusätzlich dafür Sorge tragen, daß dieselben möglichst getrennt von Abteilungen mit extremen klimatischen Zuständen zu liegen kommen.

Um Schallisolierungskosten und die Kosten zur Vermeidung oder Verminderung von Bodenschwingungen so gering wie möglich zu halten, wird man die entsprechenden Betriebsteile von solchen möglichst entfernt anlegen, welche in ihrer Arbeitsweise durch Lärm und Erschütterungen besonders beeinträchtigt werden (vgl. [56]). Um eine gegenseitige negative Beeinflussung auszuschließen und damit umständliche Vorkehrungen einzusparen, wird man Abteilungen, die sich gegenseitig ungünstig beeinflussen, voneinander trennen, z. B. explosionsgefährdete Räume und Räume, in denen geschweißt wird oder entsprechende wärmeerzeugende Arbeit verrichtet wird.

Die künstliche Beleuchtung explosionsgefährdeter Räume muß mit explosionsgeschützten Armaturen ausgeführt werden. Werden die Räume von vornherein an den entsprechenden Stellen geplant, so läßt sich oft eine gute Beleuchtung durch außerhalb der Fensterflächen angeordnete Flutlichtlampen erzielen. Diese Räume kann man dann möglicherweise frei von allen elektrischen Anlagen halten, so daß die teueren, explosionsgeschützten Armaturen eingespart werden können und außerdem bei Reparaturen an den elektrischen Anlagen keine Zündgefahr entsteht.

Man wird überlegen, ob eine Zusammenfassung solcher Werkstätten nicht sinnvoll ist, da dadurch eine große gemeinsame Absauge- und Belüftungsanlage für sämtliche Werkstätten dieser Art wirkungsvoller und rentabler installiert und betrieben werden kann als die notwendigen kleinen Entlüftungseinrichtungen bei einer Aufsplitterung dieser Werkstätten. Ein gemeinsames Giftstofflager mit sinnvollen Fördermitteln kann die Unfall- und Mißbrauchgefahr erheblich mindern, die Überwachung vereinfachen.

Durch Zentralisierung oder Dezentralisierung erzielbare Kostenersparnisse sind gegen möglicherweise entstehende Transportkostenerhöhungen aufzurechnen. Bei der Zusammenfassung von Zwischenlagern beispielsweise treten solche Erhöhungen meist auf. In solchen Fällen ist die Zuordnung mit den geringsten Gesamtkosten „ideal“.

7.7 Randbedingungen

7.7.1 Gesetzliche Vorschriften und Sicherheitserfordernisse

Unter den verschiedenen Randbedingungen, durch welche der entstandene Idealplan in den zu verwirklichenden Realplan umgeformt wird, seien zuerst die Sicherheitsbestimmungen [57] genannt. Das Bürgerliche Gesetzbuch legt in § 618 fest: Der Dienstberechtigte hat Räume, Vorrichtungen oder Gerätschaften, die er zur Verrichtung der Dienste zu beschaffen hat, so einzurichten und zu unterhalten und Dienstleistungen, die unter seiner Anordnung oder seiner Leitung vorzunehmen sind, so zu regeln, daß der Verpflichtete gegen Gefahr für Leben und Gesundheit soweit geschützt ist, als die Natur der Dienstleistung es gestattet.

Wesentliche Vorschriften für den Arbeitsschutz sind in der Gewerbeordnung enthalten. Für eine große Anzahl von Betrieben oder Beschäftigungsarten sind auf der Grundlage der Ermächtigung von § 120 e der Gewerbeordnung Vorschriften erlassen worden (z. B. [58]). Sie regeln im einzelnen, was zur Erfüllung der Pflichten veranlaßt und wie der Betrieb hierzu unterhalten werden muß.

Werden die Sicherheitsbestimmungen schon bei der Planung eines Baues berücksichtigt und evtl. Einbauten gleichzeitig mit der Errichtung des Rohbaues erstellt, so werden die zu treffenden Vorkehrungen erheblich billiger und fügen sich außerdem wesentlich besser in das Gesamtbild ein. Da der Einfluß des Staates auf diesen Gebieten ständig wächst, empfiehlt es sich, schon während der Planung Absprachen mit den zuständigen Behörden zu treffen. Es ist auch empfehlenswert, die Experten der Versicherungsgesellschaften heranzuziehen, um nicht später kostspielige Änderungen an fertigen Gebäuden vornehmen zu müssen.

Als Beispiel von Sicherheitsvorschriften, welche starken Einfluß auf den Idealplan besitzen, seien Teile des Abschnitts 16 der Gewerbeordnung mit Erläuterungen für das Farbspritzen angeführt:

„§ 6: Lackierräume sollen in eingeschossigen Gebäuden untergebracht werden. In mehrgeschossigen Gebäuden sind sie, soweit es die Art des Betriebes gestattet, im obersten Geschoß unterzubringen. Mindestens eine Wand soll Außenwand sein.

§ 7: Die Lackierräume müssen von anliegenden Gebäuden und Räumen feuerbeständig getrennt sein. Großlackieranlagen sollen in Brandabschnitte unterteilt sein.

§ 10: Der Lackierraum muß mindestens zwei, möglichst an entgegengesetzten Seiten liegende Ausgänge haben."

In der Gewerbeordnung finden sich entsprechende ausführliche Vorschriften für nahezu jedes Gewerbe.

Oft ist es zweckmäßig, über diese Bestimmungen hinauszugehen und zusätzliche Vorkehrungen gegen Schädigungen der Gesundheit der Arbeiter zu treffen. Auch der Schutz der Gesamtanlage vor Schädigungen, die durch Unwissenheit und Unachtsamkeit der Menschen hervorgerufen werden können, muß bedacht werden.

Einen starken Einfluß auf den Ideal-Plan üben die Brandvorschriften aus, welche in den Landesbauordnungen der Länder und in den Polizeiverordnungen festgelegt sind. Als Beispiele seien aus der Landesbauordnung für Baden-Württemberg [59] § 39 und § 45 auszugsweise genannt.

§ 39: Brandwände dürfen in großräumigen Gebäuden höchstens 40 m Abstand besitzen, wobei bei entsprechenden Sicherheitsvorkehrungen Ausnahmen zulässig sind.

§ 45: Treppen in Mehrgeschoßgebäuden dürfen maximal 30 m Abstand von den Raummitten der jeweiligen Räume eines Geschosses entfernt sein. – In Flachbauten vereinfachen sich die Vorschriften, wenn entsprechende Maximallängen der Fluchtwege eingehalten werden. DIN 18 230 [60] legt die Bestimmung der Brandschutzklassen fest, nach welchen gegebenenfalls entsprechende zusätzliche Schutzmaßnahmen, wie z. B. Fluchttunnel, vorgesehen werden müssen.

Bei Einbau moderner automatischer Feuermelde- und -bekämpfungssysteme, wie z. B. Ionisationsfeuermelder und Sprinkleranlagen, werden von den Behörden oft Erleichterungen der Baubestimmungen zugestanden, ebenso wie spätere Nachlässe auf die Feuerversicherungsprämien gewährt werden.

Die eindeutige Festlegung von Verkehrswegen in der Werkstatt kann viel zur Vermeidung von Verkehrsunfällen beitragen. Die Verkehrswege sollten von vornherein so gekennzeichnet sein, daß niemand sie zum Abstellen von Gütern benutzt. Fabrikeingänge sollte man so gestalten, daß der Lasttransport und der Personenverkehr auf getrennten Wegen und durch getrennte Tore erfolgt. Die möglichst weitgehende Einhaltung dieses Grundsatzes macht sich einmal durch weniger Unfälle, zum anderen durch einen glatteren Material- und Personenfluß vorteilhaft bemerkbar.

Bei der Festlegung der Verkehrswege sollten Mindestwegbreiten nach DIN 18 225 [61] als Grundlage dienen. Die Breiten der Verkehrswege richten sich nach der Verkehrsart und der Verkehrsdichte. So wurden z. B. für den Personenverkehr innerhalb von Industriebauten die in Tabelle 7.3 zusammengestellten Wegbreiten ermittelt.

Tabelle 7.3. Wegbreiten für den Personenverkehr nach DIN 18225

Anzahl der gleichzeitig anwesenden Personen im Gebäude	Wegbreiten mindestens	Wegbreiten üblich
bis 100	1,10 m	1,20 m
bis 250	1,65 m	1,80 m
bis 400	2,20 m	2,40 m

Dabei muß bei der Ermittlung der Anzahl der Personen berücksichtigt werden, ob in dem zu planenden Betrieb mit Ein- oder Zweischichtbetrieb gearbeitet wird. Die Mindesthöhe der Personenwege sollte 2 m betragen. Geringere Wegbreiten als 1,1 m im Bedienungs- und Lagerbereich und 0,4 m für reine Bedienungs- und Überwachungsgänge sollten möglichst nicht vorgesehen werden.

Als Durchgangseinheit wird von DIN 18 225 ein Wert von 0,55 m vorgegeben, dieser Wert stimmt mit dem vom internationalen Arbeitsamt in Genf in den Mustersicherheitsvorschriften festgelegten Wert von 0,56 m annähernd überein.

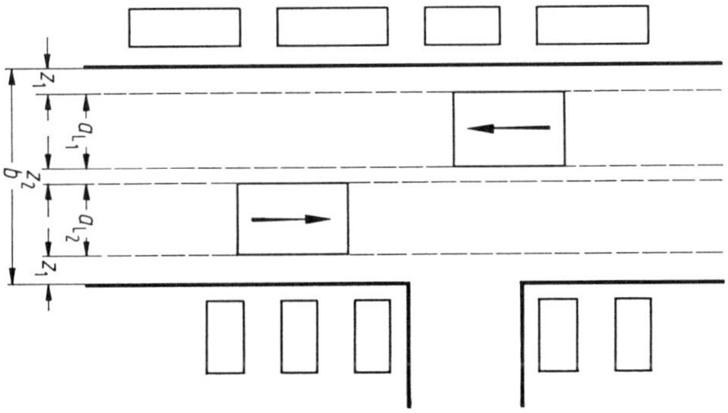

Bild 7.19. Skizze zur Erläuterung der Wegbreiten für den Lastverkehr nach DIN 18225.

Tabelle 7.4. Wegbreiten und -höhen für den Lastverkehr nach DIN 18225 (vgl. Bild 7.19)

Fahrzeugart	Breite a_L [m]
Flurförderzeuge mit Lenkung durch Gehenden	0,8—1,3
Flurförderzeuge mit Standlenkung	0,9—1,5
Flurförderzeuge mit Fahrersitzlenkung	0,9—1,5
Lkw bis 1,5 t Tragfähigkeit	1,5—2,0

Wegbreite

$b = a_{L1} + a_{L2} + 2\,Z_1 + Z_2$

Fahrzeugbreiten:

$a_{L2} = 0$ bei Richtungsverkehr (Einbahnverkehr)

$a_{L1} = a_{L2}$ üblicherweise bei Gegenverkehr

Randzuschlag:

$Z_1 = 0{,}5$ m bei Lastverkehr

$Z_1 = 0{,}75$ m bei Personen- u. Lastverkehr

Begegnungszuschlag:

$Z_2 = 0$ bei Richtungsverkehr (Einbahnverkehr)

$Z_2 = 0{,}4$ m bei Gegenverkehr

Bei geringem Personen- und Lastverkehr

$2\,Z_1 + Z_2 \geqq 1{,}1$ m

Weghöhe

$h = h\,\text{max.} + 0{,}2$ m

h max = max. Höhe von Flurförderzeug einschließlich Ladegut

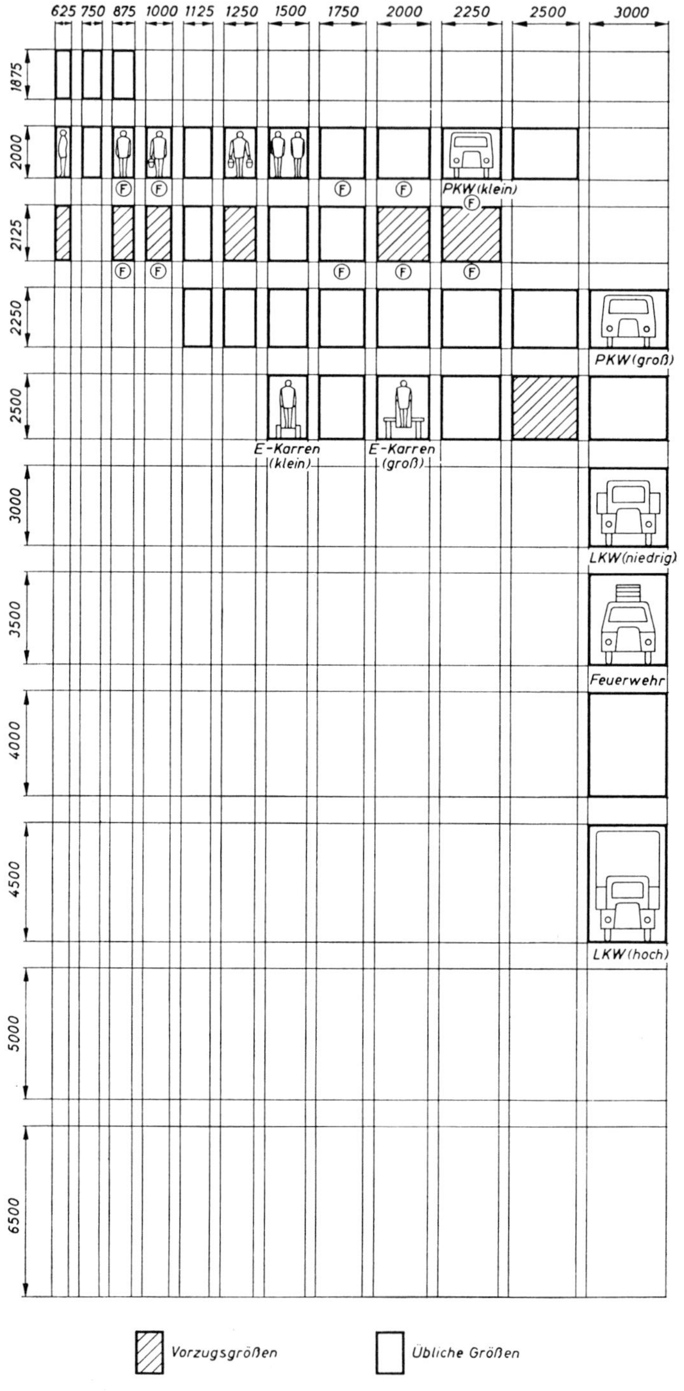

Bild 7.20. Rohbau-Richtmaße von Türen und Toren (DIN 18223).

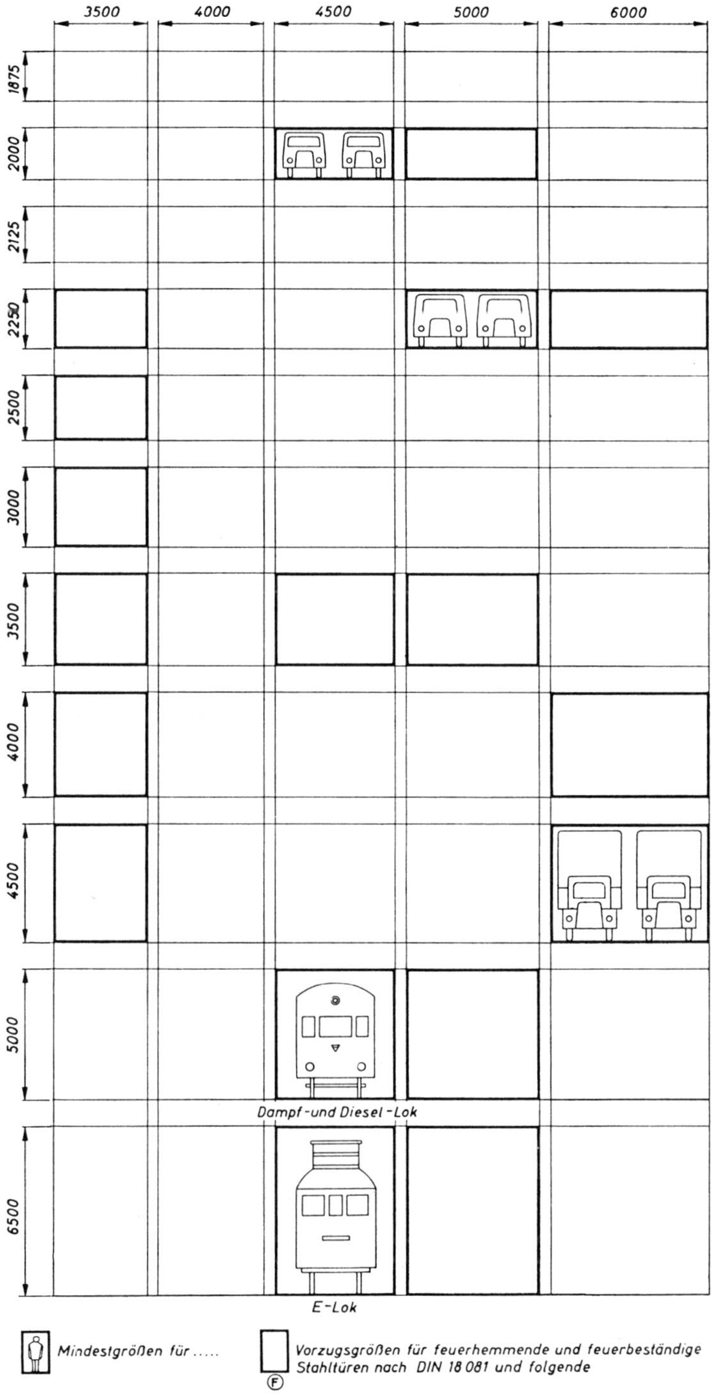
3500
4000
4500
5000
6000
1875
2000
2125
2250
2500
3000
3500
4000
4500
5000
6500
Dampf-und Diesel-Lok
E-Lok
Mindestgrößen für .....
Vorzugsgrößen für feuerhemmende und feuerbeständige Stahltüren nach DIN 18 081 und folgende
F

Ebenso wie sich die Breite der Wege für Personenverkehr nach der Verkehrsdichte richtet, bestimmen die Art und Abmessungen der Fördermittel die Wegbreiten b und Höhen h für den Lastverkehr. Vgl. Tabelle 7.4 und Bild 7.19. Zu der Breite des Fördermittels bzw. des überstehenden Ladegutes a wird bei Geschwindigkeiten bis 16 km pro Stunde bei Richtungsverkehr ein Randzuschlag z_1 von mindestens $2 \times 0{,}5$ m und bei Gegenverkehr zusätzlich ein Begegnungszuschlag $z_2 = 0{,}4$ m benötigt. Spielt sich auf demselben Weg auch Personenverkehr ab, so wird ein Randzuschlag z_1 von $2 \times 0{,}75$ m notwendig. Bei der Einrichtung von Kreuzungen und Kurven sind die Wenderadien der verwendeten Fördermittel zu berücksichtigen.

Die Höhe über den Wegen für den Lastverkehr ergibt sich aus der maximalen Höhe des beladenen Fördermittels und einem Sicherheitsabstand von mindestens 0,2 m. Sämtliche Verkehrswege, welche auch für Feuerwehrfahrzeuge passierbar sein sollen, müssen mindestens auf $3{,}5 \times 3{,}5$ m bemessen sein. Entsprechend der Benutzungsart durch Personen- oder Lastverkehr müssen die Türen und Tore des Gebäudes nach DIN 18 223 [62], wie in Bild 7.20 dargestellt, ausgeführt werden.

Geöffnete Türen für Personen- und Lastverkehr dürfen nicht in einen anderen Verkehrsweg hineinragen. Bei Türen, die ins Freie gehen, ist außerdem dafür zu sorgen, daß der Wind sie nicht packen kann, weil dadurch außer Unfällen auch noch erhebliche Beschädigungen von Tür und Gebäude eintreten können. Eine Außentür muß also gegebenenfalls durch einen tunnelartigen Vorbau, der Wind und Regen im Bereich der Tür mit Sicherheit abhält, geschützt werden. Türen sollten sich immer in Richtung der Fluchtwege öffnen, um im Katastrophenfall ein schnelles Verlassen der Gefahrenzone zu gewährleisten.

Sofern ein Unternehmen glaubt, durch die Besichtigung seiner Einrichtungen eine Werbewirkung erzielen zu können, was in vielen Industrien der Fall ist, wird die Einrichtung von besonderen Besuchergängen, die unter Umständen auch erhöht angelegt werden, zu erwägen sein.

7.7.2 Bauliche Einflüsse

Die im Idealplan festgelegten Längen und Breiten der Abteilungsgrundflächen werden im Realplan meist durch Randbedingungen, wie Stützenabstände, Förderwege, Kranlaufbahnen und deren Ausrichtung ebenso wie die Ausrichtung des Gesamtbaues auf dem Grundstück und die Anordnung eines evtl. Sheddaches teilweise verändert. Außerdem werden bestimmte Abteilungen bezüglich ihrer Lage im Generalbebauungsplan bestimmte Vorrangstellungen einnehmen, so z. B. muß der Wareneingang an der Verladerampe liegen. Abteilungen, welche viel Tageslicht benötigen, müssen an der Gebäudeaußenwand angeordnet werden. In mehrgeschossigen Gebäuden werden die Abteilungen, welche die höchste Bodentragfähigkeit erfordern, in die unteren Geschosse zu liegen kommen, während Abteilungen mit leichter Ausrüstung die oberen Stockwerke einnehmen und dort von der Anordnung von Aufzügen, Treppen und sonstigen Verlusträumen, wie Entlüftungsschächte, Kamine usw. in ihrer Gesamtform beeinflußt werden.

Die stärkste Beeinflussung erfährt der Ideal-Plan, wenn bereits vorhandene Gebäude genutzt werden müssen, da die vorhandenen Räume dieser Gebäude, ihre Wände, Stützenabstände, Raumhöhen, Verkehrswege, Ein- und Ausgänge sowie

Verladeeinrichtungen nur in Grenzen den ermittelten idealen Zuordnungen angepaßt werden können. Die Bodentragfähigkeit und bereits im Gebäude vorhandene Krane werden hauptsächlich für die Lage der Abteilung, welche schwere Maschinen oder Werkstücke beherbergt, ausschlaggebend sein. Vorhandene Elektroinstallationen für Mittelspannung können zur Aufstellung von Mittelspannungsverbrauchern im entsprechenden Gebäudeteil führen.

Ähnliches gilt für Abwasserinstallationen (Galvanik), Klimaanlagen und ähnliche mit hohem Aufwand neu zu errichtende Einrichtungen.

7.7.3 Erweiterungsfähigkeit

Die Erweiterungsfähigkeit wurde bei der Idealplanung insofern berücksichtigt, als die Auslegung bei Abteilungsflächen für den Planungsendzeitpunkt erfolgte. Es ist nun zu überlegen, wie die Überführung des Idealplanes der Endausbaustufe in den Realplan mit einzelnen Ausbaustufen vorgenommen werden kann.

Am einfachsten lassen sich an den Gebäuderand angrenzende Abteilungen auf frühere Ausbaustufen reduzieren bzw. auf spätere erweitern. Dabei sollte man allerdings versuchen, nur in eine oder wenige Richtungen zu erweitern und dabei sollte bei einer Erweiterung oder Reduzierung möglichst wieder eine gerade Wand ohne Absätze entstehen.

Bild 7.21 zeigt einen Plan, bei dem nur in eine Richtung senkrecht zum Materialfluß erweitert wird. Dies hat den Vorteil, daß der Materialfluß in allen Planungsstufen gleich gut verläuft.

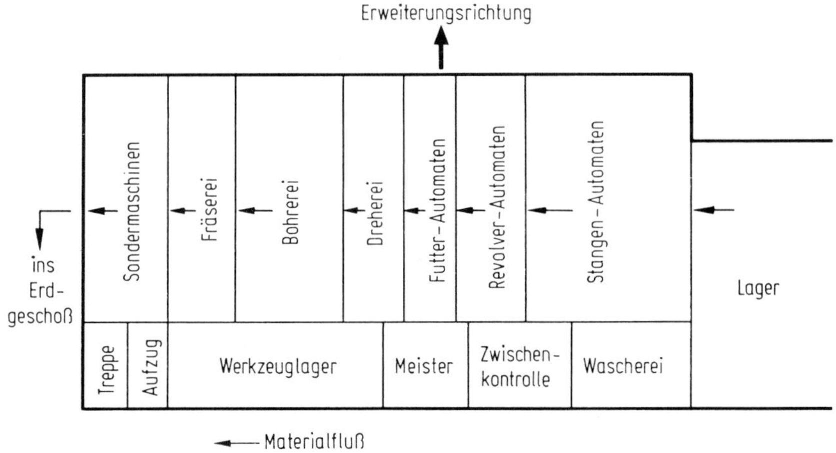

Bild 7.21. Layout bei dem sich alle wichtigen Abteilungen senkrecht zur Materialflußrichtung erweitern lassen.

Realpläne sollten also möglichst so gestaltet werden, daß alle Abteilungen, die während des Werkausbaus Flächenänderungen erfahren, an Außenwänden in möglichen Erweiterungsrichtungen liegen.

Dies dürfte nicht immer möglich sein. Für Abteilungen, die nicht an Außenwänden angrenzen, gibt es folgende Möglichkeiten:

Wenn die Abteilungen schwer verlegbar sind, weil man beispielsweise für die Maschinen unbedingt Fundamente oder teure Installationen braucht, dann soll die Abteilung an dem Platz eingerichtet werden, an dem sie im Endausbau liegen soll. Wenn die absoluten Flächenänderungen zwischen Anfangs- und Endausbau klein sind, kann die Abteilung sofort für den Endausbau bemessen werden.

Wenn große Flächenänderungen vorauszusehen sind, sollte das Gebäude für den späteren Verwendungszweck ausgelegt werden, z. B. auch mit der notwendigen Deckentragfähigkeit an den entsprechenden Stellen. Auf den freien Flächen können dann aber in den ersten Ausbaustufen andere leicht verlegbare Abteilungen angesiedelt werden, die materialflußmäßig einigermaßen günstig liegen. Für leicht verlegbare Abteilungen gilt generell, daß sie während der einzelnen Ausbaustufen an allen materialflußmäßig günstig liegenden Stellen angeordnet werden dürfen.

Bei allen diesen Überlegungen sollte man allerdings einkalkulieren, daß sich während des Werksausbaus Änderungen gegenüber den bei der Planung gemachten Annahmen ergeben können. Man sollte also zugunsten einer erhöhten Flexibilität im Gebäude etwas mehr Geld investieren, als für eine genau zugeschneiderte Lösung erforderlich wäre und insbesondere bei der Auslegung der Deckentragfähigkeit, beim Stützenraster und bei der Raumhöhe großzügig verfahren.

7.8 Realplanung

Der Realplan des Fertigungsbereichs ist ein Plan, der tatsächlich realisierbar ist, also im Gegensatz zum Idealplan nicht nur wünschenswerte Verhältnisse darstellt. Aus diesem Grund ist es auch sinnvoll, ihn gegenüber dem Idealplan detaillierter auszuführen. In ihm sollten außer den Betriebsmitteln evtl. mit Kennzeichnung der Bedienungsseite auch Wege, Wände, Stützen des Gebäudes, Ein- und Ausgänge und dergleichen gekennzeichnet sein. Günstigster Darstellungsmaßstab ist üblicherweise der Maßstab 1 : 50. Die Ausführung des Realplanes geschieht am besten mit der Layout-Methode, die mit ausgeschnittenen, maßstäblichen Maschinengrundrissen arbeitet. Sie ist im letzten Kapitel des Buches ausführlich dargestellt.

Der Realplan entsteht als Kompromiß zwischen Idealplan, der vom Materialfluß her wünschenswert wäre, möglichen Randbedingungen, seien es Sicherheitsvorschriften, bauliche Einflüsse oder wirtschaftliche Gesichtspunkte, und dem Generalbebauungsplan, in dessen Gesamtkonzept sich Pläne von Teilbereichen einfügen müssen.

Es ist am günstigsten, zu versuchen, den Idealplan in den vom Generalbebauungsplan vorgegebenen Flächenbereich einzufügen und dabei möglichst die gesetzlichen Vorschriften und Sicherheitserfordernisse zu beachten. Bei den baulichen Einflüssen und wirtschaftlichen Gesichtspunkten ist abzuwägen, ob nicht im Falle, daß Widersprüche auftreten, Materialflußgesichtspunkte schwerer wiegen.

Der Realplan sollte der optimale Plan des Fertigungsbereiches sein, wobei als Ziel langfristig maximale Rentabilität zu setzen wäre. Um eine gute Lösung zu erreichen, führt man mehrere Realpläne aus und bewertet die einzelnen Varianten mit Hilfe eines Bewertungsschemas entsprechend dem Vorgehen bei der Standortwahl. Tabelle 7.5 zeigt ein solches Bewertungsschema, wobei je nach Projekt ver-

Tabelle 7.5. Bewertungsschema für Gebäudevarianten

1. *Materialfluß*
   - 1.1 Materialfluß außerhalb der Fabrik
     - 1.1.1 Zwischen den Lagern und der Fertigung
     - 1.1.2 Zum Werkseingang
   - 1.2 Materialfluß zwischen Lagerbereichen und Fertigungsbereichen
     - 1.2.1 Rohmaterial-Lager — Mechanische Fertigung
     - 1.2.2 Mechanische Fertigung — Teilelager
     - 1.2.3 Teilelager — Montage
     - 1.2.4 Montage — Fertigwarenlager
   - 1.3 Materialfluß zwischen den Fertigungsabteilungen (Meisterbereiche)
     - 1.3.1 Fertigungsabteilungen — Kontrolle
     - 1.3.2 Fertigungsabteilungen — Werkzeugausgabe
     - 1.3.3 Mechanische Fertigung — Oberflächenbehandlung
2. *Informationsfluß*
   - 2.1 Geschlossenheit der Bereiche
     Lager
     Fertigung 1
     Fertigung 2
   - 2.2 Geschlossenheit der Meisterbereiche und Personalaufsicht
   - 2.3 Zuordnung der Büros für Betriebsingenieure und AV zur Fertigung
   - 2.4 Zuordnung der Fertigungssteuerung zu den Meisterbereichen
3. *Personenverkehr*
   - 3.1 Zwischen Werkseingang und Sozialräumen
   - 3.2 Zur Kantine
   - 3.3 Zwischen Sozialräumen und Arbeitsplätzen
   - 3.4 Zwischen Arbeitsplätzen und Frühstücksplätzen
4. *Arbeitsbedingungen*
   - 4.1 Trennung geräuscharmer von geräuschintensiven Bereichen
   - 4.2 Günstige Ausnutzung von Tageslicht
   - 4.3 Natürliche Be- und Entlüftung
5. *Bau- und Betriebskosten*
   - 5.1 Gebäudekosten
     - 5.1.1 Deckentragfähigkeit (Schwingungsdämpfung)
     - 5.1.2 Stockwerkshöhen
     - 5.1.3 Außenflächen
   - 5.2 Installationskosten
     - 5.2.1 Hebezeuge
     - 5.2.2 Energieversorgung
     - 5.2.3 Be- und Entlüftung einschließlich Absaugungen
     - 5.2.4 Abwässer
     - 5.2.5 Heizung
     - 5.2.6 Beleuchtung
6. *Erweiterungsmöglichkeiten und Flexibilität*
   - 6.1 Erweiterungsmöglichkeit der Bereiche Lager,
     Fertigung 1,
     Fertigung 2
   - 6.2 Günstige Erweiterungsmöglichkeiten der Fertigungsabteilungen und Maschinengruppen
   - 6.3 Möglichkeit des Flächenaustauschs zwischen den Bereichen (Wechsel der Ebenen)
   - 6.4 Einrichtung neuer Fertigungen
   - 6.5 Ausnutzung des Geländes unter Berücksichtigung maximaler Bebauung

schiedene Faktoren eine Rolle spielen und diese Faktoren jeweils verschieden zu werten sind.

Die Bilder 7.22 bis 7.24 zeigen den Idealplan und den praktisch ausgeführten Realplan einer mechanischen Fertigung, deren Werkstückgesamtheit man in Kleinteile und Langteile aufgliedern kann. Im Idealplan sind außer der eigentlichen Fertigung auch das Eingangslager sowie das Ausgangslager und der Versand ein-

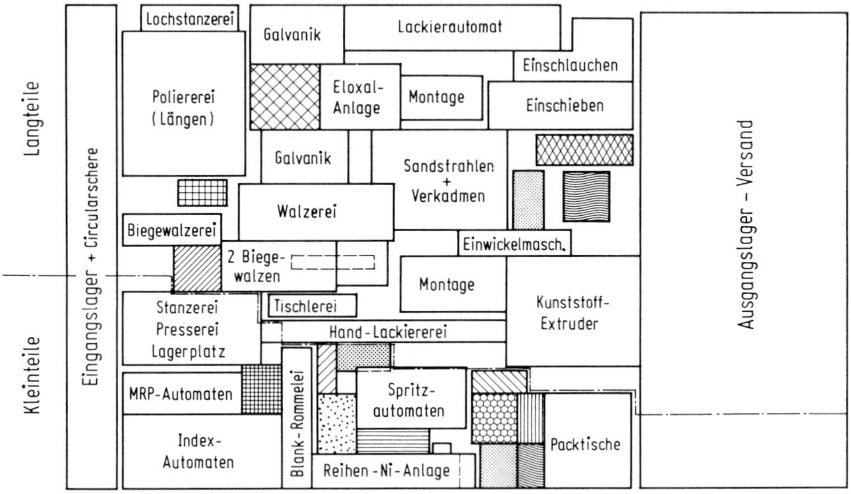

Bild 7.22. Layout einer mechanischen Fertigung. Ideal-Layout.

gezeichnet. Die Fertigungseinrichtungen sind z. T. in Reihen angeordnet (Gruppenfertigung), die entweder vom Eingangslager zum Ausgangslager durchgehen oder nur einen Teil dieser Länge erfordern. Einige Automaten stellen ihre Produkte zum Teil vollständig her, andere liefern sie einer Montageabteilung zu. Haupthindernis für die Realisierung des Idealplanes waren vorhandene Gebäude, die ausgenutzt werden mußten. Bild 7.24 zeigt die zweite Ebene (Obergeschoß), in die gestrichelt die darunterliegende erste Ebene eingezeichnet ist, die zum Teil über die zweite hinausragt. An den gestrichelten Stellen war kein Tageslicht vorhanden. Um einen günstigen Materialfluß zu erreichen, sollten möglichst Langteile auf einer Ebene durch die Fertigung laufen und auch die Kleinteile möglichst wenig vertikalen Materialfluß haben. Die Lackiererei sollte ins Obergeschoß an eine Außenwand gelegt werden, um der Gewerbeordnung Genüge zu tun. Die Bilder 7.23 und 7.24 zeigen die Realpläne, in der ersten Ebene werden Kleinteile gefertigt, Material wird getrennt angefahren. Die fertigen Erzeugnisse werden bei Tageslicht gepackt und dann in der gleichen Ebene eingelagert. Sie werden lediglich zum Versand kommissioniert und ins Obergeschoß geschafft. Die Langteile haben ein getrenntes Eingangslager und werden vollständig in der zweiten Ebene gefertigt und gelagert. So konnten, nachdem im Obergeschoß eine geschlossene Fläche geschaffen war, für diese Fertigung recht gute Bedingungen erreicht werden.

Ein bei jeder Realplanung auftretendes Problem ist das der Zahl der Stockwerke; dazu ist im Kapitel Generalbebauungsplan einiges ausgeführt.

Bei der Realplanung sollte zunächst der Versuch gemacht werden, das ganze Ideal-Layout wie entworfen zu realisieren. Wenn dies unmöglich ist, sollte man unter Abwandlung der Form der Abteilungen versuchen, die Zuordnung der Abteilungen zu erhalten (Grob-Plan), wobei anschließend innerhalb der Abteilung

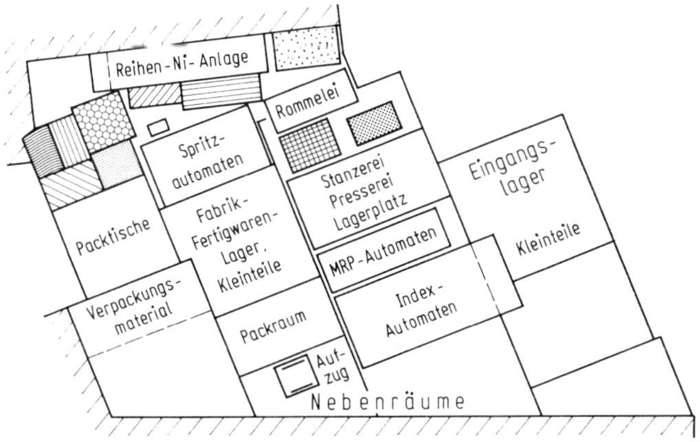

Bild 7.23. Layout einer mechanischen Fertigung. Real-Layout, Ebene 1.

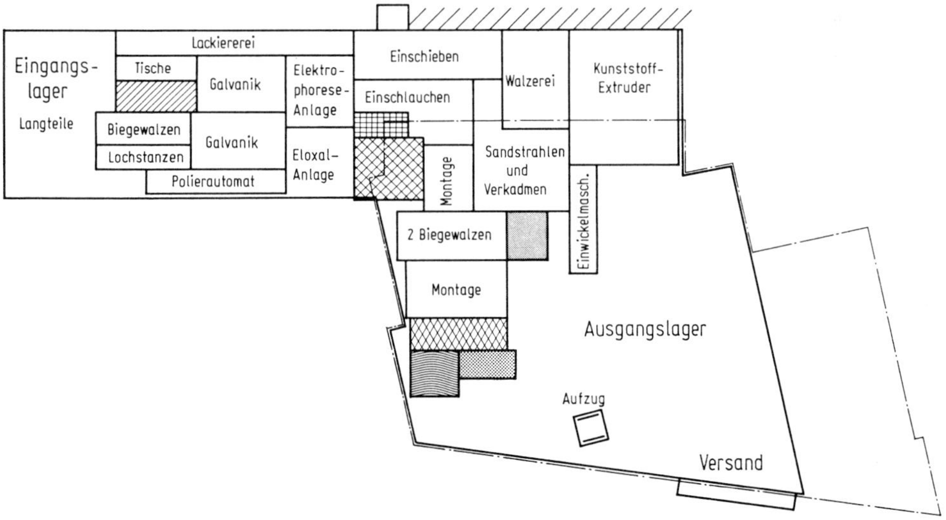

Bild 7.24. Layout einer mechanischen Fertigung. Real-Layout, Ebene 2.

notfalls die Zuordnung der Betriebsmittel geändert werden muß (Fein-Plan), vgl. Bild 7.25 „Real-Layout einer Werkzeugmaschinenfabrik". Bei Änderungen sollte jetzt eine neue Berechnung der optimalen Zuordnung erfolgen, wobei das Vorgeben zusätzlicher Bedingungen, z. B. das Festhalten bestimmter Betriebsmittel an ihren Standorten, möglich ist. Methoden hierfür sind wieder im Kapitel „Planungsmethoden" angegeben.

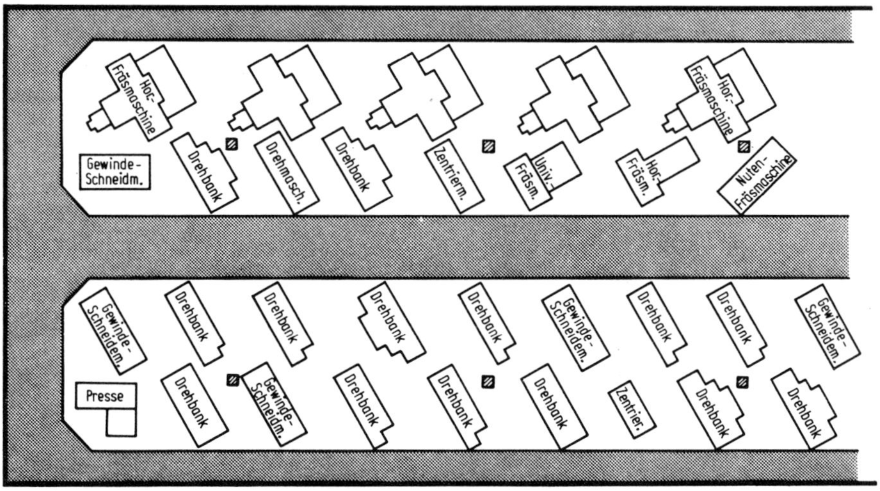

Bild 7.25. Real-Layout einer Werkzeugmaschinenfabrik (Ausschnitt).

7.9 Arbeitskräfte für den Fertigungsbereich

Hier soll ermittelt werden, wieviel Arbeitskräfte im Fertigungsbereich gebraucht werden. Dabei läßt sich die Zahl der Produktionsarbeiter relativ einfach ermitteln [63], während sich die Zahl der Vorarbeiter und Meister nur ungefähr abschätzen läßt. Für den weiteren Fortgang der Fabrikplanung genügt es, die Zahl der Produktionsarbeiter generell zu bestimmen, um daraus beispielsweise die Größe des Sozialbereichs zu berechnen. Bevor man aber Arbeiter einstellt, sollte man die genaue Zahl je Berufsgruppe kennen.

Diese Zahl der Arbeiter je Berufsgruppe läßt sich am einfachsten aus den zu bedienenden Betriebsmitteln und sich daraus ergebenden Arbeitsplätzen feststellen. In den meisten Fällen wird man im Fertigungsbereich pro Maschine ungefähr 1 Arbeitskraft benötigen. So macht beispielsweise die Bedienung von 10 Drehbänken etwa 10 Dreher erforderlich. Diese Zahl stimmt aus zwei Gründen nicht ganz genau: einmal wird sie verändert bei Arbeiten, die infolge von Krankheit oder Urlaub außerhalb des gemeinsamen Betriebsurlaubs während der Betriebsmittelzeit fehlen, zum anderen, weil Arbeiter während Zeiten der Außerbetriebnahme und eventuell auch während störungsbedingter Brachzeiten (vgl. Bild 7.14: Gliederung der Betriebsmittelzeit) zur Bedienung anderer Betriebsmittel zur Verfügung stehen. Besonders zu berücksichtigen sind Anlagen, die zur Bedienung oder Überwachung mehrerer Personen bedürfen, z. B. Transferstraßen, chemische Apparate und dergleichen; gesondert zu berücksichtigen sind aber auch Betriebsmittel, bei denen Mehrmaschinenbedienung möglich ist, wo also beispielsweise für 8 Drehautomaten nur 1 Einsteller und eine ungelernte Arbeitskraft benötigt werden. Bei Einführung von Mehrmaschinenbedienung ist jedoch darauf zu achten, daß die Einsparungen an Lohnkosten nicht wieder durch einen verminderten Nutzungszeitanteil und dadurch erhöhte Maschinenkosten verloren gehen. Näheres über Mehrmaschinenbedienung ist in [64 bis 66] zu finden.

Über das zahlenmäßige Verhältnis zwischen Meistern, Vorarbeitern und Produktionsarbeitern kann nichts Allgemeines gesagt werden. Die Verhältniszahlen hängen z. B. davon ab, wie stark die Führungskräfte mit organisatorischen Aufgaben beschäftigt sind. Zu überlegen ist noch, wieviel Hilfspersonal beispielsweise für Schreib- oder allgemeine Reinigungsarbeiten in der Werkstatt gebraucht wird. Die Zahl der Transportarbeiter hängt ab von der Art und Anzahl der Fördermittel (vgl. hierzu Kap. 6).

Die spätere Zuordnung des Personals zu den Arbeitsplätzen ist leichter gesagt als getan. Als Hilfsmittel kann die analytische Arbeitsbewertung [67 bis 70] dienen, die es ermöglicht, Arbeitsplätze anhand einer genauen Beschreibung zu analysieren, z. B. nach Können, Verantwortung, Arbeitsbelastung und Umgebungseinflüssen. Durch einen Vergleich mit den in Frage kommenden Arbeitskräften läßt sich eine günstige Zuordnung erreichen.

Das schnelle Erzielen normaler Leistungen in der Anlaufphase erfordert besondere Maßnahmen. Errichtet man ein Zweigwerk, so empfiehlt es sich beispielsweise, schon vorher in gemieteten Räumen mit dem Anlernen von Arbeitskräften an Ort und Stelle zu beginnen, weil die Verpflanzung von Stammarbeitern in eine neue Umgebung leicht kostspielig wird und bisweilen auch nicht erfolgreich ist. Empfehlenswert ist aber die vorübergehende Versetzung von Fachkräften aus dem Stammwerk als Anlernpersonal. Auch die vorübergehende Versetzung von neueingestellten Arbeitskräften in das Stammhaus ist sinnvoll. Beim Anlernen empfiehlt sich die Verwendung moderner Lehrmethoden. Zur späteren Besetzung mittlerer Führungspositionen im Betrieb ist es günstig, frühzeitig eine Lehrwerkstatt einzurichten.

Literatur zum Kap. 7

Zitierte Literatur

1. Dolezalek, C. M.: Die industrielle Produktion in der Sicht des Ingenieurs. Sonderdruck aus Technische Rundschau (1965) Nr. 35.
2. Mellerowicz, K.: Betriebswirtschaftslehre der Industrie, 2. Band, 3. Aufl., Freiburg: Rudolf Haufe 1958.
3. Gutenberg, E.: Grundlagen der Betriebswirtschaftslehre, Band 1, 11. Aufl. Berlin, Heidelberg, New York: Springer 1965.
4. Berger, K. H.: Organisationstypen der Produktion. In: Industrielle Produktion. Baden-Baden: Verlag für Unternehmensführung 1967.
5. Fackelmeyer, A.: Materialfluß, Planung und Gestaltung. Düsseldorf: VDI-Verlag 1966.
6. Müller, G., Reuter, H.-K., Albrecht, H.: Technologische Fertigungsvorbereitung Maschinenbau. Berlin: Verlag Technik 1963.
7. Rothhaupt, F., Meissner, E., Schenkel, H.: Einführung in die Produktionstechnik, Bd. 1: Technologie des Maschinenbaus, 4. Aufl. Berlin: Verlag Technik 1962.

8. Wöllzenmüller, W.: Technisch organisatorische Voraussetzungen zur Einführung der Fließfertigung. Fertigungstechnik und Betrieb 11 (1961) 10, S. 679–684.
9. Kramer, W.: Untersuchung einiger betriebswirtschaftlicher Begriffe in der Fertigungstechnik. Stuttgart: Diplomarbeit am Lehrstuhl für Industrielle Fertigung und Fabrikbetrieb der Universität. 1969.
10. Dolezalek, C. M., Ropohl, G.: Ansätze zu einer produktionswissenschaftlichen Systematik der industriellen Fertigung. VDI-Z. 109 (1967) 14, S.636–640 u. 16, S. 715–721.
11. Dolezalek, C. M.: Prinzipien der automatisierten Fertigung. VDI-Bericht Nr. 123 (1968) 5–9.
12. Woehe, G.: Einführung in die allgemeine Betriebswirtschaftslehre, 6. Aufl. Berlin: Franz Vahlen 1965.
13. Schmidt, F.: Die Bestimmung des Produktionsmittelstandortes in Industriebetrieben. Berlin: Dunker & Humblot 1965. Abhandlungen aus dem Industrieseminar der Universität zu Köln, H. 21.
14. Muther, R.: Practical plant layout. New York: McGraw-Hill 1955.
15. Beste, Th.: Fertigungswirtschaft und Beschaffungswesen. In: Handbuch der Wirtschaftswissenschaften Bd. 1. Köln: Westdeutscher Verlag 1966.
16. Studiengruppe „Zentrale Arbeitsverteilung und -verfolgung“ der SAP: Die zentrale Arbeitsverteilung und -verfolgung (ZAV) im Fabrikationsbetrieb. Planung 10 (1964), S. 1–13.
17. Sulger, W. R.: Produktionssteuerung mittels Symatic im Werk Beringen der Schweizerischen Industriegesellschaft (SIG). Oberholzer-Sonderdruck aus Planung 12 (1966) 3.
18. Winterhalter, T.: Neuartige Materialbewegung in der Einzel-, Serien- und Teilefamilienfertigung. Werkstattstechnik 58 (1968) 11, S. 549–551.
19. Gienger, K.: Liegezeiten verkürzen, Produktivität steigern. Produktion (1969) 10, S. 52–59.
20. Speer, K.: Durch Kreisförderer verkürzte Durchlaufzeiten in einer mechanischen Fertigung. Fördern u. Heben 15 (1965) 1, S. 35–36.
21. Fackelmeyer, A.: Selektierende Arbeitsplatzbeschickung. Deutsche Hebe- u. Fördertechnik 15 (1969) 248–252. Sonderheft zur Hannover-Messe.
22. Dressel, R. u. a.: Organisatorische Grundlagen der Gruppenbearbeitung. Berlin: Verlag Technik 1963.
23. Mitrofanow, S. P.: Wissenschaftliche Grundlagen der Gruppentechnologie. Berlin: Verlag Technik 1960.
24. Dolezalek, C. M., Ropohl, G.: Die flexible Fertigungslinie und ihre Bedeutung für die Automatisierung der Serienfertigung. VDI-Z. 108 (1966) 26, S. 1261–1268.
25. Ropohl, G.: Theorie flexibler Fertigungssysteme. In: Fertigungstechnische Automatisierung. Berlin, Heidelberg, New York: Springer 1969.
26. Stehle, P.: Eine Methode zur Wirtschaftlichkeitsrechnung unter besonderer Berücksichtigung des Einsatzes numerisch gesteuerter Werkzeugmaschinen. Aachen: Dr.-Ing. Dissertation 1966.
27. Bronner, A.: Rationalisierung — Mechanisierung — Automatisierung. Werkstattstechnik 57 (1967) 11, S. 513–518.
28. ohne Verf.: Statistisches Handbuch für den Maschinenbau. Hrsg. vom VDMA. Frankfurt: Maschinenbau-Verlag, Ausgaben 1955–1970.
29. Feldmann, H.: Fließpressen von Stahl. Berlin, Göttingen, Heidelberg: Springer 1959.
30. König, W.: Besser, billiger, schneller produzieren. Bericht vom 13. Aachener Werkzeugmaschinen-Kolloquium 1968. Werkstattstechnik 58 (1968) 9, S. 440–441.
31. Bronner, A.: Kostenrechnung als Mittel der Arbeitsgestaltung und Investitionsplanung. Industrie-Anzeiger 88 (1966) 24, S. 479–486.
32. Reif, K.: Bedarfsermittlung durch Auflösen von Stücklisten oder auf Grund des Teileverwendungsnachweises. IBM-Form 81 519, 5. 1966.

33. Martz, F.: Planung von Fabrikgrundrissen. Fördern u. Heben 4 (1954) 11, S. 764 bis 768.
34. Schleppegrell, J.: Ein System zur Investitionsplanung auf der Grundlage einer Werkstück- und Maschinenklassifizierung. Aachen: Diss. an der Fakultät für Maschinenwesen 1969.
35. Ilg, H.: Die Verwendung von Analogiebeziehungen bei der Bestimmung von Zerspanungszeiten ähnlicher Teile. Werkstattstechnik 52 (1962) 6, S. 287—289.
36. Müller-Merbach, H.: Optimale Losgröße bei mehrstufiger Fertigung. Ablauf- und Planungsforschung 4 (1963) 4, S. 264—274.
37. ohne Verf.: Arbeitsgestaltung. Refa-Buch Band 1, 10. Aufl. München: Hanser 1961.
38. Mosch, H, P., Kossatz, G.: Betriebseinrichtung Bd. 1. Berlin: Verlag Technik 1964.
39. Dolezalek, C. M.: Automatisierung in der industriellen Fertigung. In: Betriebshütte Bd. III, 6. Aufl. Berlin: Ernst & Sohn 1965.
40. Richtlinie VDI 3240: Verkettung von Fertigungseinrichtungen; Begriffe, Kennzeichen, Anforderungen. Dez. 1958.
41. Richtlinie VDI 3244: Zubringe-Einrichtungen in der Fertigungskette; Begriffe, Kennzeichen, Übersicht. Oktober 1958.
42. Richtlinie VDI 3247: Werkstückträger für die Fertigungskette; Begriffe und Grundbauarten. Blatt 1, Dezember 1958. Vier Beispiele aus dem Kraftfahrzeugbau, Blatt 2, März 1964.
43. Dolezalek, C. M.: Grundsatzprobleme der Werkstückhandhabung bei Fertigung und Montage. VDI-Berichte Nr. 89 (1965) 103—108.
44. Hahn, R., Lutz, L., Roschmann, K.: Die Bandabgleichung — ein Problem bei Fließfertigung. Ind. Organisation 37 (1968) 2, S. 85—101.
45. Tuffentsammer, K.: Form- oder fertigungsorientierte Teileordnung? Maschinenmarkt 73 (1967) 96, S. 1991—1993.
46. Hahn, R., Kunerth, W., Roschmann, K.: Die Nummerung im Fertigungsbetrieb. 2. Systematik der Teileklassifizierung. Werkstattstechnik 58 (1968) 6, 281—287.
47. Pollak, W.: Alle Möglichkeiten der Wiederholung nutzen. Berlin: Beuth-Vertrieb 1968. Reihe Arbeitsstudium — Ind. Engineering Bd. 10.
48. Hahn, R., Kunerth, W., Roschmann, K.: Die Nummerung im Fertigungsbetrieb. 3. Systeme der Teileklassifizierung I—V. Werkstattstechnik 58 (1968) 7, S. 324 bis 326; 8, S. 362—365; 10, S. 482—486; 11, S. 543—548; 12, S. 591—594.
49. Opitz, H.: Werkstückbeschreibendes Klassifizierungssystem. Essen: Girardet 1966.
50. Opitz, H., Herrmann, J., Eversheim, W.: Untersuchungen über die technische Ausnutzung von Werkzeugmaschinen und Ermittlung von Werkstückcharakteristiken zur Auslegung und Auswahl von Werkzeugmaschinen. Köln: Westdeutscher Verlag 1966. Forschungsbericht Nr. 1770 des Landes Nordrhein-Westfalen.
51. Lutz, W.: Fertigungsbeschreibende Systemordnung für Drehteile. Maschinenmarkt 73 (1967) 96, S. 1994—2001.
52. Lutz, W., Wagner, R.: Fertigungsbeschreibende Systemordnung. Organisation und Anwendungsbeispiele. Maschinenmarkt 74 (1968) 1, S. 6—14.
53. Schmigalla, H.: Methoden zur Vorausbestimmung des wirtschaftlichsten räumlichen Strukturtyps und zur optimalen Gestaltung räumlicher Strukturen der spanenden Fertigung in Maschinenbaubetrieben. Magdeburg: Dissertation an der Fakultät für Maschinenbau der Technischen Hochschule. 1966.
54. Schmigalla, H.: Methode zur Vorbestimmung der rationellsten räumlichen Struktur der spanenden Fertigung. Fertigungstechnik und Betrieb 15 (1965) 4, S. 195—198.
55. Nestler, H.: Methoden zur Bestimmung der Raumgröße und Raumausnutzung von Fertigungswerkstätten. Hannover: Dr.-Ing. Diss. an der Techn. Universität. 1969.
56. Richtlinie VDI 2058: Beurteilung und Abwehr von Arbeitslärm. Wird überarbeitet.
57. Bitterli, E.: Einfluß gesetzlicher Bestimmungen und Sicherheitsanforderungen auf die Planung. Industrielle Organisation 30 (1961) 8, S. 349—356.
58. Süddeutsche Eisen- und Stahl-Berufsgenossenschaft: Unfallverhütungs-Vorschriften Stand 1. 1. 1962.
59. ohne Verf.: Landesbauordnung für Baden-Württemberg, 4. Aufl. Stuttgart: Kohlhammer 1967.

60. DIN-Norm 18 230: Baulicher Brandschutz im Industriebau, Ermittlung der Brandschutzklasse. 5. 1964.
61. DIN-Norm 18 225: Industriebau, Verkehrswege in Bauten. Planungsgrundlagen. 9. 1958.
62. DIN 18 223: Türen und Tore für den Industriebau. Rohbau-Richtmaße, 12. 1957.
63. Rockstroh, W.: Technologische Betriebsprojektierung Gesamtbetrieb. Berlin: Verlag Technik 1968.
64. Dams, W.: Mehrmaschinenbedienung in Maschinenbaubetrieben. Berlin: Verlag Technik 1958.
65. Schiller, H.: Eine Methode der Mehrmaschinenbedienung in der Klein- und Mittelserienfertigung. Karl-Marx-Stadt: Zentralinstitut für Fertigungstechnik des Maschinenbaus 1965.
66. Thurmann, W. H.: Der Einfluß von Nebentätigkeiten bei mehrstelliger Gruppenarbeit. Automatik 10 (1965) 2, S. 62—68; 3, S. 107.
67. ohne Verf.: Methodische Grundlagen der analytischen Arbeitsbewertung. Das Refa-Buch Bd. 3. München: Hanser 1965.
68. Paasche, J.: Arbeitsbewertung an hochmechanisierten Arbeitsplätzen und im Büro. REFA-Nachrichten 22 (1969) 4, S. 239—243.
69. Paasche, J.: Aus der Praxis der Arbeitsbewertung. Kassel: Karl Basch 1966.
70. Wibbe, J.: Arbeitsbewertung, 3. Aufl. München: Hanser 1966.

Weiterführende Literatur

71. Hahn, R.: Produktionsplanung bei Linienfertigung. Berlin, New York: de Gruyter 1972.
72. Janisch, H.: Sicherstellung der Systemverfügbarkeit durch eine elastische Verkettung der Stationen. In: Kettner, H.: Fabrikanlagen-Kolloquium 79. Hannover: Inst. für Fabrikanlagen 1979.
73. Kistner, H.-P.: Betriebsstörungen und Warteschlangen. Opladen: Westdeutscher Verlag 1974.
74. Metzger, H., Dittmayer, S., Schäfer, D.: Neue Methode der Entscheidungsfindung für die Auswahl zukunftsorientierter Arbeitssysteme. Arbeitssysteme 29 (1975) 2, S. 116—120.
75. Rößner, W.: Stetigförderer als Verkettungseinrichtungen in Fertigungssystemen. Montage- und Handhabungstechnik (1976) 1, S. 29—32.
76. Schiele, G., Schmidt, I.: Handhabung in einem flexiblen, verketteten Fertigungssystem für Rotationsteile. VDI-Z. 122 (1980) 8, S. 316—322.
77. Stetten, R. v.: Auslegung von Störungspuffern in kapitalintensiven Fertigungslinien. Diss. Universität Stuttgart 1977.
78. Vettin, G.: Analyse von Grundtypen flexibler Fertigungssysteme und ihrer Varianten. Zeit. für wirt. Fertigung 72 (1977) 9, S. 476—482.
79. Vettin, G.: Notwendigkeit neuer Fertigungsstrukturen in mittelständischen Unternehmen. VDI-Z. 122 (1980) 6, S. 207—214.
80. Vettin, G.: Simulation von Ablaufsystemen in der verketteten Fertigung. Maschinenmarkt 86 (1980) 9, S. 147—150.
81. Vettin, G.: Flexibel automatisierte Fertigungsanlagen. VDI-Z. 121 (1979) 3, S. 83 bis 95.
82. Vettin, G.: Analyse der Konzeptionen flexibler Fertigungssysteme. VDI-Z. 121 (1979) 1/2, S. 14—20.
83. Warnecke, H. J., Gericke, E.: Untersuchung über die Systemverfügbarkeit flexibler Fertigungssysteme. wt-Z. ind. Fertig. 67 (1977), S. 683—687.
84. Warnecke, H. J., Rößner, W.: Bessere Nutzung von NC-Bearbeitungszentren durch Palettenwechsel und Speichereinrichtungen. wt-Z. ind. Fertig. 70 (1980), S. 181 bis 184.
85. Warnecke, H. J., Vettin, G.: Rechnerunterstützte Planung flexibler Fertigungs-Systeme. TZ 71 (1977) 3, S. 77—82.

8. Lagerbereich

8.1 Allgemeines

Dem Lagerwesen im Industriebetrieb muß allgemein wegen seiner wirtschaftlichen Gesichtspunkte besondere Bedeutung beigemessen werden. Bilanzen von als repräsentativ anzusehenden bundesdeutschen Aktiengesellschaften zeigen, daß die Lagervorräte im Bereich des produzierenden Gewerbes im Jahre 1976 einen Wert von ca. 76 Milliarden DM annahmen. Dies entspricht in etwa einem Fünftel der Umsatzerlöse der erfaßten Firmen. Weiterhin ist festzustellen, daß in den erfaßten Aktiengesellschaften im Jahre 1976 der Anteil der Eisen- und Metallerzeugung und -verarbeitung an dem gesamten in der Lagerhaltung gebundenen Kapital der Aktiengesellschaften aller Wirtschaftszweige über 40% betrug.

Dieses Bild wird besonders eindrucksvoll, wenn man die Aktiengesellschaften des Maschinenbaus (Def. n. Statist. Jahrbuch) allein betrachtet. Das Umlaufkapital machte dort ca. 83% des Gesamtkapitals aus. Von diesem Umlaufkapital waren ca. 48% in Vorräten gebunden [1].

Diese Tatsachen zwingen dazu, die Probleme des Lagerwesens genauer zu untersuchen, als das bisher allgemein üblich war. Dieses Buch wendet sich dabei vornehmlich den Fragen der Lagerplanung zu. Darunter soll der Vorgang verstanden werden, der *vor* der Errichtung eines neuen Lagers ablaufen muß und nicht die laufend zu treffende Mengenplanung für das Lager. Dementsprechend soll der Begriff des Lagers hier als „Raum mit entsprechender Einrichtung zur Lagerung von Gegenständen“ gebraucht werden.

Zur Dimensionierung der Lager ist diese Definition aber nicht sehr hilfreich. Hierfür sollte eine dynamischere Betrachtungsweise gewählt werden, die das Lager als Teil des gesamten Produktionsprozesses von der Anlieferung des Rohmaterials bis zur Auslieferung der Fertigerzeugnisse sieht. Die Dimensionierung der Lager sollte dabei in Abhängigkeit von der erforderlichen Lieferfähigkeit und in Kombination mit der Dimensionierung der Fertigung zu möglichst großer Rentabilität führen.

Eine besondere Bemerkung muß an dieser Stelle noch zum Begriff der Lagerorganisation gemacht werden. In den meisten Veröffentlichungen wird dieser Begriff mit den unterschiedlichsten Bedeutungen belegt und dabei in den wenigsten Fällen hinreichend definiert. Mellerowicz [2] bezeichnet vier Probleme der Organisation des Lagerwesens:

1. Die Frage des Standorts und der technischen Ausgestaltung der Lagerräume,
2. die Organisation der Materialentnahme,
3. die Organisation des Materialnachschubs (die Beziehung zum Einkauf),
4. die Kontrolle der Lagerbestände.

Daraus folgt, daß nach betriebswirtschaftlicher Auffassung das gesamte Lagerwesen als organisatorisches Problem gesehen werden muß. Vom Standpunkt der „technischen" Lagerplanung ist diese Betrachtungsweise etwas einseitig. Daher wird für die folgenden Überlegungen dem Begriff „Lagerorganisation" der Teil der Gestaltung der Handlungsvorgänge im Lagerwesen zugewiesen, der vornehmlich den Informationsfluß beinhaltet (Probleme 2, 3 und 4), während diejenigen Vorgänge, die sich mit dem Lagergut gegenständlich beschäftigen, also vor allem in Form des Materialflusses, aus der „Lagerorganisation" ausgeklammert sein sollten (Problem 1). Dieser Organisationsbegriff in seiner engeren Fassung beschränkt aber keineswegs die Bedeutung der „Organisation" im Lagerwesen. Dies äußert sich darin, daß bei der Lagerplanung die Lagerorganisation (i. o. def. Sinne) im Planungsablauf an die erste Stelle gesetzt wird.

Die in den folgenden Abschnitten behandelten hauptsächlichen Themenkreise der Lagerplanung werden entsprechend ihrer Reihenfolge im Planungsablauf angesprochen.

8.2 Lagerorganisation

Im vorhergehenden Abschnitt wurde bereits die Begriffsbestimmung für die „Lagerorganisation" unseren Zwecken entsprechend enger gefaßt. Wir wollen darunter vier Problemkreise verstehen:

1. Mengenplanung,
2. Organisation der Wareneinlagerung,
3. Organisation der Warenauslagerung,
4. Kontrolle der Lagerbestände.

Die Bedeutung dieser Punkte für die Lagerplanung und die grundsätzlichen Möglichkeiten ihrer Lösungen werden in den folgenden Abschnitten behandelt.

8.2.1 Mengenplanung

Die Mengenplanung hat einen wesentlichen Einfluß auf die Lagerplanung und das zukünftige wirtschaftliche Arbeiten der Lager. Sie bestimmt die für die Planung eines neuen Lagers erforderlichen Daten, vor allem was die Größe des Lagers und die Bemessung der Fördermittel betrifft. Von ihr hängt es später auch ab, ob die geführten Bestände richtig bemessen sind, so daß weder zu hohe Zinskosten noch Lieferausfälle entstehen.

Nach [3] läßt sich die Mengenplanung eines Betriebes in Stücklistenorganisation, Bedarfsermittlung und Bestands- und Bestellrechnung aufgliedern. Dabei lassen sich die letzteren 3 Aufgaben zur Materialdisposition zusammenfassen, die für das Lager am wichtigsten ist. Aufgabe der Bestandsrechnung, die hauptsächlich von der buchhalterischen Seite her eine große Bedeutung hat, ist die Fortschreibung der Bestände mit möglichst geringer Phasenverschiebung gegenüber dem Lagerzustand. Ihr wurde schon in der Vergangenheit ein ziemlich großer Aufwand zugebilligt, während die Bedarfs- und Bestellrechnung eher stiefmütterlich behandelt wurden.

Aufgabe der Bestellrechnung ist es, auf Grund der Nachfrage- und Bestandsdaten der einzelnen Artikel Menge und Termin neuer Bestellungen zu errechnen [3]. Im einzelnen geht es dabei um die Ermittlung des Nachbestell-Auslösepunktes, der Höhe eines Sicherheitsbestandes und der wirtschaftlichsten Bestellmenge [4]. Die Ermittlung dieser Daten ist nur möglich, wenn aus der Bestandsrechnung die Bestände bekannt sind und aus der Bedarfsrechnung die Kenntnis der Entwicklung des Bedarfs entnommen wird. Der Aufwand, der sich für die Rechnung zu treiben lohnt, ist je nach Wert und Umsatz der Artikel verschieden. Man kann die Teile z. B. nach dem ABC-Kriterium [5] oder verfeinerten Methoden [6, 4] einteilen in:

A — Teile, die teuer sind und von denen jährlich nur wenige benötigt werden, wo aber schon geringe Vorräte große Kapitalmengen binden.

B — Teile von mittlerem Wert, aber größerem Bedarf.

C — Teile, die billig sind und wenig Kapital binden, obwohl sie die meisten Positionen ausmachen.

Hauptsächlich nach der Teileart wählt man nun auch das entsprechende Verfahren der Bedarfsrechnung. Man unterscheidet im wesentlichen folgende 3 Verfahren [7]:

a) Bedarfsrechnung entsprechend dem Verbrauch in der Vergangenheit. Aus den Daten der Vergangenheit ermittelt man mittels mathematisch-statistischer Verfahren den voraussichtlichen Bedarf in der Zukunft. Dabei rechnet man üblicherweise mit durchschnittlichem Verbrauch, eventuell unter Berücksichtigung des Trends und saisonaler Schwankungen. Derartige Verfahren werden in [8] ausführlich diskutiert. Die Bedarfsrechnung nach Verbrauch wird hauptsächlich für die C-Teile angewandt.

b) Bedarfsrechnung nach Bedarf in der Zukunft. Die Anwendung dieser Rechnungsart erfolgt vor allem für die teuren A-Teile sowie allgemein für Materialien mit starken Verbrauchsschwankungen. Aus dem Produktionsprogramm oder eingehenden Bestellungen wird der Bedarf exakt berechnet.

c) Bedarfsrechnung nach Verbrauch und Bedarf. Dieses Verfahren der Bedarfsrechnung ist zweckmäßig für B-Teile, wenn die Materialbedarfsmengen auf Grund des Fertigungsprogrammes bzw. der Bedarfsvoranmeldungen bekannt sind, aber die Zeitspanne zwischen Bedarfsvoranmeldung und Materialentnahme kürzer ist als die Beschaffungszeit.

Wenn die Ermittlung des Bedarfs an Einzelteilen aus der Vorgabe der Baugruppen oder Erzeugnisse geschehen soll, wird im Rahmen der Bedarfsrechnung auch eine Stücklistenauflösung notwendig.

Üblicherweise kann aus dem Bestand und dem Bedarf der voraussichtliche Bestellpunkt ermittelt werden (vgl. Bild 8.1). Bei veränderlichem Bedarf [9] (im Bild oben in der Leiste angegeben) rechnet man vom Tag, an dem der Bestand voraussichtlich auf Null absinkt, die Sicherheitszeit und die Prüf- und Einlagerungszeit ab und erhält damit den Zeitpunkt, an dem der Artikel geliefert werden soll. Wenn man hiervon noch die Lieferzeit und die Bearbeitungszeit für die Bestellauslösung im eigenen Haus abzieht, erhält man den Bestellzeitpunkt, an dem die Bestellung veranlaßt werden muß. Die Größe der Sicherheitszeit bzw. die Höhe des

Sicherheitsbestandes hängt auch von der Zuverlässigkeit des Lieferanten, der Wahrscheinlichkeit von Transportstockungen, von der Größe von Absatzschwankungen, der Dringlichkeit des Bedarfs und anderem ab.

Periode	1	2	3	4	5
Bedarf	200	230	350	300	280

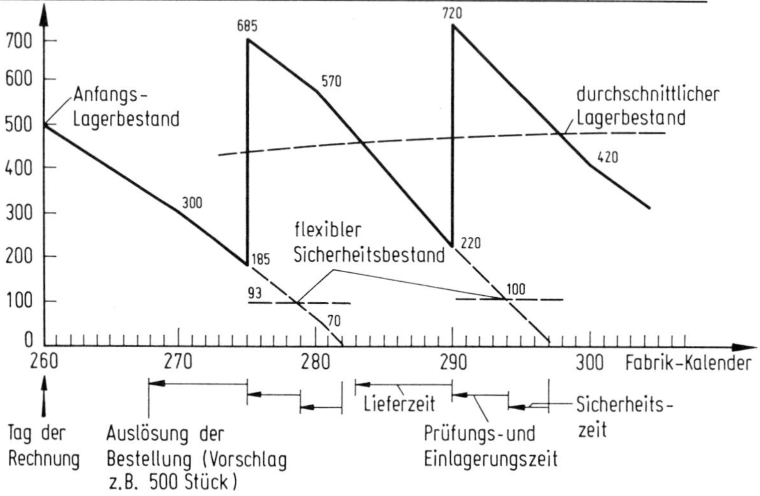

Bild 8.1. Graphische Darstellung der Bestellrechnung (nach [9]).

Der optimale Sicherheitsbestand ist derjenige, bei dem die Summe der Kosten, die für Lagerung und die als Folge von Lieferausfall des Lagers entstehen, minimal ist. In [10] sind Hinweise und in [11] außerdem Formeln zur Ermittlung angegeben.

Problematisch ist noch die Ermittlung der wirtschaftlichsten Bestellmenge. Sie kann nach der einfachen Formel von Andler [12] oder komplizierten Formeln, die in [13, 14] angegeben sind, berechnet werden. Der Formel von Andler liegen die Annahmen zugrunde, daß der Lagerzugang losweise mit der wirtschaftlichsten Bestellmenge erfolgt, daß der Bedarf konstant ist und daß auch die Kostengrößen konstant bleiben. Die Bestellgröße ist dann optimal, wenn die Summe aus Lagerkosten (Zinskosten des Lagergutes + Kosten für Lagergebäude und Einrichtung) und die Bestellkosten (Kosten für Bestellung, Kontrolle und Einlagerung) je Stück minimal wird. Es ergibt sich nach Andler:

$$\text{Optimale Bestellmenge} = \sqrt{200 \frac{m \cdot b}{p\,(z+l)}}$$

dabei ist

m Jahresbedarf in [Stück],
b Bestellkosten je Los in [DM],
p Wert des Lagergutes in [DM/Stück],
z Kapitalzinssatz [%/Jahr],
l Kosten für Lagergebäude + Lagereinrichtung in [% vom Wert des Lagergutes/Jahr].

Da in der Formel von Andler nur wenige Faktoren berücksichtigt sind, sind Abweichungen von der so errechneten Bestellmenge häufig sinnvoll. Berücksichtigt werden sollen beispielsweise die günstigste Fertigungslosgröße, die Mengen, bei denen besondere Mengenrabatte in Kraft treten usf.

Wenn das Lager zusätzlich auch saisonale Schwankungen ausgleichen soll, sind in Zeiten, in denen der Lagerzugang höher ist als der Bedarf, gegenüber den Sicherheitsbeständen erhöhte Minimalbestände anzulegen (vgl. Bild 8.3). Über zusätzliche Bestellungen im Preis stark schwankender Güter zu Spekulationszwecken kann nichts Allgemeingültiges ausgesagt werden.

Zur Bewältigung der Aufgaben der Mengenplanung genügen heute i. a. manuelle Methoden nicht mehr, wenn man das Ziel anstrebt, einigermaßen günstige Lagerhaltungskosten zu erreichen, weil man viele der erforderlichen Rechnungen wegen der sich ständig ändernden Daten in sehr kurzen Abständen wiederholen muß. Hierfür haben einige Herstellerfirmen von elektronischen Datenverarbeitungsanlagen Standardprogramme entwickelt, die etwa auf der beschriebenen Modellvorstellung aufbauen (siehe [3]).

8.2.2 Organisation der Wareneinlagerung

Der Vorgang der Wareneinlagerung wird eingeleitet mit der Kontrolle der Lagerzugänge. Qualität, Art und Menge (z. B. Stück, Gewicht, Volumen) der Waren sind dabei hauptsächliche Kontrolldaten. Die Organisation der Bestands- und Bestellrechnung kann eine zusätzliche Datenerfassung verschiedener Größen bei dieser Kontrolle notwendig werden lassen, wie z. B. Daten des Wareneingangs, Bestellnummer usw. Für solche Datenerfassungsaufgaben sind eingehende Untersuchungen empfehlenswert, die vor allem die Art der nachfolgenden Datenverarbeitung berücksichtigen sollten. Je nach Umfang und Art der Lagerzugänge können Systeme diskutiert werden, die z. B. auf vorbereitete Belege (u. U. Lochkarten) aufbauen oder die mit Hilfe geeigneter Datenerfassungsgeräte in on-line- oder off-line-Verbindung zur Datenverarbeitungsanlage stehen usw. In diese Vorgänge kann auch die Erfassung des gewählten Lagerorts bei der Einlagerung einbezogen werden.

Das zentrale Problem der Wareneinlagerung stellt sicherlich die Wahl des geeigneten Lagerordnungssystems dar. An dieser Stelle beeinflussen sich technische oder organisatorische Gesichtspunkte sehr stark, so daß nur einige generelle Aussagen gemacht werden können.

Für die Festlegung eines Lagerordnungssystems können Kriterien wesentlich sein, wie beispielsweise:

1. Ist eine Trennung in ein Vorrats- und Greiflager vorzusehen? Hierbei sind Unterschiede zu berücksichtigen, die sich aus der Art der Lagerung, z. B. Blocklager, Palettenregallager, Hochraumlager ergeben (vgl. [15]).
2. Soll die örtliche Einlagerung der Entnahmehäufigkeit der Lagergüter entsprechen?
3. Zwingen unterschiedliche Gewichte oder Volumina der Lagergüter zu einem besonderen System der Lagerordnung?
4. Müssen die Lagergüter nach Artikelgruppen zusammengefaßt werden?

Solche und ähnliche Problemstellungen können zweifellos häufig nur im Zusammenhang mit einer genaueren Kenntnis der möglichen bzw. zur Auswahl stehenden Lagereinrichtung gelöst werden. Es kann soweit gehen, daß vor allem durch die Möglichkeiten moderner Lagereinrichtungen die Lagertechnik zu völlig neuartigen Systemen der Lagerordnung führt. Beispielhaft sei darauf hingewiesen, daß im Zusammenhang mit der Entwicklung automatisch arbeitender Regalförderzeuge in Verbindung mit elektronischen Datenverarbeitungsanlagen ein Verlassen fester Lagerorte für bestimmte Lagergüter sogar wirtschaftlich notwendig wird.

Andere Systeme arbeiten mit festen Lagerorten. Die anfangs benötigte Festlegung der Lagerorte erfolgt dabei zufällig.

Im Zusammenhang mit den Systemen der Lagerordnung ist die Nummerung der Lagerorte von Bedeutung. Entscheidend ist dabei, ob das Lager manuell (also auch mit maschinellen Hilfsmitteln) oder automatisch bedient werden soll. Im letzten Fall muß die Nummerung der Lagerorte zusammen mit dem Steuerungssystem festgelegt werden (vgl. [16, 17]). Im ersten Fall sind Nummerungen denkbar, die kombiniert sind aus Platz- und Artikelnummern oder, was als wesentlich bessere Lösung erscheint, eine Platznummer unabhängig von der Artikelnummer erhalten. Hierbei können die Nummern fortlaufend, nach einem dezimalen Aufbau oder kombiniert aus beiden Formen festgelegt werden. Entscheidend für die Wahl einer Nummerungsart können Größe und Aufbau eines Lagers, ein festgelegter Rundweg für die Kommissionierung oder die Verkehrsordnung im Lager sein [15].

8.2.3 Organisation der Warenauslagerung

Der Begriff der Warenauslagerung umfaßt alle zur Beendigung der Lagerung notwendigen Schritte. Geht man davon aus, daß einer Warenauslagerung ein bestimmter Auslagerungsauftrag zugrunde liegen muß, so kann man entsprechend dem Inhalt dieses Auftrages nach der Anzahl der angesprochenen Lagerpositionen und nach der Anzahl Kundenaufträge, die diesen Auftrag auslösen (z. B. Bereitstellungsaufträge für die Montage, Versandaufträge), eine Gliederung entsprechend Bild 8.2 vornehmen. Der einfachste Fall, nämlich die Entnahme einer Lagerposition mit beliebigen Mengen für einen Kundenauftrag, tritt z. B. ständig in Zwischenlagern bei Werkstattfertigung oder bei Einzelentnahmen aus Bereitstellungslagern für die Montage auf. Hier umfaßt der Vorgang der Auslagerung das Aufsuchen der Lagerposition, die Entnahme der geforderten Menge und das Transportieren an eine Übergabestelle vom Lager zum Abnehmer. Sämtliche übrigen Varianten haben als Merkmal, daß zur eigentlichen Entnahme (Greifen) der Position ein Sammeln der Positionen hinzukommt.

Dieser gesamte Vorgang wird als Kommissionieren bezeichnet. Der Warenauslagerungsauftrag wird dabei zum Kommissionierungsauftrag.

Es ist stets möglich, Kundenaufträge direkt zu Auslagerungsaufträgen zu machen (Bild 8.2, linke Hälfte). In vielen Fällen ist es aber sinnvoller, mehrere Kundenaufträge zu einem Auslagerungsauftrag zusammenzufassen, wodurch weniger Greifvorgänge, allerdings zusätzliche Sammelvorgänge entstehen. Weiterhin ist es möglich, einen Auslagerungsauftrag entsprechend dem Standort der Lagergüter in mehrere Aufträge aufzugliedern und das Entnehmen verschiedenen Personen zu übertragen. Die jeweils günstigste Lösung hängt vom Einzelfall ab. In [18] wird mit Methoden des Operations Research eine Lösung angegeben, die auf Grund des

Zieles einer minimalen Kommissionierungszeit eine Wahl zwischen verschiedenen Alternativen erleichtern soll. Andere mathematische Methoden beschäftigen sich mit der Reihenfolgebestimmung für eine Kommissionierung nach dem Kriterium des kürzesten Weges.

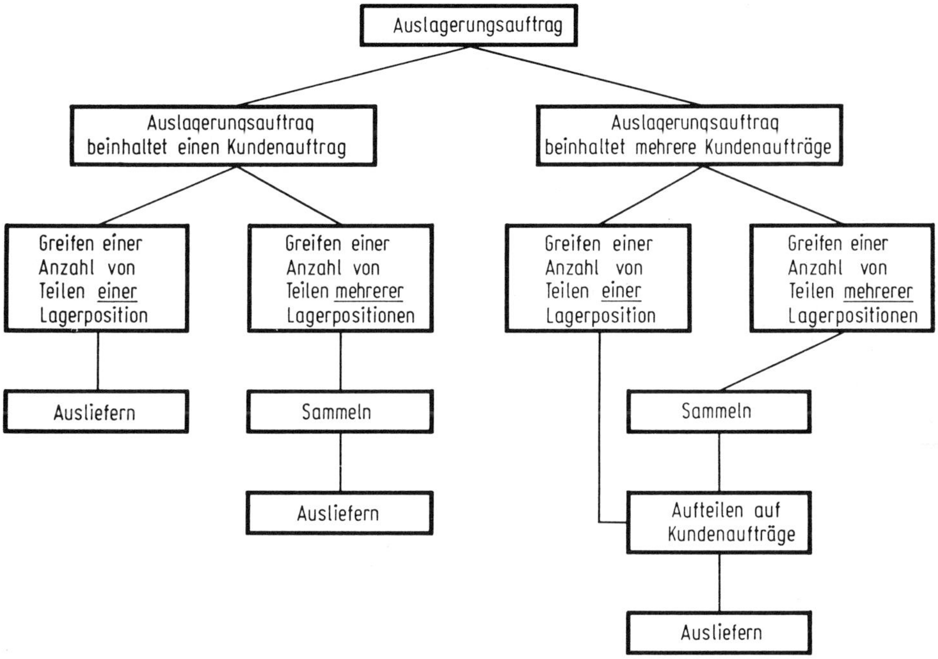

Bild 8.2. Warenauslagerung entsprechend dem Inhalt des Auslagerungsauftrags.

Die Anwendung der angedeuteten Methoden für Probleme des Kommissionierens ist bis heute in Fertigungsbetrieben nur wenig verbreitet, weil dort als erschwerend hinzukommt, daß verhältnismäßig große Eingangsmengen und kleine Entnahmemengen mit kleinen Entnahmehäufigkeiten auftreten. Hier werden daher bestimmte Positionen in Handlagern gehalten, um den Organisationsaufwand in Grenzen zu halten. In anderen Fällen wird eine Trennung des Lagers in Vorratslager und Greiflager angestrebt. Bei großen Fertigwarenlagern, Lagern von Versandhäusern, Ersatzteillagern usw. kann der organisatorische und technische Aufwand (z. B. mit Stetigförderern und geeigneten Zielsteuerungen) größer sein, weil dort die Kommissionierung einen wesentlichen Teil des gesamten Arbeitsablaufs darstellt und weil die Gefahr des Diebstahls bei solchen Gütern größer ist als bei Einzelteilen für die Montage von Maschinen und Geräten.

Bei der Organisation der Warenauslagerung ist die Vorgabe der Informationen für die Auslagerung und die Erfassung der Daten der ausgelagerten Güter besonders wichtig. Die Auslagerungsinformation sollte für jede Position getrennt auf dem gleichen Beleg stehen wie die teilweise nachträglich zu vermerkenden Erfassungsdaten nach bzw. bei der Auslagerung. Dies empfiehlt sich vor allem beim Einsatz von Lochkarten.

Bei der Lagerplanung sollte unter allen Umständen überprüft werden, ob die Einführung von Einzelbelegen gegenüber der heute noch weit verbreiteten Anwendung von Entnahmelisten wie z. B. Stücklisten und Versandlisten Vorteile bringt. Diese Überprüfung ist besonders dann notwendig, wenn man auf die elektronische Datenverarbeitung übergehen will und daher Lochkarten für die Durchführung der Warenauslagerung einzusetzen gedenkt. Auch das Ausstellen von Entnahmescheinen bei Einzelentnahmen sollte auf seinen Wert hin überprüft werden. Die Entnahme einer Schraube ohne Beleg ist ganz sicher billiger als die Ausstellung der heute üblichen Entnahmescheine und deren bürokratische Weiterverarbeitung. Derartige Entnahmen würden global vom Lagerhalter zu bestätigen sein, da sie sich bei der Inventur als Fehlbeträge herausstellen. Das bedeutet, daß der Lagerverwalter ein ehrenhafter Mensch sein muß, dem man entsprechendes Vertrauen schenkt.

Beim Kommissionieren tritt oft die Frage auf, zu welchem Zeitpunkt kommissioniert werden soll. Der Vorgang kann bei Bedarf erfolgen, was u. U. zur Folge hat, daß Überlastungen des Lagerpersonals und der -einrichtungen auftreten, oder bei Erhalt der Auslagerungsinformation, wodurch eine Zwischenlagerung notwendig wird, bis die Kommission verlangt wird. In diesem Fall können Reservierungen für bestimmte Waren unterbleiben.

Die Kommissionierung nimmt ganz andere Formen an, wenn es sich um die Montage gleicher Erzeugnisse in großer Zahl handelt. Ein Unternehmen in den Vereinigten Staaten, in dem 150 V-8-Motoren pro Stunde produziert werden, kommissionierte die Einzelteile, die zur Montage des Motors notwendig waren, über eine größere Anzahl von großen Vibrationsförderern, die an beiden Seiten einer Transportkette aufgestellt waren. Die Kette transportierte im Stop-Start-System große Plastiktabletts mit Einteilungen, und bei jedem Stop wurde von jedem der Vibrationsförderer ein bestimmtes Quantum eines bestimmten Teiles in eine bestimmte Öffnung des Tabletts geschüttet. Diese Art der Kommissionierung sparte eine erhebliche Zahl von Arbeitskräften und ergab eine größere Sicherheit bei der Versorgung des Transportbandes, auf dem anschließend die Motoren montiert wurden. Ein Tablett mit den Einzelteilen befand sich jeweils zwischen 2 Motoren auf dem Montageband.

8.2.4 Kontrolle der Lagerbestände

Die Organisation der Kontrolle der Lagerbestände beeinflußt die Lagerplanung. Außerdem ist sie für die Ist-Zustandsaufnahme, die der Neu- oder Erweiterungsplanung zugrunde gelegt werden muß, von Bedeutung. Der Gesetzgeber verlangt einmal im Jahr eine körperliche Bestandsaufnahme der Lagergüter. Diese Bestandsaufnahme läßt sich als Stichtaginventur ohne Störungen des Betriebsablaufes nur dort vornehmen, wo wenige Materialarten vorhanden sind, die mengenmäßig schnell erfaßt werden können [7]. In allen anderen Betrieben ist es günstiger, eine permanente Inventur durchzuführen, d. h. das ganze Jahr über die tatsächlichen Lagerbestände nacheinander mit den Buchungen der Lagerbuchhaltung abzustimmen [15].

Die körperliche Kontrolle der Lagerbestände ist aber auch für den laufenden Betrieb notwendig:

Die Dispositionen im Bestellwesen, der Fertigungsplanung und im Verkauf werden im allgemeinen auf Grund der Daten der Lagerbuchhaltung vorgenommen. Deshalb sollten die tatsächlichen Lagerbestände unbedingt mit den in der Buchhaltung geführten übereinstimmen. Auf Grund von Buchungsfehlern, Zählfehlern, Ausgabe ohne Beleg, Schwund oder Diebstahl entstehende mengenmäßige Differenzen müssen unbedingt von Zeit zu Zeit bereinigt werden. Wenn bei der Mengenplanung Fehler gemacht werden, z. B. sehr große Lagerbestände entstehen, so fallen diese großen Zahlen in der Lagerbuchhaltung unter Umständen nicht auf, während gegenständlich vorhandene Werkstücke, die in unwahrscheinlich großer Menge vorhanden sind, stark ins Auge springen. Ähnliches gilt bei fester Zuordnung von Lagergut und Lagerplatz, wenn Lagerpositionen vollkommen fehlen.

Wenn man vermutet, daß Fehlmengen durch Diebstähle entstanden sind, so ist bei der Neuplanung auf Schutzmaßnahmen zu achten. Die vollständige Abtrennung der Lager von den anderen Betriebsbereichen ist dann besonders anzustreben. Am meisten diebstahlgefährdet sind Fertigwarenlager und Lager mit sehr wertvollen oder für viele nützlichen Teilen. Im übrigen wirkt eine gute Überwachung der Lagerbestände.

Bei der Kontrolle der Lagerbestände sollte man insbesondere auch Restbestände erfassen, die gar keinen oder einen sehr geringen Abgang hatten (inhaltliche Lagerkontrolle). Im allgemeinen lohnt es sich nicht mehr, diese Bestände noch am Lager zu halten, sie sollten durch Sondermaßnahmen wie Rabatte etc. möglichst rasch verkauft oder, wenn dies unmöglich ist, verschrottet werden. Auf keinen Fall sollte man diese oft wertmäßig und auch volumenmäßig ziemlich großen Bestände ins neue Lager mitnehmen. Diese Bereinigung sollte man allerdings auch der Mengenplanung mitteilen, damit nicht auf Grund der nunmehrigen Unterschreitung des Bestellbestandes solche Lagergüter neu bestellt werden (praktische Erfahrung).

Weiterhin ist die laufende Kontrolle der Beschaffenheit (Qualitätskontrolle) notwendig. Durch mechanische Beschädigungen oder klimatische Einflüsse, unter Umständen verbunden mit zu langer Lagerung, entstehen Veränderungen des Lagergutes, die eventuell zu vollkommener Wertlosigkeit führen können. Festgestellte Mängel geben möglicherweise Hinweise dafür, was im neuen Lager zu tun ist, um solche Veränderungen des Lagergutes auszuschließen. So kann bei sehr empfindlichem Lagergut beispielsweise die zwangsweise Einführung des Prinzips First-in First-out notwendig werden. Auch Klimatisierung kann erforderlich sein und beeinflußt die Lagerplanung von Grund auf.

8.3 Ermittlung der erforderlichen Lager auf Grund der Analyse der Lagergüter

Bei der Planung der notwendigen Lager und ihrer Einrichtungen ist es zweckmäßig, zunächst die Lagergüter zu analysieren und Lagergüter mit für die Lagerung ähnlichen Eigenschaften zu Lagergutgruppen zusammenzufassen. Lagergüter können zu Lagergutgruppen zusammengefaßt werden, wenn sie im Fertigungsablauf etwa an der gleichen Stelle anfallen bzw. gebraucht werden und wenn sie nach der Art der Güter (Elektroteile, Hydraulikteile) und ihrer Größe, Form und ihrem Gewicht einander ähnlich sind. Das zweite Kriterium ist dann erfüllt, wenn für alle Lagergüter einer Gruppe etwa gleiche Lagereinrichtungen, Fördermittel und Hilfsmittel sowie Arbeitsabläufe bei der Lagerung erreicht werden können.

Tabelle 8.1. Mögliche Lagergutgruppen in fertigungstechnischen Betrieben

Materialien, die als wesentliche Bestandteile in das Produkt eingehen:	Rohmaterialien, z. B. Flachstahl, Stangen, Bleche, Holz, Kunststoffgranulat Halbzeuge z. B. Gußteile, Schmiedeteile Zuliefer-Fertigteile, z. B. Normteile (Schrauben), Elektroteile (Motoren), Hydraulikteile (Ventile)
Zwischenerzeugnisse:	nach Zulieferung bearbeitete Teile, die weiterbearbeitet werden müssen, evtl. getrennt nach Produktionsstufen
Fertigerzeugnisse:	im Betrieb bearbeitete zum Absatz bestimmte Erzeugnisse, z. B. auch Ersatzteile
Handelswaren:	vom Markt bezogene Waren, die unbearbeitet weiterverkauft werden
Allgemeine Betriebs- und Hilfsstoffe	z. B. Schmierstoffe, Farben und Lacke, giftige Stoffe, Flaschengase, Brennmaterial, Ersatzteile für den Eigenbedarf
Werkzeuge und Vorrichtungen	
Modelle	
Verpackungsmaterial	
Verwertbare Abfälle	z. B. Schrott und Späne
Unverwertbare Abfälle	z. B. Müll

Tabelle 8.2. Beispiel für die Bildung von Lagergutgruppen in der chemischen Industrie [19]

Jeweils innerhalb der 3 Hauptkategorien Rohstoffe, Zwischenerzeugnisse und Fertigerzeugnisse wurden folgende Lagergutgruppen gebildet:

Produkte in Gebinden (Fässer, Säcke, Boxen usw.), die nach Belieben palettiert und beieinander gelagert werden können,

Produkte in Kleincontainern (Behälter mit etwa 1 m^3 Nutzinhalt),

Produkte in Gebinden, die aus Sicherheits- oder anderen Gründen speziell zu lagern sind,

Flüssige Produkte in Tanks,

Schüttgüter in Silos

Eine grobe Gliederung von Lagergutgruppen bringt die Tabelle 8.1. Sie ist für die Planung noch weiter zu unterteilen. Ein Beispiel für die Bildung von Lagergutgruppen in der chemischen Industrie zeigt Tabelle 8.2 [19].

Die Zusammenstellung derartiger Lagergutgruppen kann relativ einfach aus den Unterlagen im Ist-Zustand vorgenommen werden oder im Falle der Neuplanung für die zu verkaufenden Erzeugnisse und die in sie eingehenden Materialien aus dem Produktionsprogramm und den Stücklisten.

Größere Schwierigkeiten macht die Ermittlung der anderen Lagergüter. Sie muß entsprechend dem vorliegenden Planungsfall erfolgen.

Eine weitergehende Klassifizierung des Lagergutes, wie sie von Appelt [20] vorgeschlagen wird, dürfte im allgemeinen zu aufwendig sein. Appelt wählte zunächst aus möglichen Faktoren für die Klassifizierung entsprechend ihrem Einfluß im anstehenden Planungsfall die maßgebenden Einflußfaktoren aus. Wesentliche Faktoren sind bei ihm z. B. stoffliche Eigenschaften wie Giftigkeit, Korrosionsanfälligkeit, Alterungsempfindlichkeit usw., konstruktions- und fertigungstechnologische Eigenschaften wie Masse, Volumen, Abmessungen usw., aus der Organisation resultierende Eigenschaften wie z. B. Umschlaghäufigkeit, Einlagerungs- und Auslagerungsmengen und Sondereigenschaften wie Stapel- und Palettisierbarkeit der Lagergüter. Jeden dieser Unterfaktoren teilt er beispielsweise in zwei Gruppen, z. B. beim Volumen groß und klein ein, nimmt jedes Lagergut samt maßgeblichen Faktoren und Bewertung der Faktoren auf Lochkarten auf und stellt durch Auswertung der Lochkarten mit Hilfe einer Datenverarbeitungsanlage gleiche Lagergüter zu Lagergutgruppen zusammen. Der Aufwand hierbei, nämlich die Erfassung und Katalogisierung aller Lagergüter dürfte in den meisten Fällen in keinem Verhältnis zum Nutzen stehen, weil von der Tendenz her viel zu detaillierte Lagergutgruppen entstehen, für die gar nicht entsprechend viele Lagerungsmöglichkeiten erwünscht sind.

Verschiedene Lagergüter, die unter Verwendung gleicher Förderhilfsmittel gelagert werden können, werden, wenn sie im Materialfluß an der gleichen Stelle anfallen oder gebraucht werden, in den meisten Fällen zu Lagergutgruppen zusammengefaßt. Ausnahmen bestehen, wenn verschiedene klimatische Anforderungen gestellt werden, die Güter sich gegenseitig negativ beeinflussen oder wenn einige Güter auf Grund von Giftigkeit oder besonderem Wert abgeschlossen aufbewahrt werden müssen.

Nach erfolgter Zusammenfassung der einzelnen Lagergüter zu Gruppen, muß man sich überlegen, inwieweit die entstandenen Lagergutgruppen zu Lagerbereichen oder Lagerblöcken zusammengefaßt werden können oder inwieweit einzelne Lagergutgruppen auf verschiedene Lagerbereiche aufgeteilt werden müssen.

Man denke z. B. daran, daß es nicht sinnvoll ist, in einem Großbetrieb billige Massenteile, z. B. Schrauben, nur an einer Stelle zentral zu lagern, weil dann die häufigen langen Wege zum Zentrallager im Verhältnis zum Wert des Lagergutes einen viel zu großen Aufwand verursachen. Dazu ist die Kenntnis des Materialflusses zwischen Lager (-gut, -gruppen) und „Abnehmern" bzw. „Lieferanten" notwendig. Sie kann eine Vorentscheidung über zentrale oder dezentrale Lagerung für die einzelnen Lagergutgruppen ergeben. Man wird sich für dezentrale Lagerung entscheiden, wenn nur wenige, aber starke Materialflußbeziehungen zu anderen Bereichen bestehen und für zentrale Lagerung, wenn viele schwache Beziehungen vorhanden sind.

Die Vor- und Nachteile der zentralen Lagerung sind in Tab. 8.3 gegenübergestellt.

Eine endgültige Entscheidung sollte auf Grund einer Kostenminimierung geschehen, wobei die Gesamtkosten der Lagerung und des Transports zu Verbrauchern und Lieferanten minimiert werden sollten. Eine genaue Minimierung ist aber nur möglich, wenn die Kosten verschiedener Alternativen auf Grund ausgeführter Planungen verglichen werden. Es empfiehlt sich, zunächst auf Grund der im nächsten Abschnitt ermittelten Daten abzuschätzen, welche Alternativen relevant sind und dann unter Umständen mehrere Alternativen zentraler oder dezentraler Lagerung durchzurechnen.

Tabelle 8.3. Vor- und Nachteile der Zentrallagerung (vgl. [21])

Vorteile	Nachteile
Kleinere Lagermengen	Errichtung in bestehenden Gebäuden meist unwirtschaftlich
Einfachere Übersicht über verfügbare Lagergüter Bessere Dispositionsmöglichkeit	Bedarf einer großen zusammenhängenden Grundstücksfläche (bei Erweiterungsplanungen unter Umständen nachteilig)
Einsatz wirtschaftlicherer Gebäude, Lagereinrichtungen und Fördermittel	Unverträgliche Lagergüter erfordern Abtrennung voneinander
Insgesamt geringere Lagerkosten pro Lagerguteinheit	Längere Wege verursachen höhere Transportkosten nach und von außerhalb und erfordern unter Umständen einen besonderen Abhol- und Zubringerdienst
	Unter Umständen längere „Lieferzeit"
	Tendenz zur Bildung von „Privatlagern" an Arbeitsplätzen oder in Abteilungen

Bei praktischen Planungen hat sich erwiesen, daß man im allgemeinen mindestens die folgenden 5 räumlich getrennten Lager braucht:

1. Rohmaterial, Halbzeuge und eventuell Betriebs- und Hilfsstoffe;
2. Zwischenerzeugnisse und eventuell zusätzlich Zulieferteile und -erzeugnisse;
3. Fertigerzeugnisse (einschließlich Ersatzteile, Handelswaren und eventuell Verpackungsmaterial);
4. Werkzeuge, Vorrichtungen und andere Betriebsmittel;
5. Abfälle.

Die Standorte der Lager sind hier wiederum so zu wählen, daß die Materialflußkosten minimal werden. Methoden hierfür sind im Kap. „Planungsmethoden" angegeben.

Die Überlegungen über zentrale oder dezentrale Lagerung und die Standortwahl gelten sinngemäß für zentrale oder dezentrale Auslieferläger, wobei als „Lieferant" das Fertigwarenlager und als „Empfänger" die Kunden anzusehen sind.

8.4 Ermittlung der Lagerdaten

8.4.1 Maximales Nettolagervolumen

Die maßgebliche Größc für dic Dimensionierung und Auslegung des Lagers ist das maximale Volumen der Teile im Lager in dem Zustand, wie sie eingelagert sind, einschließlich Verpackung oder Förderhilfsmittel (geschüttet, verpackt, gestapelt, in Förderhilfsmitteln usw.). Wenn entsprechend den Ausführungen im Kapitel „Materialfluß" geklärt ist, welche Förderhilfsmittel verwendet werden, kann u. U. auch direkt ihr Gesamtvolumen eingesetzt werden. Da das Lager sämtlichen Ansprüchen gerecht werden soll, ist es auf das Volumen anzulegen, das während der Zeit, für die geplant wird, maximal auftreten kann. Entsprechend den Ausführungen im Abschnitt „Mengenplanung" setzt sich die maximale Lagermenge eines Artikels zusammen aus dem Mindestbestand, der optimalen Bestellgröße und eventuellen Zuschlägen für saisonale oder sonstige Schwankungen. Wenn Zulieferung und Bedarf (im Bild 8.3 Produktion und Absatz) bekannt sind, läßt sich daraus mit Hilfe des Sicherheitsbestands und der optimalen Losgröße entsprechend Bild 8.3 die maximale Lagermenge ermitteln.

Das Gesamtvolumen des Lagers wird groß, wenn man feste Lagerplätze für die einzelnen Lagerpositionen vorsieht. Diese Methode der Einlagerung braucht man nicht mehr aufrecht zu erhalten, sobald man unter Anwendung der Datenverarbeitung eine freie Platzwahl zuläßt. In diesem Fall kann man bei der Berechnung davon ausgehen, daß die optimale Bestellmenge jedes Artikels im Durchschnitt nur zur Hälfte im Lager ist. Das maximale Lagernettovolumen ergibt sich dann als Summe der Sicherheitsbestände aller Artikel + der halben Summe aller optimalen Bestellmengen + der Summe der Puffer zum Ausgleich der saisonalen Schwankungen. Dabei können allerdings nur gleichartige Lagerplätze verschieden belegt werden. Außerdem ist beispielsweise ein Palettenplatz belegt, bis die ganze Palette geleert ist. Aus diesen Gründen wird man im allgemeinen auch bei variablen Lagerplätzen nicht mit der halben optimalen Bestellmenge, sondern vor allem auch bei Lagergütern, die im Durchschnitt wenige Lagerplätze in Anspruch nehmen, z. B. mit der 0,6 – 0,8fachen Bestellmenge rechnen. Wenn saisonale Schwankungen bei verschiedenen Lagergütern, die gleichartige Lagerplätze einnehmen, zu verschiedenen Zeiten auftreten, kann auch der Pufferanteil am gesamten Nettolagervolumen vermindert werden.

Ein Beispiel für die Berechnung des so ermittelten theoretischen Nettolagervolumens eines Artikels zeigt Bild 8.3. Das gesamte Nettolagervolumen berechnet sich aus dem Sicherheitsbestand mit 15 m^3, dem Anteil der Losgröße mit $0{,}75 \times 25 = 19$ m^3, wobei die optimale Losgröße 25 m^3 beträgt. Schließt man den im Bild grafisch ermittelten Zuschlag für saisonale Schwankungen von 12 m^3 mit ein, so ergeben sich zusammen 46 m^3.

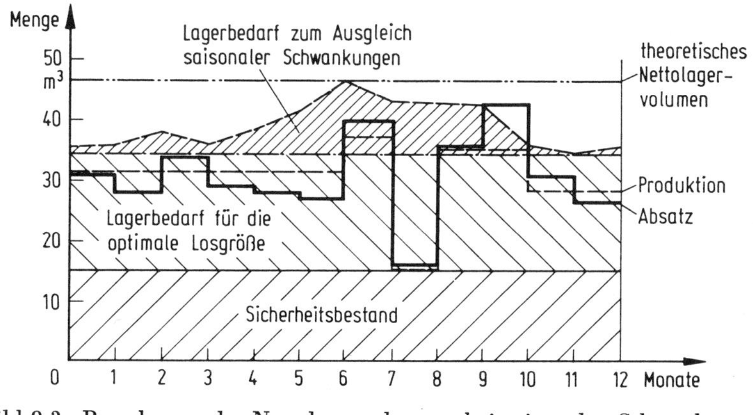

Bild 8.3. Berechnung des Nettolagervolumens bei saisonalen Schwankungen.

Eventuelle Zuschläge zum Nettolagervolumen für spekulative Zwecke, die unter Umständen z. B. bei Edelmetallen, Kaffee und Kakao interessant sind, sind gesondert zu berücksichtigen.

Wenn man so das gesamte Nettolagervolumen aus der Summe der Nettolagervolumina einzelner Lagergüter oder – was wesentlich schneller geht und im allgemeinen ausreichend genau ist – der im vorigen Kapitel zusammengestellten Lagergutgruppen ermittelt, erreicht man relativ genaue Werte. Es ist sinnvoll, die Güter oder Gutgruppen aufzulisten und jeweils das Nettolagervolumen in m^3 oder besser die Zahl der Transporteinheiten als Maßzahl anzugeben, wenn dazu die Voraussetzungen vorliegen.

Folgende einfachere Methode, die sich für eine Überschlagsrechnung eignet, ist in [15] angegeben: Ausgehend vom Verkaufswert je m^3 Ware, der z. B. durch Stichproben ermittelt werden kann, läßt sich aus dem Wert des gesamten Lagerguts das Nettolagervolumen errechnen. Man braucht lediglich den Wert des Lagerguts durch den durchschnittlichen Verkaufswert je m^3 Ware zu dividieren. Dabei ist es allerdings wichtig, daß der maximale Wert des Lagerguts bekannt ist. Hierbei handelt es sich aber um eine sehr grobe Methode, die auch keine Gliederung der Warenbestände ergibt, so daß weder Stapeleinheiten noch Stapeleinrichtungen damit bestimmt werden können.

Eine weitere, je nach Ausführung mehr oder weniger grobe Methode, die bei einer Erweiterungs- oder Umstellungsplanung angewandt werden kann, ist die folgende: Man ermittelt im Ist-Zustand das gesamte Nettolagervolumen, zusammengesetzt je nach gewünschter Genauigkeit aus den Lagervolumina einzelner Lagergutgruppen oder einzelner Lagergüter und extrapoliert daraus das maximale Nettolagervolumen des Sollzustandes. Wenn man bei der Extrapolation mit der Steigerungsrate des Lagerabsatzes multipliziert, dürfte das Lager zu groß bemessen sein, da, gleiche Sicherheitszeit vorausgesetzt, sich lediglich der Sicherheitsbestand proportional erhöht, aber die der optimalen Bestellmenge entsprechende Lagergröße nur mit der Wurzel der Absatzsteigerung ansteigt (s. Abschn. 8.2.1).

Das Bruttolagervolumen, d. h. der Raumbedarf für das Lager läßt sich zwar sehr grob mit Hilfe von Kennzahlen aus dem Nettolagervolumen berechnen, variiert aber sehr stark je nach Art der gewählten Lagerung und Lagereinrichtungen. Genau ergeben sich Grundfläche, Höhe und genauer Aufbau des Lagers, wenn für einzelne Lagergutgruppen oder zu Bereichen zusammengefaßten Gruppen Lagereinrichtungen und -fördermittel ausgewählt werden, der Raumbedarf jeweils ermittelt wird und aus diesen Bereichen das bzw. die Lager günstig und möglichst einheitlich zusammengesetzt werden.

8.4.2 Umschlagsmengen

Die Ermittlung der Umschlagsmengen ist erforderlich zur Bestimmung der Art und Anzahl der Fördermittel und des notwendigen Lagerpersonals. Die Umschlagmengen sind außerdem maßgeblich für den zu wählenden Arbeitsablauf im Lager, und zwar insbesondere für die Art des Kommissionierens.

Wenn der Materialfluß zwischen den Bereichen bereits ermittelt wurde, so ist bekannt, welche und wie große Materialflußbeziehungen das betreffende Lager von und nach außerhalb hat. Ist er, wie im Ablaufplan vorgesehen, noch nicht ermittelt, so ist die Untersuchung des Materialflusses von und zu dem betreffenden Lager vorzunehmen. Die jeweiligen Gesamtmengen sind nach der Art von Gütern, Förderhilfsmitteln usf. zu gliedern.

Der Materialfluß im Lager selbst läßt sich grundsätzlich in zwei Hauptabläufe unterteilen: in das Einlagern und in das Auslagern, das im allgemeinen mit dem Kommissionieren verbunden ist. Zum Hauptablauf Einlagern zählen u. U. auch Tätigkeiten wie auspacken, Stückzahl- und Qualitätskontrolle, verpacken und mit Korrosionsschutz versehen, die aber auch außerhalb des Lagers vorgenommen werden können. Zum Hauptablauf des Auslagerns und Kommissionierens gehören u. U. Vorgänge wie Zuschneiden, Zurichten, Kontrollieren, Verpacken und Fertigmachen zum Versand, die, wenn sie überhaupt erforderlich sind, auch wieder außerhalb des Lagers vorgenommen werden können.

Wichtig ist es, diese Vorgänge bei der Ermittlung des Personals und der Fördermittel sowie des daraus resultierenden Platzbedarfs nicht zu vergessen.

Die eigentliche Zahl der Einlagerungen ergibt sich aus der Materialflußmenge, die ins Lager kommt und ihrer Untergliederungen in Fördereinheiten und in Lagereinheiten. Die ankommenden Fördereinheiten setzen sich aus einzelnen Stücken oder in Förderhilfsmitteln zusammengefaßten Lagergütern zusammen. Wenn man diese Fördereinheiten direkt als Lagereinheiten verwenden kann, d. h. ein Umsetzen auf andere Förderhilfsmittel unnötig ist, so kann man die Daten aus der Materialflußermittlung übernehmen. (Zur Verwendung von Förderhilfsmitteln vgl. Kapitel „Materialfluß".) Zusätzlich zu der so ermittelten Zahl der Einlagerungen kommen evtl. Einlagerungen von Restbeständen, wenn z. B. zum Kommissionieren das Förderhilfsmittel ausgelagert worden war und davon nur Teilmengen entnommen wurden, dazu kommen außerdem Einlagerungen aus Umlagerungsvorgängen, wenn z. B. ein getrenntes Kommissionierlager immer wieder aus einem Reservelager aufgefüllt wird.

Die Zahl der Auslagerungen läßt sich grundsätzlich auch aus der Aufnahme des Materialflusses übernehmen. Im Gegensatz zu den Einlagerungen, die sich aus großen Mengen gleicher Lagergüter zusammensetzen, setzen sich Auslagerungen häufig aus kleinen Mengen verschiedener Lagergüter zusammen. Für einen Auftrag sind daher Entnahmen an verschiedenen Stellen notwendig. Zu ermitteln sind also folgende Daten:

Zahl der Aufträge pro Zeiteinheit,
Zahl der verschiedenen Artikel (Lagergüter) je Auftrag,
ungefähre statistische Verteilung der Volumina (und evtl. Gewichte) der Aufträge, zumindest ungefährer Mittelwert und Größtwert,
Zahl der Entnahmen und Entnahmemenge pro Lagergut oder Lagergutgruppe.

Diese Daten können bei Umstellungen oder Erweiterungsplanungen aus vorhandenen Listen, evtl. ergänzt oder unabhängig davon durch Multimomentaufnahmen in den Lagern ermittelt werden. Bei der Umrechnung darf nicht ohne weiteres vorausgesetzt werden, daß die Zusammensetzung der Aufträge gleich bleibt. Wünschenswert wäre eine Verminderung der Zahl der verschiedenen Artikel pro Auftrag. Bei einer völligen Neuplanung können die Werte ähnlicher Betriebe zugrunde gelegt werden. Die Zusammensetzung von Fertigungsaufträgen kann aus den Stücklisten und den optimalen Fertigungslosgrößen ermittelt werden. Aus diesen Daten ergibt sich nun die Möglichkeit, zunächst die günstigste Art des Kommissionierens zu ermitteln und dann auch die günstigsten Standort der einzelnen Lagergüter im Lager festzulegen.

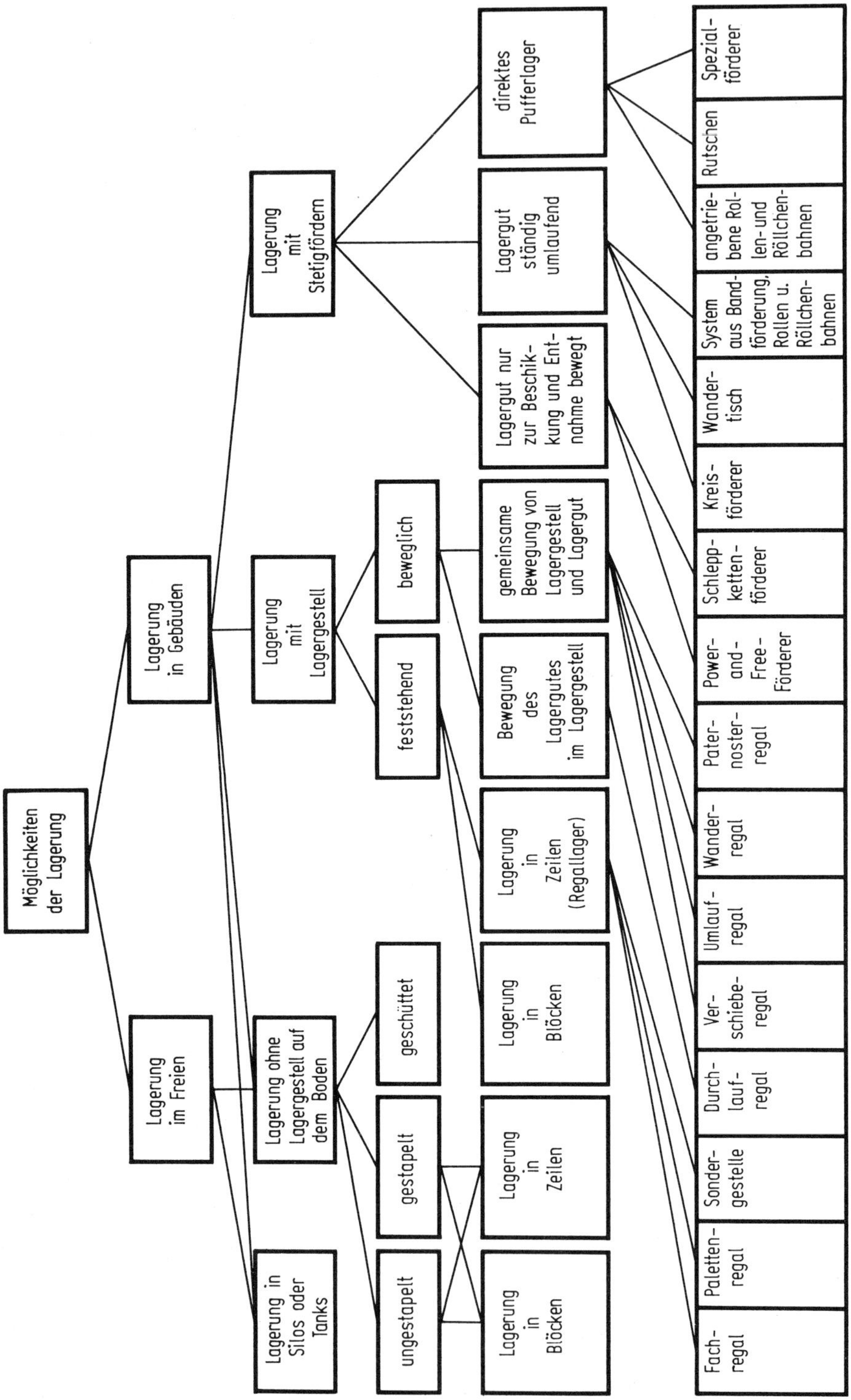

Bild 8.4. Möglichkeiten der Lagerung.

8.5 Beschreibung von Lagerungsmöglichkeiten

Entsprechend Bild 8.4 gibt es die folgenden Möglichkeiten der Lagerung: Man kann zunächst die 2 Hauptgruppen Lagerung im Freien und in Gebäuden unterscheiden. In der nächsten Stufe kann man aufgliedern in Lagerung:

a) in Silos oder Tanks,
b) ohne Lagergestell auf dem Boden,
c) mit Lagergestell,
d) mit Stetigförderer.

8.5.1 Lagerung in Silos oder Tanks

In den Fertigungsbetrieben bestehen im allgemeinen nur geringe Anwendungsmöglichkeiten für Silos oder Tanks. Silos werden benutzt für die Lagerung von Rohmaterial, Hilfsstoffen oder Abfällen. Ihre Aufstellung erfolgt im Freien oder in Gebäuden je nach Größe, Werkstoff, Lagergut, Art der Beschickung und Entnahme.

Als Werkstoffe für Silos dienen hauptsächlich Stahlblech, Beton, Alu-Legierungen und Kunststoffe. Für kleinere Siloanlagen werden vorzugsweise Stahlblech oder Aluminium-Legierungen, für mittlere und große Siloanlagen vorzugsweise Beton als Werkstoff ausgewählt. Die Wahl hängt außer von der Größe z. B. ab von der erforderlichen Isolierfähigkeit, der Notwendigkeit einer doppelwandigen Ausführung zur Aufnahme von Kühl- oder Heizleitungen und anderen Spezialgesichtspunkten. Bei manchen Lagergütern ist eine Innenauskleidung zum Schutz des Silos oder des Lagergutes erforderlich. So erfordert z. B. körniges Lagergut eine harte, z. B. keramische Auskleidung, um Abrieb im Silo zu vermeiden.

Für die Zellen kommen folgende Grundrisse in Frage: kreisförmig, quadratisch, rechteckig und polygonal. Kreisförmige Silozellen erfordern die geringsten Wandstärken – die bei kreisförmigem Grundriß zwischen den einzelnen zylindrischen Zellen entstehenden Hohlräume werden bei Großanlagen häufig als Zwickelzellen ausgebaut. Es ist möglich, bei geringerem Raumbedarf einzelne Zellen weiter zu unterteilen.

Die Beschickung geschieht hauptsächlich durch mechanische oder pneumatische Stetigförderer. Dabei erfordert hochempfindliches Gut besondere Einfülleinrichtungen zur Vermeidung des freien Falles im Silo, durch den das Gut beschädigt würde. Während der Lagerung sind häufig Maßnahmen zur Temperierung, Belüftung oder Auflockerung des Lagergutes erforderlich. Dazu wird z. B. entsprechend vorbehandelte Luft durch die einzelnen Silozellen geblasen.

Die Ausbildung des Siloauslaufes und der Austragvorrichtung erfordert vor allem bei feinkörnigem Schüttgut besondere Aufmerksamkeit. Es ist üblich, den Boden geneigt auszuführen und evtl. über der Abflußöffnung Einbauten anzubringen, um keine toten Zonen längs der Bunkerwände entstehen zu lassen. Verbreitet ist auch der Einbau poröser Bodenplatten, durch die Druckluft einströmt, die das Lagergut auflockert und zum Ausfließen bringt. Zur Auflockerung festsitzenden Gutes können in die Schrägen auch aufblasbare Luftkissen eingebaut werden. Eine bessere Wirkung bringen über der Auslauföffnung aufgehängte Roste oder Gehäuse, die bei Bedarf durch Gestänge von außen oder durch innen eingebaute

Vibratoren in Schwingungen versetzt werden können. Als Austragvorrichtungen zur dosierten Entnahme kommen Schwerkraftausläufe mit Schiebern, mechanische Austragvorrichtungen, wie Schneckenförderer oder Bandförderer in Betracht. Hierfür empfiehlt sich auch der Bau eines zylindrischen Silos mit einer Bodenplatte, die gesondert gelagert und drehbar angeordnet ist. Eine Austragzunge kann in den Spalt zwischen Silo und Bodenplatte eingeschwenkt werden. Das Quantum des ausgetragenen Gutes ist in diesem Fall von der Drehgeschwindigkeit der Platte und dem Winkel, in dem die Austragzunge angeordnet ist, abhängig. Bei pneumatischer Weiterförderung werden als Dosiervorrichtungen, die gleichzeitig den Druckausgleich bewirken, mechanische Vorrichtungen, z. B. Zellenradschleusen eingesetzt. Zur genaueren Information wird auf die VDI-Richtlinie 2694 [22] verwiesen, wo weitere Literatur angeführt ist.

Für Tanks werden die gleichen Werkstoffe wie für Silos verwendet, wobei Kunststoff, Stahlblech und Aluminiumlegierungen bevorzugt werden, zusätzlich wird auch Chromnickelstahl eingesetzt. Einige Zukunft dürften auch Kunststofftanks in der zusammenlegbaren Version haben, die wegen der Platzersparnis besonders interessant sind. Beton erfordert eine besondere Verdichtung und für die Lagerung dünnflüssiger Güter einen entsprechenden Anstrich oder eine Auskleidung. Die Verwendung möglichst großer Tanks ist zu bevorzugen, da der Kubikmeterpreis mit der Größe abnimmt.

Für die Lagerung brennbarer Flüssigkeiten gelten besondere Vorschriften, die neben weiteren Informationen über Tanks und Literaturhinweisen in [22] aufgeführt sind.

8.5.2 Lagerung ohne Lagergestell auf dem Boden

Die Lagerung ohne Lagergestell kommt in Frage für Stückgut – es kann ungestapelt oder gestapelt gelagert werden – und für Schüttgut, es wird auf den Boden geschüttet. Die geschüttete Lagerung erfordert, bedingt durch den Böschungswinkel, eine größere Grundfläche als die Lagerung in Silos oder Bunkern, verursacht aber geringere Kosten und ist bei geeignetem Lagergut zu bevorzugen.

Die Möglichkeiten der Lagerung von Stückgut ohne Lagergestell sind in Bild 8.5 dargestellt. Je nach verfügbarer Gebäudefläche, möglicher Bodenbelastung

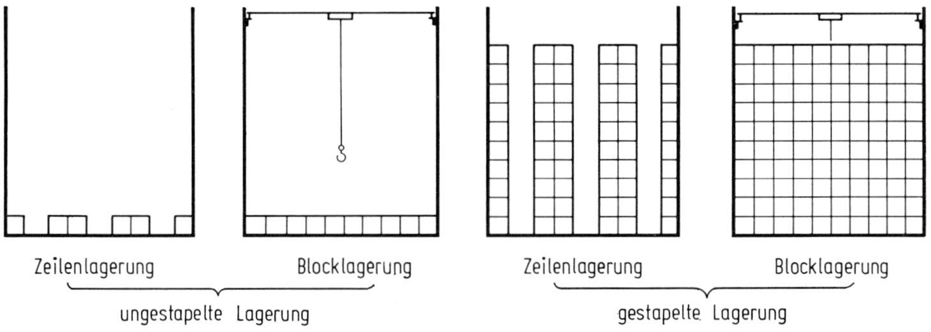

Bild 8.5. Möglichkeiten der Lagerung von Stückgut ohne Lagergestell auf dem Boden.

und erforderlichem Zugriff zu einzelnen Lagergütern kann die geeignetste Möglichkeit ausgewählt werden. Ungestapelte Lagerung eignet sich für schweres, sperriges Lagergut oder auch für die Lagerung von leichtem und nicht sperrigem Gut im Freien, wo keine Gebäudekosten entstehen und wo dadurch ein Stapelgerät eingespart werden kann. Leichteres und gegen Druck unempfindliches Lagergut kann aufeinander gestapelt werden, wobei die Stapelhöhe abhängt von der Belastbarkeit der untersten Lagereinheit, der Bodentragfähigkeit und der Stapelhöhe des Fördermittels sowie von der Lagermenge und der gewünschten Zugriffsmöglichkeit zu einzelnen Lagergütern.

Paletten mit druckempfindlichem Lagergut können durch Verwendung von Aufsetzbügeln ohne Belastung des Lagergutes aufeinander gestapelt werden.

Vor allem bei Zeilenlagerung erhebt sich die Frage der Anordnung der Stapeleinheit bezüglich des Lagerganges. Bei der Anordnung von beispielsweise Paletten in Winkellage zum Gang vermindern sich die Manövrierzeiten von Fördermitteln

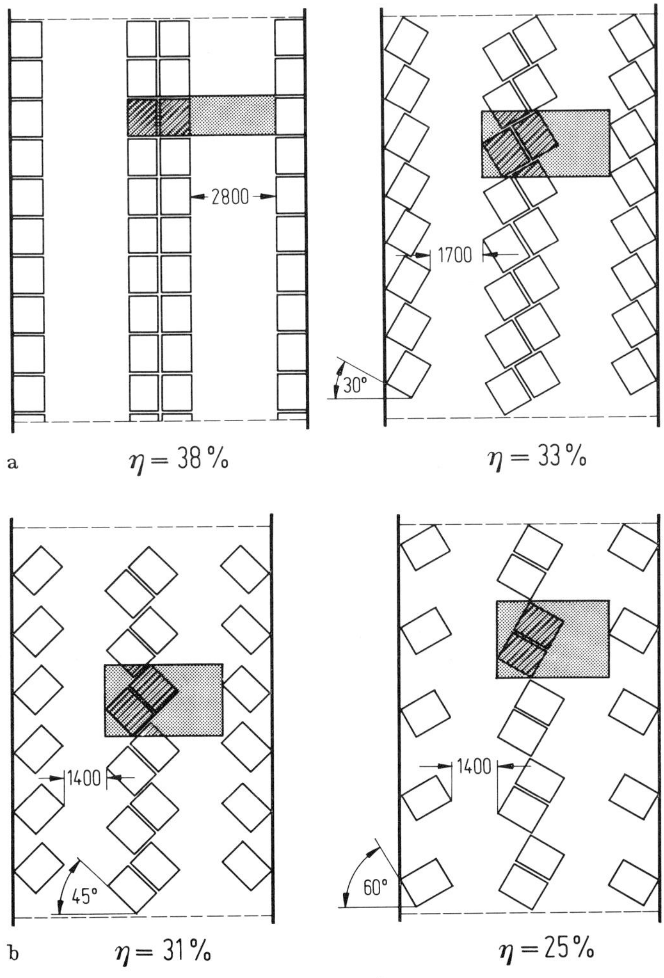

Bild 8.6 a/b. Flächennutzung bei Winkellage von Paletten zum Gang.

beträchtlich. Hingegen vergrößert sich der Platzbedarf, obwohl die erforderliche Gangbreite geringer wird, vgl. Bild 8.6.

Eine Anordnung in Winkellage ist also nur bei sehr großer Umschlagshäufigkeit des Lagergutes zu empfehlen.

Bei der Blockstapelung sei noch auf eine Möglichkeit der Einhaltung des First-in-First-out-Prinzips hingewiesen. In den Lagerboden werden Rollen eingelassen, so daß die einzelnen Stapelzeilen des Blocks unabhängig voneinander bewegt werden können. Die Zeilen werden an der Rückseite gefüllt und an der Vorderseite geleert, so daß zwangsweise die am längsten lagernden Einheiten einer Zeile zuerst ausgelagert werden. Beim Auffüllen wird das Lagergut einer Stapelzeile jeweils auf den Rollen verschoben.

Die Lagerung ohne Lagergestell auf dem Boden ist besonders wirtschaftlich, weil keine Lagergestelle und bei der ungestapelten Lagerung auch keine Stapelgeräte benötigt werden. Von Vorteil ist die große Flexibilität dieser Lager, da sie ohne großen Aufwand umgeordnet, verlegt und in nahezu jeder Halle neu eingerichtet werden können.

8.5.3 Lagerung mit Lagergestell

Die Lagerung mit Lagergestell wird wegen der Korrosionsempfindlichkeit der Lagergestelle meist in Gebäuden Anwendung finden.

Man kann die beiden Hauptgruppen der feststehenden und der beweglichen Lagerung unterscheiden. Bei der feststehenden Lagerung bleibt eingelagertes Gut grundsätzlich so lange an einem Platz stehen, bis es wieder abgeholt wird. Bei der beweglichen Lagerung findet ein Verschieben der bereits eingelagerten Güter u. U. mit samt dem Lagergestell statt. Die bewegliche Lagerung hat den Vorteil, daß man kompakt lagern kann und trotzdem zu allen eingelagerten Gegenständen Zugriff hat, wenn man von der Bewegungsmöglichkeit der eingelagerten Güter Gebrauch macht. Die feststehende Lagerung verursacht geringere Kosten, aber bei der Notwendigkeit des Zugriffs zu allen eingelagerten Gegenständen einen erheblich größeren Platzbedarf.

8.5.3.1 Feststehende Lagerung

Bei der feststehenden Lagerung kann man in die 3 Gruppen Lagerung in Fachregalen, in Palettenregalen und in Sonderregalen bzw. -gestellen klassifizieren.

Fachregale sind Regale mit Fachböden, in die das Lagergut direkt oder in Förderhilfsmitteln abgelegt wird. Die Regale werden aus Holz oder Stahlprofilen mit Holz- oder Stahlblechfachböden hergestellt. Am günstigsten werden Regale aus Lochprofilen zusammengeschraubt oder gesteckt, so daß die Verlegung in andere Räume oder die Höhenverstellung der Fachböden keine Schwierigkeiten verursacht.

Fachregale eignen sich für Lagergüter, die in so kleinen Mengen gelagert werden müssen, daß Paletten damit nicht ausgefüllt werden. Größere Lagergüter können direkt im Regalfach abgelegt werden, während kleinere Teile unbedingt in den Behältern, z. B. Sichtlagerkästen, in denen sie eingeliefert werden, gelagert werden sollten, um bei der Einlagerung das Handhaben einzelner Teile zu vermeiden.

Die Bemessung richtet sich nach den Lagermengen, den Umschlagshäufigkeiten und den verfügbaren Räumen. Die Fachtiefe richtet sich nach evtl. verwendeten Förderhilfsmitteln, es sollten aber bei großer Umschlagshäufigkeit nicht zwei hintereinander aufgestellt werden. Bei direkt eingelagertem Lagergut sollte nach [2] die Tiefe der Regalfächer nicht über 0,8 m gewählt werden. Dies kann aber nur für sehr geringe Umschlagshäufigkeit gelten. Bei größerer Umschlagshäufigkeit sollte man nicht über 0,4 m gehen. Die Regalhöhe sollte bei Handbedienung ohne Fördermittel 1,9 m nicht übersteigen. Leitern als Fördermittel sollte man möglichst vermeiden, da sie sowohl die Unfallgefahr als auch die Zugriffszeiten stark erhöhen. Zur besseren Ausnützung der Raumhöhe empfiehlt sich der Einsatz einfacher Regalförderzeuge, die kürzere Zugriffszeiten erlauben, als wenn man durch das Auflegen von Gitterrosten als Zwischenböden ein zweites Stockwerk darüber setzt, wobei jedesmal Treppen überwunden werden müssen. Die Breite der Gänge zwischen den einzelnen Regalzeilen hängt von der Art der Bedienung der Regale ab. Für die Ein- und Auslagerung von Hand genügen Gangbreiten von 0,75 bis 0,85 m [21]. Beim Einsatz von Fördermitteln, z. B. Wagen, Gabelstaplern oder Lagerlifts, hängt die Gangbreite außer von den Abmessungen des Fördermittels u. U. auch von der Art der Ein- bzw. Auslagerung der Förderhilfsmittel ab.

Bei der Lagerung in Fachregalen hat im allgemeinen jedes Lagergut seinen festen Platz. Eine Ausnahme können Behälterregale mit gleich großen Behältern sein, bei denen auch keine Teilentnahmen aus den Behältern stattfinden. Hierbei ist die Lagerbedienung vollständig automatisierbar (vgl. Palettenregale).

Palettenregale werden für die Lagerung von Paletten gebaut und erfordern im allgemeinen keine Fachböden. Diese Regale sind Stahl- — oder bei großer Höhe — auch Betonkonstruktionen, welche bei Gabelstaplerbedienung bis etwa 7 m, bei Bedienung mit speziellen Regalgabelstaplern bis etwa 11 m, mit Stapelkranen bis etwa 20 m und mit speziellen Regalförderzeugen bis zu 30 m und mehr Höhe gebaut werden. Bei höheren Palettenregalen kann die Dach- und Außenhaut des Lagergebäudes direkt vom Regalgestell getragen werden, wodurch sich ein Teil der Baukosten einsparen läßt. Dieser Lagertyp wird auch als Palettensilo bezeichnet. Regale geringer Höhe werden am günstigsten aus gelochten Profilen geschraubt oder gesteckt. Sie können außer aus Stahl und Holz auch aus Aluminium hergestellt werden. Es hat sich herausgestellt, daß die Mehrkosten durch das Aluminium schon nach kurzer Zeit aufgewogen werden durch die Vermeidung jeglicher Anstricharbeiten.

Bei hohen Regalanlagen kommen lediglich Schweiß- und Schraubkonstruktionen in Betracht. Während die geschweißten Regalteile wegen Verziehungsgefahr nur mit einem Schutzanstrich versehen werden, kann man Schraubkonstruktionen vorher verzinken und damit einen dauerhaften und korrosionsbeständigen Schutz der Regale erreichen.

Bei Betonregalen, Bild 8.7, entstehen keine Probleme des Korrosionsschutzes. Die Regale können aus Betonfertigteilen zusammengesetzt werden und haben gegenüber Stahlregalen den Vorteil geringerer Durchbiegung bei Belastung. Möglich ist auch eine kombinierte Bauweise, bei der die Auflagen aus Stahl bestehen.

Die Größe der Palettenplätze richtet sich nach den einzulagernden Paletten. Dabei ist die Einlagerung der Paletten mit der Schmalseite zum Gang vorzuziehen, da dies eine wesentlich bessere Flächenausnutzung ergibt, weil zwar relativ breitere, aber wesentlich weniger Lagergänge erforderlich werden. Die Breite der Palettenplätze wird üblicherweise so bemessen, daß mehrere Paletten nebeneinander Platz finden. Am günstigsten ist es, wenn die Palettenplätze gar nicht gegeneinander abgegrenzt werden, also ein durchgehendes Regalfeld über die ganze Regallänge zur Verfügung steht.

Bild 8.7. Betonregal mit Stapelkran (Hängekran) bedient (Demag).

Die Bemessung der Lagerhöhe muß sich zunächst daran orientieren, ob aus den Paletten Teilentnahmen erforderlich sind oder nicht.

Wenn aus den Regalen kommissioniert werden soll, kommen Höhen über 10 m kaum in Betracht, da man es niemandem längere Zeit zumuten kann, in so schmalen hohen „Lagerschluchten" zu arbeiten. Ansonsten sind Lagerhöhe und zu wählendes Fördermittel abhängig vom Grundstückspreis und der Umschlagshäufigkeit des Lagers. Von diesen Daten und von der zur Verfügung stehenden Fläche hängt es ab, ob ein niedriges großflächiges Gabelstapellager mit breiten Gängen und hohen Personalkosten oder ein möglicherweise voll automatisiertes Hochraumlager mit Regalförderzeug, schmalen Gängen und großen Investitionskosten gewählt wird. Bei geringer Umschlagshäufigkeit ist auch ein etwa 11 m hohes Lager, mit Hochregalstaplern bedient, eine gute Alternative. In Abhängigkeit von der Art der hauptsächlich entstehenden Kosten läßt sich noch allgemein sagen, daß mit weiter steigenden Lohnkosten die Tendenz noch stärker zum Hochraumlager geht (vgl. Abschnitt 8.8.1).

Die Regalgangbreite hängt ab vom mit den Förderhilfsmitteln beladenen Fördermittel. Bei Bedienung mit Regalförderzeugen kommt man für 1,2 m lange Paletten mit etwa 1,4 m Gangbreite aus; bei Gabelstaplern muß man je nach erforderlicher Tragfähigkeit und Regalhöhe mit wesentlich größeren Breiten rechnen, z. B. für 6 m Gabelhöhe und 1000 kg pro Palette mit etwa 3 m.

Die Dimensionierung des Lagers ist so vorzunehmen, daß die Lagerkosten minimal werden. Nach [23] gilt für Hochraumlager mit regalabhängigen Regalförderzeugen zunächst, daß die durchschnittliche Fahrzeit des Regalförderzeuges für isolierte oder kombinierte Ein- und Auslagerung dann am kleinsten ist, wenn sich Lagerhöhe zu Zeilenlänge wie durchschnittliche Hub- zu Längsfahrgeschwindigkeit verhält. Da nach VDI-Richtlinie 2361 eine maximale Hubgeschwindigkeit von 80 m/min und eine maximale Fahrgeschwindigkeit von 250 m/min erreichbar sind, wobei die Durchschnittsgeschwindigkeit beim Hub nahe bei der maximalen Geschwindigkeit liegt, während wegen der kleineren Längsfahrbeschleunigung dies beim Längsfahren nicht der Fall ist, verhält sich die wünschenswerte Lagerhöhe zur Lagerlänge wie 1 : 2 – 1 : 3. Bei diesem Verhältnis, bei dem lediglich die Fahrzeiten der Regalförderzeuge minimiert sind, würden sich relativ viel höhere Lager ergeben, als sie heute üblich sind. Da sich aber die Kosten der Regalförderzeuge, des Gebäudes, des Grundstücks und wohl auch der Regale mit der Lagerhöhe ändern, ist es notwendig, einen Kostenvergleich für verschiedene Lagerhöhen durchzuführen. Wenn man pro Lagergang mit einem Regalförderzeug rechnet, so ergibt sich die Zahl der Regalförderzeuge bzw. Lagergänge aus der erforderlichen Umschlagsmenge pro Zeiteinheit. Grobe Näherungswerte sind für die kombinierte Ein- und Auslagerung 3 min und für die isolierte Ein- oder Auslagerung 2 min Spielzeit. Für die endgültige Dimensionierung empfiehlt sich eine genaue Berechnung, z. B. ausgehend von [23]. Es handelt sich dort aber um Näherungsformeln, da einige Vernachlässigungen gemacht sind (z. B. wird davon ausgegangen, daß sich Länge zu Höhe für alle Lager wie durchschnittliche Längsfahrgeschwindigkeit zu Hubgeschwindigkeit verhält). Aus der erforderlichen Zahl der Palettenplätze und der Zahl der Lagergänge lassen sich bei vorgegebener Höhe Lagerlänge und Lagerbreite berechnen. Diejenige Lagerhöhe läßt sich als optimal bezeichnen, bei der je nach Zielfunktion die Investitions- oder laufenden Kosten minimal sind. Zu beachten ist noch, daß bei der Höhe 24 m die Kosten sprungartig ansteigen, da ab dieser Höhe die Hochhausbestimmungen gelten.

Für die Dimensionierung von Hochraumlagern, die mit Stapelkranen bedient werden, gibt [24] eine Anleitung.

Bei Hochregalanlagen wird man aus arbeitsphysiologischen Gründen und weil eine Automatisierung eine ziemliche Verkürzung der Spielzeiten ergibt, auf eine Besetzung der Regalförderzeuge mit einem Lageristen verzichten. Näheres über die Möglichkeiten der Automatisierung von Regalförderzeugen ist in Abschnitt 8.6.2 ausgeführt.

Beachtenswert ist noch, daß bei Palettenregalen, aus denen nicht kommissioniert wird, eine freie Platzwahl sinnvoll ist. Sie erfordert praktisch keinen Mehraufwand, erlaubt aber eine wesentlich kleinere Dimensionierung des Lagers, wie vorne ausgeführt wurde.

In *Sonderregalen bzw. -gestellen* werden alle diejenigen Lagergüter gelagert, für die Fachregale oder Palettenregale ungeeignet sind. Dabei handelt es sich um

Langteile (Stangenmaterial), Platten, sperrige Güter, empfindliche Güter (geschliffene Wellen) sowie Güter, die in so großen Mengen anfallen, daß die Anpassung ans Lagergut Platzersparnis und u. U. auch andere Vorteile bringt.

Für die Lagerung von Stangenmaterial, von dem von jeder Lagergutart kleine Mengen gehalten werden müssen, eignen sich stehende Lagerung oder die Lagerung in Wabenregalen. Dabei muß die Lagerbedienung manuell geschehen. Material, das häufiger benötigt wird, lagert man besser in Stapelgestellen (Bild 8.8).

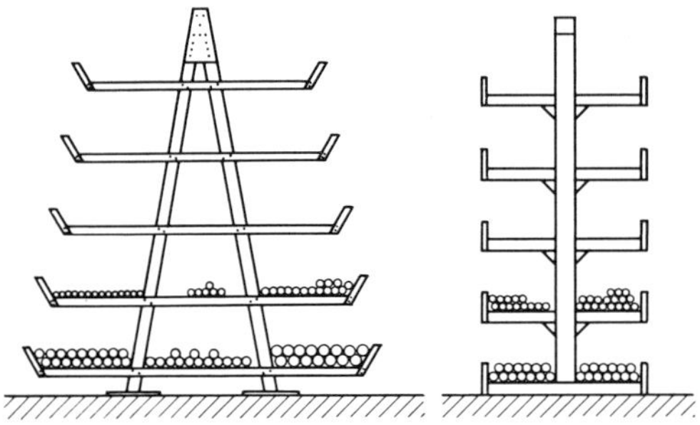

Bild 8.8. Stapelgestelle für die Aufnahme von Stabmaterial und Rohren.

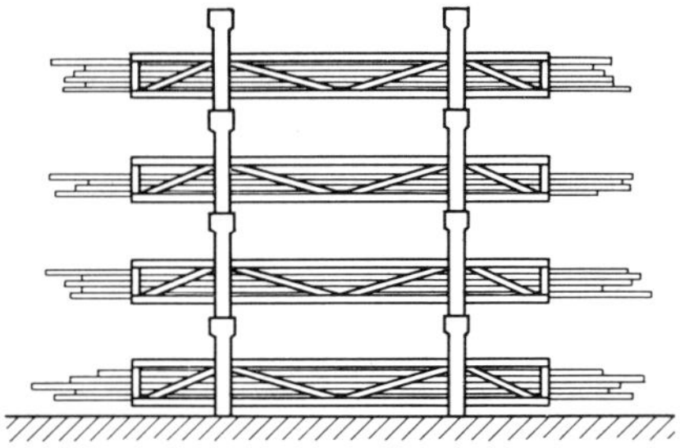

Bild 8.9. Bewegliche Stapelgestelle zur Aufnahme von Stabmaterial und Rohren.

Bild 8.10. Lagerung von Blechen im mit Stapelkran bedienten Hochregallager (Munck).

Das normale Stapelgestell (im Bild rechts) kann günstig mit dem Quer- oder Vierweg-Gapelstapler bedient werden, während das Tannenbaumregal (im Bild links) mit Kran bedient werden kann. Solches Lagergut kann auch in hohen Regalgestellen, die mit dem Regalförderzeug bedient werden, untergebracht werden.

Langmaterial, das in sehr großen Mengen gleichartigen Lagerguts gelagert wird, kann auf dem Boden auf Kanthölzern liegend oder aufeinander stapelbaren beweglichen Stapelgestellen (Bild 8.9) gelagert werden. Wenn es sich bei dem Langmaterial um Metall handelt, so ist die Stapelhöhe meistens durch die Bodentragfähigkeit eng begrenzt.

Bei Platten gibt es ebenfalls die Möglichkeit der stehenden oder der liegenden Lagerung. Stehende Lagerung eignet sich nur für Lagergüter, die in kleinen Mengen zu lagern sind. Wenn es die Abmessungen erlauben, ist es am günstigsten, auf Paletten zu lagern. Leichte große Platten kann man in Regalen lagern (Bild 8.10), während man schwere Metallplatten am günstigsten auf Distanzhölzern ohne Verwendung von Lagergestellen auf dem Boden unterbringt. Als Fördermittel eignen sich Gabelstapler oder Kran, der mit Elektromagnet oder Vakuumgreifer ausgerüstet ist.

Für sperrige, empfindliche und solche Güter, die in so großen Mengen anfallen, daß sich ein spezielles Lagergestell lohnt, gibt es Ausführungen von Lagergestellen jeglicher Art. Dabei ist es häufig sinnvoll, die Gestelle gleichzeitig als Förderhilfsmittel zu verwenden, so daß ein einzelnes Einlagern der Lagergüter entfällt.

8.5.3.2 Bewegliche Lagerung

Bei der beweglichen Lagerung kann man zwei Gruppen unterscheiden: Bei der einen Gruppe bewegt sich das Lagergut im Lagergestell, bei der anderen Gruppe bewegen sich Lagergut und Lagergestell gemeinsam.

Lagergestelle, bei denen sich das Lagergut während der Lagerung bewegt, werden Durchlaufregale genannt. Nach VDI 2487 werden Durchlaufregale definiert als Regale mit getrennter Ein- und Auslagerung und hintereinanderliegendem Lagergut, das sich durch Schwerkraft oder mittels angetriebener Elemente von der Aufgabe zur Entnahmestelle bewegt. Bei der Bewegung durch Schwerkraft muß das Lagergut entweder selbst zylindrisch sein oder in mit Rädern ausgestatteten Förderhilfsmitteln gelagert werden. Diese Lagergüter können dann auf geneigten Fachböden oder Schienen rollen. Stärker verbreitet sind mit Rollen oder Röllchenbahnen ausgestattete Regale, auf denen Lagergut mit in Förderrichtung durchgehender Bodenfläche abrollen kann. Die erforderliche Neigung beträgt hierbei je nach Gewicht der Lagereinheiten 2 – 7%. Kostengünstiger sind Lagerzeilen mit Kunststoffgleitleisten. Das Lagergut gleitet auf diesen stärker geneigten Bahnen.

In einem Beispiel für die Lagerung von Zigarrenkartons [25] betrug die Bahnneigung 14°. Bei geneigten Bahnen werden am Kanalende, bei empfindlichen Lagergütern auch in Abständen innerhalb der Kanalbahnen Bremseinrichtungen benötigt. Bei Rollen- oder Röllchenbahnen werden hierfür in vorhandene oder zusätzliche Rollen mechanische, magnetische oder hydraulische Bremsen eingebaut. Die Stauung einer Lagereinheit am Ende des Regalkanals kann durch mechanische oder elektromagnetische Verriegelung erfolgen. Um die Nachteile der geneigten Durchlaufregale zu vermeiden: den Raumverlust durch die Neigung und die erforderlichen Bremseinrichtungen sowie die mit dem Vorgang des Bremsens bei empfindlichem Lagergut verbundenen Probleme, kann man auch angetriebene Durchlaufregale mit geringer oder ohne Neigung einsetzen. Dabei gibt es viele Varianten: z. B. mit mechanischem Antrieb der Rollen oder Röllchen oder mit angetriebener Zugkette (Bild 8.11).

Bild 8.11. Angetriebenes Durchlaufregal mit Rollenketten (Metallwerke Saar).

Der Einsatz von Durchlaufregalen erfordert vom Lagergut her einige Voraussetzungen. Bei nicht zylindrischem oder mit Rädern versehenem Gut ist eine in Förderrichtung durchgehende Bodenfläche notwendig. Im allgemeinen kann kein Lagergut ohne Verwendung von Förderhilfsmitteln in Durchlaufregalen gelagert werden. Verwendet werden deshalb entsprechende Paletten, Behälter oder in Schachteln oder auf Rollenwagen verpacktes Lagergut. Es ist auch möglich, lediglich flache Platten unterzusetzen. Durchlaufregale eignen sich weiterhin nur, wenn jedes Lagergut bei maximalem Lagerbestand mindestens eine Regalzeile füllt. Da dies in wenigen Lagern der Fall ist, werden häufig Lagergüter in kleinen Mengen daneben in feststehenden Regalen gelagert, oder eine Durchlaufregalanlage wird nur für Sonderzwecke wie z. B. das Kommissionieren benutzt. Da die Ein- und Auslagerung von verschiedenen Seiten erfolgt und ein Überspringen in der Regalzeile unmöglich ist, wird innerhalb einer Regalzeile das Prinzip „first-in – first-out" streng gewahrt.

Die Beschickung und Entnahme kann von Hand, mit Hilfe von Gabelstaplern, Regalförderzeugen oder Stetigförderern durchgeführt werden. Die Bedienung mit den zwei letztgenannten Fördermitteln kann automatisiert werden. Bild 8.12 zeigt die automatische Beschickung mit Hilfe einer Röllchenbahn und entsprechender

Schieber, die das Fördergut in die Regalkanäle eingeben. In Bild 8.13 wird mit Regalförderzeugen bedient.

Eine große Firma der Lebensmittelindustrie hat ein großes Zentrallager mit Durchlaufregalen gebaut. Es wird damit nicht nur das first-in-first-out-Prinzip aufrechterhalten, sondern es ist auch möglich, auf Lagerung in verschiedenen Regio-

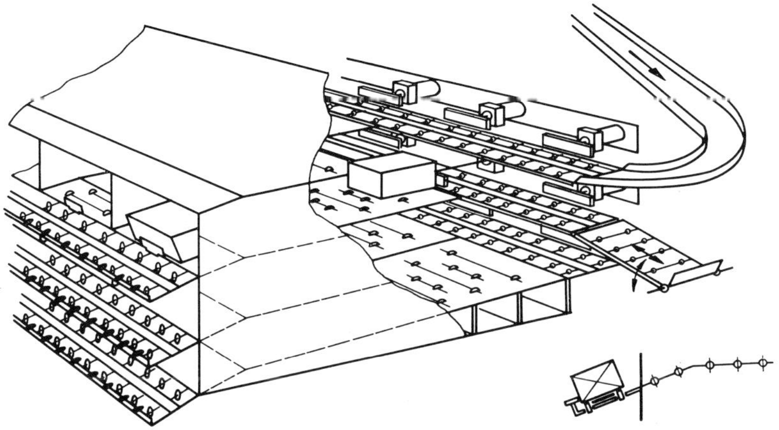

Bild 8.12. Durchlaufregal mit automatischer Be- und Entladung.

Bild 8.13. Durchlaufregalanlage für Behälter mit von einer Zentralstelle aus gesteuerten Regalförderzeugen (Pfaff).

nen des Marktes zu verzichten. Dadurch vermindert sich der Gesamtbestand an Lagergut erheblich. Die Verminderung des Lagerguts setzte so viel Kapital frei, daß das ganze vollautomatisch arbeitende Lager damit finanziert werden konnte. Außerdem brachte diese Organisationsänderung dem Kunden generell frischere Ware ins Haus.

Eine besondere Entwicklung wurde dem Bedienungsgerät, das die Paletten in die Regale automatisch verteilt, gewidmet. Hier kam es vor allem darauf an, mit großen Beschleunigungen und Verzögerungen arbeiten zu können, damit bei Anlieferung des Gutes die Fahrzeuge möglichst schnell abgefertigt werden konnten. Der Antrieb des Bedienungsgerätes erfolgt über Hauptstrommotoren, die festgummibereiften Räder laufen auf Stirnholzschienen. Diese Kombination hat die höchsten Reibungskoeffizienten ergeben und damit die Möglichkeit der sehr kurzen Beschleunigung und Verzögerung beim Horizontaltransport. Die Maschine kann zum Einlagern und Auslagern verwendet werden.

Wenn man bei Bedienung mit Stetigförderern, wie z. B. Förderbändern oder angetriebenen Röllchenbahnen den Auslagerungsförderer mit dem Einlagerungsförderer verbindet, kann man verschiedene Lagergüter in einen Kanal der Anlage einlagern, wobei durch eine genaue Reihenfolgeliste der jeweilige Standort eines Lagergutes bekannt ist. Man kann nun die Lagergüter eines Kanales auslagern bis zu dem Lagergut, das man eigentlich benötigt und die nicht gewünschten Lagergüter wieder in den entsprechenden Kanal einlagern.

Zusammenfassend können als Vorteile des Durchlauflagers genannt werden: die gute Raumausnützung durch Einsparung von Bedienungsgängen, die Trennung von Ein- und Auslagerung, die Einhaltung des „first-in-first-out-Prinzips", die sehr kurzen Wege zwischen den einzelnen Regalzeilen – was besonders beim Kommissionieren vorteilhaft ist –, die leichte Automatisierbarkeit und die aus diesen Vorteilen resultierenden geringen Betriebskosten. Als Nachteile des Durchlaufregals gelten die durch die Neigung der Regalkanäle auftretenden Raumverluste, die Schwierigkeiten beim Abbremsen empfindlichen Lagergutes bzw. der erforderliche Aufwand bei der Einrichtung angetriebener Regale, die Notwendigkeit, gleichartige, einwandfreie Förderhilfsmittel zu verwenden, die erforderliche große Anzahl von

Bild 8.14. Verschiebe-Regalanlage für Langgut (Kind).

Lagereinheiten eines Lagergutes und die begrenzte Anzahl verschiedener Lagergüter sowie die schlechte Zugänglichkeit beim Steckenbleiben oder Abstürzen einer Ladeeinheit und die hohen Investitionskosten. Die gute Raumausnützung wird dadurch etwas vermindert, daß in bestimmten Abständen Feuergassen vorgesehen werden müssen.

Lager, bei denen sich Lagergut und Lagergestell miteinander bewegen, sind Verschieberegale, Umlaufregale, Wandregale und Paternosterregale.

Verschieberegale gibt es als Fach-, Paletten- und Sonderregale (Bild 8.14), welche auf dem Lagerboden auf Schienen verschiebbar gelagert sind und von Hand, elektrisch, hydraulisch oder pneumatisch verschoben werden können. Im Ruhezustand bilden die Regale einen breiten enggeschlossenen Block. Für die Bedienung eines Regals werden die störenden Regale weggeschoben und damit ein Regalgang geschaffen, der die Ein- und Auslagerung gestattet. Verschieberegale nützen die Lagerfläche etwa doppelt so gut aus wie feststehende Regalanlagen, da jeweils nur die Lagergänge vorhanden sind, in denen tatsächlich gearbeitet wird. Bei Bedienung mit Regalförderzeugen und maschinellem Antrieb der Regale läßt sich die Bedienung von Verschieberegalen automatisieren (Bild 8.15).

Bild 8.15. Automatische Schieberegalanlage für Paletten mit Lochkartensteuerung (Stahlhof).

Eine noch bessere Raumausnutzung läßt sich mit einer Umlaufregalanlage erreichen. Hierbei werden fahrbare Regale dicht an dicht hintereinander in 2 Ebenen übereinander angeordnet. An den Stirnseiten des so gebildeten Regalblocks befindet sich jeweils eine Hebebühne, mit deren Hilfe je ein Regal in die andere

Ebene abgesetzt oder angehoben werden kann. Da die einzelnen Lagerregale außerdem auf ihrer jeweiligen Ebene auf Schienen verschiebbar sind, kann nun der gesamte Komplex aus Einzelregalen umlaufen, was nach Bild 8.16 durch Anheben in die zweite Ebene, Verschieben in der zweiten Ebene, Absenken in die erste Ebene und Verschieben in der ersten Ebene erreicht wird. Beschickung und Entnahme können je nach Bedarf an der rückwärtigen oder vorderen Stirnseite der Anlage, und zwar manuell oder mit entsprechenden Fördermitteln vorgenommen

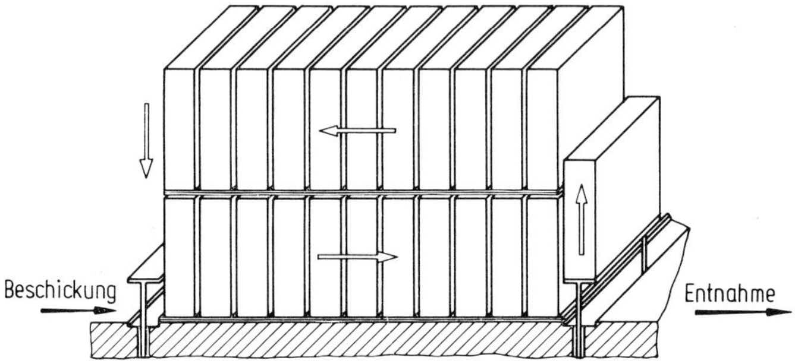

Bild 8.16. Umlaufregalanlage – Prinzipskizze.

Bild 8.17. Paternosterlager für Kabeltrommeln (Lapp).

werden. Der große Vorteil der Anlage ist die außerordentliche Kompaktheit und dank der Bedienung an den Stirnflächen auch die sehr gute Raumausnutzung der Anlage, allerdings mit erhöhten Anlagekosten.

Eine ähnlich kompakte Lagerung erreicht man mit Paternosterregalen, bei denen die Regale oder spezielle Aufnahmevorrichtungen ähnlich einem Paternosteraufzug senkrecht umlaufen. Sie dienen für die Lagerung von Werkzeugen, Wellen, aber auch Lochkarten, Akten usw. (Bild 8.17).

Bei Wanderregalen laufen Regale oder andere Aufnahmevorrichtungen an Ketten hängend oder unter Flur geschleppt waagerecht um. Ihre Bedeutung ist ziemlich gering.

8.5.4 Lagerung mit Stetigförderern

Bei der Lagerung mit Stetigförderern kann man 3 Hauptgruppen unterscheiden. Bei der ersten Hauptgruppe wird das Lagergut nur zur Beschickung und Entnahme bewegt und zur eigentlichen Lagerung mit einem Teil des Stetigförderers in einem speziellen Lagerbereich abgestellt. Für diese Art der Lagerung eignen sich Power-and-Free-Förderer und von den Flurförderern der Schleppkettenförderer (der häufig auch als Stetigförderer bezeichnet wird).

Bei der zweiten Gruppe wird das Lagergut während der Lagerung auf einer ringförmigen Förderstrecke ständig bewegt. Es steht während eines Umlaufs an allen Stationen der Förderstrecke einmal zur Verfügung. Wenn nur wenige verschiedene Lagergüter gelagert werden, bietet der Stetigförderer ständig ein Angebot von Gütern, die bei Bedarf entnommen werden können. Als Förderer eignen sich Kreisförderer, Wandertische und geschlossene Fördersysteme, die aus Förderbändern, (angetriebenen) Rollen- oder Röllchenbahnen und ähnlichen Fördermitteln zusammengesetzt werden können.

Bild 8.18. Verkettungs- und Speicheranlage für nichtgleitende Rotationsteile (Stahlbau Spicher).

Die dritte Gruppe dient einer ausgesprochenen Pufferung der Fördergüter zwischen 2 Fertigungsoperationen (Störungspuffer). Sie werden vor allem bei Fließfertigung mit loser Verkettung, Gruppenfertigung, aber auch zwischen Verpackungs- und Versandoperationen eingesetzt. Als Förderer eignen sich Rollen- und Röllchenbahnen, Rutschen und für die entsprechenden Teile speziell konstruierte Förderer in beträchtlicher Vielfalt (Bild 8.18).

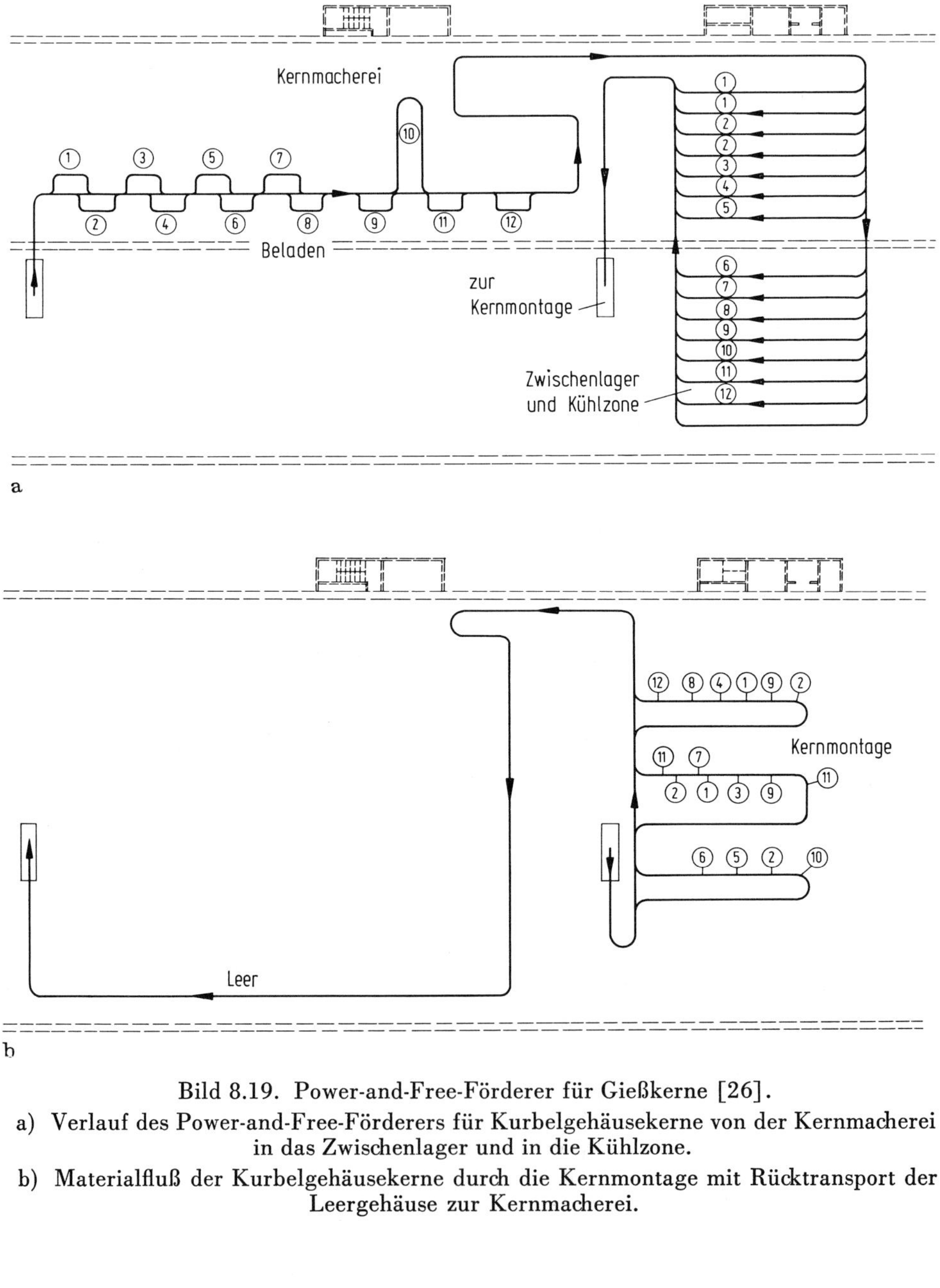

Bild 8.19. Power-and-Free-Förderer für Gießkerne [26].

a) Verlauf des Power-and-Free-Förderers für Kurbelgehäusekerne von der Kernmacherei in das Zwischenlager und in die Kühlzone.

b) Materialfluß der Kurbelgehäusekerne durch die Kernmontage mit Rücktransport der Leergehäuse zur Kernmacherei.

Das Lagergut sollte mit Stetigförderer transportierbar sein und in größeren Mengen anfallen. Dabei muß die Lagerzeit sehr kurz und die Umschlaghäufigkeit entsprechend hoch sein.

Bei den Gruppen 2 und 3 wird sich die Lagerzeit meist nach Minuten, bei 3 eventuell sogar nach Sekunden bemessen, während bei der Gruppe 1 Lagerzeiten von mehreren Stunden möglich sind. Dies ist erforderlich, damit sich die Lagerung mit Stetigförderern lohnt, denn hierbei ist der Aufwand für die Einlagerung und Auslagerung wesentlich geringer als bei einer anderen Lagerart. Dafür liegen die Kosten pro Lagerplatz wesentlich höher. Dies ist der Hauptgrund, weshalb Stetigförderer nur für Zwischenlagerung Anwendung finden.

Häufig werden Stetigförderer dort eingesetzt, wo es aus fertigungstechnischen Gründen notwendig wird, zwischen zwei Arbeitsgängen eine bestimmte Zeit verstreichen zu lassen. Dabei kann u. U. der eigentliche Lagervorgang völlig in den Hintergrund treten. So läßt man z. B. gefüllte Gießformen an einem Power-and-Free-Förderer abkühlen, Gießkerne abkühlen oder andere Güter sonstige stoffliche Veränderungen durchmachen. Bild 8.19 zeigt die Prinzipskizze eines Power-and-Free-Förderers zum Zwischenlagern und Abkühlen von Gießkernen.

Die Lagerung mit Stetigförderern läßt sich bei entsprechendem Lagergut vollständig automatisieren, wodurch Personalkosten vermieden werden [27].

8.6 Beschreibung von Lagerfördermitteln und Möglichkeiten der Automatisierung von Lagern

8.6.1 Beschreibung von Lagerfördermitteln

Im Lagerbereich kommen nahezu alle zum innerbetrieblichen Transport geeigneten Fördermittel in Frage. Die gebräuchlichsten, wie z. B. Gabelstapler, Rollen- und Röllchenbahnen, wurden bereits im Abschnitt Materialfluß beschrieben. In diesem Abschnitt soll nur auf spezielle Fördermittel eingegangen werden, welche ausschließlich im Lagerbereich Verwendung finden und die hauptsächlich zur Bedienung von Lagern mit Lagergestell dienen. Diese Fördermittel werden als Regalförderzeuge bezeichnet.

Die Regalförderzeuge kann man nach Bild 8.20 in regalabhängige und in regalunabhängige Förderzeuge einteilen. Regalabhängige Geräte sind an Schienen im

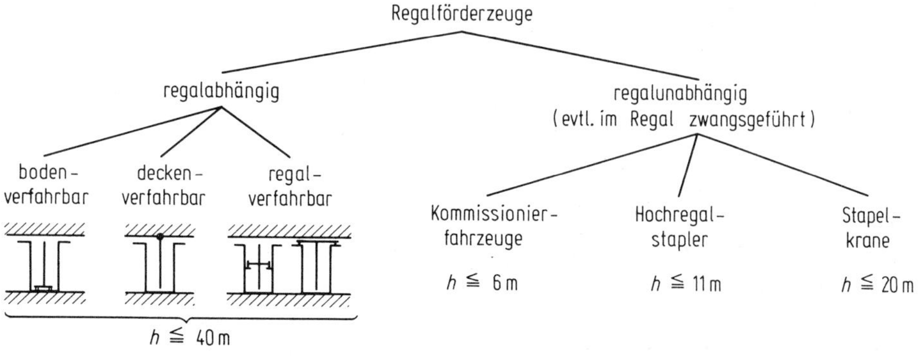

Bild 8.20. Einteilung der Regalförderzeuge.

betreffenden Regal verfahrbar und können höchstens durch Umsetzwagen in ein anderes Regal umgesetzt werden. Regalunabhängige Geräte sind unabhängig vom Regal im Lagerraum oder auch außerhalb beweglich.

Regalabhängige Geräte kann man nach [28] in bodenverfahrbare, deckenverfahrbare und regalverfahrbare Geräte einteilen. Dabei ist die Lage der Hauptantriebsräder das kennzeichnende Merkmal, mögliche Abstützungen beeinflussen die Klassifizierung nicht.

Bild 8.21. Bodenverfahrbares Regalförderzeug auf Umsetzeinrichtung (Weisserth und Hieber).

Bodenverfahrbare Regalförderzeuge laufen auf Bodenschienen, die die auftretenden Kräfte direkt in den Baugrund abführen. Auftretende Schwingungen werden nicht auf die Regale übertragen. Diese Konstruktion ist sehr einleuchtend, sie erlaubt große Lagerhöhen und große Tragkräfte. Allerdings sind Umsetzeinrichtungen für das Umsetzen der Geräte in andere Regalzeilen technisch aufwendig (Bild 8.21).

Die Schienen werden im allgemeinen U-förmig ausgeführt [29] und können somit bei entsprechender Gestaltung der Laufräder außer dem vertikalen Raddruck nach unten und dem im Kippfalle nach oben gerichteten Raddruck horizontale Führungskräfte aufnehmen. Sie können außerdem als Auflage für das Regalgestell dienen, wodurch sie fest gegen den Boden gedrückt werden. Bei großen Hubhöhen empfiehlt es sich, das Regalförderzeug zusätzlich oben zu führen. Die obere Schiene nimmt nur horizontale Führungskräfte auf, die über die Regale oder über die Dachkonstruktion abgeleitet werden können [29]. Bei Hubhöhen über 15 m hält [28] zur Dämpfung der Schwingungen, die durch Beschleunigungs- oder Verzögerungsvorgänge sowie durch Schienenunebenheiten entstehen, eine aktive Dämpfung oder einen Zweitantrieb am Säulenkopf für empfehlenswert.

Das regalverfahrbare Förderzeug hängt an Schienen, die auf den Regalen oder in $^2/_3$- bis $^3/_5$-Regalhöhe am Regal befestigt sind: Bild 8.22. Bei diesem Typ wer-

Bild 8.22. Regalverfahrbare Förderzeuge zum Kommissionieren (Schienen auf den Regalen) (MIG).

den die Kräfte von der Regalkonstruktion aufgenommen. Auf das Regal werden auch Schwingungen übertragen, die u. U. ein Wandern der Güter im Regal bewirken können. Eine Verstärkung der Regalkonstruktion gegenüber dem bodenverfahrbaren Förderzeug ist erforderlich. Der Antrieb in $^2/_3$ bis $^3/_5$ Höhe verkürzt den maximalen Hebelarm und bewirkt so eine leichtere Dimensionierung und kleinere Schwingungsausschläge. Der Einsatzbereich dieses Typs ist aus Wirtschaftlichkeitsüberlegungen auf geringere Höhen und Nutzlasten begrenzt.

Deckenverfahrbare Geräte (Bild 8.23) laufen an einer oder mehreren oberhalb der Regale mittig im Gang liegenden Schienen (VDI 2361). Die entstehenden Kräfte werden vom Baukörper oder einer Stützkonstruktion aufgenommen. Bei großen Höhen ist hier eine untere Führung bzw. ein schwingungsdämpfender Reibradantrieb erforderlich. Die Umsetzeinrichtungen sind bei den beiden letztgenannten Regaltypen einfacher zu gestalten als beim bodenverfahrbaren Typ.

Bild 8.23. Deckenverfahrbares Regalförderzeug mit unterer Führung (Demag).

Neben der Lage des Antriebs ist noch die Mastausführung, die Lastaufnahmeeinrichtung und die Art des Antriebs für ein Regalförderzeug kennzeichnend. Kleinere Geräte mit geringer Tragfähigkeit werden mit einem Mast, große Geräte mit größerer Tragfähigkeit mit zwei Masten in Rahmenbauweise ausgestattet. Diese Bauweise ist auch die heute von fast allen Anbietern bevorzugte Konstruktion. Trotzdem werden auch Regalförderzeuge in Gitterkonstruktion angeboten, denn der Gittermast ist häufig die statisch steifere Ausführung und ermöglicht oft bedeutend ruhigere Laufeigenschaften als Vollwandgeräte [30]. Folgende Lastaufnahmemittel kommen in Frage: Teleskopausfahreinrichtungen gibt es in 2 verschiedenen Ausführungsformen, als Gabel und als Tisch. Durch ihre einfach zu steuernden Bewegungen eignen sie sich vor allem für automatische Steuerungen. Schwenkschubgabeln erlauben außer der Querbewegung zusätzlich auch noch eine Drehbewegung um 180°: Bild 8.24. Dies erfordert 2 Antriebe und ist nur mit größerem Aufwand zu automatisieren. Zu nennen ist noch die starre Gabel, die nur in Kombination mit einem drehbaren Mast sinnvoll ist. Für kleine Geräte eignet sich auch ein feststehender Tisch, der eventuell mit Rollen versehen wird und von dem Behälter durch manuelles Einschieben eingelagert werden können. Wenn mit einem Gerät ganze Paletten eingelagert werden sollen, aber auch bei der Entnahme kommissioniert werden soll, ist es möglich, beispielsweise neben Teleskopgabeln einen feststehenden Tisch zu installieren.

Von den Fahrantrieben großer Regalförderzeuge ist zu verlangen, daß sie stufenlos beschleunigen und verzögern. Dies ist wegen der sonst auftretenden Erschütterungen des Fördergutes und der entstehenden Schwingungen notwendig. Für den Hubantrieb genügt aus den entsprechenden Gründen eine einfache Steuerung.

Nach VDI 2361 kann die Steuerung der Regalförderzeuge vom Flur, von festem oder beweglichem Führerstand aus oder automatisch erfolgen. Vom Führer-

Bild 8.24. Regalförderzeug mit Schwenkschubgabel (Weisserth und Hieber).

stand aus kann man vollständig manuell, mit Anfahrhilfe oder automatisch steuern, während vom Flur aus nur eine automatische Steuerung möglich ist. Bei der automatischen Steuerung kann aber die Steuerzentrale auch weit vom Lager entfernt angeordnet werden. Möglichkeiten der Automatisierung von Lagern werden im nächsten Unterkapitel geschildert.

Regal*un*abhängige Regalförderzeuge sind Kommissionierfahrzeuge, Hochregalstapler und in diesem Zusammenhang Stapelkrane, obwohl sie auch unabhängig von einem Lager benutzt werden können.

Über Kommissionierfahrzeuge informiert die VDI-Richtlinie 2361, Blatt 2. Es handelt sich um speziell für die Regalbedienung entwickelte Flurförderzeuge mit einem vertikal verfahrbaren Bedienungsstand und einem dem entsprechenden Lastträger (vgl. Bild 8.25). Die Fahrzeuge laufen außerhalb der Regalgänge meist frei und innerhalb der Gänge entweder frei oder besser an Leitschienen geführt mit blockierter Lenkung. Sie können ohne zusätzliche Einrichtungen in andere Regalgänge fahren oder außerhalb der Regale eingesetzt werden. Diese Geräte werden hauptsächlich zum Kommissionieren eingesetzt. Dafür genügt als Lastaufnahmemittel eine Gabel oder eine ebene Plattform. Wenn auch ein- oder ausgelagert werden soll, werden ähnliche Lastaufnahmemittel wie bei den regalabhängigen Geräten verwendet. Um das Kommissionieren zu erleichtern, sind bei manchen Geräten Bedienungs- und Lastaufnahmemittel gegeneinander verfahrbar, so daß immer in einer günstigen Arbeitshöhe kommissioniert werden kann. Die Hubhöhen der Kommissioniergeräte betragen im allgemeinen bis zu 6 m. Sie sollten vor allem in Lagern eingesetzt werden, bei denen der Umschlag relativ gering ist, so daß nicht für jeden Regalgang ein Regalförderzeug erforderlich ist. Dann kommt der Vorteil des einfachen Umsetzens in einen anderen Regalgang voll zum Tragen.

Bild 8.25. Kommissionierfahrzeug (Köttgen).

Hochregalstapler oder Drehgabelstapler sind Gabelstapler für große Hubhöhen, die in Lagergängen nur längs fahren und mit Hilfe einer Schwenkschubgabel ein- und auslagern (vgl. Bild 8.26 Hochregalstapler). Sie erreichen Hubhöhen bis zu 12 m bei 1 oder 1,5 t Tragfähigkeit. Die erforderliche Gangbreite beträgt je nach Längs- oder Quereinlagerung der Palette zwischen etwa 1400 und 1900 mm. Das Gerät ist in den Gängen zwangsgeführt und kann ebenfalls ohne Umsetzeinrichtungen in andere Regale fahren oder sich außerhalb der Gänge bewegen. Die Steuerung erfolgt von einem Fahrersitz aus, die Höhenansteuerung des Palettenplatzes kann durch Hubhöhenvorwahl erfolgen. Gegen vergleichbare, regalabhängige Förderzeuge ist die Gangbreite etwas größer, desgleichen dürfte die Zeit für einen Arbeitszyklus etwas länger sein. In der Praxis dürfte es nicht zweckmäßig sein, in der Hubhöhe über 10 m hinauszugehen, da der Fahrer dann die Ein- und Auslagerung zu wenig genau steuern kann. Vorteilhaft dürfte auch dieses Gerät bei geringem Lagerumschlag sein, wenn viele Gänge durch das gleiche Gerät bedient werden können. Hochregalstapler für andere Tätigkeiten im Betrieb einzusetzen, ist zwar möglich, scheint aber bei dem Bedarf an Gangbreite und Mindestraumhöhe nicht sinnvoll (siehe [31]).

Der Stapelkran ist ein Brücken- oder Hängekran mit zusätzlich am Katzfahrwerk drehbar angeordnetem, starrem oder Teleskopmast, an dessen Ende sich ein Lastaufnahmemittel befindet (Bild 8.7). Im Gegensatz zu einem normalen Brückenkran wird die Last geführt und die Aufnahme und Abgabe ohne an- bzw. ab-

Bild 8.26. Hochregalstapler (Lansing).

schlagen vorgenommen. Die Kranlaufbahnen sind entweder an den Lagerhallenwänden oberhalb der Regalanlage oder auf den äußeren Regalreihen angebracht. Außer zum Einsatz in Regalen eignet er sich besonders zum Einsatz bei Blocklagerung, wobei die Lagergüter gestapelt oder ungestapelt sein können. Bei hohen Blockstapeln ist er im Einsatz konkurrenzlos. Sonst ist sein Einsatz besonders zu erwägen, wenn eine mit Kran ausgestattete Fertigungshalle für Lagerzwecke benutzt werden soll. Nähere Informationen über Stapelkrane kann man der Richtlinie VDI 2370 oder [32] entnehmen.

8.6.2 Möglichkeiten der Automatisierung von Lagern

Für die Automatisierung eines Lagers gelten die folgenden Voraussetzungen:

Für das Lagergut gilt, daß es in gleichen oder gleichartigen Förderhilfsmitteln gelagert werden kann. Dabei bestehen große Anforderungen an die Maßgenauigkeit der Förderhilfsmittel. Bei Flachpaletten darf ein bestimmtes Ladeprofil nicht überschritten werden. Es ist im allgemeinen üblich, die Einhaltung dieses Profils durch Prüfeinrichtungen zu überwachen. Überstehendes Lagergut könnte bei der Einlagerung herunterfallen und eine Lahmlegung des Regalförderzeuges verursachen. Von der Lagereinrichtung, insbesondere von Lagerregalen, wird gleichfalls die Einhaltung enger Maßtoleranzen gefordert. Voraussetzung dafür ist, daß bereits bei der Bodenplatte entsprechende Toleranzen eingehalten werden.

Für die allgemeinen Fördermittel für den innerbetrieblichen Transport gilt das im Kapitel Materialfluß über deren Automatisierung Geschriebene. Insbesondere gilt, daß die Automatisierung bei Lagerung mit Stetigförderern bei einigermaßen geeignetem Lagergut in den meisten Fällen ohne Schwierigkeiten möglich ist. Über die Automatisierung des Lagerbetriebes mit den speziellen Regalförderzeugen ist folgendes zu sagen: Hochregalstapler und Kommissionierungsfahrzeuge werden stets vom Mitfahrer manuell gesteuert. Im Hochregalstapler ist der Höhenmesser weit verbreitet, der die ungefähre Gabelhöhe angibt. Bei beiden Geräten ist es aber auch möglich, die Hubhöhe vorzuwählen und mit Hilfe einer automatischen Höhensteuerung anzufahren.

Regalabhängige Förderzeuge und Stapelkrane sind grundsätzlich automatisierbar. Da die Teilentnahme aus Regalfächern oder Förderhilfsmitteln bisher aber nur manuell möglich ist, weil das Greifen gleicher oder verschiedener Lagergüter von verschiedenen Plätzen des Förderhilfsmittels nicht gelöst ist, ist eine vollständige Automatisierung des Kommissionierens bisher unmöglich. Bei Teilentnahme ist es jedoch eine Hilfe, wenn das gewünschte Regalfach in beiden Koordinatenrichtungen, also in Fachhöhe und Regallänge, selbständig angefahren werden kann. Dabei werden die Tätigkeiten der Begleitperson auf die Eingabe der Regalfach-Koordinaten in den Steuerteil des Förderzeuges und auf die Ein- bzw. Auslagerung oder die Teilentnahme beschränkt, wodurch eine große Entlastung erzielt wird. Außerdem sind kürzere Spielzeiten erreichbar, da von der Steuerung die günstigste Fahrweise gewählt wird. Die Begleitperson muß jedoch während der Fahrt mit beiden Händen Sicherheitsschalter betätigen, um Unfälle auszuschließen. Man kann also diese Zeit nicht für Vorbereitungen der nächsten Fachbedienung verwenden.

Die Ein- und Auslagerung ganzer Einheiten geschieht hierbei mit Handsteuerung.

Wenn nicht im Regalgang kommissioniert wird, ist auch die Automatisierung der Ein- und Auslagerung der Lagereinheiten möglich. Dies ist bei Hochregalanlagen ab etwa 10 m Höhe besonders wichtig, da die Bedingungen für mitfahrende Personen sehr ungünstig sind und es wegen der hohen Investitionskosten wesentlich ist, die günstigsten Spielzeiten zu erreichen. Beim vollautomatischen Betrieb kann die Eingabe der Ein- und Auslagerungswünsche an das Regalförderzeug über Druckknöpfe oder Lochkartenleser am Gerät selbst oder in einer Steuerzentrale oder durch eine direkt verbundene Datenverarbeitungsanlage geschehen. Wenn die Eingabe der Steueranweisungen mit Hilfe von Lochkarten erfolgt, sind für sämtliche verfügbaren Regalfächer Fachkarten vorhanden.

Durch Kombination mit den Daten einer Lagergutkarte wird ein Lagergut dem Lagerfach zugeordnet und u. U. eine neue Lagerkarte erstellt. Diese Lagerkarte dient gleichzeitig als Steuerkarte für das Lesegerät und zur Überwachung und Lokalisierung der Bestände.

Durch entsprechende Gestaltung der Lochkartenleser ist es möglich, kleine Kartenstapel und Karten für Ein- und Auslagerung einzugeben, so daß das Regalförderzeug längere Zeit selbständig arbeiten und kombinierte Einlager- und Auslagervorgänge durchführen kann. Durch dieses Kombinieren wird eine große Umschlagsleistung des Regalförderzeuges erreicht. Eine weitere Steigerung ist noch möglich, wenn dies so erfolgt, daß sich für das Regalförderzeug minimale Wege ergeben.

Ein weiterer Vorteil wird erreicht, wenn die Lagerplätze in der Nähe der Ein- und Auslagerstelle mit Lagergütern belegt werden, die kurze Lagerzeiten haben und Güter mit seltenem Umschlag weit entfernt eingeordnet werden. Bedingung hierfür ist, daß Ein- und Auslagerung auf derselben Seite des Regallagers vorgenommen werden. Diese beiden Arten der Wegminimierung können durch eine manuelle Zuordnung von Ein- und Auslagervorgängen und von Lagergütern und Fachkarten nur unvollkommen vorgenommen werden. Eine recht gute Wegminimierung läßt sich mit Hilfe einer Datenverarbeitungsanlage erreichen. Dies geschieht im Off-Line-Betrieb, wenn der Rechner nicht direkt mit der Regalförderzeugsteuerung verbunden ist, also wenn beispielsweise vom Rechner Lochkarten erstellt werden, die dann von Hand in das Lesegerät eingegeben werden. Die Steuerung kann auch direkt im On-Line-Betrieb geschehen, wenn der Rechner durch Kabel mit der Förderzeugsteuerung verbunden ist. Bild 8.27 gibt eine Übersicht über ein Hoch-

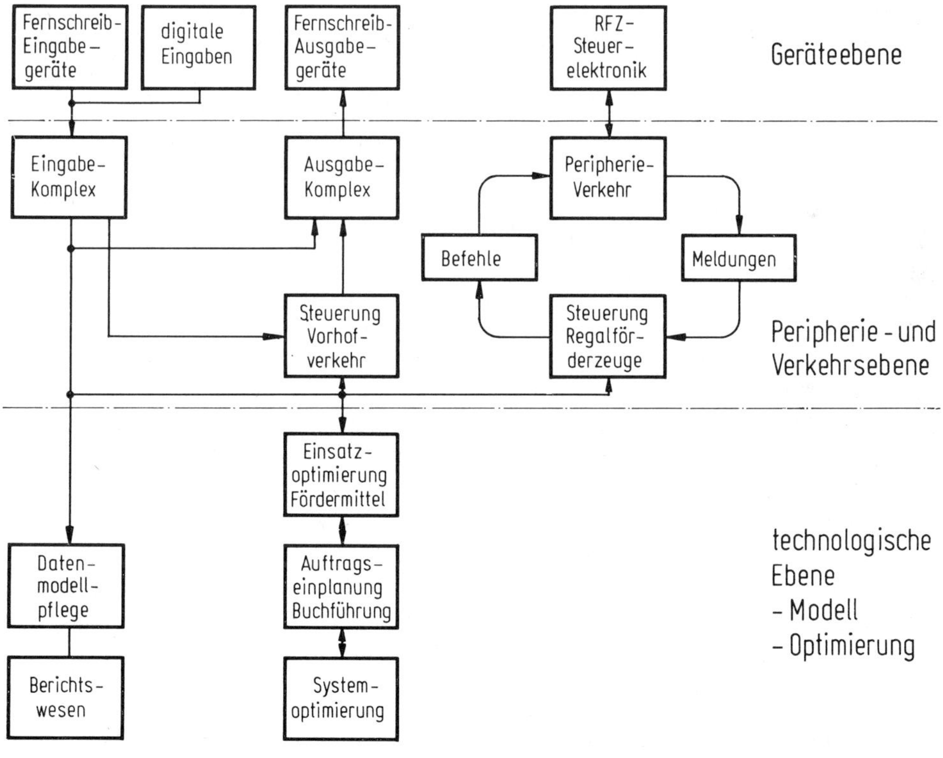

Bild 8.27. Informationssystem Hochregallagersteuerung — Systemübersicht (AEG).

regallagersystem, das mit einem Prozeßrechner gesteuert wird. Dabei veranlaßt der Rechner die Einlagerung von Waren, die im Lager ankommen und die Auslagerung vorliegender Bestellungen. Mit ihm lassen sich auch die Aufgaben der Mengenplanung durchführen. Sie sind im Abschnitt Mengenplanung beschrieben. Bei Rechnereinsatz läßt sich gleichzeitig das First-In-First-Out-Prinzip mit verwirklichen, wenn dem Rechner der Befehl gegeben wird, die zuerst eingelagerten Güter auch wieder zuerst auszulagern. In betriebsarmen Zeiten können überdies im Lager die Lagergüter nach ihrer Präferenz umgelagert werden, so daß in den Hauptbetriebszeiten kurze Lagerwege entstehen. Die Rechenanlage muß für die Arbeitsspitzen ausgelegt werden, ist dabei jedoch während 90% der Zeit nur zu etwa 20% ausgelastet. Während der Zeiten geringerer Auslastung lassen sich ohne großen Aufwand andere nicht genau zeitgebundene Arbeiten wie das Ausdrucken von Bestandslisten, Lohnabrechnungen usw. durchführen [33].

8.7 Auswahl der günstigsten Lagerungsmöglichkeiten

Die Gestaltung des Lagers hängt sehr stark davon ab, wie kommissioniert wird. Deshalb sollen zunächst die verschiedenen Möglichkeiten des Kommissionierens beschrieben werden:

A. Kommissionieren vom normalen Standort des Lagergutes aus. Hier sind 2 Versionen möglich:

a) Der Kommissionierer begibt sich nacheinander an die verschiedenen Standorte des Lagergutes, das zu einem Auftrag gehört und greift jeweils die erforderliche Stückzahl einer Position und sammelt sie in einem Förderhilfsmittel. Wenn er seinen Rundgang beendet hat, ist der Auftrag beisammen.
b) Das Kommissionieren geschieht wie unter a), nur werden bei einem Rundgang Lagergüter für mehrere Aufträge gleichzeitig entnommen, die beispielsweise während einer bestimmten Zeit (z. B. 2 Stunden) auszuliefern sind. Die Artikel werden in Förderhilfsmitteln gesammelt und in einem 2. Arbeitsgang auf die verschiedenen Aufträge verteilt.

In beiden Fällen ist es möglich, das Lager in eine Anzahl Bereiche aufzuteilen, wobei jeder Bereich seinen eigenen Kommissionierer hat. Die Aufträge werden dann durch Fördermittel zu einer Sammelstelle gebracht. Dies ist vor allem bei der Variante b) üblich.

Diese Art des Kommissionierens eignet sich für Artikel mit geringem Umschlag in eventuell kleinen Mengen je Artikel und u. U. vielen Artikeln je Auftrag.

B. Kommissionieren an einer Kommissionierstelle. Die Lagereinheit, z. B. eine Palette oder ein Behälter wird im allgemeinen automatisch dem Lager entnommen und zur Kommissionierstelle transportiert. Dort wird für einen oder mehrere Aufträge entnommen und der Restbestand wieder automatisch eingelagert. Diese Art des Kommissionierens eignet sich für die Entnahme großer Mengen, wenn ein Auftrag aus wenigen verschiedenen Artikeln besteht und wenn auch häufig eine vollständige Entnahme der ganzen Lagereinheit erfolgt.

C. Kommissionieren aus einem speziellen Kommissionierlager. Das Lager wird in ein Reservelager und in ein Kommissionierlager aufgeteilt. Im Kommissionierlager sind alle Artikel oder die Artikel mit dem größten Umschlag in kleinen Mengen gelagert. Diese Mengen entsprechen jeweils einer oder wenigen Lagereinheiten des Reservelagers. Aus dem Kommissionierlager wird nach Modell A a kommissioniert. Wenn in ihm ein Mindestbestand erreicht ist, erfolgt, eventuell sogar automatisch, eine Nachlieferung aus dem Reservelager. Aus dem Reservelager werden ganze Einheiten und u. U. auch Großmengen nach dem Modell B entnommen. Der Vorteil der Trennung liegt darin, daß die Wege im Kommissionierlager, vor allem, wenn man mit Durchlaufregalen arbeitet, wesentlich kürzer sind als in einem Lager, in dem auch noch oft große Reserven liegen. Diese Möglichkeit eignet sich für Artikel mit großem Umschlag, wenn sich ein Auftrag aus vielen Artikeln zusammensetzt und viele Aufträge pro Tag auszuliefern sind. Sie wird bevorzugt bei kleineren Teilen angewandt.

D. Kommissionieren beim Einlagern. Wenn bei der Einlagerung bereits bekannt ist, zu welchem Auftrag ein Lagergut gehört, so werden zusammengehörige Artikel sofort in gemeinsame Lagerfächer oder Förderhilfsmittel eingelagert. Das ist bei Fertigung nach Kundenauftrag und vor allem für Montagebereitstellungslager interessant.

Alle beschriebenen Möglichkeiten des Kommissionierens bestehen vor allem bei der Lagerung mit Lagergestell. Bei der Lagerung ohne Lagergestell auf dem Boden, wobei es sich, wenn kommissioniert werden muß, um relativ wenige verschiedene Artikel in großen Mengen handelt, werden vor allem die Modelle A und C angewandt.

Die Entscheidung für die Art des Kommissionierens muß im Zusammenhang mit der Entscheidung für die Art der Lagerung gefällt werden. Die Art der Lagerung hängt ab von der Größe der Lagermengen, der Umschlaghäufigkeit, der Größe der Lagerguteinheiten (Volumen, Zahl der Förderhilfsmittel) und dem Gewicht der Lagergüter. Zunächst hängt die Entscheidung jedoch vom Aggregatzustand des Lagergutes ab. Schüttgüter, Flüssigkeiten und Gase sollten, wenn sie in großen Mengen anfallen, in Silos, Tanks, Druckbehältern usw. untergebracht werden. Wenn sie in kleinen Mengen zu lagern sind, kann man sie, je nach Aggregatzustand, verpackt oder in abschließenden Förderhilfsmitteln, wie Stückgut, lagern. Die Grenze ist im Einzelfall zu finden.

Bei der Auswahl der Lagerungsart ist die kostengünstigste Lagerungsart anzustreben, wobei gegebene Bedingungen wie Zugriffszeiten zu Lagergütern, die erreicht werden sollen, oder Maximalzeiten für das Zusammenstellen eines Auftrages oder Einschränkungen durch zur Verfügung stehenden Platz eingehalten werden müssen.

Stückgut, das sehr häufig umgeschlagen werden muß und dessen Lagerzeit sich maximal nach Stunden bemißt, wird am besten auf Stetigförderern gelagert, wenn es sich von seiner Beschaffenheit her dafür eignet. Wie im Abschnitt Lagerung mit Stetigförderern bereits geschildert, treffen diese Bedingungen hauptsächlich für Zwischenlager in der Fertigung zu. Wann welcher Stetigförderer besonders günstig ist, wurde dort bereits auseinandergesetzt.

Nicht korrodierendes Gut, das nicht diebstahlgefährdet und klimafest ist, sollte im Freien gelagert werden. Dies gilt z. B. für Schüttgut, Gußstücke, mit Kunststoff-

Folie umhüllte Paletten usw. Wenn Stückgut auf Grund seines großen Gewichts oder seiner Sperrigkeit nicht stapelbar ist und nicht im Regal gelagert werden kann, so muß ohne Lagergestell ungestapelt auf dem Flur gelagert werden. Wenn es sich um große Mengen pro Lagergut handelt, kann in Blocks, wenn es sich um kleine Mengen handelt, in Lagerzeilen oder mit entsprechenden Fördermitteln in Blocks gelagert werden. Stapelbares Gut in sehr großen Mengen pro Gut kann ohne Lagergestell auf dem Flur gestapelt werden, je nach Menge pro Gut und geforderter Zugriffsfähigkeit in Blocks oder in Stapeln.

Regale verwendet man vor allem zur Unterbringung kleiner und mittlerer Mengen verschiedenartiger Artikel und zur Aufbewahrung von Gütern, die sich nicht stapeln lassen, auch bei großen Mengen.

Wenn wenig Platz zur Verfügung steht und die Errichtung eines Hochregallagers unmöglich ist, weil kommissioniert werden muß, wird bewegliche Lagerung notwendig, die wesentlich kompakter erfolgen kann als feststehende Lagerung. Wenn hierbei ein relativ großer Umschlag vieler Artikel erfolgt, das Prinzip First-In-First-Out erwünscht ist und die Voraussetzungen für eine Durchlauflagerung gegeben sind, eignet sich ein Durchlauflager am besten. Wenn der Umschlag pro Artikel geringer ist, eignet sich das Umlaufregal, das am allerwenigsten Platz erfordert. Sind sehr wenige Zugriffe pro Zeiteinheit vorzunehmen, so ist das Verschieberegal geeignet, das auch für schwereres Gut als das Umlaufregal verwendbar ist. Das Paternosterregal im Großen ist besonders geeignet, wenn sehr wenig Grundfläche, aber eine große Höhe zur Verfügung steht und im Kleinen für abgeschlossene Lagerung kleiner Lagergüter auf geringem Raum. Wenn genügend Grundfläche zur Verfügung steht, kann man mit Fachregalen, Palettenregalen oder Spezialregalen geringer Höhe arbeiten. Bei knapper und teurer Grundfläche kann man, wenn man kommissionieren will, bis etwa 10 m gehen. Palettiertes Gut oder Gut in Förderhilfsmitteln läßt sich, wenn wenig Platz zur Verfügung steht, in Hochregallagern bis zu 30 m und mehr wirtschaftlich unterbringen.

Wenn entsprechend dieser Schilderung keine eindeutige Auswahl möglich ist, so ist für die Alternativen eine Vergleichsrechnung, und zwar vor allem der laufenden Kosten und, soweit dies wichtig ist, auch der Investitionskosten durchzuführen. In dem nächsten Unterkapitel werden Beispiele von Kostenrechnungen gebracht, die diese Entscheidung in einigen Fällen erleichtern.

Häufig wird es so sein, daß in einem Lager mehrere Lagerungsmöglichkeiten nebeneinander angewandt werden. Das ist der Fall, wenn man neben einem Reservelager ein Kommissionierlager hat, wo beispielsweise das Reservelager als Palettenhochregallager und das Kommissionierlager als Durchlaufregalanlage ausgeführt wird. Das ist der Fall bei Rohmateriallagern, wo man vielleicht neben Fachregalen auch Palettenregale und Sonderregale für Langteile und dergleichen braucht. Man sollte aber in all diesen Fällen bemüht sein, sich auf möglichst wenige Lagertypen zu beschränken, indem man das Lagergut durch Verwendung von Förderhilfsmitteln vereinheitlicht.

Welche Fördermittel sich für die einzelnen Lagerarten eignen, kann man aus dem Abschnitt 8.6.1 entnehmen.

Den Standort der Ein- bzw. Auslagerstelle und die Anordnung des Lagergutes im Lager sollte man so wählen, daß möglichst geringe Wege entstehen. In den meisten Lagern dürfte es günstig sein, in der Nähe der Ein- bzw. Auslagerstelle die gängigsten Lagergüter anzuordnen. Wenn beispielsweise aber kommissioniert wird, indem der kürzeste Weg durchs Lager begangen wird, so ist dies nicht wesentlich. Hier wäre der Rundreiseweg zu minimieren.

8.8 Lagerkosten, Lagergebäude

8.8.1 Lagerkosten

Für die Auswahl der zu wählenden Lagerungsart sind die zukünftigen jährlichen Kosten, die das Lager für den vorgegebenen Lagerungsfall verursacht, maßgebend. Sie sollten minimal sein. Wenn allerdings das zur Verfügung stehende Kapital begrenzt ist, spielen auch die Investitionskosten eine Rolle.

Die verschiedenen Kostenarten, aus denen sich die Lagerungskosten zusammensetzen, erreichen unter verschiedenen Bedingungen ihr Minimum. Die reinen Gebäudekosten werden am geringsten, wenn die Grund- und Außenfläche minimal ist, d. h. wenn das Gebäude eine kubische Form hat.

Die Kosten von Regalförderzeugen werden minimal, wenn sich durchschnittliche Längsfahr- zu Hubgeschwindigkeiten wie Regallänge zur Regalhöhe verhalten. Deshalb kann man eine Gesamtminimierung nur vornehmen, wenn man für verschiedene Alternativen die Kosten berechnet und vergleicht. Eine Aufschlüsselung der Lagerkosten wird in Tabelle 8.4 gegeben. In dieser Tabelle sind alle denkbaren Kosten enthalten. Für einen Vergleich verschiedener Versionen genügt es aber häufig, nur diejenigen Kosten zu vergleichen, die tatsächlich verschieden sind.

Allgemeine Aussagen über günstigste Lagerungsarten sind im vorangegangenen Abschnitt gemacht.

Es sei hier noch auf verschiedene spezielle Beispiele in der Literatur verwiesen [19, 23, 34 bis 37]. Die letzte Literaturstelle enthält auch Angaben, wie Wirtschaftlichkeitsrechnungen vorzunehmen sind. Die Beispiele beziehen sich alle auf Palettenlager.

Die Bilder 8.28 und 8.29 zeigen die Investitionskosten und die laufenden Kosten pro Palette in Abhängigkeit vom Grundstückspreis. Die Auswahl wird außerdem stark durch den Lagerumschlag beeinflußt. Allgemein kann man über Palettenlager lediglich sagen, daß mehrgeschossige Stockwerkbauten immer ungünstiger sind als Flachhallen oder Hochregallager. Für einen Vergleich von Palettenlagern genügt es, folgende Kostenarten zu berücksichtigen: Grundstückskosten, Gebäude- und Regalkosten, Kosten für Regalförderzeuge und andere Fördermittel, Kosten für sonstige Lagereinrichtungen, wie Ionisations-Feuermelder, Sprinkler-Anlagen, Lüftungs- und Klimaanlagen und Personalkosten.

Die Kosten für ein Hochregallager zur Einlagerung von Gitterboxpaletten nach DIN 15 144 kann man z. B. mit ca. 900 – 1200 DM pro Palettenplatz (Herstellerangaben) je nach Größe und Automatisierungsgrad annehmen. Diese Kosten umfassen sowohl Gebäude und Regal wie auch Regalförderzeuge, Förderanlagen im Vorhofbereich und EDV-Anlagen zur Steuerung und Datenverwaltung. Für ein betrieblich gleichwertiges Stockwerksgebäude dürften die Kosten pro Palettenplatz ca. 30% höher liegen.

Tabelle 8.4. Aufschlüsselung der Lagerkosten nach [34]

1. Anlagekosten
   - 1.1 Gelände
   - 1.2 Gebäude
   - 1.3 Einrichtungen
2. Feste Kosten (Anlage)
   - 2.1 Abschreibung
     - 2.1.1 Gebäude
     - 2.1.2 Einrichtung
   - 2.2 Verzinsung
     - 2.2.1 Gelände
     - 2.2.2 Gebäude
     - 2.2.3 Einrichtung
   - 2.3 Versicherungen
     - 2.3.1 direkte Versicherungen
     - 2.3.2 anteil. Versicherungen
   - 2.4 Steuern
     - 2.4.1 direkte Steuern
     - 2.4.2 anteil. Steuern
   - 2.5 Sonstige Abgaben
     - 2.5.1 Berufsgenossenschaft
     - 2.5.2 Anteil an Beträgen, soweit von Beschäftigungszahl und Vermögen abhängig
     - 2.5.3 Rechts- und Beratungskosten
   - 2.6 Raumkosten
   - 2.7 Mieten und Pachten
   - 2.8 Betriebsunabhängige Pflege
3. Bewegliche Kosten (Anlage)
   - 3.1 Betriebskosten
     - 3.1.1 Heizung
     - 3.1.2 Lüftung
     - 3.1.3 Kühlung
     - 3.1.4 Beleuchtung
     - 3.1.5 Reinigung
     - 3.1.6 Bewachung
   - 3.2 Wartungskosten
     - 3.2.1 Hilfs- und Betriebsstoffe
     - 3.2.2 Lohn
   - 3.3 Instandsetzungskosten
     - 3.3.1 Fremdinstandsetzung
     - 3.3.2 Unterhalt der Förderwege
     - 3.3.3 Lohn
4. Lohnkosten
   - 4.1 Bruttolohn
     - 4.1.1 anteil. Lohngemeinkosten
     - 4.1.2 anteil. Lohnnebenkosten
   - 4.2 Urlaubslöhne
   - 4.3 gesetzliche soziale Aufwendungen
   - 4.4 freiwillige soziale Aufwendungen
   - 4.5 Gehälter
   - 4.6 anteil. Bruttolohn für Aufsicht
5. Sonstige Kosten
   - 5.1 Büromaterial
   - 5.2 Post- und Fernsprechkosten
   - 5.3 Reisekosten
6. Lagergutkosten
   - 6.1 Zinsen
   - 6.2 Steuern
   - 6.3 Zoll
   - 6.4 Versicherung
7. Sonderkosten
   - 7.1 Entwertung
   - 7.2 Verderb
   - 7.3 Schwund
8. Versteckte Lagerungskosten
   - 8.1 Wartezeiten (fehlendes Material)
   - 8.2 Überstunden in der Fertigung (falsche Materialdisposition)
   - 8.3 Fehldispositionen im Einkauf
9. Anteilige Kosten der Lagerverwaltung

8.8.2 Lagergebäude

Für niedrige Lager lassen sich im Grund normale Hallen aus Stahl- oder Stahlbetonkonstruktion verwenden. Ähnlich wie für Fertigungshallen ist man bestrebt, möglichst weit gespannt zu bauen, damit keine Stützen die Anordnung der Regale bzw. Lagergüter vorschreiben. Häufig werden die Hallen so gebaut, daß sie alternativ oder teilweise als Fertigungshallen verwendet werden können. Spezifisch für Lager wird Leichtbauweise eingesetzt, Sheddächer sind völlig unnötig, da in Lagerhallen nicht die Notwendigkeit einer sehr gleichmäßigen und guten Ausleuchtung des Lagerraumes besteht. Man wird flachgeneigte oder horizontale Dachkonstruktionen aus Kostengründen bevorzugen und eventuell durch Lichtkuppeln und durch

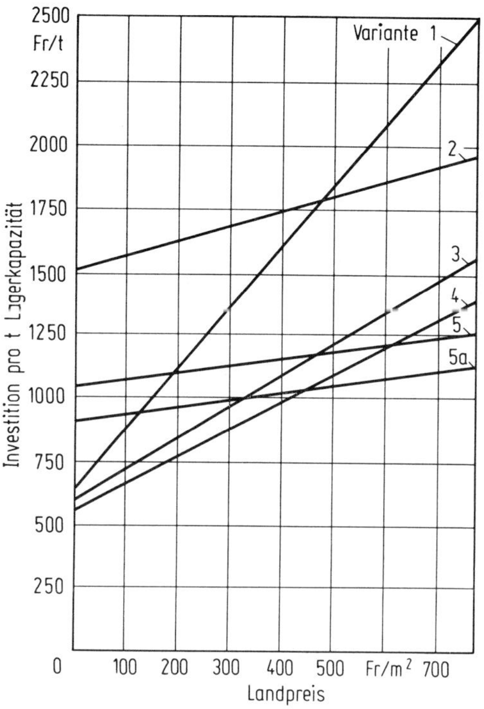

Bild 8.28. Lagersystemvergleich; Investitionen pro t Lagerkapazität in Abhängigkeit der Grundstückspreise [35].
Variante 1: Flachhalle 5 m Nutzhöhe.
Variante 2: Stockwerklager 5geschossig.
Variante 3: Flachhalle 8 m Nutzhöhe.
Variante 4: Stahlregallager 11 m Nutzhöhe.
Variante 5: Betonhochregallager 33,5 m Nutzhöhe.
Variante 5 a: Variante 5 exklusive Feuerlöschanlage.

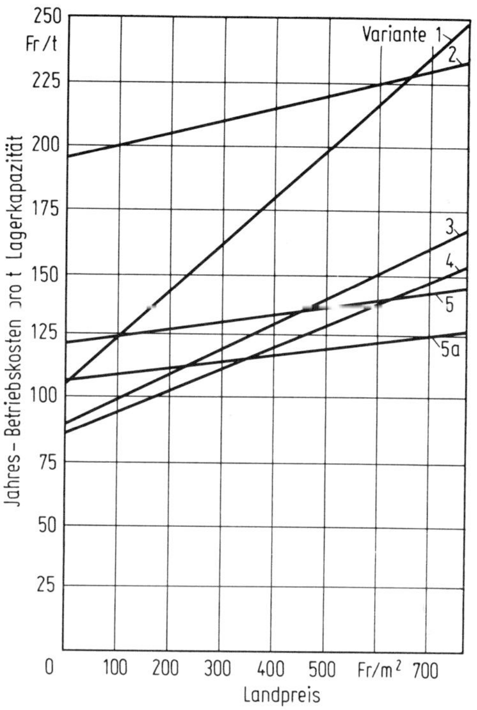

Bild 8.29. Lagersystemvergleich. Jährliche Betriebskosten pro Tonne Lagerkapazität bei einem 10fachen kontinuierlichen Lagerumschlag in Abhängigkeit der Grundstückspreise [35]. Varianten wie bei Bild 8.28.

Lichtbänder an den Seitenwänden für eine ausreichende Beleuchtung bei Tageslicht sorgen.

Für Hochregalanlagen wird im allgemeinen eine andere Bauweise angewandt. Man verwendet die Regalkonstruktion, sei sie aus Stahl oder Beton, als tragendes Element für Dach- und Seitenwände, wodurch die bei Hallen benötigten Stützen und Binder entfallen. Die Flachdachkonstruktion wird direkt auf den Regalen abgestützt und die Seitenwände in Form von Aluminium, Stahl-, Kunststoff-Fassadenplatten usw., welche an ihrer Innenseite mit einer Isolierschicht versehen sind, werden über Distanzstücke an den Regalen angeschraubt. Zu beachten ist, daß ab 24 m Gebäudehöhe Hochbaubestimmungen gelten, die z. B. bestimmte Außenverkleidungen vorschreiben. Das Regalgestell braucht für die zusätzliche Belastung durch Dach und Außenwände im allgemeinen nicht stärker dimensioniert zu werden. Die Regale sind ohnehin entsprechend auftretenden Schwingungen und Durchbiegungen der Querträger dimensioniert. Daher entstehen bei einer solchen Lösung beträchtliche Kosteneinsparungen.

Die Stahl- oder Betonregale werden auf einer Betonplatte verankert, welche sorgfältig und maßgenau hergestellt werden muß und bis zu etwa 40% der Gesamtbaukosten der Anlage verursacht. Der Baugrund unter der Bodenplatte sollte möglichst homogen sein, damit keine ungleichmäßigen Setzungen entstehen, die eine genaue Ausrichtung der Regale verhindern. Bisher wurden hauptsächlich Stahlregale verwendet, obwohl Betonregale eine Reihe von Vorteilen bieten. Für die Rückwände lassen sie sich als tragende Scheiben ausbilden, wodurch keine Vorderstützen notwendig sind. Damit ist es möglich, die ganze Regallänge als durchgehendes Feld zu gestalten, wodurch die Beschränkung auf bestimmte Palettengrößen wegfällt. Außerdem ist auch eine Anpassung an verschiedene Palettenhöhen möglich. Da Lagergebäude ziemlich lange Abschreibungszeiten haben, ist die Flexibilität auf Dauer wesentlich. Die durchgehenden Betonwände begünstigen den Brandschutz, verhindern Geruchsbelästigungen zwischen verschiedenen Regalgängen und lassen u. U. auch eine verschiedene Klimatisierung zu. Bei Hochregalanlagen von 30 m und mehr sollte auf jeden Fall Stahlbeton als Baustoff erwogen werden (vgl. [38]).

Besondere Probleme wirft in Lagern und insbesondere in Hochregallagern der Brandschutz [39] auf. Wegen der sehr hohen Konzentration von häufig brennbaren Materialien besteht ein besonderes Risiko. Bei Hochregallagern kommt noch hinzu, daß eine Kaminwirkung in den Räumen zwischen den Palettenstapeln entsteht, so daß sich ein Brand sehr schnell vertikal ausbreitet und anschließend unter dem Lagerdach horizontal fortsetzt. Um die horizontale Ausbreitung einzuschränken, sollten ausreichende Rauchabzugsvorrichtungen, z. B. in Form von Lichtkuppeln oder Lichtbändern automatisch geöffnet werden und in der Größe von mindestens 2 – 3% der Dachfläche eingebaut werden. Brände sollten durch eingebaute automatische Brandmelder, z. B. Rauchmelder, Strahlungsmelder und Ionisationsmelder, angezeigt werden. Ihre Bekämpfung kann vom Regalförderzeug aus oder bis zu 40 m Höhe, der Wurfhöhe moderner Wasserwerfer, vom Fußboden aus erfolgen.

Bei größerer Konzentration brennbarer Materialien empfiehlt sich die Brandbekämpfung durch Einbau von Sprinkler-Anlagen. Die nicht unbeträchtlichen Kosten hierfür amortisieren sich durch Ermäßigungen bei der Feuerversicherung verhältnismäßig schnell. Bei niedrigen Lagern werden sie an der Lagerdecke installiert, bei Hochregalanlagen wird von Herstellern von Sprinkler-Anlagen eine räumlich versetzbare Sprinkler-Anordnung über jedem 4. Palettenplatz in der Fläche und über jeder Palettenebene befürwortet. Dabei wird üblicherweise mit Wasser gelöscht.

Die Sprinkler in der Nähe des Brandherdes werden automatisch bei bestimmten Temperaturen ausgelöst. Bei extremer Brandausbreitungsgeschwindigkeit sind Sprühwasserlöschanlagen erforderlich; hierbei tritt aus allen zu einer Sektion gehörenden Düsen gleichzeitig Wasser aus. Nähere Informationen über Brandschutz in Hochregalanlagen gibt die Richtlinie VDI 3564 (Entwurf) und [39].

Zur Gestaltung der Warenanlieferung und des Versandes ist noch folgendes zu bemerken. Beim Be- und Entladen der außerbetrieblichen Fördermittel sollte nicht nur bei temperaturempfindlichen Gütern die Möglichkeit bestehen, unter Dach zu arbeiten. Das ist am günstigsten zu lösen bei der Verwendung von Sattelschleppern mit rückwärtiger Beklademöglichkeit, deren hinteres Ende in eine überdachte geschlossene Halle eingefahren wird. Von der Empfindlichkeit der Güter ist es abhängig, inwieweit man die Öffnungen, durch die die Sattelschlepper aus dem Gebäude herausstehen, abschließen muß. Der einfachste Abschluß ist die Anbringung einer Warmluftschleuse, die das Eindringen der Kaltluft in die Lagerhalle verhindert. Bei der Klimatisierung der Lagergebäude ist dies erforderlich.

Im Zusammenhang mit der baulichen Gestaltung des Warenan- oder -auslieferungsbereichs stellt sich das Problem der Zahl der Fahrzeuganstellplätze und der Rampe. Die Zahl der Fahrzeuganstellplätze läßt sich mit Hilfe der Materialflußdaten, der zu verwendenden Fahrzeuge und der durchschnittlichen Be- bzw. Entladezeit berechnen. Eine Rampe ist zu befürworten, wenn sie z. B. bei entsprechendem Gelände keine Mehrkosten verursacht. Sie ist für die Bedienung der meisten Eisenbahnwagen für Stückgut wünschenswert, genauso wie wenn Sattelschlepper oder andere LKW von hinten beladen werden müssen. Wenn die Bedienung der Fahrzeuge von beiden Längsseiten durch Stapler geschehen kann, läßt sich auf eine Rampe verzichten. Die Bedienung durch Stetigförderer, z. B. ausziehbare Bandförderer, erfordert das Handhaben kleiner Transporteinheiten von Hand, wobei z. B. Palettenladungen aufgelöst werden müssen. Das Beladen von Hand ermöglicht zwar u. U. eine bessere Raumnutzung von Fahrzeugen, dürfte sich aber in den meisten Fällen nicht lohnen.

Literatur zum Kap. 8

Zitierte Literatur

1. Statistisches Jahrbuch für die Bundesrepublik Deutschland 1979, Stuttgart: Kohlhammer 1979.
2. Mellerowicz, K.: Betriebswirtschaftslehre der Industrie, 3. Aufl., Bd. 2. Freiburg: Rudolf Haufe 1958.
3. Hahn, R., Kunerth, W., Roschmann, K.: Fertigungssteuerung mit elektronischer Datenverarbeitung. Berlin: Beuth-Vertrieb 1969. RKW-Betriebstechnische Fachberichte RW 2.
4. Hahn, R., Jäntschke, P., Roschmann, K.: Automatisierung der Lagersteuerung eines Betriebes der Nachrichtentechnik. Werkstattstechnik 57 (1967) 1, S. 33–37; 6, S. 285–290.
5. Carvajal, J., Schulte, H.: Moderne Lagerhaltung in der Fertigungsindustrie. VDI-Z. 111 (1969) 2, S. 77–81.
6. Klett, A.: Die Einordnung von Stoffen und Teilen nach dem ABC-Kriterium in der Materialdisposition. Werkstattstechnik 55 (1965) 5, S. 225–229.
7. Grochla, E.: Materialbeschaffung, Vorratshaltung und Kontrolle. In: Industrielle Produktion. Baden-Baden: Verlag für Unternehmensführung 1967.
8. Reif, K.: Bedarfsvorhersage mittels mathematisch-statistischer Verfahren. IBM-Form 81 519.
9. ohne Verf.: MINCOS-IBM-Modularprogramm für die Bestands- und Bestellrechnung. IBM-Form 71 417.
10. Adamowsky, S.: Material- und Lagersteuerung. In: Industrielle Produktion. Baden-Baden: Verlag für Unternehmensführung 1967.
11. Müller-Merbach, H.: Die Bestimmung optimaler Lagermengen. Qualitätskontrolle 6 (1961) 12, S. 561–565.

12. Andler, K.: Rationalisierung der Fabrikation und optimale Losgröße. München: Oldenbourg 1929.
13. Müller-Merbach, H.: Die Bestimmung optimaler Losgrößen bei der Mehrproduktfertigung. Darmstadt: Dissertation an der Technischen Hochschule 1963.
14. Müller-Merbach, H.: Optimale Losgröße bei der Einkaufs- und Fertigungsdisposition. ADL-Nachrichten 10 (1965) 38, S. 626–654.
15. Lahde, H., Fein, E., Müller, P.: Handbuch moderner Lagerorganisation und Lagertechnik. München: Verlag Moderne Industrie 1962.
16. Neumann, K.: Ein Bausteinsystem zur Steuerung von Regalbedienungs- und Regalbeschickungsgeräten. Fördern und Heben 17 (1967) 5, S. 271–275.
17. ohne Verf.: Bosch Automatik Steuerung für Regalbediengeräte. Stuttgart: Rob. Bosch GmbH., Bestell-Nr. N/VKFE 20/0467.
18. Brock, K., Schneeweiss, H.: Organisatorische Regelungen beim Transport der Lagergüter vom Stapelplatz zum Anstellplatz. Unternehmensforschung 10 (1966), S. 197 bis 212.
19. Heller, B.: Planung einer Lagerkonzeption. Industrielle Organisation 38 (1969) 6, S. 261–267.
20. Appelt, G.: Beitrag zur Methodik der technologischen Projektierung von Produktionslagern unter besonderer Berücksichtigung wiederverwendbarer Projektlösungen. Dresden: Dissertation an der Fakultät für Technologie der Technischen Universität 1967.
21. Lorenz, K.: Lagerplanung. Zentralbl. f. Industriebau (1964) 5, S. 225–227; 6, S. 276–282; 7, S. 331–336.
22. Schramm, W.: Lager und Speicher. Wiesbaden: Bauverlag 1965.
23. Schaab, W.: Automatisierte Hochregalanlagen — Bemessung und Wirtschaftlichkeit. Düsseldorf: VDI-Verlag 1969. Reihe: Materialfluß im Betrieb Nr. 20.
24. Zschau, U.: Technisch wirtschaftliche Studie über die Anwendbarkeit von Stapelkranen im Lagerbetrieb. Berlin: Dissertation an der Technischen Universität 1964.
25. Krippendorff, H.: Ein Zigarrenlager für 65 Millionen Zigarren. Fördern und Heben 16 (1966) 10, S. 817–818.
26. Doll, H. K., Skanström, H.: 35 000 Gießkerne täglich. Fördern und Heben 14 (1964) 12, S. 837–841.
27. Haussmann, G.: Computer steuert den Materialfluß. Fördern und Heben 19 (1969) 3, S. 168–170.
28. Peithmann, L.: Ein- und Auslagerungsvorgänge in Hochregalanlagen. In: Hochregalanlagen — Lagertechnik und -organisation unter Berücksichtigung der Verteilprobleme. Düsseldorf: VDI-Verlag 1969. VDI-Berichte 151.
29. Neitzel, H. W.: Stapelgeräte und ihre Bauarten. Sonderdruck aus Fördern und Heben 16 (1966) 12.
30. Hahn, H.: Hochregallager, Pro und Kontra technischer Komponenten. MIC-Tagung Hochregallager am Wendepunkt. München 1979.
31. Wrede, E.: Es ist Zeit zum Handeln (Der Hochregalstapler). Materialfluß (1970) 3, S. 62–63.
32. Aumund, H., Mechtold, F.: Hebe- und Förderanlagen, 5. Auflage. Berlin, Heidelberg, New York: Springer 1969.
33. Heinrich, G.: Automatische Lagerhaussteuerung. Vortragsmanuskript vom IBM-Seminar: Datenverarbeitung in der Fertigungsindustrie. Bad Liebenzell, 15.–17. 4. 1970.
34. Lacher, L.: Materialfluß und Transportmittel. In: Betriebsleiter-Handbuch. München: Verlag Moderne Industrie 1963.
35. ohne Verf.: Lagerkostenvergleich anhand von Planungsvarianten. Fördern und Heben 18 (1968) 12, S. 745–746.
36. Favarger, M.: Zur Wirtschaftlichkeit moderner Lageranlagen. Fördern und Heben 18 (1968) 12, S. 746–748.
37. Jünemann, R.: Wirtschaftlichkeitsvergleich verschiedener Lagersysteme. In: Hochregalanlagen. Düsseldorf: VDI-Verlag 1969. VDI-Berichte 151.

38. Doppler, G., Hofmann, R.: Bauliche Gestaltung von Hochregallagern aus der Sicht von Architekt und Bauingenieur. In: Hochregalanlagen. Düsseldorf: VDI-Verlag 1969. VDI-Berichte 151.
39. Büssem, R.: Brandschutz in Hochregallagern. In: Hochregallager. Düsseldorf: VDI-Verlag 1969. VDI-Berichte 151.

Weiterführende Literatur

40. Arnstrom, A.: A new system for mechanized picking and packing of single items. International Conference of Automation in Warehousing (02, 1977). Univ. of Keele. Bedford 1977.
41. Bachers, R., Dangelmaier, W., Steffens, H.: Ein Beitrag zur Berechnung von Isochronen im Hochregallager. FUG-Berichte (1980) 1, 25–28.
42. Coym, H.-D.: Möglichkeit des Bewertens von Lagersystemen. Industrielle Fertigung 63 (1973), S. 276–279.
43. Dorsch, A.: Technisch wirtschaftliche Untersuchung zur kostenoptimalen Dimensionierung automatischer Hochregallager. Diss. TU Berlin 1974.
44. Fahnert, V., Knüpfer, H.-J.: Rechnergestützte Bestimmung wirtschaftlicher Lagersysteme für die Fertigwarenverteilung. Transport-, Förder- und Lagertechnik 34 (1979) 1/2, S. 20–22.
45. Fischer, J. H.: Zukunftsweisende Lager- und Kommissioniertechniken und Organisationsformen in zwei Hochregallagern des Buchgroßhandels. MIC-Tagung Hochregallager am Wendepunkt. München 1979.
46. Gremm, F.: Das Kommissionieren beherrscht die Lagertechnik. Fördern u. Heben 29 (1979) 1, S. 17–19.
47. Gudehus, T.: Hochregallager — automatische Bereitstellungs- und Lagersysteme für Kleinbehälter bis Großcontainer. MIC-Tagung Hochregallager am Wendepunkt. München 1979.
48. Gudehus, T.: Analyse des Schnelläufereffekts in Hochregallagern. Fördern u. Heben 22 (1972) 2, S. 65.
49. Hackstein, R., Fahnert, V.: Rechnerunterstützte Bestimmung anforderungsgerechter und kostengünstiger Lagersysteme. VDI-Z. 121 (1979) 17, S. 833–836.
50. Haussmann, G.: Automatisierte Läger. Mainz: Krausskopf 1972.
51. Jünemann, R.: Systemplanung für Stückgutläger. Mainz: Krausskopf 1971.
52. Jünemann, R., Scheid, W.-M.: Zur Dimensionierung konventioneller Einheitenlager. Fördern u. Heben 28 (1978) 9, S. 605–612.
53. Kukitsch, H.: Zur Planung von Lager- und Verteilanlagen. Fördern u. Heben 27 (1977) 11, S. 1016–1017.
54. Meier, R. A.: Automatic warehouses for hanging garments. International Conference of Automation in Warehousing (02, 1977). Univ. of Keele. Bedford 1977.
55. Oertli-Cajacob, P.: Logistik im Lagerbereich. Industrielle Organisation 46 (1977) 10, S. 435–438.
56. Niendorf, K.: Prozeßrechneranwendung in einem Hochregallager. wt-Z ind. Fertig. 68 (1978) S. 143–147.
57. Rühl, G., Streck, B.: Layoutplanung der Materialannahme und -ausgabe vor und hinter einem automatischen Zentrallager. Wimatica — Wissenschaft und Automatisierung, S. 257–270. Karlsruhe: Universität 1979.
58. Schwarz, J. P., Davis, E. W., Khumawala, B. M.: Scheduling policies for automatic warehousing systems. AIIE-Transact. 10 (1978) 3, S. 260.
59. Schippkühler, J.: Zur Optimierung der Fördergänge vor und in einem Hochregallager, dargestellt mit Hilfe eines Simulationsmodells. Diss. TU Berlin 1972.
60. Stemmer, G.: Simulationsstudie über das Leistungsverhalten von Hochregallagern. wt-Z. ind. Fertig. 64 (1974) 8, S. 454–460.
61. Stemmer, G.: MFSP — Ein Verfahren zur Simulation komplexer Materialflußsysteme. Diss. Universität Stuttgart 1976.

62. Stetten, R. v.: Untersuchung über die Größe eines Platinenlagers. Interner Untersuchungsbericht. Fraunhofer-Institut für Produktionstechnik und Automatisierung. Stuttgart 1977.
63. Weber, R.: A new solution in warehouse distribution: High-bay-stackercrane warehouse with variable order-picking aisles within the racks. International Conference of Automation in Warehousing (02, 1977). Univ. of Keele. Bedford 1977.

Zitierte VDI-Richtlinien

2199 Empfehlungen für bauliche Planungen im Förder- und Lagerwesen 10.67
2349 Zwischenlagerung in Fertigungsbetrieben 6.66
2361 Regalförderzeuge 8.69
2370 Stapelkran 3.66
2387 Planung von Fertigwarenlagern 6.62
2417 Typenblatt für Fachregale 4.64
2418 Typenblatt für Palettenregale 4.64
2419 Typenblatt für Durchlaufregale 12.64
2487 Einsatz von Durchlaufregalen 11.67
2488 Ermittlung von Lagerkennzahlen zur Flächen- und Raumnutzung 7.69
2495 Typenblatt für Regalförderzeuge 11.67
2694 Bunker und Silos zur Speicherung von Schnittgut 3.70
3564 Empfehlungen für Brandschutz in Hochregallagern 8.65 Entwurf

9. Energiefluß und Hilfsbetriebe

9.1 Grundsätzliches

Die Hilfsbetriebe lassen sich folgendermaßen einteilen:

Energie- und Wasserversorgung,
Fertigungshilfsbetriebe,
Bau- und Betriebsinstandhaltung,
Hilfsdienste, Ausbildung und Unterricht.

Für die Planung der Hilfsbetriebe für die Energie- und Wasserversorgung gilt die folgende Vorgehensweise:

1. Bestimmung der Verbrauchsmengen an Energie.
   a) Durchschnittlich
   b) maximal,
   c) als Funktion der Zeit.
2. Bestimmung der übrigen Daten der Energie am Verbraucher.
   a) Spannungen / Stromstärken,
   b) Drücke,
   c) Temperaturen,
   d) Zusammensetzung / Reinheit / Geschwindigkeit.
3. Entscheidung über Eigenerzeugung, Fremdbezug oder Kombination beider Möglichkeiten.
4. Gestaltung und Dimensionierung des Versorgungssystems.
   a) Hauptgeräte (Erzeugeranlage bzw. Übernahmestelle, Verteilerstelle, Speicher, Umformer und Aufbereiter.
   b) Gestaltung der Leitungssysteme und Standorte der Hauptgeräte in Abhängigkeit von den Energieflußkosten und anderen Bedingungen.
5. Gestaltung der Installationen.
6. Notmaßnahmen.

Unter Punkt 1 ist zu überlegen, welche Energien erforderlich sind. Dies ist bei Elektrizität meistens eindeutig. In manchen Fällen, bei geringem Bedarf oder besonders hohen Kosten einer Energieart, ist zu überlegen, durch welche diese ersetzt werden kann. Wird Heizgas nur für wenige Zwecke gebraucht, so kann man auf Öl oder Elektrizität ausweichen.

Der Raumbedarf ist abhängig von der Größe und Gestaltung der Hauptgeräte. Seine Bestimmung ist eine Hauptaufgabe der Fabrikplanung.

Die Standorte der Hauptgeräte sind abhängig von der Netzgestaltung, von den Standorten der Verbraucher und vom auf Grund der Verbrauchsmengen entstehenden Energiefluß. Entsprechend dem Materialfluß sollen auch bei großem Energiefluß möglichst kurze und bei kleinem Energiefluß längere Wege gewählt werden. Der Energiefluß ist die Energiemenge pro Zeiteinheit, die sich zwischen zwei Stationen bewegt. Da die Kosten des Energietransports je nach Art der Energie pro transportierter Wärmemengeneinheit recht verschieden sind, ist es auf jeden Fall sinnvoll, die Energieflüsse getrennt nach verschiedenen Energien zu betrachten. Da es auch innerhalb einer Energieart von den Daten der Energie, z. B. bei der Elektrizität von der Spannung und der Stromstärke abhängt, wie groß die Transportkosten einer bestimmten Leistungseinheit sind, ist es am günstigsten, die Transportkosten pro Entfernungseinheit zu berücksichtigen und die Standorte der Hauptanlagen so zuzuordnen, daß die Energietransportkosten insgesamt minimal werden.

Zur Ermittlung der Standorte gibt es zwei Vorgehensmöglichkeiten. Entweder man ermittelt zunächst den Generalbebauungsplan ohne die Anlagen der Energie- und Wasserversorgung und sucht später die günstigsten Standorte für die Hauptanlagen und ermittelt die Netzgestaltung. Dann kann man zur Ermittlung der Standorte die im Kapitel Standortplanung geschilderten Methoden anwenden.

Wenn man hingegen, wie im Kapitel Generalbebauungsplan geschildert, sämtliche Betriebsmittel einschließlich Energieversorgungsanlagen gleichzeitig zuordnen will, so muß man die Kostenrelationen der verschiedenen Flüsse ermitteln und mit den im letzten Kapitel geschilderten Methoden der Raumzuordnung arbeiten.

Für die Zuordnung der anderen Hilfsbetriebe sind Materialfluß, Informationsfluß und Personenfluß in der Hauptsache maßgeblich. Die bedeutendsten Flüsse werden jeweils im entsprechenden Unterkapitel angegeben.

Für die Planung der Energie- und Wasserversorgung sollten Spezialisten von außen hinzugezogen werden, da jede Energieart ihre eigenen Probleme aufwirft, die nicht vom Planungsteam übersehen werden können. Wenn Spezialisten der Lieferanten sofort zugezogen werden, entstehen gewisse Abhängigkeiten, die meist die Vergabe eines Auftrages an die entsprechende Firma nicht umgehen lassen, deshalb sind besser unabhängige Spezialisten zuzuziehen.

9.2 Elektrische Energieversorgung

9.2.1 Bestimmung des Bedarfs an elektrischer Leistung

Die Bestimmung des Bedarfs an *elektrischer Leistung* ist für folgende Zwecke notwendig:

Der maximale Bedarf ist maßgeblich für die Auslegung der Erzeugeranlage bzw. Übergabestelle und der Hauptgeräte sowie des Netzes, außerdem für die Entscheidung, ob Eigenerzeugung, Fremdbezug oder kombinierter Betrieb gewählt werden soll. Im Falle der Eigenerzeugung oder des kombinierten Betriebes ist es unerläßlich, auch den Verbrauch an elektrischer Arbeit und die Tageszeiten zu kennen, in denen die Arbeit entnommen wird. Daraus läßt sich eine genaue Kostenrechnung und bei kombiniertem Betrieb die günstigste Dimensionierung der Eigenanlage und ihre Betriebszeiten ermitteln.

Für die Bestimmung des Spitzenbedarfs der elektrischen Leistung gibt es die folgenden Möglichkeiten:

a) Bestimmung mit Hilfe der spezifischen Flächenbelastung.
Die spezifische Flächenbelastung sei die durchschnittlich installierte Leistung in kW/m^2 Nutzfläche. Damit ist die maximal erforderliche elektrische Leistung = spezifische Flächenbelastung · Fläche · Gleichzeitigkeitsfaktor.
Für die durchschnittlich installierte Leistung pro Flächeneinheit lassen sich folgende Werte angeben (Fa. Siemens):

Stanzerei und Preßwerk	0,2 – 0,4 kW/m^2
Werkzeugbau	0,15 – 0,2 kW/m^2
Mech. Werkstätten	0,25 – 0,4 kW/m^2
Schweißerei	0,3 – 0,6 kW/m^2
Härterei	0,3 – 0,6 kW/m^2

Für eine überschlägige Berechnung kann die installierte Leistung mit 0,5 kW/m^2 angesetzt werden. Die Zahlen gelten für maschinelle Einrichtungen. Für die Beleuchtung ist eine Berechnung der spezifischen Flächenbelastung möglich. Sie hängt vor allem von der Beleuchtungsstärke ab, die gewünscht wird und berechnet sich nach folgender Formel:

$$n_B = \frac{1{,}25 \cdot E_m}{\eta_B \cdot \eta}$$

Dabei ist:

n_B = spezifische Flächenbelastung für Beleuchtung in kW/m^2.
E_m = mittlere Beleuchtungsstärke in Lux (z. B. nach DIN 5035 ausgewählt).
$\eta_B = \eta_L \cdot \eta_R$ = Wirkungsgrad der Beleuchtungsanlage, wobei
η_L = Leuchtenwirkungsgrad, d. h. austretender Leuchtenlichtstrom zu erzeugtem Lampenlichtstrom (wird vom Hersteller angegeben).
η_R = Raumwirkungsgrad zur Berücksichtigung der Einflüsse des Raumes. Mehrere Angaben in [1].
η = Lichtausbeute gemessen in lm/W (z. B. für eine 150-Watt-Lampe mit 220 V Spannung nach [2] = 50 lm/W).
1,25 = Faktor zur Berücksichtigung der Alterung und Verschmutzung von Lampen und reflektierenden Raumteilen.

Für die spezifische Flächenbelastung für Beleuchtung wird bei einer großen Automobilfirma mit dem Wert 0,06 kW/m^2 gerechnet.
Für die Gleichzeitigkeitsfaktoren lassen sich folgende Werte ansetzen:
Für maschinelle Einrichtungen gelten für viele Firmen Werte zwischen 0,3 und 0,6. Für einen Betrieb der Süßwarenbranche wurde der Wert 0,35 ermittelt.
Für eine Eisengroßhandlung lag der Wert zwischen 0,15 und 0,2. Für Drehbänke zwischen 0,18 und 0,25.
Der Wert schwankt je nach Größe und Art des Betriebes.
Der Gleichzeitigkeitsfaktor für Beleuchtung dürfte meist zwischen 0,9 und 1,0 liegen.

b) Bestimmung der maximalen elektrischen Leistung aus der Summe der Nennleistungen der einzelnen Verbraucher. Sämtliche Nennleistungen (sie sind auf den Leistungsschildern angegeben) der maschinellen Einrichtungen sowie der

Beleuchtungsanlage werden addiert und mit einem gesamten Gleichzeitigkeitsfaktor multipliziert, woraus sich der maximale Leistungsbedarf ungefähr ermitteln läßt.

c) Maximaler und durchschnittlicher Verbrauch aus dem Trend von Vergangenheitswerten.
An Vergangenheitswerten können Daten eines ähnlichen Betriebes zur Verfügung stehen oder aber Daten eines statistischen Amtes. Da statistische Ämter Daten einer großen Gruppe von Betrieben zusammenfassen, kann man daraus lediglich Durchschnittswerte erhalten, während die Daten eines ähnlichen Betriebes wesentlich genauer sein können. Man ermittelt am besten Kennzahlen, z. B. die Kennzahl Verbrauch an elektrischer Arbeit in kWh/Umsatz in DM oder Fertigungseinheiten in Stück. Der Verbrauch an elektrischer Arbeit läßt sich aus Stromrechnungen ermitteln, die Zahl der produzierten Erzeugnisse oder, wenn sehr viele Erzeugnisse hergestellt werden, die Höhe des Umsatzes läßt sich auch immer ermitteln. Aus dem Trend dieser Kennzahlen über die Zeit kann man durch Extrapolation den Strombedarf in zukünftigen Jahren etwa bestimmen. Durch Multiplikation mit dem eigenen Umsatz oder der eigenen Zahl an Fertigungseinheiten pro Jahr läßt sich dann die elektrische Arbeit pro Jahr berechnen.
Bild 9.1 zeigt den Verbrauch an elektrischer Arbeit pro DM Umsatz für verschiedene Industriezweige über verschiedene Jahre, ermittelt nach Zahlen des Statistischen Landesamtes Baden-Württemberg.

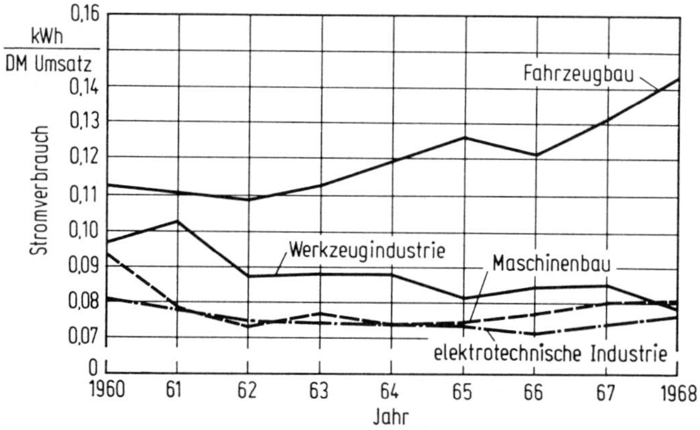

Bild 9.1. Stromverbrauchsentwicklung für verschiedene Industriezweige.

9.2.2 Beschaffung der elektrischen Leistung

Wenn ermittelt wurde, welche elektrische Leistung erforderlich ist, ist zu entscheiden, wie diese Leistung beschafft werden soll. Dafür gibt es die Möglichkeiten:
Strombezug vom Energieversorgungsunternehmen,
Stromerzeugung in eigenen Anlagen und
Parallelbetrieb von eigenen Anlagen und Energieversorgungsunternehmen.

Eine Stromerzeugung in eigenen Anlagen ist nur sinnvoll, wenn eine oder mehrere der folgenden Voraussetzungen erfüllt sind:

a) Der Betrieb hat auf Grund seiner produktionstechnischen Situation einen Dampfbedarf mit relativ hoher Benutzungsdauer, und der Dampf wird bei solchen Drücken und Temperaturen verwendet, daß eine Erzeugung des Dampfes mit höherem Druck und höherer Temperatur eine nennenswerte Stromausbeute gestattet.

b) Es fallen Abfallenergien in Form von Abhitzedampf, Gasen oder brennbaren, festen und flüssigen Stoffen an, deren Beseitigung ohnehin erforderlich und mit Kosten verbunden ist, so daß die Nutzbarmachung zur Stromerzeugung diese Beseitigung wirtschaftlich macht.

c) Der Leistungs- und Energiebedarf des Betriebes läßt die Aufstellung großer Erzeugungseinheiten zu, die in ihren Erzeugungskosten auf Dauer mit der öffentlichen Versorgung konkurrieren können.

Die Voraussetzungen treffen nur für wenige Industriezweige zu, im allgemeinen ist die Eigenstromerzeugung in eigenen Anlagen nicht wirtschaftlich [3]. Voraussetzungen für einen wirtschaftlichen Parallelbetrieb mit dem Energieversorgungsunternehmen dürften hingegen eher gegeben sein. Da die Kosten der Spitzenleistung, die nur kurze Zeit im Jahr gebraucht wird, besonders hoch sind, kann es bei Betrieben mit hohen Bedarfsspitzen sinnvoll sein, die Grundlast vom Energieversorgungsunternehmen zu beziehen und die Bedarfsspitzen selbst zu erzeugen. Derartige Anlagen müssen die Forderung erfüllen, daß ihre Kapital- und Betriebskosten kleiner sind als die Fremdbezugskosten für die Spitzenleistung [3].

Parallelbetrieb ist weiterhin sinnvoll, wenn eine günstige Eigenversorgung unzureichender Größe vorhanden ist.

Parallelbetrieb ist gegenüber isolierter Stromerzeugung in eigenen Anlagen zu bevorzugen, weil damit eine größere Sicherheit gegen Ausfall von Erzeugungsanlagen gegeben ist und zusätzliche Notmaßnahmen entfallen. Besonders geeignet für Parallelbetrieb ist die Stromversorgung mit Verbrennungs-Motoren-Anlagen (Blockheizkraftwerke) [4], bei denen sowohl Strom als auch Heizwärme erzeugt wird.

Da die Entscheidung für oder gegen eine Eigenversorgung mit elektrischer Energie sehr stark von der Strompreisstruktur der Energieversorgungsunternehmen abhängt, folgen hierüber die wichtigsten Angaben: Der Gesamtpreis setzt sich zusammen aus dem Leistungs- und dem Arbeitspreis. Der Leistungspreis richtet sich entweder nach der während der Zeit eines Jahres maximal in Anspruch genommenen oder der bereitzustellenden Wirkleistung (kW) oder Scheinleistung (kVA). Als maximale Leistung kann das Mittel aus zwei oder mehreren Monatsspitzen gelten. Spitzen sind die höchsten innerhalb eines bestimmten Zeitraumes (z. B. Monat) tatsächlich aufgetretenen Belastungsspitzen, ermittelt aus dem kWh-Verbrauch über einem jeweils kurzen Zeitraum von beispielsweise 15 oder 30 Minuten. Der Arbeitspreis wird aus der verbrauchten elektrischen Wirkarbeit berechnet. Seine Höhe ist unterschiedlich je nach Abnahme, während Tag oder Nacht bzw. Stark- und Schwachlastzeiten. Wenn der Leistungspreis sich nach der Wirkleistung richtet, kann bei einem besonders hohen Anteil der Scheinleistung zur Wirkleistung (z. B. über 50%) für elektrische Blindarbeit ein zusätzlicher Leistungspreis berechnet werden.

Zum Abschluß der Verträge mit Energieversorgungsunternehmen sollte man einen unabhängigen Experten zu Rate ziehen.

Bevor das Versorgungssystem im Betrieb weiter geplant werden kann, sind die übrigen Daten der elektrischen Energie, die der Betrieb benötigt, zu ermitteln. Dies sind vor allem die Anschlußwerte, die Spannungen und die Stromart, ob Wechsel-, Dreh- oder Gleichstrom.

9.2.3 Gestaltung und Dimensionierung des Versorgungssystems

Die Zahl der verschiedenen Netze, unterschieden nach Netzspannungen und Stromarten, die im Betrieb gebraucht werden, hängen ab von den Verbraucherspannungen, den von den Verbrauchern geforderten Stromarten und von der Lieferspannung. Die Lieferung erfolgt meist durch ein Mittelspannungsnetz, mit z. B. 20 kV, bei größerem Bedarf u. U. durch ein Hochspannungsnetz mit 110 kV.

Im Betrieb wird das Netz mit der niedrigsten Spannung 380/220 V führen.

Da eine direkte Umspannung von Hochspannung auf Niederspannung technisch und wirtschaftlich nicht vertretbar ist, muß in entsprechenden Fällen eine Zwischenspannung eingeführt werden. Für diese Zwischenspannung, die im allgemeinen eine Mittelspannung 6, 10 oder 30 kV ist, kann ein Netz zur Versorgung von Großverbrauchern mit diesen Anschlußspannungen und zur Versorgung von Transformatoren, die in den Verbraucherschwerpunkten aufgestellt werden, eingeführt werden. Es ist zweckmäßig, Umformungen auf niedrige Spannung nahe beim Verbraucher vorzunehmen, da Kabel für hohe Spannungen wesentlich geringere Kosten verursachen.

In jedem Fall sollte man die genannten oder andere in DIN 40 002 genormte Spannungen verwenden. Aus dem Gesagten ergibt sich, daß im allgemeinen zwei verschiedene Netze in einem Betrieb erforderlich sein werden, und zwar
ein Mittelspannungsnetz mit 30, (20), 10 oder 6 kV und
ein Niederspannungsnetz mit 380/220 V.

Dabei ist 380 V eine Drehstromspannung, 220 V die entsprechende Wechselstromspannung bei Entnahme aus einer Phase gegen 0.

Bei Industrieanlagen mit vielen Mittelspannungsmotoren und geringer räumlicher Ausdehnung ist eine Verteilungsspannung von 5 – 6 kV wirtschaftlicher als eine von 10 kV.

Bei hoher Lastdichte und größerer räumlicher Ausdehnung kann bei Einspeisung von Hochspannung zusätzlich die Einfügung einer Zwischenspannung von 30 kV zweckmäßig sein. Man kann dann auch Hochspannungsmotoren direkt aus dem 30 kV-Netz versorgen. Um die günstigtse Zahl von Netzen und die günstigen Spannungen herauszufinden, müssen die Investitionskosten und die laufenden Kosten für benötigte Leistungsschalter, Sicherungen, Kabel, Transformatoren usw. ausgerechnet und verglichen werden [5].

Unter Umständen ist es notwendig, weitere Netze z. B. für Notbeleuchtung und wichtige Motoren evtl. in Aufzügen oder für Wasserhaltung zu installieren, die mit einem Notstromaggregat verbunden sind. Wenn in einem Bereich viel Gleichstrom erforderlich ist, kann in diesem die Installation eines Gleichstromnetzes sinnvoll sein.

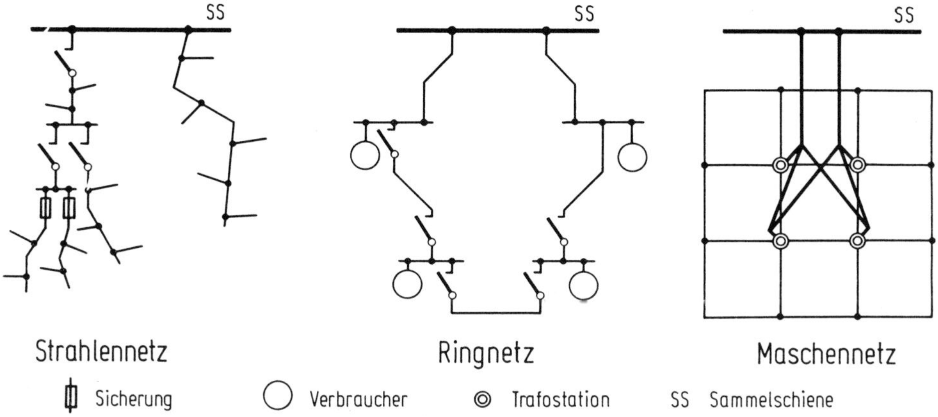

Bild 9.2. Arten elektrischer Leitungsnetze.

Die Netze können als Strahlennetze, Ringnetze oder Maschennetze gestaltet sein (Bild 9.2)

Strahlennetze sind Netze mit nur einseitig gespeisten, meist verzweigten Leitungen.

Ringnetze sind Netze mit zweiseitiger Speisung, und bei Maschennetzen sind alle Leitungsstrecken miteinander verknüpft.

Im allgemeinen werden wegen der größeren Versorgungssicherheit vermaschte oder mindestens Ringnetze installiert (vgl. [6]). Zur Ermittlung der wirtschaftlichen Netzgestaltung müssen für den Betrieb bei der Planung mehrere Netze projektiert und berechnet werden.

Bild 9.3 zeigt beispielhaft die verschiedenen Netze eines Industriebetriebes.

Bei Eigenerzeugung dürfte das Kraftwerk am günstigsten etwa im Zentrum der Verbraucher aufgestellt werden. Bei Fremdbezug wird üblicherweise die von außen kommende Hochspannung in einer Übergabestation, die von außerhalb des Werksgeländes für das E-Werk direkt zugänglich sein muß, auf Mittelspannung transformiert. Damit ist der Standort der Übergabestation an der Grenze des Werksgeländes. Transformation von Mittel- auf Niederspannung erfolgt am günstigsten im Schwerpunkt einzelner Verbrauchergruppen. Diese Schwerpunkt- oder kurz S-(Transformatoren) Stationen können in Gebäuden aufgestellt werden.

Hoch- und Niederspannungsschaltstationen und die Niederspannungsverteilerstelle sind dabei direkt am Transformator angebaut. Die verschiedenen Bauarten von Transformatoren sind in [7] und [8] beschrieben. Für die Aufstellung, Betriebnahme und zur Information über Hauptabmessungen sind die einschlägigen VDE-Richtlinien und die Normen maßgeblich.

9.2.4 Gestaltung der Installationen

Die Verlegung von Leitungen erfolgt außerhalb von Gebäuden entweder unmittelbar in der Erde, in Sand, abdeckbaren und evtl. begehbaren Kanälen [7, 9], nach Möglichkeit zusammen mit Leitungen für andere Medien.

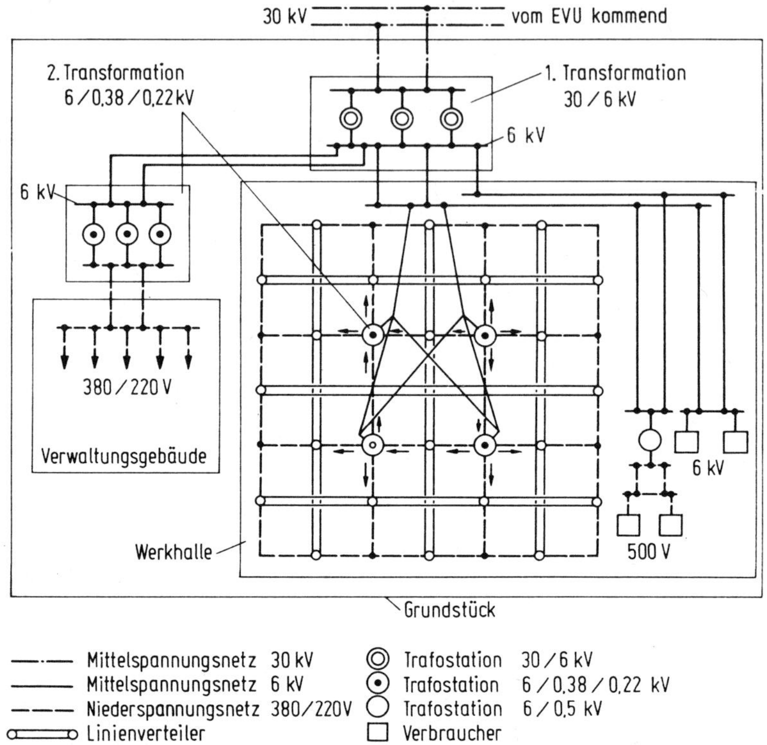

Bild 9.3. Netzgestaltung in einem Industriebetrieb.

Die Verlegung über der Erde auf offenen Kabeltrassen oder offenen Kabelbrücken wird seltener gewählt. In Gebäuden findet neuerdings vorzugsweise die Kanalinstallation Anwendung. Blech- oder Kunststoffkanäle werden auf oder über Flur auf Stützen im Raum oder an Decken, Bindern oder pendelnd hängend angebracht. Besonders günstig ist eine Verlegung in etwa 2 m Höhe, von wo maschinelle Einrichtungen ohne besonderen Aufwand stromversorgt werden können und auch eine Verlegung der Betriebseinrichtungen einen erneuten schnellen Anschluß ermöglicht.

Bei der Kanalinstallation unter Flur werden über der Rohdecke netzartige Kanäle angeordnet, welche meist mehrere Züge für Starkstromanlagen aufweisen. Anschlußänderungen sind jedoch gleichfalls recht einfach möglich. Von Vorteil ist, daß die Kanäle optisch nicht in Erscheinung treten. Sie finden Anwendung in Industriebauten, aber auch für Großraumbüros, wo in allen Gitterpunkten Abzweigdosen für elektrischen Strom, Telefon u. a. angeordnet werden können [40].

In Gebäuden ohne Oberlicht, in denen viele Versorgungsleitungen erforderlich sind, ist auch die Installation von Zwischendecken möglich, über denen ganze Leitungsstränge und Leuchtensteckverbindungen als vorgefertigte Teile angebaut werden können. Damit ist eine schnelle und einfache Verlegungsmöglichkeit gewährleistet. Begehbare Zwischengeschosse gewährleisten eine sehr gute Zugänglichkeit.

9.3 Wärmeenergieversorgung: Heizung, Lüftung, Klimatisierung [12, 13]

9.3.1 Heizung

Der Wärmebedarf von Gebäuden ist abhängig von Klima, Konstruktion, Güte der Ausführung, Sorgfalt der Instandhaltung der Außenwände und des Daches und von der Lage (frei oder geschützt) und Gestalt (Flachbau, Hochbau usw.) des Gebäudes. Flach- und Hallenbauten haben einen größeren Wärmebedarf (Dachverluste) als Geschoßbauten. Der Wärmebedarf für Flachbauten beträgt im Durchschnitt 625 bis 835 kJ/h und m^2, der für Geschoßbauten 310 bis 500 kJ/h und m^2 bei 3, 5 ... 4 m Geschoßhöhe [12].

Die Berechnung des Wärmebedarfs ist nach DIN 4701 vorzunehmen. Der Wärmebedarf setzt sich zusammen aus dem Transmissionswärmebedarf, dem Lüftungswärmebedarf und Zuschlägen. Der Transmissionswärmebedarf ist der Wärmeverlust durch die Umschließungswände einschließlich Decken und Fußböden. Je nach den Verhältnissen kommen hierzu Zuschläge. Der Lüftungswärmebedarf entsteht zur Aufheizung der durch Fugen einströmenden Kaltluft. Transmissionswärmeverluste lassen sich reduzieren durch gute Isolierung, wenig Fensterfläche, insbesondere Vermeidung von Oberlichtern und durch Verwendung von Doppelfenstern. Lüftungswärmeverluste lassen sich vermeiden, indem Übergangsstellen zwischen Wänden und Mauerwerk gut abgedichtet werden, so daß möglichst keine Fugen entstehen.

Zur genauen Berechnung des Wärmebedarfs wird auf [11] verwiesen. (Wärmeverlust durch beabsichtigten Luftwechsel siehe 9.3.2.)

Berechnet wird der maximale Verbrauch, der für die Auslegung der Heizung maßgeblich ist. Der für die Berechnung der erforderlichen Brennstoffmenge zugrunde zu legende durchschnittliche Verbrauch kann aus Tabellen entnommen werden [11].

Nach [11] werden folgende Anforderungen an die Heizung gestellt:

1. Die Empfindungstemperatur in dem beheizten Raum (Mittelwert aus Luft- und mittlerer Wandtemperatur) soll in vertikaler und horizontaler Richtung sowie zeitlich möglichst gleichmäßig sein.
2. Die Heizung soll regelbar sein, d. h. die Empfindungstemperatur soll sich in gewissen Grenzen ändern lassen können. Die Regelung soll dabei möglichst trägheitsarm, d. h. schnell erfolgen, insbesondere soll sich der Raum schnell aufheizen lassen.
3. Die Raumluft soll durch die Heizung nicht verschlechtert werden (Staub, schädliche Gase und Dämpfe), auch dürfen keine störenden Geräusche und Zugerscheinungen auftreten.
4. Die Heizung soll billig in Anschaffung und Betrieb sein.

Nach der Art der Wärmeabgabe lassen sich die Heizungen einteilen in Luftheizungen, Konvektionsheizungen und Strahlungsheizungen [11].

Bei Luftheizungen wird an einem Lufterhitzer bzw. Wärmetauscher durch einen Lüfter Luft vorbeigeführt und dadurch erwärmt und anschließend direkt oder über Kanäle in den Raum geblasen. Frischluft- (Heizluft nur von außen), Umluft- (Heizluft nur von innen) und Mischluftbetrieb (z. T. Umluft, z. T. Frischluft) sind möglich [13]. Die Beheizung kann indirekt durch Dampf, Heißwasser oder Warmwasser erfolgen oder direkt durch Gas, Öl oder Elektrizität.

Luftheizungen werden angewandt für große Räume bis zu etwa 6 m Höhe, insbesondere wenn gleichzeitig oder zu anderen Zeiten eine Belüftung erfolgen soll.

Vorteile: Geringe Anschaffungskosten,
gleichzeitige Möglichkeiten der Lüftung,
geringer Platzbedarf,
geringe Wärmeträgheit und schnelles Aufheizen.

Nachteile: Staubaufwirbelung und evtl. Zugerscheinungen, insbesondere bei direktem Einblasen. Bei Umluftbetrieb keine Lufterneuerung, dadurch Geruchsverschleppung und Keimanreicherung [13]. Obere Raumteile werden wärmer als untere.

Bei Konvektionsheizungen werden Heizkörper durch das Heizmedium erwärmt. Sie geben hauptsächlich durch Konvektion und zum Teil durch Strahlung Wärme an den Raum ab. Sie werden angewandt für nicht zu hohe Räume, hauptsächlich in Geschoßbauten, wenn keine Lüftung erforderlich ist. Sie sind üblich für Büroräume, Fabrikations- oder Nebenräume, die dauernd mit Personen besetzt sind. Die Anordnung der Heizkörper erfolgt an den Außenwänden, so daß in den Räumen horizontal kein Temperaturgefälle entstehen kann.

Vorteile: Staub- und geruchsfreie Heizung.
Zentrale und individuelle Regelbarkeit.
Anbringungsmöglichkeit an kältesten Stellen gibt ausgeglichenes Raumklima.

Nachteile: Besondere Belüftung erforderlich.
Großer Platzbedarf.
Hohe Anschaffungskosten.
Langsames Aufheizen.

Strahlungsheizungen sind Heizungen, die in Raumflächen (Decken oder Fußböden) angebracht sind und gegenüberliegende Raumflächen, Personen und Betriebsmittel durch Strahlung beaufschlagen, die dort in Wärme umgewandelt wird; die so beheizten Flächen heizen ihrerseits wieder die Raumluft auf. Die bestrahlten Flächen sind um etwa $3-4^\circ$ C wärmer als ihre Umgebung. Die Raumtemperatur ist angenehm, wenn sie etwa 2 K niedriger ist als bei den anderen Heizungen.

Für Fertigungshallen eignen sich insbesondere Strahlplatten aus Rohrregistern, die das Heizmedium führen. Sie sind geeignet für sehr hohe Räume über 5 m Höhe, z. B. für Hallen, bei denen durch das Dach die größten Wärmeverluste entstehen. Bei Strahlungsheizung wird die Luft im oberen Teil kaum aufgeheizt, so daß diese Heizung sehr kostengünstig ist. Die Strahlplatten müssen in mehr als 5 m Höhe angebracht werden. Als Heizmedien eignen sich hier insbesondere Heißwasser, aber auch Hochdruckdampf und Warmwasser oder, wenn die Wärme direkt erzeugt wird, Öl, Gas oder bei Einzelheizungen auch Elektrizität.

Vorteile: Es entsteht ein angenehmes Raumklima durch Aufheizung vom Fußboden her.
Kein Platzbedarf, schwache Luftbewegung.
Niedrige laufende Kosten.
Möglichkeit der Raumkühlung im Sommer durch Verwendung kalten Wassers.

Nachteile: Flächen, die nicht angestrahlt werden, z. B. unter Tischen, bleiben kühl.
Wenn indirekt beheizt wird, ist die Heizung sehr träge.
Anpaßbarkeit auf speziellen Wärmebedarf ist schwierig. Nach der Installation sind Änderungen kaum möglich.

Anzustreben ist eine indirekte Heizung unter Verwendung der Wärmeträger Warmwasser, Heißwasser oder Dampf. Die Wärmeträger können zentral in einer Heizzentrale mit höchstem Wirkungsgrad aufgeheizt werden. Nur bei weit abgelegenen oder selten bzw. nur zu speziellen Tageszeiten betriebenen Heizungen sollte man direkt mit Öl, Gas oder Elektrizität heizen. Geeignete Heiz- und Lüftungssysteme für verschiedene Raumnutzungszwecke zeigt Tabelle 9.1.

Für die Heizmedien zur indirekten Heizung gelten folgende Einsatzbereiche und Vor- und Nachteile:

Tabelle 9.1. Geeignete Heiz- und Lüftungssysteme für verschiedene Raumnutzungszwecke [13].

	Büroräume	Feuerwehrhäuser	Garagen	Gießereien	Laboratorien	Lagerhallen	Montagehallen	Sandstrahlereien	Schlachthöfe	Schwabbeleien	Spritzlackierereien	Wäschereien	Wasch- und Umkleideräume	Werkstätten	Werkzeug-maschinenhallen
Sammelheizungen:															
Feuerluftheizung:							•							•	•
Warmluftheizung mit															
Dampf			•	•		•	•	•		•	•	•		•	•
Wasser			•	•		•	•	•		•	•	•		•	•
Gas							•					•		•	•
Gasstrahlungsheizung						•	•							•	•
Niederdruckdampfheizung ≤ 1,5 at			•	•		•	•	•	•	•	•	•	•	•	•
Hochdruckdampfheizung > 1,5 at				•		•	•		•						
Warmwasserheizung ≤ 90 °C															
Radiatorenheizung	•	•	•		•			•		•	•	•	•	•	•
Strahlungsheizung	•														
Heißwasserheizung ≤ 110 °C			•	•	•	•	•	•	•	•	•	•	•	•	•
Örtl. Heizfläche und Luftheizung >110 °C			•	•				•	•	•	•	•		•	•
Strahlplattenheizung >110 °C							•	•						•	•
Lüftungsanlagen:															
Industrielle Absauganlagen				•	•		•	•		•	•			•	•
Belüftungsanlagen			•	•	•		•	•	•	•	•	•	•	•	•
Entlüftungsanlagen			•		•				•			•	•	•	•
Kühl- Klimaanlagen									•						
Warmwasserversorgung:															
Einzelbereitung ≤ 3 Zapfstellen					•										
Gesamtbereitung	•	•	•		•				•			•	•		

1 at ≙ 1 bar

Dampf eignet sich zum raschen Aufheizen von Räumen, die täglich nur kurze Zeit oder gelegentlich benutzt werden. Transport über größere Entfernungen ist wirtschaftlich möglich, die Rohrdurchmesser sind gering. Dampf wird verwendet, wenn Fertigungsaggregate und Heizkörper gemeinsam versorgt werden können. Luftheizgeräte und Strahlplatten können direkt mit Dampf beheizt werden, während bei Konvektoren zweckmäßigerweise nur die Fernverteilung so erfolgt und der Dampf in einzelnen Gebäuden in Heiß- oder Warmwasser umgeformt wird. Da der Dampfdruck konstant bleiben soll, ist eine zentrale Regelmöglichkeit kaum gegeben. Außerdem stören die Geräusche in den Leitungen.

Warmwasserheizungen werden insbesondere für Verwaltungs- und Sozialgebäude unter Verwendung von Konvektoren eingesetzt. Die Heizleistung läßt sich gut an die Außentemperatur anpassen. Die Heizung ist betriebssicher und erfordert wenig Überwachung. Rohrdurchmesser und Heizkörperabmessungen sind größer als bei Dampfheizung. Die Heizung ist insbesondere bei Deckenheizung sehr träge und erfordert lange Aufheizzeiten. Die Vorlauftemperaturen sollten möglichst unter 70° gehalten werden. Die Rohrquerschnitte können bei Anwendung von Umwälzpumpen stark reduziert werden.

Heißwasser hat eine hohe Wärmespeicherfähigkeit und es besteht eine gute Anpassung der Heizleistung an die Außentemperatur durch zentrales Regeln der Menge und Temperatur. Rohrdurchmesser, Wärmeverluste und Heizflächen sind klein. Heißwasser kann in Strahlplattenheizung direkt eingeführt werden. Bei der Heizung mit Konvektoren empfiehlt sich zur örtlichen Verteilung eine Umwandlung in Warmwasser oder Luft.

Die Wärmeträgheit ist recht groß und es besteht wie bei der Warmwasserheizung Einfriergefahr bei Heizunterbrechung, die durch Frostschutzmittel verhindert werden kann.

Zentralheizungen mit Warmwasser lassen sich zentral regeln durch Änderung der Vorlauftemperatur. Bei Dampf ist eine zentrale Regelung erheblich schwieriger. Da Dampfkessel mit konstantem Druck gefahren werden müssen, kann in die Heizkörper nur Dampf oder kein Dampf geschickt werden, so daß sie entweder kalt oder warm sind. Eine Temperaturregelung ist nur möglich durch Änderung des zeitlichen Verhältnisses kalt zu warm.

In der Heizzentrale werden untergebracht:
Heizkessel, Nebenaggregate wie Pumpen, Wärmeverteiler, Regelgeräte, Speicher usw. und evtl. Brennstoff.

Man unterscheidet folgende Kesselarten:
Gußeiserne Gliederkessel, Stahlkessel und Spezialkessel für Öl-, Gas- oder variable Feuerung. Die Kesselgröße richtet sich nach dem Wärmebedarf und der Möglichkeit der eventuellen Überbeanspruchung. Es sollten mindestens 2 oder 3 Kessel aufgestellt werden (vgl. VDI 2050). Dies gibt größere Sicherheit und günstigeren Teilbetrieb im Frühjahr oder Herbst. Verbreitet sind Kessel, die eine Kombination von Heizung und Warmwasserbereitung ermöglichen.

Für alle Kessel, die gegenüber der Außenluft hermetisch abgeschlossen werden können, auch wenn sie nur Heißwasser erzeugen, gelten die Dampfkesselverordnung aus dem Jahre 1965, allgemeine Verwaltungsvorschriften und die technischen Regeln für Dampfkessel [11].

Ein Heizraum ist ein Raum, in dem mindestens eine Feuerstätte für feste, flüssige oder gasförmige Brennstoffe zur zentralen Beheizung, Warmwasseraufbereitung oder Betriebs- und Wirtschaftswärmeerzeugung mit einer Nennleistung von mehr als 85 000 kJ/h aufgestellt ist. Für die Größe der Heizräume bestehen Vorschriften, die in den meisten Ländern der Bundesrepublik ähnlich lauten (vgl. Tabelle 9.2, Bilder 9.4 und 9.5). Die Größe der Grundfläche läßt sich aus Bild 9.6

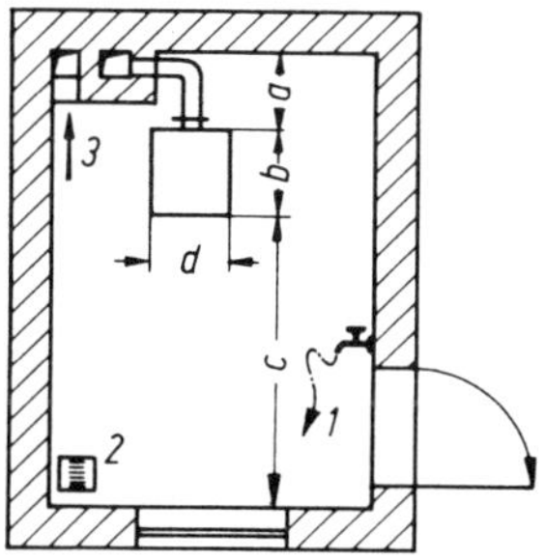

Bild 9.4. Kleinkessel [13]. 1 Wasser, 2 Bodeneinlauf, 3 Abluft.

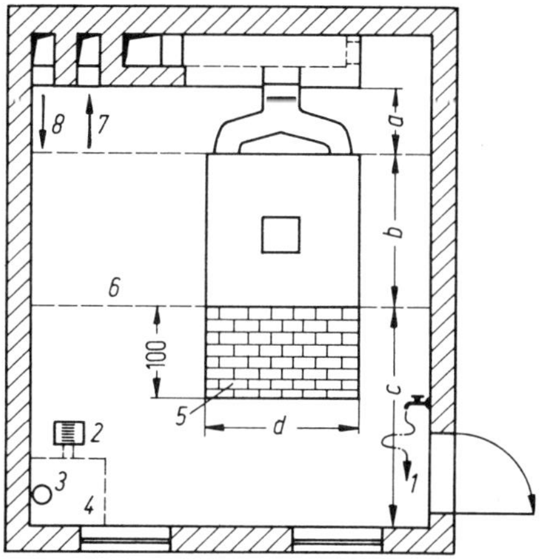

Bild 9.5. Normal-, Mittel- und Großkessel [13]. 1 Wasser, 2 Bodeneinlauf, 3 Schmutzwasserpumpen, 4 Grube, 5 Klinkerrollschicht, 6 evtl. Podest, 7 Abluft an Decke, 8 Zuluft, möglichst hinter Kessel in Bodennähe.

abschätzen. Näheres siehe in [14, 11] und VDI 2050. Der Heizraum sollte nicht auf den kleinsten möglichen Kessel ausgelegt werden, damit später eventuell auch andere Kessel eingebaut werden können. Die Größe sollte für den Endzustand der Planung bemessen werden. Für Brennstoffräume gelten besondere Vorschriften, insbesondere für die Lagerung von Heizöl [11].

Tabelle 9.2. Anhaltswerte für Kesselabmessungen (vgl. Bild 9.4 und 9.5) [13]

Maß		Kesselgröße			
		klein	normal	mittel	groß
—	Leistung [MJ/h]	40···145	100···525	375···1000	700···2400
a	Rauchrohranschluß [cm]	40	65	65	75
b	Kessellänge [cm]	30··65	60···140	70···180	90···220
c	Schürstand [cm]	200	250···300	250···350	300···370
d	Kesselbreite [cm]	40···50	65···90	130···140	140···170
	Kesselhöhe [cm]	80···110	120···130	140···150	165···170
	Sockelhöhe [cm]	6	25	25···50	25···50

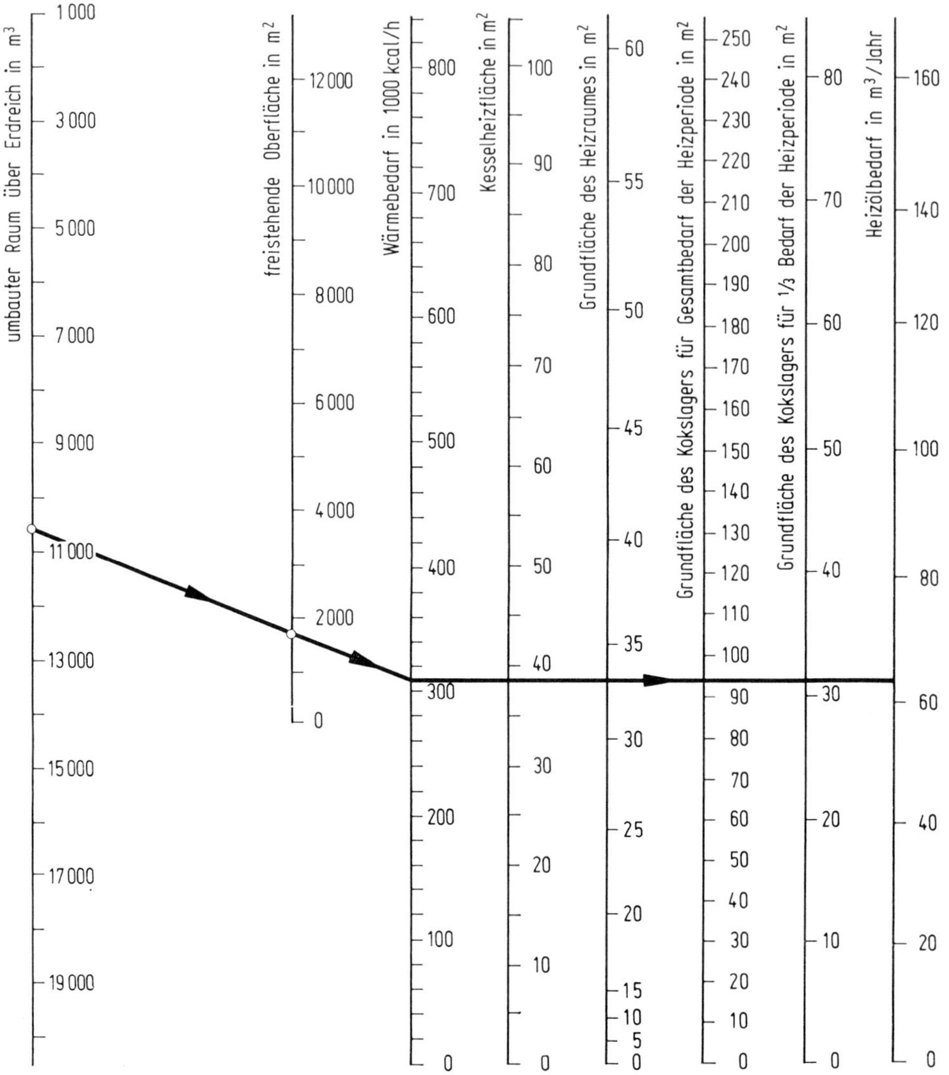

Bild 9.6. Abschätzung des maximalen Wärmebedarfes, der Kesselheizfläche, der Größe der Kessel- und Brennstoffräume und des jährlichen Heizölbedarfes [14]. (1 kcal = 4,1868 kJ)

Nebenaggregate, wie Pumpen, Wärmeverteiler usw., können bei kleineren Anlagen im gleichen Raum, bei Anlagen ab etwa 2 000 000 kJ/h besser in einem Nebenraum untergebracht werden. Wärmespeicher lohnen sich, wenn z. B. im Tageszyklus sehr starke Bedarfsschwankungen auftreten und durch ihre Verwendung eine wesentlich kleinere Kesselauslegung möglich wird, oder wenn man billigen Nachtstrom zur Aufheizung verwenden will.

Die Leitungsnetze unterscheiden sich je nach Wärmeträger, gewünschter Temperatur und Einschaltzeit der Leistung sowie nach gewünschter Regelbarkeit. Bei Warmwasser und Dampf unterscheidet man Einrohr- oder Zweirohrumlaufsysteme.

Beim Zweirohrsystem existiert eine getrennte Vorlauf- und Rücklaufleitung. Beim Einrohrsystem existiert nur ein Strang. Die Wassertemperatur des Stranges nimmt nach jedem Heizkörper ab. Je nach Lage am Strang ist deshalb eine zunehmende Größe der Heizfläche erforderlich, um gleiche Wärmeabgabe zu erzielen. Heizkörper, an die ähnliche Forderungen gestellt werden, sollte man zusammenfassen und durch eine Heizleitung versorgen. Am Warmwasserverteiler läßt sich beispielsweise bei Warmwasserheizung für jede Heizkörpergruppe dann zentral die Vorlauftemperatur regulieren.

Dampfleitungen sind mit Gefälle zu verlegen, damit eine Kondensatableitung möglich ist.

Für den Standort der Heizzentrale gelten folgende Forderungen (VDI 2050). Die Lage sollte so zentral sein, daß die Rohrleitungskosten und die Kosten für Wärmeverluste möglichst gering werden. Weiterhin sollte eine gute Brennstoffanfuhr und eventuell eine Abfuhr von Rückständen leicht möglich sein. Der Schornstein der Heizzentrale sollte an der höchsten Stelle des Geländes oder im höchstgelegenen Gebäude geführt werden, damit andere Gebäude wenig gestört werden. Da eine waagerechte Führung der Abgase höchstens bis zu $^1/_4$ der Schornsteinhöhe möglich ist, ist damit auch die Lage der Heizzentrale eingegrenzt.

9.3.2 Lüftung und Klimatisierung

Hauptaufgabe der Lüftung und Klimatisierung ist die Erneuerung der Raumluft, gegebenenfalls in Verbindung mit einer Aufbereitung der Luft. Häufig besteht außerdem die Notwendigkeit, einen Raum unter Über- bzw. Unterdruck gegenüber benachbarten Räumen zu setzen, um unerwünschte Luftströmungen innerhalb des Gebäudes zu verhindern (z. B. Geruchsübertragung, Explosionsgefahr).

Für die Lufterneuerung können folgende Gründe geltend gemacht werden:

1. Verunreinigung der Raumluft (Rauch, Gerüche, Gase, Dämpfe und Staub) sind durch Entlüften verbrauchter Luft oder/und Zuführen unverbrauchter Luft so weit zu entfernen, daß sie weder gesundheitsschädlich noch belästigend wirken.
2. Für den arbeitenden Menschen sollen diejenigen klimatischen Bedingungen geschaffen werden, bei denen er sich am wohlsten fühlt und die ihn zu guter Leistung befähigen.
3. Für Produktionsprozesse im weitesten Sinn sollen diejenigen klimatischen Bedingungen geschaffen werden, die für deren Ablauf notwendig sind.

Aufgaben der Lüftung und Klimatisierung sind also die Zufuhr sauberer Luft (ohne Staub, Geruch und zusätzliche Gase und Dämpfe) mit günstigster Temperatur und Luftfeuchtigkeit.

Im einzelnen bestehen folgende Aufgaben:
Belüftung,
Entlüftung,
Be- und Entlüftung,
Teilklimatisierung,
Vollklimatisierung.

Entlüftungsanlagen saugen die Luft aus dem Raum und blasen sie ins Freie, wobei aus den benachbarten Räumen oder aus dem Freien Luft durch Fugen und andere Öffnungen nachströmt. In den zu entlüftenden Räumen wird ein Unterdruck erzeugt, wodurch das Diffundieren verbrauchter Luft in Nachbarräume verhindert wird. Entlüftet werden kleine Räume mit starker Luftverschlechterung oder hohen Temperaturen. Bei großen Luftumschlagsmengen entstehen an den Fugen leicht Zugerscheinungen, die man durch zusätzliche künstliche Belüftung vermeiden kann.

Belüftungsanlagen saugen Luft aus dem Freien an und fördern sie in die zu belüftenden Räume. Überschüssige Luft entweicht durch Fugen und andere Öffnungen in die Umgebung. Im Raum wird also ein Überdruck erzeugt. Im Winter muß die Zuluft mit Hilfe eines Lufterhitzers auf Raumtemperatur erwärmt werden, um eine Auskühlung der Räume zu verhindern.

Belüftungsanlagen werden eingesetzt, wenn Überdruck erwünscht ist und Übertritt der Luft aus Nachbarräumen vermieden werden muß.

Für alle großen Räume bei großem Luftumschlag sollte gleichzeitig be- und entlüftet werden. Dabei läßt sich ein gewünschter Über- oder Unterdruck erzeugen.

Teilklimaanlagen ermöglichen eine zusätzliche Luftaufbereitung, d. h. einen oder mehrere der folgenden Vorgänge: Befeuchtung, Trocknung, Luftheizung, Luftkühlung. Wenn eine Be- und Entlüftung vorhanden ist, lassen sich einzelne zusätzliche Maßnahmen oft ohne großen Aufwand treffen, wie z. B. die Luftheizung.

Klimaanlagen sind lüftungstechnische Anlagen, die während des ganzen Jahres die Lufttemperatur und Luftfeuchtigkeit in einem Raum selbsttätig innerhalb vorgegebener Toleranzen auf bestimmten Werten halten; sie besitzen daher Einrichtungen zum Reinigen, Erwärmen, Kühlen, Befeuchten und Trocknen der Luft sowie zur selbsttätigen Temperatur- und Feuchtigkeitsregelung.

Zur Dimensionierung der Be- und Entlüftungsanlagen ist die erforderliche Luftmenge pro Stunde zu ermitteln. Sie läßt sich bestimmen:

a) Nach der Luftverschlechterung. Wenn die in einem Raum aus Apparaten entweichenden Mengen an schädlichen Gasen oder Dämpfen bekannt sind, so läßt sich ermitteln, welche Luftmengen zuzuführen sind, bis eine bestimmte geforderte Luftreinheit erreicht wird. Dies ist das genaueste Verfahren, jedoch häufig nicht anwendbar, weil keine Daten bekannt sind. Die erforderliche Luftmenge errechnet sich aus der Gleichung:

$$V = \frac{K}{k_i - k_a} \, [\mathrm{m^3/h}].$$

Dabei ist

K = stündlich anfallende Gas- oder Dampfmenge in $\mathrm{m^3/h}$;
k_i = MAK-Wert in $\mathrm{m^3}$ Gas/$\mathrm{m^3}$ Luft;
k_a = Gasmenge in der Zuluft $\mathrm{m^3/m^3}$.

Der MAK-Wert (maximale Arbeitsplatz-Konzentration), der aus der Literatur (z. B. [11]) entnommen werden kann, gibt die erforderliche Luftreinheit an.

b) Nach dem stündlichen Luftwechsel des Raumes. In Tabelle 9.3 sind Erfahrungszahlen für den stündlichen Luftwechsel bei verschiedenen Raumarten angegeben (vgl. [15]).

Tabelle 9.3. Erfahrungszahlen für den stündlichen Luftwechsel bei verschiedenen Raumarten [11]

Raumart	stündlicher Luftwechsel	Raumart	stündlicher Luftwechsel
Aborte	5—10fach	Hörsäle	4—8 fach
Akkuräume (Bleiakkus)	4—8 fach	Kantinen	6—8 fach
Beizereien	5—15fach	Laboratorien	8—15fach
Brauseräume	10—15fach	Sitzungszimmer	6—8 fach
Büroräume	4—8 fach	Verkaufsräume	4—8 fach
Färbereien	5—15fach	Versammlungsräume	5—10fach
Farbspritzräume	20—50fach	Werkstätten ohne besondere Luftverschlechterung	3—6 fach
Garagen	4—5 fach		
Garderoben	4—6 fach		

c) Nach der Luftrate.

Luftrate ist die je Person erforderliche Luftmenge pro Stunde. Diese Berechnungsweise eignet sich am besten für Versammlungsräume. [11] empfiehlt für Räume mit Rauchverbot 30 m^3/h je Person und für Räume ohne Rauchverbot 40 m^3/h je Person, wobei man unter besonderen Umständen auch bis zu 15 oder auch 10 m^3/h je Person heruntergehen kann.

Die Berechnung der Klimaanlagen richtet sich außer nach der erforderlichen Luftmenge pro Zeiteinheit nach der Wärmeabgabe von Menschen und Geräten im Raum, nach der Wärmeabgabe des Raumes nach außen, der Wärmeaufnahme des Raumes von außen, dem Temperaturunterschied zwischen Raum- und Außenluft und dem Feuchtigkeitsunterschied. Zur genauen Berechnung wird auf die Literatur verwiesen [11]. Die Kosten der Klimatisierung lassen sich hauptsächlich beeinflussen durch die geforderten absoluten Werte der Temperatur und Feuchtigkeit und die zugelassenen Toleranzen sowie durch die Gestaltung der Gebäudeaußenflächen. Möglichst kleine Fensterflächen, verbunden mit der Verwendung von Jalousien, Sonnenblenden oder Spezialglas zur Verminderung der Sonneneinstrahlung und gute Wärmedämmung der Außenwände, können die erforderliche Kühlleistung stark vermindern. Die Investitionskosten lassen sich stark reduzieren, wenn man für die Tage mit extremsten Temperatur- oder Feuchtigkeitswerten eine Abweichung von den Soll-Werten des Innenklimas zuläßt. (Anzahl der Tage angeben.)

Entlüftungsanlagen bestehen aus folgenden Einrichtungen: Ablüfter mit Motor, Abluftleitung, Fortluftleitung und evtl. Filter.

Belüftungsanlagen bestehen aus Zulüfter mit Motor, Lufterhitzer, Staubfilter und evtl. Saugleitung und Zuluftleitung.

Entsprechend setzen sich Be- und Entlüftungsanlagen aus den oben genannten Einrichtungen beider Einzelanlagen zusammen. Für die Anordnung der Ventilatoren und Luftleitungen gibt es sehr viele brauchbare Möglichkeiten, deren Beschreibung zu weit führen würde [11].

Klimaanlagen erfordern Einrichtungen zur Reinigung, Vorwärmung, Kühlung und Entfeuchtung und Nachwärmung der Luft. Als Heizmedium dienen Dampf, Heißwasser oder Warmwasser, als Kühlmedium in Kältemaschinen gekühltes Kühlmittel, Leitungswasser oder Brunnenwasser.

Man unterscheidet Einkanal-Klimaanlagen, Zonen-Klimaanlagen und Primärluft-Kühlanlagen.

Die Einkanal-Klimaanlagen bestehen im wesentlichen aus Klimaaggregat, in dem die Luft behandelt wird und Kanälen, die die Luft den zu klimatisierenden Räumen zuleiten und sie von dort abführen.

Niederdruckanlagen erfordern große Kanalquerschnitte, erzeugen aber kaum Geräusche, während bei Hochdruckanlagen die Kanalquerschnitte etwa nur $^1/_4$ so groß sind. Durch die höheren Luftgeschwindigkeiten bedingt, sind aber Schalldämpfungsmaßnahmen notwendig. Die ausströmende Luft hat aber überall die gleiche Zusammensetzung, was keine individuelle Temperaturregelung zuläßt.

Bei Zonen-Klimaanlagen werden Kalt- und Warmluft getrennt erzeugt und allen zu klimatisierenden Räumen getrennt zugeführt. Dort erfolgt jeweils die Mischung entsprechend der gewünschten Temperatur.

Diese beiden Arten von Klimaanlagen genügen im allgemeinen für die Anforderungen in Industriebauten und Großraumbüros.

Für die individuelle Klimatisierung einzelner Räume, z. B. Einzelbüros, werden Primärluft-Klimaanlagen notwendig. Den einzelnen Räumen wird Kalt- oder Warmwasser (evtl. bei aufwendigen Anlagen auch beides) sowie Luft zugeführt. Diese Luft strömt nun unter Druck aus und saugt Raumluft an, die an Wärmeaustauschern vorbeiströmt und sich dort erwärmt oder abkühlt.

Ein anderer Typ arbeitet mit Ventilatoren, die die Raumluft mit der Primärluft mischen und an den Wärmeaustauschern vorbeiführen.

Bei größeren Leistungen, etwa bei Luftmengen ab 10 000 m³/h, ist für Lüftungsanlagen und Klimaaggregate ein eigener Raum notwendig, dessen Mindestgröße entsprechend Tabelle 9.4 gewählt werden kann. Für die Lage des Raumes ist die günstigste Lage der Außenluftansaugung maßgeblich: Sie soll möglichst auf der Schattenseite der Gebäude erfolgen.

Tabelle 9.4. Ungefährer Raumbedarf für Lüftungs- und Klimazentralen [11]

Luftleistung m³/h	Flächenbedarf für Lüftungszentralen m × m	Flächenbedarf für Klimazentralen m × m	Raumhöhe m
5 000	2,2 · 3,5	2,5 · 4,5	2,4
10 000	2,5 · 4,5	3,0 · 5,5	2,4
20 000	3,0 · 5,5	3,5 · 6,5	2,6
30 000	3,5 · 6,5	4,0 · 7,5	2,8
50 000	4,0 · 7,5	4,5 · 8,5	3,0
75 000	4,7 · 8,5	5,5 · 9,5	3,0
100 000	5,5 · 9,5	6,5 · 11,0	4,0

Der Flächenbedarf gilt für Zentralen mit Zu- und Abluftventilatoren. Bei Verwendung von Einzelgeräten ist der Platzbedarf geringer.

Be- und Entwässerungsleitungen sind nur bei Klimaanlagen erforderlich. Die Kanäle sollten so kurz wie möglich und innen glatt sein, damit keine Staubablagerungen möglich sind. Als Werkstoffe empfehlen sich verzinktes Eisenblech oder Kunststoffplatten. Bei Industrieanlagen können die Kanäle frei im Raum geführt werden.

9.4 Gasversorgung

Die in Fertigungsbetrieben verwendeten Gase kann man unterscheiden nach Brenngasen, Schutzgasen und Gasen für sonstige Zwecke.

Bei den Brenngasen kann man unterscheiden zwischen solchen, die nur für Heizzwecke eingesetzt werden und anderen, die auch zum Schweißen und Schneiden verwendet werden. Gase für Heizzwecke sind vor allem Stadtgas, Spaltgas und Erdgas. Stadtgas wird hauptsächlich durch Entgasung von Steinkohle hergestellt, wobei als Nebenprodukt Koks anfällt. Wegen des abnehmenden Koksverbrauchs wird die Herstellung von Stadtgas allmählich unwirtschaftlich. Man geht zu Spaltgasen über, die aus Mineralerzeugnissen hergestellt werden. Noch günstiger ist im allgemeinen der Bezug von Erdgas, das etwa den doppelten Heizwert hat und hauptsächlich aus Methan besteht.

Zum Schweißen und Schneiden von Stahl werden Azetylen und Wasserstoff eingesetzt. Eine weite Verbreitung hat Flüssiggas gefunden, das nach DIN 51 621 definiert ist als ein Gemisch von Kohlenwasserstoffen mit höchstens 65 Gewichts-Prozent C 4 Kohlenwasserstoffen (Butan). Es besteht hauptsächlich aus Butan und Propan und wird verwendet zum Weich- und Hartlöten, Glühen, Schmelzen, Härten, Schweißen von Nichteisenmetallen, Brennschneiden von Eisen und Stahl, Metallspritzen, beim Heizen von Trocknungs- und Räucherschränken usw. Zum autogenen Schweißen von Eisen und Stahl ist es infolge seiner gegenüber anderen energiereichen Gasen niedrigen Verbrennungsgeschwindigkeit nicht verwendbar. Neben Flüssiggas werden technisches Butan und technisches Propan (gleichfalls in DIN definiert) für ähnliche Zwecke eingesetzt.

Schutzgase sind praktisch alle Gase, die bei einem bestimmten Verwendungszweck keine chemischen Umsetzungen mit den betreffenden Werkstoffen eingehen können [17]. Neben den Edelgasen (Inerte Gase) sind dies also u. U. Gase wie Wasserstoff, Stickstoff, Kohlendioxyd und Stadtgas. Edelgase, vor allem Argon und Helium werden als Schutzgas in der Schweißtechnik eingesetzt. Die gleiche Einsatzmöglichkeit hat Kohlendioxyd.

An Gasen für sonstige Zwecke sind vor allem Sauerstoff und Kohlendioxyd zu nennen. Sauerstoff ist notwendig zum autogenen Schweißen und Schneiden, zum Frischen in der Hüttenindustrie, zum Flammhärten usw.

Kohlendioxyd verwendet man in Form von Trockeneis zum Kühlen von Lebensmitteln und in Form von Trockenschnee zum Unterkühlen von Teilen vor der Montage.

Zur Festlegung bestimmter Sicherheitsvorschriften und Transportbedingungen unterscheidet man z. B. in den Unfallverhütungsvorschriften:

Verdichtete Gase,
Verflüssigte Gase,
Unter Druck gelöste Gase.

Verdichtete Gase sind z. B. Methan, Sauerstoff, Stickstoff, Argon, Helium und Wasserstoff. Verflüssigte Gase sind beispielsweise Propan, Butan und Kohlendioxyd. Unter Druck gelöst ist z. B. Azetylen, das in Aceton gelöst ist, wobei das Aceton von poröser Masse aufgesaugt ist.

Die Ermittlung der Verbrauchsmengen führt man für Gase zu Heizzwecken und andere Gase getrennt durch. Den Bedarf an Gasen für Heizzwecke kann man bei festliegender Betriebsweise auf Grund der Wärmebedarfsermittlung errechnen. Dazu kann der Wirkungsgrad von Gasheizungsanlagen mit 75 – 85% eingesetzt werden. Zur genauen Ermittlung wird beispielsweise auf [11] verwiesen. Der Bedarf für andere Zwecke läßt sich, soweit betriebliche Kennzahlen vorliegen, aus der Produktionsmenge ohne weiteres errechnen. Meist ist diese Voraussetzung nicht gegeben. Dann muß der Bedarf auf Grund von Produktionsplan und Anhaltswerten für Energiebedarf unter Berücksichtigung vorhandener und geplanter Einrichtungen und deren Einsatz geschätzt werden. Zu ermitteln ist vor allem der maximale Bedarf, der für die Auslegung der Rohrleitungen und die Art der Beschaffung maßgeblich ist. Die Abschätzung der Durchschnittsmenge spielt für den letzteren Zweck eine noch größere Rolle. Der Verlauf des Gasverbrauchs über der Zeit ist bei geringen Schwankungen nicht von großer Bedeutung, bei starken Schwankungen kann er evtl. zur Einrichtung größerer Gasspeicher zwingen. Leistungstarife, die zu möglichst gleichmäßiger Abnahme zwingen würden, bestehen nicht, obwohl ihre Einführung von manchen Stellen angestrebt wird. Es kann aber z. B. vereinbart werden, daß die maximale stündliche Gasabgabe aus öffentlichen Netzen an die Industrie nicht mit der Bedarfsspitze der Haushalte zusammenfällt.

Die Festlegung der übrigen Daten der Gase ist im allgemeinen nicht problematisch, da gewünschte niedrige Drücke durch Reduzieren hergestellt werden können. In bestimmten Fällen, z. B. beim Schutzgasglühen mit neutralen Gasen, kann aber die genaue Ermittlung erforderlich werden.

Die Entscheidung für Eigenerzeugung oder Fremdbezug entsprechend den geringeren Kosten hängt für jedes Gas ab von der geforderten Menge und den zur Verfügung stehenden Ausgangsprodukten. Allgemein gültige Daten über die Mengen, ab denen sich eigene Erzeugung lohnt, sind nicht bekannt. Am ehesten lohnt sich noch die eigene Herstellung von Azetylen, das in ortsfesten oder ortsveränderlichen Azetylenentwicklern aus Kalziumkarbid und Wasser verhältnismäßig einfach hergestellt werden kann.

Kohlendioxyd kann als Nebenprodukt oder Hauptprodukt bei Verbrennungen gewonnen werden. Relativ einfach ist auch noch die Herstellung von Wasserstoff aus Wassergas oder Koksofengasen, wenn diese zur Verfügung stehen, während die Gewinnung relativ reinen Wasserstoffs mit Hilfe der Wasserelektrolyse hohe Stromkosten verursacht. Butan, Propan und Flüssiggase können günstig aus Krackgasen der Mineralölindustrie oder aus Erdgas hergestellt werden. Gleichfalls aus Erdgas kann man Helium gewinnen. Bei der Wasserelektrolyse fällt neben Wasserstoff außerdem sehr reiner Sauerstoff an. Technischer Sauerstoff wird aber üblicherweise wie Stickstoff und Argon durch Zerlegung aus Luft gewonnen, was sich nur bei sehr großem Bedarf lohnt. Die Beschreibung von Anlagen für die Eigenerzeugung würde hier zu weit führen. Der Fremdbezug kleiner Mengen geschieht üblicherweise in ortsveränderlichen Stahlflaschen oder auch Stahlfässern für Flüssiggas. Bei Brenngasen für Heizzwecke lohnt sich schon sehr schnell der Anschluß an ein öffentliches Netz. Soweit private Leitungen für die Lieferung von Sauerstoff oder Stickstoff in der Nähe des Standortes vorbeiführen, ist bei größerem Bedarf ein Anschluß anzustreben. Ansonsten können größere Gasmengen in eigenen größeren Druckbehältern gelagert werden, die aus Kesselwagen beschickt werden.

Die Gasversorgungsanlage eines Betriebes besteht neben Speichern aus Rohrleitungen, Druckregelgeräten, Druckmeßgeräten, Ventilen, Schiebern und evtl. Zählern. Bei Stadt- oder Erdgas lohnt sich der Einbau von Druckminderern in die Leitungen, um an Verbrauchsstellen gleichmäßige von Lieferdrücken unabhängige Drücke und entsprechend auch gleichbleibende Mengen zu erhalten. Werden höhere Drücke gefordert, kann auch der Einbau eigener Verdichtungsanlagen notwendig werden. Als Speicher benutzt man neben Flaschen, die zu ganzen Flaschenbatterien zusammengefaßt werden, wovon gerne ein Teil als Gebrauchs- und der andere als Vorratsmenge gehalten wird, Speicherballons (z. B. für Argon, Sauerstoff, Stickstoff, Wasserstoff), bestehend aus beiderseits mit Synthetikkautschuk beschichtetem Polyestergewebe [13].

Für einen Betriebsdruck von 10 mbar Wassersäule und ein Behältervolumen zwischen 5 und 200 m^3 für Lagerung von Stadt- oder Ferngas werden hauptsächlich ortsfeste Stahlbehälter im Freien aufgestellt. Behälter für verschiedene Gase sollten gesondert, für brennnbare Gase nicht zusammen mit entzündlichen Stoffen gelagert werden. Bei großen Gasmengen sollten brennbare Gase in getrennten Räumen lagern. Im Freien lagernde Behälter muß man vor Sonneneinstrahlung schützen.

Speicherballons können im ungenutzten Luftraum aufgehängt werden ohne besondere bauliche Maßnahmen. Leitungen für Stadt- oder Erdgas im Betrieb können, wenn viele Bedarfsstellen vorliegen, als Ringleitung verlegt werden, wobei durch Einbau von Schiebern eine Unterteilung möglich wird, so daß Arbeiten an einzelnen Verbrauchsstellen des Betriebes möglich sind. Behälter für verflüssigte oder verdichtete Gase können, wenn viele Verbrauchsstellen vorhanden sind, zentral aufgestellt werden. In den meisten Fällen dürfte aber eine dezentrale Anordnung in der Nähe der Verbrauchsstellen sinnvoller sein, wobei im Arbeitsraum selbst nur unbedingt erforderliche Gasbehälter vorhanden sein dürfen [17].

Waagerechte Leitungen für Erd- oder Stadtgas sollten mit leichtem Gefälle verlegt werden und an die tiefsten Stellen Wassersäcke mit Verschlußstopfen angebracht werden. Bei erdverlegten Rohrleitungen sollte möglichst jede Berührung des Werkstoffes mit dem umgebenden aggressiven Erdreich vermieden werden. Dafür können Rohre mit Schutzmassen auf Basis von Bitumen oder Steinkohlenteerpech umhüllt werden.

In neuerer Zeit werden auch mit Kunststoff, vor allem Polyäthylen, überzogene Rohre verlegt. Der günstigste Aufstellungsort für Gasspeicher ist der, von dem aus die Leitungen zu den Verbrauchsstellen möglichst kurz werden.

Im Freien aufgestellte Gasbehälter sollten aber auf der dem Wind abgekehrten Seite des Industriebetriebes angeordnet werden. Von Straßen, Bahngleisen, Gebäuden und Lagerplätzen für brennbare Güter müssen Sicherheitsabstände eingehalten werden. Der Raumbedarf ergibt sich aus dem Volumen der Behälter und den einzuhaltenden Vorschriften.

Rohrleitungen für Azetylen dürfen nur aus gewöhnlichem und rostsicherem Stahl hergestellt werden. Kupferrohr ist unzulässig. Hingegen werden Rohrleitungen für Sauerstoff in der Regel aus Kupfer hergestellt. Gasbehälter und Gasleitungen sind durch Farbe evtl. zusammen mit der chemischen Formel zu kennzeichnen. Im Verkehr befindliche Behälter sind nach einer vorgeschriebenen Anzahl von Jahren vor einer neuen Füllung zu überprüfen. Je nach Gasart schwankt die Zeit zwischen 2 und 10 Jahren [19].

Für die evtl. Abführung von Abgasen ist zu klären, ob natürlicher Luftwechsel genügt oder welche Be- und Entlüftungseinrichtungen notwendig sind. Sind Be- und Entlüftungseinrichtungen erforderlich, so ist dafür zu sorgen, daß bei ihrem Ausfall die Gaszufuhr soweit gesperrt wird, daß der natürliche Luftwechsel für die Abgasführung ausreicht [17]. Im übrigen sind die sehr vielfältigen bestehenden Vorschriften einzuhalten und die einschlägigen Normen zu beachten, die in [17] zusammengestellt sind.

9.5 Druckluftversorgung

9.5.1 Bestimmung der Verbrauchsmengen

Ähnlich wie bei der elektrischen Leistung läßt sich der Verbrauch an Druckluft bei einem vorhandenen Betrieb aus dem Trend der Vergangenheitswerte bestimmen.

Für eine vollständige Neuplanung kann der durchschnittliche Verbrauch aus dem Verbrauch der einzelnen Geräte bei Nennleistung unter Berücksichtigung ihres Gleichzeitigkeitsfaktors berechnet werden.

Die wichtigsten Verbraucher sind:
Druckluftmotoren,
Druckluftzylinder,
blasende Verbraucher,
Steuerungen und Meßgeräte.

Druckluftmotoren haben, wenn sie mit 7 bar Luftdruck und mit ihrer Nennleistung betrieben werden, einen Luftverbrauch von $1-2$ m^3/min je kW abgegebener Leistung. Genauere Werte können aus Bild 9.7 entnommen werden.

Der Verbrauch der Druckluftzylinder hängt außer vom Betriebsdruck vor allem davon ab, ob es sich um einfach oder doppelt wirkende Zylinder handelt sowie vom Durchmesser. Nähere Angaben können aus der Literatur [19, 21] entnommen werden.

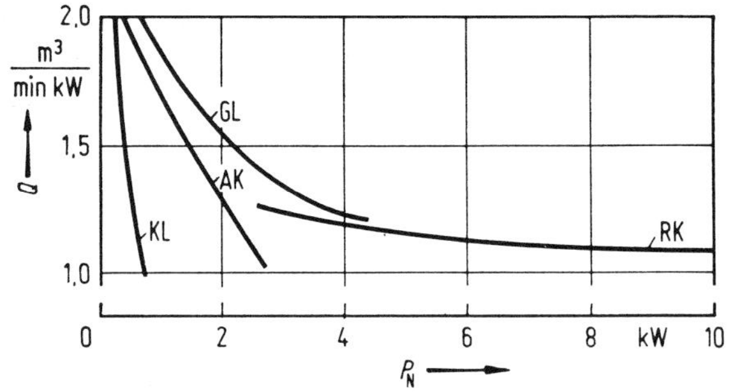

Bild 9.7. Druckluftverbrauch der Motoren bei Nennleistung, bezogen auf die Nennleistung [18]

KL = kleine Lamellenmotoren,
GL = große Lamellenmotoren,
AK = Axial-Kolbenmotoren,
RK = Radial-Kolbenmotoren.

Die Berechnung des durchschnittlichen Verbrauchs von Druckluftmotoren und blasenden Verbrauchern erfolgt nun mit Hilfe des Gleichzeitigkeitsfaktors am besten getrennt für einzelne Verbrauchergruppen.

Tabelle 9.5 gibt einige Richtwerte für Gleichzeitigkeitsfaktoren an.

Tabelle 9.5. Richtwerte für die durchschnittliche Einschaltdauer [20]

Druckluftwerkzeug	Gleichzeitigkeitsfaktor G	Druckluftwerkzeug	Gleichzeitigkeitsfaktor G
Bohrmaschinen Winkelbohrmaschinen	30%	Schleifer Bandschleifer	40%
Schraubenzieher Winkelschraubenzieher	20%	Sägen Scheren	40% 30%
Schrauber Winkelschrauber Ratschschrauber Schlagschrauber	25%	Hämmer Kleinstnieter Drehnieter Pressen	30% 30% 30%
Gewindeschneidmaschinen	25%	Luftmotoren	40%
Verdrahter	15%	Hebezeuge Laufkatzen	20%
Werkzeugschleifer	30···50%		

Durch Multiplikation der Verbrauchsmengen bei Nennleistung mit dem Gleichzeitigkeitsfaktor ergibt sich der durchschnittliche Verbrauch der Geräte.

Die Verbrauchergruppen sind so zu bilden, daß Verbraucher mit gleichen Betriebsdrücken zusammengefaßt werden.

Zur Berechnung des Luftverbrauchs von Geräten mit Hubzylindern ist jeweils die Hublänge und die Anzahl der Hübe pro Zeiteinheit zu ermitteln und daraus der Luftverbrauch zu berechnen. Rechnet man mit der gleichen Zeiteinheit wie bei den übrigen Verbrauchern, so erhält man direkt den durchschnittlichen Luftverbrauch.

Die Auslegung der Druckluftversorgungsanlage muß nach dem Spitzenluftbedarf erfolgen. Kurzfristige Spitzen interessieren dabei nicht, da sie durch Windkessel aufgefangen werden können. Wenn man den längerfristigen Spitzenbedarf mit 150% des mittleren Bedarfs ansetzt, dann dürfte dies in den meisten Fällen ausreichen.

Wenn eine Anlage für wenige große Verbraucher projektiert wird, so dürfte der Spitzenbedarf etwas mehr über dem mittleren Bedarf liegen. Wenn hingegen für sehr viele kleine Druckluftverbraucher projektiert wird, kann der Spitzenbedarf unter diesem angegebenen Wert von 150% liegen.

9.5.2 Bestimmung der übrigen Daten

Zu bestimmen ist der erforderliche Druck und der Umfang der Luftaufbereitung.

Der erforderliche Druck hängt von der Art der Druckluftverbraucher ab. Er ist für verschiedene Verbraucher aus Tabelle 9.6 zu entnehmen. Daraus ersieht man, daß die erforderlichen Drücke zwischen 0 und 10 bar schwanken, im allgemeinen liegen sie unter 7 bar.

Der Betriebsdruck in der Druckluftleitung richtet sich nach dem höchsten benötigten Druck. Für Druckluftverbraucher, die einen niedrigeren Druck benötigen, muß der Druck in Druckreglern verringert werden. Unter Umständen lohnt es sich

Tabelle 9.6. Erforderliche Drücke [18]

Druckluftverbraucher	Betriebsdruck p_1 (bar)
Druckluftlamellenmotoren	6... 7
Druckluftkolbenmotoren	6... 7
Zylinder	7...10
Ventile	...10
Hebezeuge	7
Spannwerkzeuge	5... 7
Hebezeuge mit Zylinderantrieb	7
Meßgeräte	5... 7
Farbspritzanlagen	4... 7
Blasdüsen	5... 7

auch, ein eigenes Netz zu errichten. Dies gilt auch für Verbraucher mit höherem Druck. Normalerweise ist ein Druck von 7 bar üblich. Wenn die Verbraucher einen konstanten Druck benötigen, so sollte vor ihnen gleichfalls ein Druckregler angebaut werden. Dazu muß der Luftdruck in der Zuführung um mindestens 0,2 bar höher liegen als beim Verbraucher. Am besten ist der Einbau eines kleinen Druckbehälters, der auf konstantem Druck gehalten wird.

Zur Luftaufbereitung gehört die Reduzierung des Wasser- und Staubgehaltes und die Einstellung des Ölgehaltes. Wasser in der Druckluft führt zu erhöhtem Verschleiß bei den Verbrauchern. Der Wassergehalt ist also so zu reduzieren, daß zumindest bei Raumtemperatur kein Wasser ausfällt. Dies läßt sich z. B. durch eine Temperaturreduzierung der Druckluft auf Raumtemperatur und die Entnahme des dabei ausfallenden Wassers erreichen.

Staub in der Druckluft verursacht erhöhten Verschleiß bei den Verbrauchern und Meßfehler in den Regel- und Meßeinrichtungen. Druckluft für Regel- und Meßeinrichtungen muß mit Feinfiltern staubfrei gemacht werden, für die übrigen Druckluftverbraucher genügen Filter mit einer größeren Porenweite.

Bezüglich des Ölgehaltes unterscheidet man ölhaltige, ölarme und ölfreie Druckluft.

Die meisten Kompressoren müssen mit Öl geschmiert werden, so daß die komprimierte Luft verbrauchtes Öl enthält. Die Rückstände des Öles, vor allem die Ölkohle, müssen in jedem Fall entfernt werden. Daraus entsteht ölarme Druckluft, die als „normale Druckluft“ anzusehen ist.

Diese Luft eignet sich zur Versorgung von pneumatischen Förderanlagen, Strahlgebläsen und Farbspitzgeräten bis zu mittleren Ansprüchen.

Für chemische Verfahren, Meß- und Regelgeräte, hochwertige Farbspritzanlagen und Nahrungsmittelbeförderung ist die Verwendung ölfreier Luft notwendig, die aus der ölarmen Luft durch Entfernung des Öles oder durch Verwendung besonderer Kompressoren hergestellt werden kann.

Ölhaltige Luft ist zur Schmierung von Druckluftmotoren und -zylindern erforderlich. Sie wird aus ölarmer Luft durch Zuführung von Öl in die Leitung kurz vor den Verbrauchern hergestellt.

9.5.3 Gestaltung und Dimensionierung des Versorgungs-Systems

Die Erzeugung von Druckluft mit einem Druck von 7 – 10 bar erfolgt je nach Liefermenge in verschiedenen Arten von Verdichtern. Siehe Tabelle 9.7.

Große Industrieverdichter reichen meistens für die gesamte Druckluftversorgung eines größeren Industriebetriebes aus.

Schraubenverdichter fördern absolut ölfreie Luft, da sie nicht geschmiert zu werden brauchen.

Tabelle 9.7. Einzusetzende Verdichterbauarten in Abhängigkeit von der Liefermenge (nach [18])

Liefermenge m³/min	Art des Verdichters
...2 (Kleinverdichter)	Hubkolben- und Vielzellenverdichter
2...10 (kleinere Industrieverdichter)	luftgekühlte Hubkolbenverdichter Vielzellenverdichter
10...100 (große Industrieverdichter)	doppelt wirkende Kolbenverdichter mit Kreuzkopf, zweizylindrisch, wassergekühlt
100...300	Schraubenverdichter

An den laufenden Kosten eines Verdichters haben die Energiekosten einen großen Anteil. Sie lassen sich durch den spezifischen Leistungsbedarf ausdrücken, der von der Verdichter-Bauart abhängt (Bild 9.8). Unter Umständen spielen auch die Kapitalkosten eine entscheidende Rolle. Neben den Investitionsbeträgen für die Verdichter an sich sollten auch die Investitionen für Fundamente, Schalldämpfungsmaßnahmen usw. beachtet werden, da sie für die einzelnen Verdichter zum Teil recht verschieden sind.

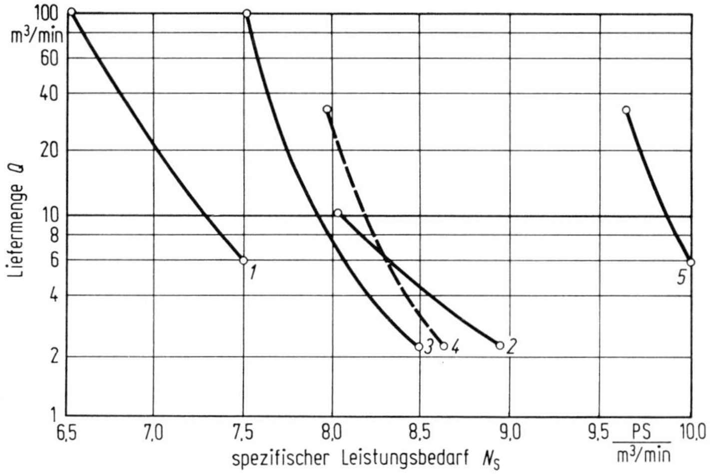

Bild 9.8. Spezifischer Leistungsbedarf verschiedener Verdichterbauarten bei 7 bar [21] (1 PS ≙ 0,735 kW). 1 Kolbenverdichter, wassergekühlt; 2 Kolbenverdichter, luftgekühlt; 3 Vielzellenverdichter, wassergekühlt; 4 Vielzellenverdichter mit Öleinspritzung; 5 Schraubenverdichter mit Öleinspritzung.

Die Größe einer Verdichterstation soll nach maximalen Verbrauchsmengen bemessen werden. Zusätzlich ist noch eine Reserve für ansteigenden Verbrauch vorzusehen. Dabei verfährt man üblicherweise so, daß die Anlage auch noch in 5 Jahren den Bedarf decken kann. Wenn aus dem alten Betrieb keine Steigerungsraten bekannt sind, kann mit etwa 10% pro Jahr gerechnet werden.

Um eine störungsfreie Druckluftversorgung zu erreichen, ist es am besten, die maximale Verbrauchsmenge nicht durch einen, sondern mindestens durch zwei oder besser drei einzelne Verdichter zu beschaffen. Dabei setzt man am besten Geräte gleicher Größe und Ausführung ein, um die Ersatzteilhaltung und Wartung zu vereinfachen. Einer dieser Verdichter übernimmt dann die Grundlast, die übrigen werden bei Bedarf automatisch zugeschaltet. Zur Deckung kurzfristiger Bedarfsspitzen und zur einfacheren Regelung wird außerdem ein Windkessel benötigt.

Zur Anpassung der Liefermenge an die Verbrauchsmenge wird in den meisten Fällen eine Leerlauf- oder Aussetzregelung angewandt. Bei der Aussetzregelung arbeitet der Verdichter mit voller Leistung, also beim besten Wirkungsgrad, bis ein bestimmter Druck im Windkessel erreicht ist, dann wird ein Verdichter abgeschaltet, er steht also vollständig still. Bei der Leerlaufregelung wird der Verdichter nicht stillgelegt, sondern läuft im Leerlauf weiter.

Die Aufbereitung der Druckluft ist zum Teil gesetzlich vorgeschrieben, ansonsten hängt die Intensität der Aufbereitung von Qualitätsforderungen der Verbraucher ab, wie weiter vorne ausgeführt wurde. Es ist gesetzlich vorgeschrieben, daß nach der Endstufe des Druckluftverdichters Nachkühler und Wasserabscheider eingebaut werden müssen. Die Luft verläßt nämlich beispielsweise bei Verdichtern mit Zwischenkühlung den Verdichter mit rd. 150° C, und bei dieser Temperatur besteht eine Explosionsgefahr der Öldämpfe. Die maximale Temperatur nach der Nachkühlung darf 60° C betragen. In der Praxis geht man manchmal bis auf Raumtemperatur herunter, damit in den Leitungen und Verbrauchern kein Wasser ausfällt. Im Anschluß daran baut man üblicherweise noch ein mechanisches Filter an, um den Staub zu entfernen.

Vor den einzelnen Verbrauchergruppen ist außerdem jeweils zumindest ein Druckregler notwendig. Zusätzlich sind außerdem u. U. noch Filter, weitere Wasserabscheider und u. U. Öler erforderlich. Diese Geräte werden am besten jeweils zu einer „Wartungseinheit“ zusammengefaßt.

Neben diesem am häufigsten verwendeten System lassen sich andere Systeme unter Verwendung von Elektrofiltern, chemischer Aufbereitung, Trocknungsanlagen etc. aufbauen, die in der Literatur geschildert sind (z. B. [18]).

Die Lösung des Problems, ob die Versorgung des Betriebes mit Druckluft durch eine zentrale oder mehrere dezentrale Verdichterstationen erfolgen soll, hängt von der Größe und der Ausbreitung des Betriebes und der Lage der Verbraucher ab. Ein Betrieb mit kompakt zusammenstehenden, hochgeschossigen Gebäuden läßt sich sehr leicht von einer Zentrale aus versorgen. Wenn die Leitungswege jedoch in einem Werk mit vielen einzelnen Gebäuden, die weit auseinander stehen, ziemlich lang werden, empfiehlt es sich, jeweils für ein Gebäude oder mehrere Gebäude eine Verdichterstation aufzubauen. Exakt kann das Problem durch eine Kostenbetrachtung der verschiedenen Alternativen gelöst werden.

Standorte der Erzeugerstationen sollten grundsätzlich in der Nähe der Hauptverbraucher liegen.

Zur Verteilung der Druckluft sind Ringleitungen am gebräuchlichsten, von denen Stichleitungen zu den einzelnen Verbrauchergruppen führen. Durch Einteilung der Ringleitung in einzelne Streckenabschnitte mittels Absperrventilen wird eine hohe Betriebssicherheit erreicht.

Für kleinere Netze genügen manchmal auch Stichleitungen, die vom Windkessel zu den Verbrauchergruppen gehen. Bei großen Fabrikanlagen geht man zu Verbundnetzen über. Diese Netze sind miteinander verbundene Ringleitungen, wobei die Druckluft an mehreren Stellen erzeugt und in das Netz eingespeist wird.

Wenn nur einzelne kleine Verbraucher einen niedrigeren Druck als den Netzdruck benötigen, so läßt sich dieser durch Reduzierung herstellen. Wenn größere Verbraucher oder Verbrauchergruppen einen anderen als den üblichen Druck brauchen, so ist u. U. der Aufbau eines weiteren Netzes erforderlich.

Zur Erzeugung von Druckluft mit geringerem Druck ist u. U. kein eigener Kompressor notwendig, da die Druckluft nach der ersten Kompressorstufe entnommen werden kann. Die Investitionsbeträge für Kompressoren, die einen höheren als den üblichen Druck erzeugen, lassen sich sehr gering halten, wenn man spezielle Bauarten verwendet, die die Druckluft aus dem normalen Netz entnehmen und auf den gewünschten Druck verdichten. Das Hochdrucknetz soll allerdings so kurz wie möglich sein, weil die Druckverluste in der Leitung mit steigendem Druck zunehmen.

Die Bemessung der Rohrleitungen richtet sich nach dem Spitzenbedarf, wobei der Durchmesser vom Durchfluß an der jeweiligen Stelle abhängt und grundsätzlich vom Erzeuger aus abnimmt.

Die Leitungen sind vom Windkessel ausgehend mit einem Gefälle von 1 – 2% zu verlegen, um ausfallendes Wasser an den Tiefpunkten durch Wasserabscheider entfernen zu können. Abzweigungen aus der Hauptleitung sollten nach oben im Bogen erfolgen. Nach Abzweigungen und vor den Verbrauchern sollten Absperrventile angeordnet werden. Zur Kontrolle empfiehlt es sich, Meßgeräte, vor allem Druckmeßgeräte und Durchflußmeßgeräte vorzusehen.

9.6 Wasserversorgung und Abwasserbeseitigung

9.6.1 Wasserversorgung [22, 23]

Die Bestimmung der Verbrauchsmengen ist ziemlich schwierig, weil die in der Literatur angegebenen Kennzahlen im allgemeinen überholt sind. So ist z. B. in [24] für Betriebe der Fahrzeug- und Elektroindustrie ein täglicher Wasserverbrauch von 40 l pro Beschäftigten angegeben, während bereits im Jahre 1965 in einem Betrieb der Automobilindustrie 530 l und in einem Betrieb der Kraftfahrzeugzulieferindustrie 620 l täglich pro Beschäftigten gebraucht wurden. Es ist also notwendig, neuere Zahlen aus ähnlichen Betrieben zu übernehmen und das in der Zukunft wahrscheinlich eintretende Wachstum hinzuzurechnen. In dem Betrieb der Automobilindustrie stieg beispielsweise der Verbrauch pro Beschäftigten in 5 Jahren um 13% an. Man kann auch den Bedarf abschätzen, indem man den Bedarf für Produktion, Kochen, Trinken, Körperreinigung jeweils getrennt ermittelt und addiert.

Je nach Produktion ist zu prüfen, ob es nötig ist, die ganze Verbrauchsmenge als Trinkwasser bereitzustellen oder ob nicht ein Teil als Gebrauchswasser oder

Kühlwasser geringere Anforderungen stellt. Zu untersuchen ist auch, welche Mengen besonders behandelt werden müssen, z. B. enthärtet, entsalzt, gefiltert usw.

Während für kleinere Betriebe der Anschluß an das öffentliche Wassernetz die günstigste Lösung darstellt, werden große Betriebe ihren Wasserbedarf aus dem Grundwasser mit Hilfe von Brunnen decken (genehmigungspflichtig), sofern es der vorhandene Grundwasserspiegel erlaubt. Auch die Entnahme aus eigenen Quellen dürfte sich kostengünstiger auswirken als Fremdbezug. Ein Anschluß an das öffentliche Wassernetz ist aber auch dann zur Sicherheit zu empfehlen.

Zur Eigenversorgung eignen sich Rohr- oder Schachtbrunnen. Erstere haben Rohre von etwa 1 m Durchmesser aus Gußeisen, Stahl oder Steinzeug, innen mit Kupfergewebe überzogen und mit einer Kiesschüttung ausgestattet. Schachtbrunnen haben einen Durchmesser von mehreren Metern und sind gleichzeitig Vorratsbehälter [25].

Zur Sicherheit sollten mindestens 2 Förderpumpen so ausgelegt sein, daß sie im oberen Stockwerk des höchstgelegenen Gebäudes noch Wasser mit einer Atmosphäre Überdruck liefern. Bei besonders hohen Gebäuden ist es unter Umständen aber notwendig, im Keller eine Zusatzpumpe für die Druckerhöhung zu installieren.

Neben einem Leitungsnetz für Trinkwasser ist es unter Umständen sinnvoll, ein zweites Leitungsnetz für Gebrauchswasser zu verlegen, wobei eine Wirtschaftlichkeitsbetrachtung die Entscheidung herbeiführen sollte. Das Vorhandensein zweier getrennter Netze gibt erhöhte Sicherheit bei der Feuerlöschwasserversorgung. Wo viel Wasser als Kühlwasser benötigt wird, sollten Rückkühlwerke vorgesehen werden. Ihre wirtschaftliche Verwendung ist, weil Wasser- und Abwasserkosten eingespart werden, bereits bei relativ kleinen Durchsatzmengen gegeben.

Aus Sicherheitsgründen sollten die Hauptversorgungsleitungen als vermaschte Ringleitungen im Werksgelände geführt werden. Sie müssen Rohrweiten von mindestens 100 mm Durchmesser aufweisen, um eine sichere Wasserversorgung für die Feuerbekämpfung zu gewährleisten. Für die Zuführungsleitungen zu den einzelnen Gebäuden genügen Nennweiten unter 80 mm. Außerhalb von Gebäuden werden Graugußrohre oder umjutete und bituminierte nahtlos gewalzte Stahlrohre verwendet. Innerhalb von Gebäuden genügen verzinkte Stahlrohre oder Kunststoffrohre, bei aggressivem Wasser können auch Bleirohre installiert werden. Außerhalb von Gebäuden sind die Leitungen in frostsicherer Tiefe zu verlegen.

Als Warmwassererzeuger eignen sich Warmwasserboiler, Durchflußbatterien im Heizwasser oder Gegenstromapparate [24].

Für größere Verbraucher eignen sich Warmwasserboiler oder Durchflußbatterien im Heizwasser. Von den Gegenstromapparaten eignen sich für abgelegene Verbraucher, Belastungsstöße und hohe Temperaturansprüche gasbeheizte Durchlauferhitzer und für Kleinverbraucher Elektrospeicher mit Schaltuhr [11].

Wenn Wasser knapp ist, muß die zeitliche Verteilung mitberücksichtigt werden. In diesen Fällen ist ein unterirdischer Behälter mit eigenen Druckwasserpumpen empfehlenswert, der vom Netz über 24 h gespeist wird.

9.6.2 Abwasserbeseitigung

Folgende gesetzlichen Grundlagen sind bei der Abwasserbeseitigung zu beachten [25]:

Das Bundesgesetz zur Ordnung des Wasserhaushaltes schreibt vor, daß für die Einleitung von Abwässern in das Grund- oder Oberflächenwasser eine Erlaubnis oder Bewilligung erforderlich ist, die nur erteilt werden darf, wenn das Wohl der Allgemeinheit nicht beeinträchtigt wird. Nach § 22 entsteht außerdem eine zivilrechtliche Haftung für Schäden, die durch das Abwasser im Gewässer entstehen. Entsprechend diesem Rahmengesetz haben die einzelnen Bundesländer entsprechende Landeswassergesetze und zusätzliche Verordnungen mit ergänzenden Bestimmungen erlassen. Die Einleitung in öffentliche Kanalisationsanlagen hingegen kann ohne Antrag bei der Wasserbehörde von der Gemeinde genehmigt werden. Diese kann von Fall zu Fall entsprechend der Zusammensetzung der gemeindlichen Abwässer Bedingungen an die Beschaffenheit der Abwässer stellen. Als Anleitung hierfür dient im allgemeinen die DIN-Norm 1986 Grundstücks-Entwässerungsanlagen, wo in Blatt 3 Regeln für den Betrieb geschildert werden.

Für Betrieb mit mäßigem Abwasseranfall ist es immer am vorteilhaftesten, das Abwassernetz an das Entwässerungsnetz einer Gemeinde anzuschließen. Dann sind lediglich spezielle Abwässer, die das Kanalnetz oder die Kläranlage oder deren Betrieb gefährden oder wo die Reinigung dort unmöglich ist, vorzubehandeln. Das ist der Fall bei Vorhandensein von:

1. freien Säuren,
2. stark alkalisch reagierenden Stoffen in beträchtlicher Menge,
3. bestimmten Salzen in hoher Konzentration,
4. starken Giften,
5. Ölen und Fetten,
6. gefährlichen Gasen oder Stoffen, die in Mischung mit der Kanalluft explosiv sind,
7. zu starken Geruchsbelästigungen führenden Stoffen,
8. gefährlichen Krankheitserregern,
9. Schwimmstoffen und schweren Sinkstoffen,
10. radioaktiven Stoffen,
11. zu hoher Temperatur des Abwassers.

Die Schädlichkeit hängt jeweils ab vom Mischungsverhältnis in der Kanalisation. Entsprechende Vorbehandlungsmaßnahmen sind:

a) Mengen- und Konzentrationsausgleich,
b) Neutralisation von Säuren oder Alkalien,
c) Ausscheidung oder Entfernung schädlicher Stoffe,
d) Herabsetzung zu hoher Temperatur auf $30-35^\circ$ C je nach Gemeinden.

Das Auftreten schädlicher Stoffe wechselt von Industriezweig zu Industriezweig ziemlich stark [27]. Hier sollen beispielhaft die vorzubehandelnden Abwässer der metallverarbeitenden Industrie und die hierfür erforderlichen Maßnahmen beschrieben werden, weil sie nur wenige verschiedene schädliche Stoffe enthalten und weil es verhältnismäßig viele metallverarbeitende Betriebe gibt.

In Maschinenfabriken und mechanischen Werkstätten werden bei der spanenden Formgebung (z. B. Drehen, Fräsen, Bohren usw.) Schmierölemulsionen verwendet, die von Zeit zu Zeit abgelassen werden. Bei der Entfernung der enthaltenen Öle versagen Ölabscheider, weil den Emulsionen Dispergiermittel zugegeben sind. In manchen Gemeinden dürfen diese Emulsionen direkt in das Kanalnetz abgelassen werden, wenn insgesamt in der Kläranlage nur kleine Mengen ankommen, zum Teil ist aber eine Spaltung der Emulsionen am Ort des Anfalls mit anschließender Ölabscheidung erforderlich.

In *Beizereien* entstehende Abwässer enthalten Säuren und Metallsalze. Hierfür gibt es 2 verschiedene Behandlungsmethoden: die Vernichtung der Beizen durch Neutralisation oder, bei sehr großem Anfall, die Wiedergewinnung der Säuren und Metallsalze. Bei der Neutralisation, z. B. durch Ätzkalk, fallen Metallhydroxyde als Schlamm aus. Das Wasser kann direkt abgelassen und der sehr voluminöse Schlamm auf eine Ablagerungsfläche gebracht werden. Wenn dies nicht möglich ist, kann durch Entwässrung mit verschiedenen Verfahren eine Verminderung seines Volumens erreicht werden. Für die Wiedergewinnung der Säuren und Metallsalze gibt es verschiedene Ionenaustauschverfahren, die ziemlich aufwendig sind, sich aber bei großen Mengen und wertvollen Metallsalzen u. U. lohnen. Näheres darüber ist in [28] zu finden.

In galvanotechnischen Betrieben fallen als Abwasser zum einen Spülwasser an, mit denen die Werkstücke von den anhaftenden Flüssigkeiten gereinigt werden, und zum anderen konzentrierte Lösungen beim Reinigen oder Ablassen unbrauchbar gewordener Flüssigkeit.

Im einzelnen können vorkommen:

1. Abwässer, die Cyanide enthalten (alkalisch);
2. Abwässer, in denen Metalle in saurer Lösung vorliegen;
3. chromsäurehaltige Abwässer.

Da beim Zusammentreffen von cyanidhaltigen und sauren Abwässern die Gefahr der Vergiftung der Raumluft durch Blausäure besteht, ist es am besten, die 3 verschiedenen Abwässer getrennt zu halten. Die cyanidhaltigen Abwässer können durch Zugabe von Chlor, z. B. in Form von Chlorkalk, Hypochlorid-Lösung und bei großen Mengen auch als Gas [28] entgiftet werden. Bei chromsäurehaltigen Abwässern muß eine Reduktion der Chromsäure mit schwefliger Säure oder Natriumsalzen erfolgen.

Anschließend an die getrennte Entgiftung dieser beiden Abwässer kann eine gemeinsame Neutralisation aller 3 Abwässer erfolgen, bei der Schwermetalle ausgefällt werden. Bei sehr großen Mengen dieser Abwässer kann alternativ auch ein Ionenaustauschverfahren zur Wiedergewinnung der Säuren und Metallsalze angewandt werden. – Kleine Betriebe entgiften am besten diskontinuierlich von Hand, während ab $20-30\,m^3$ Anfall pro Tag kontinuierlich und automatisch entgiftet und neutralisiert werden kann.

Eine Senkung der Kosten läßt sich durch eine Verminderung der anfallenden Mengen der Galvanikabwässer erreichen. Dafür kann man beispielsweise zwischen Elektrolysebecken und durchflossenem Spülbottich einen nicht durchflossenen Vorspülbottich zwischenschalten, dessen Inhalt für neu einzusetzende Bäder verwendet wird. Anstelle des durchflossenen Spülbottichs läßt sich dann auch weiterhin noch ein Entgiftungsbad setzen, in dem eine vollständige Entgiftung des an der Oberfläche der Werkstücke noch haftenden Elektrolyten erfolgt und evtl. eine bessere Oberfläche der Werkstücke erreicht wird. Anschließend kann mit Wasser gespült werden, das ohne Nachbehandlung ableitbar ist. Wenn man außerdem die Werkstücke nach der Elektrolyse zunächst auf ein Abtropfblech setzt und so die Flüssigkeit ins Bad zurücktropfen läßt, kann man z. B. in 2 Minuten 80% der anhaftenden Flüssigkeit wieder ins Bad zurückschaffen.

Weitere Maßnahmen zur Verminderung der Mengen sind in [28] geschildert.

In *Härtereien* sind evtl. Salzbäder mit cyanidhaltigen Abwässern aufgestellt, die evtl. mit den entsprechenden Galvanikabwässern oder, wie dort geschildert, behandelt werden können.

Für den Abwasseranfall in Industrie und Gewerbe sind in [29] Richtwerte in Abhängigkeit von den hergestellten Erzeugnissen angegeben. Da aber innerhalb gleichartiger Produktionsgruppen starke Abweichungen auftreten, ist jeweils eine spezielle Berechnung erforderlich. Zur Berechnung kann man von der Trinkwassermenge ausgehen, die im allgemeinen zum Großteil wieder als Abwasser anfällt. Wie schon erwähnt, kann durch Einführung von Wasserkreisläufen – vor allem für Kühlwasser – Trinkwasser und Abwasser eingespart werden.

Neben dem Betriebswasser ist das auf dem Werksgelände anfallende Regenwasser und u. U. auch eintretendes Grundwasser abzuleiten. Je nachdem, ob in der Gemeinde oder im Standortbereich des Werks Mischkanalisation oder Trennkanalisation vorgeschrieben ist, muß Regenwasser und Schmutzwasser gemeinsam oder getrennt in verschiedenen Kanälen abgeleitet werden. Bei der getrennten Ableitung kann man u. U. Kühlwasser und ähnlich nicht verschmutztes Wasser nach entsprechender Genehmigung zusammen mit dem Regenwasser ableiten. Wenn das Gefälle des Gebäudes es zuläßt, kann man eine offene Rinne als Sammler verwenden.

Bei der Ermittlung der Verlegungstiefe der Abwasserleitungen geht man von der Tiefe der Ortskanalisation aus und geht mit einem Gefälle von 1 : 50 zum Werk und in einzelne Werksteile. Dabei sollte für Steinzeugrohre eine Tiefe von 1,3 m zur Frostsicherheit eingehalten werden. Mit Rohren höherer Festigkeit kann man evtl. mit geringeren Tiefen auskommen.

Um eine sichere Kellerentwässerung zu gewährleisten, sollte die Sohle des Abwasserkanals 0,75 m unter der Kellersohle angebracht werden [30]. Für tiefer gelegene Keller müssen evtl. Hebeanlagen gebaut werden.

In der Nähe der Grundstücksgrenze soll ein Kontrollschacht gebaut sein. Weitere Abflußschächte sollen in 50 – 60 m Abstand vorgesehen werden. Zwischen den Schächten sollen die Leitungen gradlinig und gleichlaufend mit den Hausfronten in nicht zu geringem Abstand von diesen verlaufen.

Straßen sollen senkrecht gekreuzt werden [30].

Zur Berechnung der Rohrleitungen wird auf die einschlägige Literatur verwiesen [29].

9.7 Fertigungshilfsbetriebe

9.7.1 Qualitätsprüfung

Je mehr Funktionen ein Erzeugnis erfüllen muß, um so bedeutungsvoller ist die Qualitätsprüfung. Unter Qualität eines Erzeugnisses versteht man den Grad der Eignung, dem Verwendungszweck zu genügen [31].

Durch die Qualitätsprüfung ist der Grad der Eignung festzustellen, der sich aus der Einhaltung oder Nichteinhaltung tolerierter Merkmale herleitet. Dabei sind im allgemeinen 75 – 90% der zu prüfenden Merkmale geometrische Größen [32].

Auf dem Gebiet der Längenmeßtechnik können 30 verschiedene Meßaufgaben unterschieden werden [33]. Dazu kommen noch die Merkmale zur Kennzeichnung von Gewinde, Verzahnung, Oberfläche oder des Werkstoffes, elektrische Kennwerte oder technologische Eigenschaften. Neben diesen Aufgaben sind vom Prüfwesen eines Betriebes im allgemeinen noch folgende Tätigkeiten wahrzunehmen:

Prüfen und Überwachen der Werkzeuge und Vorrichtungen,
Bereitstellen, Prüfen und Überwachen der Prüfmittel,
Ausfallmusterprüfung, Funktions- und Toleranzanalyse,
Bearbeitung von Prüfplänen und Prüfanweisungen,
Aufstellen von Fehlerlisten, Fehleranalyse,
Bearbeitung von Garantiefällen, Ausbildung der Mitarbeiter auf dem Gebiet der industriellen Meßtechnik und der statistischen Qualitätskontrolle.

Grundlagen der Planung einer Qualitätsprüfung sind die Arbeitsunterlagen der Erzeugnisse. Neben den Konstruktionszeichnungen, die alle wichtigen Merkmale in Maßen und Toleranzen enthalten sollen, werden in Prüfplänen und Prüfanweisungen Art, Zeitpunkt und Umfang der Prüfung sowie die zu verwendenden Prüfmittel vorgeschrieben. Bei der Wahl des Prüfmittels ist zunächst die zulässige Meßunsicherheit zu berücksichtigen [34].

Stehen mehrere Prüfmittel zur Auswahl, so ist das wirtschaftlich günstigste Prüfmittel zu ermitteln. Hierzu sind die Prüfkosten abzuschätzen [35]. Von Prüfkosten hängt es weitgehend ab, ob eine automatische Prüfeinrichtung eingesetzt werden kann [36].

Nach dem Ort der Prüfung unterscheidet man in den Betrieben häufig drei Bereiche der Qualitätsprüfung:

Eingangs-, Fertigungs- und Endprüfung.

Diese Bereiche können nach der Art der dort vorgenommenen Prüfungen weiter unterteilt werden. Bei der Eingangsprüfung geht es darum, fehlerhafte Werkstoffe und Kaufteile von der Bearbeitung oder Weiterverarbeitung auszuschließen. Die in den Betrieb hereinkommenden Stoffe, Teile oder Baugruppen werden nach Art und Menge auf Übereinstimmung mit den in den Papieren angegebenen Daten geprüft, in der Teileprüfung nach Längenmaßen, Form und Oberfläche, in einem Werkstofflabor nach Werkstoffeigenschaften oder/und in einem Elektrolabor nach elektrischen Eigenschaften untersucht.

Die Prüfungen in der Fertigung dienen zur Überwachung der Maschineneinstellung und zur gesonderten Weiterbehandlung nicht toleranzhaltiger Teile. Diese Prüfungen können so verschieden sein, daß man sie in unterschiedliche Gruppen aufteilt, z. B. mechanische Prüfungen und optische Prüfungen. Durch die Endprüfung soll gewährleistet werden, daß nur gute Teile den Betrieb verlassen. Sie umfaßt neben der maßlichen Prüfung häufig noch Funktions-, Lebensdauer- und technologische Prüfungen. Bei allen Prüfungen wird je nach der Stückzahl der zu prüfenden Teile, aber auch nach der Anzahl der zu prüfenden Merkmale und nach der Auswirkung von Toleranzüberschreitungen die 100%-Prüfung (Vollprüfung) oder eine Stichprobenprüfung (statistische Qualitätskontrolle) angewendet.

Wenn viele Prüfmittel im Betrieb vorhanden sind, empfiehlt sich außerdem die Einrichtung eines Meßraumes, in dem so genaue Messungen durchgeführt werden können, daß die Prüfung und Überwachung der Prüfmittel möglich wird. Die Qualitätsprüfung stellt also im allgemeinen folgende Raumanforderungen:

Eingangsprüfung:
Teileprüfung,
Werkstofflabor (siehe weiter hinten),
Elektrolabor (siehe weiter hinten).
Fertigungsprüfung:
Endprüfung,
Meßraum.

Spezialprüfungen:
Räume für Spezialprüfungen sind gesondert zu berücksichtigen, da sie spezielle Anforderungen stellen. Für Geräuschprüfungen braucht man beispielsweise einen schallisolierten Raum, für Lichtprüfungen mit ultraviolettem Licht einen Dunkelraum, und für die Röntgenprüfung sind besondere Vorkehrungen in räumlicher Hinsicht notwendig. Da an den Werkstücken der Fertigungstechnik überwiegend geometrische Größen und damit Längen geprüft werden, müssen geeignete Prüfräume geschaffen werden, in denen die durch Temperaturänderungen bedingten Fehler klein gehalten werden können. Günstige Prüfbedingungen lassen sich in klimatisierten und möglichst erschütterungsfreien Prüfräumen verwirklichen [37, 39].

Erwünscht ist eine Temperierung auf 20° C (Bezugstemperatur nach DIN 102) sowie eine Regelung der relativen Luftfeuchtigkeit. Diese Klimatisierung lohnt sich eher, wenn Prüfplätze, z. B. diejenigen in der Fertigung, zusammengefaßt werden. Damit läßt sich auch gleichzeitig ein beweglicher Einsatz der Prüfer bei Engpässen sowie eine bessere Überwachung der Prüfer erzielen. Als Nachteile müssen bei zusammengefaßten Prüfplätzen größere Transportwege und eine verzögerte Rückmeldung über die Qualität in Kauf genommen werden.

Prüfräume sollten von der Fertigung möglichst durch Zwischenwände abgetrennt werden, damit kein Staub eindringen kann, wodurch Meßfehler entstehen könnten. Erwünscht ist auch eine hohe Beleuchtungsdichte.

Die Räume für die Eingangsprüfung sollten zwischen dem eigentlichen Wareneingang und dem Rohmaterial- bzw. Teilelager angeordnet werden. Die Räume für Spezialprüfungen, z. B. Werkstofflabor, Elektrolabor usw., zu denen der Materialfluß nicht so groß ist, können u. U. auch in der Nähe anderer gleichartiger Räume liegen, wenn sie durch günstige Stetigförderer mit der Eingangsprüfung verbunden sind (z. B. Rohrpost). Die Schlußprüfung sollte an einem Ort zwischen der Stelle des oder der letzten Arbeitsgänge (Montage) und dem Fertigwarenlager stattfinden. Sie muß häufig in Verbindung mit Justagearbeiten vorgenommen werden. Vom Materialfluß her ist es sinnvoll, sie direkt neben dem Ort des letzten Arbeitsganges vorzunehmen und anschließend die Werkstücke, soweit erforderlich, maschinell zu verpacken.

Lebensdauerprüfungen und andere intensive Prüfungen einzelner Werkstücke werden u. U. besser getrennt von der Endprüfungsstelle im räumlichen Bereich der Versuchs- und Entwicklungsabteilung durchgeführt, wo weitere ähnliche Tätigkeiten anfallen.

Der (Fein-) Meßraum zur Prüfung und Überwachung der Prüfmittel sollte auf gewachsenem Boden erstellt werden, um eine Übertragung von Erschütterungen beispielsweise aus der Fertigung zu vermeiden. Ferner ist es günstig, den Meßraum an der Nordseite des Gebäudes unter der Erde anzuordnen, damit keine Wärmestrahlungen von außen einwirken können und eine möglichst effektive Klimatisierung des Raumes gewährleistet wird. Durch Leuchtstoffröhren mit einer Beleuchtungsstärke von beispielsweise 2000 Lux läßt sich auch eine wesentlich gleichmäßigere Beleuchtung erzielen als durch Tageslicht.

Da der Meßraum Beziehungen zu einzelnen Prüfstellen hat, sollte er möglichst zentral zu diesen liegen.

Der Platzbedarf der einzelnen Prüfräume läßt sich nicht generell angeben. Er ist abhängig von:

Prüfmodus (100%-Prüfung, Stichprobenprüfung),
Größe von Gerät und Gerätetisch,
erforderlichem Arbeitsraum am Prüfgerät,
Ablagefläche für Prüflinge und Pufferfläche,
Arbeitsraum für nicht ständig benützte Prüfgeräte.

Zur schnellen und evtl. gezielten Übersicht kann es sinnvoll sein, die Prüfdaten zentral auszuwerten – wenn die Daten on-line von einzelnen Prüfstellen an eine Zentrale vermittelt werden sollen, so sind schon bei der Planung einer Fabrikanlage Vorkehrungen wie Signalleitungen von den Prüfplätzen zur Datenverarbeitungsanlage vorzusehen.

Die Organisation der Qualitätsprüfung kann so gestaltet sein, daß das Prüfwesen einem direkt der Geschäftsleitung verantwortlichen Prüfleiter untersteht. Er ist gegenüber den Prüfstellen in den Bereichen der Eingangs-, Fertigungs- und Endprüfung weisungsbefugt. Nachteil dieser Organisationsform ist, daß der Prüfleiter zwar Qualitätsmängel feststellen, aber nicht direkt abstellen kann. Ein Prüfwesen mit dieser Organisationsform ist wirkungsvoll, wenn zwischen dem Prüfleiter und den Verantwortlichen der übrigen Bereiche des Betriebes ein gutes Einvernehmen besteht. Sie gibt die beste Gewähr für Qualität.

Bei einer anderen weit verbreiteten Organisationsform ist das Prüfwesen dezentralisiert. Die einzelnen Prüfstellen sind den Bereichsleitern unterstellt. Der Prüfleiter hat im wesentlichen die Aufgabe der Koordinierung. So berichten die Prüfer in der Fertigung dem Fertigungsleiter direkt über Qualitätsmängel, so daß dieser unverzüglich die erforderlichen Maßnahmen einleiten kann. Hier ist die Gefahr größer, daß Lieferdruck qualitätsmindernd wirkt.

9.7.2 Laboratorien [13]

Der Begriff Laboratorien wird ziemlich variabel gebraucht. In der Verfahrenstechnik werden häufig Versuchs- und Entwicklungsabteilungen so benannt. Aufgabe der Laboratorien in der Fertigungstechnik ist vor allem die Überwachung der Produktion, d. h. die Prüfung spezieller Eigenschaften, die in beispielsweise fertigungsnahen Prüfräumen nicht vorgenommen werden kann. Hier sollen beispielhaft das Werkstofflabor und das Elektrolabor angeführt werden. Im *Werkstofflabor* werden Werkstoffeigenschaften geprüft, z. B. Zugfestigkeit, Druckfestigkeit, Härte, Legierungsbestandteile (Spektralanalyse), Ermittlung von Rissen durch Röntgenprüfung usw. Bodentragfähigkeit und Raumhöhe sind entsprechend den schwersten Werkstücken und Prüfeinrichtungen bzw. deren Dimensionen auszulegen. Je nach Art der Untersuchung kann Sicherung vor Schwingungen, Lärm usw. notwendig sein. Für größere Werkstücke sind Hebezeuge erforderlich. Für besondere Prüfungen, wie z. B. Röntgenprüfung, sind entsprechende Sicherheitsmaßnahmen gegen Röntgenstrahlen vorzusehen. Anschlüsse für möglichst alle vom Werk verfügbaren Energien sollten installiert werden.

Wenn nur Rohstoffe kontrolliert werden, sollte das Werkstofflabor in der Nähe des Wareneingangs liegen, sonst entsprechend den vorhandenen Beziehungen möglichst materialflußgünstig. Wenn große Entfernungen entstehen und zeitraubende Informationsübermittlung Wartezeiten verursachen, empfiehlt sich die Einrichtung guter Transportverbindungen.

Das Hauptproblem bei *Elektrolabors* ist die stabilisierte Stromversorgung. Deshalb ist bei mehreren Meßräumen ein eigenes Experimentierstromnetz günstig, das nicht durch allgemeine Stromverbraucher belastet wird. Wenn Spannungen exakt gehalten werden müssen, sollte dies durch entsprechende Maßnahmen ermöglicht werden. Erforderlich sind Stromanschlüsse aller verfügbaren Stromarten. Das Elektrolabor sollte gleichfalls so angeordnet werden, daß kurze Wege entstehen.

9.7.3 Versuchs- und Entwicklungsabteilungen [13]

Die Aufgaben der *Versuchs- und Entwicklungsabteilungen* sind ebenfalls von Betrieb zu Betrieb stark verschieden. In Fertigungsbetrieben besteht die Aufgabe im allgemeinen in der Herstellung von Prototypen nach mehr oder weniger detaillierten Konstruktionszeichnungen, Durchführung von Probeläufen, Messungen und Angabe von Verbesserungsvorschlägen bzw. deren Durchführung. Im allgemeinen sollten Versuchs- und Entwicklungsabteilungen mit allen gängigen Universalwerkzeugmaschinen ausgestattet werden, auch wenn diese nicht voll ausgelastet sind. Erforderlich sind Anschlüsse für alle Energien. Bodentragfähigkeit, Raumhöhe und freie Flächen sollten für die größten vorhandenen und geplanten Erzeugnisse sicher ausreichen. Als Fördermittel sollte ein Kran installiert werden. Alle gängigen Meßeinrichtungen sollten verfügbar sein. Im allgemeinen bestehen die stärksten Beziehungen zur Konstruktion, in zweiter Linie evtl. zur Fertigung, im allgemeinen auch zum Rohmaterial- und Teilelager, aus dem entsprechendes Ausgangsmaterial bezogen wird.

9.7.4 Werkzeugmacherei

Ein weiterer wichtiger Fertigungshilfsbetrieb ist die *Werkzeugmacherei.* Sie dient zur Herstellung von Werkzeugen und Vorrichtungen für den Eigenbedarf. Entsprechend sollte ihre Einrichtung sein: Universalwerkzeugmaschinen, Werkbänke mit Schraubstöcken. Zur Bedienung sind Facharbeiter, im allgemeinen gelernte Werkzeugmacher, notwendig. Der Raumbedarf richtet sich nach dem Umfang der Werkzeugmacherei, nach der Zahl der Beschäftigten oder der Zahl der Werkzeugmaschinen. Die Festlegung ist schwieriger, da naturgemäß kein genaues Produktionsprogramm vorliegen kann. Wenn die erforderlichen Werkzeugmaschinen bekannt sind, kann der Raumbedarf entsprechend wie bei der Fertigung ermittelt werden. Materialflußbeziehungen bestehen zum Werkzeuglager, Rohmaterial- und Teilelager; Informationsflußbeziehungen vor allem zur Werkzeugkonstruktion, die nicht weit entfernt und trockenen Fußes erreichbar sein sollte.

9.7.5 Werkzeugschleiferei

In der *Werkzeugschleiferei* werden zentral alle Werkzeuge geschärft, die an die Werkzeugausgabe zurückgegeben werden und abgenützt sind. Eventuell werden hier außerdem Werkzeuge und Vorrichtungen wieder instandgesetzt. Es ist sinnvoll, diese Tätigkeiten zentral durchzuführen, da durch lange Erfahrung geübtes und mit besten Maschinen versehenes Personal wirtschaftlicher arbeiten kann als einzelne Facharbeiter mit mehr oder weniger geeigneten Einrichtungen irgendwo im Betrieb. An maschinellen Einrichtungen sind entsprechende Schleifmaschinen, Handarbeitsplätze und Meßeinrichtungen notwendig. Geeignetes Personal sind erfahrene und pünktliche Werkzeugmacher. Es ist sinnvoll, die Werkzeugschleiferei in der Nähe der Werkzeugausgabe anzuordnen.

9.7.6 Verschiedenes

Je nach Betriebsart, -tradition und anderen Vorbedingungen wären hier jetzt noch weitere Fertigungshilfsbetriebe zu nennen. So werden häufig Verpackungsmittel, wie z. B. Kisten, selbst gefertigt. Ein namhafter Großbetrieb stellt seine Holzwolle aus Baumstämmen selbst her, weil dies das kostengünstigste Verfahren ist. Es ist aber nicht möglich, die ganze Variationsbreite möglicher Hilfsbetriebe hier im einzelnen zu behandeln. Die gegebenen Informationen sind also als Beispiele zu betrachten.

9.8 Bau- und Betriebsinstandhaltung

Die Räume, die für die Betriebsinstandhaltung erforderlich sind, dienen teils direkt zur Ausführung von Instandhaltungsarbeiten, soweit die zu bearbeitenden Gegenstände dorthin gebracht werden können, teils zur Bereitstellung von Arbeitsplätzen mit Ablage für Werkzeuge und eventuell Vorräte für das mobile Instandhaltungspersonal.

9.8.1 Mechanische Reparaturwerkstatt

Die *mechanische Reparaturwerkstatt* dient hauptsächlich zur Reparatur von Maschinen, die nicht an Ort und Stelle repariert werden können. Entsprechend sind breite Eingänge, ausreichende Bodentragfähigkeiten und eventuell Hebezeuge erforderlich. Der Fußboden sollte weich sein, so daß herabfallende Teile nicht beschädigt werden, z. B. eignet sich Kleinholzpflaster [25]. Die Einrichtung variiert je nach zu reparierenden Maschinen. Im allgemeinen sind Werktische, ausgestattet mit den erforderlichen Werkzeugen, notwendig. Sinnvoll ist eine hydraulische Allzweckpresse zur Montage und Demontage von Festsitzen sowie ortsfeste Abschmieranlagen mit Schmierstoffen aller Art. Anschlüsse für Strom, Gase (zum Schweißen und Löten), Druckluft und Wasser sollten vorhanden sein. Auch eine Waschanlage für Maschinenteile ist zweckmäßig. Der Raumbedarf kann berechnet werden entsprechend dem Personal, das man voraussichtlich braucht und den zu reparierenden Maschinen. Die mechanische Reparaturwerkstatt sollte in der Nähe der Fertigung, evtl. bei Räumen ähnlicher Funktion liegen.

9.8.2 Elektrowerkstatt

Aufgabe der *Elektrowerkstatt* ist die Reparatur von Antriebsaggregaten sowie von Schaltungen, soweit sie nicht an Ort und Stelle repariert werden müssen. Entsprechend ist eine Einrichtung zum Ankerwickeln und ein Motorenprüfstand erforderlich sowie Meßeinrichtungen zur Fehlersuche und Prüfung. Alle Spannungs- und Stromarten sollten in der Werkstatt installiert sein. Es ist günstig, wenn der Elektrowerkstatt benachbart die Ladestation für Akkumulatoren angeordnet wird. Wo Akkus geladen werden, ist eine gute Entlüftung, eventuell verbunden mit Belüftung, notwendig, damit entstehende Gase abgezogen werden. Die Decke sollte glatt und ohne vorstehende Unterzüge sein, damit Gasansammlungen vermieden werden. Erforderlich ist eine relativ hohe Bodentragfähigkeit. Deshalb sollte die Ladestation eventuell im Erdgeschoß liegen. Der Raumbedarf kann lediglich nach zu beschäftigenden Personen oder durchzusetzenden Aggregaten über Kennzahlen berechnet werden. Die Elektrowerkstatt sollte in der Nähe der Fertigung liegen und eventuell der mechanischen Reparaturwerkstatt benachbart sein, damit gemeinsame Reparaturen ohne große Zwischentransporte ausgeführt werden können.

9.8.3 Autoreparaturwerkstatt

Die eventuell vorzusehende *Autoreparaturwerkstätte* hat als Aufgabe die Wartung und Instandhaltung des betrieblichen Wagenparks, d. h. von Pkws oder Lkws oder beider. An Einrichtungen sind Reparaturgruben, hydraulische Hebebühnen und Schmiereinrichtungen, eventuell Prüfstände vorzusehen. Die Werkstatt sollte möglichst ent- und belüftet werden. Unter Umständen kann ein Autowaschplatz, ein Spritzstand und eventuell auch eine betriebliche Tankstelle notwendig sein.

Zu installieren sind Anschlüsse für Strom, Gase zum Schweißen und Löten, Druckluft und Wasser.

Der Raumbedarf ist abhängig von der Zahl der gleichzeitig abzufertigenden Wagen. Bei sehr kleinen Werkstätten kann die Autoreparaturwerkstatt eventuell mit der mechanischen Reparaturwerkstatt in einem Raum zusammengelegt werden.

9.8.4 Werkstätten und Räume für sonstige Handwerker

Zu diesen Werkstätten, in denen in der Regel abgeschlossene Tätigkeiten durchgeführt werden, kommen weitere, in denen eventuell nur Vorarbeiten, z. B. für die Gebäudeinstandhaltung, zu erledigen sind. Dies sind Werkstätten für:

Schreiner
Flaschner
Glaser
Schlosser usw.

Diese Werkstätten sind mit den erforderlichen Maschinen und Anschlüssen zu versehen. Daneben dürfen Abstellräume für Bauhandwerker nicht vergessen werden, die ihre Tätigkeit direkt an den Gebäuden ausführen. Erforderlich sind je nach Bedarf Räume für:

Maler	Plattenleger
Maurer	Betriebselektriker
Gipser	Gärtner usw.

Die Räume dienen lediglich zum Abstellen von Geräten, Werkzeugen und Werkstoffen, die momentan nicht gebraucht werden. Besondere Installationen sind deshalb im allgemeinen auch nicht notwendig. Erwünscht ist eine möglichst zentrale Lage, daß kurze Wege zu allen möglichen Einsatzorten entstehen. Wünschenswert ist überdies eine solche Lage der Räume, daß die Handwerker gut zu beaufsichtigen sind, weil ihre Kontrolle im allgemeinen ziemliche Schwierigkeiten macht.

9.9 Hilfsdienste

Hilfsdienste sind solche Hilfsbetriebe, die weder direkt noch indirekt durch die Erstellung oder Instandhaltung von Betriebsmitteln zur Fertigung beitragen (z. B. Gebäudereinigung).

Pförtner und Betriebssicherung

Die Aufgabe der Pförtner ist die Kontrolle von Personen und Fahrzeugen, und zwar Betriebsfremder und Betriebsangehöriger. Eine Aufgabe ist außerdem der Empfang und die Auskunftserteilung an Betriebsfremde und ihre Weiterleitung ins Werk. Entsprechend sollte der Pförtner einen solchen Arbeitsplatz haben, daß sitzend seine Augenhöhe mit der der Passanten übereinstimmt. Es sollte also der ganze Raum erhöht angeordnet werden. Außer Schreibtisch und Telefon ist im allgemeinen keine besondere Ausstattung erforderlich. Der Pförtnerraum sollte eine Grundfläche von $5-20\ m^2$ haben. Die Lage sollte so ausgerichtet werden, daß gute Sichtverhältnisse bestehen. Der Haupteingang sollte an der Hauptzufahrt des Personen- und möglichst auch des Lastverkehrs angeordnet werden. Dabei sollten Beziehungen zu Haltestellen der öffentlichen Verkehrsmittel und Parkflächen außerhalb des Betriebes und im Betrieb günstige Wege zu Verwaltungsgebäuden, Sozialgebäuden und personalintensiven Gebäuden angestrebt werden.

Im Pförtnerhaus können gleichzeitig noch Räume für den Betriebsschutz, Empfangsräume für Besucher, eventuell speziell für Kunden mit Sprechräumen und ein Ausstellungsraum eingerichtet werden. Ferner können eine Sanitätsstation und Räume für Boten und Chauffeure vorgesehen werden, soweit diese Räume nicht besser im Verwaltungsgebäude liegen.

Gebäudereinigung

Gebäudereinigung, die als Hilfsdienst, aber eventuell auch als Einrichtung der Betriebsinstandhaltung gelten kann, braucht je nach Organisation und Größe des Werkes einen oder mehrere Räume, z. B. jeweils in den einzelnen Gebäuden zum Abstellen ihrer Reinigungsgeräte. Soweit elektrisch betriebene Kehrmaschinen vorhanden oder vorgesehen sind, muß dort eventuell eine Akkustation eingerichtet werden, wobei man sich an die entsprechenden Vorschriften halten muß. Unter Umständen ist es aber sinnvoller, die Akkus der Kehrmaschinen an der Akkustation der Flurfördermittel aufzuladen.

Garagen

Häufig sind Garagen zum Abstellen von Pkw oder Lkw einzuplanen. Sie erfordern Beleuchtung, eventuell Beheizung und einen Wasseranschluß zur Reinigung.

Für Großgaragen ist eventuell die Installation einer CO_2-Löschanlage empfehlenswert, damit ein entstehender Brand keinen großen Schaden anrichtet. Wenn ein Abwasserschacht vorgesehen wird, der in eine öffentliche Entwässerungsleitung führt, so sind auch Einrichtungen zur Abscheidung von Benzin und Öl einzubauen. Der erforderliche Platzbedarf ist abhängig von der Art der abzustellenden Wagen und bei Großgaragen von der Art der Aufstellung. [13] bringt darüber ausführliche Angaben. Es empfiehlt sich, die Garagen in die Nähe der Autoreparaturwerkstatt und der Tankstelle zu legen.

9.10 Ausbildung

Das Ausbildungswesen eines Industriebetriebes ist stark von seiner Art und Größe abhängig. In gut geleiteten größeren Unternehmen wird die Ausbildung sich nicht nur auf die Lehrlinge beschränken, wenngleich die Lehrlingsausbildung für die Durchführung der Produktion von ganz besonderer Bedeutung ist. Die weitgehende Spezialisierung in der Industrie erfordert aber zusätzlich, daß für eine große Zahl von Tätigkeiten betrieblich orientierte Ausbildungsmaßnahmen durchgeführt werden müssen.

Dabei steht im Vordergrund der Verkaufsstab, der über die Erzeugnisse, die er vertreiben soll, genügend gute Informationen bekommen muß. Mit dieser Verkäuferausbildung wird meist die Möglichkeit verbunden, Kunden zu informieren, die das Werk persönlich aufsuchen. Daher sollte ein Ausstellungsraum vorhanden sein, ein Vortragsraum, in dem Gruppen von 20 – 30 Menschen Informationsvorträge unter Mitverwendung von Bildern und Filmen dargeboten erhalten, und eine Ausstellung des Propagandamaterials, mit dem der Verkauf zu arbeiten hat.

Eng verbunden mit dieser auf den Verkauf ausgerichteten Ausbildung steht die Ausbildung der Monteure, die sowohl bei der Montage von gelieferten Anlagen als auch bei Störungen eingesetzt werden und deren Ausbildung sowohl auf die technische Beherrschung des Stoffes wie auch auf das menschliche Verhalten gerichtet sein muß.

Häufig vermittelt man auch technischem Führungspersonal kaufmännische Gesichtspunkte und kaufmännischen Führungskräften technische Zusammenhänge, um eine bessere Zusammenarbeit zwischen diesen beiden Sparten zu erzielen. Die Fabrikplanung muß diese Erfordernisse im Raumprogramm berücksichtigen.

Die größte Sorgfalt und auch den größten Umfang an Räumlichkeiten nimmt die Lehrlingsausbildung in Anspruch. Je komplizierter die Produktion ist, desto mehr Aufwendungen sind für die betriebliche Ausbildung notwendig. Die sehr schwer zu beantwortende Frage, wieviele Lehrlinge man z. B. in einer Lehrlingswerkstatt ausbildet, hängt auch stark davon ab, wieviele Lehrlinge nach der Ausbildung im Betrieb verbleiben und wieviele den Betrieb verlassen. Das läßt sich nicht allgemein beantworten, ist aber eine wichtige Frage, die nicht nur vom Betriebsklima, sondern auch vom Wohnort der Lehrlinge, von ihrer Betreuung, von ihrer Bereitschaft, in die Welt zu gehen und anderen Faktoren abhängt.

Die Räume für die Lehrlingsausbildung zu planen ist schwierig, weil hier die Tendenz zu mehr theoretischem Unterricht, zu späterem Einsatz in der Produktion und u. U. auch zu einer vollständigen Ausbildung in der Berufsschule geht. Die Ausbildung kaufmännischer Lehrlinge, technischer Zeichner etc. erfordert in der

Regel keine eigenen Räume, da die für den späteren Beruf üblichen Arbeitsplätze in der Regel ausreichen, die aber durch einen Unterrichtsraum für den theoretischen Unterricht ergänzt werden sollten. Die Ausbildung zu Facharbeitern stellt besondere räumliche Anforderungen. Notwendig sind üblicherweise:

Lehrwerkstatt,
Meisterraum innerhalb der Werkstatt,
Unterrichtsraum für theoretischen Unterricht,
evtl. gesonderter Raum für das Lehrpersonal,
evtl. Räume für Lehrmittelsammlung und Ausstellungszwecke,
Wasch- und Umkleideräume.

Der praktische Unterricht erfolgt in der Lehrwerkstatt und im Betrieb. In der Lehrwerkstatt werden die Grundfertigkeiten sowie das Gefühl für Werkstoff, Werkzeug und Fertigungseinrichtung vermittelt und wird das selbständige Arbeiten gelehrt. Die Arbeit im Betrieb dient zum Kennenlernen der Betriebsatmosphäre und des rationellen Arbeitens. Für den theoretischen Unterricht sollten besondere Unterrichtsräume vorhanden sein.

Die Auslegung der Räume erfolgt entsprechend der Aufteilung der Lehrlinge auf Lehrwerkstatt, Unterrichtsraum und Betrieb. Bei einer Neuplanung sollten für etwa 50% der Lehrlinge Plätze in der Lehrwerkstatt vorhanden sein, und zwar entweder pro Lehrling eine Werkbank oder Maschine bzw. andere Fertigungseinrichtungen. Der Platzbedarf für Werkstätten liegt zwischen 5 und 15 m^2 pro Lehrling. Er ist in Tabelle 9.8 genauer angegeben. Für den Unterrichtsraum ist ein Flächenbedarf von etwa 60 m^2 für 30 Lehrlinge erforderlich.

Tabelle 9.8. Flächenbedarf in m^2 pro Lehrling in der Lehrwerkstatt [15] für folgende Spezialzweige der Lehrlingsausbildung

Maschinenschlosser	4,5	Schleifer	10,0
Fräser	5,8	Bohrer	11,0
Werkzeugmacher	6,5	Schmied	15,0
Tischler	7,0	Sägewerker	18,0
Dreher	8,0	Eisenbahnwerker	20,0
Hobler	9,0	Kraftfahrzeugmechaniker	25,0
Maschinentischler	9,0		

Bei der Aufstellung der Fertigungseinrichtungen und der Zuordnung der Räume sind Materialfluß- und Personenverkehr zu berücksichtigen. Im Bereich der Ausbildung ist aber eine gute Übersichtlichkeit besonders wichtig. Sie ermöglicht bessere Ausbildung und erhöhte Unfallsicherheit. Da in der Ausbildungszeit die unmittelbare Umgebung des Arbeitsplatzes einen entscheidenden Einfluß auf die Persönlichkeit und die Einstellung zur Arbeit ausübt, ist auf eine gute architektonische Gestaltung der Lehrwerkstätten bis in alle Einzelheiten hinein besonderer Wert zu legen [41].

Literatur zum Kap. 9

Zitierte Literatur

1. ohne Verf.: Starkstromanlagen — Elektrische Lichttechnik. Herausg. v. M. Reck. Darmstadt: Westermann 1966.

2. Riemann, u. a.: VEM-Handbuch der Beleuchtungstechnik. Berlin: Technik 1968.
3. Schaefer, H.: Technische und wirtschaftliche Fragen der industriellen Eigenerzeugung. PEK (Praktische Energiekunde) 16 (1968) 1/2, S, 2—7.
4. VDI-Ausschuß Verbrennungsmotorenanlagen: Rationelle Energieversorgung mit Verbrennungsmotorenanlagen. Düsseldorf: VDI-Verlag 1980.
5. Kloeppel, F. W., Pfeiler, V.: Grundsätzliche Aspekte zur Spannungswahl bei Niederspannungsanlagen für die Elektroenergieverteilung in Industriebetrieben. Elektrie 22 (1968) 2, S. 43—50.
6. Erk, A.: Grundsätzliche Untersuchungen über elektrische Versorgungsnetze für Industriebetriebe. Betriebstechnik 6 (1965) 5, S. 119—124.
7. ohne Verf.: AEG-Hilfsbuch, 9. Aufl. Berlin: VDE Verlag 1965.
8. ohno Vorf.: BBC Handbuch für Planung, Konstruktion und Montage von Schaltanlagen, 3. Aufl. Essen: Girardet 1964.
9. Kloeppel, F. W., Matussek, H. D.: Neue Gesichtspunkte der Kabelverlegung in großen Industriebetrieben. Elektrie 22 (1968) 3, S. 118—123.
10. Rietschel, H., Raiß, W.: Heiz- und Lüftungstechnik, 15. Aufl. Berlin, Heidelberg, New York: Springer 1968.
11. Recknagel, Sprenger, E.: Taschenbuch für Heizung, Lüftung und Klimatechnik, 52. Aufl. München: Oldenbourg 1962.
12. Jacobi, H.: Heizung. In: Betriebshütte, Band III, 6. Aufl. Berlin: Ernst & Sohn 1965.
13. Mosch, H. P., Kossatz, G. u. a.: Betriebseinrichtung, Band 2. Berlin: Technik 1970.
14. Neufert, E.: Bauentwurfslehre. Berlin: Ullstein 1963.
15. Reinsch, H. H.: Raumklimatisierung in Werkstätten und Büros. Maschinenmarkt 74 (1968) 43, S. 805.
16. Laurien, H. u. a.: Gas. Taschenbuch für Gas- und Wasserfach — Teil 2, 2. Aufl. München: Oldenbourg 1961.
17. Strese, G.: Gasversorgung. In: Betriebshütte, Band 3, 6. Aufl. Berlin: Ernst & Sohn 1965.
18. Mack, U., Maier, D.: Planung der Druckluftversorgung von Industriebetrieben. Stuttgart: Studienarbeit am Lehrstuhl für Industrielle Fertigung u. Fabrikbetrieb der Universität 1971.
19. ohne Verf.: Wissenswertes über Druckluft und Steuerungstechnik. Druckschrift der Firma Westinghouse.
20. ohne Verf.: Durchschnittliche Luftverbrauchsangaben für DGD-Druckluftwerkzeuge. Druckschrift der Firma Deutsche Gardner Denver GmbH.
21. Marggraf u. a.: Taschenbuch für Druckluftbetrieb, 9. Aufl. Herausgeg. von FMA Pokorny, Frankfurter Maschinenbau AG. Berlin, Heidelberg, New York: Springer 1970.
22. Naumann, E.: Zentrale Wasserversorgung. Taschenbuch für das Gas- und Wasserfach, Teil 3. München: R. Oldenbourg 1963.
23. Dalhaus, C.: Wasserversorgung. Stuttgart: Teubner 1964.
24. Dahlhaus, D.: Wasserversorgung. In: Betriebshütte, Band III, 6. Aufl. Berlin: Ernst & Sohn 1965.
25. Orsowa, W.: Der Betriebsleiter als Bauherr. München: Moderne Industrie 1965.
26. Meinck, F., Stooff, H., Kohlschütter, H.: Industrie-Abwässer, 4. Aufl. Stuttgart: Fischer 1968.
27. Sierp, F.: Die gewerblichen und industriellen Abwässer, 3. Aufl. Berlin, Heidelberg, New York: Springer 1967.
28. Weiner, R.: Die Abwässer in der Metallindustrie, 3. Aufl. Saulgau: Leuze 1965.
29. Lehr- und Handbuch der Abwassertechnik, Bd. 1. Herausgeg. von der Abwassertechnischen Vereinigung e. V. Berlin: Ernst & Sohn 1967.
30. Dahlhaus, C.: Abwasserbeseitigung. In: Betriebshütte, Band 3, 6. Aufl. Berlin: Ernst & Sohn 1965.
31. ASQ: Begriffserläuterungen und Formelzeichen im Bereich der statistischen Qualitätskontrolle. Berlin: Beuth-Vertrieb 1968. ASQ-AWF Heft 4.

32. Trumpold, H.: Meßtechnik und Ingenieurtätigkeit. Die technische Gemeinschaft 15 (1967), S. 25–27.
33. Dutschke, W.: Ordnungssystem für Grundaufgaben der industriellen Meßtechnik. Wt-Z. für ind. Fertigung 60 (1970) 1, S. 22–25.
34. Dutschke, W.: Zulässige Meßunsicherheit. Wt-Z. für Ind. Fertigung 59 (1969) 12, S. 630–632.
35. Dutschke, W.: Ermittlung von Prüfkosten. Wt-Z. für ind. Fertigung 59 (1969) 11, S. 590–593.
36. Eckerkunst, W.: Automatisierung in der Längenmeßtechnik. Berlin: Technik 1964.
37. Arnold, J.: Klimatisierung von Feinbearbeitungs- u. Feinmeßräumen. Stuttgart: Deutsche Verlagsanstalt 1965.
38. Schmidt, H.: Meßplatz-Einrichtung und -Ausstattung. Werkstatt und Betrieb 100 (1967) 8, S. 623–626.
39. Schorsch, H.: Gestaltung und Betrieb von Feinmeßräumen. Maschinenmarkt 68 (1962) Ausg. D. 23, S. 59–68.
40. See, A.: Beispiel einer Energieverteilung im Industriebau. Wt-Z. für ind. Fertigung 56 (1966) 7, S. 334–337.
41. Henn, W.: Sozialbauten der Industrie. München: Callwey 1966. Industriebau Bd. 4.

Weiterführende Literatur

42. Allianz Lebensvers. AG (Hrsg.): Handbuch der Schadensverhütung. München, Berlin: Verlag Allianz Lebensvers. AG 1976.
43. Autorenkollektiv: Abschlußbericht an die Bundesanstalt für Arbeitsschutz und Unfallforschung über das Forschungsvorhaben: Verbesserung der Arbeitsbedingungen in Gießereibetrieben. Fraunhofer-Institut für Produktionstechnik und Automatisierung. Stuttgart 1979.
44. Babić, H. G., Czetto, R.: Das Qualitätswesen: Aufbau, Aufgaben und Zusammenarbeit mit der Fertigung. Handbuch des Wirtschaftsingenieurs (HWI). Geesthacht: Verlag für Wirtschaft und Ausbildung 1979.
45. Babić, H. G., Kampa, H.: Rationalisierung im Qualitätswesen. Fortschrittliche Betriebsführung und Industrial Engineering 7 (1978) 2, S. 85–92.
46. Deutsche Gesellschaft für Qualität e. V.: Organisation der Qualitätssicherung im Unternehmen. Berlin, Köln, Frankfurt/M.: Beuth 1975.
47. Dietzsch, M., Kampa, H.: Automatische Tasterwechseleinrichtung für Mehrkoordinatenmeßgeräte. Qualität und Zuverlässigkeit 22 (1977) 8, S. 176–180.
48. Döring, A.: Aktuelle Fragen zur Bewertung betrieblicher Bildungsarbeit. Rationalisierung 27 (1976) 5, S. 130–134.
49. Dutschke, W.: Prüfplanung in der Fertigung. Mainz: Krausskopf 1975.
50. Eichler, Ch.: Instandhaltungstechnik. Berlin: Verlag Technik 1977.
51. Franke, H.: Qualitätssicherung von Zulieferanten. Grafenau: Lexika-Verlag 1978.
52. Gesell, W.: Möglichkeiten der Lärmminderung im Produktionsbereich Formerei. Maschinenmarkt 85 (1979) 37, S. 718–721.
53. Jacobi, H., Rabus, G.: Organisation der Instandhaltung: Alternativen und Vorgehensweise. Maschinenmarkt 86 (1980) 13, S. 228–232.
54. Schaafsma, A. H., Willemze, F. G.: Moderne Qualitätskontrolle. Eindhoven: Philips Technische Bibliothek 1973.
55. Schelo, J.: Integrierte Instandhaltungsplanung und -steuerung mit elektronischer Datenverarbeitung. Berlin: Erich Schmidt 1972.
56. Schindowski, E., Schürz, O.: Statistische Qualitätskontrolle. Berlin: Verlag Technik 1976.
57. Schulz, E., Netz, H.: Instandhaltungsgerechtes Konstruieren von Fertigungseinrichtungen. Berlin, Köln: Beuth 1978.
58. Warnecke, H. J., Netz, H.: Methoden und Hilfsmittel des instandhaltungsgerechten Konstruierens. VDI-Z. 121 (1979) 22, S. 250–259.

Zitierte VDI-Richtlinien und DIN-Normen

VDI 2050: Heizzentralen. Technische Grundsätze für Planung und Ausführung. Oktober 1963.

DIN-Normen

1 940: Lüftungstechnische Anlagen. 1960.
1 986: Grundstücksentwässerungsanlagen. 1962/1963.
1 999: Benzinabscheider. 1958/1959.
4 040: Fettabscheider: Baugrundsätze 1957.
4 701: Heizungen. Regeln für die Berechnung des Wärmebedarfs von Gebäuden. 1959.
4 702: Heizkessel. Blatt 1, Begriffe, Nennleistung, Heiztechnische Anforderungen, Kennzeichnung. 1967.
5 035: Innenraumbeleuchtung mit künstlichem Licht, Leitsätze 1963.
31 051: Instandhaltung, Begriffe 1974.
40 002: Nennspannungen von 100 V — 380 KV. 1968.
51 621: Flüssiggas. Anforderungen an die Qualität. 1966.
55 350: Begriffe der Qualitätssicherung und Statistik (Vornorm) 1980.

10. Informationsfluß und Verwaltungsbereich

Bei der Planung des Verwaltungsbereiches entstehen im wesentlichen folgende Aufgaben:

Die Ermittlung der anfallenden Arbeitsvorgänge und des zu ihrer Erledigung erforderlichen Personals sowie der für das Personal benötigten Betriebsmittel. Aus diesen Angaben läßt sich der Flächenbedarf feststellen.

Für die Zuordnung der Bereiche sollte der Informationsfluß bekannt sein. Durch eine informationsflußgerechte Zuordnung (Idealplan) lassen sich geringe Transportkosten und eine rasche Abwicklung der Vorgänge erreichen.

Unter Berücksichtigung auch aller anderen Bedingungen entsteht aus dem Idealplan der Realplan.

Die Ermittlung der genannten Daten für Erweiterungsplanungen oder Neuplanungen bestehender Verwaltungen ist in der Literatur ausführlich beschrieben. Für vollständige Neuplanungen ist die Ermittlung wesentlich schwieriger. Es liegen auch in der Literatur nur wenige Angaben über die Vorgehensweise vor.

10.1 Ermittlung des Informationsflusses und Personals aus dem Ist-Zustand

Für Erweiterungsplanungen und Neuplanungen bestehender Betriebe können die Daten des Soll-Zustandes aus denjenigen des Ist-Zustandes extrapoliert werden. Dabei kommt man am schnellsten zum Ziel, wenn man die Ablauforganisation unverändert läßt. Im Zuge eines so großen Einschnittes, die eine Neu- oder Erweiterungsplanung bedeutet, wäre es jedoch nützlich, auch einzelne Arbeitsabläufe auf eine Vereinfachung oder Eliminierung zu überprüfen.

Zur Berechnung der Anzahl der in Zukunft zu beschäftigenden Personen aus der Anzahl der im Ist-Zustand Beschäftigten ist es schwierig, die Steigerungsrate zu bestimmen. Sie ist möglicherweise ungefähr gleich der Steigerungsrate des Umsatzes. Wenn in Zukunft keine zusätzlichen Aufgaben entstehen, könnte sie unter der Umsatzsteigerungsrate liegen, da eine gewisse Größendegression wirksam wird. Da aber in den meisten Fällen die Anzahl der Aufgaben zunehmen werden, entsteht dadurch wieder ein erhöhter Personalbedarf. Eine Berechnung muß entsprechend dem Einzelfall erfolgen, wobei u. U. die Steigerungsraten der Vergangenheit die Richtung geben können.

Zur Erfassung des Informationsflusses wird seine Gliederung nach der Art der Informationen vorgeschlagen:

a) Gesprochene Informationen direkte (z. B. Besuche),
indirekte (z. B. Telefon),

b) geschriebene Informationen (Belege),

c) Daten.

Die Aufnahme des Informationsflusses ist erforderlich zur Dimensionierung der Kommunikationsnetze (Telefon, Sprechanlagen, Funk, Fördermittel für Belege, Datenübertragungsnetze) und zur Zuordnung der verschiedenen betrieblichen Stellen. Für die Zuordnung ist der Umfang der Telefonate oder Funkgespräche unwesentlich, da auf eine Ausstattung mit den entsprechenden Geräten nicht verzichtet werden kann und innerhalb des Betriebes in der Regel keine zusätzlichen, entfernungsabhängigen Kosten anfallen.

Bei der Informationsflußaufnahme sind also die folgenden Daten und die Absender und Empfänger zu ermitteln:

Die Zahl der Besuche,

die Zahl der Transporte von Belegen, wobei u. U. nach der Art und Größe der Belege aufgegliedert werden sollte und

die Zahl der Informationseinheiten, die durch direkte Datenübertragung übermittelt werden.

Dabei kann als Informationseinheit ein Zeichen oder, wenn hauptsächlich mit Lochkarten gearbeitet wird, nach einem Vorschlag in [1] eine Lochkarte als Maßeinheit benützt werden, und zwar mit einem Inhalt von 40 Zeichen.

Gottschalk [2] gibt folgende Mittelwerte pro Person an:

Die Zahl der Gespräche nach außerhalb der Gruppe beträgt täglich 12 bis 15 je Person, davon sind 40 – 25% Besuche und der Rest Telefonate.

Besuche von Personen von außerhalb des Gebäudes beschränken sich auf sehr wenige Arbeitsplätze.

60 – 70% der Arbeitsplätze haben während zwei Arbeitstagen 0 – 1 auswärtige Besucher.

Die Zahl der Transporte von Belegen übertrifft die Zahl der gesprochenen Informationen um 50 bis 200%.

Eine Datenübertragung erfolgt bevorzugt von dezentralen Datenstationen zu einer Zentrale und umgekehrt.

Es empfiehlt sich, den Informationsfluß direkt in der Verwaltung aufzunehmen. Dabei gibt eine Schätzung der An- und Abgänge durch die einzelnen Personen wahrscheinlich ziemlich ungenaue Werte, die lediglich für eine Aufnahme in Größenklassen anwendbar ist (siehe Beispiel Tab. 10.1 und 10.2). Man sollte besser während einer sogenannten repräsentativen Periode, d. h. während einer Periode mit etwa durchschnittlichem Anfall, alle Bewegungen möglichst vollständig erfassen. Das geschieht am einfachsten, indem die beteiligten Personen jede Bewegung in eine Liste oder besser in eine Karte eintragen. In [4] wurden als repräsentative Periode 2 Wochen gewählt, für jede Kommunikation (außer Telefonaten) war eine Lochkarte auszufüllen, die nach Abschluß der Erhebung abgelesen und gelocht wurde.

Eine Anweisung für die Informationsflußerfassung ist in Tab. 10.1 abgedruckt.

Tabelle 10.1. Anweisung für Informationsfluß-Erfassung [3]

Betrifft: *Neuplanung der Firma*

Im Bemühen, die sinnvollste Zuordnung der verschiedenen Betriebsbereiche zu finden, möchten wir nicht auf Ihre Erfahrung und Ihre Ansichten verzichten. Bereiche bzw. Abteilungen, die eng miteinander zusammenarbeiten oder gemeinsame Unterlagen verwenden, sollten eng beieinander liegen, bei anderen, die sehr wenig oder gar nicht zusammenarbeiten, ist dies nicht zwingend.

Damit wir diese Aufgabe richtig lösen können, bitten wir Sie, die beigefügte Tabelle auszufüllen. Sie sollen dabei die Art und Häufigkeit der Beziehungen Ihrer Abteilung (in der Tabelle besonders gekennzeichnet) zu den übrigen Abteilungen durch eine Zahl kennzeichnen. Dabei gehen Sie zweckmäßig wie folgt vor:

Tragen Sie in die 4 Spalten hinter jeder Abteilung die Zahl ein, die Sie nach dem untenstehenden Schlüssel ermitteln. Eine weitere Spalte ist für die Bemerkungen und Anregungen vorgesehen. Sollte der Raum hierfür nicht ausreichen, so bitten wir Sie, eine Anlage beizufügen.

Nehmen Sie bitte bei Ihrer Beurteilung keine Rücksicht auf vorhandene Gegebenheiten, Gebäude oder Zuordnungen, sondern entscheiden Sie so, daß die sich daraus ergebenden neuen Zuordnungen für den innerbetrieblichen Ablauf und die Organisation am günstigsten sind.

Schlüssel:

I. Informationsfluß:

1. Spalte: persönliche Gespräche (keine Telefonate)
2. Spalte: Schriftstücke etc.
3. Spalte: Zeichnungen

Häufigkeit:

0 mehrmals stündlich
1 stündlich
2 mehrmals täglich
3 täglich
4 wöchentlich
5 selten

II. Räumliche Zuordnung:

4. Spalte: wie nah sollte die entsprechende Abteilung bei Ihrer Abteilung sein
0 Nähe unbedingt erforderlich (nebeneinander)
1 Nähe besonders wichtig
2 Nähe wichtig
3 Nähe erwünscht
4 Nähe unwichtig
5 Nähe unerwünscht

Anwendungsbeispiel:
Informationsfluß
des Entwicklungsbüros:

Lichtpausraum	5	3	2	1	

Gespräche selten — Schriftstücke täglich — Zeichnungen mehrmals täglich — Nähe besonders wichtig

Es ist ziemlich schwierig, aus dem Informationsfluß im Ist-Zustand den zukünftigen Informationsfluß vorauszusagen. In manchen Fällen dürfte der Fluß zwar direkt proportional mit der Zahl der zu bearbeitenden Geschäftsvorfälle wachsen, die vielleicht proportional dem Umsatz selbst ansteigen; es ist aber möglich, daß

Tabelle 10.2. Informationsfluß-Erfassungsbogen [3]

Abteilung etc.	Spalte				Bemerkungen
	1	2	3	4	
1. Technische Leitung	5	3	5	4	
2. Kaufmännische Leitung	5	3	5	3	
3. Betriebsleitung	5	4	5	4	
4. Personalbüro	5	5	5	4	
5. Einkauf	5	2	5	2	
6. Verkauf Inland	3	2	5	2	
7. Verkauf Export	3	2	5	2	
8. Warenannahme	5	5	5	4	
9. Warenversand	5	5	5	4	
10. Konstruktionsbüro	5	3	5	3	
11. Arbeitsvorbereitung	5	3	5	4	
12. Registratur					Ausführende Abteilung
13. Buchhaltung	3	3	5	3	
14. Lohnabteilung	5	5	5	4	
15. Abt. Stat. Maschinen	3	2	5	2	
16. Abteilung VM	3	2	5	2	
17. Werbeabteilung	5	3	5	2	
18. Kundenberatung	4	4	5	3	
19. Lichtpauserei etc.	5	5	5	4	
20. Fernschreiber	4	3	5	4	
21. Postzimmer	3	2	5	3	
22. Drucksachen-Verwaltung	4	5	5	4	
23. Vorführraum	5	5	5	4	
24. Sitzungsraum	5	5	5	4	
25. Versuch	5	5	5	4	
26. Mechanische Fertigung	5	5	5	5	
27. Ersatzteillager	5	5	5	5	
28. Rohmateriallager	5	5	5	5	
29. Teilelager	5	5	5	5	
30. Fertiglager	5	5	5	5	
31. Betriebswerkstatt	5	5	5	5	
32. Reparatur-Abteilung	5	5	5	5	
33. Montage	5	5	5	5	
34. Kontrolle	5	5	5	5	
35. Werkzeug. Vorricht.	5	5	5	5	
36. Werkzeug. Vor.lager	5	5	5	5	
37. Vorr. Konstr.	4	4	5	4	

geringe organisatorische Änderungen eine beträchtliche Verschiebung des Informationsflusses mit sich bringen. Deshalb ist es besonders wichtig, im Verwaltungsbereich Gebäude vorzusehen, in denen Umstellungen verhältnismäßig einfach vorgenommen werden können.

10.2 Ermittlung des Informationsflusses und Personals für eine vollständige Neuplanung

Wenn eine Verwaltung aus dem Nichts aufgebaut werden soll, so ist die Bestimmung des erforderlichen Personals und des Informationsflusses, wenn man sie einigermaßen genau vornehmen will, mit einigem Aufwand verbunden. Eine grobe

Ermittlung des erforderlichen Personals kann mit Hilfe von Kennzahlen (vgl. das entsprechende Kapitel) vorgenommen werden.

Für eine genauere Ermittlung ist die folgende Vorgehensweise empfehlenswert: Aus der Gesamtaufgabe des Verwaltungsbereichs lassen sich durch Aufgabenanalyse einzelne Arbeitsabläufe ableiten und in elementare Aufgaben und Funktionen zerlegen. Die Tiefe der Gliederung ist abhängig von dem geplanten Grad der Arbeitsteilung.

Die zu ermittelnden analytischen Teilaufgaben, d. h. die erforderlichen Einzelhandlungen werden nach bestimmten Aufgabenbildungsmerkmalen zu Teilaufgabenkomplexen (Stellen) zusammengefaßt. Dabei ist eine Stelle ein Aufgaben- und Arbeitsbereich einer einzigen gedachten Person, derart, daß sie deren normaler Arbeitskapazität unter der Voraussetzung der erforderlichen Eignung und Übung entspricht [5].

Zwischen den Stellen entsteht auf Grund der einzelnen Arbeitsabläufe ein Informationsfluß, der als Grundsystem für die Aufbauorganisation dienen kann und sollte.

Entsprechend den Verbindungen durch den Informationsfluß sollten organisatorische Stellen zu Abteilungen zusammengefaßt werden, wobei eine Leitungsstelle hinzugefügt wird. Je nach den Gegebenheiten werden außerdem weitergehendere oder engere Gruppierungen, wie Hauptabteilungen oder Gruppen, gebildet.

Die Anzahl des erforderlichen Personals läßt sich aus der Zahl der Stellen unter Hinzurechnung der Fehlrate (d. h. der Abwesenden durch Krankheit oder Urlaub) bestimmen.

Der Informationsfluß ist qualitativ durch die Arbeitsabläufe gegeben. Dazu kommen eventuell zusätzliche Informationen, die durch die Aufbauorganisation oder andere als direkt die betrieblichen Aufgaben betreffende Vorgänge veranlaßt werden [6].

Die Größe des Informationsflusses läßt sich aus dem Umfang der zur Erledigung der Aufgaben notwendigen Besuche, Belege etc. mit beträchtlichem Aufwand ermitteln.

10.3 Ermittlung des Flächenbedarfs

Eine grobe Schätzung des Flächenbedarfs ist mit Hilfe von Kennzahlen möglich. Dabei wird unterschieden zwischen reiner Büronutzfläche und der gesamten Gebäudefläche. Die Büronutzfläche enthält bei Großraumbüros auch die Verkehrsflächen, Garderoben und Pausenräume im Großraum. Bei Einzelraumbüros sind Verkehrsflächen, Garderoben etc. außerhalb der eigentlichen Büroräume nicht in den Zahlen enthalten. Die gesamte Gebäudefläche umfaßt sämtliche Flächen des Gebäudes, also beispielsweise auch Flächen für Trafos und Heizung.

In der folgenden Tabelle 10.3 werden Kennzahlen zweier Autoren angegeben. Die Zahlen von Siegel/Solf [7] sind Durchschnittswerte aus einer großen Anzahl bestehender Gebäude und die Zahlen von Gottschalk [2] mittlere Planungswerte. Wenn man annimmt, daß in unserer Zeit eher der Trend zur Großzügigkeit vorhanden ist, so liegt in den Zahlen kein Widerspruch.

Tabelle 10.3. Flächenbedarf für Verwaltungsgebäude in m^2/Person

	nach Siegel/Solf [7]		nach Gottschalk [2]	
	Großraum	Kleinraum	Großraum	Kleinraum
Reine Büronutzfläche	11,5	12,5	12,25	ca. 14,5 *
Gesamte Gebäudefläche	17	22	20,7	ca. 25 *

* Zimmer, zweibündige Anlage, nicht klimatisiert.

Da die Werte in der Praxis sehr stark um diese Mittelwerte schwanken, ist für den Einzelfall eine genauere Berechnung erforderlich. In [8] wird hierfür folgende Vorgehensweise angegeben:

1. Bestimmen der Flächenstandards, nach Gruppen gegliedert (Leiterplätze, Sachbearbeiterplätze, Maschinenarbeitsplätze, Zeichnerplätze, Plätze für Hilfskräfte usw.).
2. Ermitteln der Anzahl der Angestellten in jeder Gruppe.
3. Multiplizieren der Anzahl der Angestellten in jeder Gruppe mit dem jeweils zugehörigen Standard und Errechnen des gesamten personellen Raumbedarfs in m^2.
4. Berechnen des Flächenbedarfs für Geräte und Personal mit speziellem Flächenbedarf.
5. Ermitteln des Bedarfs an Nebenflächen (Registraturen, Archiven usw.) und technischen Flächen (Toiletten, Aufzüge usw.).

Im folgenden werden Flächenstandards für bestimmte wesentliche Arbeitsplatztypen sowie die zugrunde gelegten Einrichtungen der Arbeitsplätze angegeben (Tabelle 10.4 und Bild 10.1).

Die Summen der sich ergebenden Flächen gelten für Großraumbüros, aus den Einzelflächen lassen sich aber auch entsprechende Werte für Kleinraumbüros unter besonderer Berücksichtigung zusätzlich erforderlicher Flächen ermitteln.

Die oben definierte reine Büronutzfläche wird aus einer arbeitsplatzbezogenen und einer arbeitsgruppenbezogenen Fläche berechnet.

Die arbeitsplatzbezogene Fläche setzt sich zusammen aus:

1. Arbeitsplatzstellfläche, die die reine Stell- und Aktionsfläche mit Arbeitstisch, Drehstuhl, Registratur und notwendigem Sonderbedarf (Karteigeräte, Zeichenmaschinen, Besucherstühle u. a.) enthält.
2. Arbeitsplatzbezogene Verkehrsfläche, das ist der Zugang vom Hauptverkehrsweg zum Arbeitsplatz, für jeden Arbeitsplatztyp mit 2 m^2 angenommen.
3. Repräsentationsfläche für bestimmte Arbeitsplätze.

Arbeitsgruppenbezogene Flächen sind:

Registratur-,
Besprechungs-,
Garderoben-,
Zäsur- und
Klausurflächen.

Unter Zäsurfläche werden Hauptverkehrswege verstanden, die auch die Trennung zwischen Abteilungen bewirken. Ihre normale Breite soll 2 m nicht unterschreiten.

Tabelle 10.4. Brutto-Arbeitsplatzflächen-

0		1		2	3	1–3
Arb.-Typ No.	Arbeitsplatz-bezeichnung	Arbeitsplatz-Stellfläche, netto Maße [cm] Br. + Tiefe	m^2	Verkehrs- (Zugang) Fläche m^2	Repräs. (Frei-) Fläche m^2	Arbeits-platzbez. Fläche m^2
1	Schreibkraft	213 + 125	2,70	2,0	—	4,70
2	Locherin Fakturistin	145 + 145	2,10	2,0	—	4,10
3	Stenokontoristin	268 + 180	4,80	2,0	—	6,80
4	Sekretärin	245 + 235	5,80	2,0	2,0	9,80
5	Sachbearbeiter ohne Bespr.	213 + 140	3,00	2,0	—	5,00
6	Sachbearbeiter mit Sonderfunktion ohne Bespr.	283 + 210	6,00	2,0	—	8,00
7	Sachbearbeiter mit Bespr.	283 + 140	4,00	2,0	2,0	8,00
8	Sachbearbeiter mit Sonderfunktion mit Bespr.	283 + 210	6,00	2,0	2,0	8,00
9	Gruppenleiter	221 + 220	4,90	2,0	4,0	10,90
10	Abteilungsleiter	315 + 470	14,80	2,0	6,0	22,80
11	Hauptabteilungs-leiter	290 + 640	18,50	2,0	12,0	32,50
12	Geschäftsführer	350 + 670	23,50	2,0	18,0	43,50

Die Klausurfläche enthält einen besonders abgeschirmten Arbeitsplatz, der es schöpferisch tätigen Mitarbeitern erlaubt, zeitweise in völliger Ruhe zu arbeiten.

Zu den arbeitsgruppenbezogenen Flächen kommt noch eine Fläche für Pausenzonen von beispielsweise 0,5 m^2 pro Mitarbeiter.

Bei der Planung kleinerer Büros kann u. U. auf einige der arbeitsgruppenbezogenen Flächen bei der Berechnung der reinen Büronutzfläche verzichtet werden (z. B. Zäsuranteil).

Bei der Ausstattung der Büros mit Schreib- und Maschinentischen ist die Norm DIN 4549 (August 1968) zu beachten.

Die Gestaltung der einzelnen Arbeitsplätze und ihre Ausstattung soll auf Grund genauer Arbeitsplatzanalysen erfolgen. Näheres hierüber kann aus der folgenden Literatur entnommen werden: [10 ... 14].

Zu den direkt von der Personenzahl abhängigen Arbeitsplatzflächen kommen Flächen für allgemeine Abteilungen, wie: Empfang und Ausstellung, Poststelle, Telefon und Fernschreibvermittlung, Datenverarbeitung, Bibliothek, Materialannahme/Lager, Zentralregistratur, eventuell Druckerei und Lichtpauserei, Toiletten, Waschräume sowie technischer Versorgungsbereich.

bedarf wichtiger Arbeitsplatztypen [9]

4	5	6	7	8	4—8	1—8	9
Registr.-Anteil Fläche m²	Besprech.-Anteil Fläche m²	Garder.-Anteil Fläche m²	Zäsur-Anteil Fläche m²	Klausur-Anteil Fläche m²	Arbeitsgruppen-bezogene Fläche	Brutto-Arbeits-Fläche	Reserve Plätze + Pausen-zonen
1,0	—	0,20	2,0	—	3,20	7,90	Der Reserve- und Pausenzonen-Flächenbedarf ist abteilungs- bzw. gesamtbürobezogen zu ermitteln
1,0	—	0,20	2,0	—	3,20	7,30	
1,0	0,80	0,20	2,0	—	4,00	10,80	
1,0	0,80	0,20	2,0	—	4,00	13,80	
1,0	0,80	0,20	2,0	0,60	4,60	9,60	
1,0	0,80	0,20	2,0	0,60	4,60	12,60	
1,0	0,80	0,20	2,0	0,60	4,60	12,60	
1,0	0,80	0,20	2,0	0,60	4,60	14,60	
1,0	0,80	0,20	2,0	0,60	4,60	15,50	
—	0,80	0,20	2,0	—	3,00	25,80	
—	—	0,20	2,0	—	2,20	34,70	
—	—	0,20	2,0	—	2,20	45,70	

Der Flächenbedarf für die Sozialräume ist in Kapitel Personenverkehr und Sozialbereich angegeben.

Die erforderlichen Verkehrsflächen ergeben sich bei der Erstellung des Layouts.

10.4 Darstellung des Informationsflusses und Aufstellung des Idealplanes

Einzelne Arbeitsabläufe, wie auch der Informationsfluß zusammen mit dem Materialfluß, lassen sich am besten mit Hilfe von Symbolen darstellen. Hierzu wird auf die reichliche Literatur verwiesen [15 ... 18].

Graphische Darstellungen von Arbeitsabläufen sollte man nur zur Orientierung über die örtliche und eventuell zeitliche Folge der Arbeitsvorgänge benutzen, nicht jedoch zur Beschreibung aller Einzelheiten. Dies ist einer genauen Beschreibung vorbehalten, weil sonst die Arbeitsablaufdarstellungen überladen und wenig anschaulich werden [6].

Der Idealplan im Verwaltungsbereich sei als derjenige definiert, für den der Informationsfluß ideal verläuft, also die Kosten für die sachgerechte Abwicklung des Informationsflusses minimal sind.

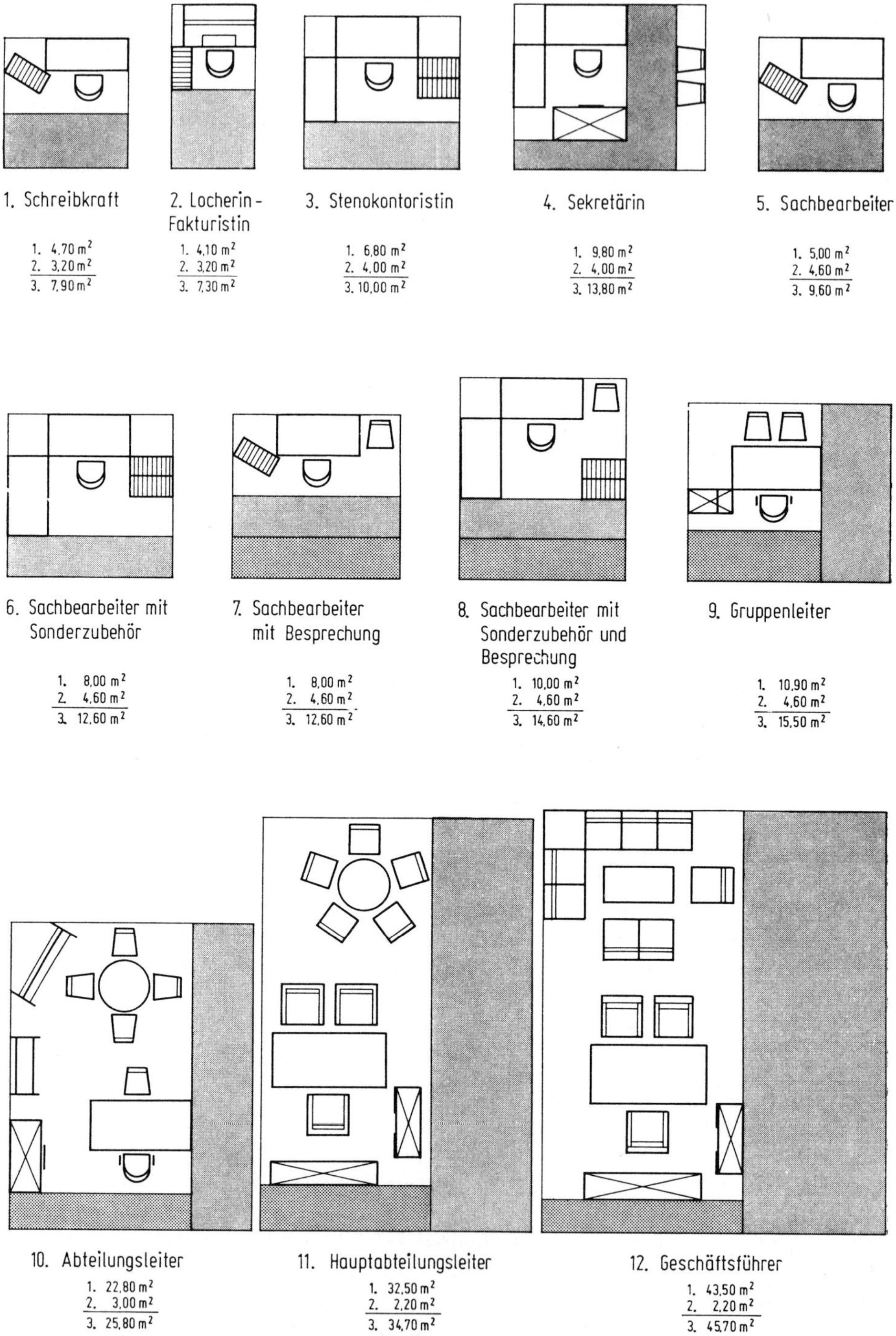

Bild 10.1. Arbeitsplatz-Typen [9]. S. a. Tabelle 10.4. 1 . . . 5 arbeitsplatzbezogene Fläche, 6 . . . 9 arbeitsgruppenbezogene Fläche, 10 . . . 12 Büronutzfläche.

Wenn man gefühlsmäßig versucht, die einzelnen Flächenbereiche einander informationsflußgünstig zuzuordnen, also vor allem nach der Regel, Flächenbereiche, die durch große Flüsse verbunden sind, eng benachbart anzuordnen, so ergibt sich eine Darstellung wie beispielsweise in Bild 10.2. Dort entspricht die Breite der Informationsflußlinien der Häufigkeit der Beziehungen zwischen den Bereichen (Tabelle 10.5). Die Flächen sind maßstabsgerecht gezeichnet. Wenn man sich die

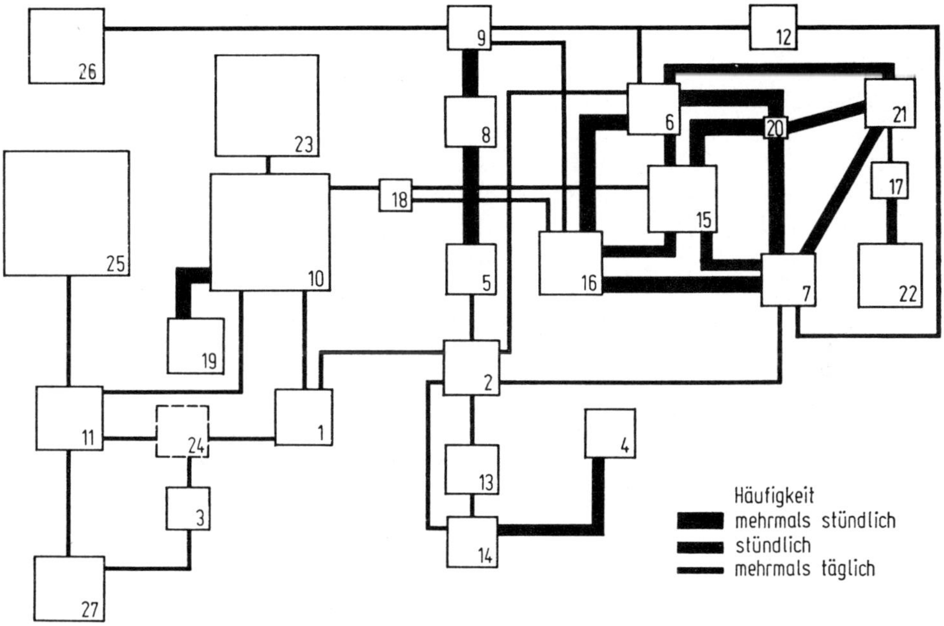

Bild 10.2. Informationsfluß-Diagramm.

Tabelle 10.5. Nummern und Flächen der Abteilungen des Informationsfluß-Diagrammes

Abteilung	Nr.	Fläche in m^2	Abteilung	Nr.	Fläche in m^2
Techn. Leitung	1	48	Abt. Stat. Maschinen	15	75
Kaufm. Leitung	2	50	Abt. Kleingeräte	16	64
Betriebsleitung	3	30	Werbeabteilung	17	21
Personalbüro	4	39	Kundenberatung	18	10
Einkauf	5	38	Lichtpauserei ect.	19	48
Verkauf Inland	6	42	Fernschreiber	20	7
Verkauf Export	7	43	Postzimmer	21	39
Warenannahme	8	40	Drucksachenverwaltung	22	65
Warenversand	9	30	Versuch	23	170
Konstruktionsbüro	10	225	Mechanische Fertigung	24	850
Arbeitsvorbereitung	11	68	Rohmateriallager etc.	25	250
Registratur	12	32	Teilelager		155
Buchhaltung	13	42	Fertiglager	26	87
Lohnabteilung	14	40	Montage	27	70

einzelnen Flächen unter Erhaltung der relativen Lage zusammengeschoben vorstellt, so ist das Ergebnis ein brauchbarer Idealplan.

Da die Erstellung der Idealpläne auf diese Art aber sehr viel Erfahrung erfordert und der Wert des Ergebnisses trotzdem umstritten bleibt, ist es besser, für die Erstellung mathematische Methoden anzuwenden, die im letzten Kapitel des Buches geschildert werden.

Damit ist es möglich, nicht nur ganze Gruppen oder Abteilungen einander zuzuordnen, sondern auch einzelne Stellen. Die Zusammenfassung der Stellen zu Abteilungen kann dann auf Grund des errechneten Ergebnisses erfolgen, so daß solche Stellen, die vom Informationsfluß her zusammengehören, auch zu Gruppen und Abteilungen zusammengefaßt werden.

Eine eingeschossige Ausführung der Verwaltung wäre vom Informationsfluß her gesehen für etwa bis zu 1000 Personen am günstigsten [19], würde aber in der Ausführung ein Großraumbüro erfordern. Deshalb soll zunächst zur Klärung des Problems Klein- oder Großraumbüro Stellung genommen werden.

10.5 Klein- und Großraumbüros

Die Entscheidung, ob man Klein- oder Großraumbüros wählt, hat weitreichende Folgen, z. B. auf den Gebäudetyp, sie ist deshalb sorgfältig zu begründen. Eine Einschränkung ist bereits durch die Grundstücksfläche gegeben. Erlaubt diese z. B. nur Bauten von weniger als 20 m Breite, so ergeben sich für Großraumbüros sowohl akustische Beeinträchtigungen durch Schallreflexion als auch klimatechnische Nachteile.

In der folgenden Tabelle 10.6 werden die Vorteile von Klein- und Großraumbüros einander gegenübergestellt, um eine Hilfestellung für die Entscheidung zu geben.

Kleinraumbüros

Kleinraumbüros, Zellenbüros oder, wie sie auch genannt werden, Einzelräume, enthalten pro Raum einen oder mehrere Arbeitsplätze. Sie sind durch Wände gegeneinander und gegen einen Flur abgetrennt, der ausschließlich dem Verkehr dient. Die Arbeitsbedingungen sind für 2 Personen, die zusammenarbeiten, möglicherweise noch günstig. Bei steigender Personenzahl werden die gegenseitigen Störungen größer, so daß dann Großraumbüros vorzuziehen sind, die in ihrer Ausstattung (Schalldämpfung) auf die Benutzung durch viele Mitarbeiter besonders eingerichtet sind.

In der Regel wird bei Kleinraumbüros aus dem Platzbedarf für typische Arbeitsplätze unter Berücksichtigung der Normen das Fensterachsmaß als Grundlage für die Baukonstruktion abgeleitet [10, 22]. Macht man die Trennwände versetzbar, so ist wenigstens eine variable Zelleneinteilung möglich.

Üblich sind einbündige, zweibündige oder dreibündige Gebäude (siehe Bild 10.3).

Da man es bei uns gewohnt ist, in Kleinraumbüros mit Tageslicht zu arbeiten, ist dadurch die Tiefe der Räume begrenzt. Sie liegt in der Regel bei etwa 5 m.

Bei zweibündigen Anlagen, die in der Mitte einen Flur und links und rechts Bürozellen haben, ergibt sich somit eine Gebäudebreite von etwa 13 m.

Tabelle 10.6. Vorteile von Klein- und Großraumbüros nach [2, 7, 10, 20, 21]

Vorteile von Kleinraumbüros für 1 bis 2 Personen	Vorteile gut ausgestatteter Großraumbüros für mehr als 40 Personen
1. Gute Konzentrationsmöglichkeit, da geringe visuelle (und akustische) Störungen	1. Ermöglicht informationsflußgerechte Zuordnung der Arbeitsplätze
2. Keine ständige Beobachtung durch viele Mitarbeiter, Vorgesetzte und Untergebene	2. Günstige Kommunikation: kurze Verkehrswege, Beschleunigung der Arbeitsabläufe, weniger Fehlbesuche oder Anrufe
3. Ermöglicht Individualität, z. B. bei Heizung und Lüftung	3. Gute Arbeitsbedingungen, mehr Komfort, belebendere Arbeitsatmosphäre; Klima; Akustik; Optik
4. Identifizierung mit Arbeitsplatz ist leichter möglich	4. Einfachere Energieverteilung durch Unterflurinstallation im Raster
5. Tageslicht und Blick aus dem Fenster	5. Größere Flexibilität ermöglicht Umstellungen auf einfache und schnelle Weise
6. Geringere Kosten	6. Geringerer Flächenbedarf
7. Bessere Orientierung für Besucher	7. Erhöhung des persönlichen Gefühls, am Betriebsgeschehen beteiligt zu sein
8. Langsamere Brandausbreitung	8. Pünktlichkeit nimmt zu, ebenso gepflegteres äußeres Erscheinungsbild der Mitarbeiter
	9. Verringerung von Intrigen, sowie besserer und sachlicherer Kontakt zwischen Vorgesetzten und Mitarbeitern
	10. Abbau von Einzel- und Gruppenegoismus durch Wahrnehmen der Arbeit und Leistung der anderen; Leistung des einzelnen wird besser sichtbar

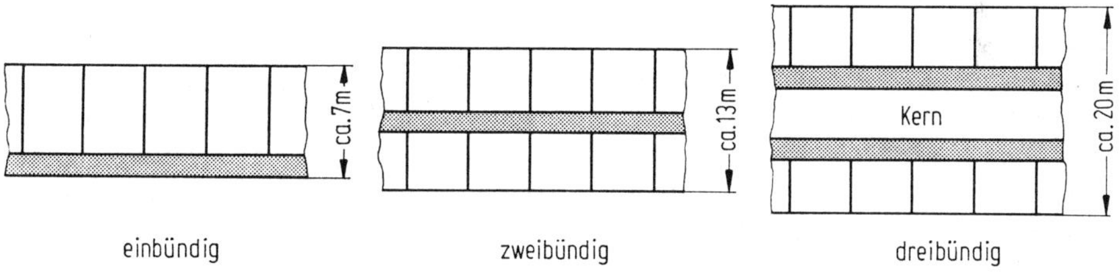

Bild 10.3. Grundrisse von Verwaltungsgebäuden mit Kleinraumbüros.

Bei dreibündigen Anlagen dient der mittlere Bund zur Aufnahme von Versorgungs- und Nebenräumen. Da solche Räume bei Hochhäusern umfangreicher werden, herrschen dort dreibündige Anlagen vor. Der 3. Bund kann auch günstig die dann vergrößerten Horizontalkräfte als aussteifender Kern aufnehmen [22]. Die Investitionen liegen (Stand 1980) im Durchschnitt bei 35 000,– DM pro Arbeitsplatz [7]. Bei entsprechender Ausstattung mit Rechner und Bildschirmen kann sich dieser Betrag bis zu 100 000,– DM erhöhen.

Großraumbüros

Als Gebäudegrundrisse für Großraumbüros eignen sich vor allem Quadrate und Quadraten angenäherte Rechtecke. Auch kreisförmige Querschnitte sind theoretisch denkbar, lassen sich aber mit üblichen Bauelementen schwer realisieren. In [20] wird empfohlen, bei Rechtecken die Länge höchstens gleich der doppelten Breite zu nehmen. Dies gilt, weil (auch mit Hilfe mathematischer Methoden erstellte) Idealpläne von Großraumbüros in der Regel solche Formen annehmen. In solchen Grundrissen läßt sich der Informationsfluß am günstigsten abwickeln. Sie ergeben auch minimale Außenflächen, was für Klimatisierung, Akustik und Gebäudeinvestitionen günstig ist.

Aus den Mindestmaßen von etwa 20 – 24 m (Mindestabstand paralleler Wände) ergibt sich als Mindestfläche eine Grundfläche von 500 m^2 und eine Mindestbelegung mit etwa 50 Personen. Es wurden allerdings auch Großraumbüros für weniger Arbeitsplätze (z. B. 40) verwirklicht [23]. In [2] und [20] wird aber empfohlen, um zusammen mit den technischen Schallquellen (Klimaanlage, Maschinen) einen günstigen Geräuschhintergrund zu erreichen, das Büro für mindestens 80 arbeitende Personen auszulegen, d. h., da wegen Abwesenheit bis zu 20% der Arbeitsplätze unbesetzt sein können, mindestens 100 Arbeitsplätze je Großraumeinheit vorzusehen. Damit ergibt sich eine untere Grenze von 800 – 1000 m^2 Bürofläche.

Die lichte Raumhöhe soll zwischen 2,65 m und 2,80 m liegen. Bei höheren Räumen ist es schwierig, ein subjektives Raumgefühl durch entsprechende Aufstellung des Mobiliars zu erzielen.

Rechnet man für Beleuchtung, Unterdecke und Rasterdecke 0,4 bis 0,7 m und für Klimakanäle, Konstruktion und Estrich 0,85 bis 1,2 m, so ergibt sich eine Geschoßhöhe mehrgeschossiger Bauten zwischen 3,9 und 4,7 m, wobei der Durchschnitt zwischen 4,2 und 4,3 m liegt [2].

Die Zahl der Geschosse sollte man so niedrig wie möglich halten. Am günstigsten ist ein Flachbau. Er entspricht dem Idealplan, in ihm läßt sich der Informationsfluß am besten abwickeln. Gegen den Stockwerksbau spricht auch, daß die Abteilungen eines Unternehmens nicht gleich groß sind, so daß bei der Aufteilung auf mehrere Stockwerke immer Abteilungen auseinandergerissen werden müssen [24]. Sind wegen mangelnder Grundstücksfläche oder wegen zu hoher Grundstückskosten Geschoßbauten erforderlich, so sollte man nach Möglichkeit 5 – 6 Geschosse nicht überschreiten, um unterhalb der Hochhausgrenze zu bleiben. Weitere zusätzliche Stockwerke ergeben eine Erhöhung der Quadratmeterkosten.

Das Minimum an Ausstattung eines Großraumbüros liegt im Vergleich zu Einzelbüros relativ hoch. Werden diese Mindestanforderungen nicht erfüllt, so entsteht ein Mehrfaches an Kosten durch geminderte Leistung, erhöhte Fluktuation des Personals, Unzufriedenheit etc. Die Mindestforderungen sind zu stellen an Akustik, Beleuchtung, Klimatisierung und optischen Eindruck des Büros.

Die Ansammlung vieler Personen und das Vorhandensein von Maschinen (Schreibmaschinen, Rechenmaschinen usw.) würde zu einer hohen Lärmbelästigung führen, wenn man diese nicht durch geeignete Maßnahmen unterbinden würde. Anzustreben ist, wie viele Autoren übereinstimmend schreiben, eine Lautstärke von 50 bis 55 Phon. Eine größere Lautstärke ist insgesamt belästigend, eine kleinere allgemeine Lautstärke hebt Spitzen- oder Außenseitergeräusche so hervor, daß sie störend wirken. Zur akustischen Beherrschung sind erforderlich: Teppichböden (Näheres siehe [25]), schallschluckende Decken, Stellwände, Summtöne der Telefone, schallschluckende Hauben und Unterlagen für Büromaschinen. Die Hauptschwierigkeit ist häufig nicht die Herabsetzung des Lärms, sondern die Erzielung eines gleichmäßigen Geräuschpegels im gesamten Großraum. Dabei wird die Geräuschreduzierung besonders lauter Lärmquellen durch Schallschluckmaßnahmen erreicht, während zur Erhöhung des Geräuschpegels in schwach besetzten Raumzonen unter Umständen die Klimaanlage oder künstlich erzeugte Geräusche dienen. Näheres zur Akustik siehe in [2] und [26].

Für die Beleuchtung sind folgende Punkte maßgebend [27]:

1. Angemessene Beleuchtungsstärke.
2. Ausreichende Begrenzung der Blendung.
3. Harmonische Leuchtdichteverteilung im Raum.
4. Ausgewogene weiche Schattenwirkung.
5. Geeignete Lichtquellen, richtige Lichtfarbe und ansprechende Farbgebung des Raumes.

Die Angaben der erforderlichen Beleuchtungsstärke in Großraumbüros schwanken zwischen 500 und 1000 Lux und liegen ausnahmsweise auch darüber. In DIN 5035 sind 500 Lux angegeben. Dieser Wert enthält bereits einen Zuschlag für Alterung und Verschmutzung der Lampen. Es gibt jedoch einige Gründe, eine höhere Beleuchtungsstärke zu wählen. In einigen Untersuchungen wurde festgestellt, daß bei Beleuchtungsstärken von 1000 Lux und mehr die Arbeitsleistung ein Optimum erreicht – daß z. B. auch die Konzentrationsfähigkeit größer ist als bei kleineren Beleuchtungsstärken. In fensternahen Zonen von Großraumbüros liegt die Beleuchtungsstärke bei natürlichem Tageslicht über 1000 Lux. Um bei der Sicht aus dem inneren Teil des Raumes gegen die Fenster keine Blendungserscheinungen hervorzurufen, ist es günstig, auch im Rauminneren ebenso hohe Beleuchtungsstärken anzustreben. In bestehenden Großraumbüros sind in der Regel zwischen 350 und 1000 Lux installiert, wobei die Tendenz zu 1000 Lux geht.

Zur Vermeidung von Blendwirkungen und zur Verhinderung der direkten Sonneneinstrahlung sind außerdem Sonnenschutzvorrichtungen, am günstigsten Lamellenvorhänge außerhalb der Gebäude, erforderlich. Sie ersparen auch Klimatisierungskosten.

Da eine individuelle Heizung und Lüftung im Großraum nicht möglich ist, muß ein Klima geschaffen werden, das dem Behaglichkeitsempfinden vieler entspricht. Deshalb ist eine Vollklimatisierung erforderlich, d. h. eine Regelung der Temperatur und Luftfeuchtigkeit, ausreichender Luftwechsel und evtl. eine elektroklimatische Luftbehandlung [2]. Dabei wird durch Erzeugung eines Spannungsgefälles im Raum der Gehalt an Ionen und Kondensationskernen verringert, feinste Staub- und Geruchspartikel werden abgesaugt, Bakterien und Viren lagern sich an den Elektroden ab und werden dadurch unschädlich gemacht [2].

Da in Großraumbüros am meisten über die Klimatisierung geklagt wird, ist hier eine ordentliche Lösung besonders wichtig. Erwünscht sind Temperaturen zwischen 20 und 22° und eine Luftfeuchtigkeit zwischen 50 und 55%. Für die jeweilige Jahreszeit muß eine Anpassung der Raumtemperatur erfolgen, so daß die Differenz zwischen Raum- und Außentemperatur nicht zu hoch wird. Klimatechnisch besteht der Großraum aus zwei verschiedenen Zonen. Die Innenzone muß im Normalfall wegen der ständigen künstlichen Beleuchtung und im Wärmeaustausch mit dem menschlichen Körper immer gekühlt werden, während die Außenzonen über Luftzu- und -abführung eine Anpassung der Temperatur an die wechselnde Außentemperatur erforderlich machen.

Die Investitionen für eine Klimaanlage haben einen hohen Anteil an den gesamten Investitionen, sie betragen etwa 13 – 18% der Bausumme für das Verwaltungsgebäude [28].

Näheres über Klimaanlagen ist in [2, 29] und im Kapitel Energiefluß und Hilfsbetriebe ausgeführt.

Die optische Gestaltung des Großraumes dient dazu, den Menschen angenehme Sinneseindrücke zu vermitteln und ihm seine Individualität wieder zu ermöglichen. Dazu gehört eine entsprechende farbliche Gestaltung und die Aufstellung von Pflanzen. Dazu gehört aber vor allem eine individuelle Aufstellung der einzelnen Schreibtische und anderen Einrichtungsgegenstände. Wird der Großraum völlig gleichmäßig, z. B. mit Schulbankanordnung des Mobiliars gestaltet, so entsteht leicht das Gefühl der Unendlichkeit des Raumes. Deshalb ist eine Strukturierung durch Zäsurflächen, Stellwände, Pflanzen und dergleichen notwendig. Durch solche Mittel werden informationsflußmäßig zusammengehörende Gruppen gegen andere Gruppen abgeschirmt. Durch individuelle Aufstellung der Schreibtische entsteht jeweils ein anderes Blickfeld und ein besonderer Eindruck vom Raum. Dadurch soll sich der sitzend Arbeitende in seiner eigenen speziellen Raumeinheit, seinem „subjektiven“ Raum fühlen [2].

Durch eine entsprechende Ausrichtung der Büromöbel wird eine Ablenkung durch optische Einflüsse (Blick auf Hauptverkehrswege) verhindert. Durch eine solche Abschirmung, Ausrichtung und Strukturierung kann man etwa 10 m weit reichende Sichtfelder schaffen [2].

Über die zu verwendenden Farben kann man generell sagen, daß sie miteinander harmonieren sollen – frei von kurzlebigen modischen Effekten. Für Bodenbeläge werden eher dunklere, aber, damit nicht zuviel Licht erforderlich ist, nicht ganz dunkle Beläge mit etwa 30 – 40% Reflexion empfohlen. Das Reflexionsvermögen der Möbel soll zwischen demjenigen der Teppiche und des Papiers, mit dem gearbeitet wird (80 – 85%), liegen. Es sollen also hierfür hellere Farben verwendet werden [2, 11].

Der Verkehr wird abgewickelt auf Hauptverkehrswegen von mindestens 2 m Breite, Nebenwegen, die von 1,5 auf 1,0 m abnehmen und Zugangspfaden mit etwa 0,7 m Breite, die von den Haupt- und Nebenwegen zu den einzelnen Arbeitsplätzen führen [2]. Vergleiche Bild 10.4 Verkehrswege im Großraum.

Da in einer solchen Bürolandschaft die Schreibtische völlig frei gestellt werden können, ist es erforderlich, daß die Energie möglichst an jedem Punkt des Raumes entnommen werden kann. Deshalb ist es üblich, ein Rasternetz von Steckdosen zum Anschluß von Telefon und zur Entnahme elektrischer Energie im Raum zu verlegen, wobei die Installationen unter Flur verlaufen. Das Rastermaß sollte 1,5 m betragen [30].

Zur Vermeidung der Stolpergefahr dürfen die Steckdosen bei Nichtbenutzung nicht über den Teppich herausragen.

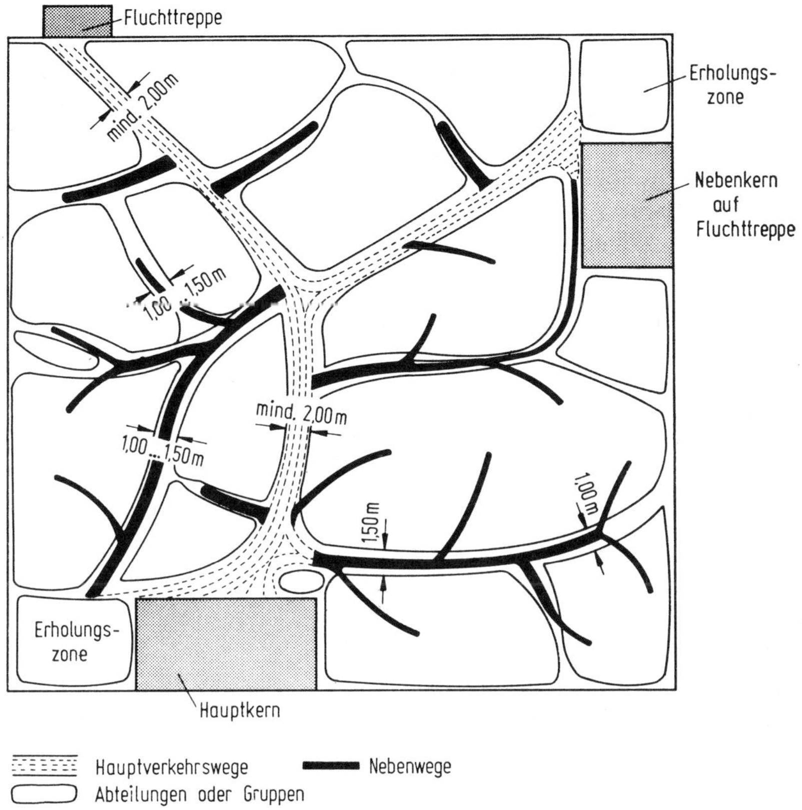

Bild 10.4. Verkehrswege im Großraum [2].

Die Erfahrungen mit Großraumbüros sind überwiegend positiv, darüber geben eine ganze Anzahl von Berichten Auskunft [23, 30 bis 34].

Da aber Großraumbüros noch von vielen, die sie nicht kennen, abgelehnt werden, gehört zur Planung unbedingt eine intensive geistige Vorbereitung der Personen, die im Großraumbüro arbeiten sollen [35].

10.6 Technische Hilfsmittel zur Übermittlung von Informationen

Entsprechend der Einteilung in Abschnitt 1 sind technische Hilfsmittel erforderlich für die Übermittlung gesprochener Informationen, für den Transport von Belegen und für die direkte Datenübertragung. Sie sind rechtzeitig vor der Bauausführung zu planen, damit die unter Umständen recht umfangreiche Anzahl verschiedener Leitungen und die Förderstrecken für die Belegförderer berücksichtigt werden können. Dabei sollten vor allem bei der Verlegung der elektrischen Leitungen Erweiterungen möglich sein, indem man sofort zusätzliche, zunächst nicht benötigte Leitungen in Installationsrohre einlegt und zusätzlich in Rohren Platz für den Einzug weiterer Leitungen freiläßt.

10.6.1 Technische Hilfsmittel zur Übermittlung von Sprache

10.6.1.1 Fernsprechanlagen

Für die Planung zu berücksichtigen ist der Flächenbedarf der Telefonzentrale, ihre Anordnung sowie die Leitungsführung zu den einzelnen Sprechstellen. Die geringsten Leitungskosten entstehen, wenn die Telefonzentrale zentral zu den einzelnen Sprechstellen angeordnet wird. Ihr Flächenbedarf ist abhängig von der Zahl der Amtsleitungen, Innenverbindungswege und geführten Gespräche sowie der realisierten Automatisierungsstufe. Die Zahl der Innenverbindungswege zur Abwicklung des Hausverkehrs soll nach [10] bei weniger als 50 Teilnehmern 20%, bei 50 – 100 Teilnehmern 10% und bei mehr als 100 Teilnehmern 8% von der Zahl der Teilnehmer betragen.

Die angegebenen Richtwerte treffen für eine normale Benutzung der Telefonanlage zu. Werden viele lange Gespräche geführt oder stehen Telefonapparate mehreren Mitarbeitern zur Verfügung, so kann es sein, daß die Zahl der Innenverbindungswege höher wird als in diesen Kennzahlen angegeben.

Eine grundsätzliche Frage ist die Amtsberechtigung der Telefone, die nicht zu weit ausgedehnt werden sollte, um die Amtsleitungen nicht in zu großem Umfang zu belasten. Dabei muß unterschieden werden zwischen solchen Apparaten, von denen auch Ferngespräche geführt werden können und solchen, die nur im Ortsverkehr zugelassen sind und die zur Vermittlung von Ferngesprächen sich einer Zentralstelle im Hause zu bedienen haben.

Um der Belegschaft die Benutzung des Telefons zu ermöglichen, ist es besser, Münzfernsprecher an Knotenpunkten aufzustellen, die von den Belegschaftsmitgliedern benutzt werden können, ohne daß die Amtsleitungen des Unternehmens dadurch beansprucht sind.

Vom Hauptverteiler aus, der ein Umschalten von Anschlüssen erlaubt, wenn ein Teilnehmer in einen anderen Raum zieht und seine Telefonnummer behalten soll, gehen die Leitungen über Unterverteiler und eventuell noch über Zimmerverteiler zu den Apparaten.

10.6.1.2 Wechsel- und Gegensprechanlagen

Wechsel- und Gegensprechanlagen bestehen aus mindestens zwei bis mehreren 100 Sprech- bzw. Hörstellen als Endeinrichtungen. Sie erfordern in der Regel ein besonderes Leitungsnetz, das im Stern geschaltet sein kann, wobei Gesprächsverbindungen nur zwischen der Hauptstelle im Sternmittelpunkt und den Nebenstellen möglich sind. Es ist auch möglich, viele oder alle Sprechstellen direkt mit Leitungen zu verbinden, wobei gleichberechtigte Gesprächsverbindungen entstehen können.

Bei Wechselsprechanlagen kann an beiden Sprechstellen nur abwechslungsweise gesprochen werden, wobei durch Tastendruck oder mit elektronischer Sprachsteuerung automatisch umgeschaltet wird. Bei Gegensprechanlagen besteht die Möglichkeit, daß an beiden Sprechstellen gleichzeitig gesprochen wird [36]. Gegenüber Fernsprechanlagen besitzen Gegen- und Wechselsprechanlagen die Vorteile der Sofortverbindung durch Tastendruck, der Gesprächsmöglichkeit noch aus größerer Entfernung vom Apparat und der Teilnahme mehrerer im Raum befindlicher Personen [10].

10.6.1.3 Funkanlagen

Transportable UKW-Funkgeräte ermöglichen die mündliche Verständigung zwischen ortsveränderlichen Stellen im Betrieb. Ihre Anwendung lohnt sich beispielsweise häufig zur Steuerung des Einsatzes von Flurfördermitteln im Direktverkehr, wodurch Leerfahrten zur Einholung von Instruktionen vermieden werden können und ein schnellerer Einsatz ermöglicht wird.

10.6.1.4 Elektroakustische Anlagen

Elektroakustische Anlagen dienen der Sprach- oder Musikübertragung in einer Richtung. Über Lautsprecher können Arbeitsanweisungen, Mitteilungen, der Ruf nach bestimmten Personen oder Hintergrundmusik übertragen werden.

10.6.2 Technische Hilfsmittel zum Transport von Belegen

10.6.2.1 Rohrpostanlagen

Bei der Projektierung einer Rohrpostanlage muß vom Fördergut und der Anzahl der gewünschten Stationen ausgegangen werden. Das Fördergut bestimmt die Abmessungen der Transportbüchse und damit auch den Fahrrohrdurchmesser und den minimal möglichen Radius in Kurven. Unter Umständen beeinflussen auch andere Gesichtspunkte, wie eine besonders hohe Geschwindigkeit, die gefordert wird, den Entwurf. In Anlehnung an [33] kann man die Rohrpostanlagen in 3 Gruppen einteilen: Zur ersten Gruppe gehören Punkt-Punkt-Anlagen, also die einfache Verbindung zwischen zwei Stationen ohne jede Verzweigung. Sind nur wenige Stationen miteinander verbunden, so ist es am einfachsten, einige getrennte Punkt-Punkt-Anlagen vorzusehen.

Die Anlagen der beiden anderen Gruppen haben verzweigte Rohrsysteme, bei denen alle Stationen von allen anderen erreicht werden können. In der Gruppe 2 erfolgt die Steuerung von den Stationen aus über elektrische Leitungen, die den Fahrwunsch an eine Steuerungszentrale übermitteln, die Förderluftstrom und Weichen richtig einstellt. Hierbei liegt die obere Grenze der Teilnehmerzahl bei ca. 100 Stationen. Die Förderleistung dieses Systems ist begrenzt, da bei seiner reinrassigen Anwendung jeweils nur eine Büchse im Netz fahren kann.

Rohrpostsysteme der Gruppe 3 sind dadurch charakterisiert, daß die Zieleinstellung an der Büchse selbst erfolgt. Hierbei gibt es entweder Ring- oder Zentralsysteme. Bei Ringsystemen ist eine Ringleitung vorhanden, in der hintereinander alle Bahnhöfe der Rohrpost angeordnet werden. Dabei wird vor jedem Bahnhof die Adresse der Büchse abgefragt und verglichen, ob die eingestellte Adresse und die Adresse des Bahnhofs übereinstimmen.

Bei Zentralsystemen werden die Büchsen zunächst zu einer Zentrale transportiert, wo ihr Ziel abgetastet wird. Über Verteilerweichen werden die Büchsen dann in Richtung des Zieles geschickt, wobei gleichzeitig mit Hilfe einer Relaiskette der Weg bis hin zur Empfangsstation freigegeben wird. Ob Ring- oder Zentralsystem vorteilhafter ist, hängt von der Lage der Bahnhöfe ab [37].

Bei der Planung sind neben den zu verlegenden Rohren eventuelle Steuerleitungen, Zentralweichen und Gebläse und die hierfür jeweils erforderlichen

Räume vorzusehen. Die Rohre sollten möglichst nicht unter Putz verlegt werden, da das Einschlagen von Nägeln den Betrieb empfindlich stören kann. Genaue Daten findet man in den Normen DIN 6651 bis 6665.

Außer zum Transport von Belegen eignen sich Rohrpostanlagen auch zum Transport jeglichen Materials, das vom Gewicht, Umfang und seiner Empfindlichkeit her in den Rohrpostbüchsen transportiert werden kann. Dabei zeichnen sich Rohrpostanlagen gegenüber allen anderen betrieblichen Fördermitteln durch ihre hohe Transportgeschwindigkeit aus. Im Durchschnitt betragen die Fördergeschwindigkeiten etwa 8 – 12 m/s [10], das sind etwa 40 km pro Stunde. In Sonderfällen können aber wesentlich höhere Geschwindigkeiten bis beispielsweise 70 m/s, das sind ca. 250 km/h, erreicht werden [38]. In dieser Literaturstelle wird eine Punkt-Punkt-Anlage geschildert, die Stahlproben über 2,5 km Entfernung in einer Minute, d. h. mit durchschnittlich ca. 150 km/h transportiert.

10.6.2.2 Hochkant-Förderanlagen [10, 39, VDI 2327]

Da Akten in der Regel im A-4-Format geführt werden, für die sich Rohrpostanlagen weniger eignen, wurden hierfür spezielle Hochkantförderbandanlagen entwickelt. Die Akten stehen dabei auf sich bewegenden Bändern und werden durch Führungswagen etwa senkrecht gehalten. Je nach Ausführung kann die Füllstärke bis etwa 20 mm betragen. Verwendet man für den Transport Kunststofftaschen mit Zielsteuerungseinrichtung, die vor den Stationen und Weichen abgefragt wird, so läßt sich ein vollständiges Transportsystem aufbauen. Dabei kann der Senkrechttransport durch zwei mit gleicher Geschwindigkeit parallellaufende Förderbänder erfolgen, die die Akten zwischen sich kraftschlüssig bewegen. Für entsprechend biegsames Transportgut können Eckumführungen mit sehr geringem Radius gebaut werden.

10.6.2.3 Kastenförderanlagen

Können die Belege nicht mit geringen Raum einnehmenden Hochkantförderanlagen transportiert werden, so ist der Einsatz von Kastenförderanlagen möglich. Hierbei werden in der Regel Kunststoffkästen, an denen ein Ziel eingestellt werden kann, über ein System von Förderbändern, Rollen- und Röllchenbahnen waagerecht und mit Umlaufaufzügen oder normalen Aufzügen senkrecht transportiert. Kastenförderanlagen sind vor allem einzusetzen, wenn die Sendungen in der Regel einen größeren Umfang haben.

10.6.2.4 Standbahn (Telelift)

Die Telelift-Förderanlage besteht aus einem Schienennetz, auf dem sich Triebwagen mit fest aufgesetztem Transportbehälter nach dem Prinzip einer vollautomatischen Eisenbahn bewegen. Das Schienenprofil ist O-förmig, so daß auch Senkrechtverlegung möglich ist. Dabei ist, ähnlich wie bei einer Zahnradbahn, zusätzlich eine Zahnschiene erforderlich. Das Schienenprofil enthält weiterhin zwei Stromführungsschienen mit 24 Volt Gleichstrom, wodurch ein kleiner Elektromotor an jedem Wagen versorgt wird. Die aufgesetzten Transportbehälter fassen bis zu zwei Aktenordner. Am Triebwagen wird mit positionierbaren Magneten das Ziel eingestellt, das vor Weichen und Bahnhöfen abgefragt und entsprechend angesteuert wird. Am Ziel werden die Triebwagen aus der Fahrstrecke ausgeschleust, so daß die Strecke passierbar bleibt und mit der Entnahme des Fördergutes gewartet werden kann.

10.6.3 Technische Hilfsmittel für die Datenübertragung

10.6.3.1 Signalanlagen

Signalanlagen dienen zur Übermittlung einer begrenzten Anzahl gleichartiger Daten. Am häufigsten benutzt werden Personenrufanlagen und Uhrenanlagen. Bei den Personenrufanlagen kann man Licht-, akustische und induktive Signalanlagen unterscheiden. Am einfachsten sind akustische Signalanlagen. Sie geben, elektrisch ausgelöst, vereinbarte akustische Zeichen, z. B. durch Kombination von langen und kurzen Impulsen, die beipielsweise bestimmten Personen entsprechen. Sie sind für die Allgemeinheit ziemlich störend. Bei Lichtsignalanlagen leuchten auf Leuchttableaus, die als Zahlen- oder Farbfelder oder spezielle Uhren gestaltet sein können, entsprechende Zeichen auf [10].

Bei induktiven Anlagen werden um ein Haus oder einen Gebäudekomplex eine bzw. mehrere Drahtschleifen gelegt und diese mit einem Impulsgeber verbunden. Dabei wird im umgebenden Raum ein magnetisches Feld erzeugt, wodurch sich im Niederfrequenzbereich zwischen 2 und 15 kHz maximal über 50 getrennte Kanäle Rufzeichen oder auch Sprache induktiv übertragen lassen. Ein Taschenempfänger geringer Größe, der von den entsprechenden Personen mitzuführen ist, ermöglicht den Empfang im ganzen mit Drahtschleifen umgebenen Bereich [36].

Mit Hilfe elektrischer Uhrenanlagen kann man mit allen Uhren eines Betriebes genaue und gleiche Zeit anzeigen. Die Zeit einer Zentraluhr mit hoher Ganggenauigkeit wird durch Stromstöße eines elektromagnetischen Fortschaltewerkes, die in regelmäßigen Abständen, meist minütlich, ausgesandt werden, über gemeinsame zweiadrige Leitungen auf die einfacheren Nebenuhren übertragen [10].

10.6.3.2 Anlagen für die Datenübertragung im engeren Sinne

Anlagen dieser Art bestehen aus Datenstationen und einem Leitungssystem. Dabei dienen einfache Stationen nur der Ein/Ausgabe und der Steuerung der Übertragung, während kompliziertere Stationen noch durch ein gespeichertes Programm eine Aufbereitung und Vorverarbeitung der Daten durchführen können und noch weitergehendere Stationen auch aus einem Datenverarbeitungssystem bestehen können, in das die übertragenen Daten ein- bzw. ausgegeben werden [41].

Nach [41] kann man gliedern in:

bedienerorientierte, schreibende Datenstationen (z. B. Fernschreiber),

bedienerorientierte, nicht schreibende Datenstationen (z. B. Bildschirmgeräte),

Stationen für die direkte Datenerfassung (z. B. einfache Tastatur + Ausweisleser) und

Datenstationen für Stapelbetrieb („Terminals") (mit beispielsweise Lochkartenleser, Magnetbandgerät und Schnelldrucker).

Im Betrieb sind die Stationen für die direkte Datenerfassung wichtig. In dezentral, bereichsweise im Betrieb aufgestellte Eingabestationen lassen sich Überwachungsdaten (z. B. gefertigte Mengen, Zeiten) eingeben, die evtl. direkt an die zentrale Datenverarbeitungsanlage weitergegeben werden. Weitergehend lassen sich auch an einzelnen Fertigungseinrichtungen Geber zur automatisierten Gewinnung ursprünglich anfallender Daten anbringen. Näheres über diesen Bereich siehe in [42].

Innerbetrieblich können zur Übertragung spezielle Leitungen (je nach Bedarf zwei- oder vieladrig) oder auch unter Einsatz besonderer Übertragungseinrichtungen („Modems") vorhandene Telefonleitungen eingesetzt werden. Für Datenfernverarbeitung außerhalb des Betriebes lassen sich außer dem Telefonnetz auch das Fernschreib- und das Datexnetz der Post sowie spezielle Breitbandleitungen benützen [43].

Das Netz der Übertragungsleitungen wird in den meisten Fällen sternförmige Gestalt haben, beispielsweise wenn Datenstationen der genannten Art mit einer zentralen Datenverarbeitungsanlage verbunden werden. Es kann aber auch als Maschennetz gestaltet sein, wie z. B. ein Fernschreibnetz.

In diesem Zusammenhang ist interessant, daß eine Tendenz zu integrierten Kommunikationssystemen für Sprache und Daten erkennbar ist [44]. Dabei werden Datenstationen verschiedener Art mit einem Fernschreiber zu einer neuartigen Station zusammengefaßt, wobei Daten und Sprache über Fernsprechleitungen übertragen werden. Dadurch wird es möglich, ohne besondere Leitungsverlegung anstelle jedes Telefons eine kombinierte Station (Datentelefon) einzurichten.

10.6.4 Fernbeobachteranlagen (Industrie-Fernsehen)

Fernbeobachteranlagen dienen der Aufnahme von Vorgängen aus geringem Abstand, wo eine genaue Beobachtung sonst teuer, gefährlich oder unmöglich wäre und zur Aufnahme aus großem räumlichen Abstand, wo eine Übersicht über Vorgänge notwendig ist [10]. Außer der Fernsehkamera und dem Bildschirm ist ein Kamerabetriebsgerät und ein Fernsteuergerät mit entsprechenden Leitungen und Netzanschlüssen erforderlich. Mit Hilfe entsprechender Aufzeichnungsgeräte (Videorecorder), wie sie neuerdings in verschiedenen Arten verfügbar sind, lassen sich die Aufnahmen festhalten und jederzeit wiedergeben.

Literatur zum Kap. 10

Zitierte Literatur

1. Pietzsch, J.: Die Information in der Industriellen Unternehmung. Köln: Westdeutscher Verlag 1964.
2. Gottschalk, O.: Flexible Verwaltungsbauten. Quickborn: Schnelle 1968.
3. Berger, D., Wolf, K.-H.: Erweiterungsplanung einer Fabrik für Elektrowerkzeuge. Stuttgart: Studienarbeit am Institut für Industrielle Fertigung 1967.
4. Bolli, H.: Beziehungsintensitäten im Büro als Planungsgrundlage. Industrielle Organisation, 34 (1965) 5, S. 171–177.
5. Acker, H. B.: Stelle. In: Handwörterbuch der Organisation. Herausgegeben von E. Grochla. Stuttgart: Poeschel 1969.

6. Böhrs, H.: Organisation und Gestaltung der Büroarbeit. München: Hanser, Bern: Haupt 1960.
7. ohne Verf.: EDV zu kleinen Preisen. Wirtschaftswoche 10 (1980), S. 4.
8. Sommer, W.: Handbuch für Systemorganisation. Berlin: de Gruyter 1971.
9. Technische Büro-Organisation Winter KG.: Grundsätzliche Überlegungen für die Planung eines Verwaltungsgebäudes (Manuskript). Hamburg 1970.
10. Mosch, H. P., Kossatz, G.: Betriebseinrichtung. Entwurfsgrundlagen für Projektierung und Rekonstruktion, Band 2. Berlin: Verlag Technik 1970.
11. Alsleben, K.: Die Umwelt dem Menschen anpassen. Ergonomische und psychologische Aspekte der Arbeits- und Raumgestaltung. Bürotechnik und Organisation (BTO) (1968) 11, S. 814–824.
12. Schmid, R.: Leistungsförderung im Büro. Industrielle Organisation 38 (1969) 8, S. 355–362.
13. Landgrebe, E.: Der moderne Arbeitsplatz im Büro. Der Erfolg (1971) 8, S. 34 und 36.
14. Lieschke, R.: Arbeitsplätze für Arbeitsvorbereiter. Bürotechnik und Organisation (BTO) (1967) 11, S. 960–968.
15. Nordsieck, F.: Die schaubildliche Erfassung und Untersuchung der Betriebsorganisation, 6. Aufl., Stuttgart: Poeschel 1962.
16. Jope, R. G.: Anfertigung von Organisationsplänen nach System. BTO (1971) 7, S. 641–645.
17. Gscheidle, K., Jordt, A.: Erfassung betrieblicher Informationssysteme. BTO (1969) 4, S. 238–248; 5, S. 340–348; 9, S. 633–643.
18. Roschmann, K.: Automatisierung der Fertigungssteuerung. Werkstattstechnik 52 (1962), 12, S. 629–637.
19. Gottschalk, O.: Büro- und Verwaltungsgebäude – Planungsgrundlagen. In: Verwaltungsbauten. Gütersloh: Bertelsmann Fachverlag 1969.
20. Lappat, A.: Soziale Umweltgestaltung im Großraumbüro. BTO (1971) 5, S. 486 bis 488.
21. Schmidbauer-Juraschek, B.: Nur der Gummibaum trennt vom Kollegen. VDI-Nachrichten 19 (1965) 11, S. 22. Planung von Großraumbüros, wie vor: 12, S. 18. Arbeitsumwelt im Großraumbüro, wie vor: 13, S. 19.
22. Joedicke, J.: Bürobauten, 2. Aufl. Stuttgart: Hatje 1962.
23. Tubbesing, W.: Großraumbüro für 40 Personen. Produktion (1969) 3, S. 91–94.
24. Winkler, H.: Bürohausplanung. Zentralbl. f. Industriebau, 10 (1964) 11, S. 536 bis 541.
25. ohne Verf.: Drunter und drüber. Büro- und Informationstechnik (BIT). (1971) 8, S. 787–798.
26. Stieger, J.: Akustik- und Schallschutzprobleme im Bürogroßraum. In: Planung von Bürogroßräumen – Probleme und Lösungen in schweizerischer Sicht. Zürich: Verlag Industrielle Organisation 1967. Sonderdrucke Industrielle Organisation.
27. Scheuer, G.: Licht im Büro. Grundsätze der Beleuchtung. BTO (1971) 4, S. 366 bis 373.
28. Andreas, D.: Eine Untersuchung über Großraumbüros. Deutsche Bauzeitung 10 (1967) 6, S. 468–471.
29. Rösel, W.: Klimaanlagen für Großraumbüros. Zentralbl. f. Industriebau 15 (1969) 4, S. 160–164; 5, S. 196–199.
30. Credé, H. D.: Behaglichkeit statt Büromuff. BTO (1971) 7, S. 649–654.
31. Siegel, C., Wonneberg, R., Hahn, H.: Bürolandschaft mit differenzierten Umweltbedingungen. Beispiel: Verwaltungsgebäude der Landesversicherungsanstalt Freie und Hansestadt Hamburg. Sonderdruck aus Bauen und Wohnen (1968), H. 1.
32. Scharfenberg, H.: Zufrieden trotz Schlauch. Bericht über das Bürogebäude der Mannesmann AG Hüttenwerke, am Blasstahlwerk in Duisburg-Huckingen. BTO (1968) 4, S. 274–276.
33. Alsleben, K., u. a.: Bürohaus als Großraum. Quickborn: Schnelle 1961.

34. ohne Verf.: Neues Bürohaus der Allianz in Hamburg. BTO (1971) 3, S. 360–364.
35. Rosner, L.: Die menschliche Seite des Großraumbüros. Technische Rundschau 63 (1971) 6, S. 55–56.
36. Haupt, H.: Moderne Nachrichtenmittel im Büro und Betrieb. München: Verlag Moderne Industrie 1961.
37. Keim, M.: Hannover-Messe-Bericht: Rohrpost und Aktenförderer. Fördern und Heben 18 (1968) Nr. 10, S. 614–617.
38. Buchwald, F.: Rohrpost mit 150 km/h Büchsengeschwindigkeit. Fördern und Heben 17 (1967) Nr. 1, S. 38–41.
39. Sindzinski, W.: Bandförderanlagen für Schriftgut. SEL-Nachrichten 12 (1964) Nr. 3, S. 113–124.
40. Nolle, F. K.: Datenfernverarbeitung. Systeme, Betriebsweisen, Anwendungen. Köln-Braunsfeld: Müller 1970.
41. Roschmann, K.: Dezentrale Datenerfassung im Fertigungsbetrieb. In: Handbuch der maschinellen Datenverarbeitung. Stuttgart: Forkel 1968.
42. Tietz, W. u. a.: Dateldienste. Hamburg: R. v. Decker 1971. Reihe: Der Dienst bei der Deutschen Bundespost, Bd. 6 Fernmeldetechnik.
43. Kunerth, W.; Roschmann, K.: Entwicklungstendenzen der Datenverarbeitung. Wt.-Z. ind. Fertigung 61 (1971) 7, S. 405–412.

Weiterführende Literatur

44. Bohatink, E.: Die Sicherheitsorganisation bei Mikrofilmdatenbanken. Management-Zeitschrift io 46 (1977) 10, S. 418–419.
45. Bues, M.: Distributed processing: Der Computer am Arbeitsplatz. bit (1978) 8, S. 14–15.
46. Bullinger, H. J., Hichert, R.: Rationalisierung im Konstruktions- und Entwicklungsbereich. Organisationsniveau und realisierte Rationalisierungsmaßnahmen. Werkzeugmaschine international (1973) 6, S. 33–41.
47. Fuß, T. P.: Entwicklungstendenzen bei Kopiergeräten. Bürotechnik (1977) 4, S. 110–111.
48. Grabowski, H.: Veränderte Arbeitsplatz-Strukturen durch CAD-Systeme. ZwF 74 (1979) 6, S. 294–300.
49. Grüning, M.: Auf dem Weg zur Verwaltungsfabrik. Frankfurt/Main: RKW 1978.
50. Guggenbühl, H.: Organisatorisch-integrierte Arbeitsplatzgestaltung, Büroraum- und Bürobauplanung. In: Führung und Organisation der Unternehmung, Band 26. Bern: Paul Haupt 1977.
51. Hansen, B.: Verbesserter Informationszugriff mit moderner Mikrofilm-Organisation. Industrielle Organisation 47 (1978) 5, S. 244–249.
52. Hürlimann, W.: Kopiergeräte, wie auswählen? Industrielle Organisation 45 (1977) 11, S. 501–506.
53. Hürlimann, W.: Mikrofilm als System. Industrielle Organisation 46 (1978) 9, S. 351–358.
54. Knospe, F.: Was bieten moderne Fernsprech-Nebenstellenanlagen? Ind.-Anz. 101 (1979) 28, S. 47–49.
55. Krämen, H.: Das 1. vollreversible Bürohaus. Büro + EDV (1977) 4, S. 13–14.
56. Ladner, O.: Die Chance des Mikrofilms. Bürotechnik (1978) 1, S. 56.
57. Leue, J.: Dezentralisierung als Überlebenschance? Bürotechnik (1977) 4, S. 48 bis 49.
58. Little, A. D.: Studie für BMFT und BPM: Neue Fernmeldedienste für die geschäftliche Kommunikation. ÖVD — Sonderausgabe 1978.
59. Lohmann, A.: Computerarchitektur und Mikroprozessoren — zukünftige Auswirkungen neuer Technologien. Bürotechnik (1977) 11, S. 70–71.
60. o. V.: Kommunikationsformen der Zukunft. Diebold Management Report. Hrsg.: Diebold Deutschland GmbH, Februar/März 1978.
61. o. V.: Textverarbeitungsprognosen. Diebold Management Report. Hrsg.: Diebold Deutschland GmbH, August 1978.

62. o. V.: Bürocomputereinsatz: Seit 1970 mehr als verdreifacht. Diebold Management Report. Hrsg.: Diebold Deutschland GmbH, September 1977.
63. o. V.: Moderne Informationssysteme und die Barrieren alter Gewohnheiten. Hrsg.: Diebold Management Report. Diebold Deutschland GmbH, Jan./Febr. 1977.
64. o. V.: Die Wachstumsdynamik geht von Kleinrechnern und Terminals aus. Büro + EDV, April 1977, S. 12—14.
65. o. V.: Schreibtischberufe im Wandel. Materialien aus der Arbeitsmarkt- und Berufsforschung (MatAB), Institut für Arbeitsmarkt- und Berufsforschung der Bundesanstalt für Arbeit. Nürnberg 1978.
66. o. V.: abc-Handbuch. Handbuch zu den ausbildungs-, berufs- und wirtschaftszweigspezifischen Beschäftigungschancen. Institut für Arbeitsmarkt- und Berufsforschung der Bundesanstalt für Arbeit. Nürnberg 1974.
67. o. V.: Entwicklung des COM-Verfahrens. bit (1976) 11, S. 60—68.
68. Pöhler, W.: Analyse, Bestandsaufnahme und Entwicklungstrends im Verwaltungs- und Dienstleistungsbereich. In: Vetter, H. O. (Hrsg.): Humanisierung der Arbeit als gesellschaftspolitische und gewerkschaftliche Aufgabe. Frankfurt/Main 1974.
69. Radeloff, J.: Stiefkind Postbearbeitung bekommt Aufwertung. Sonderschau-Magazin zur CeBit 79 (1979), S. 38—39.
70. Schmincke, H.: Teletext, Bildschirmtext und Bildschirmkonferenz. FAZ vom 5. 3. 1979.
71. Schmincke, H.: Soll man es nicht lieber doch beim alten lassen? FAZ vom 27. 2. 1979.
72. Sengler, E. G.: Arbeitsmittel Mikrofilm. Rationalisierung 28 (1977) 7/8, S. 166 bis 169.
72. Stadtherr, K. O.: Telekommunikation heute und morgen. Bürotechnik (1976) 12, S. 92—95.
74. Statistisches Bundesamt Wiesbaden: Klassifizierung der Berufe. Systematisches und alphabetisches Verzeichnis der Berufsbenennungen. Ausgabe 75. Stuttgart: Kohlhammer 1975.
75. Steinhausen, W.: Am Ende einer Papierflut? Sonderschau-Magazin zur CeBit 79 (1979), S. 42.
76. Tenß, H.: Brücke zwischen EDV und Mikrofilm. Bürotechnik (1977) 4, S. 127 bis 128.
77. Weilbach, E.: Die Wirtschaftlichkeit des COM-Verfahrens in einem Unternehmen der Konsumgüterindustrie. Bürotechnik (1979) 4, S. 400—403.

Zitierte Normen und Richtlinien

DIN 4549: Büromöbel; Schreibtische, Schreibmaschinentische, Außenmaße. Aug. 1968.
DIN 5035: Innenraumbeleuchtung mit künstlichem Licht; Leitsätze. Aug. 1963.
DIN 6651: Rohrpost; Rohrpostarten, Betriebsarten, Nennweiten. Juni 1970.
DIN 6652: Rohrpost; Rohrpostbüchsen, Ladelängen. Juni 1970.
DIN 6654: Rohrpost; Sinnbilder. Juni 1970.
DIN 6659: Zettelrohrpost; Fahrrohr, Muffenrohr, Muffe. Dez. 1960.
DIN 6662: Rohrpost; Bauteile für Rohrpostleitungen aus PVC hart, technische Lieferbedingungen. Juni 1970.
DIN 6663: Haus-, Fern- und Stadtrohrpost; Bauteile für Rohrpostleitungen aus PVC hart, Verarbeitungsrichtlinen. Okt. 1964.
VDI 2325: Übersichtsblätter Stetigförderer: Rohrpostanlagen. Aug. 1962.
VDI 2327: Übersichtsblätter Stetigförderer: Hochkantförderanlagen. Jan. 1963.

11. Personenverkehr und Sozialbereich

11.1 Festlegung der erforderlichen Sozialräume

Die Sozialräume kann man gliedern in sanitäre, Verpflegungs- und medizinische Räume. Dazu kommen u. U. sonstige, wie Vortragsräume, Werksbücherei, Werksfürsorge usw.

Sanitäre Räume, wie Umkleideräume, Reinigungsanlagen und Toiletten sind in allen Betrieben erforderlich, wobei die Reinigungsanlagen unterschiedliche Bedeutung haben. Bei den meisten anderen Sozialräumen hat jeder Betrieb mehr oder weniger freie Hand, zu bestimmen, in welchem Umfang Räume geschaffen und damit Funktionen innerhalb des Betriebes ausgeübt werden sollen, die auch außerhalb ausführbar sind.

Verpflegungsräume können umfassen:
Speiseräume,
Speiseausgabe einschließlich Aufbereitung,
Küchen- und Nebenräume,
Pausenräume.

Wenn warme Speisen gereicht werden sollen, ergibt sich die Frage, ob sie in Form von Tiefkühlkost oder aus Fernküchen bezogen oder im Betrieb selbst zubereitet werden sollen. Bei geringer Anzahl der Essensteilnehmer wird der Fremdbezug kostengünstiger sein als die eigene Herstellung. Bei welcher Anzahl eigene Herstellung kostengünstiger wird, ist im Vergleich mit Fernküchen örtlich verschieden, im Vergleich mit Tiefkühlkost sind in der Literatur Zahlen angegeben.

In [1] wird in einem Kostenvergleich angegeben, daß die Gesamtkosten je Menü bei 100 Essen täglich in der konventionellen Betriebsküche DM 3,77 betragen, während sie mit Tiefkühlkost etwa DM 1,– niedriger liegen. In den Kosten ist ein Materialpreis von DM 1,28 enthalten. Dort wird weiter angegeben, daß die Kosten für Tiefkühlkost im Bereich von 50 – 800 Essen pro Tag am günstigsten liegen. Bei mehr als 1000 Essen am Tag ist eine eigene Küche zu bevorzugen. In der genannten Literaturstelle werden auch andere als Kostenaspekte dieser Problematik erörtert. Beispielsweise wirkt ein gutes Essen stets anziehend auf Arbeitskräfte.

Welche medizinischen Räume erforderlich sind, hängt ab vom Umfang der Anlagen, die die Gesundheit gefährden können, von der Anzahl der Personen, die im Betrieb tätig sind und auch von der sozialen Einstellung der verantwortlichen Leitung.

Für kleine Betriebe genügt es, wenn Betriebsangehörige in Erster Hilfe ausgebildet und darin durch Wiederholungskurse auf dem laufenden gehalten werden. Ihnen sollte das erforderliche Verbandsmaterial zur Verfügung stehen.

Für etwas größere Betriebe bis zu etwa 800 Personen sollte ein besonderer verschließbarer Raum für Erste-Hilfe-Zwecke geschaffen werden, der zumindest mit Liege, Waschbecken und Verbandsmaterial ausgestattet sein sollte. Hier sollten zumindest 2 Betriebsangehörige beiderlei Geschlechts pro Schicht in Erster Hilfe ausgebildet sein, die bei Bedarf von ihrer Arbeit weg zum Erste-Hilfe-Raum geholt werden.

Für größere Betriebe bis zu etwa 1500 Personen pro Schicht ist die Schaffung einer Sanitätsstelle mit dazugehörigen Räumen wünschenswert. Der dort tätigen hauptamtlichen Werksschwester sollte alles für Erste Hilfe und für die Notfallversorgung Erforderliche zur Verfügung stehen. Neben einem Behandlungs- und Verbandsraum sollten durch feste Wände abgeteilte Kabinen mit Liegen vorhanden sein; u. U. kann außerdem ein besonderer Bestrahlungs- und Inhalationsraum erforderlich werden. In einer der Kabinen sollte ein Sauerstoffanschluß angeordnet werden, wobei die Flaschen außerhalb des Raumes gelagert werden müssen. Außer einem Warteraum ist ein Aufenthaltsraum für die Werksschwester erforderlich, der auch als Teeküche und Umkleideraum dienen soll. Außer einem WC für das Personal sind je ein WC für Männer und Frauen notwendig. Auch ein Baderaum ist zu empfehlen.

In der nächsten Stufe, Betrieben bis zu etwa 3000 Beschäftigten, sind Räume für einen nebenberuflichen Werksarzt zu schaffen. Außer einem Untersuchungsraum sind zumindest Umkleidekabinen, die am besten vom Untersuchungsraum und vom Warteraum der Sanitätsstelle zugängig sein sollten, vorzusehen. Möglicherweise ist auch an ein Labor zu denken, in dem Spezialuntersuchungen gemacht werden können.

In größeren Betrieben, mit möglichst einem hauptamtlichen Werksarzt, sollten unbedingt Laborräume vorgesehen werden, mit Geräten für Elektrokardiographie, Ergometrie, Audiometrie und mechanische Sehprüfungen (Rodatest). Außerdem können Röntgenanlagen erforderlich werden.

Getrennt von diesen Einrichtungen kann es u. U. wünschenswert sein, auch Räume für arbeitsmedizinisch-physiologische Forschung zu berücksichtigen.

11.2 Ermittlung der Anzahl der Personen

Die Dimensionierung des Sozialbereichs wird, wie gesagt, beeinflußt durch den Umfang der Anlagen, die die Gesundheit gefährden können und durch die soziale Einstellung der verantwortlichen Leitung. Die Anzahl der Personen, die im Fertigungsbereich, im Lagerbereich, in den Hilfsbetrieben, im Verwaltungsbereich und schließlich im Sozialbereich selbst tätig sind, bildet aber die Grundlage für seine Bemessung.

Das Vorgehen zur Berechnung des Personals für die anderen Bereiche ist in den entsprechenden Kapiteln angegeben.

Die ungefähre Ermittlung der Anzahl der Personen kann auch mit Hilfe von Kennzahlen, z. B. jährlicher Umsatz je Beschäftigten, ermittelt werden (siehe Kapitel Kennzahlen!).

11.3 Bestimmung des Personenverkehrs

Der Personenverkehr ist maßgeblich für die Lage der einzelnen Sozialräume. Von ihm hängt es ab, wie weit die Sozialräume zentralisiert werden können und er ist für die Dimensionierung der Personenwege und Fördermittel (Aufzüge, Rolltreppen) bestimmend. Die Zuordnung der Räume innerhalb eines zentralisierten Sozialbereichs muß gleichfalls auf Grund des Personenverkehrs erfolgen.

Der Personenverkehr in Industriebetrieben wickelt sich weitgehend zwischen Parkplätzen, Werkseingang, Sozialräumen und Arbeitsplätzen ab. Personenverkehr von einem zu einem anderen Arbeitsplatz innerhalb des Betriebes ist selten. Darin unterscheidet sich ein Industriebetrieb sehr stark von beispielsweise einem Krankenhaus, in dem der Personenverkehr erstrangiges Zuordnungskriterium für nahezu alle Bereiche ist. Sobald bekannt ist, wieviel Personen in den verschiedenen Betriebsbereichen tätig sein werden, läßt sich der Personenverkehr vom Schreibtisch aus berechnen.

Da sich der Personenverkehr in Industriebetrieben weitgehend in der Freizeit der Mitarbeiter abwickelt, ist seine kostenmäßige Bewertung recht schwierig. (Da die meisten Menschen heute unter Bewegungsmangel leiden, ist es u. U. sogar günstiger, wenn sie etwas längere Wege zurücklegen müssen.)

Soweit der Personenverkehr in der Geschäftszeit stattfindet, kann man bei der Berechnung seiner Kosten von den normalen Lohnkosten ausgehen. Man wird vielleicht verschiedene Gruppen von Personen mit verschiedenen Lohnkosten getrennt betrachten und kann von der niedrigsten Lohnkostengruppe ausgehen, ihren Lohn gleich eins setzen und Personen der übrigen Gruppen mit einem entsprechenden Lohnfaktor multiplizieren (vgl. [2]).

In vielen Fällen dürfte aber eine undifferenzierte Erfassung des Personenverkehrs genügen, wobei zu einer evtl. Kostenberechnung die gewogenen mittleren Lohnkosten herangezogen werden können.

Bei Abwicklung des Personenverkehrs in der Freizeit (z. B. beim Stempeln der Lohnkarten am Arbeitsplatz statt am Werkseingang) muß man meist Wegekosten vergüten. Es empfiehlt sich daher, einen Lohnanteil für diese Wege zugrunde zu legen, um Ungerechtigkeiten zu vermeiden. Darüber hinaus sollten die Kosten in der Personenflußrechnung ebenfalls auftauchen, damit sie bei der Bewertung verschiedener Auslegungen mit zur Geltung kommen (z. B. könnte man diese Kosten mit 25% der sonst üblichen bewerten).

Da man den Grad der Zentralisierung des Sozialbereichs noch nicht kennt, also beispielsweise nicht weiß, inwieweit Umkleide- und Waschräume zentral eingerichtet werden können, empfiehlt es sich für die Erfassung des Personenverkehrs, alle Sozialräume soweit wie möglich aufzugliedern, da eine spätere Zusammenfassung bei Zentralisierung dann ohne weiteres möglich ist, umgekehrt aber eine Aufgliederung eine erneute Erfassung des Personenverkehrs bedeuten würde.

Die Darstellung der erfaßten Daten kann ähnlich wie beim Materialfluß erfolgen, am gebräuchlichsten in Matrizenform oder graphisch, wie im folgenden gezeigt wird (Bild 11.1 und 11.2).

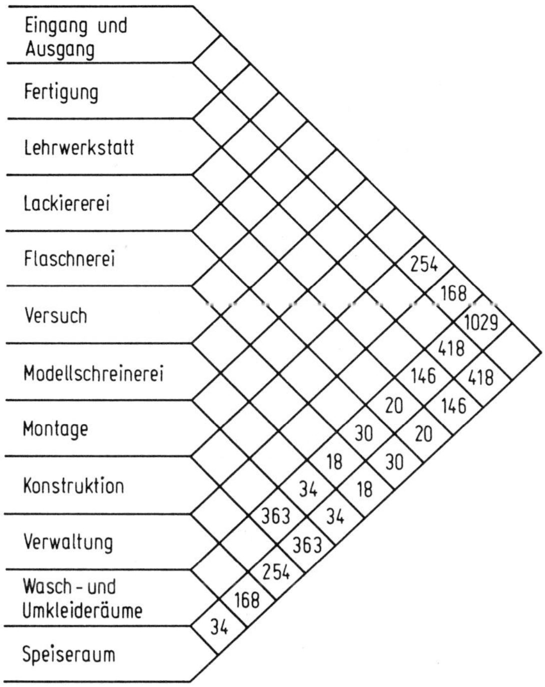

Bild 11.1. Personenverkehrsmatrix [3]. Einheit: Personenbewegungen pro Tag. Die Personenflußbelastungen der einzelnen Abteilungen sind das Produkt aus der jeweiligen Abteilungspersonalzahl und dem Häufigkeitsfaktor der Personenbewegungen.

11.4 Ermittlung des Flächenbedarfs

Bei der Ermittlung des Flächenbedarfs für die erforderlichen Sozialräume kann man sich zum Teil an Angaben in DIN-Normen anlehnen, die aus praktischen Erfahrungen und zum Teil aus lüftungstechnischen Forderungen entstanden sind. Für andere Arten von Räumen lassen sich höchstens Kennzahlen angeben, wobei die genaue Raumgröße ähnlich wie im Fertigungsbereich aus dem Layout der Räume entnommen werden sollte.

Generell ist zu sagen, daß Sozialräume für denselben Planungsendpunkt zu planen sind, wie die übrigen Räume. Dabei sollte man aber großzügig verfahren, denn enge Sozialräume können die Stimmung der Benutzer negativ beeinflussen.

Zur groben Ermittlung des Flächenbedarfs sind folgende Kennzahlen geeignet. Sie haben die Dimension m^2 pro Betriebsangehörigen bei Einschichtbetrieb.

Umkleideräume	0,2 ... 1,6
Reinigungsanlagen	0,1 ... 0,7
Toiletten	0,15 ... 0,35
Insgesamt	0,45 ... 2,65

(Werte in Anlehnung an [4]).

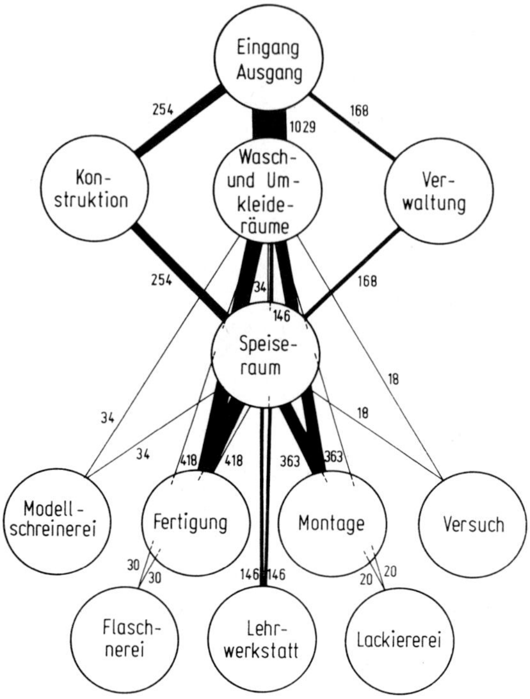

Bild 11.2. Qualitativer und quantitativer Personenverkehr in einer Werkzeugmaschinenfabrik [3]. Die Zahlenwerte haben die Einheit Personenbewegungen pro Tag. Die Breiten der Verbindungslinien zwischen den Abteilungen sind ein Maß für die Flußbelastungen. Maßstab: 4 mm ≙ 1000 Personenbewegungen pro Tag.

Wird in mehreren Schichten gearbeitet, so sind die Toiletten und in den meisten Fällen auch die Reinigungsanlagen nach der stärksten Schicht zu bemessen. Die Größe der Umkleideräume hängt vom zeitlichen Ablauf des Schichtwechselvorgangs und von der Art der Kleiderablage ab.

Anleitung zur Gestaltung und exakteren Dimensionierung gesundheitstechnischer Anlagen gibt das Norm-Blatt DIN 18228. Blatt 1 gibt eine Gliederung, die Blätter 2 und 3 geben Auskunft über Abort-, Umkleide- und Reinigungsanlagen. Von den sanitären Räumen sind zunächst die Umkleideräume zweckmäßigerweise in räumlicher Einheit mit den Reinigungsanlagen zu dimensionieren. Nach § 120 a bis e der Gewerbeordnung müssen in den Betrieben ausreichend große Umkleide- und Reinigungsanlagen vorhanden sein. Es ist nicht gestattet, Garderobengestelle unmittelbar am Arbeitsplatz aufzustellen.

Umkleideräume können mit offenen Kleiderablagen, Schrankanlagen oder Abgabeanlagen für Bekleidung ausgestattet werden. Abgabeanlagen werden des Personalbedarfs wegen nur angewandt, wo die Berufskleidung nach jeder Abgabe gereinigt, entgiftet oder neutralisiert werden muß. Schrankanlagen sind wegen ihrer Diebstahlsicherheit besonders beliebt. Ist die Berufskleidung stark verschmutzt, so sind Doppelschränke erforderlich. Nähere Angaben über Umkleideräume können aus der genannten Norm sowie [4] und [5] entnommen werden.

Unter Reinigungsanlagen versteht man Wasch-, Brause- und Baderäume, wobei letztere geringe Bedeutung haben. Der Flächenbedarf pro Waschplatz beträgt etwa 1,0 bis 1,5 m², pro Brause 1,3 bis 2,5 m². Erforderlich sind zwischen 10 und 25 Waschplätze pro 100 Personen, je nachdem, wie lange die Reinigungszeit pro Person (zwischen 2 und 4 Minuten) und der ganzen Schicht angesetzt werden kann. Entsprechendes gilt für die Berechnung der Anzahl der erforderlichen Brausen, wobei man mit einer durchschnittlichen Reinigungszeit von 7,5 Minuten pro Person rechnet [4].

Bei der Gestaltung der Reinigungsanlagen gibt es eine Vielzahl von Variationsmöglichkeiten: Waschanlagen lassen sich mit Waschbecken, -rinnen oder -brunnen gestalten, zusätzlich kann man Fußwaschrinnen oder -becken anbringen und Brauseanlagen können offen, halboffen oder geschlossen eingerichtet werden. Näheres kann aus der genannten Norm oder [4] und [5] entnommen werden.

In der genannten Literatur finden sich auch nähere Angaben über Toiletten. Man rechnet für 10 bis 15 Frauen oder 20 bis 25 Männer eine Abortzelle, wobei die Zellengrößen bei nach außen schlagenden Türen $0{,}8 \times 1{,}25$ m, bei nach innen aufgehenden Türen $0{,}85 \times 1{,}5$ m oder $0{,}9 \times 1{,}45$ m betragen. Man rechnet bei den Männer-Toiletten auf 4 WC-Becken mit 4 Urinalen und 1 Handwaschbecken. Diese Kombination erfordert etwa 16 m² Fläche. Entsprechend gilt bei Frauen-Toiletten, wenn man auf 4 WC-Becken ein Handwaschbecken rechnet, ein Flächenbedarf von 14 m² für eine solche Kombination.

Der Flächenbedarf der Verpflegungsanlagen wird aus der Anzahl der gleichzeitig essenden Personen und dem Flächenbedarf je Person berechnet. Für die Berechnung der Größe der Küche spielt außerdem die Anzahl der insgesamt pro Tag auszugebenden Portionen eine Rolle. In der Regel nehmen je nach örtlichen Verhältnissen zwischen 50 und 85% der gesamten Belegschaft am Essen teil [4]. Aus wirtschaftlichen Gründen sollte man eine mehrmalige Benutzung jedes Sitzplatzes vorsehen, wobei man bei einer strengen Einteilung der Essensschichten bis zu 4 gehen kann. Bei fließender Mittagspause kann der Sitzplatz sogar bis zu 6mal gewechselt werden. Die Anzahl der erforderlichen Sitzplätze kann also zwischen etwa 10 und 85% der Zahl der Beschäftigten pro Schicht betragen. Der Flächenbedarf pro Sitzplatz im Speisesaal beträgt 1,1 bis 1,5 m², der Flächenbedarf für Küche und Nebenräume 0,3 ... 1,0 m² pro Portion, je nach der Zahl der ausgegebenen Portionen. Man muß also mit 1,4 bis 7,5 m² pro Sitzplatz für die Verpflegungsräume rechnen [4]. Die Größe eines Speiseraums sollte nicht über 600 Plätze betragen, um einen angenehmen Raumeindruck zu vermitteln. Wenn keine festen Essenszeiten bestehen, kann eine Ausgabestelle auch etwa für 600 Plätze Essen ausgeben.

Neben dem eigentlichen Speiseraum ist unter Umständen ein besonderer Raum für Besucher und höhere Angestellte, die sich nicht an feste Essenszeiten halten können, vorzusehen; außerdem sind Vorräume wie Garderoben, Waschräume, Toiletten und dergleichen erforderlich. Bei der Bemessung der Größe ist auch zu überlegen, ob der Raum ab und zu als Vortragsraum, z. B. für Betriebsversammlungen, genutzt werden soll, wo dann keine Tische, aber wesentlich mehr Stühle aufzustellen sind. Zu empfehlen ist, einen Abstellraum für Stühle vorzusehen, außerdem ist unter Umständen eine kleine Bühne oder ein Podium einzuplanen. Die DIN-Norm 18600 über Versammlungsstätten ist zu beachten.

Für gute künstliche Be- und Entlüftung ist unter allen Umständen zu sorgen. Wenn das Rauchen nicht ganz verboten werden kann, sind mindestens 40% der Plätze für Nichtraucher abzutrennen.

Die Küche als der Teil der Verpflegungsanlage, in dem besonders hohe Personalkosten anfallen, ist besonders sorgfältig zu gestalten. Dazu sind unbedingt Spezialisten für Küchenplanung, in der Regel von den Herstellerfirmen, hinzuzuziehen. Besonderer Sorgfalt bedarf auch die Verkehrsführung der Gäste und die Speisenausgabe, die heute in der Regel auf Selbstbedienung abgestellt sein wird. Für die genauere Gestaltung der Verpflegungsräume siehe [4] und [5].

Die Bemessung der medizinischen Räume nach Kennzahlen vorzunehmen, ist fragwürdig, da ihre Aufgaben von Betrieb zu Betrieb wechseln und verschieden aufgefaßt werden. Als Durchschnittswert für die Industrie der Bundesrepublik wurde eine Gesamtfläche von 0,09 m^2 je Belegschaftsmitglied ermittelt [4].

Dieser Wert stimmt mit englischen Angaben überein. Die Flächenkennzahlen für medizinische Räume der einzelnen Unternehmen schwanken aber sehr stark. Zur besseren Vorstellung von der Größe werden hier einige absolute Werte angegeben. Siehe Tabelle 11.1.

Tabelle 11.1. Raumgrößen medizinischer Räume

Sanitätsstelle	m^2
Warteraum	ca. 25
Behandlungsraum	ca. 25
Liegekabinen	ca. 15
Schwesternraum	ca. 12
Toiletten	ca. 12
	ca. 90
Bei Mehrschichtbetrieb	
Ruheraum für Schwestern	ca. 12

Station mit hauptamtlichem Arzt	m^2
Warteraum	ca. 15
2 Umkleidekabinen	ca. 6
Arzt- und Behandlungsraum	ca. 25
Schreibzimmer und Anmeldung	ca. 12
Karteiraum	ca. 12
EKG-Raum	ca. 12
Labor	ca. 12
	ca. 95

Station mit nebenamtlichem Arzt	m^2
Warteraum	ca. 15
2 Umkleidekabinen	ca. 6
Arzt und Behandlungsraum mit Anmeldung und Schreibmöglichkeit, Kartei	ca. 25
Arbeitsräume für EKG, Bestrahlungen, Labor und Dunkelnische für Hals-, Nasen-, Ohren-Untersuchungen, Sehtests	ca. 18–20
	ca. 65

Nach einer Richtlinie des Bundesministers für Arbeit und Sozialordnung ist die Größe, Gliederung und Ausstattung werksärztlicher Stationen zum großen Teil eine Ermessensfrage. Nach einer Empfehlung einer werksärztlichen Kommission der Europäischen Wirtschaftsgemeinschaft soll in allen Betrieben mit mehr als 200 Belegschaftsmitgliedern ein Gesundheitsdienst unter der Leitung eines hauptberuflich tätigen Werksarztes eingerichtet werden. Später soll diese Richtzahl auf 50 Personen herabgesetzt werden. Ein Werksarzt soll nicht mehr als 2500 Arbeitnehmer betreuen.

Diese Wunschwerte sind von der Realität noch außerordentlich weit entfernt und bei der Knappheit der Ärzte auch kaum realisierbar.

In der Bundesrepublik ist ein Gesetz in Vorbereitung, das den arbeitsmedizinischen und technischen Gesundheitsschutz in Betrieben regeln soll.

Die Bemessung der übrigen Sozialräume ist von Betrieb zu Betrieb verschieden. In der Werksfürsorge kann beispielsweise eine Fürsorgerin für bis zu 3000 Beschäftigte vorgesehen werden, die dann ein Sprech- bzw. Arbeitszimmer und ein kleines Wartezimmer braucht.

Der Flächenbedarf einer allgemein benutzbaren Werksbücherei ist nicht sehr groß. Für 20000 Bände Bestand wird eine Fläche von etwa 200 m^2 benötigt. (Der durchschnittliche Bestand in der Bundesrepublik Deutschland liegt bei 1000 ... 5000 Bänden.) Durch Lesesaal, Zeitschriftenauslage etc. kann sich der Flächenbedarf noch erhöhen [4].

11.5 Ermittlung der Zuordnung

Wenn man alle Sozialräume zentral in einem Gebäude anordnet, so ergeben sich lange Wege und damit, soweit Kosten anfallen, erhöhte Kosten für den Personenverkehr. Die Investitionen für die Errichtung der Räume und die Kosten für ihren Betrieb verringern sich dagegen. Hier liegt also an sich ein Optimierungsproblem vor. Es ist aber durch folgende Einschränkungen vereinfacht: Nach DIN 18228 gilt nämlich, daß die Wege vom Arbeitsplatz zu Toiletten weniger als 100 m betragen sollen bei einem Höhenunterschied von höchstens einem Geschoß. Für den einzelnen Betrieb ist zu überlegen, ob diese Grenzen nicht weiter herabgesetzt werden sollten. In der Autoindustrie sind z. B. zum Teil Entfernungen von maximal 40 m üblich. Dies ist besonders bei Fließbandarbeit wichtig. Die einzelnen Toilettengruppen sollten nach der angeführten DIN-Norm auch nicht größer sein als etwa 10 Zellen. Aus diesen beiden Gründen ist also bei Toiletten bereits in Betrieben ab etwa 200 Personen eine Dezentralisierung erforderlich.

Wasch- und Umkleideräume kann man in der Regel zusammenfassen und zwischen Werkseingang und Arbeitsplätzen, allerdings möglichst nahe bei den Arbeitsplätzen, anordnen, damit man in der Arbeitskleidung möglichst keine Wege im Freien zurücklegen muß. Dies bedingt in größeren Betrieben bereits wieder eine Dezentralisierung der Wasch- und Umkleideräume. Für die Waschräume gilt nun weiterhin, daß sie möglichst auch auf dem Weg zwischen Arbeitsplätzen und Speiseräumen liegen sollten, wobei die maximalen Wege zu den Speiseräumen von der Zeit abhängen, die zu ihrer Zurücklegung zur Verfügung steht, also von der Länge der Mittagspause. Bei einer halbstündigen Mittagspause darf die maximale Entfernung zur Kantine 400 m betragen. Für die Speiseräume ist daher eine zentrale Lage im Werk erwünscht. Andererseits ist eine ruhige Lage und eine freundliche Umgebung anzustreben, so daß oft bei kleineren Betrieben eine Randlage gewählt wird.

Ob medizinische Räume zentralisiert oder dezentralisiert im Betrieb angeordnet werden, hängt hauptsächlich von der flächenmäßigen Ausdehnung des Betriebes ab. Mit Sanitätswagen ist eine medizinische Zentrale heute auch bei einer größeren Ausdehnung sehr schnell erreichbar, so daß die Räume der Werksärzte durchaus zentralisiert werden können. Um andererseits den Betriebsangehörigen keine großen Wege zuzumuten, sollten bei größerer flächenmäßiger Verteilung zumindest mit Werksschwestern besetzte Sanitätsstellen zusätzlich dezentral angeordnet werden. Diesen Sanitätsstellen benachbart können u. U. auch Räume für die Werksfürsorge und kleine Werkbüchereien angeordnet werden.

Wenn nach diesen Gesichtspunkten die durchzuführende Zentralisierung bzw. Dezentralisierung geklärt ist, kann die Zuordnung der Sozialräume zueinander und zu den übrigen Bereichen der Fabrikanlage vorgenommen werden. Dabei sollte als Zielfunktion die gesamte Weglänge, die alle Personen pro Zeiteinheit im Betrieb zurücklegen, minimiert werden. Dividiert man diese Weglänge durch die mittlere Geschwindigkeit (zwischen 1 und 1,5 m/s), so ergibt sich die gesamte Zeit, die zum Zurücklegen von Wegen erforderlich ist. Multipliziert man diese Zeit mit den durchschnittlichen Lohnkosten, so ergeben sich die Kosten für den Personenverkehr. Zur Ermittlung der günstigsten Zuordnung können die in Kapitel Planungsmethoden angegebenen Methoden benutzt werden.

Literatur zum Kap. 11

Zitierte Literatur

1. ohne Verf.: Mahlzeit... und was dahintersteckt. Produktion (1971) 4, S. 83–87.
2. Whitehead, B., Eldars, M. Z.: An approach to the optimum layout of single-storey bildings. Architects' Journal Information Library. 17. 6. 1964, S. 1373–1380.
3. Friedrich, W., Sauter, T.: Idealplanung für eine Werkzeugmaschinenfabrik. Stuttgart: Studienarbeit am Institut für Industrielle Fertigung und Fabrikbetrieb der Universität 1968.
4. Henn, W.: Industriebau, Band 4: Sozialbauten der Industrie. München: Callwey 1966.
5. Mosch, H. P., Kossatz, G.: Betriebseinrichtung. Entwurfsgrundlagen für Projektierung und Rekonstruktion, Bd. 2. Berlin: Verlag Technik 1970.

Weiterführende Literatur

6. Banna, S. A., Spillers, W. R. (Hrsg.): SOMI — An interactive graphics space allocation system. New York: Columbia University, Department of Graphics 1972.
7. Burkhard, R. E.: Die Störungsmethode zur Lösung quadratischer Zuordnungsprobleme. Operations Research-Verfahren 16 (1973), S. 84–108.
8. Grandjean, E., Hünting, W.: Sitzen Sie richtig? Sitzhaltung und Sitzgestaltung am Arbeitsplatz. München: Bayerisches Staatsministerium für Arbeit und Sozialordnung 1977.
9. Hackstein, R.: Arbeitswissenschaft im Umriß 2. Essen: Girardet 1977.
10. Kirchner, H., Rohmert, W.: Ergonomische Leitregeln zur menschengerechten Arbeitsgestaltung. München: Hauser 1974.
11. Konold, P., Kern, H., Reger, H.: Arbeitssystem — Elementekatalog. Mainz: Krausskopf 1977.
12. Lange, W., Kroemer, K. H. E.: Kleine ergonomische Datensammlung. Dortmund: Bundesanstalt für Arbeitsschutz und Unfallforschung 1976.
13. Lee, K.: Computer programs for architects and layout planners. Proceedings of the American Institute of Industrial Engineers National Conference. Boston 1971.
14. Murell, K. F. H.: Ergonomie. Grundlagen und Praxis der Gestaltung optimaler Arbeitsverhältnisse. Düsseldorf, Wien: Econ 1971.
15. Muther, R., u. a.: Computerprogramm für die Raumplanung. International Business Equipment (1972) 4, S. 14–19.
16. Opfermann, R., Streit, W.: Arbeitsstätten. Wiesbaden: Deutscher Fachschriften Verlag 1979.

17. Rohmert, W.: Arbeitswissenschaftliche Prüfliste zur Arbeitsgestaltung. Berlin, Köln, Frankfurt/Main: Beuth 1967.
18. Schmidtke, H.: Ergonomie 2. Gestaltung von Arbeitsplatz und Arbeitsumwelt. München: Hauser 1973.
19. Stier, F.: Zur Methodik der Arbeitsplatzgestaltung. Berlin, Köln, Frankfurt/Main: Beuth 1969.
20. Vadnais, D. C.: The office of the future — headed for extinction. Ind. Eng. 10 (1978) 6, S. 44.
21. Ward, W. S., Grant, D. P., Chapman, A. J.: A PL/1 program for architectural and space allocation. Proceedings of the 5th Annual Association for Computing Machinery Urban Symposium. New York 1970.
22. Warnecke, H. J., Weiß, K.: Katalog Zubringereinrichtungen. Hilfsmittel zur Planung von Handhabungssystemen. Mainz: Krausskopf 1978.
23. Wieser, G.: Menschengerechte Arbeitsgestaltung im Betrieb. München: Hauser 1974.

Zitierte DIN-Normen

DIN 18 228: Gesundheitstechnische Anlagen in Industriebauten. Blatt I: Gliederung 1960, Blatt II: Abortanlagen 1960, Blatt III: Umkleide- und Reinigungsanlagen 1961.

DIN 18 600: Versammlungsstätten. Richtlinien für Bau und Betrieb (Entwurf zurückgenommen). Blatt I: Allgemeines 1961, Blatt II: Räume für Besucher 1961.

12. Planungsmethoden und -hilfsmittel

12.1 Planungshilfsmittel

Die zeichnerische Darstellung von Planungsergebnissen in der Fabrikplanung unterscheidet sich von einer technischen Konstruktionszeichnung im wesentlichen dadurch, daß die Elemente der Fabrikplanung meist Gegebenheiten sind, an deren Abmessungen und Platzbedarf wir primär nichts ändern können, ebenso wie auch Geländeformationen und Geländeeigenschaften Gegebenheiten sind, die bei der Planung berücksichtigt werden müssen.

Eine Hauptrolle bei der Planung spielt der Abstand, den die in der Planungszeichnung aufgeführten Einrichtungen bzw. Gebäude voneinander haben müssen, damit die Verkehrsprobleme, die beim Betrieb auftreten, störungsfrei abgewickelt werden können. Aus diesem Grunde sind die wichtigsten Planungsmittel transparentes leichtes Skizzenpapier, ferner bewegliche zweidimensionale Abbildungen (Schiebebilder) der Betriebsmittel und soweit notwendig, der Gebäude, sowie bewegliche dreidimensionale Modelle [1]. Geeignete Maßstäbe für die Darstellung sind in Tabelle 12.1 angegeben.

Tabelle 12.1. Maßstäbe für die Fabrikplanung [2]

Lagepläne für Industriegebiete	1:5000	Leerpläne und Wandpläne	1: 100
Lagepläne für Fabrikgrundstücke	1:2000	Einrichtungspläne, gezeichnet	1: 100
Bebauungsentwürfe und Generalbebauungspläne, Verkehrspläne		Installationspläne, gezeichnet	1: 100
		Einrichtungspläne mit Detail 1:20;	1: 50
für große Vorhaben	1:1000	Installationspläne mit Detail 1:20;	1: 50
für mittlere Vorhaben	1: 200	Layout-Klebepläne	1: 50
für kleine Vorhaben	1: 200	Layout-Magnetplatten	1: 50
Bauentwürfe mit Ansichten	1:500	Layout-Modelle	1: 50
Baupläne, Baueingabepläne		Ansicht-Modelle von Gebäuden	1: 200
mit Ansichten und Schnitten	1: 100	Ansicht-Modelle von Fabrikgrundstücken	1:2000
Bau-Detailpläne 1:10; 1:20;	1: 50		
Flurübersichtspläne und	1: 500		
Wändepläne 1: 500;	1: 200		

Das eigentliche Anwendungsgebiet von Papier und Bleistift bei der Fabrikplanung ist das rasche Aufskizzieren prinzipieller Lösungen eines Planungsproblems während der Arbeit und während der Diskussion von Planungsergebnissen.

Man verwendet dazu leichtes Transparentpapier von der Rolle und einen möglichst weichen Bleistift, der die Konturen der Skizze deutlich hervortreten läßt. Damit lassen sich beispielsweise über einem Geländeplan die vorgesehenen Gebäude in verschiedenen Alternativen anordnen und so schnell verschiedene Generalbebauungspläne skizzieren.

Eine maßstabsgetreue Detailplanung von Arbeitsräumen, bei der eine günstige Anordnung sehr vieler Maschinen und Einrichtungsgegenstände erforderlich ist, läßt sich meist nur durch ausgedehntes Probieren und Vergleichen der verschiedenen Möglichkeiten finden.

Für die bewegliche zweidimensionale Abbildung der Betriebsmittel und, wo nötig, auch der Gebäude, braucht man Schiebebilder, die auf einer Grundfläche ausreichend haften, trotzdem aber leicht verschoben werden können.

Von einem Planungsergebnis soll sich leicht eine handliche Unterlage, die auch ohne große Kosten vervielfältigt werden kann, herstellen lassen. Das läßt sich prinzipiell mit Photographie oder Lichtpaustechnik verwirklichen.

Diese Anforderungen lassen sich am besten erfüllen, wenn man als Grundplatte eine aus vielen kleinen Permanentmagneten zusammengesetzte und mit Rasterlinien in einem geeigneten Abstand versehene Tafel verwendet, wie sie im Handel erhältlich ist. Darauf haften Schiebebilder aus eisenpulverhaltiger Folie, die sich trotzdem bei Bedarf verschieben lassen. Die Schiebebilder stellt man her, indem man die Draufsichten, eventuell versehen mit weiteren Angaben, wie Bedienungsseite, Platzbedarf für Wartung, aufgehende Türen usf., Anschlüsse von elektrischer Kraft, Hydraulik, Pneumatik, Kühlmittel usf. auf Transparentpapier zeichnet (vgl. [3]). Davon lassen sich beliebig viele Lichtpausen herstellen, die man auf die eisenpulverhaltige Folie klebt und daraus die Umrisse der Maschinen ausschneidet. Mit Hilfe solcher Draufsichten von Maschinen lassen sich aus den mit Hilfe von

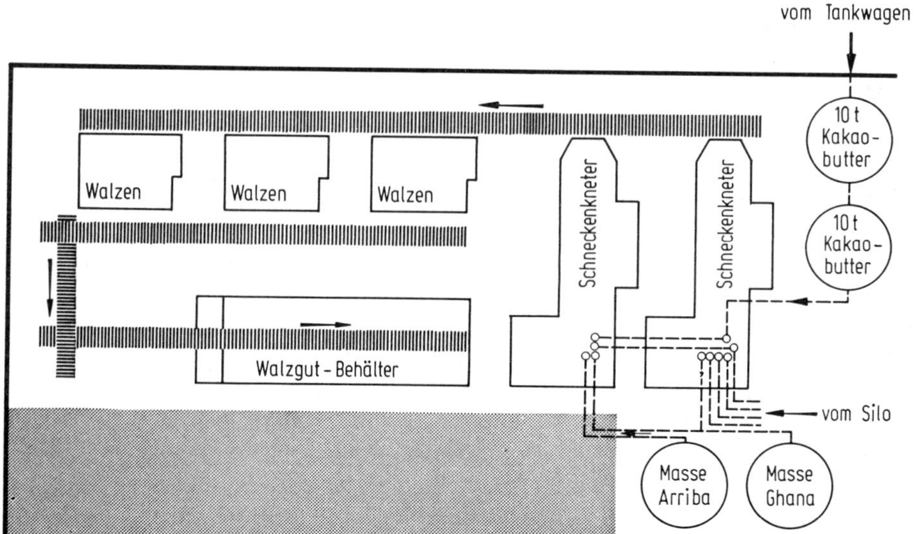

Bild 12.1. Layout mit Schiebebildern.

Datenverarbeitungsanlagen erstellten Grobplänen manuell genaue Maschinenaufstellungspläne herstellen, indem man die Draufsichten jeweils in die im Rahmen der Grobpläne günstigste Lage bringt (Bild 12.1).

Zum schnellen Darstellen von Wegbegrenzungen, Wänden, Stetigförderern etc. lassen sich käufliche Klebebänder mit verschiedenen Symbolen wie Linien, Strichlinien, Stetigförderer etc. verwenden. Die Vervielfältigung dieser Pläne kann auf fotografische Weise oder mit Hilfe eines zusätzlichen Transparent-Originals durch Lichtpausen geschehen. Die Schwierigkeit bei der fotografischen Vervielfältigung besteht vor allem in der Herstellung der Abzüge in Originalgröße, die eine besondere Einrichtung und entsprechenden Aufwand erfordert. Deshalb ist es in der Regel günstiger, auf rationelle Weise ein lichtpausfähiges Original zu erstellen. Dazu fertigt man von den auf Transparentpapier gezeichneten Maschinendraufsichten Kopien auf handelsübliche transparente, selbstklebende Folie. Die Umrisse werden aus der selbstklebenden Folie ausgeschnitten und auf eine schwerere transparente Folie aufgeklebt, die man auf den Magnetplan aufgelegt hat. Klebt man transparente Draufsichten jeweils auf die darunterliegenden Schiebebildgrundrisse auf und geht entsprechend mit den Klebebändern vor, so läßt sich auf einfache Weise ein Lichtpausoriginal herstellen. Von diesem Plan kann man eine Mutterpause ablichten, so daß man die transparenten Maschinendraufsichten wiederholt verwenden kann.

Zweidimensionale Darstellungen lassen sich auch mit Hilfe von Rechnerprogrammen mit Datenverarbeitungsanlagen und Schreibern (Plotter) herstellen. Beim CDUPL-System [4] unterscheidet man bei der Eingabe die folgenden Maschinengrundrisse:

a) Quadrate oder Rechtecke,
b) Kreise,
c) Grundrisse, die durch gerade Linien begrenzt sind,
d) andere Umrisse (sie werden durch spezielle Programme hergestellt).

Wenn man die gewünschten Eckkoordinaten der Maschinen und einen eventuellen Aufstellungswinkel einliest, so werden Maschinen einschließlich eventueller Umrisse der Gebäude, Türen, Fenster usw. vom Schreiber aufgezeichnet.

Die Verwendung dreidimensionaler Modelle ist bei der Planung verfahrenstechnischer Betriebe üblich und einleuchtend. Bei der Planung fertigungstechnischer Betriebe ist ihre Nützlichkeit umstritten. Will man Personenkreisen, die keine Zeichnungen lesen können, ein gutes Bild vermitteln, so ist eine dreidimensionale Darstellung jedoch zweckmäßig. Oft führt das Modell als Arbeitsmittel wesentlich schneller zum Ziel als eine zweidimensionale Darstellung. Das ist der Fall, wenn Hängekreisförderer oder Rohrleitungssysteme einzuplanen sind: eine dreidimensionale Darstellung ersetzt dann eine Vielzahl von Schnittbildern und begrenzt das Risiko von Planungsfehlern [1]. In [5] sind eine ganze Anzahl weiterer Gründe für den Einsatz von Modellen aufgeführt, z. B. die bessere Information über die Beleuchtung im Arbeitsraum und die erforderliche Raumhöhe, sowie die Möglichkeit der Führung von Kranbahnen. Generell empfiehlt es sich, Modelle auf Schiebebilder aufzusetzen und so eine Kombination von zwei- und dreidimensionaler Planung durchzuführen. Dabei kann man unter Umständen auch Modelle einsparen, wenn man eine große Zahl gleicher Maschinen aufstellen muß. Es genügt dann, nur eine oder wenige Maschinen im Modell auszuführen und mit den zweidimensionalen Schiebebildern festzulegen, wo die übrigen Maschinen dieser Art stehen sollen. Die Modelle sollen in vereinfachter Form das wesentliche der dargestellten Einrichtung zeigen. Nähere Angaben sind in [3] ausgeführt. Dort sind auch die folgenden Kennfarben für Modelle angegeben:

Für	
Förder- und Werkstückhandhabungseinrichtungen	– orange
Be- und Verarbeitungseinrichtnugen, Werkzeugmaschinen und ähnliches	– grau
Wärmebehandlungseinrichtungen, Glühöfen und ähnliches	rot
Zusammenbaueinrichtungen, Montagebänder und ähnliches	– grün
Elektroanlagen, Schaltschränke	– schwarz
Büroeinrichtungen	– graugrün
Sanitäre Einrichtungen	– weiß

Dreidimensionale Modelle lassen sich aus käuflichen Bausteinen zusammenbauen, die man später wieder für andere Modelle verwenden kann (Bild 12.2). Andere geeignete Werkstoffe sind Holz (Bild 12.3), Gips oder seit einiger Zeit Styropor.

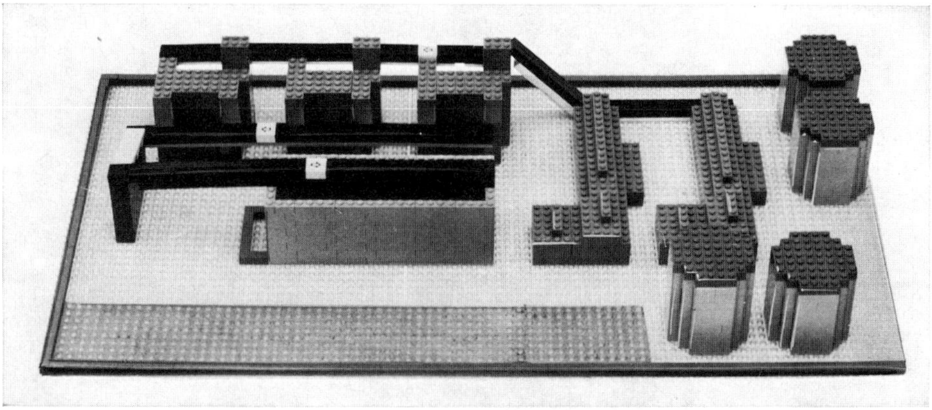

Bild 12.2. Dreidimensionales Modell von Bild 12.1.

Styropor läßt sich mit Hilfe eines elektrisch erwärmten Drahtes (Lötkolben-Zusatzgerät) besonders leicht bearbeiten und in die gewünschte Modellform bringen. Es ist außerdem sehr leicht, so daß sich Styropor-Modelle einfach transportieren lassen. Auf die Möglichkeit der Befestigung der Modelle mit Hilfe von Magneten sei noch besonders hingewiesen.

12.2 Voraussage-Methoden

Um eine Fabrik planen zu können, ist die Kenntnis zukünftiger Daten unerläßlich. Es interessieren vor allem die voraussichtliche Entwicklung des Umsatzes, der notwendigen Betriebsflächen und des Personals.

Bild 12.3. Modell einer Fabrik für Kunststoffrohre (Ausschnitt).

In der Literatur wird unterschieden zwischen kurz- und mittelfristigen Prognosen einerseits und langfristigen Prognosen andererseits. Erstere umfassen etwa einen Zeitraum bis zu 2 Jahren, letztere bis zu 20 Jahren [6, 7].

Für die Fabrikplanung interessieren in erster Linie langfristige Prognosen. Dabei spielen kurzfristige, z. B. saisonale oder konjunkturelle Schwankungen keine Rolle.

Geeignete Methoden für die langfristige Voraussage sind Entwicklungsmodelle, Trendextrapolationen und die Korrelationsmethode [7].

Entwicklungs- oder Wachstumsmodelle sind im Zusammenhang mit der Einführung neuartiger Artikel interessant. Bei solchen Artikeln folgt nach einer Anlaufphase zunächst eine stürmische Entwicklung des Absatzes, anschließend ein langsamer Zuwachs und schließlich ein Rückgang des Absatzes u. U. bis zur Ablösung des Produktes durch wieder ein neues Produkt. Wenn lediglich ein geringer, aber konstanter Zuwachs erreicht wird, so daß der Zuwachs beispielsweise nur noch von der Bevölkerungszunahme abhängt, so läßt sich die Entwicklungskurve der jährlichen Zuwachsrate durch eine Exponentialfunktion darstellen (Bild 12.4).

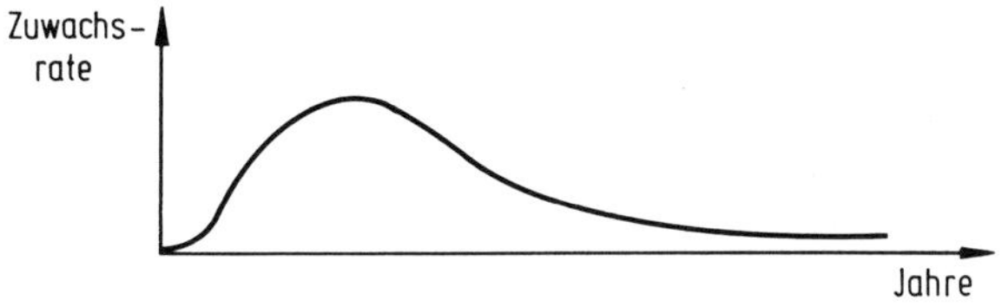

Bild 12.4. Entwicklungskurve der jährlichen Zuwachsrate eines Artikels [2].

Da sich in einem Betrieb in der Regel die Absatzkurven einer ganzen Anzahl von Typen überlagern, sind solche Umsatz-Entwicklungskurven von Gesamtbetrieben selten. In den meisten Fällen erhöhen sich Absatz, Betriebsflächen und Personal ständig. Der Trend dieser Entwicklung läßt sich mit Hilfe der Trendextrapolation ermitteln.

Dabei wird die Trendkurve der Entwicklung in der Vergangenheit in die Zukunft extrapoliert.

Als Trendkurven treten auf:
Geraden,
einfache Exponentialfunktionen,
Polynome und
logistische Kurven [8].

Zur Auswahl der geeigneten Trendkurven wird in [6] empfohlen, zunächst die Daten der Vergangenheit, graphisch auf arithmetisches, halblogarithmisches und eventuell auch anderes mathematisch-statistisches Koordinatenpapier aufzutragen und danach gefühlsmäßig eine geeignete Gleichungsform auszuwählen. Dabei müssen genügend Daten verfügbar sein, damit der Trend unabhängig von kurzfristigen Schwankungen erkennbar wird.

Die häufigsten Trendkurven sind Geraden und einfache Exponentialkurven (Geraden auf halblogarithmischem Papier), außerdem logistische Kurven, z. B.

wenn ein bestimmter Plafond nicht überschritten werden kann (Bild 12.5). Bei der Bestimmung der Kurve sollte also die persönliche Einschätzung nicht ausgeschaltet werden, so daß die Kurven auch logisch erklärbar sind. Die genauen Gleichungen der ausgewählten Kurven werden nach der Methode der kleinsten Quadrate aufgestellt, so daß die Summe der Quadrate der Abstände von einzelnen Punkten zu der Kurve minimal wird (siehe Tafel 12.1).

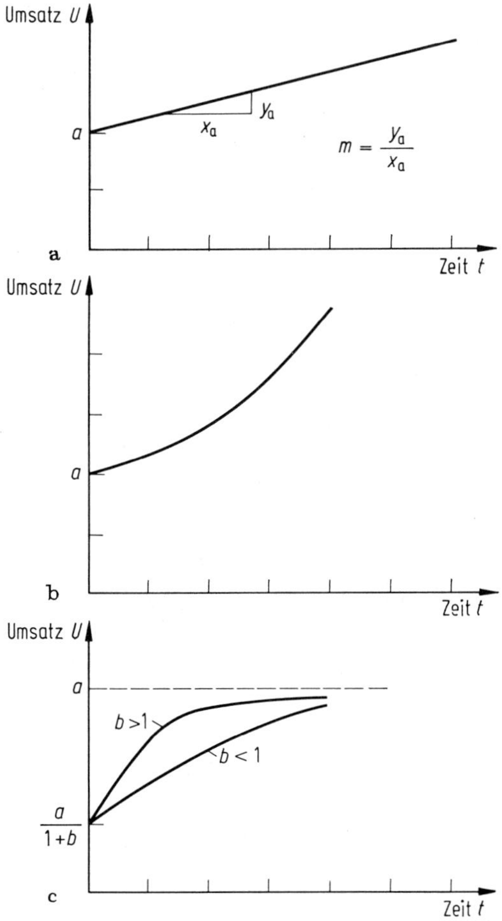

Bild 12.5. Trendkurven a Gerade $U = m \cdot t + a$;
b einfache Exponentialfunktion $\log U = m \cdot t + a$;
c Logistische Kurve $U = a/(1 + b \cdot e^{-kt})$.

Tafel 12.1. *Berechnung der Trendgeraden* mit der Methode der kleinsten Quadrate (nach [6] und [9])

Gesucht ist diejenige Gerade, von der die Summe der Quadrate der Abstände der gegebenen Punkte ein Minimum wird.

Die Gleichung der Geraden lautet: $y = a + m\,t$.

Gegeben sind die Werte y_i und die zugehörigen Werte t_i.
Die Methode der kleinsten Quadrate erfordert die Einhaltung der Beziehung:

$$\Sigma (y_i - y)^2 = \text{Min!}$$

oder

$$\Sigma (y_i - a + m\,t)^2 = \text{Min!}$$

ausmultipliziert ergibt sich:

$$\Sigma (y_i^2 - 2\,y_i\,a - 2\,y_i\,m\,t + a^2 + 2\,a\,m\,t + m^2\,t^2) = \text{Min!}$$

Das Minimum wird bestimmt, indem die partiellen ersten Ableitungen der Funktion gleich null gesetzt werden:

$$\frac{\delta f}{\delta a} = \Sigma (-2\,y_i + 2\,a + 2\,m\,t) = 0$$

$$\frac{\delta f}{\delta m} = \Sigma (-2\,y_i\,t + 2\,a\,t + 2\,m\,t^2) = 0$$

Daraus ergibt sich, wenn n gleich der Zahl der Werte y_i ist:

$$\Sigma\, y_i = n\,a + m\,\Sigma\, t$$

und

$$\Sigma\, y_i\,t = a\,\Sigma\, t + m\,\Sigma\, t^2$$

Wird für das mittlere Jahr des betrachteten Zeitraumes der Wert 0 angesetzt, für die davorliegenden dann -1, -2 usf., für die danachliegenden $+1$, $+2$ usw., so werden die Ausdrücke $m\,\Sigma\, t$ und $a\,\Sigma\, t$ zu 0 und es ergeben sich die einfachen Berechnungsformeln:

$$\Sigma\, y_i = n\,a, \quad \text{also} \quad a = \frac{\Sigma\, y_i}{n}$$

und

$$\Sigma\, y_i\,t = m\,\Sigma\, t^2, \quad \text{also} \quad m = \frac{\Sigma\, y_i\,t}{\Sigma\, t^2}\,.$$

Ein Beispiel für die Umsatzentwicklung einer Maschinenfabrik zeigt Bild 12.6. Als Trendkurve wurde eine Gerade gewählt. Ihre Gleichung ist in Tafel 12.2 berechnet. Die Wahl einer Geraden beinhaltet die Annahme, daß der prozentuale

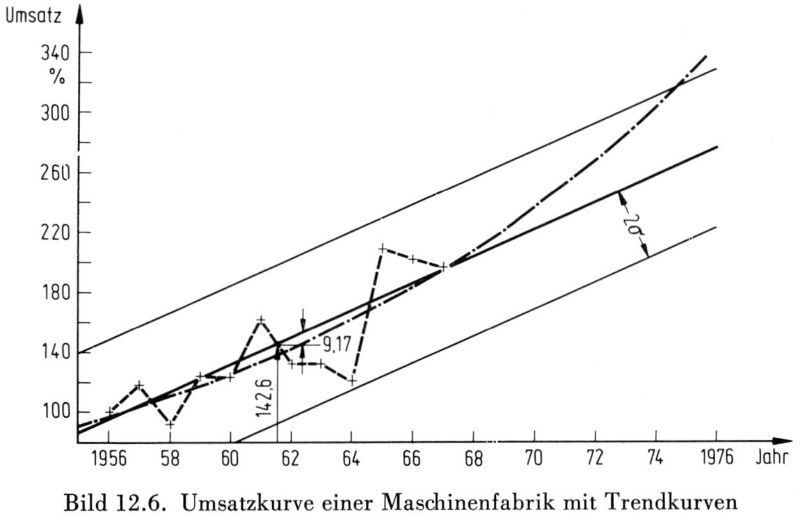

Bild 12.6. Umsatzkurve einer Maschinenfabrik mit Trendkurven
— — — Umsatz; ——— Trendgerade; —·— Logarithmische Trendkurve.

Zuwachs bezogen auf das Ausgangsjahr gleich bleibt, aber bezogen auf das betrachtete Jahr immer mehr abnimmt.

Tafel 12.2. Beispiel für die Berechnung der Trendgeraden des Umsatzes

i	Jahr t_i'	t_i	Umsatz y_i	$y_i\, t_i$	t_i^2
1	1956	— 5,5	100	— 550	30,25
2	57	— 4,5	118	— 531	20,25
3	58	— 3,5	92	— 332	12,25
4	59	— 2,5	124	— 310	6,25
5	60	— 1,5	123	— 184,5	2,25
6	61	— 0,5	162	— 81	0,25
7	62	0,5	132	66	0,25
8	63	1,5	132	198	2,25
9	64	2,5	121	302,5	6,25
10	65	3,5	209	731,5	12,25
11	66	4,5	202	909	20,25
12	67	5,5	197	1083,5	30,25
			1712 $\sum y_i$	+ 1312 $\sum y_i\, t_i$	143 $\sum t_i^2$

$$a = \frac{\sum y_i}{n} = \frac{1712}{12} = 142{,}6$$

$$m = \frac{\sum y_i\, t_i}{\sum t_i^2} = \frac{1312}{143} = 9{,}17$$

Gleichung der Trendgeraden $y = 142{,}6 + 9{,}17 \cdot t$.

Im Jahr 1961,5 geht die Trendgerade durch den Umsatzpunkt 142,6, die jährliche Steigerungsrate beträgt 9,17% bezogen auf das Jahr 1956.

Die Annahme eines einfachen Exponentialtrends (Berechnung s. Tafel 12.3), beinhaltet dagegen die Vorstellung, daß der prozentuale jährliche Zuwachs bezogen auf das Vorjahr immer gleich bleibt. Da die Entwicklung des inflationsbereinigten Umsatzes in der Regel zwischen diesen beiden Kurven liegen dürfte, ist es häufig am besten, mit dem Mittelwert dieser beiden Kurven zu arbeiten.

In [10] ist ein Prüfverfahren angegeben, um festzustellen, ob eine Gerade als Trendkurve geeignet ist. Für diese Überprüfung ist der Korrelationskoeffizient oder das Bestimmtheitsmaß $B = r^2$ zu berechnen.

Liegt B in der Nähe von ± 1, so besteht eine sehr gute Eignung. Wenn aber nur wenige Zahlenpaare verfügbar sind, so kann dies rein zufällig sein. Deshalb ist eine Überprüfung der statistischen Sicherheit erforderlich. Sie kann mit dem t-Test vorgenommen werden. Ist $t = r \cdot \sqrt{n} > 3$, so ist eine statistische Sicherheit gegeben.

Zur Kontrolle der Übereinstimmung von tatsächlichem Verlauf und Trendgerade empfiehlt [11], die Standardabweichung der gemessenen Werte von der Geraden zu berechnen und Parallelen zu ihr im doppelten Abstand der Standardabweichung oberhalb und unterhalb der Kurve einzutragen (Tafel 12.4 und Bild 12.6).

Tafel 12.3. Berechnung der einfachen Exponentialkurve für dasselbe Beispiel (nach [9])

Zu berechnen ist die Kurve mit der Gleichung $\log y = a + m\,t$, die die Bedingung der kleinsten Quadrate befriedigt. Nach der partiellen Ableitung ergeben sich die Gleichungen:

$$\log y_i = n \cdot a + m \sum t_i \quad (1)$$

$$\sum (t_i \cdot \log y_i) = a \sum t_i + m \sum t_i{}^2 . \quad (2)$$

Die Werte der Gleichungen sind zu berechnen und aus den zwei Gleichungen die zwei Unbekannten zu bestimmen. Die Berechnung der Ausdrücke geschieht in folgender Tabelle:

Jahr t_i'	t_i	Umsatz y_i	$\log y_i$	$t_i \cdot \log y_i$	$t_i{}^2$
1956	1	100	2,0	2,0	1
57	2	118	2,07	4,14	4
58	3	92	1,96	5,88	9
59	4	124	2,09	8,36	16
60	5	123	2,09	10,44	25
61	6	162	2,21	13,25	36
62	7	132	2,12	14,83	49
63	8	132	2,12	16,96	64
64	9	121	2,08	18,71	81
65	10	209	2,32	23,20	100
66	11	202	2,31	25,38	121
1967	12	197	2,29	27,50	144
	78		25,66	170,65	650
	$\sum t_i$		$\sum \log y_i$	$\sum t_i \cdot \log y_i$	$\sum t_i{}^2$

Setzt man die Werte in die Gleichungen (1) und (2) ein, so ergibt sich

$$25{,}66 = 12 \cdot a + \;\; 78 \cdot m \quad (1')$$

$$170{,}65 = 78 \cdot a + 650 \cdot m . \quad (2')$$

Multipliziert man Gleichung (1′) mit dem Faktor $78/12 = 6{,}5$ und subtrahiert die sich ergebende Gleichung von Gleichung (2′), so erhält man:

$$3{,}95 = 143 \text{ m} \qquad \text{oder} \qquad m = 3{,}95/143 = 0{,}0276 .$$

In (1′) eingesetzt ergibt sich

$$a = 1{,}96$$

und die Gleichung

$$\log y = \mathbf{1{,}96} + 0{,}0276 \cdot t_i .$$

Die Kurve ist in Bild 12.6 eingezeichnet.

Läuft die tatsächliche Kurve in der Zukunft aus der Fläche zwischen den Parallelen heraus, so ist anzunehmen, daß sich der Trend geändert hat. Eine neue Trendkurve ohne Berücksichtigung früherer Werte ist zu berechnen.

Die Korrelationsmethode wird angewandt, wenn es schwierig ist, die den Betrieb eigentlich interessierenden Größen in ihrer Entwicklung direkt vorher zu bestimmen, wenn aber gleichzeitig für die Bewegung eines anderen Merkmals, das mit den interessierenden Werten verbunden ist, bereits gute Berechnungen vorhanden sind. In [1] wird hierfür folgendes Beispiel angegeben: Der Umsatz einer Firma verläuft schwankend, und eine Projektion vergangener Entwicklungen hat

Tafel 12.4. Berechnung der Standardabweichung

Die Standardabweichung wird berechnet nach der Formel:

$$\sigma = \sqrt{\frac{\sum d^2}{n-2}} \; [10]$$

Werte der Trendgeraden	Istwerte	Differenz d	d^2
95	100	5	25
104	178	14	196
113	92	21	441
122	124	2	4
131	123	8	64
141	162	21	441
150	132	18	324
159	132	27	729
168	121	47	2209
177	209	32	1014
186	202	16	256
195	197	2	4
			5707

Es ergibt sich die Standardabweichung:

$$\sigma = \sqrt{\frac{5707}{12-2}} = \sqrt{570{,}7} = 23{,}9$$

$$2 \cdot \sigma = 47{,}8\,.$$

Die errechnete Gerade und die doppelten Standardabweichungen sind in Bild 12.6 eingezeichnet.

in der Vergangenheit stets unbefriedigende Resultate ergeben. Zugleich ist aber festgestellt worden, daß der Umsatz stets parallel mit der Entwicklung der erteilten Baugenehmigungen verlaufen ist. Diese Parallelität der Entwicklung wird mit Hilfe der Regressionsrechnung statistisch gesichert, wobei zwischen Umsatz und der Zahl der Baugenehmigungen kein logischer äußerer Zusammenhang zu bestehen braucht. Wenn nun die Zahl der Baugenehmigungen bereits befriedigend vorausgeschätzt ist, so kann über die Regressionsbeziehung auch die Entwicklung des Umsatzes vorausbestimmt werden.

Muß man auf die Korrelationsmethode zurückgreifen, so ist zunächst zu prüfen, mit welchen volkswirtschaftlichen Daten eine Parallelität der Entwicklung besteht. Dies geschieht zunächst am besten durch graphischen Vergleich und anschließend durch Sicherung des Zusammenhanges mit Hilfe der Regressionsrechnung [10].

Zur Sicherung der Ermittlungen empfiehlt es sich generell, den voraussichtlichen Umsatz mit der voraussichtlichen gesamtwirtschaftlichen Entwicklung und dem voraussichtlichen Umsatz der Branche zu vergleichen, soweit diese Funktionen bekannt sind. Ist die Trendkurve bestimmt, so kann daraus die zukünftige Entwicklung unter Beachtung zusätzlicher äußerer Einflüsse, die in der Vergangenheit nicht wirksam waren und unter Beachtung einer u. U. veränderlichen Zielsetzung des Unternehmens abgeleitet werden.

An besonderen Einflüssen auf den Umsatz sind beispielsweise Kriege, umwälzende neue oder eigene Erfindungen und Kooperationen zu nennen. Zielsetzungen der Firma können sein: keine Ausweitung der Fläche, keine Ausweitung des Personals, Halten des Marktanteils usf.

Unternehmenspolitik kann auch sein, den Umsatz so zu halten, daß keine Sprünge in den Ausgaben eintreten, die in der Regel organisationsbedingt sind. Will sich beispielsweise ein Kleinbetrieb, in dem der Inhaber alles übersieht und keine schriftliche Organisation erforderlich ist (z. B. Fertigungssteuerung), vergrößern, so kommt der Zeitpunkt, wo der Inhaber eben nicht mehr alles übersieht und eine Verteilung der Steuerung auf mehrere Personen erforderlich wird. Ein ähnlicher Sprung tritt beispielsweise vom Mittel- zum Großbetrieb ein.

Zusätzliche Einflüsse auf die Größe der Betriebsfläche sind: veränderte Schichtarbeit, Überstunden oder Zulieferungen; wesentlich andere Fertigungsmethoden (spanend, spanlos) in weiterem Bereich; verändertes Produktionsprogramm (z. B. Aufnahme von Großmaschinen).

Bei der Bürofläche und beim Büropersonal kann ein Sprung auftreten, wenn ein großer Nachholbedarf besteht und neue Organisationstechniken eingeführt werden (z. B. Einführung der EDV).

12.3 Multimoment-Aufnahmen

Die Benennung Multimoment-Aufnahme (abgekürzt MM-Aufnahme, in den USA „work sampling") wird aus der Aufnahmetechnik hergeleitet; das Wesen der MM-Aufnahme ist nämlich, daß Betriebsmittel, Werkstoffe oder Menschen sehr oft beobachtet werden, um jeweils den während eines bestimmten Moments ablaufenden Vorgang festzustellen.

Das Verhältnis der Zahl der beobachteten Einzelvorgänge zur Gesamtzahl der Beobachtungen entspricht dem zeitlichen Anteil der Einzelvorgänge.

Bei der Multimoment-Aufnahme wird also nicht ununterbrochen beobachtet; sie steht damit im Gegensatz zur normalen Zeitaufnahme (kontinuierliche Zeitmessung mit der Stoppuhr) und zur automatischen Zeitaufnahme mit Zeitmeßgeräten. Bei der Anwendung der MM-Aufnahme interessiert damit nicht der genaue zeitliche Ablauf, sondern es werden durchschnittliche zeitliche Anteile einer Gesamtzeit festgestellt. Der Aufwand beträgt nur etwa 20 – 30% des Aufwandes bei der normalen Zeitaufnahme, so daß die MM-Aufnahme auch in Fällen angewandt werden kann, wo an eine andere Zeitaufnahme aus Kostengründen nicht zu denken ist.

Die Einzelbeobachtungen werden in unregelmäßigen, möglichst zufälligen Zeitabständen vorgenommen, damit nicht durch einen evtl. vorhandenen Rhythmus Verfälschungen der Werte entstehen. So kann man beispielsweise Nutzungszeitanteile von Betriebsmitteln, Verteilzeiten von Arbeitern oder Liegezeitanteile von Werkstoffen ermitteln. Dabei läßt sich die statistische Sicherheit der Aufnahmen genau angeben. Eine statistische Sicherheit von z. B. 95% bedeutet, daß 95% der durch MM-Aufnahmen, d. h. nur durch Stichproben, ermittelten Ergebnisse mit denen übereinstimmen, die durch eine kontinuierliche exakte Messung gewonnen werden könnten. Diese statistische Sicherheit von 95% gilt für alle arbeits- und fertigungstechnischen Untersuchungen als ausreichend [12].

Das Streumaß, das ist die absolute ±-Fehlertoleranz des zu ermittelnden Zeitanteils in Prozent von der Gesamtzeit, hängt ab von der Größe des Zeitanteils und vor allem von der Zahl der Beobachtungen. In der Praxis geht man so vor, daß man die Zahl der erforderlichen Beobachtungen entsprechend dem zulässigen Streumaß berechnet. Unter der Voraussetzung einer statistischen Sicherheit der Aussage von 95% gilt die MM-Hauptformel:

$$N = \frac{3{,}84 \cdot c^2 \cdot p\,(100 - p)}{f^2} \quad [13].$$

Dabei bedeuten:

N Gesamtzahl der aufgenommenen Notierungen,

c Abhängigkeitsfaktor,

p zu ermittelnder Zeitanteil = errechneter Wert der beobachteten Verrichtung in % von N,

f Streumaß = absolute ±-Fehlertoleranz von p in % von N.

Der Abhängigkeitsfaktor c soll die gegenseitige Abhängigkeit der zu beobachtenden Vorgänge voneinander bewerten. Diese Abhängigkeit kann entstehen, wenn die Zeitabstände zwischen den Aufnahmen kurz sind. Bei Zeitabständen, die größer sind als etwa 10 min, kann der Abhängigkeitsfaktor = 1 gesetzt werden. Bei kürzeren Zeitabständen erhöht sich der Faktor c. Die erforderliche Anzahl der Notierungen läßt sich für den Abhängigkeitsfaktor $c = 1{,}0$ aus Bild 12.7 entnehmen. Dabei ist der Genauigkeitsgrad ε die relative Streuung von p in % von N. Es ist $\varepsilon = f/p \cdot 100$.

Man sollte möglichst auf der dick ausgezogenen Linie (optimaler Bereich) arbeiten. Für einen erwarteten Zeitanteil $p = 20\%$ ergibt sich bei einer relativen Streuung (Genauigkeitsgrad) von ± 10% die Anzahl der erforderlichen Notierungen zu 1500. Der Zeitanteil kann dann – mit einer statistischen Sicherheit von 95% – zwischen 18 und 22% liegen. Zeitanteile, die kleiner sind als 5%, mit MM-Aufnahmen aufzunehmen, ist unwirtschaftlich, wie man aus dem Bild ersehen kann.

Nach [12] wird empfohlen, eine MM-Aufnahme folgendermaßen durchzuführen:

a) Festlegung der Untersuchungsobjekte (z. B. Maschinen, Fördermittel, Werkstoffe).

b) Festlegung der zu beobachtenden Vorgänge.
Die genaue Festlegung und gegenseitige Abgrenzung der Vorgänge ist besonders wichtig. Die Vorgänge sollten vom Beobachter einwandfrei unterschieden werden können. Dazu wird empfohlen, zumindest bei den ersten Aufnahmen die Zahl der verschiedenen Vorgänge nicht zu groß zu wählen, weil sonst leicht Fehler in der Aufnahme entstehen.

c) Festlegung des Beobachtungsweges und Ermittlung der Dauer eines Rundganges.

d) Bestimmung der erforderlichen Beobachtungszahl N.
Aus den geschätzten Zeitanteilen p kann man unter Beachtung des Abhängigkeitsfaktors, der sich aus der Dauer je Rundgang ergibt und des gewünschten

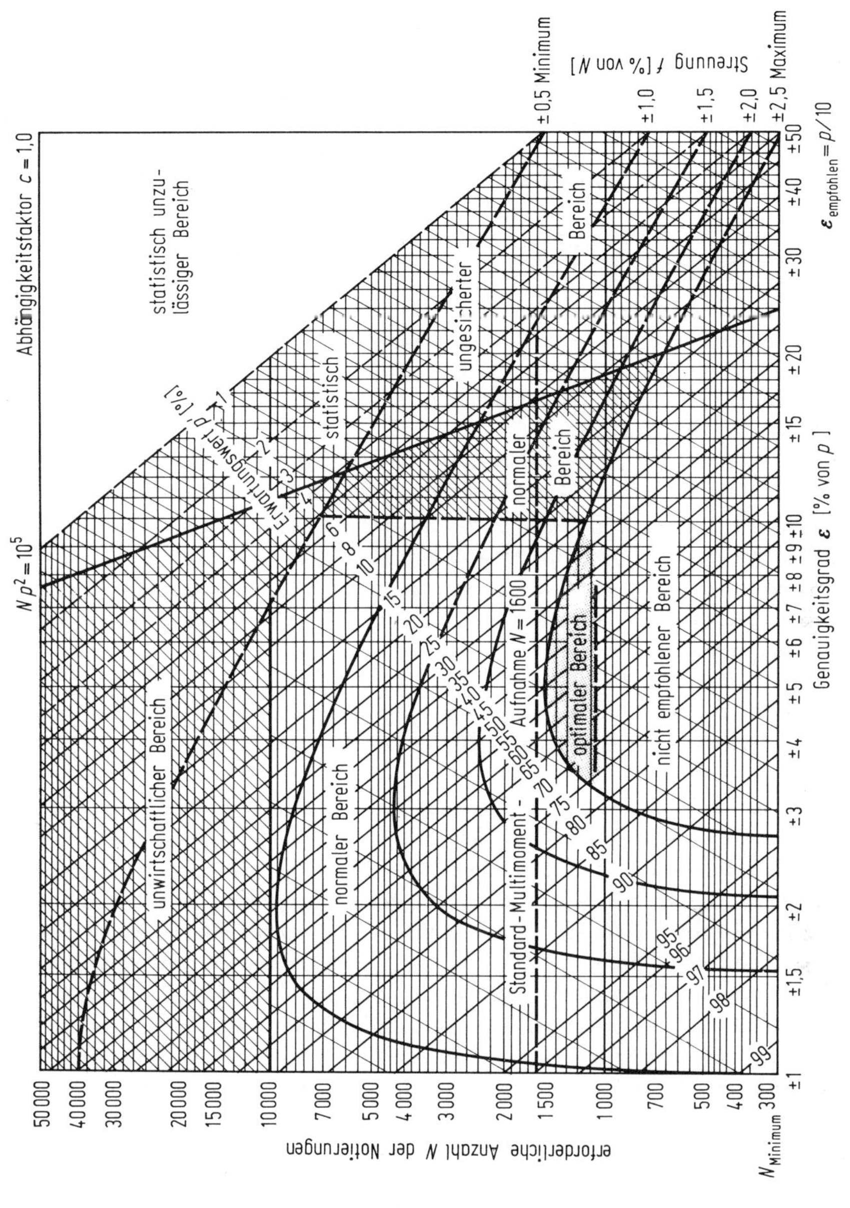

Bild 12.7. Die statistischen Bereiche von Multimoment-Aufnahmen [13].

Streumaßes f bzw. ε aus Bild 12.7 oder der angegebenen Formel für jeden Vorgang die erforderliche Anzahl der Beobachtungen N ermitteln. Die erforderliche Zahl der Beobachtungen wird je nach Zeitanteil und Streumaß für die verschiedenen Vorgänge schwanken. Maßgeblich ist die maximale Zahl. Wenn sie zu groß erscheint, kann sie u. U. durch Erhöhung des Streumaßes reduziert werden.

e) Ermittlung des Gesamtzeitaufwandes für die Zeitaufnahme.
Der Gesamtzeitaufwand setzt sich zusammen aus der reinen Beobachtungszeit (Aufnahmedauer) und der Zeit für die Auswertung. Die Anzahl der erforderlichen Rundgänge berechnet man aus der Anzahl der erforderlichen Beobachtungen, dividiert durch die Anzahl der pro Rundgang beobachteten Betriebsmittel. Dies gilt, wenn man Mittelwerte für alle zu beobachtenden Betriebsmittel feststellen will. Will man Mittelwerte für einzelne Betriebsmittel aufnehmen, so sind für jedes Betriebsmittel N Beobachtungen vorzunehmen.

f) Festlegung der Beobachtungszeiten mit Hilfe von Zufallszahlen.
Damit die Beobachtungen sicher in unregelmäßigen Zeitabschnitten vorgenommen werden, empfiehlt es sich, die Anfangszeiten der Rundgänge mit Hilfe von Zufallszahlen festzulegen. Dafür geeignete Zufallsstunden- und -minutentafeln sind in [12] und [13] angegeben.

g) Durchführung der Aufnahme.
Dazu werden in der Regel Strichlisten benutzt, wobei im Kopf senkrecht die einzelnen Vorgänge und waagerecht die einzelnen Objekte abgetragen sind. Aufnahmebogen sind gleichfalls in der vorne angegebenen Literatur abgedruckt. Es empfiehlt sich, die Strichlisten nach etwa 300 Aufnahmen erstmals auszuwerten, um die gemachten Schätzungen der Zeitanteile zu überprüfen und bei einer großen auftretenden Differenz die erforderliche Anzahl der Beobachtungen neu zu berechnen.

h) Auswertung und Ergebnis.
Die einzelnen Zeitanteile p erhält man aus der Anzahl der Beobachtungen je Vorgang geteilt durch die Gesamtzahl der Beobachtungen.

Zur Überprüfung der Korrektheit einer MM-Aufnahme empfiehlt es sich, während der Aufnahme und am Schluß der Aufnahme eine Kontrollkarte zu führen, in der jeweils die Zeitanteile einer bestimmten Anzahl Notierungen (beispielsweise zwischen 20 und 200 Notierungen) eingetragen werden. Zeichnet man außer der Mittellinie in der Größe des Durchschnittswertes auch Beurteilungsgrenzen im Abstand der einfachen Standardabweichung, Warngrenzen im Abstand der 1,96-fachen Standardabweichung und Kontrollgrenzen im Abstand der 3fachen Standardabweichung ein, so lassen sich leicht Anomalitäten der Aufnahme, wie ein bestimmter Trend, ein Zyklus etc. erkennen. Die Standardabweichung wird dabei berechnet nach der Formel

$$\text{Standardabweichung}\,\sigma = \sqrt{\frac{p\,(100-p)}{N}}\ [13].$$

Bei der Bearbeitung dieses Abschnitts wurde auch [14] verwendet. – Eine Literaturzusammenstellung über MM-Aufnahmen bringt [15].

Beispiele

Beispiel 1 [12]:
Ermittlung der Betriebsmittelzeiten von 22 Laufkranen eines Betriebes. Die Krane waren in verschiedenen Hallen verteilt, so daß die Dauer eines Rundganges etwa 12 Min. betrug. Die zu beobachtenden Tätigkeiten, geschätzten Zeitanteile der Tätigkeiten und zugelassenen Streumaße sowie die zur Errei-

chung dieser Daten erforderliche Anzahl der Beobachtungen sind in Tabelle 12.2 angegeben. Maximal sind 2300 Beobachtungen erforderlich. Da pro Rundgang 22 Krane beobachtet werden können, sind 105 Rundgänge mit je etwa 12 Min. Beobachtungszeit, also insgesamt 21 Stunden Beobachtungszeit, notwendig.

Tabelle 12.2. Anzahl der Beobachtungen

Tätigkeit	Zeitanteil p geschätzt	Streumaß f zugelassen	Zahl der Beobachtungen N
Kran fährt mit Last	p_1 = rd. 15%	± 1,5%	2180
Kran fährt ohne Last	p_2 = rd. 10%	± 1,5%	1530
Kran steht, An- oder Abbinden der Last	p_3 = rd. 20%	± 2,0%	1530
Kran steht, hält Last zur Bearbeitung	p_4 = rd. 10%	± 1,5%	1530
Kran wartet auf Einsatz	p_5 = rd. 40%	± 2,0%	2300
Kran nicht besetzt	p_6 = rd. 5%	± 1,0%	1820

Nach Durchführung der Aufnahme wurde festgestellt, daß sich die Zeitanteile im Laufe der Beobachtungen sehr stark geändert hatten, weil die Ferienzeit einsetzte. Deshalb konnten nur 1320 Beobachtungen verwendet werden. Dadurch erhöhte sich zwar die Streuung, sie blieb aber immer noch in zulässigen Grenzen. Die ermittelten Zeitanteile und dabei auftretende Streugrade sind in Tabelle 12.3 angegeben.

Tabelle 12.3. Ergebnis der MM-Aufnahme (N = 1320)

Tätigkeit	Zeitanteil p ermittelt	Streumaß f erreicht	Genauigkeitsgrad $\varepsilon = (f/p) \cdot 100$
Kran fährt mit Last	p_1 = 9,1	1,55	17,0
Kran fährt ohne Last	p_2 = 8,3	1,5	18,1
Kran steht, An- oder Abbinden der Last	p_3 = 20,1	2,2	10,9
Kran steht, hält Last zur Bearbeitung	p_4 = 15,9	2,0	12,6
Kran wartet auf Einsatz oder nicht besetzt	$p_{5,6}$ = 46,6	2,7	5,8

Beispiel 2: Multimoment-Aufnahme der durchschnittlichen Betriebsmittelzeiten verschiedener Maschinenabteilungen.

Der Zweck dieser Aufnahmen war die Ermittlung des Nutzungszeitanteils, um für eine Erweiterungsplanung aus den Vorgabezeiten die Anzahl der Maschinen berechnen zu können. (Vergleiche Kapitel Fertigungsbereich!)

Um die Aufnahme noch effektiver zu machen, wurden gleichzeitig noch weitere Zeitanteile aufgenommen, deren Kenntnis für die Fertigungsleitung interessant war. Die Anzahl der zu machenden Beobachtungen war einerseits nach der voraussichtlichen Nutzungshauptzeit anzusetzen, wobei eine relative Streuung von weniger als etwa 8% angestrebt wurde, andererseits aber nach der Lage der Maschinenabteilungen, da ein Rundgang verschiedene Abteilungen umfassen sollte. Das Ergebnis der Aufnahme ist in Tabelle 12.4 dargestellt.

Tabelle 12.4. Maschinenzeitanteile und Genauigkeitsgrade einer MM-Aufnahme in verschiedenen Maschinenabteilungen in Prozent

Abteilungen	Revolverbänke	Dreh-(Halb-)automaten	Sonderwerkstatt	DS-Dreherei	Fräserei	Bohrerei	Stanzerei	Poliererei
Anzahl der Maschinen	32	13	20	29	13	39	13	8
Zeitanteile								
1. Nutzungshauptzeit	41,2	40,1	30,2	36,2	24,3	33,3	24,1	78,3
ε	± 6	± 6	± 7	± 6	± 7	± 5	± 8	± 3
2. Rüstzeit	14,2	14,2	3,8	5,6	12,2	1,4	5,7	0,3
ε	± 12	± 12	± 22	± 19	± 11	≈ 35	± 18	± 50
Nutzungszeit $\sum (1 + 2)$	55,4	54,3	34,0	41,8	36,5	44,7	29,8	78,6
ε	± 4	± 4	± 6	± 6	± 6	± 4	± 7	± 3
3. BM unbelegt	9,8	22,6	21,7	15,8	33,9	20,0	28,9	0,0
ε	± 13	± 8	± 9	± 11	± 6	± 7	± 7	—
4. BM ungenutzt	28,6	18,8	41,0	40,6	26,2	45,0	30,2	21,1
	± 8	± 10	± 6	± 6	± 7	± 4	± 7	± 16
5. Pflege und Reparatur	6,2	4,2	3,3	1,8	3,4	0,3	11,1	0,3
ε	± 19	± 21	± 22	> 50	± 22	> 50	± 13	> 50
6. Brachzeit $\sum (3 + 4 + 5)$	44,6	45,7	66,0	58,2	63,5	65,3	70,2	21,4
ε	± 5	± 5	± 3	± 4	± 4	± 3	± 3	± 16
Zahl der Beobachtungen	1632	1690	1760	1711	2223	2925	1714	1184

Die Zeitanteile für Nutzungshauptzeit, Nutzungszeit und Brachzeit genügen dem geforderten Genauigkeitsgrad mit Ausnahme der Brachzeit bei der Poliererei; hingegen sind Einzelzeitanteile wie Rüstzeit und besonders „Pflege und Reparatur“ nur ungenau erfaßt. Hier sollte jedoch nur die Größenordnung der Werte ermittelt werden.

Da die Aufnahme in einer Zeit der Hochkonjunktur durchgeführt wurde, erstaunte der hohe Anteil der Brachzeit, der insbesondere durch „Betriebsmittel unbelegt“ und „Betriebsmittel ungenutzt“ zustande kam.

Der hohe Anteil für „Betriebsmittel unbelegt“ entstand dadurch, daß eine ganze Anzahl Maschinen immer nur für bestimmte, aber zum Teil erst nach langen Zeitabständen wiederkehrende Aufträge eingerichtet blieb. Der hohe

Zeitanteil für „Betriebsmittel ungenutzt“ wurde vor allem durch einen Mangel an Einrichtern verursacht. Eine geringe Vermehrung der Einrichterstellen hätte diesen Zeitanteil sehr stark vermindern können.

12.4 Methoden für die räumliche Zuordnung von Betriebsmitteln

Sowohl bei der Erstellung des Generalbebauungsplanes als auch bei der Detailgestaltung einzelner Betriebsbereiche tritt das Problem der räumlichen Zuordnung von Betriebsmitteln auf. Als Betriebsmittel wird in diesem Zusammenhang der kleinste im jeweiligen Planungsfall betrachtete organisatorische Bestandteil eines Unternehmens (Abteilung, Kostenstelle, Maschinen, Einzelarbeitsplatz; siehe auch [16]) bezeichnet.

Dieses Problem, das in der Literatur auch unter den Bezeichnungen „quadratisches Zuordnungsproblem“, „innerbetriebliche Standortplanung“, „optimale Raumverteilung“, „Layoutplanung“ usw. bekannt ist, hat mit dem Problem der Standortwahl bei minimalen Transportkosten (siehe Kapitel „Standortplanung“) nur eine entfernte Verwandtschaft. Beim Problem der Standortplanung sind stets die Lieferanten und Abnehmer und unter Umständen auch bereits vorhandene Werke mit ihren Standorten gegeben. Außerdem sind immer große räumliche Abstände zwischen den einzelnen Standorten. Dagegen soll beim Problem der räumlichen Zuordnung eine Vielzahl von Betriebsmitteln, deren Standorte nicht gegeben sind, möglichst kompakt angeordnet werden, um so die Transportkosten zu minimieren.

Das Problem der räumlichen Zuordnung von Betriebsmitteln tritt sowohl bei der Idealplanung, als auch bei der Realplanung auf. Dabei ist bei der Idealplanung häufig ein gröberes Planen zulässig (Grobplanung), während bei der Realplanung zumindest eine Variante auf der endgültigen Detaillierungsstufe geplant werden muß. Bei der Idealplanung sind in der Regel für die Zuordnung außer den Transportkosten lediglich einige Sekundärbedingungen maßgeblich (siehe Kapitel „Generalbebauungsplan“). Im Realplanungsfall sind zunächst alle Bedingungen zu berücksichtigen, die mit dem Standort, dem Grundstück und der Art bestehender Vorschriften und Gesetze sowie einer eventuell vorhandenen Bebauung zusammenhängen.

In den weiteren Ausführungen sollen manuelle und EDV-unterstützte Verfahren zur räumlichen Zuordnung von Betriebsmitteln (Layoutplanungs-Verfahren) vorgestellt werden. Diese Verfahren sind heute ein fester Bestandteil in der Planung von Verwaltung und Produktion [17, 18]. Für einen vollständigen Überblick über die vorhandenen Verfahren sei auf die Übersichtsliteratur verwiesen [19 – 23].

12.4.1 Grundsätzlicher Aufbau von Layoutplanungs-Verfahren

Wesentlichste Aufgabe der Layoutplanung ist es, auf einem Grundriß, dessen Form und Größe bei Neuplanungen mit zu erarbeiten ist, Betriebsmittel so anzuordnen, daß die durch den Transport verursachten Kosten möglichst gering werden.

Die zu minimierende Funktion lautet im allgemeinen

$$K = \sum_{i,j=1}^{n} m_{ij} \cdot s_{ij}$$

(siehe Kapitel „Materialfluß“).

Die Transportstrecken s_{ij} zwischen den Betriebsmitteln sind nicht von vornherein gegeben. Sie resultieren vielmehr aus der Anordnung der Betriebsmittel auf der Planungsfläche. Planungsdaten für ein Layoutproblem sind demnach die Flächen der einzelnen Betriebsmittel und die Transportmengen m_{ij}. Außerdem können die für die Realplanung konzipierten Layoutplanungsverfahren in der Regel Randbedingungen berücksichtigen. Dabei handelt es sich vor allem um Randbedingungen, die durch das Einsetzen von Sperrflächen oder die fixe Zuordnung von – zum Teil fiktiven – Betriebsmitteln zu Standorten realisiert werden können (siehe Bild 12.8).

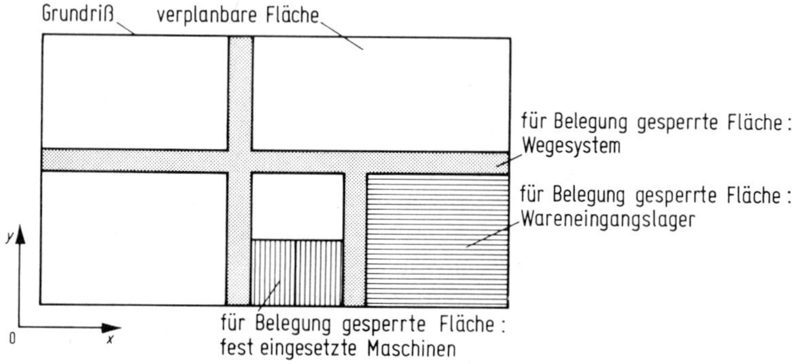

Bild 12.8. Realisierung von Randbedingungen durch fixe Zuordnung von Betriebsmitteln und Sperrflächen.

Die Entfernungsmessung zwischen zwei Betriebsmitteln erfolgt im allgemeinen nach einem der folgenden Prinzipien:

– rechtwinklig: $s_{ij} = |x_i - x_j| + |y_i - y_j|$
– euklidisch: $s_{ij} = \sqrt{(x_i - x_j)^2 + (y_i - y_j)^2}$
– entlang der Verkehrswege: $s_{ij} = \Sigma\,|x_k - x_p| + \Sigma\,|y_l - y_s|$

k, p = Endpunkte der Wegeabschnitte in x-Richtung
l, s = Endpunkte der Wegeabschnitte in y-Richtung.

Dabei kann die Richtung des Materialflusses berücksichtigt werden. Dann gilt nicht mehr notwendigerweise $s_{ij} = s_{ji}$.

Bild 12.9 zeigt die verschiedenen Arten der Entfernungsmessung.

Die bei der Erstellung eines Layouts zu lösende Fragestellung kann als quadratisches Zuordnungsproblem interpretiert werden [24]. Quadratische Zuordnungsprobleme lassen sich auch beim heutigen Stand der EDV-Technik nur heuristisch lösen (siehe [25, 26]), da exakte Lösungsverfahren wie z. B. die dynamische Optimierung versagen und die Enumeration zu hohe Rechenzeiten erfordert. Bei den heuristischen Verfahren können konstruktive und iterative Lösungsansätze unterschieden werden.

Konstruktive Layoutplanungs-Verfahren setzen auf einer zunächst leeren Planungsfläche ein Betriebsmittel nach dem anderen ein. Die in der Praxis angewand-

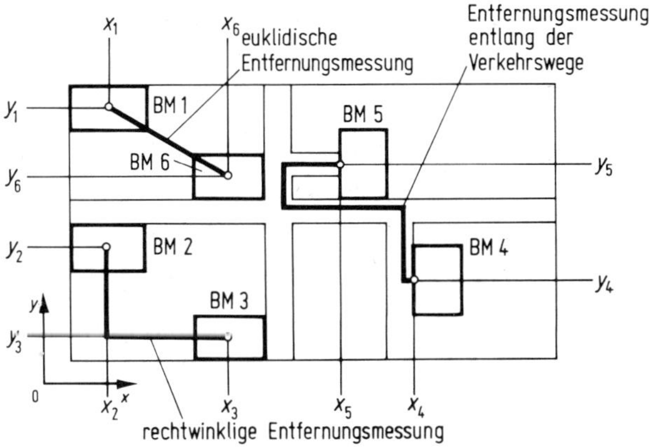

Bild 12.9. Entfernungsmessung.

ten konstruktiven Verfahren unterscheiden sich sowohl im Bildungsgesetz für die Reihenfolge, in der die einzelnen Betriebsmittel in das Layout einzusetzen sind, als auch in der Festlegung des Standortes, dem das ausgewählte Betriebsmittel zuzuordnen ist. Die Einsetzreihenfolge wird z. B. mit Hilfe der Summe der Transportmengen zum bereits bestehenden Layoutkern bzw. zu den im Layoutkern enthaltenen Paaren von Betriebsmitteln (siehe z. B. [16, 27, 28]) oder z. B. mit Hilfe der Differenz zwischen bestem und schlechtestem Teilzielwert erstellt (siehe z. B. [29 bis 31]). Unter Teilzielwert wird dabei derjenige Wert K' verstanden, der sich bei der Summation von $m_{ij} \cdot s_{ij}$ für den Layoutkern einschließlich des einzusetzenden Betriebsmittels ergibt. Der Standort des neu anzuordnenden Betriebsmittels kann z. B. als Rasterpunkt angegeben oder mit Hilfe einer sogenannten Randzone [32] für jeden Einsetzvorgang neu berechnet werden.

Iterative Verfahren arbeiten in der Regel nach dem Prinzip des Vertauschens von zwei Betriebsmitteln. Auch hier kommen unterschiedliche Verfahren bei der Auswahl des nächsten zu vertauschenden Betriebsmittels zum Einsatz. Bei einigen Verfahren geschieht dies mit Hilfe von Zufallszahlen (siehe z. B. [33, 34]), andere verwenden zur Reihenfolgebildung die interne Numerierung der Betriebsmittel (siehe z. B. [35 – 37]).

12.4.2 Leistungsstand der Layoutplanungs-Verfahren

Die Diskussion des Leistungsstandes soll sich an folgenden Gliederungspunkten orientieren:

- Aufbau der Zielfunktion,
- Art der Transportmengen- und Flächenangaben,
- Aufbau des Verfahrens zur Wegemessung,
- Art der Einplanung von Verkehrswegen,
- Art des Anordnungsalgorithmus.

Die Diskussion muß sich auf jeweils eines dieser Kriterien beschränken. Ein Vergleich der einzelnen Layoutplanungs-Systeme über das gesamte Kriterienspektrum ist nicht möglich, da die einzelnen Verfahren nur Teile der Anforderungen abdecken. Außerdem verfolgen die einzelnen Layoutplanungs-Systeme Zielsetzungen, die häufig erheblich voneinander abweichen. So lassen sich z. B. zwei Layoutplanungs-Systeme, von denen das eine für die Konzeption von idealen Generalbebauungsplänen, das andere für die Konzeption von Realplänen zur Maschinenaufstellung entwickelt wurde, kaum miteinander vergleichen. Ein Systemvergleich mit Hilfe der Nutzwertanalyse [38] ist daher nicht möglich. Der Ansatz, Layoutplanungs-System wie MODULAP [39] und CRAFT [40, 41] in einem gemeinsamen Beurteilungsraster darzustellen [42, 43], ist zwar als Darstellungsform für einen Überblick, nicht aber als Hilfsmittel zur Bewertung von Planungssystemen geeignet.

- Aufbau der Zielfunktion

Die Mehrzahl der Layoutplanungs-Verfahren beschränkt sich auf die ausschließliche Optimierung des Transportaufwandes (siehe z. B. MODULAP [44], LAYOUT II [45], CORELAP [46], PLADIS [47], PVT [48], SAT, HEROS [49, 50]). Zum Teil wird der Transportaufwand mit einem konstanten Kostenfaktor bewertet (siehe z. B. CRAFT [40]). KONUVER [51] ermöglicht darüber hinaus die Auswahl des kostengünstigsten Transportmitteltyps abhängig von der Länge des Transportweges.

Weitere Aspekte, die in die Layoutplanung einfließen sollen, sind wegen der ausschließlichen Optimierung des Transportaufwandes als Randbedingungen zu definieren. Eine ausführliche Beschreibung von Randbedingungen befindet sich [31]. Bei allen genannten Systemen müssen diese Randbedingungen in einem „binären" Sinne erfüllt sein. Es sind also nur die Zustände „Bedingung erfüllt" oder „Bedingung nicht erfüllt" möglich. Die Vorgabe solcher Randbedingungen führt dazu, daß die vom Praktiker geforderte Fähigkeit zum Kompromiß, die Möglichkeit des „sowohl – als auch" weitgehend verloren geht. Die Verfahren berücksichtigen Randbedingungen vielmehr mit einer Strenge, die in Wirklichkeit nicht vorhanden ist. Sicherlich wird man z. B. versuchen, Betriebsmittel mit starken Emissionen an die Peripherie eines Layouts zu legen. Sprechen aber andere Gründe dafür, diese Betriebsmittel im Zentrum des Layouts anzuordnen, wird man unter Umständen geeignete bauliche Maßnahmen ergreifen und die zentrale Anordnung wählen.

Als bisher einziges Verfahren, das über das Stadium reiner Grundsatzüberlegungen hinausgelangt ist, bietet das Layoutplanungs-System CELLCON [52] die Möglichkeit, diese Kompromisse abzubilden. Dazu wird die Zielfunktion aus sechs Bewertungskriterien aufgebaut, die zusätzlich gewichtet werden können.

- Art der Transportmengen- und Flächenangaben

Transportmengen können in der Regel mit den exakten Werten verarbeitet werden. Mit Transportmengen in sechs verschiedenen Stufen arbeitet das Verfahren CORELAP [46].

Betriebsmittelflächen nur gleicher Größen können z. B. vor den Systemen SAT [49], LAYOUT 1, 2 [34], PREP [53] und FRAT [54] verarbeitet werden. Sie kommen damit nur als Idealplanungsverfahren in Frage. Bei den Layoutplanungs-Systemen LAY [49], CRAFT [40], CORELAP [46], KONUVER (VERT) [55] und bei dem Verfahren von Whitehead [56] wird die Betriebsmittelfläche als Anzahl von Rastereinheiten vorgegeben. Das Anordnungsverfahren berücksichtigt keine Längen-/Breitenangaben. Diese Verfahren sind daher nur flächentreu. Man kann sie unter der Voraussetzung zur Generalbebauungsplanung verwenden, daß die resultierende Form der Betriebsmittel weitgehend beliebig ist. Zum Erstellen eines Maschinenaufstellungsplanes, bei dem die Form der einzelnen Betriebsmittel vorgegeben ist, können diese Verfahren kaum eingesetzt werden. Als Ganzes werden Flächen z. B. bei den Verfahren MODULAP, LAYOUT II, PLADIS [57] und PVT [58] eingesetzt.

Alternative Flächen sind im System AO-PLAN [59] vorgesehen. Mit Hilfe unterschiedlicher Flächenformen und -größen kann eine Vielzahl von Layoutvarianten erstellt werden. Allerdings ist die Lösungsmenge vom Planer selbst auf ein handhabbares Maß zu beschränken. Das Lösungsverfahren ist bei AO-PLAN zweigeteilt. Die alternativen Flächen werden in ein Layout eingesetzt, das ohne Berücksichtigung der Flächen nach dem Verfahren von Schmigalla [28] erstellt wird. Diese Vorgehensweise wird z. B. auch bei TRANSPON [60] eingeschlagen.

- Aufbau des Verfahrens zur Wegemessung

In Rastereinheiten wird die Transportstrecke bei den Verfahren ermittelt, bei denen die Anordnung ohne Berücksichtigung der Flächen vorgenommen wird (siehe z. B. LAY, SAT, PLAN, Schnabel [61]). Ausschließlich rechtwinklig wird die Entfernung zweier Betriebsmittel z. B. in den Systemen CORELAP, FRAT, KONUVER, LAYOUT, PVT und CRAFT gemessen. MODULAP und PLADIS können fakultativ euklidisch, rechtwinklig, entlang der Verkehrswege oder entlang der Betriebsmittelgrenzen messen. Außerdem ist in PLADIS die Entfernungsmessung von der Wahl des Transportmittels abhängig. Zusätzlich kann in beiden Systemen die Transportrichtung berücksichtigt werden. Eine euklidische Entfernungsmessung ist z. B. zur Darstellung von Kranbewegungen erforderlich. Sie können in MODULAP auch mit der Übergabe zwischen zwei Kranbereichen abgebildet werden.

- Art der Einplanung von Verkehrswegen

Die Einplanung von Verkehrswegen erfolgt üblicherweise durch die Vorgabe von Sperrflächen (siehe z. B. TRANSPON, MODULAP). Die Vorgabe sowohl des Verkehrsnetzes als auch der Materialflußeingänge und -ausgänge bei jedem Betriebsmittel führt bei MODULAP dazu, daß nicht sichergestellt ist, daß alle Betriebsmittel wie gefordert an den Verkehrswegen plaziert werden. Hier muß der Planer mit manuellem Eingreifen zusätzliche Wege definieren. Zunächst ohne Berücksichtigung von Verkehrswegen ordnet PLADIS die Betriebsmittel an. Für die Einplanung der Wege werden im Layout Rasterlinien gesucht, die möglichst wenig Betriebsmittel schneiden. Diese Rasterlinien schlägt PLADIS zur Verkehrswegeeinplanung vor (Bild 12.10).

Im AO-PLAN werden die Verkehrswege im Anordnungsverfahren mit entwickelt. Sie werden dort eingeplant, wo sich Materialflußeingänge und -ausgänge von Betriebsmitteln gegenüberliegen. Dabei werden zunächst nur Einheitsflächen betrachtet. Bei der anschließenden Berücksichtigung der tatsächlichen Flächen werden die Verkehrswege festgehalten und die Betriebsmittel entsprechend angeordnet.

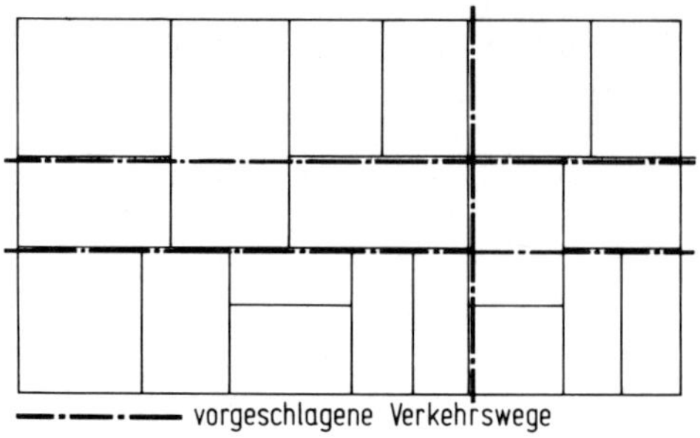

Bild 12.10. Verkehrswegeeinplanung bei PLADIS.

- Art des Anordnungsalgorithmus

Layoutplanungs-Systeme enthalten in der Regel ausschließlich einen konstruktiven oder einen iterativen Anordnungsalgorithmus. Eine Verbindung von konstruktiven und iterativen Algorithmen ist bei KONUVER, SAT/LAY und LAYOUT 1, 2 gegeben. Bei diesen Verfahren wird ein konstruktiv erstelltes Layout auf iterativem Wege verbessert.

Bei allen konstruktiven Verfahren wird – außer dem Verfahren von Schmigalla [62] und den darauf aufbauenden Systemen [59, 63] – das zur Anordnung ausgewählte Betriebsmittel sofort in den Grundriß eingesetzt und in keinem Fall zurückgestellt. Die Entscheidungsregeln sind in diesen Planungssystemen so aufgebaut, daß nach der Auswahl eines Betriebsmittels immer der endgültige Standort ermittelt werden kann.

Die Beziehungen zu den noch nicht eingesetzten Betriebsmitteln werden – ausgenommen das Verfahren von Hillier [64] – nicht betrachtet. Auch minimiert keines der formtreuen Layoutplanungs-Systeme die entstehenden Leerflächen (siehe z. B. [65]). Die Lücken entstehen vielmehr zufällig im Rahmen der Anordnung. Bei den Verfahren, die die Flächen elementweise einsetzen, werden allerdings Lücken vollständig vermieden. Es entstehen aber zum Teil völlig unrealistische Flächenformen.

Bis auf PVT, das die Betriebsmittelflächen formtreu abbildet, vertauschen alle iterativen Verfahren Betriebsmittelflächen elementweise. Für die entstehenden Flächenformen gilt dasselbe wie bei den konstruktiven Verfahren.

Für die Umstellungsplanung sind exakte Verfahren (siehe z. B. [66 – 70]) entwickelt worden. Diese Verfahren können aber wegen ihrer stark abstrahierenden Eigenschaften (keine Berücksichtigung der Flächen, zum Teil fallen die Standorte mehrerer Betriebsmittel aufeinander) und wegen der enormen Rechenzeiten nicht angewendet werden (siehe auch [26]). Eine ansatzweise Betrachtung der Umstellungsproblematik enthält bei den heuristischen Layoutplanungs-Verfahren ausschließlich CRAFT [41]. Hier wird der Zustand vor der Vertauschung mit dem nach der Vertauschung verglichen, anschließend werden die entstehenden Umstellungskosten berechnet.

12.4.3 Funktionsweise einiger Layoutplanungs-Verfahren

Im folgenden sollen die bekanntesten manuellen und EDV-unterstützten Layoutplanungs-Verfahren vorgestellt werden.

- Verfahren für flächengleiche Betriebsmittel

○ Das Dreiecksverfahren

Das Dreiecksverfahren nach Bloch [27], (Bild 12.11) ist eine Methode, die sich vor allem für die manuelle Anwendung eignet. Es werden nur flächengleiche Betriebsmittel betrachtet, die auf einem Dreiecksraster angeordnet werden.

Schritt 1: Anordnen der beiden ersten Betriebsmittel

Aus einer nicht richtungsorientierten Materialflußmatrix (Dreiecksmatrix) werden die beiden Betriebsmittel, die durch die größte Transportmenge verbunden sind, herausgesucht und auf den Endpunkten einer Dreiecksseite angeordnet.

Schritt 2: Auswahl des dritten Betriebsmittels

Als drittes Betriebsmittel wird dasjenige ausgewählt, das zu den beiden ersten die größte summierte Transportmenge hat. Es wird in den Schnittpunkt der Rasterlinien gesetzt, der gegenüber der Verbindungslinie der beiden ersten Betriebsmittel liegt (Wahl zwischen zwei möglichen Dreiecken).

Schritt 3: Anordnen der weiteren Betriebsmittel

Das anschließend einzuplanende Betriebsmittel ist dasjenige, dessen Summe der Transportmengen zu einem der am Rande des Layoutkerns liegenden Betriebsmittelpaare am größten ist. Es wird in den Schnittpunkt des Rasters gesetzt, der der Verbindungslinie zwischen den beiden Betriebsmitteln des betreffenden Betriebsmittelpaares gegenüberliegt.

Schritt 4: Fortsetzung des Verfahrens mit Schritt 3, sonst → Ende.

Beim Dreiecksverfahren entstehen häufig Entscheidungsprobleme, da aufgrund des Algorithmus oft mehrere gleich geeignete Standorte für ein Betriebsmittel zur Auswahl stehen, das Verfahren in diesem Falle aber keine Entscheidungshilfe bietet.

Im folgenden sei das Dreiecksverfahren an einem Beispiel erläutert.

Gegeben sei folgende Materialflußmatrix:

Matrix der Transportmengen in TE/ZE

	A	*B*	*C*	*D*	*E*	*F*
A		15	20	12	0	33
B			33	33	40	15
C				45	80	48
D					0	3
E						0
F						

○ Das modifizierte Dreiecksverfahren

Das modifizierte Dreiecksverfahren nach Schmigalla [28] (Bild 12.12) umgeht die Schwierigkeiten, die beim Dreiecksverfahren durch die mangelnde Eindeutigkeit entstehen können, da nicht nur die Beziehungen zu den am Rande des Layoutkerns liegenden Betriebsmittelpaaren, sondern zu allen bereits eingesetzten Betriebsmitteln betrachtet werden. Als mögliche Standorte für das neu einzusetzende Betriebsmittel

Schritt 1:

$\max\{m_{ij}\} = 80 \ (i \longleftrightarrow j\colon C \longleftrightarrow E)$

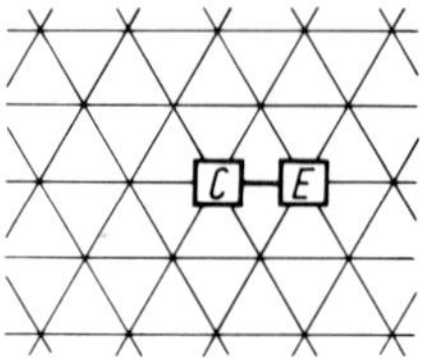

Schritt 2:

	A	B	D	F
$C \longleftrightarrow E$	20	73	45	48

max (73)

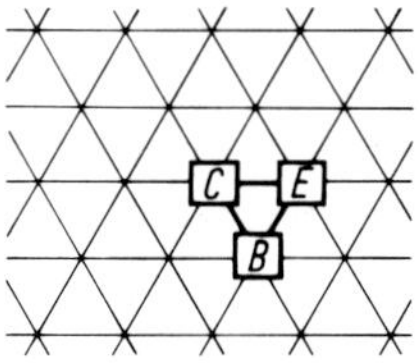

Schritt 3:

	A	D	F
$C \longleftrightarrow E$	20	45	48
$C \longleftrightarrow B$	35	78	63
$B \longleftrightarrow E$	15	33	15

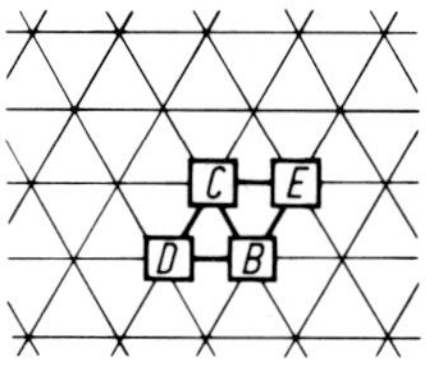

Schritt 4:

	A	F
$C \longleftrightarrow E$	20	48
$C \longleftrightarrow D$	32	51
$D \longleftrightarrow B$	27	18
$B \longleftrightarrow E$	15	15

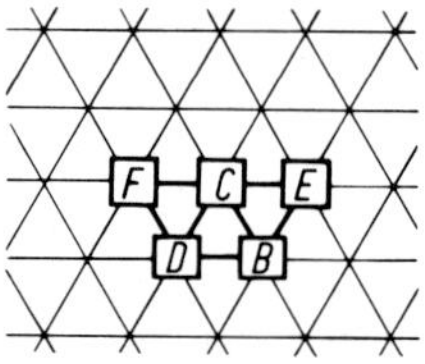

Schritt 5:

	A
$C \longleftrightarrow E$	20
$C \longleftrightarrow F$	53
$F \longleftrightarrow D$	45
$D \longleftrightarrow B$	27
$B \longleftrightarrow E$	15

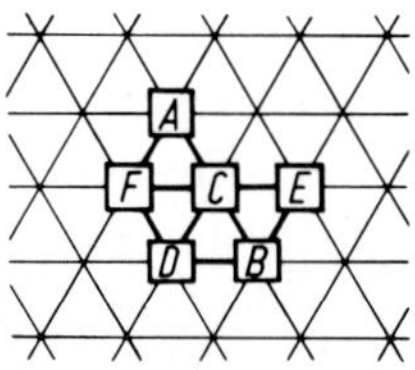

Bild 12.11. Anordnung nach Bloch.

kommen prinzipiell alle Rasterpunkte in Frage, die den Layoutkern umgeben. Derjenige, für den der Transportaufwand zu den bereits eingesetzten Betriebsmitteln am geringsten ist, wird ausgewählt. Das Verfahren geht ebenfalls von einer Dreiecksmatrix der Transportmengen aus.

Schritt 1: Anordnen der beiden ersten Betriebsmittel

Aus der Dreiecksmatrix der Transportmengen werden die Betriebsmittel herausgesucht, zwischen denen am meisten zu transportieren ist. Existiert mehr als eine maximale Transportmenge, dann ist den beiden Betriebsmitteln der Vorzug zu geben, die die größte Anzahl von Beziehungen zu anderen Betriebsmitteln haben. Wenn diese Anzahl ebenfalls für unterschiedliche Betriebsmittelpaare gleich ist, kann ein beliebiges Betriebsmittelpaar ausgewählt werden. Anschließend ist das ausgewählte Betriebsmittelpaar auf den Endpunkten einer Dreiecksseite anzuordnen.

Schritt 2: Anordnen der weiteren Betriebsmittel

Für jedes noch nicht eingesetzte Betriebsmittel werden die Transportmengen zu den bereits gesetzten Betriebsmitteln getrennt aufsummiert. Das Betriebsmittel mit der größten Summe wird zur Anordnung ausgewählt. Dieses Betriebsmittel wird nach folgendem Schema angeordnet:

– Steht das betreffende Betriebsmittel nur mit einem schon angeordneten Betriebsmittel in Verbindung, so kommen alle benachbarten Kreuzungspunkte als günstigste Anordnungsmöglichkeit in Frage. Alle diese Kreuzungspunkte werden markiert und die endgültige Festlegung des Standortes wird erst bei nachfolgenden Schritten getroffen.
– Ist das betreffende Betriebsmittel mit zwei schon gesetzten Betriebsmitteln in Beziehung, so sind die günstigsten Standorte die beiden Kreuzungspunkte, die beiden Betriebsmitteln unmittelbar benachbart sind. Sind diese beiden Standorte unbelegt, kann einer beliebig ausgewählt werden.
  Ist nur einer frei, so ist dieses der günstigste Standort. Sind beide schon besetzt, so müssen alle günstig erscheinenden Standorte mit in Betracht gezogen werden. Günstig sind alle diejenigen freien, die sich in unmittelbarer Nähe der beiden zuerst ermittelten befinden. Ausgewählt wird der Standort mit dem geringsten Teilzeilwert.
– In gleicher Weise wird vorgegangen, wenn das hinzukommende Betriebsmittel mit mehr als zwei schon angeordneten Betriebsmitteln Beziehungen hat.
  Sind mehrere maximale Summen von Transportmengen vorhanden, dann wird dasjenige verursachende Betriebsmittel ausgewählt, das Beziehungen zu den meisten übrigen Betriebsmitteln hat.
  Ist die Anzahl dieser Betriebsmittel ebenfalls gleich, dann wird dasjenige verursachende Betriebsmittel genommen, welches zu den meisten schon plazierten Betriebsmitteln Beziehungen hat. Bei Gleichheit dieser Zahl ist die Auswahl beliebig.

Schritt 3: Fortsetzung des Verfahrens mit Schritt 2, sonst → Ende.

Das modifizierte Dreiecksverfahren wird im folgenden an einem Beispiel erläutert.

Gegeben sei folgende Materialflußmatrix:

Matrix der Transportmengen in TE/ZE

	A	*B*	*C*	*D*	*E*	*F*
A		15	20	12	0	33
B			33	33	40	15
C				45	80	48
D					0	3
E						0
F						

Schritt 1:

$\max\{m_{ij}\} = 80 \ (i \longleftrightarrow j\colon C \longleftrightarrow E)$

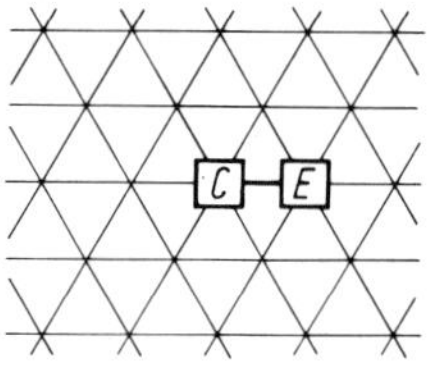

Schritt 2:

	A	*B*	*D*	*F*
C	20	33	45	48
E	0	40	0	0
	20	73 (max)	45	48

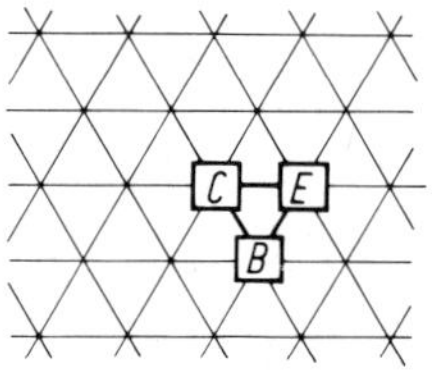

Schritt 3:

	A	*D*	*F*
B	15	33	15
C	20	45	48
E	0	0	0
	35	78 (max)	63

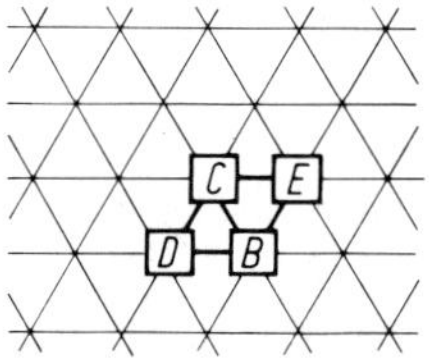

Schritt 4:

	A	*F*
B	15	15
C	20	48
D	12	3
E	0	0
	47	66 (max)

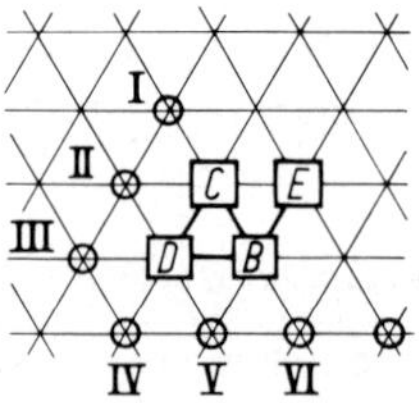

Bestimmungstabelle zu Schritt 4

	I	II	III	IV	V	VI
B	30	30	30	30	15	15
C	48	48	96	96	96	96
D	6	3	3	3	3	6
	84	81 min	129	129	114	117

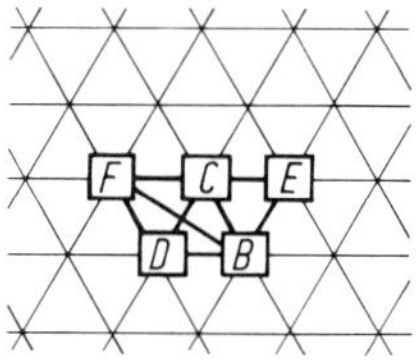

Schritt 5:

	A
B	15
C	20
D	12
E	0
F	33

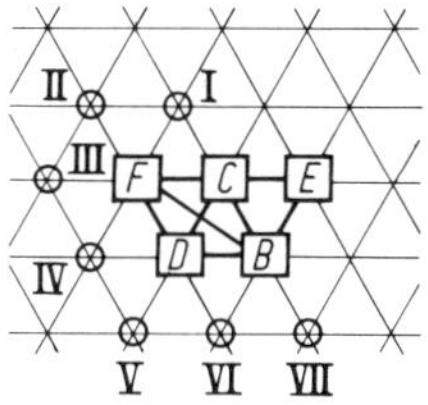

Bestimmungstabelle zu Schritt 5

	I	II	III	IV	V	VI	VII
B	30	45	45	30	30	15	15
C	20	40	40	40	40	40	40
D	24	24	24	12	12	12	24
F	33	33	33	33	66	66	99
	107 min	142	142	115	146	133	178

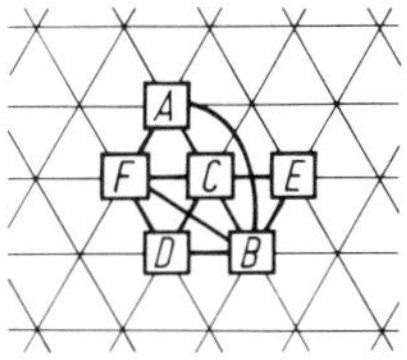

Bild 12.12. Anordnung nach Schmigalla.

○ Der „New Suboptimal Algorithm"

Der „New Suboptimal Algorithm" von Hillier [64] ist das bisher einzige bekannte Verfahren, das auch die Transportbeziehungen zu noch nicht zugeordneten Betriebsmitteln berücksichtigt. Bei diesem Verfahren brauchen die Matrizen der Entfernungen und der Transportmengen nicht symmetrisch zu sein.

Zuerst werden alle möglichen Standorte an beliebigen Stellen oder in einem Rechteckraster bestimmt und anschließend die Entfernungen zwischen allen Standorten berechnet.

Der eigentliche Algorithmus läuft folgendermaßen ab:

Schritt 1: Anordnen des ersten Betriebsmittels

a) Berechnung der Matrix B_0 (Transportaufwandsmatrix der noch nicht zugeordneten Betriebsmittel)

Die Einzelelemente b_{kij} werden nach folgender Vorschrift berechnet:

$$b_{kij} = c_{ij} + 1/2 \sum_{t=1}^{n-k-1} (m_{it} \cdot s_{jl(t)} + m_{ti} \cdot s_{l(t)j}) .$$

Dabei ist

k = Anzahl der bereits durchgeführten Zuordnungen (bei Schritt 1: $k=0$)

n = Gesamtzahl der Zuordnungen

c_{ij} = Kosten, die nicht vom Transportaufwand abhängen

m_{it} = Transportmenge von Betriebsmittel i zum Betriebsmittel t

$s_{jl(t)}$ = Entfernung vom Standort j zum Standort $l(t)$

i = laufender Index für das betrachtete Betriebsmittel aus der Menge der zuzuordnenden Betriebsmittel ($i=1, \ldots, n-k$)

t = laufender Index für die übrigen noch nicht zugeordneten Betriebsmittel. Die Folge der t-Glieder schließt den laufenden Index i aus ($t=1, \ldots, n-k-1$)

j = laufender Index für den dem Betriebsmittel i zugeordneten Standort ($j=1, \ldots, n-k$)

$l(t)$ = laufender Index für die übrigen, noch nicht verplanten Standorte. Die Folge der $l(t)$-Glieder schließt den laufenden Index j aus.

In dieser Gleichung gilt folgende Regel: Das größte Element m_{it} ist mit dem kleinsten Element $s_{jl(t)}$ zu multiplizieren, das zweitgrößte Element m_{it} mit dem zweitkleinsten Element $s_{jl(t)}$, usw. Mit dieser Gleichung ist festgelegt, daß jedes nicht zugeordnete Betriebsmittel i jeden noch nicht belegten Standort j einnimmt und dabei der durch die jeweilige Zuordnung entstehende Transportaufwand zu allen übrigen Betriebsmitteln t berechnet wird.

b) Auswahl des ersten anzuordnenden Betriebsmittels.
Zur räumlichen Zuordnung eines Betriebsmittels ist ein Element b_{kij} der Transportaufwandsmatrix B_k auszuwählen. Die Auswahl erfolgt mit Hilfe der Vogelschen Approximationsmethode [71]. Das Verfahren beruht darauf, für jede Zeile und Spalte der Matrix B_k die Differenz zwischen dem kleinsten und dem zweitkleinsten Element b_{kij} zu berechnen. Nun wird die Zeile oder Spalte mit der größten Differenz herausgesucht und in dieser Zeile oder Spalte das Element mit dem kleinsten Transportaufwand. Dieses Element b_{kij} bestimmt das anzuordnende Betriebsmittel i und den ausgewählten Standort j.

Schritt 2: Anordnen der weiteren Betriebsmittel ($k=1, \ldots, n-2$)

a) Berechnen der Matrix T_k (Matrix des Transportaufwandes zum bestehenden Layoutkern).
Zu dem bestehenden Layoutkern wird der Transportaufwand sämtlicher nicht verplanter Betriebsmittel t auf sämtliche nicht belegte Standorte $l(t)$ berechnet. Dazu werden zwei Matrizen gebildet, eine Transportmengenmatrix $M^* = ((m_{i\beta,i\alpha}))$ und eine Entfernungsmatrix $S^* = ((s_{l(i\beta),l(i\alpha)}))$. Die Zeilen der Matrix M^* werden von den noch nicht verplanten Betriebsmitteln, die Spalten von den verplanten Betriebsmitteln gebildet. Entsprechend werden die Zellen der Matrix S^* von den nicht belegten Standorten und die Spalten von bereits belegten Standorten gebildet. Die Verknüpfung der beiden Matrizen nach der

Vorschrift

$$t_{i\beta,l(i\beta)} = \sum_{\alpha} (m_{i\beta,i\alpha} \cdot s_{l(i\beta),l(i\alpha)})$$

ergibt eine Transportaufwandsmatrix T_k, deren Zeilen aus nicht zugeordneten Betriebsmitteln $i\beta$ und deren Spalten aus nicht belegten Standorten $l(i\beta)$ bestehen. Die Einzelelemente dieser Matrix stellen den Transportaufwand der noch nicht verplanten Betriebsmittel zu den verplanten Betriebsmitteln dar, der entstehen würde, wenn die nicht verplanten Betriebsmittel $i\beta$ den nicht belegten Standorten $l(i\beta)$ zugeordnet werden.

b) In der Entfernungsmatrix S und in der Transportmengenmatrix M werden die Zeilen und Spalten gestrichen, deren Standorte bzw. Betriebsmittel bereits verplant wurden.

c) Wie Schritt 1 a ($k = 1, \ldots, n-2$).

d) Addition der Matrizen B_k und T_k.

e) Wie Schritt 1 b.

Schritt 3: Fortsetzung des Verfahrens mit Schritt 2, sonst → Ende.

Der „New Suboptimal Algorithm" wird im folgenden an einem Beispiel erläutert. In dem vorliegenden Beispiel ist sowohl die Entfernungsmatrix S als auch die Transportmengenmatrix M symmetrisch angenommen. Dies nur zur Reduzierung des Rechenaufwandes, eine prinzipielle Veränderung des Verfahrens erfolgt daraus nicht.

Matrix der Entfernungen $S = ((s_{ij}))$ in LE

von \ nach	1	2	3	4
1	0	4	3	2
2	4	0	1	5
3	3	1	0	6
4	2	5	6	0

Matrix der Transportmengen $M = ((m_{ij}))$ in TE/ZE

von \ nach	A	B	C	D
A	0	10	20	40
B	10	0	30	50
C	20	30	0	60
D	40	50	60	0

Da im Beispielfall sowohl die Matrix S als auch die Matrix M symmetrisch sind, vereinfacht sich die Berechnung von b_{kij} zu

$$b_{kij} = \sum_{t} (m_{it} \cdot s_{jl(t)}).$$

Exemplarisch soll hier die Berechnung für das Betriebsmittel A durchgeführt werden.

Für $k = 0$, $i = A$ und $j = 1$ wird:

$$m_{AD} \cdot s_{14} = 40 \cdot 2 = 80$$
$$m_{AC} \cdot s_{13} = 20 \cdot 3 = 60$$
$$m_{AB} \cdot s_{12} = 10 \cdot 4 = 40$$

$$b_{011} = m_{At} \cdot s_{1l(t)} = 180$$

Für $k = 0$, $i = A$ und $j = 2$ wird:

$$m_{AD} \cdot s_{23} = 40 \cdot 1 = 40$$
$$m_{AC} \cdot s_{21} = 20 \cdot 4 = 80$$
$$m_{AB} \cdot s_{24} = 10 \cdot 5 = 50$$

$$b_{012} = m_{At} \cdot s_{2l(t)} = 170$$

Für $k = 0$, $i = A$ und $j = 3$ wird:

$$m_{AD} \cdot s_{32} = 40 \cdot 1 = 40$$
$$m_{AC} \cdot s_{31} = 20 \cdot 3 = 60$$
$$m_{AB} \cdot s_{34} = 10 \cdot 6 = 60$$

$$b_{013} = m_{At} \cdot s_{3l(t)} = 160$$

Für $k = 0$, $i = A$ und $j = 4$ wird:

$$m_{AD} \cdot s_{41} = 40 \cdot 2 = 80$$
$$m_{AC} \cdot s_{42} = 20 \cdot 5 = 100$$
$$m_{AC} \cdot s_{43} = 10 \cdot 6 = 60$$

$$b_{014} = m_{At} \cdot s_{4l(t)} = 240$$

Nach der Bestimmung der Matrix B_0 wird nun die erste Zuordnung mit Hilfe der Vogelschen Approximationsmethode (VAM) ermittelt:

„Zuerst wird die Zeile bzw. die Spalte ermittelt, deren Differenz des zweitkleinsten und des kleinsten Elements den höchsten Absolutbetrag ergibt."

Die folgende Matrix B_0 ist um diese Differenzen erweitert.

Transportaufwandsmatrix B_0

Differenzen nach VAM		50	50	40	70
	BM \ Standort	1	2	3	4
10	A	180	170	160	240
20	B	230	220	200	310
10	C	290	280	270	390
20	D	430	460	450	610

Die größte Differenz tritt in der Spalte 4 mit $B, 4 - A, 4 = 310 - 240 = 70$ auf.

„Nun wird das kleinste Element dieser Spalte ausgesucht; dies ist das Element $A, 4 = 240$."

Somit wird das Betriebsmittel A dem Standort 4 zugeordnet; damit ist die erste Zuordnung durchgeführt.

Nun ist für die Zuordnung der nicht verplanten Betriebsmittel i zu sämtlichen nicht belegten Standorten $l(i)$ der jeweils zum vorhandenen Layoutkern entstehende Transportaufwand zu bestimmen. Dazu werden die Matrizen S_1^* und M_1^* gebildet und deren Elemente verknüpft.

Entfernungsmatrix S_1^*

von \ nach	4
1	2
2	5
3	6

Transportmengenmatrix M_1^*

von \ nach	A
B	10
C	20
D	40

Transportaufwandsmatrix T_1^*

BM$(i\beta)$ \ $l(i\beta)$	1	2	3
B	20	50	60
C	40	100	120
D	80	200	240

Aus der Transportaufwandsmatrix T_1^* läßt sich erkennen, daß zu dem bereits bestehenden Layoutkern ein Transportaufwand von z. B. 100 Einheiten entsteht, wenn Betriebsmittel C auf den Standort 2 gelegt wird.

Aus den Ausgangsmatrizen M und S ist das zugeordnete Betriebsmittel A und der belegte Standort 4 zu streichen.

reduzierte Entfernungsmatrix S

von \ nach	1	2	3
1	0	4	3
2	4	0	1
3	3	1	0

reduzierte Transportmengenmatrix M

von \ nach	B	C	D
B	0	30	50
C	30	0	60
D	50	60	0

Aus diesen Matrizen ist die Transportaufwandsmatrix B_1 zu bilden. Auch hier soll wieder die Berechnung für ein Betriebsmittel aufgezeigt werden.

Für $k = 1$, $i = B$ und $j = 1$ wird:

$$m_{BD} \cdot s_{13} = 50 \cdot 3 = 150$$
$$m_{BC} \cdot s_{12} = 30 \cdot 4 = 120$$
$$m_{BT} \cdot s_{1l(t)} = 270$$

Dazu muß noch aus der Matrix T_1^* das Element B, $1 = 20$ dazu addiert werden, da dies der Transportaufwand zu dem bereits bestehenden Kern ist.

Daraus folgt:

$b_{1\,11} = 270+20 = 290$

Für $k = 1$, $i = B$ und $j = 2$ wird:

$$
\begin{array}{lrl}
m_{BD} \cdot s_{23} = 50 \cdot 1 & = & 50 \\
m_{BC} \cdot s_{21} = 30 \cdot 4 & = & 120 \\
\hline
m_{Bt} \cdot s_{2l(t)} & = & 170 \\
+B{,}2 \text{ aus } T_1^* & = & 50 \\
\hline
b_{1\,12} & = & 220
\end{array}
$$

Für $k = 1$, $i = B$ und $j = 3$ wird:

$$
\begin{array}{lrl}
m_{BD} \cdot s_{32} = 50 \cdot 1 & = & 50 \\
m_{BC} \cdot s_{31} = 30 \cdot 3 & = & 90 \\
\hline
m_{Bt} \cdot s_{3l(t)} & = & 140 \\
+B{,}3 \text{ aus } T_1^* & = & 60 \\
\hline
b_{1\,13} & = & 200
\end{array}
$$

Ergebnis ist die Transportaufwandsmatrix B_1.

Transportaufwandsmatrix B_1

Differenzen nach VAM	BM \ Standort	1	2	3
		50	60	70
20	*B*	290	220	200
10	*C*	340	280	270
10	*D*	460	460	450

Mit Hilfe der Vogelschen Approximationsmethode wird das Betriebsmittel **B** dem Standort 3 zugeordnet.

Nun erfolgt wieder die Berechnung des Transportaufwandes der noch nicht verplanten Betriebsmittel und Standorte zu dem erweiterten Kern. Dazu ist die Bildung der Matrizen S_2^* und M_2^* notwendig, aus denen dann T_2^* gebildet wird.

Entfernungsmatrix S_2^*

von \ nach	3	4
1	3	2
2	1	5

Transportmengenmatrix M_2^*

von \ nach	*A*	*B*
C	20	30
D	40	50

Transportaufwandsmatrix T_2^*

BM $(i\beta)$ \ $l(i\beta)$	1	2
C	120	170
D	220	290

Nun wird aus der ursprünglichen Entfernungsmatrix S und der Transportmengenmatrix M zusätzlich der Standort 3 und das Betriebsmittel B gestrichen.

reduzierte Entfernungsmatrix S

von \ nach	1	2
1	0	4
2	4	0

reduzierte Transportmengenmatrix M

von \ nach	C	D
C	0	60
D	60	0

Da es sich bei den beiden Matrizen S und M um symmetrische Matrizen handelt, sind die nun noch zu bildenden Produkte von derselben Größe:

$$m_{ij} \cdot s_{ij} = 60 \cdot 4 = 240 \,.$$

Addiert man nun noch die Elemente der Transportaufwandsmatrix T_2^*, so erhält man die Transportaufwandsmatrix $B_2 = ((b_{2ij}))$:

Transportaufwandsmatrix B_2

Differenzen nach VAM		100	120
	BM \ Standort	1	2
50	C	360	410
70	D	460	530

Durch die erneute Anwendung der Vogelschen Approximationsmethode erhält man die 3. Zuordnung. Betriebsmittel C wird dem Standort 2 zugeordnet. Da nun nur noch das Betriebsmittel D und der Standort 1 nicht verplant sind, stellt dies die letzte Zuordnung dar.

- Verfahren für flächenungleiche Betriebsmittel

Der Aufwand, der bei der Layoutplanung zu treiben ist, wird bereits beim „New suboptimal algorithm" sehr hoch. Berücksichtigt man dazu noch die Fläche der Betriebsmittel, können nur noch EDV-unterstützte Verfahren eingesetzt werden.

○ Das CORELAP-Verfahren

Beim CORELAP (COmputerized RElationship LAyout Planning)-Programm von Lee und Moore [46] sind die Betriebsmittelflächen in ganzen Rastereinheiten vorzugeben. Das Betriebsmittel mit der größten Summe der Transportmengen zu allen anderen Betriebsmitteln wird als erstes in die Mitte der Rasterfläche gesetzt.

Die Anordnung der einzelnen Flächenelemente erfolgt, soweit möglich, in quadratischer Form.

Das zuerst angeordnete Betriebsmittel wird für die Anordnung weiterer Betriebsmittel als Anordnungskern verwendet. Um diesen Kern werden Betriebsmittel angeordnet, die Beziehungen mit der höchsten Stufe der Transportmengen zu diesem Betriebsmittel besitzen. Die Reihenfolge der Zuordnung wird nach absteigender Summe der Transportmengen zu allen anderen Betriebsmitteln gebildet.

Besitzt das als Kern betrachtete Betriebsmittel keine Beziehungen zu nicht zugeordneten Betriebsmitteln mehr, die auf der höchsten Stufe der Transportmengen stehen, so wird geprüft, ob andere bereits angeordnete Betriebsmittel Beziehungen mit der höchsten Transportmengenstufe haben. Sind solche Beziehungen vorhanden, wird das entsprechende Betriebsmittel als neuer Kern für weitere Anordnungen verwendet. Wenn keine Beziehungen der höchsten Stufe gefunden werden, sind Beziehungen auf der nächstniedrigeren Stufe zu suchen usw. Bei jedem neu eingesetzten Betriebsmittel ist aber zu prüfen, ob dieses nicht Beziehungen einer höheren Stufe als der gerade betrachteten aufweist. Ist dies der Fall, so wird die Suche nach neu einzusetzenden Betriebsmitteln auf dieser höheren Stufe mit dem neu eingesetzten Betriebsmittel als Kern der Anordnung fortgesetzt.

Das CORELAP-Programm versucht, neue Betriebsmittel direkt an das als Kern verwendete Betriebsmittel anschließend anzuordnen. Dabei werden Beziehungen zu anderen bereits im Layoutkern befindlichen Betriebsmitteln mitberücksichtigt (Bild 12.13).

○ Das KONUVER-Verfahren

Das KONUVER (KONstruktive Und VERtauschungsmethode)-Verfahren von Baur [55] besteht aus einem konstruktiven Teil und einem iterativen Vertauschungsteil. Im konstruktiven Teil wird ein Anfangslayout erstellt, das im Vertauschungsteil anschließend iterativ verbessert wird. Der Ablauf des Verfahrens ist in Bild 12.14 dargestellt.

Als erstes wird dasjenige Betriebsmittel eingesetzt, das die größte Summe der Transportmengen zu allen anderen Betriebsmitteln aufweist. Die folgenden Betriebsmittel sind jeweils diejenigen mit der größten Summe der Transportmengen zu den zuvor eingesetzten Betriebsmitteln. Die Anordnung der einzelnen Flächeneinheiten eines Betriebsmittels im Layout erfolgt – wie bei CORELAP – möglichst quadratisch. Dazu werden zwischen den Flächeneinheiten eines Betriebsmittels fiktive Transportbeziehungen aufgebaut. Um jede eingesetzte Flächeneinheit eines Betriebsmittels wird eine sogenannte „kleine Randzone" aufgebaut, die alle potentiell von der nächsten Flächeneinheit belegbaren Plätze umfaßt. Es wird der Platz ausgewählt, der den geringsten betriebsmittelinternen Transportaufwand zu den bereits eingesetzten Flächeneinheiten aufweist. Anschließend wird die kleine Randzone an die durch die neu eingesetzte Flächeneinheit veränderte Situation angepaßt. Sind alle Flächeneinheiten eines Betriebsmittels eingesetzt, ist um dieses Betriebsmittel und die bereits vorher angeordneten Betriebsmittel eine „große Randzone" aufzubauen. Die große Randzone enthält alle die Plätze, auf denen um den bestehenden Layoutkern weitere Betriebsmittel angeordnet werden können. Die erste Flächeneinheit des nächsten einzusetzenden Betriebsmittels wird dem Platz zugeordnet, an dem die geringsten Transportkosten entstehen. Für das Einsetzen der fol-

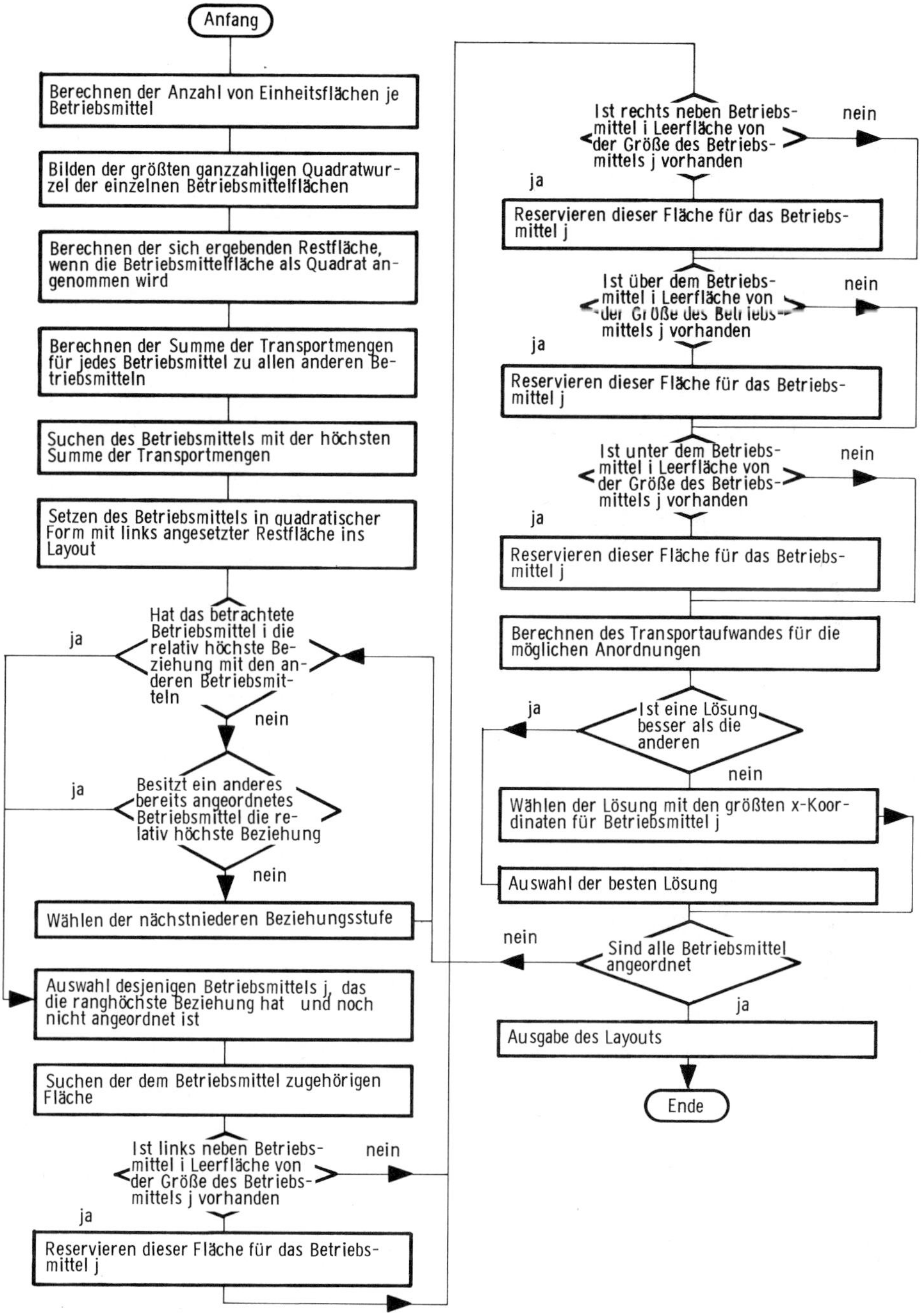

Bild 12.13. CORELAP-Ablaufdiagramm.

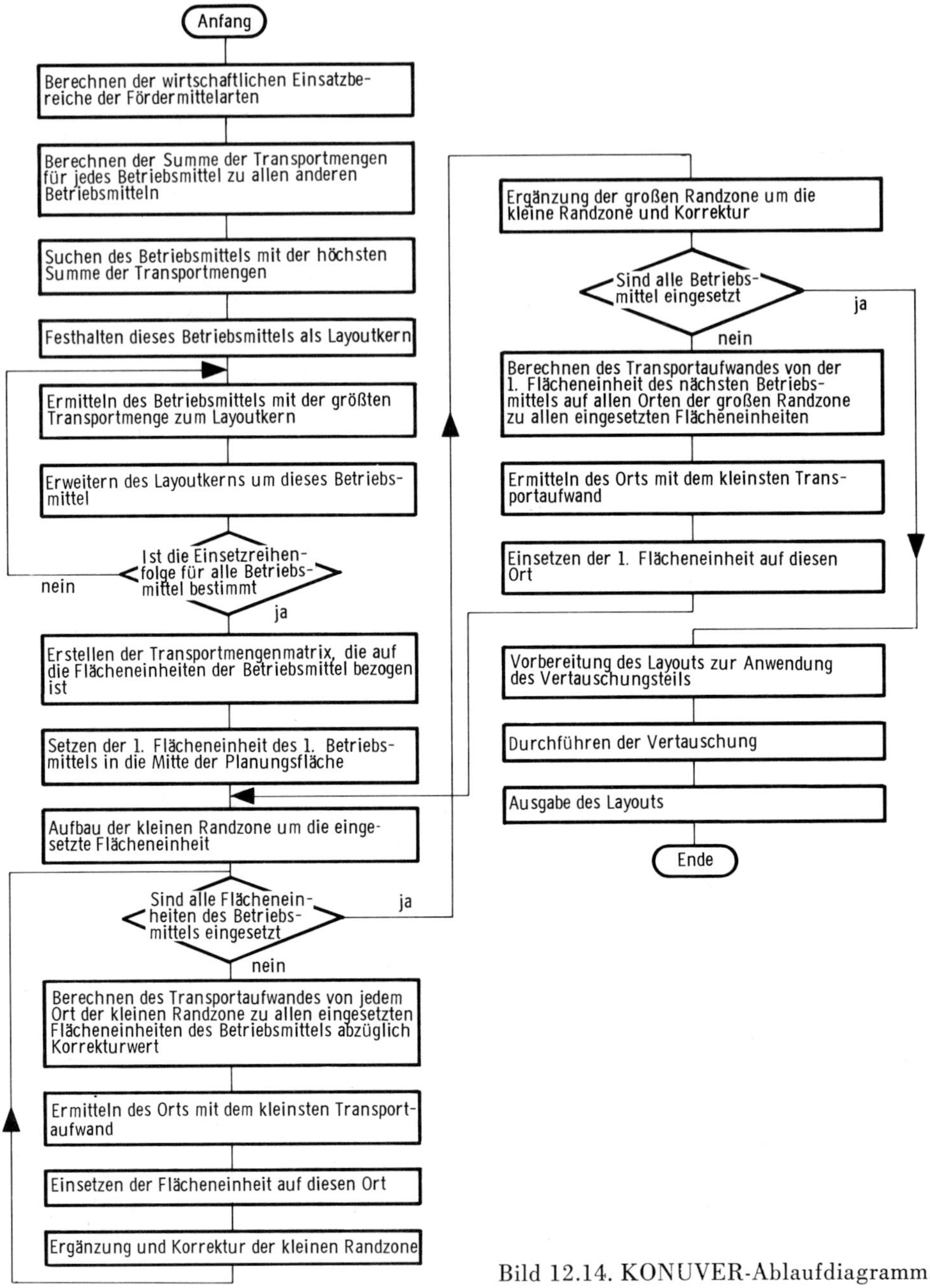

Bild 12.14. KONUVER-Ablaufdiagramm.

genden Flächeneinheiten wird wieder die kleine Randzone um die bisher angeordneten Flächeneinheiten aufgebaut usw.

Der Vertauschungsteil besteht aus einem modifizierten CRAFT-Programm (siehe CRAFT-Verfahren).

○ Das MODULAP-Verfahren

Beim MODULAP (MODUlarprogramm für die LAyoutPlanung)-Verfahren von Sauter und Minten [29, 32] werden die Betriebsmittel nicht elementweise, sondern im Gegensatz zu CORELAP und KONUVER als ganzes verplant.

Erstes Betriebsmittel, das in das Layout eingesetzt wird, ist dasjenige, das die meisten Beziehungen zu allen anderen Betriebsmitteln besitzt. Das Betriebsmittel mit der stärksten Beziehung zum zuerst angeordneten Betriebsmittel wird als nächstes plaziert. Die noch nicht eingesetzten Betriebsmittel werden jetzt entsprechend der Intensität ihrer Beziehungen zu den bereits eingesetzten Betriebsmitteln geordnet. Die Reihenfolge ergibt sich, indem die ersten 6 bis 12 Betriebsmittel dieser Ordnung den bestehenden Layoutkern umlaufen. Für jeden potentiellen an das Layout anschließenden Standort wird jeweils der Teilzielwert als Summe aus den Produkten Entfernung – Transportmenge zu jedem im Layout bereits eingesetzten Betriebsmittel errechnet.

Es wird das Betriebsmittel als nächstes in das Layout eingesetzt, das in dem Fall, daß es nicht auf einem bestimmten Standort gesetzt wird, die größte Zielwertverschlechterung erzeugt. MODULAP verwendet für diese Entscheidung die Vogelsche Approximation: Das Betriebsmittel, das die größte Differenz zwischen bestem und schlechtestem Teilzielwert aufweist, wird auf den besten Standort gesetzt. Zur Berechnung des Teilzielwerts kann die Art der Entfernungsmessung (Schwerpunkt zu Schwerpunkt, entlang der Verkehrswege, getrennter Materialeingang und -ausgang) vorgegeben werden.

Beim Umlauf eines Betriebsmittels um den Layoutkern wird für jeden Standort die günstigste Lage des Betriebsmittels ermittelt. Dazu nimmt das Betriebsmittel sämtliche möglichen Lagen probeweise ein. Für jede dieser Lagen berechnet MODULAP den Teilzielwert; die Lage mit dem minimalen Teilzielwert wird abgespeichert. Soll das betrachtete Betriebsmittel an einem Standort angeordnet werden, ist es in dieser optimalen Lage an den Layoutkern anzufügen. Bild 12.15 zeigt einige mögliche Lagen eines Betriebsmittels.

Das MODULAP-System wendet eine zweistufige Vorgehensweise an [30]. Als erstes wird ein Idealplan erstellt, der die materialflußoptimale Anordnung der Betriebsmittel ohne einschränkende Bedingungen wiedergibt. Dieses Ideallayout weist im allgemeinen eine zerklüftete Außenform auf, die unter baulichen Gesichtspunkten nicht zu realisieren ist. Deshalb muß sich zur Umwandlung des Ideallayouts in einen verwirklichbaren Hallengrundriß ein zweiter Schritt anschließen. Dazu verwendet MODULAP eine Vorgehensweise, die sowohl Elemente von konstruktiven als auch von iterativen Methoden in sich vereinigt. Als Ausgangslayout benützt das

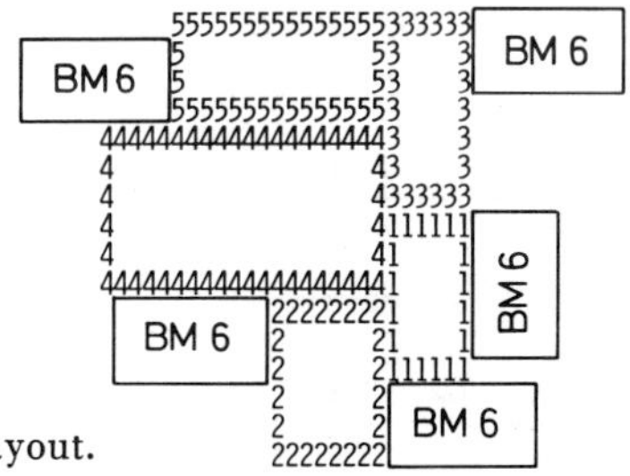

Bild 12.15. Mögliche Lagen eines Betriebsmittels im Layout.

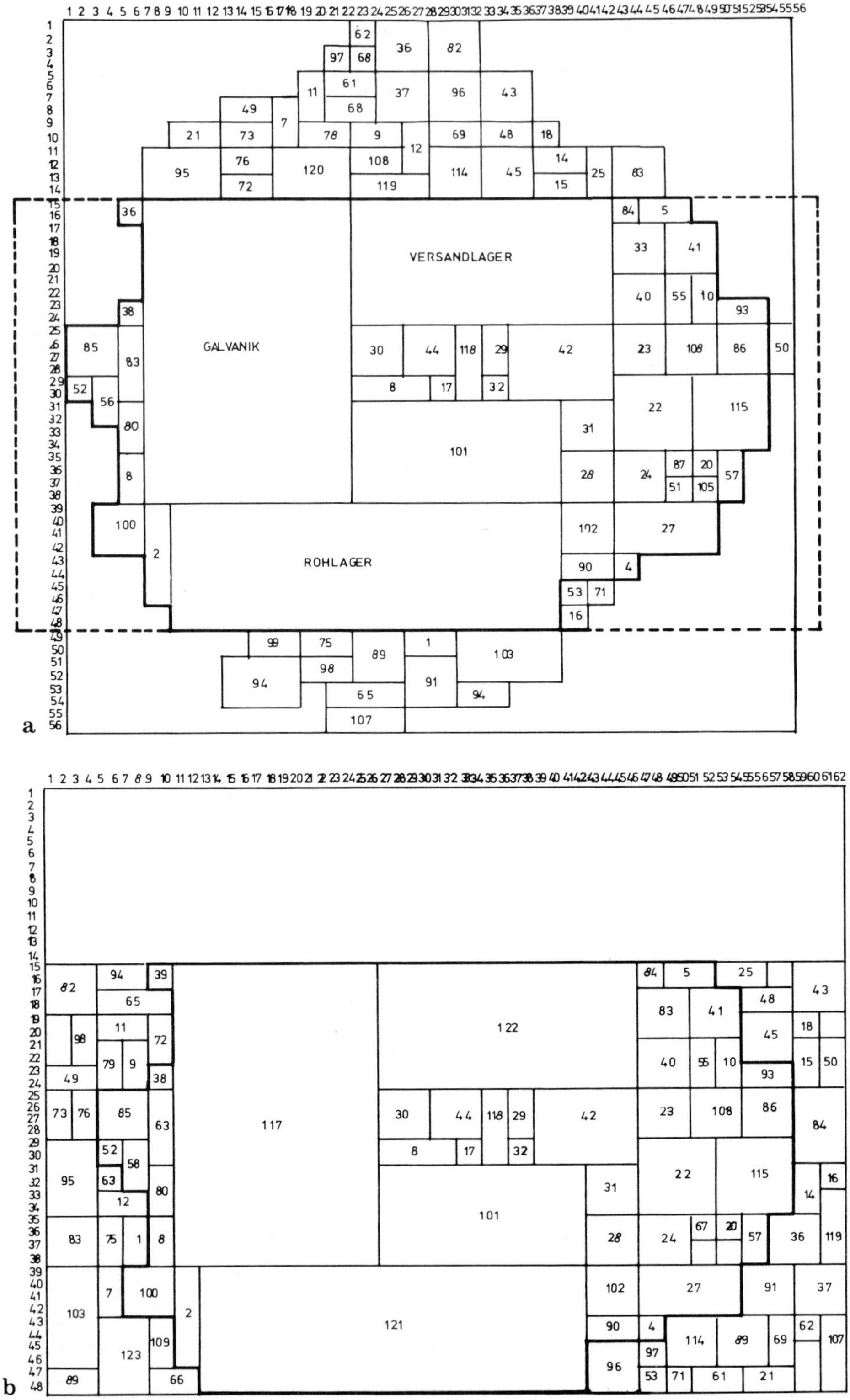

Bild 12.16. Anpassung an vorgegebene Grundrisse. a) Ideallayout mit vorgegebenem Grundriß (gestrichelt), b) an den vorgegebenen Grundriß angepaßtes Layout.

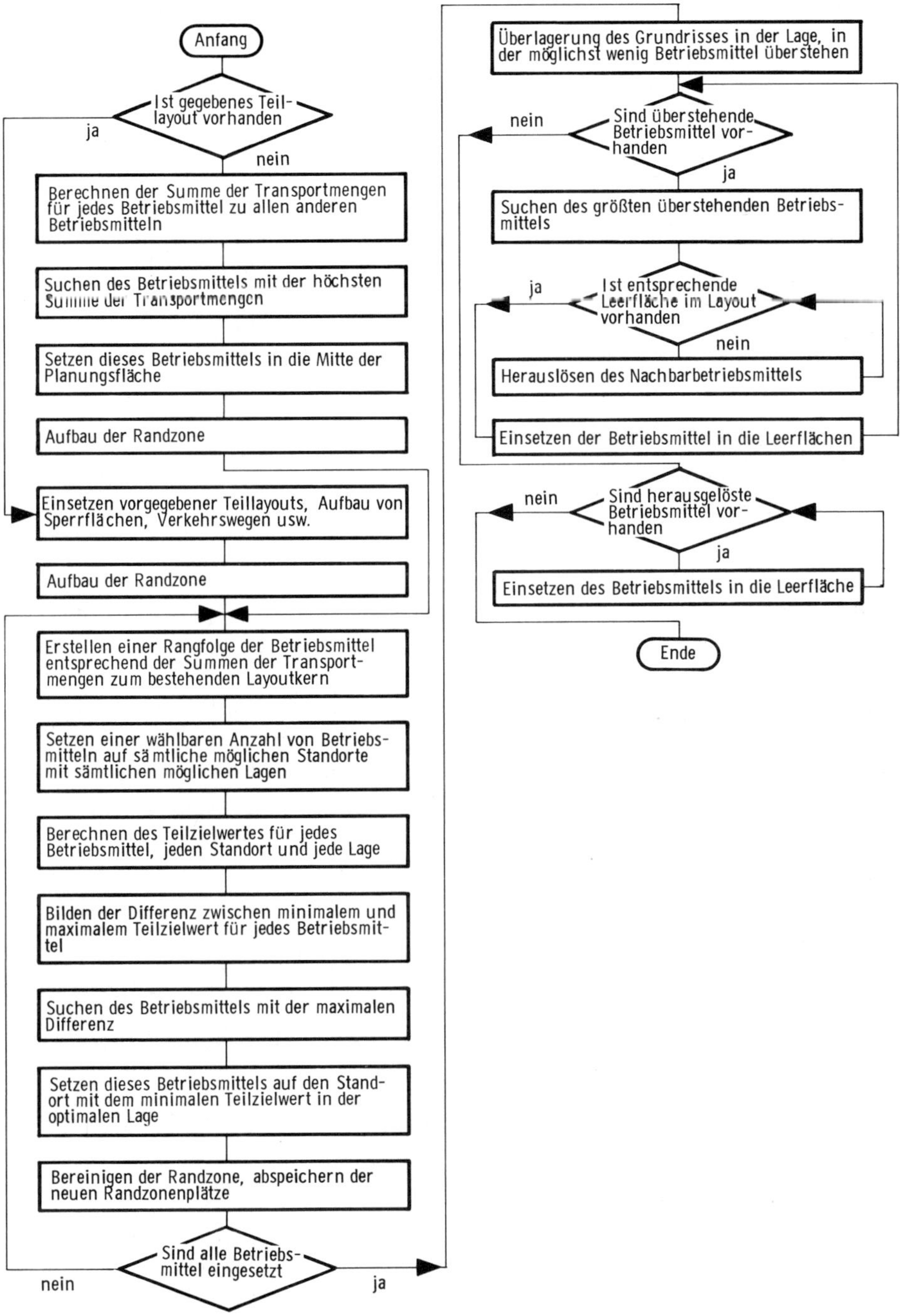

Bild 12.17. MODULAP-Ablaufdiagramm.

Anpassungsverfahren das durch den oben dargestellten konstruktiven Algorithmus entstandene Ideallayout. Es kann nun ein beliebiger Hallengrundriß vorgegeben werden, in dessen Grenzen nach Abschluß der Anpassung alle Betriebsmittelflächen liegen sollen. Es wird versucht, alle Betriebsmittel, die außerhalb des Grundrisses liegen, auf konstruktivem Wege auf den innerhalb der Grenzen vorhandenen Freiflächen anzuordnen. Ist dies nicht möglich, kommt der zweite Teil des Anpassungsverfahrens zum Einsatz. Durch ihn werden die außerhalb der Grenzen angeordneten Betriebsmittel in den Grundriß hineingeschoben, wobei sie jene Betriebsmittel verdrängen, die den Zielwert am wenigsten beeinflussen. Bild 12.16 zeigt diesen Sachverhalt.

Im folgenden sollen die für EDV-unterstützte, konstruktive Layoutplanungs-Verfahren erforderlichen Eingabedaten am Beispiel von MODULAP erläutert werden (Bild 12.17).

MODULAP kennt drei Klassen von Eingabedaten:

- Materialflußdaten,
- Flächendaten,
- Randbedingungen.

Der qualitative Materialfluß, d. h. der Weg eines Artikels durch die Fertigung, wird aus den Arbeitsplänen entnommen. Der quantitative Materialfluß, d. h. die Transportmenge, ergibt sich aus Stücklisten- und Produktionsprogramminformationen.

Betriebsmittelflächen können aus Aufwandsgründen nur als Rechteckflächen angenommen werden (siehe Bild 12.18). Alle Flächen müssen als ganzzahlige Vielfache der Rastereinheit dargestellt werden. Im Bild ist noch der jeweilige Ein- und Ausgabepunkt, E und A, am Rand der Betriebsmittelfläche angegeben, um damit die Voraussetzung für die Wegmessung entlang der Verkehrswege zu schaffen.

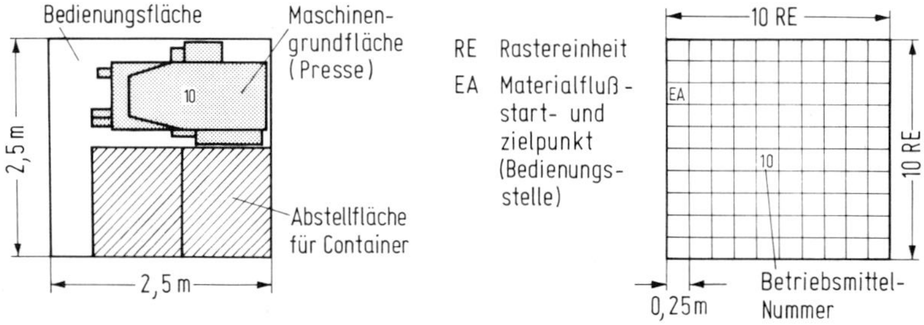

Bild 12.18. Darstellung der Betriebsmittelfläche.

Die Möglichkeit zur Berücksichtigung von Randbedingungen unterscheidet Realplanungsverfahren von Idealplanungsverfahren. Folgende Randbedingungen können in MODULAP berücksichtigt werden:

- Form und Größe der Planungsfläche,
- unveränderliche Betriebsmittelabmessungen,
- vorhandene Gebäude,

- nicht nutzbare Gebäudeteile,
- unveränderbares bestehendes Teillayout,
- Stützenabstände,
- Aufzüge,
- Hallenein- und -ausgänge,
- vorgegebene Verkehrswege,
- Organisationsbereiche (Meisterbereiche, Abteilungen usw.).

Weitere Spezifikationen wie z. B. die Wahl der Entfernungsmessung unter Berücksichtigung von Ein- und Ausgängen sind dem Programm über Steuerparameter mitzuteilen.

Obwohl MODULAP zur Zeit das Verfahren ist, dessen Einsetzalgorithmus die höchste Realitätstreue aufweist, muß jedes mit diesem System erstellte Layout manuell überarbeitet werden. Die algorithmische Abbildung sämtlicher Einflußfaktoren ist zumindest im Augenblick nicht möglich; außerdem erfordert die Berücksichtigung aller Kriterien einen nicht vertretbaren Datenerfassungsaufwand.

Als ein Weg zur Lösung dieses Problems wird in letzter Zeit die Einbeziehung des Planers mit Hilfe eines interaktiven Bildschirms bezeichnet [49, 60]. Der Planer soll während des Planungsprozesses ihm gegenwärtige zusätzliche Bedingungen und Aspekte einbringen.

Ein Verfahren, in dem dieser Ansatz realisiert wird, ist PLADIS (Programm zur LAyoutplanung über DISplay) [31]. PLADIS stellt eine Weiterentwicklung von MODULAP dar, bei der nach jeder erfolgten Einsetzung eines Betriebsmittels in den Planungsprozeß eingegriffen werden kann.

Die Darstellung der eingesetzten Betriebsmittel auf dem Bildschirm erlaubt dem Planer, die vom EDV-unterstützten Planungssystem getroffenen Entscheidungen nach seinen Kenntnissen und Erfahrungen zu korrigieren. Dieser Eingriff, der nach einer Unterbrechung des Einsetzvorganges mit Hilfe eines Lichtgriffels vorgenommen wird, ist notwendig, wenn z. B. die Lage eines Betriebsmittels keine geradlinige Außenkontur des Gesamtkomplexes zuläßt, ein Betriebsmittel keinen durch seine Funktion erforderten direkten Anschluß an einen Verkehrsweg erhält, Verkehrswege eingeplant oder verändert werden, oder der durch das Programm ausgewiesene Standort aufgrund zusätzlicher Randbedingungen als ungünstig erkannt wird [54]. Wertvolle Hilfe leistet bei dieser Entscheidung ein überlagertes Materialflußschaubild (siehe Bild 12.19).

Das Einsetzen weiterer Betriebsmittel erfolgt immer auf der Basis des aktuellen Teillayouts. Läßt sich die Auswirkung eines Eingriffes auf den weiteren Aufbau eines Layouts nicht überblicken, so kann die augenblickliche Bildschirmdarstellung abgespeichert werden. Sie steht als Ausgangsbasis für Alternativlösungen zur Verfügung.

○ Das CRAFT-Verfahren

Anders als die bisher beschriebenen Verfahren ist das CRAFT-Verfahren von Armour und Buffa [40] kein konstruktives, sondern ein iteratives Verfahren. CRAFT (Computerized Relative Allocation of Facilities Technique) arbeitet nach dem Prinzip der besten Vertauschung, bei der immer die beste der für ein Betriebsmittel möglichen Vertauschungen durchgeführt wird.

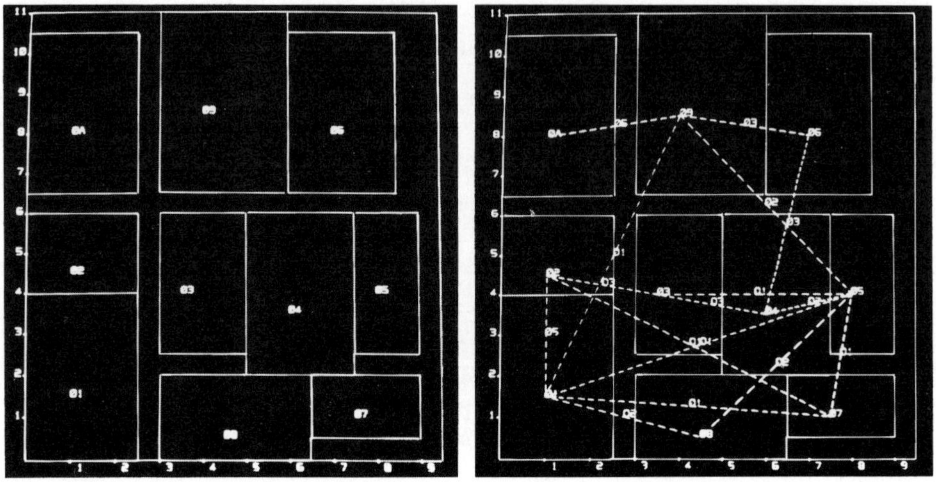

Bild 12.19. Bildschirm-Layout mit überlagertem Materialfluß.

Das Programm kombiniert jeweils ein Betriebsmittel j mit dem Betriebsmittel $i = 1, 2, \ldots, j-1$ und prüft, ob die jeweilige Betriebsmittelzusammenstellung für eine Vertauschung verwendet werden kann oder nicht. Ist eine Vertauschung möglich, so wird die entstehende Kosteneinsparung überschlägig berechnet. Bei dieser überschlägigen Berechnung werden die Betriebsmittelschwerpunkte der zu vertauschenden Betriebsmittel ausgewechselt. Für diese Anordnung werden nun die Materialflußkosten der beiden Betriebsmittel mit sämtlichen anderen Betriebsmitteln berechnet. Durch Vergleich mit den vor der probeweisen Vertauschung berechneten Kosten läßt sich die durch die Vertauschung erzielte Kosteneinsparung ermitteln. Sind sämtliche mögliche Vertauschungspaare durchgerechnet, so wird die Betriebsmittelkombination mit dem besten Ergebnis ausgewählt und untersucht, ob sich die Vertauschung von der Betriebsmittelform her gesehen auch wirklich durchführen läßt, ohne daß eine unzulässige Flächenform für die vertauschten Betriebsmittel besteht. Ist die Durchführung möglich, werden die Betriebsmittel vertauscht, die neuen Betriebsmittelschwerpunkte genau berechnet und die tatsächliche Einsparung ermittelt. Können die Flächen nicht vorschriftsmäßig vertauscht werden, so sucht das Programm einen anderen durchführbaren Vertauschungsschritt. In solchen Fällen wird stets auf den bei der überschlägigen Kosteneinsparungsberechnung gefundenen nächstbesten Vertauschungsschritt zurückgegriffen.

CRAFT kennt drei Arten der Vertauschung:

Die einfachste Vertauschung besteht im Auswechseln zweier flächengleicher Betriebsmittel. Da die Flächenschwerpunkte in diesem Fall unverändert bleiben, ist nur eine Umindizierung der beiden Betriebsmittelflächen notwendig, ansonsten sind keine rechnerischen Maßnahmen erforderlich.

Die Vertauschung flächenungleicher Betriebsmittel gestattet die zweite und dritte im CRAFT-Programm installierte Vertauschungsmöglichkeit. Zwei flächenungleiche Betriebsmittel können vertauscht werden, wenn sie aneinandergrenzen, d. h. benachbart sind. Dabei werden die aneinandergrenzenden Betriebsmittelflächen, wie

Bild zeigt, zu einer Fläche verschmolzen und nun aus dieser neuen Fläche das kleinere der beiden Betriebsmittel ausgeschnitten; die verbleibende Restfläche bildet die Fläche des anderen an der Vertauschung beteiligten Betriebsmittels.

Wie Bild 12.20 zeigt, können bei dieser Vertauschungsmethode leicht sehr zerklüftete Flächenformen entstehen.

Als dritte Möglichkeit, Betriebsmittel miteinander zu vertauschen, bietet CRAFT die sogenannte Dreiflächenvertauschung an. Dabei müssen die beiden flächenungleichen Betriebsmittel, welche vertauscht werden sollen, an ein drittes Betriebsmittel

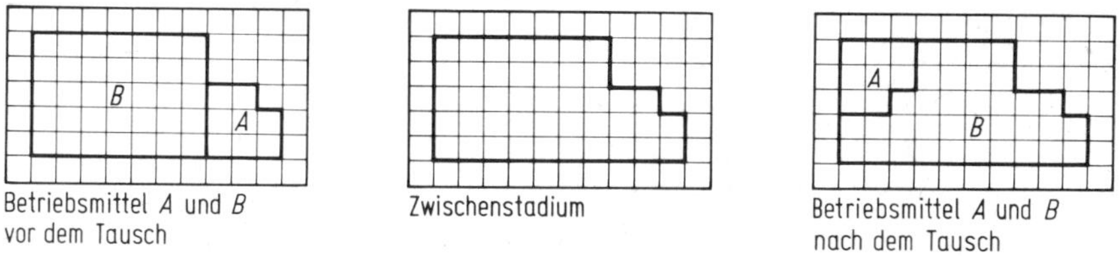

Bild 12.20. Der Zweiflächentausch.

gemeinsam angrenzen, etwa wie in Bild 12.21 aufgezeigt. Betriebsmittel *A* und *B* sollen vertauscht werden, Betriebsmittel *C* ist der gemeinsame Nachbar der beiden Tauschpartner. Es werden nun die Flächen der drei Betriebsmittel zu einer Fläche zusammengezogen und die beiden Tauschpartner aus der Gesamtfläche so ausgeschnitten, daß sie möglichst weit von ihrem alten Standort entfernt zu liegen kommen. Die verbleibende Restfläche bildet die Abteilung *C* (siehe auch Bild 12.21).

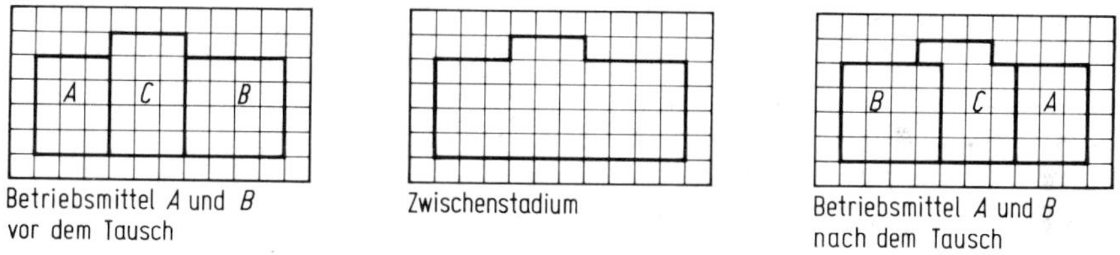

Bild 12.21. Der Dreiflächentausch.

○ Das PVT-Verfahren

Das bisher einzige iterative Verfahren, das Flächen als ganzes vertauscht, ist das PVT (Planung durch Verschiebung und Tausch)-Verfahren von Warnecke, Minten und Mayer [55]. Damit bleibt nicht nur der Flächeninhalt, sondern auch die Flächenform erhalten.

Das PVT-Verfahren arbeitet zweistufig. Die erste Stufe dient der Nachbildung des optischen Erkennungsvermögens des Menschen. Dabei werden unter geometrischen Aspekten Elemente gesucht, die aus einzelnen Betriebsmitteln oder Betriebsmittelgruppen bestehen. Dieser Erkennungsvorgang wird enumerativ durchgeführt. Damit ist gewährleistet, daß alle potentiellen Verbesserungsmöglichkeiten erfaßt werden.

In der zweiten Stufe prüft das Programm die im ersten Abschnitt ermittelten Verschiebungs- und Vertauschungsmöglichkeiten daraufhin ab, ob für sie eine

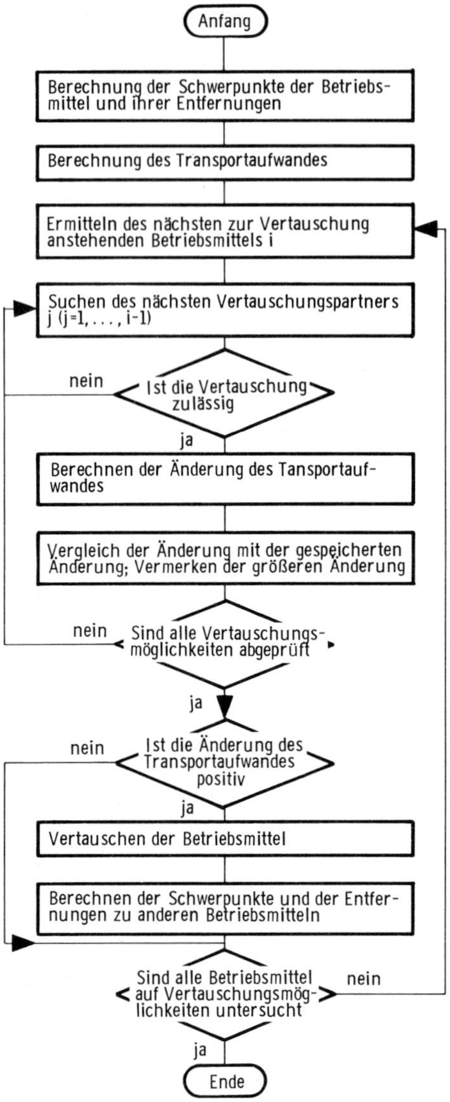

Bild 12.22. CRAFT-Ablaufdiagramm.

Reduzierung des Transportaufwandes erreicht werden kann. Es wird jede verbesserte Vertauschung vorgenommen.

PVT kennt folgende Schritte zur Verbesserung des Layouts:

- Mehrfach kombinierte Vertauschung oder Blockvertauschung (zwei aus mehreren Betriebsmitteln bestehende deckungsgleiche Blöcke werden miteinander vertauscht).
- Einfach kombinierte Vertauschung (mehrere Betriebsmittel, die zusammen so groß sind wie ein weiteres, werden mit diesem vertauscht).

- Horizontale und vertikale Verschiebung (Betriebsmittel, die nebeneinander bzw. untereinander liegen und die gleiche vertikale bzw. horizontale Grenzen haben, werden verschoben).
- Deckungsgleiche Vertauschung (Betriebsmittel, die form- und flächengleich sind, werden miteinander vertauscht).

12.5 Dimensionierung von Materialfluß-Systemen

Betrachtet man die innerbetrieblichen Vorgänge Fertigen, Lagern und Fördern als Elemente eines Materialfluß-Systems, so ist offensichtlich, daß für das wirtschaftliche Funktionieren eines Betriebes die Dimensionierung und Abstimmung der Kapazitäten dieser Elemente notwendig ist [72]. Sowohl eine Über- als auch eine Unterdimensionierung der Kapazitäten dieser Elemente führt nämlich zu erhöhten Kosten, sei es z. B. durch eine erhöhte Kapitalbindung oder durch Maschinenstillstände.

Die Planung von Materialfluß-Systemen ist eine äußerst vielfältige Aufgabenstellung, die im Einzelfall oft komplexen Charakter annimmt und umfangreiche Untersuchungen notwendig macht. So sind z. B. im Rahmen der Generalbebauungsplanung die Kapazitäten aller Bereiche eines Unternehmens zu ermitteln und aufeinander abzustimmen. Der daraus resultierende Flächenbedarf je Bereich und die Materialflußintensität zwischen den Bereichen haben einen wesentlichen Einfluß auf das Fabriklayout. Mit der Erstellung des Fabriklayouts wiederum sind die Entfernungen zwischen den Bereichen festgelegt. Diese Entfernungen spielen ihrerseits bei der Dimensionierung des Transportsystems eine erhebliche Rolle usw. Aber auch die Planungsaufgaben, die nur Teilbereiche des Materialfluß-Systems Fabrik umfassen, sind kaum weniger umfangreich. So ist z. B. die Dimensionierung von Störungspuffern in kapitalintensiven Fertigungslinien eine Aufgabe, die derart viele Daten erfordert, daß sie ohne den Einsatz von EDV praktisch nicht zu lösen ist [73]. Dasselbe gilt z. B. auch für die Abtaktung von Montagelinien, bei der die Arbeitsinhalte der einzelnen Stationen aufeinander abgestimmt werden [74]. Als drittes Beispiel für die Dimensionierung von Materialfluß-Systemen sei das Ermitteln der notwendigen Kapazitäten eines Lagers genannt, eine Aufgabe, die besonders bei einem schwankenden und sich laufend verändernden Produktionsprogramm die Auswertung einer Unmenge von Daten erfordert.

In einem anderen Charakter als in den bisher genannten Beispielen stellt sich die Aufgabenstellung dar, wenn die Kapazitäten der einzelnen Maschinen, Lager und Transportmittel vorgegeben sind. Dann besteht die Aufgabe der Materialfluß-Planung darin, den Materialfluß so einzurichten, daß entweder eine möglichst gute Ausnutzung der Kapazitäten oder die kürzest mögliche Durchlaufzeit gewährleistet ist. So kann z. B. bei einer Lackieranlage mit mehreren Lackierstraßen die Kapazitätsgrenze nur bei einem bestimmten Mischungsverhältnis der Lackarten und der entsprechenden Zuordnung dieser Lackarten zu den einzelnen Lackierstraßen erreicht werden. Ändert sich das Mischungsverhältnis, so wird in der Regel eine Änderung der Zuordnung zu den Lackierstraßen erforderlich, um einen für die Gesamtanlage suboptimalen, für das geänderte Mischungsverhältnis jedoch optimalen Betriebspunkt zu erreichen.

Um dieses breite Spektrum von Einzelproblemen universell einsetzbaren Hilfsmitteln zugänglich zu machen, ist eine Reduktion auf immer wiederkehrende Teilprobleme bzw. Komponenten erforderlich. Eine für diese Rückführung zweckmäßige Gliederung des Materialfluß-Prozesses erhält man anhand der konventionellen Gliederung in Aufträge und Betriebsmittel. Als Aufträge sollen dabei Fertigungs-, Montage-, Transportaufträge usw., unter dem Begriff Betriebsmittel Maschinen, Transportmittel, Lagereinrichtungen usw. verstanden werden.

Auf der Auftragsseite lassen sich die Komponenten

- Eingang der Forderungen aus den nachfragenden Bereichen,
- Auflösung der Forderungen und Zuordnung zu den einzelnen Betriebsmitteln,
- Warteschlangenverhalten der Forderungen,
- Gruppierung der Forderungen zu einem Bedienungsauftrag und
- Durchführung des Bedienungsauftrages

definieren.

Auf der Betriebsmittelseite ist eine Trennung in

- Eigenschaften der einzelnen Betriebsmittel und
- Strukturierung der Betriebsmittel

sinnvoll.

Diese Gliederung macht deutlich, daß es sich bei Materialfluß-Systemen um Bedienungssysteme [75] handelt. Damit können sie mit den für Bedienungssysteme entwickelten Methoden untersucht werden.

12.5.1 Aufbau von Bedienungssystemen

Ein Bedienungssystem umfaßt als wesentlichste Elemente die Forderungenquelle, die Objekte und die Bedienungsanlage [76]. Jede Forderung ist einem Objekt zugeordnet. So ist z. B. eine Forderung an ein Betriebsmittel immer an ein Werkstück, ein Förderhilfsmittel usw. gebunden. Da bei der Untersuchung von Bedienungssystemen weniger ein Objekt an sich, als vielmehr die Bedienung der an das Objekt gebundenen Forderung im Vordergrund steht, werden in diesem Zusammenhang die Forderungen direkt angesprochen. Die prinzipielle Struktur eines Bedienungssystems zeigt Bild 12.23.

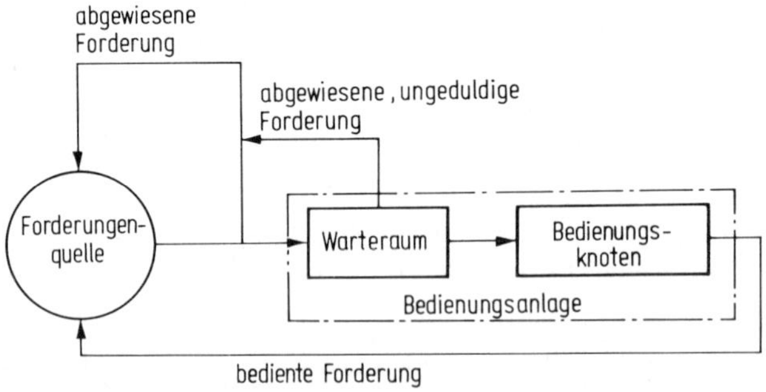

Bild 12.23. Prinzipielle Struktur eines Bedienungssystems.

Die Bedienungswünsche (Fertigungs-, Transport-, Lageraufträge usw.) werden in der Forderungenquelle erzeugt. Bei der Forderungenquelle kann es sich in einer Fabrik z. B. um eine Maschine, ein Abteilung, die Summe aller Kunden oder das Produktionsprogramm handeln. Ebenso ist die Existenz mehrerer, voneinander abhängiger oder unabhängiger Teilquellen möglich.

Die Bedienungsanlage umfaßt im einfachsten Fall eine Warteschlange und einen Bedienungskanal. Es gibt aber auch Bedienungsanlagen mit einer Vielzahl von Warteschlangen und Bedienungskanälen. Es werden deshalb die Begriffe Warteraum und Bedienungsknoten [76] eingeführt. Die Größe des Warteraumes kann sich von null bis praktisch unendlich bewegen [77]. Die Warteschlange ist dann häufig begrenzt, wenn die Forderungen an Objekte mit einem großen Raumbedarf, wie z. B. an einen Gabelstapler, an Werkstücke o. ä. gebunden sind. Unbegrenzt sind die Warteschlangen in der Regel dann, wenn Forderungen nur informationell, z. B. über Belege, angemeldet werden. Im Bedienungsknoten erfolgt die Bedienung im engeren Sinne. Der Bedienungsvorgang kann z. B. das Ausführen eines Arbeitsganges an einem Werkstück, das Durchführen eines Transportes oder das Einlagern eines Objektes in ein Lagerfach darstellen.

Sind beim Eintritt einer Forderung in eine Bedienungsanlage alle Bedienungskanäle besetzt und ist darüber hinaus im Warteraum kein freier Platz, so wird die Forderung abgewiesen. Abgewiesene Forderungen sind ebenso wie ungeduldige Forderungen für den betrachteten Bedienungsknoten verloren. Nach der Bedienung im Bedienungsknoten verlassen die Forderungen über die Forderungenquelle das Bedienungssystem.

• Eingang der Forderungen aus den nachfragenden Bereichen

Wenn die Forderungenquelle Randelement eines Materialfluß-Systems ist und über sie ständig neue Objekte in das Bedienungssystem gelangen bzw. das Bedienungssystem verlassen, dann spricht man von einem offenen Bedienungssystem. Im Gegensatz dazu steht das geschlossene Bedienungssystem, bei dem sich die Anzahl der Objekte im System nicht verändert. Das Bedienungssystem besteht in diesem Fall nur aus inneren Elementen.

Um ein geschlossenes Bedienungssystem handelt es sich z. B. bei einer Fertigungslinie mit einer festen Anzahl von Werkstückträgern. Im Bedienungssystem können sich in diesem Fall maximal soviele Forderungen befinden, wie Werkstückträger vorhanden sind. Werden dagegen keine Werkstückträger benötigt und ist es möglich, über die Forderungenquelle praktisch beliebig viele Werkstücke in die Fertigungslinie einzuschleusen, dann liegt ein offenes Bedienungssystem vor.

Da in einem geschlossenen Bedienungssystem die Anzahl der Objekte begrenzt ist, besteht eine Rückkopplung zwischen Bedienungsknoten und Forderungenquelle. Die Intensität des Auftretens von Forderungen ist daher von der Anzahl der Objekte abhängig, die im betrachteten Zeitpunkt in der Forderungenquelle zur Verfügung stehen, also nicht im Warteraum oder im Bedienungsknoten sind.

Sowohl bei offenen als auch bei geschlossenen Bedienungssystemen wird die Gesamtintensität des Entstehens von Forderungen durch den Ankunftsabstand charakterisiert. Als Ankunftsabstand wird die Dauer zwischen dem Eintreten von zwei Forderungen bezeichnet. In der Regel wird nach der Verteilungsfunktion des Ankunftsabstandes der Ankunftsprozeß klassifiziert. Die Ankunft kann

– zufällig verteilt,
– in konstanten Zeitintervallen, oder
– zu vorgegebenen Zeitpunkten, z. B. nach einem Produktionsprogramm oder einem speziellen Bildungsgesetz

erfolgen (siehe z. B. [78]). Die Ankunftsintensität selbst kann variabel, z. B. abhängig von der Schlangenlänge, oder konstant sein.

Im einfachsten Fall befindet sich in einer Forderungenquelle nur ein Typ von Objekten, dem nur eine Art von Forderungen zugewiesen wird. Ein Bedienungssystem kann aber genauso unterschiedliche Objekte enthalten, denen unterschiedliche Forderungen zugeordnet werden. Man denke hier z. B. an ein Transportsystem mit verschiedenen Transportmitteln, denen Transportaufträge mit differierenden Anforderungen zugewiesen werden.

● Auflösung der Forderungen und Zuordnung zu den Betriebsmitteln

Häufig treffen die Forderungen in der Quelle nicht vereinzelt, sondern gruppiert ein. Darüber hinaus entspricht diese Gruppierung oft Kriterien, nach denen eine Zuordnung zu den Betriebsmitteln nicht erfolgen kann. Ein besonders typisches Beispiel hierfür ist das Kommissionieren. Beim Kommissionieren sind die ankommenden Forderungen z. B. nach Versand- oder Montageaufträgen (auslösende Aufträge) gruppiert. Die auslösenden Aufträge sind in Einzelforderungen aufzulösen, die dann den Betriebsmitteln, z. B. einzelnen Kommissioniergeräten, entsprechend der Lagerordnung [79] und der Lagerorganisation zugeordnet werden.

Es lassen sich bei der Zuordnung der Forderungen zu den einzelnen Betriebsmitteln zwei grundsätzliche Vorgehensweisen unterscheiden (siehe z. B. [80, 81]):

– Parallele Bearbeitung.
  Die Forderungen eines auslösenden Auftrages werden gleichzeitig sämtlichen angesprochenen Betriebsmitteln zugeordnet.
– Serielle Bearbeitung.
  Die Forderungen eines auslösenden Auftrages werden erst dann dem i-ten angesprochenen Betriebsmittel zugeordnet, wenn alle Forderungen, die das i-1-te Betriebsmittel betreffen, befriedigt sind.

Eine parallele Bearbeitung ist dann möglich, wenn die einzelnen Forderungen unabhängig voneinander erfüllt werden können. Dies ist z. B. häufig beim Kommissionieren der Fall, wenn alle Forderungen eines Montageauftrages den entsprechenden Kommissioniergeräten gleichzeitig zugeordnet werden können. Eine serielle Bearbeitung ist im Fertigungsbereich anzutreffen, wo die Zuordnung zu den Arbeitsplätzen und Maschinen und die Reihenfolge dieser Zuordnung in der Regel durch den Arbeitsplan zwingend vorgeschrieben ist.

Sind mehrere alternative Betriebsmittel vorhanden, so sind Entscheidungsregeln notwendig, nach denen die Auswahl eines dieser Betriebsmittel erfolgen soll. Diese Entscheidungsregeln berücksichtigen meistens den aktuellen Zustand und/oder weitere betriebsmittelspezifische Eigenschaften. So kann die Zuordnung z. B. immer zum ersten freien oder zum leistungsfähigsten Betriebsmittel erfolgen. Es kann aber auch eine möglichst gleichmäßige Auslastung der Betriebsmittel gewünscht werden. Dies ist z. B. in einem Hochregallager der Fall, wenn eine Gleichverteilung der Artikel auf die einzelnen Regalgassen gefordert wird.

- Warteschlangenverhalten der Forderungen

Warteschlangen entstehen vor Betriebsmitteln dann, wenn in einem Bedienungssystem mehr Forderungen vorhanden sind, als zum betrachteten Zeitpunkt bedient werden können.

Forderungen können nur bis zum Erreichen der maximalen Warteschlangenlänge in die Bedienungsanlage gelangen. Darüber hinausgehende Forderungen müssen für die betrachtete Bedienungsanlage abgewiesen werden. Hier sei an Parkplätze für Transportmittel oder Bereitstellungslager erinnert. In einer Warteschlange ist eine Reihenfolge für die Abarbeitung der einzelnen Forderungen zu bilden [82, 83]. Das Bildungsgesetz dieser Reihenfolge wird durch die Wartedisziplin charakterisiert [84]. Das Festlegen einer bestimmten Wartedisziplin hat ebenso wie die Entscheidung für die parallele oder die serielle Bearbeitung einen erheblichen Einfluß auf die Gesamtdurchlaufzeit eines auslösenden Auftrages. Im wesentlichen werden die absolute Wartedisziplin (first come – first served) die zufällige Auswahl von Forderungen und die Reihung nach Prioritäten unterschieden. Für die Bildung einer Reihenfolge nach Prioritäten wird eine Vielzahl von Prioritätsregeln angewendet (siehe z. B. [85]). Existiert für mehrere parallele Bedienungsknoten nur eine Warteschlange, kann die Priorität mit zur Zuordnung des Betriebsmittels verwendet werden. So ist z. B. denkbar, daß Forderungen mit höchster Priorität dem leistungsfähigsten Betriebsmittel zugewiesen werden.

Bei Materialfluß-Systemen warten die Forderungen in der Regel „geduldig", bis die Bedienung erfolgt. Es gibt aber auch „ungeduldige" Forderungen, die entweder die Warteschlangen nach einer bestimmten Zeit verlassen oder bei einer bestimmten Warteschlangenlänge erst gar nicht auf die Bedienung warten. Folgendes Beispiel soll ungeduldige Forderungen verdeutlichen: Bei einem Maschinenausfall soll prinzipiell ein Wartungsspezialist gerufen werden, an den damit eine weitere Forderung übermittelt wird. Ist der Wartungsspezialist aber aufgrund früher gemeldeter Maschinenausfälle über eine bestimmte Zeit nicht in der Lage, die betreffende Maschine zu reparieren, so wird der Reparaturauftrag gegenstandslos, da angenommen werden kann, daß in dieser Zeit das Bedienungspersonal die Störung selbst behoben hat.

- Gruppierung der Forderungen zu einem Bedienungsauftrag

Im Fertigungsbereich wird als Auftrag die terminierte Zuordnung eines Arbeitsvorganges zu einem Betriebsmittel bezeichnet. Der Begriff „Auftrag" muß aber bereits dann erweitert werden, wenn eine bestimmte Rüstfolge einzuhalten ist. In diesem Fall ist eine bestimmte Anzahl von Einzelaufträgen als Ganzes zu betrachten. Die Erstellung einer Rüstfolge bedeutet außerdem, daß die Bearbeitung nicht nur entsprechend der Reihenfolge in der Warteschlange, sondern zusätzlich noch nach fertigungstechnischen Optimierungsgesichtspunkten erfolgt.

Bei Materialfluß-Systemen muß ein Auftrag generell in diesem weiten Sinn verstanden werden. Es soll hier von „Bedienungsaufträgen" gesprochen werden, die sich aus mehreren Forderungen zusammensetzen.

Neben den Transportaufträgen, bei denen ein Bedienungsauftrag eine Fahrt mit einer Vielzahl von Forderungen zu einer Vielzahl von Stellen im Betrieb umfaßt, bevor das Transportmittel zum Ausgangspunkt zurückkehrt (siehe z. B. [86]), sind Kommissionieraufträge die typischsten Bedienungsaufträge. Bei einem Kommissionierauftrag wird die Anzahl der Forderungen in der Regel entweder durch eine vorgegebene Schranke (z. B. maximale Anzahl der Forderungen, maximale Dauer der Kommissionierfahrt) oder die Kapazität des Kommissionierfahrzeuges begrenzt. In Ausnahmefällen wird ein Kommissionierauftrag alle Forderungen umfassen, die sich im Augenblick der Bildung des Kommissionierauftrages in der Warteschlange befinden. Die Route des Kommissionierfahrzeuges, d. h. die Reihenfolge der einzelnen Lagerplätze, die im Laufe einer Kommissionierfahrt anzusteuern sind, wird ausschließlich nach Wegeminimierungsgesichtspunkten festgelegt (siehe z. B. [87 – 89]. Die Reihenfolge in der Warteschlange spielt innerhalb des Bedienungsauftrages keine Rolle mehr.

- Durchführung des Bedienungsauftrages

Der Bedienungsprozeß stellt die „Abbildung" der Forderungen auf die Betriebsmittel dar. In einfachen Bedienungsmodellen wird die Zeit für die Bedienung entweder als konstant oder als zufällig verteilt angenommen. Realistischere Modelle berücksichtigen, daß die Bedienungszeit sowohl von der Forderung als auch vom Betriebsmittel abhängt. Die Forderung definiert den Arbeitsinhalt, der von verschiedenen Betriebsmitteln verschieden schnell bewältigt werden kann.

- Eigenschaften der Betriebsmittel

Im einfachsten Fall stellt ein Bedienungsknoten ein Betriebsmittel mit nur einem Bedienungskanal dar. Das Verhalten dieses Bedienungsknotens läßt sich durch die Taktzeit und das Störverhalten sowie deren funktionelle Abhängigkeiten und Verteilungsgesetze leicht beschreiben.

Bei weitem schwieriger einer Beschreibung zugänglich ist das Verhalten eines Bedienungsknotens, der sich aus mehreren Kanälen zusammensetzt. Neben der Struktur des Bedienungsknotens ist dann z. B. von Interesse, ob es sich um gleiche oder verschiedene Kanäle handelt, oder ob ein Kanal nur für ganz spezielle Forderungen zugänglich ist.

- Strukturierung der Betriebsmittel

Besteht ein Bedienungsknoten aus mehreren Bedienungskanälen, dann ist eine parallele, eine serielle oder eine gemischte Anordnung möglich.

Die Parallelanordnung wird immer dann gewählt, wenn ein Kanal allein nicht die entsprechende Bedienungskapazität aufbringen kann. Aus Auslastungsgründen wird häufig für parallel angeordnete Bedienungskanäle nur eine Warteschlange vorgesehen.

Eine unverzweigte Fertigungs- oder Montagelinie ist ein Beispiel für eine Serienanordnung von Bedienungskanälen. Eine Forderung muß alle Kanäle in der vorgesehenen Reihenfolge durchlaufen. Ist die Linie lose verkettet, dann kann vor jedem Bedienungskanal ein Puffer als Warteraum vorgesehen werden. Jeder Puffer kann bis zur vorgesehenen Höchstgrenze Forderungen aufnehmen. Ab dieser Höchstgrenze werden vorgelagerte Bedienungskanäle blockiert. Diese Blockierung wird erst nach einer abgeschlossenen Bedienung aufgehoben (siehe z. B. [90, 91]).

Größere Systeme wie Lackieranlagen, Warenverteilsysteme oder ganze Fertigungsbetriebe besitzen in der Regel gemischte Strukturen.

Aber nicht nur rein strukturelle Anordnungsbeziehungen prägen einen Bedienungsknoten, sondern auch organisatorische und räumliche Beziehungen. So hängt z. B. die Dauer eines Transportauftrages ganz wesentlich vom Fahrweg und dieser seinerseits von der Maschinenaufstellung ab. Die Maschinenaufstellung wird aber bei einer Fertigung, die nach dem Prinzip der Werkstattfertigung organisiert ist, anders als bei einer Linienfertigung erfolgen.

Einen ähnlichen Einfluß hat auch die Lagerordnung [92], die das Prinzip festlegt, nach dem die Zuordnung eines Artikels zu einem Lagerfach erfolgen soll. Die Lagerordnung bestimmt damit die Strecke, die ein Regalförderzeug zurücklegen muß, um einen bestimmten Artikel ein- oder auszulagern.

12.5.2 Die Untersuchung von Materialfluß-Systemen mit Hilfe der Simulation

Die Untersuchung von Materialfluß-Systemen mit Hilfe mathematisch-analytischer Verfahren wie der Warteschlangentheorie [93] setzt vielfach so starke Abstraktionen voraus, daß die Übertragung der Ergebnisse auf das reale Problem oft nicht zulässig ist [94].

Besonders geeignet für die Untersuchung von Materialfluß-Systemen wären naturgemäß Verfahren, die die experimentelle Erprobung des Systemverhaltens gestatten. Da Realexperimente an Materialfluß-Systemen unmöglich sind, liegt der Einsatz von ikonischen Modellen [95] (dreidimensionale Modelle, Funktionsmodelle) nahe. Aber auch hier gelangt man schnell an zeitliche und wirtschaftliche Grenzen. Bei der Simulation auf EDV-Anlagen treten dagegen diese Grenzen nicht auf. Mit ihr lassen sich Materialfluß-Systeme numerisch-experimentell realitätsnahe durchdringen.

- Grundlagen der Simulationstechnik

Man verwendet bei der Simulation zwei grundsätzliche Modellarten, die sich in ihrem Zeitverhalten bei der Darstellung von Prozessen unterscheiden: Bei zustandsstetigen Prozessen werden zeitstetige Modelle, bei zustandsdiskreten Prozessen zeitdiskrete Modelle verwendet.

Stetige Simulationsmodelle sind als Regelsysteme in Form einfacher impliziter Differentialgleichungen aufgebaut. Die bekanntesten Vertreter dieses Typs sind die „Industrial Dynamics-Modell“ [96]. Das Modellkonzept geht von der Vorstellung aus, daß sich jedes System in verschiedenen Potentialebenen darstellen läßt. Der Übergang von einem Niveau auf ein anderes findet als Fluß mit einer bestimmten Übergangsrate statt. Die Übergangsrate ist von logischen oder mathematischen Funktionen abhängig.

Entsprechend dem vorwiegend diskreten Charakter von Materialfluß-Systemen stellt die zeitdiskrete Simulation die problemadäquatere Modellierungsform dar. Stetige Simulationsmodelle eignen sich ausschließlich zu Untersuchungen über das langfristige Verhalten von Materialfluß-Systemen.

Diskrete Simulationsmodelle lassen sich in strukturorientierte und ablauforientierte Modelle untergliedern. Strukturorientierte Modelle berücksichtigen lediglich die zeitliche Reihenfolge vorgegebener Ereignisse. Sie erlauben nicht, die Auswirkungen dieser Ereignisse auf den Prozeßablauf aufzuzeigen. Daher ist die Anwendung strukturorientierter Modelle auf einfache Warteschlangenprobleme begrenzt.

Für komplexere Materialfluß-Systeme ist die ablauforientierte Modellierung besser geeignet. Sie berücksichtigt, daß das Eintreffen bestimmter Ereignisse von verschiedenen Systemzuständen abhängt. Das Schwergewicht der Simulationsuntersuchung verschiebt sich also vom Aufzeigen der Auswirkungen vorgegebener Ereignisse auf das Veranlassen und Steuern eines Ablaufes.

Bei diskreten Modellen setzt sich der zeitliche Ablauf aus einer Folge von Ereignissen zusammen. Ein Ereignis wird durch den Übergang von einem Zustand zu einem anderen definiert. Der Zustand des Modells bleibt zwischen zwei aufeinanderfolgenden Ereignissen unverändert.

Bei der zeitdiskreten Modellierung werden zwei grundlegende Elementtypen verwendet:

- Temporäre mobile Elemente und
- permanente stationäre oder mobile Elemente.

Die Elemente dieser beiden Typen stehen miteinander in Wechselbeziehungen. Die temporären mobilen Elemente bewegen sich zwischen den permanenten Elementen. Ihr Zusammentreffen verursacht Zustandsänderungen, die neue aktuelle Systemzustände bedingen. Änderungen können dabei sowohl an den temporären als auch an den permanenten Elementen auftreten.

Temporäre Elemente (Objekte im Bedienungssystem) können z. B. Fertigungsaufträge, Kundenbestellungen, Ein- bzw. Auslageraufträge und Informationen sein. Bei den permanenten Elementen kann es sich um Arbeitsplätze, Maschinen, Förderwege, Fördermittel, Lager und andere technische Einrichtungen handeln.

Falls möglich, werden die Zeitpunkte der Ereignisse mit der Zuordnung zu den jeweiligen permanenten und temporären Modellelementen sofort in der Ereignisliste festgehalten. Man spricht hier von vorausbestimmbaren Ereignissen.

Es gibt aber auch die sogenannten ablaufabhängigen Ereignisse, deren Ereigniszeitpunkt erst im Laufe der Simulation berechnet werden kann. Es ist hier zwischen folgenden beiden Gruppen zu unterscheiden:

- Das Warten eines temporären Elementes auf einen bestimmten Zeitsystemzustand und
- Das Blockieren eines temporären Elements infolge der Kapazitätsüberschreitung bei einem permanenten Element.

Ein Beispiel für die erste Gruppe ist das Warten eines Transportauftrages an einer bestimmten Stelle, bis eine vorgegebene Anzahl von Transportaufträgen mit dem gleichen Zielort an dieser Stelle eingetroffen ist. Wird die vorgegebene Zahl von Transportaufträgen erreicht, so wird der Ereigniszeitpunkt des letzten Transportauftrages für sämtliche an dieser Stelle wartenden temporären Elemente übernommen. Damit kann der Ereigniszeitpunkt in die Ereignisliste übernommen werden.

Blockiert wird ein temporäres Element z. B. dann, wenn ein Werkstück, das von dem betrachteten temporären Element repräsentiert wird, in einen bereits vollständig belegten Puffer eintreten will. Das temporäre Element wird als blockiert gekennzeichnet. Vor jedem Fortschreiten auf der Simulationszeitachse wird der Belegungszustand geprüft und entschieden, ob das wartende Werkstück in den Puffer gelangen kann. Gegebenenfalls wird der Belegungszustand des Puffers neu registriert.

Das Prinzip der Zeit- und Ereignissteuerung beeinflußt den Aufbau der Simulationsmodelle und der anzuwendenden Algorithmen. Es lassen sich zwei grundsätzlich verschiedene Konzepte unterscheiden [97]:

– Die Ereignissuche in konstanten Zeitschritten (zeitorientiert) und
– die Ereignissuche in variablen Zeitschritten (ereignisorientiert).

Die Ereignissuche in konstanten Zeitschritten wird auch als Parallelsimulation, die Ereignissuche in variablen Zeitschritten als Seriensimulation bezeichnet (vgl. z. B. [76]).

Bei der Ereignissuche in konstanten Zeitschritten wird nach der Ausführung sämtlicher Zustandsänderungen zum Zeitpunkt t auf der Simulationszeitachse jeweils um einen definierten konstanten Abschritt Δt fortgeschritten. Nach einem Vergleich sämtlicher Ereigniszeitpunkte mit der Simulationszeit werden dann sämtliche Zustandsänderungen ausgeführt, die entweder vor dem Zeitpunkt $t + \Delta t$ liegen oder genau mit diesem Zeitpunkt zusammenfallen. Wenn kein fälliges Ereignis vorhanden ist, dann wird die Simulationsuhr sofort um Δt vorgestellt.

Die Suche von Ereignissen in konstanten Zeitschritten ist dann sinnvoll, wenn die Ereignisdichte über dem Prozeßablauf weitgehend gleich und relativ hoch ist. In diesem Fall kann mit dieser Vorgehensweise Rechenzeit eingespart werden.

Bei Materialfluß-Systemen sind diese Voraussetzungen aber in der Regel nicht erfüllt. Die Ereignisse sind meistens unregelmäßig entlang der Zeitachse verteilt. Das Fortschreiten auf der Zeitachse ist oft mit einer ergebnislosen Suche nach Ereignissen verbunden und verursacht damit unnötig hohe Rechenzeiten.

Bei der Simulation von Materialfluß-Systemen ist die Ereignissuche in variablen Zeitschritten der sinnvollere Algorithmus. Die Simulationsuhr schaltet bei dieser Vorgehensweise von einem Ereigniszeitpunkt zum nächsten weiter. Die Modellierung wird zwar aufwendiger, da aber zum nächsten auszuführenden Ereignis fortgeschritten wird, ergeben sich geringere Rechenzeiten [94].

Algorithmen zur Ereignissuche werden z. B. in [76, 98] beschrieben. Die Lösung des Problems zeitgleicher Zustandsänderungen mit Hilfe von Prioritätsregeln ist z. B. in [94] aufgezeigt.

Im Gegensatz zu deterministischen Modellen, bei denen durch die Eingabedaten die Abläufe im Modell und die Ergebnisse eindeutig festgelegt sind, unterliegen Materialfluß-Systeme wie alle anderen realen Systeme zufallsabhängigen Einflüssen. Bei der Simulation von Materialflußprozessen sind also stochastische Modelle erforderlich. Zufallsabhängige Einflüsse lassen sich mit Hilfe von Zufallsgeneratoren nachbilden. Die Wirkungsweise von Zufallsgeneratoren ist z. B. in [99, 100] beschrieben.

- Simulationssprachen

In den Anfängen der Simulationstechnik mit Digitalrechenanlagen war es üblich, die Simulationsmodelle mit Hilfe problemorientierter Programmiersprachen wie FORTRAN oder ALGOL darzustellen. Da aber bei der Modellierung von Bedienungssystemen immer wiederkehrende Modellbestandteile auftreten, konnte man durch Entwickeln spezieller Simulations-Programmiersprachen den Programmieraufwand wesentlich senken.

Zur Modellformulierung stellt eine Simulationssprache eine Reihe vorgefertigter Elemente und Funktionen in standardisierter Form zur Verfügung. Mit diesen Elementen ist es möglich, Simulationsmodelle schnell und einfach zu beschreiben.

Die Zahl der erforderlichen Steueranweisungen ist gering. Der Benutzer braucht sich z. B. um die Art der Ereignissuche usw. nicht zu kümmern. Das Steuerprogramm übernimmt diese Aufgabe. Statistische Funktionen zur Erzeugung von Elementen, Zwischenzeiten usw. nach vorgegebenen Gesetzen stehen in den meisten Fällen zur Verfügung.

Die Vorzüge von Simulationssprachen lassen sich somit folgendermaßen zusammenfassen:

- Die Modellierung wird durch die Verwendung der vorgegebenen Sprachelemente vereinfacht. Routinearbeiten bei der Konzipierung eines Modells brauchen nicht erbracht werden.
- Es sind nur geringe Kenntnisse der Rechenanlage und ihrer Programmierung erforderlich.
- Der Zeitaufwand für die Erstellung und die Änderung von Programmen wird erheblich reduziert.
- Fehlermöglichkeiten werden eingeschränkt; die Programmierung kann unmittelbar vom Problembearbeiter mitübernommen werden, außerdem sind die Programme kurz und übersichtlich.

Die Verwendungsmöglichkeiten von Simulationssprachen sind aber begrenzt, da jeder Sprache ein bestimmtes Modellkonzept (Modellphilosophie) zugrunde liegt. Dadurch ergeben sich folgende Nachteile:

- Da für ein bestimmtes Problem die geeignete Sprache auszuwählen ist, macht die Auswahl der geeigneten Sprache die gute Kenntnis mehrerer Sprachen erforderlich.
- Für den einzelnen Benutzer ist oft nur eine begrenzte Zahl von Sprachen einsetzbar, da die verfügbaren Computer hard- oder softwaremäßig nur für eine oder zwei Simulations-Sprachen ausgelegt sind.
- Der Anwender muß die gegebene Sprache nicht nur erlernen, für den erfolgreichen Einsatz ist auch Erfahrung mit der Modellphilosophie, den Abläufen bei der Übersetzung und Modellsteuerung sowie der Ergebnisanalyse erforderlich.
- Es entstehen Kosten durch die Miete oder den Kauf eines Simulations-Compilers. Daneben benötigen diese Programme im allgemeinen längere Rechenzeiten und mehr Speicherplatz als bei der Programmierung in problemorientierter Sprache erforderlich wäre.

Machen diese vier Einschränkungen den Einsatz einer Simulationssprache unmöglich, bietet sich als Alternative die direkte Programmierung des Modells in FORTRAN, ALGOL oder PL1 an. Die Einsatzmöglichkeiten dieser Sprachen sind nahezu universell. Modellphilosophie und Ablaufsteuerung sind dem Benutzer klar und einsichtig, er entwirft sie ja selbst. Natürlich ist dieser Weg mit einem erheblichen Mehraufwand an Arbeit bei der Programmierung verbunden. Insbesondere die Neuerstellung von Steuer- und Grundroutinen fällt jeweils stark ins Gewicht.

Die meisten Simulationssprachen liefern dem Anwender ein allgemeines Modellkonzept zur Nachbildung realer Systeme sowie eine Ablaufsteuerung und Ablaufkontrolle. Daneben stehen in den meisten Fällen Standard-Output-Möglichkeiten zur Verfügung. Nicht vorhanden sind in diesen Sprachen bereits vorgefertigte, auf eine bestimmte Funktion festgelegte Modellelemente. Zu diesen Simulationssprachen gehören SIMSCRIPT [101], SIMULA [102] und GASP [103].

Daneben gibt es auch Simulationssprachen, die Modellelemente enthalten, deren Funktionen bereits festgelegt sind. Die bekannteste davon ist GPSS [104, 105].

Vergleiche von Simulationssprachen sind z. B. in [106 – 108] enthalten.

● Programmsysteme zur Simulation von Materialfluß-Systemen

Neben den Simulationssprachen wurden Programmsysteme entwickelt, die speziell auf die Simulation von Materialflußprozessen ausgerichtet sind. Dadurch wird zwar der Anwendungsbereich gegenüber den Simulationssprachen weiter eingegrenzt, man erreicht aber für den speziellen Anwendungsfall eine weitere Erhöhung des Anwendungskomforts.

Die Simulation von Materialfluß-Systemen läßt sich nach drei Zielrichtungen gliedern:

– Die Simulation des Fertigungsablaufes,
– die Simulation des Transportgeschehens und
– die Simulation des Lagerbereiches.

Das Geschehen im Fertigungsbereich wird wesentlich durch den Fertigungstyp geprägt. Für die Simulation unterschiedlicher Fertigungstypen sind daher unterschiedlich konzipierte Simulationsmodelle erforderlich.

Programmsysteme zur Simulation eines Fertigungsbereiches mit Fließfertigung gehen – wie auch die Grundform von GPSS [109] – von einem 1-Produkt-Spektrum aus [72, 90]. Alle Artikel (temporäre Elemente), die den zu stimulierenden Fertigungsbereich durchlaufen, werden identisch abgebildet. Die Entscheidungen, die zur Steuerung des Materialflusses getroffen werden, basieren ausschließlich auf den stationsbeschreibenden Daten (fixe und variable Zustandsdaten). Steuerungsmaßnahmen aufgrund unterschiedlicher Artikelinformationen (z. B. unterschiedliche Produkte, unterschiedlicher Bearbeitungsstand) sind nicht möglich.

Bei der Simulation der Werkstattfertigung wird der Ablauf einzelner Werkstattaufträge betrachtet. Der Fertigungsablauf ist durch den Arbeitsplan festgelegt (arbeitsplanorientierte Steuerung) (siehe z. B. [110 – 112]).

Die Simulation von Transportsystemen ist in hohem Grade an das verwendete Fördermittel gebunden. So gibt es für power-and-free Förderer [112, 114], Krananlagen [115], Gabelstapler [116, 117] und induktiv gesteuerte Fördermittel [118] spezielle Simulationsprogramme. Die Simulation allgemeiner Transportprobleme haben [119 – 121] zum Inhalt.

Auch im Lagerbereich handelt es sich meistens um die Auslastung der Fördermittel. Mit der Auslastung von Regalförderzeugen beschäftigen sich [79] und [94]. Dabei werden Einflüsse auf die Leistungsfähigkeit mit Hilfe von Simulationsprogrammen aufgezeigt. In beiden Fällen wird die Einlagerung ganzer Paletten in Einzel- und Doppelspielen betrachtet. Eine mit [94] vergleichbare Vorgehensweise wird in [122] angewendet. Für die Kommissionierung wird in [87] ein ähnlicher Weg vorgestellt, einen wirtschaftlichen Ablauf des Kommissionierens zu garantieren. Die Dimensionierung eines Zwischenlagers aufgrund eines vorgegebenen Zu- und Abflusses behandelt [123].

12.5.3 Ein Beispiel zur Simulation von Materialfluß-Systemen

Im folgenden soll mit einem einfachen Beispiel (siehe auch [124]) versucht werden, die Vorgehensweise bei der Materialfluß-Simulation zu verdeutlichen.

- Aufgabenstellung

Zur Beurteilung der Leistungsfähigkeit von Hochregallagern soll die theoretisch höchstmögliche Zugriffsleistung eines Regalförderzeuges zur Verfügung stehen. Dazu ist eine 100-%-Auslastungsleistung zu definieren.

Definition: Eine 100-%-Auslastung eines Regalförderzeuges in einem Hochregallager liegt vor, wenn das Regalförderzeug ohne jegliche Stillstandszeiten nur für Ein- und Auslagerungsaufträge tätig ist. Die 100-%-Auslastungsleistung ergibt sich dann als die auf ein bestimmtes Zeitintervall bezogenen Zugriffe.

Eine so definierte 100-%-Auslastung kann in der Praxis nicht erreicht werden. Sie bildet eine obere Grenze, die zum Vergleich zweier Lageranlagen herangezogen werden kann.

Die 100-%-Auslastungsleistung hängt von den Abmessungen des Regals, den technischen Daten des Regalförderzeuges, der Lagerstrategie usw. ab. Analytisch ist es nicht möglich, ohne grobe Vernachlässigungen aus diesen Daten eine 100-%-Auslastungsleistung zu berechnen. Es ist deshalb eine Simulation durchzuführen.

- Aufbau des Simulationsmodells

Aus Gründen der Übersichtlichkeit werden 4 Modelle konstruiert. Bild 12.24 zeigt die wichtigsten unterschiedlichen Anforderungen an sie.

	Einzel-spiele	Doppel-spiele	Schnellläufer-zonung
Modell 1	●		
Modell 2		●	
Modell 3	●		●
Modell 4		●	●

Bild 12.24. Die unterschiedlichen Grundanforderungen an die Simulationsmodelle 1 bis 4.

Die von allen Modellen zu verarbeitenden Daten sollen sein:

1. Simulationszeit	T	[s]
2. Technische Daten Regalförderzeug:		
Geschwindigkeit in x-Richtung	vx	[m/s]
Geschwindigkeit in y-Richtung	vy	[m/s]
Anfahrbeschleunigung in x-Richtung	BAX	[m/s²]
Anfahrbeschleunigung in y-Richtung	BAY	[m/s²]
Bremsbeschleunigung in x-Richtung	BBX	[m/s²]
Bremsbeschleunigung in y-Richtung	BBY	[m/s²]
Gabelspielzeit	TGS	[s]
Informationsübermittlungszeit	TIU	[s]

Die Gabelspielzeit TGS umfaßt die Bewegung der Gabel des Regalförderzeuges von der Ruhestellung über die Zugriffstellung zur Ruhestellung zurück. Über die

Gabelspielzeit geht also auch die Gabelein- und Gabelausfahrgeschwindigkeit in die Rechnung ein. Für verschieden tiefe Lagerfächer sind verschieden große Gabelspielzeiten zu wählen. Die Lagerfachtiefe wird für ein Regal immer als konstant betrachtet.

Die Informationsübermittlungszeit TIU berücksichtigt die Zeitdauer des Schaltens von Relais und des Abtastens von Informationsträgern im Regal.

3. Regaldaten

Regallänge in x-Richtung	RLX	[m]
Regalhöhe in y-Richtung	RHY	[m]
Regalfachbreite	RFB	[m]
Regalfachhöhe	RFH	[m]
Koordinaten der Kopfstation	SPX, SPY	[m]

4. Organisationsdaten zum Schnelläuferbereich

Bereich der Schnelläuferzone

in x-Richtung	SLFZX	[Fächer]
in y-Richtung	SLFZY	[Fächer]

Daten zur Bedingung B 1:

Verhältnis Schnelläuferzugriffe : Normalläuferzugriffe

Bei der Ermittlung der 100-%-Auslastungsleistung ist vom Modell zu gewährleisten, daß zu jedem Zeitpunkt, zu dem das Regalförderzeug einen Auftrag beendet hat, ein neuer Auftrag zur Ein- bzw. Auslagerung vorhanden ist. Die Zugriffe zu den einzelnen Lagerfächern sollen gleichverteilt bzw. den Schnelläuferzonen entsprechend gestuft gleichverteilt sein. Die anzufahrenden Fächer des Regals werden durch Zufallszahlen bestimmt. Für jeden durchzuführenden Auftrag wird die Belegzeit des Regalförderzeuges berechnet und über die Simulationsuhr aufsum-

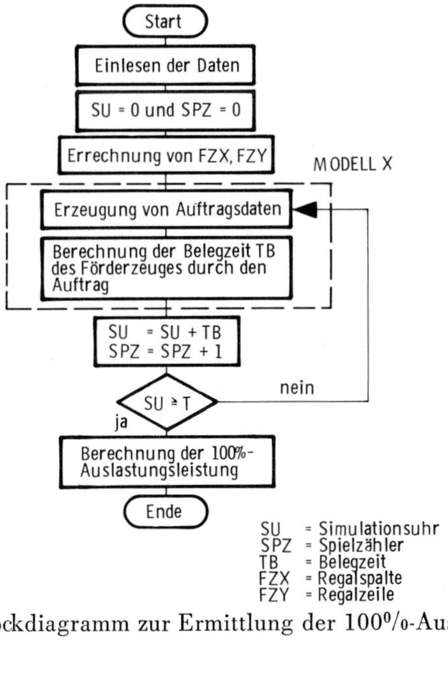

Bild 12.25. Blockdiagramm zur Ermittlung der 100%-Auslastung.

miert. Nach Erreichen der vorgegebenen Simulationszeit wird kein neuer Auftrag mehr erzeugt. Mit Hilfe der ausgeführten Fachzugriffe im Simulationszeitraum wird dann die 100-%-Auslastungsleistung – bezogen auf das gewünschte Zeitintervall – berechnet.

Das in Bild 12.25 dargestellte Blockdiagramm ist der Grundstock für die Simulationsmodelle 1 bis 4. Der mit Modell X bezeichnete Bereich wird je nach Modell unterschiedlich aufgebaut.

Zur Zufallszahlenerzeugung wird das Kongruenzverfahren nach Lehmer [125] verwendet. Bei diesem Algorithmus entsteht eine Zufallszahl x_i, aus der vorhergehenden Zufallszahl x_{i-1} wie folgt

$$x_i = z \cdot x_{i-1} (\text{modulo } a).$$

Hierbei bedeutet (modulo a), daß $z \cdot x_{i-1}$ durch a dividiert wird und der ganzzahlige Rest das Ergebnis x_i bildet.

- Modelle ohne Schnelläuferzone

○ Modell 1 (Einzelspiele)

Der Zugriff zum Lager soll im Modell 1 mit Hilfe von Einzelspielen durchgeführt werden, d. h. es erfolgt von der Kopfstation K (SPX, SPY) aus die Fahrt zu einem Lagerfach F (X, Y) hin und wieder zurück (siehe Bild 12.26). Pro Spiel erfolgt also ein Zugriff zu einem Lagerfach.

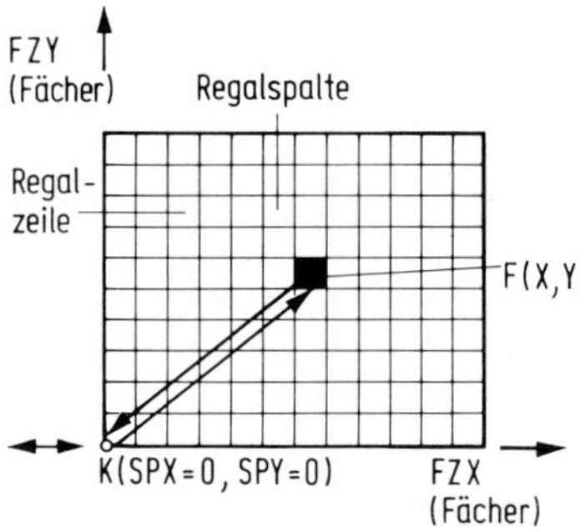

Bild 12.26. Einzelspiel zwischen der Kopfstation K und dem Lagerfach F (X, Y).

Bei der Erzeugung der Auftragsdaten für ein Spiel sind die Koordinaten des anzufahrenden Regalfaches zu bestimmen. Dies geschieht über die Fachzahl FZX bzw. FZY in x- bzw. y-Richtung. Dieses FZX bzw. FZY bildet beim Aufruf des Zufallszahlengenerators die obere Grenze a. Nach dem Aufruf des Generators lautet der Auftrag nun: Fahre von der Kopfstation zum Fach F, das sich in der Spalte X der Zeile Y befindet.

Bei der Berechnung der Belegzeit TB des Fördermittels durch den erzeugten Auftrag muß die Fachzahl in Längenkoordinaten umgerechnet werden. Dies geschieht über die Fachbreite bzw. Fachhöhe. Dann werden die Fahrzeiten TX und TY von der Kopfstation K zum Fach F getrennt für die beiden Richtungen x und y berechnet. Die größere der beiden Fahrzeiten ist ausschlaggebend für die Belegzeit TB. Die Summe aus Fahrzeiten, Gabelspielzeiten und Informationsübermittlungs-

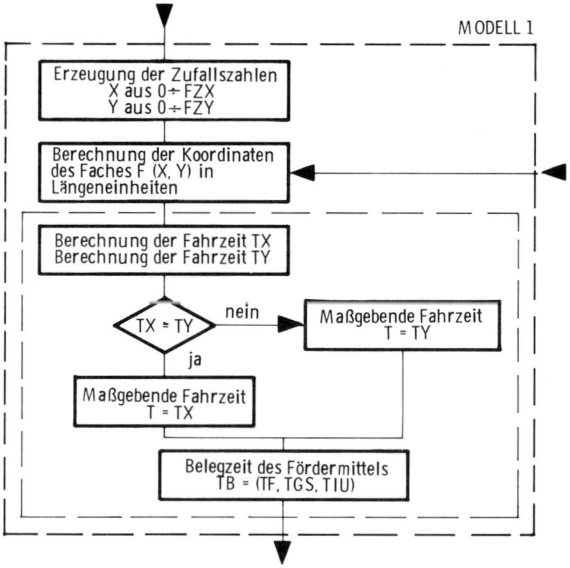

Bild 12.27. Blockdiagramm von Modell 1 (Einzelspiele ohne Schnelläuferform).

zeiten ergibt die Belegzeit TB des Regalförderzeuges, die mittels der Simulationsuhr SU aufaddiert wird. Bild 12.27 zeigt das Blockdiagramm von Modell 1.

○ Modell 2 (Doppelspiele)

Das Modell 2 soll den Zugriff zum Lager mittels Doppelspielen darstellen. Von der Kopfstation K (SPX, SPY) wird ein Fach F1 (X1, Y1) angefahren. Anschließend fährt das Regalförderzeug vom Fach F1 auf dem kürzesten Weg zum Fach F2 (X2, Y2). Von Fach F2 erfolgt die Rückfahrt zur Kopfstation K. Bild 12.28 zeigt ein solches Doppelspiel.

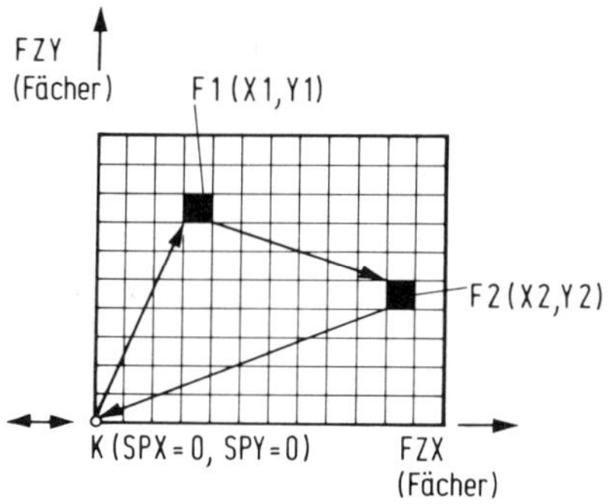

Bild 12.28. Doppelspiel zwischen der Kopfstation K und den Lagerfächern F1 und F2.

Das Modell 2 unterscheidet sich vom Modell 1 dadurch, daß bei der Erzeugung der Auftragsdaten für ein Spiel die Daten für zwei Fächer erzeugt werden müssen und drei Fahrzeiten zu berechnen sind. Bild 12.29 zeigt das Blockdiagramm von Modell 2.

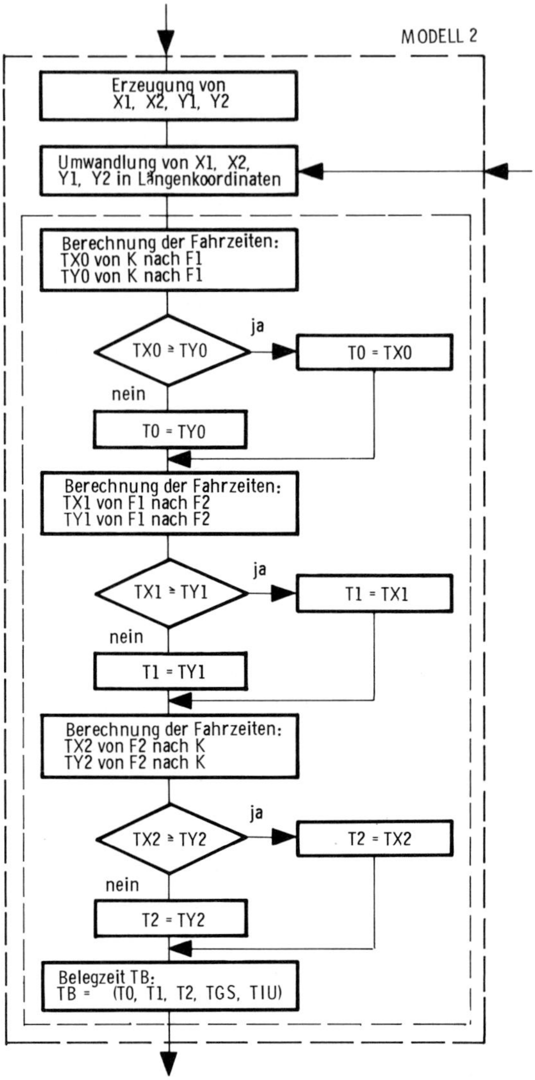

Bild 12.29. Blockdiagramm von Modell 2 (Doppelspiele ohne Schnelläuferzone).

- Modelle mit Schnelläuferzonen

Um die Ein- und Auslagerzeiten im Mittel klein zu halten, werden beim Prinzip der Schnelläuferzonung Artikel mit großer Umschlaghäufigkeit („Schnelläufer") nahe bei den Ein- und Auslagerpunkten gelagert.

Bei der Lagerstrategie Doppelspiele mit Schnelläuferzone dürfen die Spiele gemischt sein, d. h. ein Doppelspiel kann aus einem Zugriff zu einem Schnelläuferfach und zu einem Normalläuferfach bestehen. Bild 12.30 zeigt ein Hochregallager mit Schnelläuferzone und die Ausführung eines gemischten Doppelspiels.

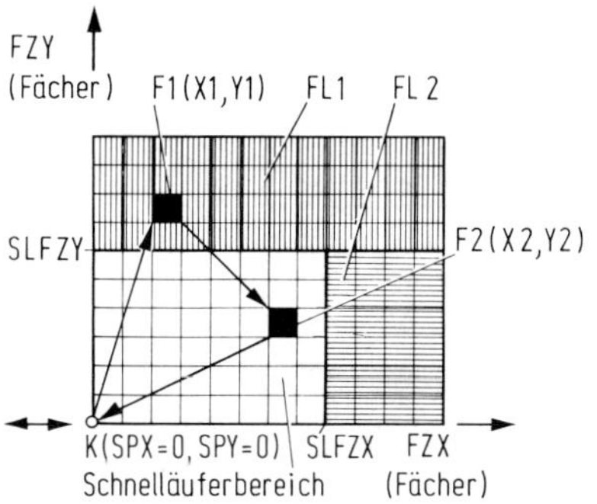

Bild 12.30. Gemischtes Doppelspiel bei einem Lager mit Schnelläuferzone.

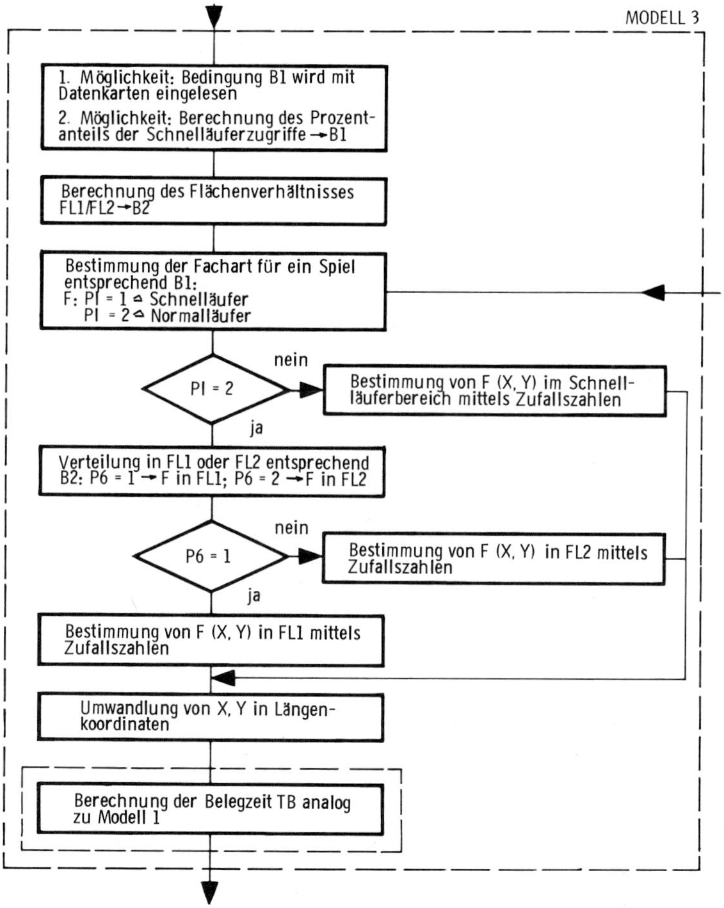

Bild 12.31. Blockdiagramm von Modell 3 (Einzelspiele mit Schnelläuferzone).

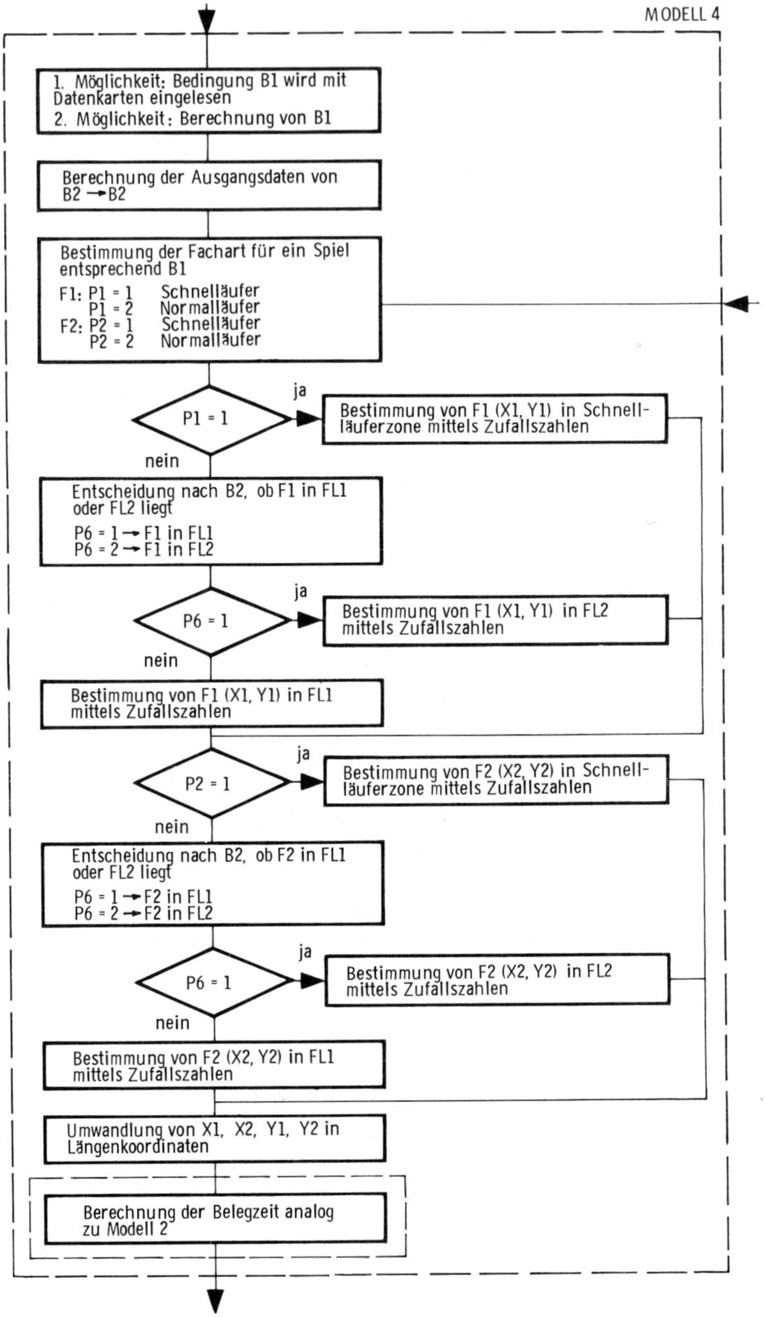

Bild 12.32. Blockdiagramm von Modell 4 (Doppelspiele mit Schnelläuferzone).

Die Gleichverteilung der Zugriffe im Schnelläuferbereich erfolgt analog der Gleichverteilung in einem Lager ohne Schnelläuferbereich. Die obere Grenze des Zufallszahlengenerators wird hierbei gleich der Schnelläuferfachzahl SLFZX bzw. SLFZY gesetzt.

Die Gleichverteilung der Zugriffe in den Normalläuferbereich kann nicht so einfach erfolgen, da es sich hier nicht um ein einfaches Rechteck handelt. Vielmehr setzt sich der Normalläuferbereich aus den beiden Rechtecken FL1 und FL2 zusammen. Da die Zugriffszahl pro Flächeneinheit und Zeiteinheit für die beiden Flächen FL1 und FL2 gleich groß sein muß, hat die Verteilung der Normalläufer entsprechend dem Verhältnis der Flächengrößen von FL1 und FL2 zu erfolgen. Daraus ergibt sich eine Bedingung B2, die bei der Erzeugung der Auftragsdaten zu berücksichtigen ist (Bilder 12.31 und 12.32).

Die Berechnung der Belegzeit TB des Förderzeuges entspricht den Modellen 1 und 2.

● Abhängigkeit der 100-%-Auslastungsleistung von verschiedenen Faktoren

Im folgenden sollen einzelne Größen, die einen Einfluß auf die 100-%-Auslastungsleistung haben, variiert und die Ergebnisse in Diagrammform dargestellt werden.

○ Lagerabmessungen

Simuliert werden Lager mit der Höhe RLY zwischen 5 und 50 m. Die Lagerlänge RLX variiert zwischen 5 und 200 m. Die Regalfachgröße aller Lager ist ein Quadrat mit der Kantenlänge 1 m. Die technischen Daten des Regalförderzeuges sind für diese Betrachtungen invariant.

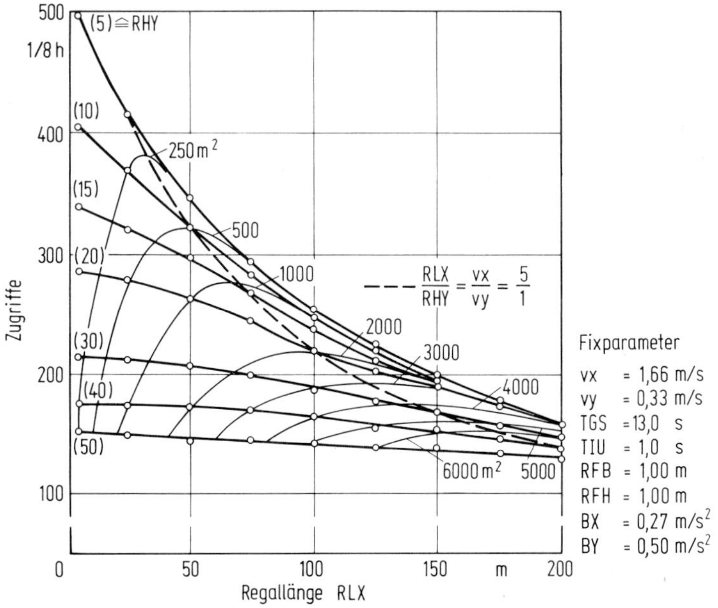

Bild 12.33. Abhängigkeit der 100-%-Auslastungsleistung von der Regallänge und Regalhöhe bei Einzelspielstrategie.

In Bild 12.33 ist die 100-%-Auslastungsleistung bei Einzelspielen aufgetragen. Sie wird hier und in den folgenden Kapiteln immer auf einen Arbeitstag mit 28 800 s = 8 h bezogen und entspricht der aufgetragenen Zugriffszahl. Ebenfalls eingezeichnet ist eine Kurvenschar von Lagern mit gleicher Frontfläche, aber mit verschiedenen Verhältnissen Regallänge zu Regalhöhe.

Außerdem ist eine Linie von verschieden großen Lagern mit einem konstanten Verhältnis Regallänge zu Regalhöhe eingezeichnet. Die Fahrgeschwindigkeit in x- bzw. y-Richtung beträgt bei allen Simulationsläufen vx = 1,66 m/s bzw. vy = 0,33 m/s.

Man erkennt, daß mit zunehmender Lagerlänge die Zugriffszahl abnimmt, der Grad des Abnehmens jedoch stark von der Lagerhöhe abhängt. Für relativ niedere Lager verschlechtert sich die Zugriffszahl wesentlich stärker, als dies bei hohen Lagern der Fall ist.

Dies läßt sich dadurch erklären, daß bei hohen Lagern im dargestellten Bereich die mittlere Fahrzeit vor allem durch die aus technischen Gründen niedere Hubgeschwindigkeit vy bestimmt wird, also praktisch unahängig von der Regallänge ist. Die Geschwindigkeiten verhalten sich bei den gewählten Daten wie vx : vy = 5 : 1; solange die Regallänge kürzer ist als das Fünffache der Regalhöhe ist die mittlere Spielzeit praktisch unabhängig von der Regallänge.

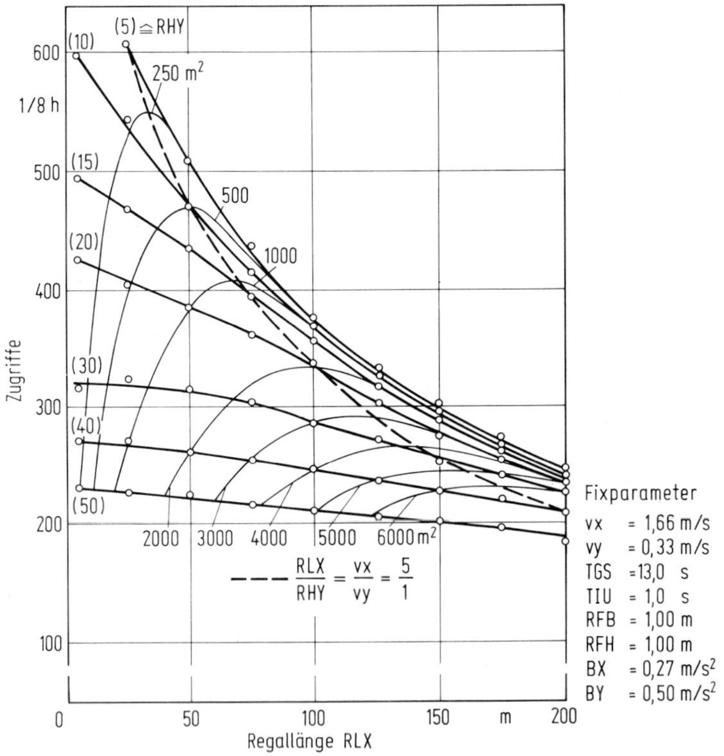

Bild 12.34. Abhängigkeit der 100-%-Auslastungsleistung von der Regallänge und Regalhöhe bei Doppelspielstrategie.

RHY		RLX							
		25 m		50 m		100 m		150 m	
		Zugriffe	Δ Zugriffe in %	Zugriffe	Δ Zugriffe in %	Zugriffe	Δ Zugriffe in %	Zugriffe	Δ Zugriffe in %
50 m	Einzelspiele	150	+ 50	145	+ 52	142	+ 48	137	+ 46
	Doppelspiele	225		220		210		200	
20 m	Einzelspiele	275	+ 47	262	+ 46	218	+ 53	190	+ 45
	Doppelspiele	405		383		334		275	
5 m	Einzelspiele	415	+ 46	344	+ 46	250	+ 48	196	+ 53
	Doppelspiele	605		502		372		300	

Bild 12.35. Prozentuale Verbesserung der Zugriffszahlen bei Doppelspielen gegenüber Einzelspielen.

Bei den niederen Lagern hängt die Zugriffszahl jedoch stark von der Regallänge ab (z. B. bei der Regalhöhe RHY = 10 m), weil der mittlere zurückgelegte Weg pro Spiel bei niederen Lagern mit der Länge des Lagers stärker anwächst als bei hohen Lagern.

Bei zunehmender Länge verliert jedoch der Einfluß der Höhe auf den mittleren Spielweg an Bedeutung, so daß sich die mittleren Spielwege einander annähern, damit auch die mittleren Spielzeiten und die Zugriffszahlen pro Zeitintervall.

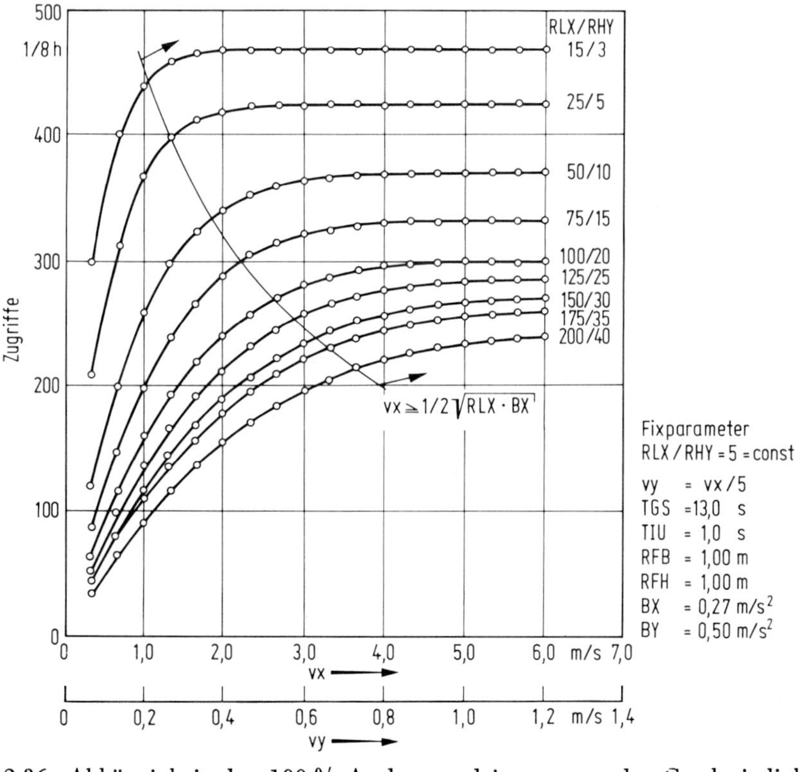

Bild 12.36. Abhängigkeit der 100-%-Auslastungsleistung von der Geschwindigkeit vx bei Einzelspielstrategie.

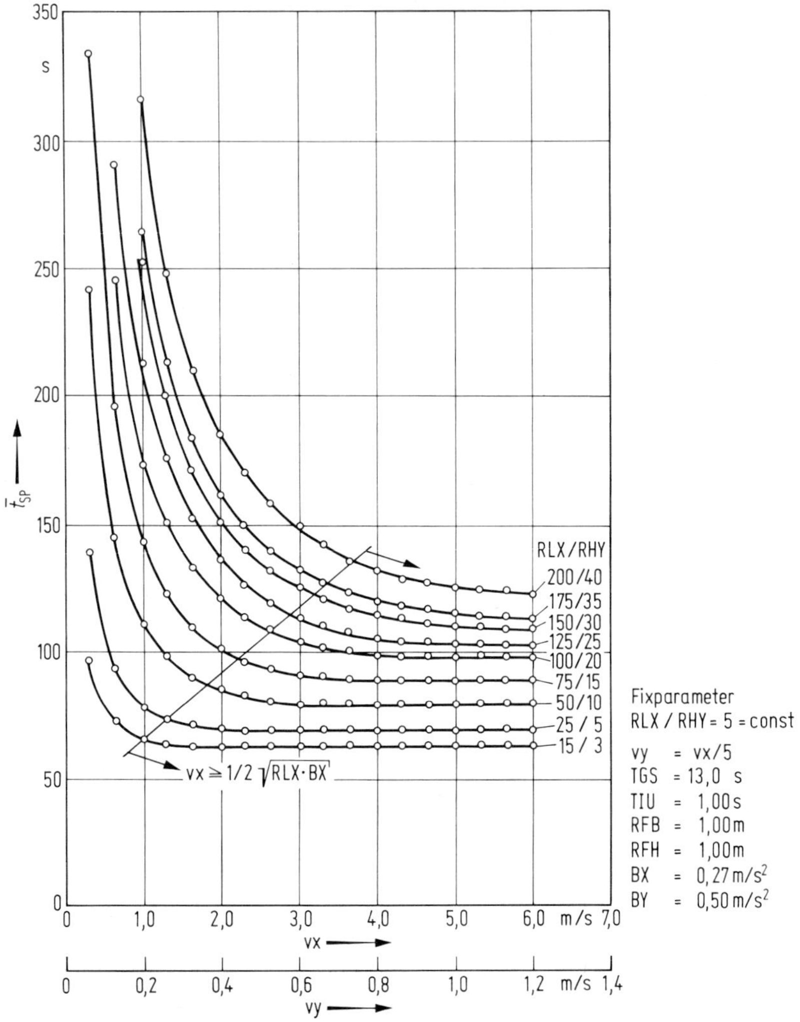

Bild 12.37. Abhängigkeit der mittleren Spielzeit von der Geschwindigkeit vx bei Einzelspielstrategie.

Betrachtet man die Linien der Lager gleicher Fläche, so erkennt man, daß es optimale Flächenabmessungen gibt. Die Maxima aller Kurven liegen auf einer Linie von Lagern mit konstantem Verhältnis RLX : RHY = 5 : 1. Damit ergibt sich für ein Längen-/Höhenverhältnis, das sich verhält wie die Geschwindigkeiten vx : vy, ein Maximum der 100-%-Auslastungsleistung. Die Maxima sind bei flächenmäßig kleinen Lagern ausgeprägter als bei großen Lagern.

In Bild 12.35 sind die den Einfachspielen entsprechenden Werte für Doppelspiele aufgetragen. Zum Vergleich Einfach-Doppelspielstrategie wurden für verschiedene Regallängen und -höhen aus den Bildern 12.33 und 12.34 Werte entnommen und die Steigerung der Zugriffszahlen bei Doppelspielen gegenüber den Einzelspielen in Prozent berechnet.

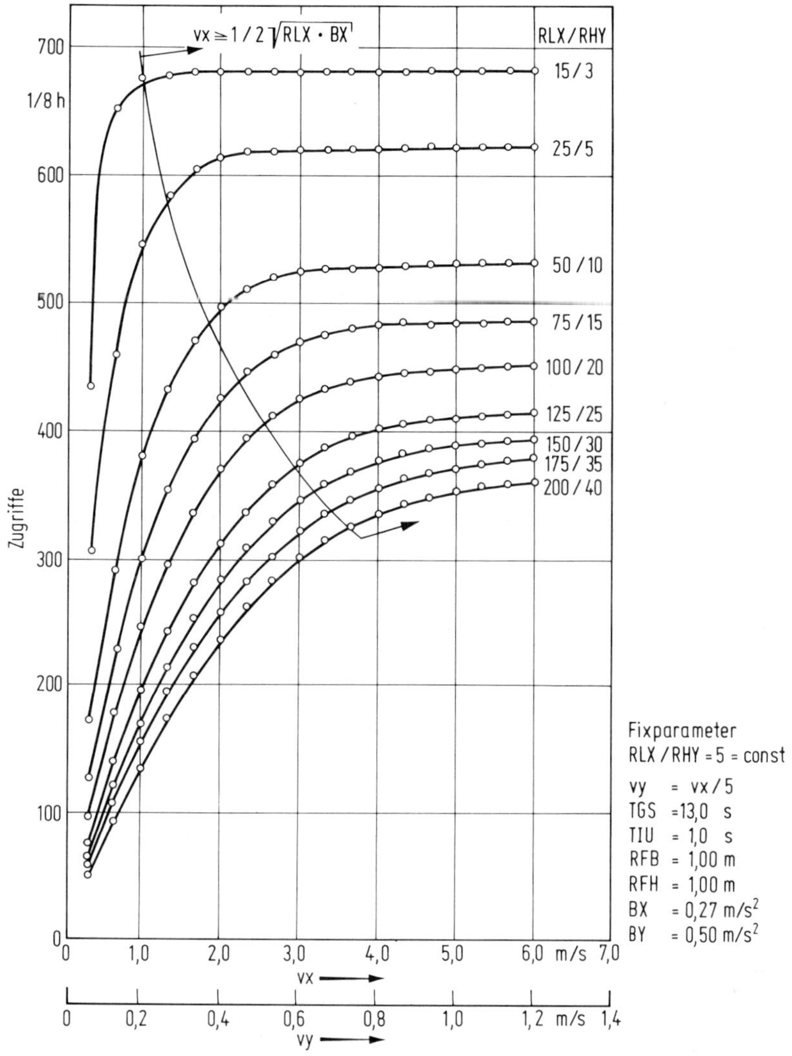

Bild 12.38. Abhängigkeit der 100-%-Auslastungsleistung von der Geschwindigkeit vx bei Doppelspielstrategie.

○ Geschwindigkeiten des Regalförderzeuges

Bei den Simulationsläufen zur Untersuchung der Abhängigkeit der 100-%-Auslastungsleistung von den Geschwindigkeiten sind die Geschwindigkeitsverhältnisse wie die Verhältnisse Länge zu Höhe des Lagers gewählt. Als konstantes Verhältnis wird RLX : RHY = vx : vy = 5 : 1 angenommen. Für verschieden große Lager, die dem vorgegebenen Verhältnis entsprechen, wird die 100-%-Auslastungsleistung für die Geschwindigkeiten zwischen vx = 0,33 bis 6,00 m/s (= vy = 0,07 bis 1,10 m/s) ermittelt.

Die Ergebnisse für Einzelspiele sind in den Bildern 12.36 und 12.37 enthalten. Man erkennt, daß sich für jede Lagergröße ab einer bestimmten Geschwindigkeit

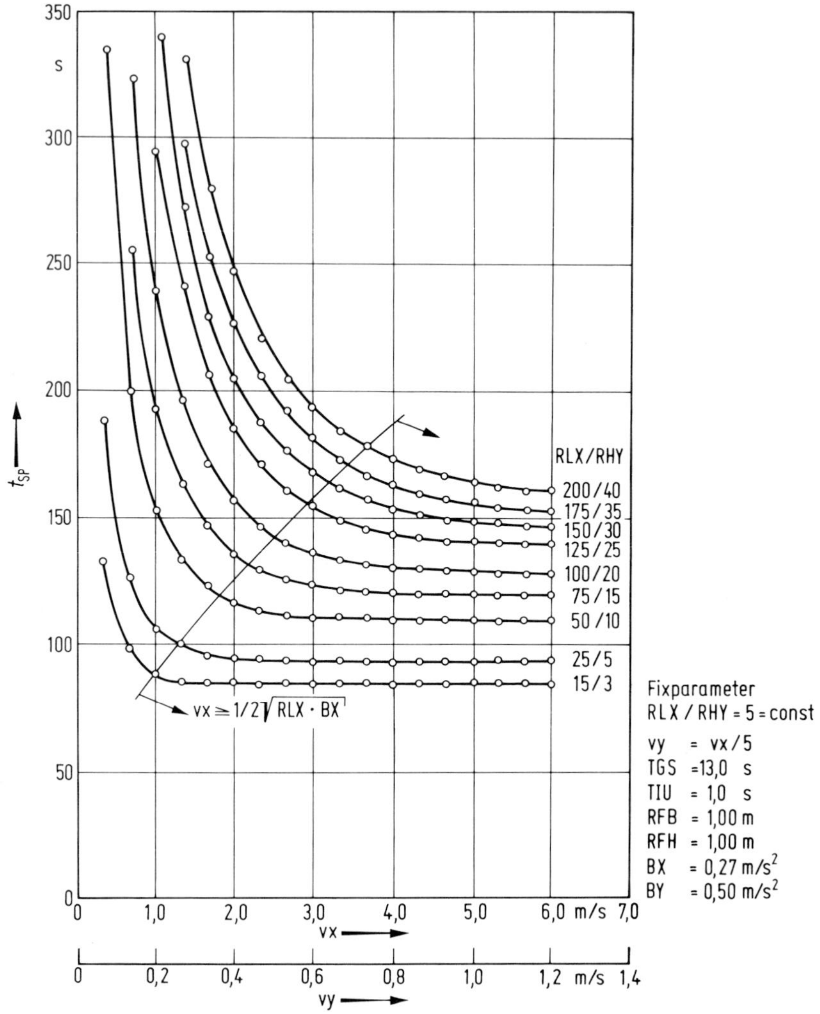

Bild 12.39. Abhängigkeit der mittleren Spielzeit von der Geschwindigkeit vx bei Doppelspielstrategie.

keine Verminderung der mittleren Spielzeit bzw. Erhöhung der Zugriffszahlen ergibt. Diese Grenze ist dann erreicht, wenn die Geschwindigkeit vx so hoch gewählt wird, daß sie praktisch nicht mehr erreicht werden kann, da der Weg zur Beschleunigung auf diese Geschwindigkeit nicht mehr vorhanden ist. Diese Grenze hängt also nur von der Beschleunigungskonstanten BX und der Regallänge RLX ab. Sie ergibt sich zu

$$vx_{max} = 1/2 \cdot \sqrt{RLX \cdot BX}\,.$$

Die sich nach dieser Formel ergebende Grenze ist ebenfalls in den Bildern 12.36 und 12.37 eingetragen. Diese Grenze ist sinnvoll, denn bei einer weiteren Steigerung von vx über diese Grenze hinaus treten nur noch geringfügig höhere

vx in m/s		RLX/RHY							
		25/5 m		75/15 m		125/25 m		175/35 m	
		Zugriffe	Δ Zugriffe in %	Zugriffe	Δ Zugriffe in %	Zugriffe	Δ Zugriffe in %	Zugriffe	Δ Zugriffe in %
0,33	Einzelspiele	210	+ 45	85	+ 53	50	+ 50	45	+ 33
	Doppelspiele	305		130		75		60	
1,00	Einzelspiele	400	+ 36	195	+ 54	135	+ 45	110	+ 41
	Doppelspiele	545		300		195		155	
2,00	Einzelspiele	465	+ 32	340	+ 25	210	+ 47	180	+ 42
	Doppelspiele	615		425		310		255	
3,00	Einzelspiele	465	+ 33	360	+ 30	255	+ 43	220	+ 45
	Doppelspiele	620		470		365		320	
4,00	Einzelspiele	465	+ 33	365	+ 33	270	+ 48	245	+ 45
	Doppelspiele	620		485		400		355	

Bild 12.40. Prozentuale Verbesserung der Zugriffszahlen bei Doppelspielen für verschieden große Lager und Geschwindigkeiten.

Zugriffszahlen auf, wobei sich aber der Anteil der Spiele, bei denen vx nicht erreicht wird, wesentlich erhöht.

Die Ergebnisse für Doppelspiele sind in den Bildern 12.38 und 12.39 aufgetragen. Die Kurvenschar verläuft erwartungsgemäß ebenso wie bei den Einzelspielen und auch die Begrenzung vx_{max} erweist sich hier als sinnvoll.

Zum Vergleich Einfach-Doppelspielstrategie werden verschiedene Werte aus den Bildern 12.38 und 12.39 entnommen und die prozentuale Verbesserung bei Doppelspielen für verschiedene Lagergrößen in Abhängigkeit von der Geschwindigkeit berechnet (siehe Bild 12.40).

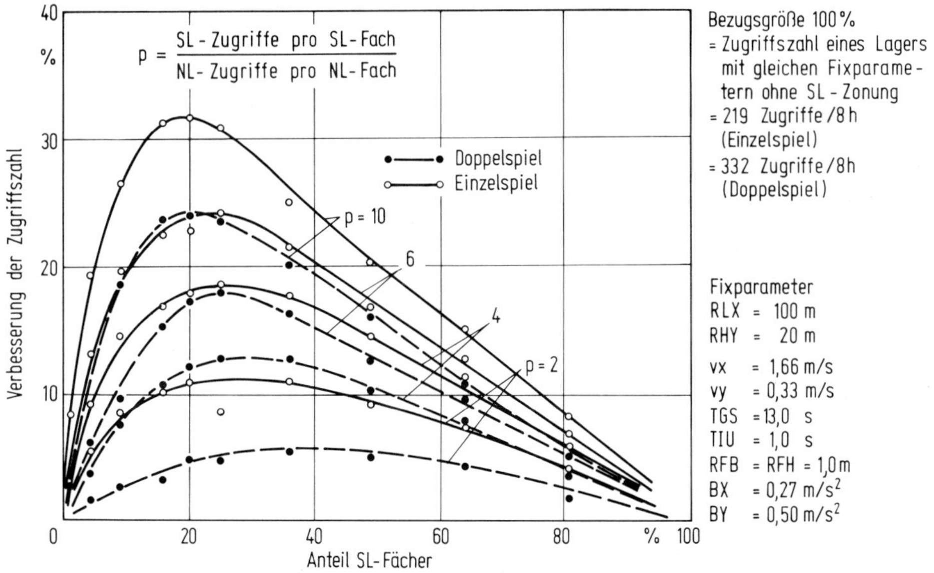

Bild 12.41. Verbesserung der 100-%-Auslastungsleistung in Abhängigkeit vom Schnellläuferfachanteil.

○ Schnelläuferzone

In Bild 12.41 ist die Verbesserung der Zugriffszahlen über dem Anteil der Schnelläuferfächer an der Gesamtzahl aufgetragen. Als Werte p wurden $p = 2$, 4, 6 und 10 gewählt. Dabei ist p das Verhältnis der Zugriffe pro Zeiteinheit und Fach von Schnelläuferbereich zu Normalläuferbereich. Man erkennt, daß sich für jeden Wert von p ein deutliches Maximum ergibt, das im Bereich zwischen 20 und 30% Schnelläuferfachanteil liegt und eine Verbesserung der Zugriffszahlen zwischen 10 und 30% bringt.

Ebenfalls in Bild 12.41 sind die Ergebnisse für Doppelspiele bei sonst gleichen Daten wie bei Einfachspielen enthalten. Die Kurven zeigen denselben Verlauf, die Verbesserungen bei denselben werden p wie oben, erreichen hier jedoch nur Werte zwischen 6 und 24%.

12.6 Netzplantechnik

12.6.1 Theorie

Nach DIN 69 000 [126] versteht man unter Netzplantechnik alle Verfahren zur Analyse, Beschreibung, Planung, Steuerung, Überwachung von Abläufen auf der Grundlage der Graphentheorie, wobei Zeit, Kosten, Einsatzmittel und weitere Einflußgrößen berücksichtigt werden können. Dabei ist der Netzplan die graphische oder tabellarische Darstellung von Abläufen und deren Abhängigkeiten, also sozusagen ein Modell eines Projektablaufs.

Ein Netzplan bietet eine bessere Überschaubarkeit und daher leichtere und effektivere Steuerungsmöglichkeit komplexer Abläufe als andere Mittel, z. B. Balkendiagramme. Die Überlegenheit zeigt sich besonders, wenn viele gegenseitige Abhängigkeiten einzelner Vorgänge auftreten und eine große Anzahl verschiedener Vorgänge teilweise parallel ablaufen kann. Außer der besseren Überschaubarkeit ermöglicht die Netzplantechnik in der Regel eine Verkürzung der Abwicklungszeit des Projektes, da die zeitlich kritischen Vorgänge erkannt werden und durch intensivere Bearbeitung oder Umstellung der Abläufe mit geringem Aufwand die Projektzeit verkürzt werden kann. Mit komplizierteren Netzplantechniken lassen sich außerdem Kosten und Kapazitäten planen, Personalspitzen abbauen etc.

Die Elemente eines Netzplans sind Knoten und Pfeile (gerichtete Kanten). Knoten sind Verknüpfungspunkte im Netzplan und Pfeile nach DIN 69 900 gerichtete Verbindungen zwischen zwei Knoten.

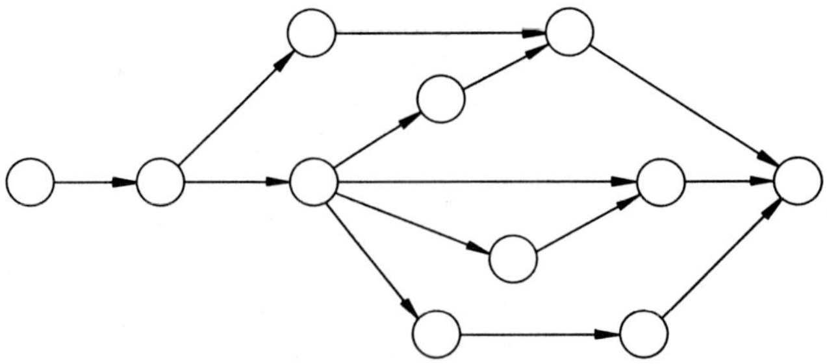

Bild 12.42. Endlicher und gerichteter Graph (Netzplan) [127].

Ein Netzplan ist somit in der Graphentheorie ein endlicher und gerichteter Graph (Bild 12.42). Die verschiedenen Arten von Netzplänen unterscheiden sich nun vor allem darin, wie dem Graphen Vorgänge und Ereignisse zugeordnet werden. Dabei ist ein „Vorgang“ oder eine „Tätigkeit“ ein zeiterforderndes Geschehen mit definiertem Anfang und Ende und ein „Ereignis“ das Eintreten eines definierten Zustandes im Ablauf, also beispielsweise das Ende eines Vorganges (DIN 69 900).

Man unterscheidet drei Grundarten von Netzplänen:

A. Ereignisorientierte Netzpläne, die durch die Beschreibung von Ereignissen gekennzeichnet sind. Diese Art der Netzpläne beruht auf der Grundmethode PERT, abgekürzt von „Program Evaluation und Review Technique“ [128, 129].

B. Vorgangsorientierte Netzpläne, die man gliedern kann in

   a) Vorgangspfeil-Netzpläne, in denen die Vorgänge durch Pfeile dargestellt sind (Bild 12.43 a). Grundmethode für diese Art der Darstellung ist CPM, die „Critical Path Method“ [z. B. 128 – 132].

   b) Vorgangsknoten-Netzpläne, in denen die Vorgänge durch Knoten dargestellt sind (Bild 12.43 b). Grundmethode für Netzpläne dieser Art ist MPM, die „Metra-Potential-Methode“ [133].

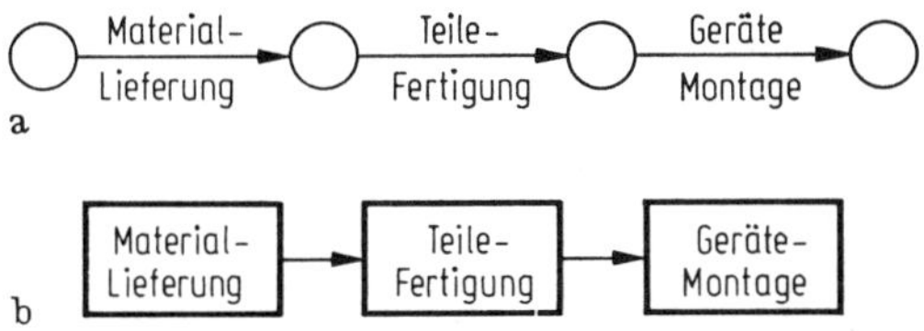

Bild 12.43. Darstellung eines Ablaufes in verschiedenen Netzen; a Vorgang-Pfeilnetz; b Vorgang-Knotennetz [127].

Die Methode PERT und ihre Abarten eignen sich vor allem für Forschungs- und Entwicklungsprojekte, da bei PERT die Zeitschätzung eine besondere Rolle spielt, die bei solchen Projekten schwierig ist.

Für die Fabrikplanung, beispielsweise die Durchführung einer Bauplanung oder eines Umzuges, sind vorgangsorientierte Netzplanmethoden am geeignetsten. Die Methode CPM und eine vereinfachte Vorgangsknotenmethode werden deshalb ausführlich geschildert.

Bei CPM, wo die Vorgänge, Tätigkeiten oder Arbeiten den Pfeilen zugeordnet werden, kann man direkt an die Pfeile die Benennungen der Vorgänge schreiben – beispielsweise über den Pfeil – und darunter die Dauer des Vorgangs in Zeiteinheiten, z. B. Tagen oder Stunden angeben. Die Knoten bezeichnen Abhängigkeiten zwischen den Vorgängen und werden numeriert. Dabei kann die Numerierung – auch für einige Rechnerprogramme – lückenhaft und völlig zufällig sein. Es ist aber nicht zulässig, daß zwei Vorgänge den gleichen Anfangs- und Endknoten haben. Um dies zu vermeiden, führt man Scheinvorgänge ein, die lediglich Abhängigkeiten aufzeigen, aber keine Kosten und keine Zeit verursachen (Bild 12.44).

Somit lassen sich Vorgänge eindeutig auch durch die Knotennummern des Anfangsknotens und des Endknotens beschreiben.

Bei den Vorgangsknotenmethoden, bei denen die Vorgänge den Knoten zugeordnet werden, werden die Knoten üblicherweise als Rechtecke dargestellt. In ein Rechteck werden außer der Bezeichnung des Vorgangs auch seine Dauer und weitere, sich später ergebende Daten eingetragen. Die Einführung von Scheinvorgängen für parallel laufende Vorgänge ist nicht erforderlich.

Für alle Arten von Netzplänen gilt, daß sie keine Schleifen enthalten dürfen. Wenn also Vorgänge und Gruppen von Vorgängen mehrmals durchgeführt werden müssen, so sind sie jeweils neu in den Netzplan einzuzeichnen. Dies ist problematisch, wenn man nicht weiß, wie oft Vorgänge wiederholt werden müssen (vgl. z. B. Kap. 1, Abschnitt Planungsablauf).

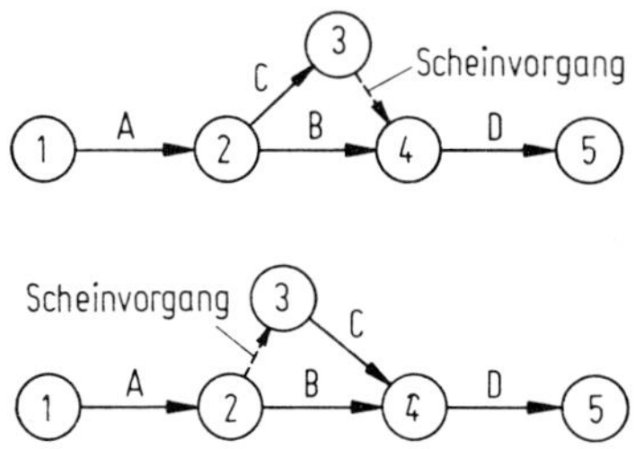

Bild 12.44. Parallele Vorgänge im Vorgangspfeilnetz (2 Darstellungsmöglichkeiten) [127].

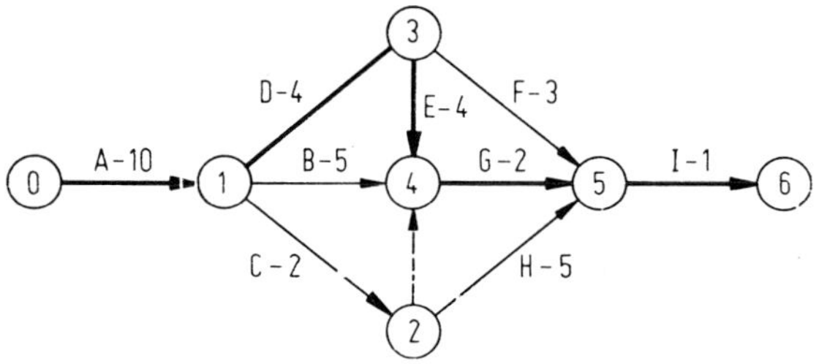

Bild 12.45. Darstellung des Ablaufes im Vorgangs-Pfeilnetz [127].

Ob die Vorgangsknoten- oder die Vorgangspfeilmethode günstiger ist, ist in der Literatur noch umstritten. In den letzten Jahren wurden aber immer mehr Vorgangsknotenmethoden entwickelt. Da keine Scheintätigkeiten erforderlich sind und die Pfeile nicht beschriftet werden, läßt sich die Vorgangsknotenmethode zeichnerisch etwas einfacher handhaben. Bei der Entscheidung für die eine oder andere Methode spielt auch eine Rolle, ob möglicherweise ein Rechenprogramm schon vorhanden und eingeführt ist. Dabei können kleine Netzpläne bis zu etwa 100 Vorgängen manuell bearbeitet werden, Pläne bis zu 300 Vorgängen sollten auch manuell bearbeitet werden, wenn sie nicht mehrmals durchgerechnet werden müssen und wenn keine Kostenrechnung und Kapazitätsplanung mit ihnen durchgeführt werden soll. Für umfangreichere Netzpläne sollten unbedingt Rechnerprogramme eingesetzt werden. Eine Zusammenstellung und Untersuchung verfügbarer Programme ist in [134] veröffentlicht.

Bei der Erstellung und Durchrechnung eines Netzplanes geht man folgendermaßen vor:

Zunächst versucht man, sich mit Hilfe eines Projektstrukturplans eine Übersicht über das Projekt zu verschaffen. Dieser Strukturplan kann erzeugnis- oder funktionsorientiert sein. Man kann beispielsweise bei einer Fabrikplanung überlegen, daß man Gebäude, Maschinen, Fördermittel, Grundstück etc. planen muß oder man kann funktionsorientiert Planung, Detailkonstruktion und Ausführung unterscheiden. Bei kleineren Netzplänen ist dieser Strukturplan nicht erforderlich.

Tabelle 12.5. Liste von Vorgängen und Anordnungsbeziehungen für die Erstellung einer Elektronischen Datenverarbeitungsanlage [127]

Vorgang	Bezeichnung des Vorganges	Dauer	Vorgänger	Nachfolger
A	Entwurf	10	—	B, C, D
B	Fertigung der Zentral-Einheit	5	A	G
C	Bereitstellung der Aus- und Eingabegeräte	2	A	H
D	Erstellung der Grundsatz-Programme	4	A	E, F
E	Erstellung der Prüf-Programme	4	D	G
F	Erstellung der Kunden-Programme	3	D	I
G	Funktionsprüfung	2	B, C, E	I
H	Bereitstellung der Anschlußgeräte	5	C	I
I	Auslieferung, Installation	1	F, G, H	—

Der eigentliche Netzplan läßt sich erst entwerfen, wenn eine Liste der einzelnen Vorgänge jeweils mit ihren Vorgängern, das sind einem Vorgang unmittelbar vorgeordnete Vorgänge und ihren Nachfolgern, das sind entsprechend unmittelbar nachgeordnete Vorgänge, aufgestellt ist. Mit Hilfe dieser Liste läßt sich die Topologie des Netzplanes manuell oder mit Hilfe einer Rechenanlage zeichnen. Beim manuellen Entwurf sind im allgemeinen mehrere Pläne mit anschließenden Prüfungen zu erstellen, bis der Netzplan in Ordnung ist, also auch alle Abhängigkeiten und beim Vorgangspfeilnetzplan alle erforderlichen Scheinvorgänge eingezeichnet sind. Tabelle 12.5 zeigt eine Liste von Vorgängen mit Vorgängern und Nachfolgern. Die Bilder 12.44 und 12.45 zeigen den vorgangspfeil- und den vorgangsknotenorientierten Netzplan. In die Liste der Vorgänge kann man gleichzeitig noch die Dauer der Vorgänge, den voraussichtlichen Personalbedarf, die Kosten für die Durchführung und die ausführende Stelle eintragen, soweit diese Angaben wesentlich sind. Die Dauer der Vorgänge wird am genauesten durch die zuständigen Fachleute im Betrieb geschätzt, wobei eher zu vorsichtig geschätzt wird, wenn man zuverlässige Angaben verlangt. Mit den vorhandenen Angaben läßt sich jetzt die früheste und späteste zeitliche Lage der einzelnen Vorgänge, die für einzelne Vorgänge verfügbare Zeitreserve und die gesamte Dauer des Projektes ermitteln:

Zunächst wird in einer Vorwärtsrechnung berechnet, wann jeder einzelne Vorgang frühestens beginnen darf und frühestens beendet sein kann. Das läßt sich mit Hilfe einer Liste machen (siehe Tabelle 12.6, FA = frühester Anfangszeitpunkt,

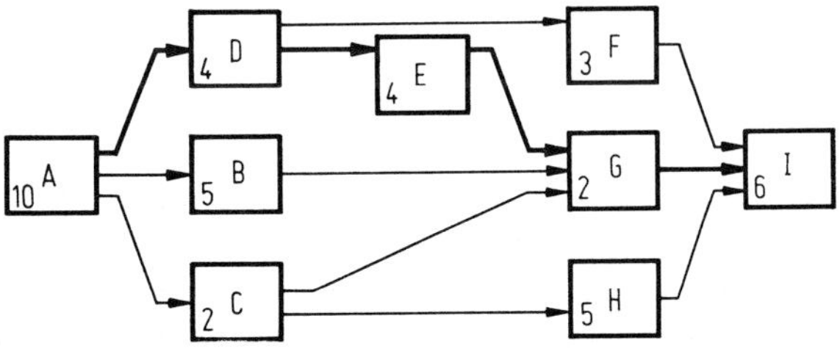

Bild 12.46. Darstellung des Ablaufes im Vorgang-Knotennetz [127].

Tabelle 12.6. Zeitpunkte und Pufferzeiten des in Bild 12.45 dargelegten Netzplanes [127]

Vorgang	Knoten Nr.	Dauer	Zeitpunkte				GP
	$i-j$	D	FA	FE	SA	SE	
A	0–1	10	0	10	0	10	0
B	1–4	5	10	15	13	18	3
C	1–2	2	10	12	13	15	3
D	1–3	4	10	14	10	14	0
E	3–4	4	14	18	14	18	0
F	3–5	3	14	17	17	20	3
G	4–5	2	18	20	18	20	0
H	2–5	5	12	17	15	20	3
I	5–6	1	20	21	20	21	0
Scheinvorgang	2–4	0	12	12	18	18	6

FE = frühester Endzeitpunkt) oder im Netzplan selbst, wenn dort die Dauer der einzelnen Tätigkeiten eingetragen ist. Mit Hilfe der Vorwärtsrechnung erhält man nach Berücksichtigung des letzten Vorgangs die gesamte Projektdauer. Die sogenannte Rückwärtsrechnung, die sich anschließen sollte, dient dazu, den sogenannten kritischen Weg und vorhandene Pufferzeiten zu ermitteln. Man geht von der Gesamtprojektdauer aus und beginnt rückwärts für jeden einzelnen Vorgang zu überlegen, wann er spätestens beendet sein muß und wann er spätestens zu beginnen ist, damit die Gesamtprojektdauer nicht überschritten wird. In Tabelle 12.6 sind unter SA und SE die spätesten Anfangs- und Endzeitpunkte eingetragen. Die Differenz der Werte SA – FA bzw. SE – FE ergibt nun die jeweilige Pufferzeit GP der Vorgänge. Ist die Pufferzeit gleich 0, so liegen die Vorgänge auf dem kritischen Weg und werden kritische Vorgänge genannt. Wenn das Ende des Gesamtprojektes nicht verzögert werden soll, muß ein kritischer Vorgang zu dem für ihn berechneten Anfangszeitpunkt begonnen werden und darf seine tatsächliche und geschätzte Dauer nicht überschreiten.

Wenn die Projektdauer verkürzt werden muß, so sind die kritischen Vorgänge auf eine mögliche Verminderung der Dauer durch Aufteilung von Vorgängen, erhöhten Personaleinsatz, erhöhte Finanzmittel etc. zu untersuchen. Wird eine Verkürzung erreicht, so ist es allerdings möglich, daß sich nun der kritische Weg verschiebt und andere bisher nicht kritische Vorgänge mit kleinen Pufferzeiten kritisch werden.

Verkürzt man beispielsweise im Bild 12.45 die Tätigkeit E von 4 Tagen auf einen Tag, so werden plötzlich alle Tätigkeiten im ganzen Netzplan kritisch. Die Projektdauer verkürzt sich dabei aber von 21 auf 18 Tage.

In die Netzpläne trägt man sinnvollerweise auch noch folgende Daten ein: Beim CPM-Netzplan kann man den Knoten in Felder aufteilen und außer den Knotennummern auch noch den frühesten und den spätesten Zeitpunkt eintragen. Sind die Vorgänge numeriert, so kann man zu den Benennungen der Vorgänge noch ihre Nummern schreiben (vgl. Bild 12.48).

Bei Vorgangsknoten-Netzplänen wird direkt die Nummer des Vorgangs in das Rechteck eingetragen. Für die Eintragung der Anfangs- und Endzeitpunkte gibt es verschiedene Gestaltungsmöglichkeiten (vgl. Bild 12.47).

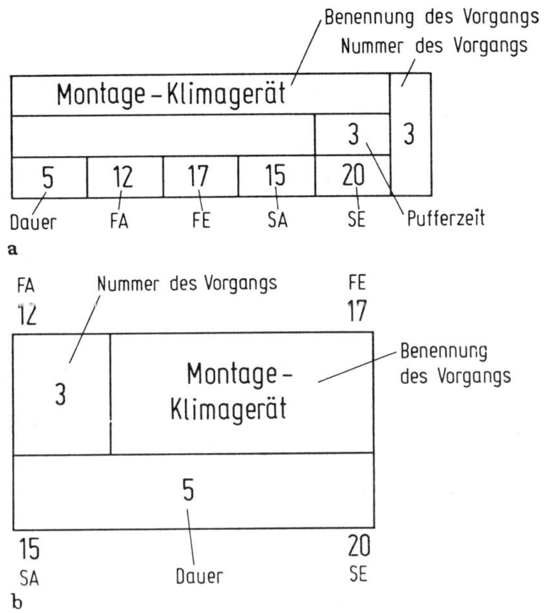

Bild 12.47. Gestaltungsmöglichkeiten der Knoten bei Vorgangs-Knoten-Netzplänen.

Für die praktische Ausführung des Projektes, beispielsweise im Betrieb durch verschiedene Handwerker, durch Zulieferer usw., empfiehlt es sich nicht, den Netzplan herauszugeben, sondern seinen Inhalt in besser lesbare Form zu fassen und beispielsweise in Listenform oder in Form eines Balkendiagramms auszugsweise in dem Umfang, wie ihn die entsprechenden Stellen bearbeiten, zur Verfügung zu stellen. Die Erstellung dieser Unterlagen kann durch den Einsatz von Rechnerprogrammen erledigt werden.

Die praktische Ausführung eines Vorgangsknoten-Netzplanes kann man sich erleichtern, indem man eine Magnettafel und Schiebebilder aus eisenpulverhaltiger Folie verwendet, die die Form der Rechteckknoten haben und mit einem Vordruck für die Beschriftung versehen sind, z. B. entsprechend Bild 12.47. Diese Rechteckknoten können beim Aufbau des Netzplanes leicht verschoben und durch Pfeile, die mit Klebeband hergestellt werden, miteinander verbunden werden. Die Vervielfältigung der Netzpläne kann fotografisch, oder wie im Kapitel Planungshilfsmittel beschrieben, lichtpaustechnisch erfolgen [127].

Diese Grundmethoden der Netzplantechnik werden in vielen Planungsfällen ausreichen. Inzwischen gibt es jedoch auch für komplizierte Fälle und weitergehende Aufgaben eine große Anzahl Methoden der Netzplantechnik, die im folgenden nur kurz angesprochen werden können:

Es kommt vor, daß ein neuer Vorgang nicht nach Ablauf des Vorgängers begonnen werden soll. Am häufigsten sind dabei die Fälle, daß schon begonnen werden kann, während die Zeit des Vorgängers abläuft (überlappte Tätigkeit) oder daß zwischen den Vorgängen eine Wartezeit einzuhalten ist. Beim Vorgangspfeil-Verfahren kann die Überlappung berücksichtigt werden, indem der Vorgänger in zwei Vorgänge aufgeteilt wird. Eine Wartezeit wird berücksichtigt, indem ein zusätzlicher Vorgang „Wartezeit" eingeführt wird. Bei den Vorgangsknotenmethoden werden diese beiden und weitere Fälle je nach Methode anders berücksichtigt. Für MPM, PDM (Precedence Diagramming Method) und HMN (Hamburger Methode der Netzplantechnik) können die genauen Angaben, beispielsweise [129] entnommen werden.

Mit den geschilderten einfachen Methoden der Netzplantechnik läßt sich bereits manuell eine Kapazitäts- und Kostenplanung betreiben. Trägt man beispielsweise das erforderliche Personal für die einzelnen Vorgänge mit in den Netzplan ein, so läßt sich mit Hilfe des Netzplans ein Personaleinsatzplan erstellen. Trägt man entsprechend die Kosten oder Investitionen ein, so läßt sich ihr Verlauf über der Zeit ermitteln. Bei manchen Methoden kann man mit Hilfe von Rechnerprogrammen den optimalen Investitionseinsatz zur Verkürzung der Projektdauer mit Hilfe des Fulkerson-Algorithmus berechnen. Es ist auch möglich, unterschiedliche Beanspruchung von Einsatzmitteln zu nivellieren. Wenn Betriebsmittel oder Personal für verschiedene Projekte gebraucht werden, so kann man bei manchen Methoden mehrere Netzpläne überlagern. Für diese und weitere Spezialfälle wird auf die reichhaltige Literatur verwiesen.

12.6.2 Praktische Beispiele

Zur Ergänzung der Theorie werden im folgenden 2 praktische Beispiele von Netzplänen gebracht. Beispiel 1 [130] zeigt den Netzplan für die Umstellung und Erweiterung einer Montagewerkstatt für ein Serienerzeugnis. Um den unvermeidlichen Fertigungsausfall auf ein Minimum zu reduzieren, war vorgesehen, die ge-

Tabelle 12.7. Zeitdauern, Zeitpunkte, Pufferzeiten des in Bild 12.48 dargestellten Nutzplanes

Zeitang. in Arb.-Tagen		Vorgang	Dauer	frühestmöglich		spätesterlaubt		Puffer-zeit
			t	Anfang	Ende	Anfang	Ende	
i*	j**			FA	FE	SA	SE	GP
1	2	Material aus Abreißbereich räumen	0,5	0	0,5	2,2	2,7	2,2
1	3	Zwischenboden teilweise räumen	0,3	0	0,3	2,5	2,8	2,5
1	4	Maschinen und Plätze abklemmen	0,5	0	0,5	0	0,5	0
1	11	Schwingtüren in Trennmauer abbauen	0,5	0	0,5	2,5	3	2,5
2	11	Material abdecken	0,3	0,5	0,8	2,7	3	2,2
3	11	Material auf Zwischenboden abdecken	0,2	0,3	0,5	2,8	3	2,5
4	5	.	0,5	0,5	1	1,5	2	1
4	6	.	1,0	0,5	1,5	0,5	1,5	0
5	7	.	0,5	1	1,5	2	2,5	1
6	9	usw.	0,5	1,5	2	1,5	2	0
6	11		0,5	1,5	2	2,5	3	1

* vorherg. Ereignis, ** nachfolg. Ereignis.

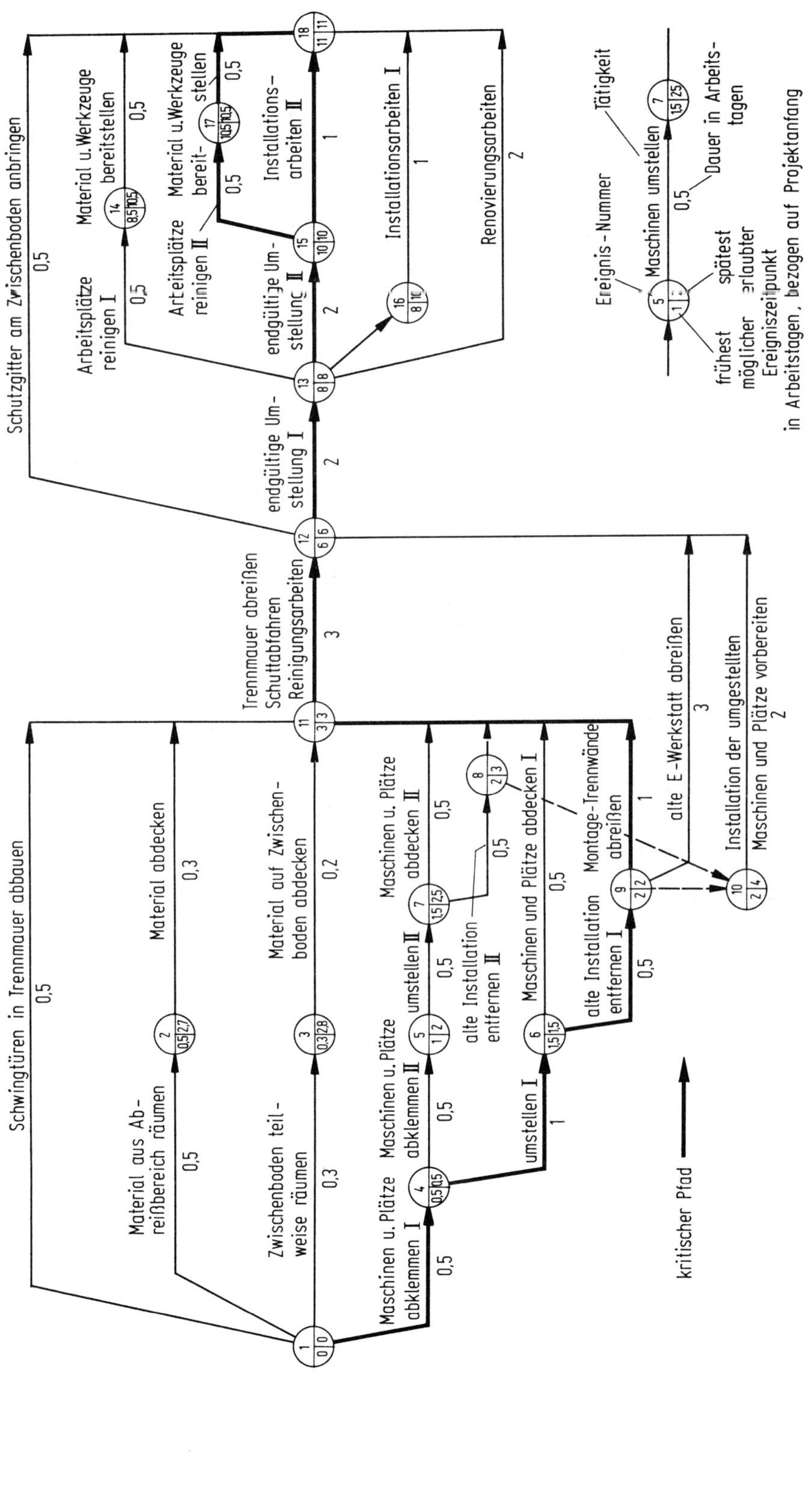

Bild 12.48. Netzplan für den Umzug einer Montagewerkstatt.

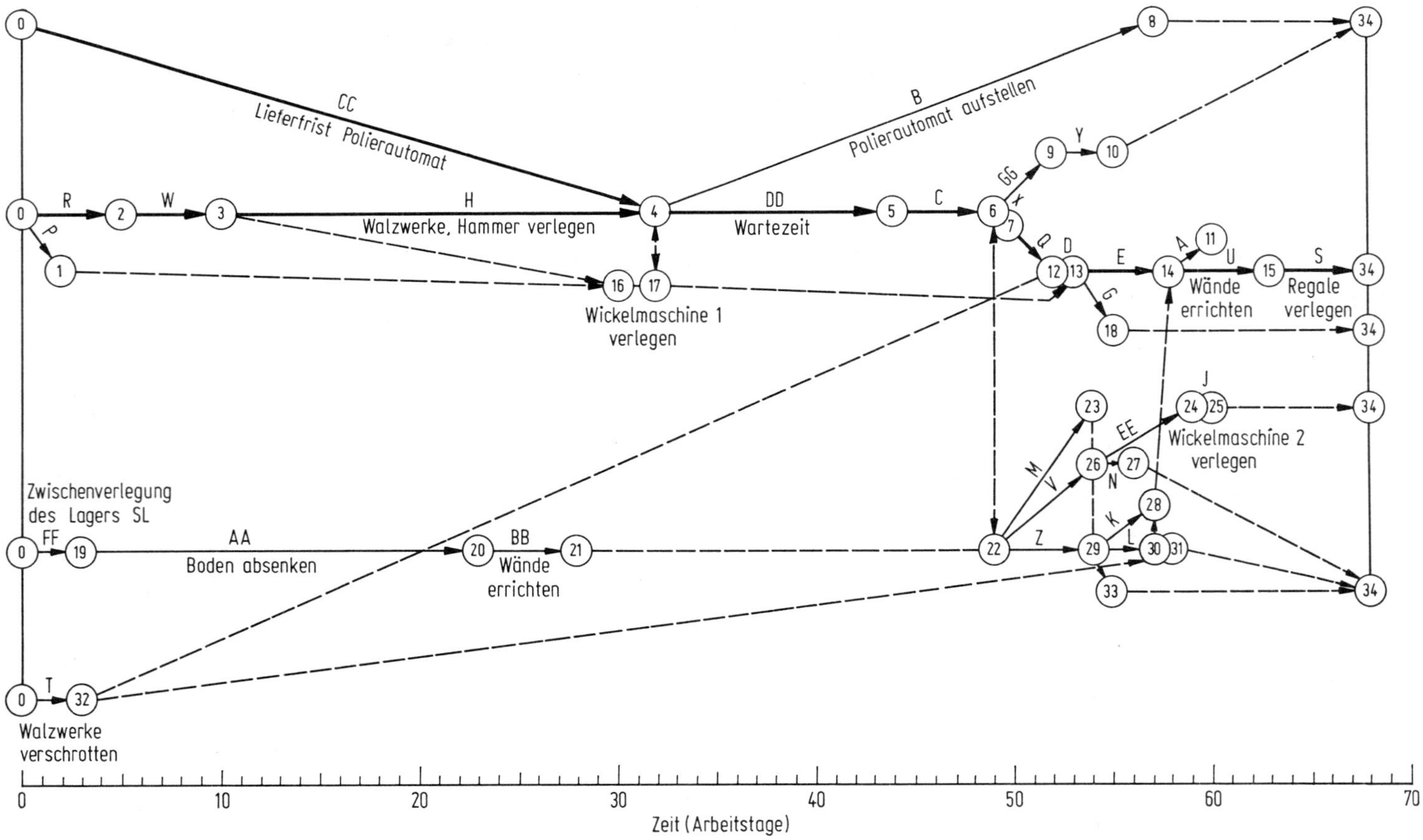

Bild 12.49. Ausschnitt aus einem Netzplan für die Erweiterung und Umstellung einer Fertigung.

samte Umstellung während der Betriebsferien von 3 Wochen Dauer durchzuführen. Die zuständigen Fachleute nannten aber eine Umzugsdauer von 6 – 8 Wochen. Daraufhin beschloß der für die Planung verantwortliche Ingenieur, das Projekt mit Hilfe der Netzplantechnik zu untersuchen. Anhand des Netzplanes stellte er fest, daß für den Umzug sogar nur ca. 2 Wochen erforderlich waren. Die Praxis bestätigte die Richtigkeit des Planes; nach 2 Wochen war die Umstellung tatsächlich beendet. Der Netzplan ist in Bild 12.48 dargestellt, der kritische Weg ist eingezeichnet. Durch Vorwärts- und anschließende Rückwärtsrechnung wurden die Zeitpunkte für Anfang und Ende und die Pufferzeiten der Vorgänge berechnet (Tabelle 12.7).

Im 2. Beispiel wurde für die Erweiterung und die materialflußgerechte Umstellung eines Betriebes ein Netzplan mit über 100 Vorgängen angefertigt. Bild 12.49 zeigt einen Ausschnitt dieses CPM-Netzplanes. Dabei kam es weniger darauf an, Zeit einzusparen, als darauf, eine gute Übersicht über die Vorgänge zu erhalten und möglichst wenige Zwischenverlegungen von Betriebsmitteln an dritte Orte vorzunehmen. Wie man sieht, konnte dies auch weitgehend erreicht werden. Es war lediglich eine Zwischenverlegung des Lagers SL (Vorgang FF) erforderlich. Zur Erstellung des Netzplanes ging man folgendermaßen vor: Im Plan des Sollzustandes wurden alle Betriebsmittel gekennzeichnet, die eine Veränderung des Ist-Zustandes bewirkten, also z. B. zu verlegende oder neu zu kaufende Maschinen, abzureißende oder neu zu bauende Mauern usw. Diese Vorgänge wurden in Tabelle 12.9 eingetragen und Vorgänger und Nachfolger dieser Vorgänge überlegt. Aus der Lage der Einrichtungen im Ist-Zustand und im Soll-Zustand und der Festlegung der erforderlichen Handwerker konnten der Betriebsleiter und die zuständigen Meister den Zeitbedarf in Arbeitstagen für die Vorgänge abschätzen. Aus den Angaben der Tabelle 12.8 wurde dann nach einigen Zwischennetzplänen der endgültige Netzplan (Ausschnitt in Bild 12.49) erstellt. Der Netzplan wurde über einer Zeitachse aufgetragen, um eine leichtere Übersicht über Konzentrationen von Vorgängen und Zeiten mit wenigen Vorgängen zu erhalten. Zur besseren Übersicht wurden der Anfangsknoten 0 und der Endknoten 34 mehrmals gezeichnet.

Der Zeitachse wurde dann direkt der Werkskalender zugeordnet, so daß daraus sehr schnell eine Termintabelle für den Betrieb erarbeitet werden konnte. Das ganze Projekt war zwar erst nach 235 Arbeitstagen abgewickelt. Einige neue Betriebsteile, beispielsweise die im Ausschnitt dargestellten, waren aber schon früher, z. B. nach 67 Arbeitstagen, voll funktionsfähig. Trotz der Vorteile der Darstellung über der Zeitachse ist diese Darstellung aber für die Praxis doch nicht sehr empfehlenswert, da häufig schon sehr geringe Änderungen im Netzplan, die in jedem Fall auftreten, einen völligen Neuentwurf verlangen.

Tabelle 12.8. Vorgänge zur Erreichung des Soll-Zustandes und ihre Daten

Vorgang Nr.	Benennung	Vorgänger	Nachfolger	Gebäudeteil		Erforderliche Handwerker *	Zeitbedarf in Arbeitstagen	Bemerkungen
				Ist-Zustand	Soll-Zustand			
A	Waage u. Waren eingangsbüro verlegen	Q	—	H 2	H 2	H, E, Sl	2	
B	Polierautomat aufstellen	H	—	—	H 2	E, Sl	25	
C	Poliermaschinen umstellen	H	X	HB 1	H 2	E, M, Sl	5	
D	Lochstanze verlegen	H, Q	E, G	H 2	H 2	E, K	1	
E	Biegewalze verlegen	D, K	F	H 2	H 2	E, M	5	
F	Biegemaschine verlegen	L, T	—	A 1	H 2	T, Sl, E	1	
G	Sägen verlegen	I, K L, T		A 1	H 2	E, T	2	
H	Walzwerke, Hammer verlegen	R, W	C	H 2	H 2	E, T, H	22	
I	Wickelmaschine 1 verlegen	R, W	G	H 2	L 2	E, T	2	
J	Wickelmaschine 2 verlegen	Z	—	V 2	L 2	E, T	1	
K	Walzwerk verlegen	Z	D, E	H 2	HB 2	E, W	3	
L	Dreistern-Walzwerk verlegen	Z	F	H 2	HB 2	E, W	3	
M	Abt. für Sonderaufträge verlegen	BB	J	HB 1	HB 2	E, WT	5	Fertigstellung mit V u. Z
N	Abt. für Sonderlängen verlegen	Z	—	HB 1	HB 2	T	2	
O	Abt. für Baukastenteile verlegen	Z	—	H 1	L 2	T	0,5	
P	Abt. G verlegen	—	I	H 1	L 2	E, T	1	
Q	Abt. A verlegen	T, X	A	H 2	HB 2	T	2	
R	Doppelregale verlegen	—	W	V 2	V 2	T	5	
S	Regale verlegen	U	—	V 1	H 2	T	5	
T	Walzwerke verschrotten	—	F, D	H 2	—	Sl	3	
U	Wände errichten	E, K, L, Q	S	—	H 2	M	5	
V	Wände entfernen	C	J, N	HB 2	—	M	5	

Tabelle 12.8 (Fortsetzung)

Vorgang Nr.	Benennung	Vorgänger	Nachfolger	Gebäudeteil Ist-Zustand	Gebäudeteil Soll-Zustand	Erforderliche Handwerker *	Zeitbedarf in Arbeitstagen	Bemerkungen
W	Zwischenboden entfernen	R	A, I	H 1	—	Sl	5	
X	Packtische, Werkbank verlegen	C	Q	HB 2	HB 1	T	1	
Y	Sortiermaschine, Waage verlegen	GG	—	GF	HB 1	E, T	3	
Z	Verlegung Lager Kleinteile	C BB	K, L, N	HB 2	HB 1	T, S	5	
AA	Boden absenken	FF	BB, Z	HB 1	HB 1	M	20	
BB	Wände errichten	AA	Z	—	HB 1	M, S, H	5	
CC	Lieferfrist Polierautomat	—	B	—	—	—	32	
DD	Wartezeit	H	C	—	—	—	12	
EE	Wartezeit	V	J	—	—	—	5	
FF	Zwischenverlegung des Lagers SL	—	AA	HB 1	L 1	E, Sl	3	
GG	Zwischenwand errichten	C	Y	—	HB/L 1	M, S, H	3	

* Schlüssel der Handwerker-Abkürzungen: E Elektriker, Sl Schlosser, S Schreiner, K Klempner, W Werkzeugmacher, T Transportgruppe, M Maurer, H fremde Handwerker.

Literatur zum Kap. 12

Zitierte und weiterführende Literatur

1. Ilg, H.: Die Technik der Betriebsauslegung. Technische Rundschau (1964) 1, S. 3 u. 5.
2. Behrens, M.: Strukturplanung, Einrichtungsplanung, Bau- und Grundinstallationsplanung — Maßgeschneiderte Gebäude oder flexible Mehrzweckhallen. In: Fertigungstechnik und Automatisierung als Grundlage einer langfristigen Industrieplanung. Essen: Vulkan-Verlag 1969. Haus der Technik — Vortragsveröffentlichungen.
3. VDI-Richtlinie 3242: Arbeitsraumplanung mit Klebebildern und Modellen. Oktober 1958.
4. Jansari, J., Gupta, I.: A program for plotting plant layout. Industrial Engineering March (1969), S. 35—37.
5. Rockstroh, W.: Technologische Betriebsprojektierung. Grundlagen — Werkstätten. 2. Aufl. Berlin: Verlag Technik 1968.
6. Weiskam, J.: Methoden der Voraussage als Grundlage betrieblicher Planung, Freiburg: Haufe 1963.
7. Hürlimann, W.: Exakte Hilfsmittel der Unternehmensführung. Bern: Verlag Technische Rundschau 1971. Blaue TR-Reihe, Heft 99.
8. Lesourne, J.: Unternehmungsführung und Unternehmungsforschung. München: Oldenbourg 1964.

9. Meyer, C. W.: Absatzplanung. In: Agplan-Handbuch zur Unternehmensplanung. Berlin: E. Schmidt 1970.
10. Lindner, A: Statistische Methoden für Naturwissenschaftler, Mediziner und Ingenieure. 2. Aufl. Basel: Birkhäuser 1957.
11. Churchman, C. W., Ackoff, R. L., Arnoff, E. L.: Operations Research. München: Oldenbourg 1961.
12. VDI-Richtlinie 2492: Multimoment-Aufnahmen im Materialfluß. Juni 1968.
13. Haller-Wedel, E.: Multimoment-Aufnahmen in Theorie und Praxis. München: Hanser 1962.
14. Krall, H. A.: Die Multimomentaufnahme zur Untersuchung von Transportproblemen. Fördern und Heben 14 (1964) 2, 69—77.
15. Zusammenstellung Nr. 1/66 der Literatur über Multimomentverfahren (1952 bis 1965) z. T. mit Kurzreferaten und Annotationen. Leipzig: Institut für Energetik 1966.
16. Kiehne, R.: Innerbetriebliche Standortplanung und Raumzuordnung. Wiesbaden: Gabler 1969.
17. Vollmann, Th. E., Nugent, C. E., Zartler, R. C.: A computerized model for office layout. J. Ind. Eng. 19 (1968) 7, S. 321—327.
18. Moore, J. M.: Computer aided facilities design: an international survey. Int. J. on Production Research 12 (1974) 1, S. 21—44.
19. Kettner, H., Eidt, A.: Systematische Planung von Fabriklayouts unter Berücksichtigung des Lärms. ZwF 74 (1975) 5, S. 210—216.
20. Lea, A. C.: Location — allocation — systems — an annotated bibliography. University of Toronto, Dpt. of Geography. Discussion series paper No 13, Toronto 1973.
21. Francis, R. L., White, J. A.: Facility layout and location — an analytical approach. Englewood Cliffs: Prentice Hall 1974.
22. Francis, R. J., Goldstein, J. M.: Location theory: a selective bibliography. Gainsville: The University of Florida 1973.
23. Baur, K.: Verfahren für die räumliche Zuordnung von Betriebsmitteln in der Fabrikplanung. wt-Z. ind. Fertig. 61 (1971), S. 23—28, S. 233—239.
24. Kern, W.: Optimierungsverfahren in der Ablauforganisation. Essen: Girardet 1967.
25. Müller-Merbach, H.: Optimale Reihenfolgen. Berlin, Heidelberg, New York: Springer 1970.
26. Domschke, W.: Modelle und Verfahren zur Bestimmung betrieblicher und innerbetrieblicher Standorte — ein Überblick. ZOR 19 (1975), S. B 13—B 41.
27. Bloch, W.: Maschinenaufstellung nach dem Dreiecksverfahren. Ind. Org. 19 (1950), S. 305—308.
28. Schmigalla, H.: Methoden zur optimalen Maschinenanordnung. Berlin: Verlag Technik 1970.
29. Sauter, T.-K.: Ein Verfahren zur rechnerunterstützten Realplanung von Fabrikanlagen. Mainz: Krausskopf 1977.
30. Minten, B.: Beitrag zur rechnerunterstützten Fabrikplanung. Mainz: Krausskopf 1977.
31. Ernst, W.: PLADIS — Ein Verfahren zur Fabrikplanung im Mensch-Rechner-Dialog am Bildschirm. Diss. Universität Stuttgart 1978.
32. Sauter, T.-K.: Optimale Zuordnung von Werkzeugmaschinen in einer Fertigungshalle mit vorgegebener Gebäudeabmessung in einer Richtung. wt-Z. ind. Fertig. 62 (1972), S. 213—216.
33. Nugent, C. E., Vollmann, Th. E., Ruml, J.: An experimental comparison of techniques for the assignment of facilities to locations. Op. Res. 16 (1968) 1, S. 150—173.
34. Eidt, A., Kutter, H.: Planung lärm- und materialflußgerechter Fabrikhallen. Zentralbl. f. Industriebau 23 (1977) 10, S. 342—346.
35. Zorn, J.: Die optimale Layout-Planung für gemischte Fertigungen. Diss. TH München 1966.

36. Roberts, S. M., Flores, B.: Solution of a combinatorial problem by dynamic programming. Op. Res. 13 (1965) 1, S. 146–147.
37. Pack, L., Kiehne, R., Reinermann, H.: Raumzuordnung und Raumform. Managem. Int. Review (1966) 5, S. 7–23.
38. Zangemeister Ch.: Nutzwertanalyse von Projektalternativen. In: Systemtechnik Aufbauseminar TU Berlin. Berlin: Technische Universität 1970.
39. Minten, B.: MODULAP — Modularprogramm für die Layoutplanung zum Optimieren des Materialflusses. VDI-Z. 117 (1975) 22, S. 1041–1049.
40. Armour, G. C., Buffa, E. S.: A heuristic algorithm and simulation approach to relative location of facilities. Management Science 9 (1963) 1, S. 294–309.
41. Hicks, P. E., Cowan, T. E.: CRAFT-M for layout rearrangement. Ind. Engin. 27 (1976) 5, S. 30–35.
42. Eidt, A., Wegner, N., Stönner, G.: Praxisorientierte Layoutplanung von Fabrikanlagen. Untersuchung der rechnerunterstützten Optimierungsmethoden. ZwF 72 (1977) 7, S. 332–339.
43. Stönner, G., Eidt, A., Wegner, N.: Materialfluß- und Layoutgestaltungen auf der Basis von aktuellen Betriebsdaten. FB/IE 26 (1977) 6, S. 391–398.
44. Minten, B.: Umstellungsplanung nach dem Programm MUSTLAP in einem Fertigungsbetrieb. wt-Z. ind. Fertig. 63 (1973), S. 270–275.
45. Klimant, D., Kulisch, H.: LAYOUT II — Automatisches Verfahren der technologischen Werkstättenprojektierung mit Lösungsaufgaben auf numerisch gesteuerten Zeichengeräten. Fertigungstechnik und Betrieb 24 (1974) 5, S. 321–324.
46. Lee, R. C., Moore, J. M.: CORELAP — COmputerized RElationship LAYout Planning. Journal of Ind. Engin. 18 (1967) 3, S. 195–200.
47. Warnecke, H. J., Ernst, W.: Bildschirmunterstützte Layout-Konstruktion für Fabrikanlagen. wt-Z. ind. Fertig. 66 (1976), S. 39–41.
48. Warnecke, H. J., Minten, B., Mayer, S.: Verbesserungen des Layouts für Fabrikanlagen mit Rechnerunterstützung. ZwF 71 (1976) 12, S. 541–543.
49. Hardeck, W., Nestler, H.: Aus der Praxis der Layoutplanung mit EDV. wt-Z. ind. Fertig. 64 (1974), S. 95–99, S. 222–224.
50. Hardeck, W.: Raumplanung im Dialog mit graphischen Bildschirmsystemen. Diss. Universität Erlangen/Nürnberg 1978.
51. Baur, K.: Materialfluß im Fertigungsbereich — Zuordnung der Betriebsmittel aufgrund der Transportkosten. Fördern und Heben 23 (1973) 16, S. 872–874.
52. Rittel, H., Lafranz, C.: CELLCON — a space allocation method. Arbeitspapier 1973.
53. Anderson, D. M.: New plant layout information system. Ind. Eng. 5 (1973) 4, S. 32–37.
54. Khalil, T. M.: Facilities relative allocation technique (FRAT). Int. J. on Prod. Res. 11 (1973) 2, S. 183–190.
55. Baur, K.: Betriebsmittelzuordnung bei der Fabrikplanung. Mainz: Krausskopf 1972.
56. Whitehead, B., Eldars, M. Z.: The planning of single storey layouts. Build. Science 1 (1965), S. 127–139.
57. Mayer, S.: Rechnereinsatz in der Fabrikplanung. FhG-Berichte (1977) 4, S. 24 bis 29.
58. Mayer, S.: Entwicklung eines modularen Rechnerprogramms zur iterativen Verbesserung von Layouts für Fabrikanlagen. Abschlußbericht an die Deutsche Forschungsgemeinschaft, Stuttgart 1978.
59. Gauchel, J.: Ein Verfahren für die gebäudespezifische Anordnungsplanung räumlicher Bereiche (Grundrißplanung) unter weitgehender Berücksichtigung innerbetrieblicher Flußbeziehungen — Die Programme AO-Schema und AO-Plan. Diss. Universität Stuttgart (in Vorbereitung).
60. Dick, F.: Transpon-Rechenprogramme zur Optimierung der räumlichen Anordnung von Objekten. Fertigungstechnik u. Betrieb 21 (1971) 3, S. 135–139.
61. Schnabel, B.: Ein praxisgerechtes Verfahren zur Betriebsmittelanordnung in einer Fertigungsstätte für ein neu entwickeltes Produkt. VDI-Z. 118 (1976) 2, S. 51 bis 59.

62. Dolezalek, C. M.: Planung von Fabrikanlagen. Berlin, Heidelberg, New York: Springer 1973.
63. Biberschick, D., Sewera, P.: Layoutplanung industrieller Anlagen mit EDV. Ind. Org. 41 (1972) 8, S. 341–346.
64. Hillier, F. S., Connors, M. M.: Quadratic assignment problem and the location of indivisible facilities. Management Science 13 (1966) 1, S. 42–57.
65. Flemming, U.: Darstellung, Erzeugung und Dimensionierung von dicht gepackten, rechtwinkligen Flächenanordnungen. Diss. TU Berlin 1977.
66. Francis, R. L.: A note on the optimum location of new machines in existing plant layouts. Ind. Eng. 14 (1963), S. 57–59.
67. Vergin, R. C., Rogers, J. D.: An algorithm and computational procedure for locating economic facilities. Management Science 13 (1967), S. B 240–B 254.
68. Wesolowsky, G. O., Love, R. F.: The optimal location of new facilities using rectangular distances. Op. Res. 19 (1971), S. 124–130.
69. Cabot, A. V., Francis, R. L., Stary, M. A.: A network flow solution to a rectilinear distance facility location problem. AIIE-Transact. 2 (1970), S. 132–141.
70. Domschke, W., Stahl, W.: A solution method for a rectilinear distance facility location problem. Discussion paper No. 40 des Instituts für Wirtschaftstheorie und OR der Universität Karlsruhe. Karlsruhe 1974.
71. Kadlec, V., Vodácek, L.: Mathematische Methoden zur Lösung von Transportproblemen — lineare Optimierung. Berlin: Transpress 1964.
72. Schossmann, W.: Eine Optimierungsaufgabe: Harmonisierung des Zusammenwirkens von Teilsystemen bei unregelmäßiger Entnahme. Fördern u. Heben 23 (1973) 4, S. 161–164.
73. Stetten, R. v.: Auslegung von Störungspuffern in kapitalintensiven Fertigungslinien. Diss. Universität Stuttgart 1977.
74. Görke, M.: Rechnerunterstützte Verfahren zur Leistungsabstimmung von Mehrmodell-Montagesystemen. Mainz: Krausskopf 1978.
75. Kaufmann, A., Cruon, R.: Les phènoménes d'attente. Théorie et applications. Paris: Dunod 1961.
76. Krampe, H., Kubat, J., Runge, W.: Bedienungsmodelle. Ein Leitfaden für die praktische Anwendung. München, Wien: Oldenbourg 1973.
77. Ruiz-Pala, E., Avila-Beloso, K.: Wartezeit und Warteschlange. Meisenheim/Glan: Anton Hain 1967.
78. Buslenko, N. P.: Simulation von Produktionsprozessen. Leipzig: Teubner 1971.
79. Schippkühler, J.: Zur Optimierung der Fördervorgänge vor und in einem Hochregallager, dargestellt mit Hilfe eines Simulationsmodells. Diss. TU Berlin 1972.
80. Halasz, I.: Kommissioniersysteme und -verfahren. In: Fachtagung „Lagern und Kommissionieren". Zürich: 13./14. 4. 1978.
81. Kern, N.: Netzplantechnik. Wiesbaden: Gabler 1969.
82. Hauk, W.: Einplanung von Produktionsaufträgen nach Prioritätsregeln — Eine Untersuchung von Prioritätsregeln mit Hilfe der Simulation. Schriftenreihe „Arbeitswissenschaft und Praxis", Bd. 29. Berlin, Köln, Frankfurt: Beuth 1973.
83. Grosseschallau, W.: Heuristische Dispositionsmodelle für innerwerkliche Transportsysteme. Dortmund: Institut für Logistik 1979.
84. Ferschl, F.: Zufallsabhängige Wirtschaftsprozesse. Grundlagen und Anwendungen der Theorie der Wartesysteme. Wien, Würzburg: Physica 1964.
85. Albach, H.: Maschinenbelegungspläne bei Einzelfertigung. Jahrbuch des Landesamtes für Forschung. Köln, Opladen: Westdeutscher Verlag 1965.
86. Paessens, H.: Tourenplanung bei der Müllsammlung in städtischen Bereichen. Operations Research Verfahren, Band 18, S. 96–111. Meisenheim/Glan: Anton Hain 1978.
87. Miebach, J. R.: Die Grundlagen der systembezogenen Planung von Stückgutlägern, dargestellt am Beispiel des Kommissionierlagers. Diss. TU Berlin 1971.
88. Gudehus, T.: Grundlagen der Kommissioniertechnik. Essen: Girardet 1973.

89. Pfluger, P.: Diskussion der Modellwahl am Beispiel des Traveling Salesman Problems. In: Weinberg, F. (Hrsg.): Branch and bound: Eine Einführung. Berlin, Heidelberg, New York: Springer 1973.
90. Janisch, H.: Sicherstellung der Systemverfügbarkeit durch eine elastische Verkettung der Stationen. In: Kettner, H. (Hrsg.): Fabrikanlagen-Kolloquium 1979. Hannover: Institut für Fabrikanlagen 1979.
91. Warnecke, H. J., Stetten, R. v.: Puffer gegen Störungen in automatischen Fertigungslinien. wt-Z. ind. Fertig. 65 (1975) 11, S. 677–682.
92. Bachers, R., Dangelmaier, W., Steffens, H.: Ein Beitrag zur Berechnung von Isochronen im Hochregallager. FhG-Berichte (1980) 1, S. 25–28.
93. Morse, P. M.: Queues, inventories and maintenance. Publications in Operations Research. New York: Wiley & Sons 1958.
94. Stemmer, G.: MFSP — Ein Verfahren zur Simulation komplexer Materialflußsysteme. Diss. Universität Stuttgart 1976.
95. Stübel, G.: Methodologische und softwareengineering-orientierte Untersuchungen für ein Unternehmensmodell verschiedener Strukturiertheitsgrade. Diss. Universität Stuttgart 1975.
96. Forrester, J. W.: Grundzüge einer Systemtheorie. Wiesbaden: Gabler 1972.
97. Emshof, J. F., Sisson, R. L.: Simulation mit dem Computer. München: Verlag moderne Industrie 1972.
98. Niemeyer, G.: Systemsimulation. Frankfurt/M.: Akademische Verlagsges. 1973.
99. Koxholt, R.: Die Simulation — Ein Hilfsmittel der Unternehmensforschung. München, Wien: Oldenbourg 1967.
100. Bauknecht, K., Kohlas, J., Zehnder, C. A.: Simulationstechnik. Entwurf und Simulation von Systemen auf digitalen Rechenautomaten. Berlin, Heidelberg, New York: Springer 1976.
101. Kiviat, R. P., Villanueva, R., Markowitz, H. M.: The SIMSCRIPT II (Programming language). New Jersey: Prentice Hall 1968.
102. Dahl, O., Nygaard, K.: SIMULA — An Algol-based simulation language. Comm. ACM, Vol. 9, Sept. 66, S. 671–678.
103. Pritsker, A. A. B.: The GASP IV simulation language. New York: Wiley & Sons 1974.
104. Schmidt, B.: GPSS-FORTRAN Version II. Berlin, Heidelberg, New York: Springer 1978.
105. Boblier, P. A., Kahan, B. C., Probst, A. R.: Simulation with GPSS and GPSS V. Englewood Cliffs: Prentice Hall 1976.
106. Musielak, H., Stössel, M.: Vergleich von Simulationssprachen. Elektronische Rechenanlagen 21 (1979) 1, S. 23–28.
107. Niedereichholz, J., Stockheim, F.: Kostenvergleich der Simulationssprachen GPSS 1100 und SIMULA. Angewandte Informatik (1979) 1, S. 1–8.
108. Großeschallau, W., Kuhn, A., Jünemann, R.: Simulation von Materialfluß-Systemen. Teil 1: Einführung in die Aufgaben und Möglichkeiten der Materialflußsimulation. Fördern u. Heben 30 (1980) 2, S. 101–107.
109. ohne Verf.: General purpose simulation system 360 (GPSS/360). User's manual. White Plains: IBM Form H 20-0326-2, 1969.
110. Wegner, N., Jendralski, J.: Praxisnahes Simulationsmodell eines Betriebes mit Werkstattfertigung. In: Kettner, H. (Hrsg.): Fabrikanlagen — Kolloquium 1979. Hannover: Institut für Fabrikanlagen 1979.
111. Boos, H., Michael, R., Trommer, N.: Aufbau eines betriebsspezifischen Simulationsmodells für einen Betrieb der Investitionsgüterindustrie mit Einzel- und Kleinserienfertigung. ZwF 70 (1973) 4, S. 188–194.
112. Tangermann, H.-P.: Auftragsreihenfolgen und Losgrößen als Instrument der Fertigungsterminplanung untersucht an einem praxisbezogenen Simulationsmodell. Diss. TU Braunschweig 1973.
113. Bussey, L. E.: A Model for analyzing closed-loop conveyor systems with multiple work stations. Proc. of the 1973 Winter Simulation Conference, S. 93–111.

114. Grossman, D.: Simulation of a Distribution Center Control Conveyor System. 4th Conference on applications of simulation. New York 1970, S. 203–312.
115. Hawes, E. W.: A GPSS Subroutine for the simulation of overhead cram moment. The 9th Annual Simulation Symposium – Record of Proceedings 1976, S. 205 bis 212.
116. Morrison, M. L.: An application of simulation to the improvement of fork truck operation. Proc. of the 1971 Winter Simulation Conference 1971, S. 181–186.
117. Watson, J. M.: Fork lift truck simulation – FLITS. Proc. of the 1976 Summer Computer Simulation Conference. 1976, S. 635–638.
118. Rao, A.: Generalized simulation model of an automated cart transportation system. Proc. of the 1974 Winter Simulation Conference. 1974, S. 785–786.
119. Rummert, Th.: Programmsystem zur Simulation automatisierter innerbetrieblicher Transportanlagen. In: wimatika 79 – wissenschaft und automatisierung, Karlsruhe 1979.
120. Roth, R.: Engpaßuntersuchungen an innerbetrieblichen Transportsystemen. In: wimatika 79 – wissenschaft und automatisierung, Karlsruhe 1979.
121. Wenzel, R.: Untersuchung der Materialflußkosten bei ausgewählten Systemen der zentralen Arbeitsverteilung. Diss. Universität Stuttgart 1978.
122. Steffens, H., Reck, K.: Dimensionierung eines Hochregallagers mit Hilfe der Simulation. Ind. Anz. 101 (1979) 87, S. 25–26.
123. Stetten, R. v.: Untersuchung über die Größe eines Platinenlagers. Interner Untersuchungsbericht. Fraunhofer-Institut für Produktionstechnik und Automatisierung, Stuttgart 1977.
124. Stemmer, G.: Simulationsstudie über das Leistungsverhalten von Hochregallagern. wt-Z. ind. Fertig. 64 (1974) 8, S. 454–460.
125. Lehmer, D. H.: Mathematical method in large scale computer units. In: The annuals of computation laboratory of Harvard University. Bd. 26 (1951), S. 141 bis 146.
126. DIN 69 900: Netzplantechnik. Begriffe. Februar 1970.
127. Zimmermann, W.: Netzplantechnik. München: Hanser 1968. Werkstattblatt 472.
128. v. Falkenhausen, H.: Prinzipien und Rechenverfahren der Netzplantechnik. 2. Aufl. ADL-Schriftenreihe Bd. 2. Kiel: ADL-Verlag 1968.
129. Bubeck, P.: Methoden der Netzplantechnik. IBM Form 81 566.
130. Waschek, G., Weckerle, E.: Die Praxis der Netzplantechnik. Baden-Baden: Verlag für Unternehmensführung 1967.
131. Wille, H., Gewald, K., Weber, H. D.: Netzplantechnik – Methoden zur Planung und Überwachung von Projekten. Band 1: Zeitplanung München: Oldenbourg 1966.
132. Gewald, K., Kasper, K., Maier, H.: Übungen zur Netzplantechnik CPM. München: Oldenbourg 1968.
133. DIVO Institut für Wirtschaftsforschung, Sozialforschung und angewandte Mathematik. MPM: die Metra-Potential-Methode, 2. Aufl. Frankfurt (Main): DIVO-Inst. 1968.
134. Kern, N.: Programme für die Netzberechnung auf Rechenautomaten. Zeitschr. f. wirtsch. Fertigung 60 (1965) 11, S. 611–617.
135. Gutsch, R. W. u. a.: Theorie und Praxis der Netzplantechnik (Netzplantechnik I, Zeitplanung). Umdruck zum Lehrgang bei der Techn. Akademie Eßlingen, 22. bis 24. 9. 1971.
136. Gutsch, R. W. u. a.: Integrierte Zeit-, Kosten- und Kapazitätsplanung (Netzplantechnik II, PPS-System). Umdruck zum Lehrgang bei der Techn. Akademie Eßlingen 24. 11.–26. 11. 71.
137. Heyn, W.: Eine Systematik zur Erstellung und Berechnung von Netzplänen. Diss. TH Aachen 1969.
138. Heyn, W., Arlt, J., Olbrich, W.: Wie nutze ich die Vorteile der Netzplantechnik? Umdruck zum VDI-ADB Netzplantechniklehrgang 1970.
139. Lockeyer, K. G.: Einführung in die Netzplantechnik. Köln: Rudolf Müller 1968.

140. Lockeyer, K. G.: Netzplantechnik. Aufgaben und Lösungen. Köln: Rudolf Müller 1970.
141. Lüttgen, H.: Netzplantechnik — Bibliographie deutschsprachiger Veröffentlichungen der Netzplantechnik. Stand Dezember 1966. AWF-Mitteilungen 41 (1966) 5, S. 22—23 und AWF-Mitteilungen 42 (1967) 10, S. 53—54.
142. Schmid, P.: Countdown — Netzplantechnik. Eine neue PERT-Netzplanentwicklung. Ind. Organisation 39 (1970) 11, S. 475—484.
143. Stempell, D. u. a.: Handbuch der Netzplantechnik. Opladen: Westdeutscher Verlag 1971.
144. Thorn, J.: Die Einführung der Netzplantechnik in die betriebliche Datenverarbeitung. Hamburg: R. v. Decker 1968.
145. Verschiedene Verfasser: Netzplantechnik. Ein Fortbildungskurs im Medienverbund Fernsehen – Lehrbuch – Seminare. Düsseldorf: VDI-Verlag 1971.
146. Voigt, J.-P.: Fünf Wege der Netzplantechnik. Köln: Rudolf Müller 1971.
147. Völzgen, H.: Stochastische Netzwerkverfahren und deren Anwendungen. Berlin: de Gruyter 1971.
148. Wagner, G.: Netzplantechnik in der Fertigung, Planung und Steuerung industrieller Projekte und deren Produktionsablauf-, Zeit-, Kapazitäts- und Kostenplanung. München: Hanser 1968.
149. Waschek, G.: Netzplantechnik. In: Industrielle Produktion. Baden-Baden: Verlag für Unternehmensführung 1967.
150. Zimmermann, H.-J.: Netzplantechnik. Berlin: de Gruyter 1971. Sammlung Göschen, Bd. 4011.

Sachverzeichnis